# 油田含油污泥处理技术及工艺应用研究

# Research of Oily Sludge Treatment Technology and Technological Application

陈忠喜　魏　利　著

科学出版社

北　京

## 内 容 简 介

含油污泥是油田开发生产过程中，在钻井、压裂、试采、作业、原油处理、含油污水处理、原油储运等方面产生的主要污染物之一，含油污泥得不到及时处理，将会对生产区域和周边环境造成不同程度的影响。本书是作者通过多年在大庆油田开展调质-离心、电化学生物耦合、含油土壤生物修复等研究工作，积累了大量生产现场的数据资料，同时收集了我国主要油田油泥和油砂的处理技术与工艺资料，经过整理撰写而成的，全面反映了我国含油污泥处理的现状与技术水平，提出了许多新观点和新理论，内容新颖、信息量大、理论体系脉络完整，具有较强的实用性，是理论与实践相结合的成果。

本书可以作为从事油田含油污泥处理、固体废弃物处理、环境微生物、环境科学与工程等专业的研究生及高校教师的教学用书，也可以作为相关学科生产一线的研究人员和工作人员的参考用书。

**图书在版编目(CIP)数据**

油田含油污泥处理技术及工艺应用研究＝Research of Oily Sludge Treatment Technology and Technological Application/陈忠喜，魏利著．—北京：科学出版社，2012

ISBN 978-7-03-035432-7

Ⅰ.①油… Ⅱ.①陈… ②魏… Ⅲ.①油田-污泥处理-研究 Ⅳ.①X741.03

中国版本图书馆 CIP 数据核字(2012)第 203856 号

责任编辑：周 炜 / 责任校对：林青梅
责任印制：吴兆东 / 封面设计：陈 敬

科 学 出 版 社 出版
北京东黄城根北街 16 号
邮政编码：100717
http://www.sciencep.com
北京凌奇印刷有限责任公司 印刷
科学出版社发行 各地新华书店经销
*
2012 年 9 月第 一 版 开本：B5(720×1000)
2022 年 6 月第五次印刷 印张：28 1/4 插页：9
字数：552 000

**定价：218.00 元**

(如有印装质量问题，我社负责调换)

# 序

随着现代科学技术的不断进步，含油污泥的处理成为近年来环境保护技术研究的热点和难点，如果处理不当将造成二次污染。我国在油田环保方面起步较晚，含油污泥的处理没有得到足够的重视，近几年才真正意义上开始进行含油污泥处理，国外技术成功引进的案例较少。油田在生产施工过程中，不可避免地产生大量含油污泥。油田含油污泥主要包括各种施工作业产生的落地油泥、沉降罐污泥、三相分离器油泥及生产事故产生的溢油污泥等。随着原油开采的不断深入，含油污泥总量不断增加，每年将新产生含油污泥几十万吨，对环境造成的污染日趋严重。含油污泥已被列入《国家危险废物名录》，按照《中华人民共和国清洁生产促进法》要求必须对含油污泥进行无害化处理。国内外耗费了大量人力、物力进行含油污泥有效处理的研究，相继尝试过焚烧、固化、脱水、回注、洗油、生物等技术方法处理含油污泥，但到目前为止还没有研发成功一种既高效又经济的技术。现行的许多方法视含油污泥为废物，仅仅利用了含油污泥的燃烧热，忽略了含油污泥本身所具有的资源价值。随着天然资源的短缺和固体废物排量的激增，许多国家把固体废物作为“资源”积极开展综合利用，固体废物已逐渐成为可开发的“再生资源”，含油污泥资源化利用将是其最终处置的根本方式。

作者根据多年来在生产和科研一线获取的实践经验，以近年来新兴的含油污泥处理技术为主线，依据含油污泥处理基本原理的不同对其进行分类及归纳总结，探讨不同处理要求和工艺条件下，各种工艺技术在含油污泥处理、环境工程治理等领域的研究及应用。另外，该书内容充分体现了理论联系实际的思想，结合含油污泥处理技术在解决实际工程问题、指导工程实践中的应用，体现了该类新兴技术对于人类社会实际生产的应用价值及意义，在内容上也充分体现了学以致用的原则。

总之，该书在遵循全面落实科学发展观的基础上，汇集了调质-机械脱水工艺、焚烧工艺、热解工艺、生物处理技术、电化学生物耦合、油泥资源化技术等工艺技术与我国经济、环境、社会健康及可持续发展密切相关的含油污泥处理高新技术，将极大地满足从事环境化学、环境微生物学、环境工程、给水排水等领域的教学、科研、工程技术人员对此类技术的需求。

2012年6月

# 前　言

我国在油田环境保护方面起步较晚，含油污泥的处理没有得到足够重视，鲜有成熟的应用工艺和实例。含油污泥种类繁多、性质复杂，相应的处理技术和设备也呈现多元化趋势，目前含油污泥处理技术大致可分为调质-机械脱水工艺、热处理工艺（化学热洗、焚烧、热解吸）、生物处理法（地耕法、堆肥法、生物反应器）、溶剂萃取技术及对含油污泥的综合利用等。含油污泥已被列为危险固体废弃物，随着环保法规的逐步完善和企业技术进步的要求，含油污泥的污染治理技术已日益引起人们的关注和重视。

含油污泥的处理措施众多，每种方法都有其自身的优缺点和适用范围。仅靠单一的处理工艺很难满足环保的要求，而且从目前的发展趋势来看，将各种工艺有机组合，加强污泥的深度处理是发展的趋势。含油污泥直接填埋或将含油污泥脱水制成泥饼等简单处理措施是我国多数油田采用的主要方法，但这种方法带来了一定程度上的经济损失和环境污染。随着各项处理技术的日臻完善，焚烧法、筛分流化-调质离心法等处理措施将是污泥前处理的主要方向，而含油污泥的深度处理方法之一“电化学生物耦合处理”具有更广阔的发展前景。同时鉴于含油污泥中成分复杂，应及时分级、分阶段处理，从而达到含油污泥的无害化处理和资源化应用。

本书在国内首次集中阐述了油田含油污泥处理技术及工艺在环境保护与新能源开发等方面的应用实例，以含油污泥为研究对象，旨在利用各种工艺技术实现能源的回收，完成含油污泥的资源化利用。全书共 11 章。第 1 章绪论，分析了我国含油污泥处理的必要性及国内外含油污泥处理的现状，并对含油污泥处理发展趋势进行展望；第 2 章含油污泥特性、检测方法及处理标准，介绍了含油污泥的常规检测方法及含油污泥处理标准；第 3 章含油污泥减量化处理工艺技术研究与应用，介绍了含油污泥在污水处理过程中的减量化及含油污泥脱水工艺及技术；第 4 章筛分流化-调质-离心处理工艺技术研究及应用，介绍了筛分流化-调质-离心的原理及工艺发展现状，尤其以大庆油田采油四厂的筛分流化-调质-离心工艺为重点进行介绍，该工艺已经成为油田筛分流化-调质-离心的示范工程；第 5 章电化学生物耦合含油污泥深度处理工艺技术研究，主要介绍了电化学、微生物处理的原理及电化学生物耦合处理的应用；第 6 章超热蒸汽喷射和超声清洗工艺技术研究，介绍了超热蒸汽喷射处理含油污泥的工艺和技术特点及超声技术实际工程应用；第 7 章热解法处理工艺技术研究；第 8 章含油污泥焚烧处理工艺技术研究及应用；第9章含油污泥清洗剂及其应用；第10章含油污泥资源化技术研究，主要介绍了含油污泥资源化，包括橡胶填料剂和污泥调剖技术等；第11章含油土壤生物修复技术研究，介绍了含油污染土壤的生物修复技术与原理及其在大庆油田的实际工程应用。总之，本书系统地介绍了含油污泥处理的技术原理及工艺，并归纳总结了其在环境污染治理与新能源回收开发等方面的应用，有助于增进读者对这类新兴技术的理解与认识。

本书由陈忠喜和魏利等共同撰写，具体分工如下：第1章由陈忠喜、魏利撰写；第2章由舒志明、魏利、李毅、乔明等撰写；第3章由古文革、黄文生、张国华、李枫、王明信、魏利撰写；第4章由夏福军、黄松、张宏奇、马骏、白明银等撰写；第5章由魏利、孙景欣、卢中民、王昭阳等撰写；第6章由陈忠喜、王玉晶、李福章、姬生柱、李中原等撰写；第7章由谢加才、王万福、张巧灵、陈忠喜等撰写；第8章由魏利、丁慧、孙绳坤、陈忠喜等撰写；第9章由魏利、郭书海、朱玉萍、张国华等撰写；第10章由张昌兴、张燚、韩专、匡少平、孙绳坤、杨敬民、陈忠喜等撰写；第11章由张宝良、朱玉萍、刘广民、陈忠喜、赵秋实等撰写。全书最后由陈忠喜、魏利统稿。

本书的撰写一直得到哈尔滨工业大学任南琪院士的关怀，任南琪院士在百忙之中为本书作序，在此表示衷心的感谢。

石油工程建设专业标准化委员会设计分标委王小林，大庆油田有限责任公司李杰训、匡丽、孙晓雷、解起生、邵华佩、白春云，以及大庆油田设计院郑琦、吴迪、冯涛对本书的编写给予了大力的支持与帮助，同时大庆油田设计院水化室工作人员为本书的出版做了大量的工作。在此对支持和关心本书撰写的领导、专家和同事表示衷心的感谢。

本书的出版得到了大庆油田含油污泥处理项目、国家自然科学基金（No. 50908063）、哈尔滨工业大学优秀青年教师基金（No. NQQQ92324547）、清华大学国家重点实验创新基金项目（10K08ESPCT）、城市水资源与水环境国家重点实验室开放基金（HITQN01）、中国博士后科学基金第四十七批（20100470346）、国家创新团队项目（No. 50821002）的资助。

在本书的撰写和出版过程中，得到了北京惠博普能源技术有限公司（HBP）的资助，作者深表感谢。

由于作者水平所限，书中难免有疏漏和不妥之处，敬请读者批评指正。

# 目　　录

# 第1章　绪　　论

## 1.1　含油污泥处理的意义和必要性

含油污泥是油田开发生产过程中，在钻井、压裂、试采、作业、原油处理、含油污水处理、原油储运等方面产生的主要污染物之一，含油污泥得不到及时处理，将会对生产区域和周边环境造成不同程度的影响[1~4]：含油污泥中的油气挥发，使生产区域内空气质量总烃浓度超标；散落和堆放的含油污泥污染地表水甚至地下水，使水中COD、BOD和石油类严重超标；含油污泥含有大量的原油，造成土壤中石油类超标，土壤板结，使区域内的植被遭到破坏，草原退化，生态环境受到影响。在原油生产系统中，一部分污泥在脱水和污水处理系统中循环，造成脱水和污水处理工况恶化，注入水水质超标致使注入压力越来越大，不仅造成了能量的巨大损耗，还会导致井筒内套管变形，影响原油生产。由于含油污泥中含有硫化物、苯系物、酚类、蒽、芘等有毒有害物质，而且原油中所含的某些烃类物质具有致癌、致畸、致突变作用，油田含油污泥已被国家列为危险固体废弃物（HW08），纳入危险废物进行管理。

随着国家对环保要求日趋严格，含油污泥减量化、无害化、资源化处理将成为污泥处理技术发展的必然趋势。含有石油和其他有害物质的污泥，采用一定的回收处理技术，可将污泥中的原油回收，在实现环境治理和防止污染的同时，可以取得一定的经济效益；另外处理后的污泥可用于高渗透率油层调剖，或再采用相应治理技术处理，达到国家排放标准，或者铺路等综合利用，能够彻底实现含油污泥的无害化处理[5~8]。因此，对含油污泥进行经济有效的治理与利用对油田可持续发展具有重要的实际意义。

油田在开发生产过程中，不可避免地产生大量含油污泥。油田含油污泥主要包括落地油泥、沉降罐污泥、三相分离器油泥及生产事故产生的溢油污泥等。随着原油开采的不断深入，含油污泥总量不断增加，经初步调查我国每年新产含油污泥$4\times10^5$t左右，对环境造成的污染日趋严重。含油污泥已被列入《国家危险废物名录》，按照《中华人民共和国清洁生产促进法》要求必须对含油污泥进行无害化处理。目前国内外动用了大量人力、物力进行含油污泥有效处理的研究，相继尝试过焚烧、固化、脱水、回注、生物等方法处理含油污泥，但到目前为止还没有研发成功一种既高效又经济的技术。现行的许多方法视含油污泥为废物，仅仅利用了含油污泥的燃烧热，忽略了含油污泥本身所含有的资源价值。随着天然资源的短缺和固体废物排量的激增，许多国家把固体废物作为“资源”积极开展综合利用，固体废物已逐渐成为可开发的“再生资源”，含油污泥资源化利用将是其最终处置的根本方式。我国由于在油田环保方面起步较晚，含油污泥的处理没有得到足够的重视，国内这方面的技术研究较少，国外技术成功引进的案例更少[9,10]。

## 1.2 国内外相关技术及发展趋势

### 1.2.1 国内外含油污泥的处理现状

含油污泥种类繁多、性质复杂，相应的处理技术和设备也呈现多元化趋势，目前含油污泥处理技术有筛选流化-调质-离心工艺、热处理工艺（化学热洗、焚烧、热解析）、生物处理法（地耕法、堆肥法、生物反应器）、溶剂萃取技术及对含油污泥的综合利用等。目前，国内外应用较多并且比较成功的是采用物理法和化学法（离心分离加化学药剂处理）相结合，即调质-机械脱水工艺，该技术比较成熟，在欧美各地的油田应用广泛并且处理效果良好。该方法的不足是处理效果会受污泥来源的影响，对于含有大量的砖瓦、草根、塑料等杂物的污泥，需要配套预处理设备和工艺。

胜利油田、辽河油田和河南油田近几年采用焚烧法处理含油污泥，缺点是污泥中具有较高经济价值的原油没有回收利用。国内其他油田采用的污泥处理工艺只是简单地进行浓缩和分离。国外如加拿大 MG 工程公司采用的是机械脱水工艺（配合自己专有的药剂）；荷兰吉福斯公司采用的是调质-机械脱水＋生物处理法；德国 HILLER 公司采用的是调质-机械脱水＋电化学工艺；新加坡的 CLEANSEAS 公司则采用机械脱水＋美国 ADTU 热解吸的工艺；而法国、德国的石化企业多采用焚烧的方式。溶剂萃取技术目前只局限于实验室研究，很难达到工业化应用。减量化、无害化、资源化处理仍然是目前含油污泥处理的目标和趋势。

在国际上，各地由于在地质和地理条件上的差异，土壤对油类有机物的耐受程度不同，因此对于污泥中的总石油烃（TPH）或者含油量，世界上没有统一的标准，但是很多国家和地区都根据本地区的实际情况以法规或指导准则的形式提出了相应的现场专用指标，对土壤或污泥中的含油量及有机物和重金属含量提出了相应的限制。大部分含油污泥处理指标要求都与污泥的最终处置方式有直接的关系。不同国家对处理后含油污泥中的含油量要求的指标见表 1.1。

表1.1　不同国家对处理后含油污泥中剩余油含量要求的指标

| 国　别 | 土壤中含油量的要求（质量分数）/% | |
|---|---|---|
| | 填埋处置 | 筑路、铺路 |
| 加拿大 | ≤2 | ≤5 |
| 美国 | ≤2 | ≤5 |
| 法国 | ≤2 | — |

针对固体废物我国出台了《中华人民共和国固体废物污染环境防治法》，并在此基础上制定了《国家危险废物名录》和《危险废物鉴别标准》，且对危险废物的处置给出规定，制定了《危险废物填埋污染控制标准》（GB 18598—2001）和《危险废物焚烧污染控制标准》（GB 18484—2001）等，在这些标准和法规中，将含油污泥归类为危险固体废物，但是并没有对含油污泥中的含油量提出量化指标。大庆油田根据已建和在建的含油污泥处理站筛分流化-调质-离心处理工艺，依据国外对含油污泥处理后污泥中剩余油含量要求的指标（≤2%）开展处理试验，并对处理后的污泥采用微生物处理技术和电化学处理技术进行深度处理，使深度处理后的污泥中含油的指标≤3‰，满足《农用污泥中污染物控制标准》（GB 4284—1984）的要求。

### 1.2.2　国外油田含油污泥处理关键技术

荷兰吉福斯公司采用的是生物处理法，加拿大TDS公司、美国的SWACO公司采用的是热解析技术，法国、德国的石化企业多采用焚烧的方式。随着环保法规的逐步完善和企业技术进步的要求，含油污泥的污染治理技术已日益引起人们的关注和重视，半个多世纪以来，含油污泥处理技术发展很快，常见油泥处理工艺的特点见表1.2。

表1.2　常见油泥处理工艺的特点

| 处理方法 | 优　点 | 缺　点 | 主要适用物料 |
|---|---|---|---|
| 筛分流化-调质-离心处理工艺 | 适应性较强，可回收大部分油，实现资源化利用 | 处理后污泥含油量≤2%，满足填埋铺路要求，要达到农用污泥处理标准需要后接深度处理工艺 | 多种含油污泥 |
| 热解法 | 含油污泥完全无机化，烃类可回收利用；处理速度快；对污泥处理彻底 | 反应条件要求较高，操作比较复杂；设备投资大，能耗高；处理不好容易产生大气的二次污染 | 含水量不高，有机物含量高的污泥；经过物理化学方法处理后的含油污泥 |
| 焚烧技术 | 可以较好地解决污泥污染问题，满足环保要求；可以变废为宝，资源化利用；处理量较大 | 需要掺水煤浆一同燃烧，成本较高，能耗高，设备投资大，工艺技术要求较高，焚烧后可能存在粉尘、$SO_2$ 等二次污染 | 含水量不高，烃类含量高的污泥 |

续表

| 处理方法 | 优　点 | 缺　点 | 主要适用物料 |
|---|---|---|---|
| 生物处理技术 | 避免了污染物的多次转移；能耗低，处理成本低 | 处理周期长，对环烷烃、芳烃处理效果差，对含油率高的油泥砂难适应，占地面积大，受气候影响大 | 含油量较低的污泥 |
| 溶剂萃取工艺 | 效率高，处理彻底，大部分石油类物质提取回收 | 对设备密闭性要求较高，溶剂回收过程较复杂；萃取剂价格昂贵，过程中存在部分损失，处理成本高 | 罐底泥等含油量大的污泥 |
| 调剖技术 | 实现资源化利用 | 配伍性要求高，需要深入细致的工作，才能扩大应用规模 | 含油量不太高的污泥 |

1. 调质-机械脱水技术

机械分离法是指污泥经重力、气浮等方法浓缩后，用机械力使污泥进一步脱水、减容或分离，以便于运输并满足污泥达标排放或利用要求。要通过调质-机械脱水使含油污泥实现油-水-固（无机固体）的三相分离，关键是使其中黏度大的吸附油解吸和破乳。为促使油从固体粒子表面分离，Surerldra 认为加入合适的电解质可增加系统的电荷密度，使它们取代油组分优先吸附在粒子表面，并使粒子更分散，为油从固体颗粒表面脱附创造更好的条件。

Jan 等分别发明了通过含油污泥调质-机械脱水工艺回收油的有关专利技术：通过投加表面活性剂、稀释剂（癸烷）、电解质（NaCl 溶液）或破乳剂（阴离子或非离子）、润湿剂（可增加固体微粒表面和水的亲合力）和 pH 调节剂等，并辅以加热减黏（最佳为 50℃以上）等调质手段。含油污泥经过调质后，使污泥的脱水、沉降性能得到很大的改善。

德国 OMW 炼厂和 ESSO 公司应用三相卧式螺旋离心机处理含油污泥，该工艺是把油泥加热至 60～80℃并预搅拌或加入有机絮凝剂，处理量 $60m^3/h$，可把含油污泥分为三相，由一台 Z42-3/441 离心机和油泥料泵、电气控制板和钢架组成了一个完整的处理系统。该离心机技术关键是可调叶轮工艺，可根据不同的油水密度差进行调节，在三相离心机后，用一台小型立式叠片分离机进行油相的精炼，可达到满意的处理效果。

在国外炼厂落地油、钻井废液、罐底油泥等含油废弃物的处理中，大部分采用调质-机械脱水的处理工艺，处理后的污泥大部分可以达到直接填埋处理的要求。但是，鉴于目前对废弃物填埋要求越来越严格的发展趋势，这种方法只能作为含油污泥的预处理方法，必将需要辅以后续的深度处理方法，使污泥的处置更彻底。

### 2. 溶剂萃取技术

萃取是某物质由一相（固相或液相）转移到另一相（为液相）内的相间传质过程，作为一种用以除去污泥所夹带的油和其他有机物的单元操作技术而被广泛研究，其中包括正处于开发阶段的超临界流体萃取。溶剂可分为有机溶剂和超临界溶剂，有机废物从污泥中被溶剂抽提出来后，通过蒸馏把溶剂从混合物中分离出来循环使用。萃取法处理含油污泥不但能有效去除泥中的油，也能有效去除其他微量有害物质。经萃取后大多数泥渣都能达到最佳常规污染控制技术（best demonstrated available technology，BDAT）的要求，回收油则可用于回炼。

早在1991年，炼油厂废物溶剂萃取已被美国环保局评定为最佳已验证可用工艺，它与污泥焚烧处理相比较，溶剂萃取工艺具有容易利用炼油厂现有设备等优点。用过的溶剂可以直接返回炼油厂或者增加辅助设施回收并使之在萃取系统内循环，可以大大降低处理费用，提高该工艺的经济效益。与其他方法相比，萃取法具有以下优越性：①工艺过程简单、快速、选择性高；②易于连续化和远距离操作；③有利于消除污染，改善环境；④节约能量。溶剂萃取在化工、冶金、环境及综合利用方面有广阔的发展前景，近年来随着我国石油化工工业的不断发展，为这项技术的推广奠定了更加稳定的基础，也开发了多种萃取剂和萃取装置，使萃取工艺能更好地应用于实际生产中。目前，在国外，由于成本高，萃取法还没有广泛应用于含油污泥处理。

### 3. 热处理技术

#### 1）化学热洗

化学热洗法（也称热脱附法）是美国环保局处理含油污泥优先采用的方法。目前主要用于落地油泥的处理。一般以热碱水溶液反复洗涤，再通过气浮实施固液分离。洗涤温度多控制在70℃左右，液固比2∶1，洗涤时间20min，能将含油率为30%的落地油泥洗至残油率1%以下。混合碱可由廉价的无机碱和无机盐组成，也可选用廉价的洗衣粉等。该方法能量消耗低，费用不高，但是目前单纯以回收污油为处理目的的工艺在油田应用较少。

#### 2）焚烧

焚烧是最彻底的含油污泥处理方法，它能使有机物全部碳化，杀死病原体，使有害的重金属离子固化于焚烧灰渣中，难于溶出，可以最大限度地减少污泥体积。另外，焚烧法处理污泥速度快，不需要长期储存和远距离运输，可以就地焚烧。长期以来一直被国外大多数油田及炼油厂采用，但它对污泥预处理脱水要求严格，污泥含水率达到38%以下时才可不需要辅助燃料直接燃烧。

法国、德国的石化企业多采用焚烧的方式，灰渣用于修路或埋入指定的灰渣填埋场，焚烧产生的热能用于供热发电。虽然焚烧仍是目前处理固体废物最彻底的主流工艺，但其缺点十分明显。处理设施投资大，处理费用高，有机物焚烧会产生二噁英等剧毒物质，通过热量利用进行能源回收的效率不高，同时为满足日益严格的大气环保标准，需配套复杂的烟气净化措施，增加了处理工艺成本。

3）热解吸

高温热处理是目前国外广泛用于含油污泥无害化处理的一种工艺。含油污泥在无氧条件下加热到水的沸点以上，烃类物质裂解温度以下的温度，使烃类物质及水蒸发出来，剩余泥渣能达到 BDAT 要求，烃类物质可以回收利用。

热解吸技术是 20 世纪 90 年代初国外迅速发展并获得应用的工艺，主要有 Heuer 等开发的包含低温（107～204℃）-高温（357～510℃）加热-蒸发-冷凝步骤的含油污泥处理工艺（已在欧洲多个国家申请了专利）。其中高温蒸发器出来的蒸汽可以作为低温蒸发器的热源，最后出来的泥渣满足填埋的要求。蒸汽冷凝后与离心机出来的离心液混合，经沉降后下层水可以排回污水处理场，上层含有大量的油及少量的细颗粒和水，加入药剂后再用离心机分离，泥渣返回到低温蒸发器，离心液经沉降后分离油和水。

国外报道了 Krebs、Geory 等利用锅炉排放的热废气干燥含油泥饼的专利技术及热解吸工艺。该热解吸工艺（也称焦化工艺）是在一个装有密钢叶片转子的反应器中，把污泥从 299℃加热至 399℃，并通入蒸汽，使烃类在复杂的水合和裂化反应中分离，并冷凝回收。这种工艺能从泥饼中回收油，泥渣达到直接填埋的要求。

Richard 等研究的“低温热处理”工艺，是通过密闭的温度为 250～450℃的旋转加热器把油类物质中的有机物和水蒸发出来，并用氮气作为载气送至蒸发物处理系统，残留物作燃料用。该工艺能使“固体废物”处理后达到 BDAT 要求，已商业化应用。

在路易斯安那炼油厂投运的热解吸装置，把含水 50％的“固体废物”用钢带输送到一密闭的温度分离为 121～954℃的干燥装置内进行处理。年处理泥饼 1400t，可回收 300t 油和 120t 可燃气。

与焚烧技术相比，在隔绝氧气的情况下，通过热解的方式将含油污泥中重质组分转化为轻质组分，可以将其中挥发性有机物（VOCs）和半挥发性有机物组分（SVOCs）进行回收，不仅具有较高的能量回收效率，而且低温还原性条件可使大多数金属元素固定在固体产物中，产生的烟气仅为焚烧法的 1/5，遏制了二噁英的生成，减少了大气污染。该方法作为一种处置彻底、速度快的污泥处理方法，正受到各国广泛重视。

4. 生物处理技术

与废水的生物处理法相类似，污泥的生物处理法作为一种处理效率高、运行安全、投资少的处理工艺，正在被国外各大炼油厂研究和采纳。自 1992 年美国 Gulf Coast 炼油厂建成污泥生物处理示范装置以来，生物处理装置已商业化并广泛应用。生物处理工艺目前主要有地耕法、堆肥法、生物反应器法等。

生物处理技术以其处理效果理想、处理和操作成本较低等优越性，逐步受到人们的青睐。一般是通过一定的前处理工艺（有的采用加入有机溶剂进行萃取，有的加入表面活性剂分离原油）回收大部分原油，然后利用生物处理油泥砂。目前，生物法应用的比较广泛。Lazar 等[11]分离出了六株对油泥中碳氢化合物有高降解活性的细菌，在实验室对 Otesti 油田油泥的降解测试表明，在动态（750mL 容量瓶内，200r/min 的摇床上）下，碳氢化合物去除率为 16.85%～51.85%。Mrayyana 等[12]从约旦某油田油泥中分离并富集了三株自然菌，并进行了实验室降解试验，结果表明，根据菌株和浓度的不同，油泥中总 TOC 的去除率为 0.3%～28%，当向试验瓶内加入氮、磷和硫组成的营养元素后，最大去除率可达 43%。Hahn 等[13]采用生物液/固处理工艺对含油污泥进行处理，并对其处理原理和评价此工艺性能所需的分析参数进行了论述。许增德等[14]经过对微生物的分离、筛选和诱导培养，选育到了合适的菌株，利用该菌株对含油污泥经厌氧处理后再进行好氧脱油实验，对污泥中脱出原油进行回收，结果表明，微生物降解实验中，随着时间的延长，油去除率越高，降解效果越明显，处理后的污泥达到排放标准。

此外，对于因泄油而造成突发污染事件，特别是污染面积大时，可以对土壤进行原位的生物修复。Vasudevan 等[15]应用分离出的土著微生物对石油污染的土壤进行了修复试验，分析了通风情况、无机营养和微生物种类等因素对除油效果的影响，并比较了麦糠和无机营养加入土壤后对碳氢化合物的降解效果，其去除率分别为 76%和 66%，同时细菌的数量也有一定程度的增加。Loehr 等[16]进行了原位生物修复石油污染土壤的研究，结果表明，生物修复能够有效地减少土壤内污染物浓度、毒性及其迁移性，在活性修复完成后，其浓度会进一步降低，并且没有有毒的副产品产生。Wei 等[17]等比较了生物扩增和堆肥化对油泥中总碳氢成分的去除效果，结果表明，前者去除率为 46%～53%，而后者为 31%，同时，如果加入一些营养物质，可以激活土著微生物，能够提高总碳氢的去除率，反之，加入一些抑制物质，石油几乎没有得到降解。

5. 电化学处理技术

电化学自从 1809 年就开始在科学和工业上应用，至今已有 200 多年左右的历史。在应用上主要有两种方式，一种是合成反应，即将一种化学物质转化为其他的物质；另一种则属于动力学方面的应用，即将离子物质从土壤中迁移出来。电化学工艺技术就是利用电化学原理，利用大地电场和低电压、低电流技术，在有机物和无机物之间引入氧化还原反应，将土壤中复杂的碳氢化合物分解为二氧化碳和水，并通过电动力去除重金属和小颗粒物质及水。

该方法的技术要点为通过破坏分子的尺寸进行液化（氧化还原反应），利用电化学原理使油迁移并利用电渗析原理去除水。该法可有效地去除土壤中的有机污染物[如 TPH、PAH、CVOCs、半挥发性氯化物、BTEX、氰化物、PCBs、杀虫剂、DF（二氧吲哚，呋喃）、MTBE、重金属等]。另外，该方法目前在采油上也有应用，其具有反应时间较短、不用拆除地面建筑物、适用范围广等优点。在从钻井液、废油池、泻湖中降解回收油、去除污染物和从地层水中回收油等领域有很多的应用。

6. 污泥回灌调剖技术

污泥回灌调剖技术是利用含油污水处理过程中产生的含油污泥，经添加分散剂、悬浮剂等化学药剂并进行配伍得到污泥调剖剂，用于注水井调剖。其原理是利用含油污泥中的固体颗粒、油组分及添加的化学药剂封堵砂岩油藏由于长期注水冲刷产生的水流通道，从而调整吸水剖面，提高注入水的效率，抑制油井含水上升速度，达到增油降水的目的。该调剖剂与其他的化学调剖剂相比，具有抗盐、抗高温、抗剪切性能优异、无风险注入的特点，便于大剂量调剖剂注入，不受矿化度、温度影响，有效期长，可广泛用于注水井的调水增油挖潜。污泥回灌调剖技术将含油污泥全部回灌地下，既解决了污水处理系统污泥大量淤积影响水质的问题，又解决了污泥的最终出路及二次污染问题，并且增油效果显著。与传统处理措施相比，经济效益和社会效益显著，为油田处理含油污泥找到了一条经济、有效的途径。处理后的含油污泥作为调剖剂需达到的技术指标为：含油污泥黏度低，不大于0.3Pa·s，可泵性好；加入悬浮剂后含油污泥悬浮性能好，沉降时间大于3h。

7. 其他处理技术

此外，国外的研究者还对含油污泥的综合利用进行了研究，例如，将含油污泥作为催化裂化装置分馏塔的油浆或焦化装置原料，或者从含油污泥中回收轻油、沥青等。

## 1.3 国内油田含油污泥处理技术

通过检索国内外的科技文献网查阅了近600多篇期刊论文，同时检索了相关专利70项，调研了大庆、胜利、辽河和大港等油田污泥处理的基本状况，总结出国内油田含油污泥处理技术主要有填埋、浓缩脱水、固化处理、化学除油、催化裂解或建材利用等。目前，国内油田对于含油污泥的处理和再利用仍处于实验研究和中试阶段，尚缺乏完善可靠的技术、工艺，缺少典型示范工程。大多数研究主要针对含油污泥中原油的回收，有关剩余含油污泥的净化处理的研究还处于起步阶段。各类处理方法都具有一定优缺点和使用局限性，具体见表 1.3。

**表 1.3　石油企业研究或应用的污泥处理方法**

| 处理方法与简易工艺 | 污泥的归属 | 应用情况 |
| --- | --- | --- |
| 筛分硫化-调质-离心 | 铺路基或垫井场 | 大庆油田 |
| 污泥＋吸附剂＋固化剂 | 集中堆放或用作铺路基 | 河南油田 |
| 油泥浓缩脱水后，加粉煤灰、水泥整体固化 | 集中堆放或用作铺路基 | 川中油田在废弃的钻井泥浆中有应用 |
| 用作燃料（焚烧） | — | 辽河油田、胜利油田 |
| 污泥未经处理，整体用于调剖堵水 | 实现了污泥彻底解决 | 辽河油田、胜利油田有少量的应用 |
| 催化裂解进行焦化处理 | 焦化后残留物达标排放 | 辽河油田中试试验 |

我国由于油田环境保护方面起步较晚，含油污泥的处理没有得到足够重视，目前成熟的应用工艺和实例较少。2003 年，辽河油田兴建了一座污泥处理站，采用焚烧法处理含油污泥，处理后固体废物用作建筑材料，该方法优点是工艺简单便于操作，缺点是含油污泥中具有价值的原油没有回收利用，并且焚烧过程产生大气污染。大庆油田污泥处理站的主要工艺为筛分流化-调质-离心工艺，其主体工艺及设备由德国引进。国内其他油田采用的污泥处理工艺也只是简单的浓缩和分离。

## 1.4　含油污泥处理技术的发展前景与展望

综上所述，含油污泥的处理措施众多，每种方法都有其自身的优缺点和适用范围。含油污泥直接填埋或将含油污泥脱水制成泥饼等简单处理措施是我国多数油田采用的主要方法，但这种方法带来了一定程度上的经济损失和环境污染。以回收原油为目的处理含油污泥的各种物理化学方法，主要适用于含油量较高的污泥，由于处理过程中需要额外添加成本昂贵的化学药剂及匹配的处理设施，处理过程复杂、成本较高，还会引起废水、废渣等二次污染问题，需要进一步处理利用。

在以上几种处理工艺中，污泥调质-机械脱水工艺、热解吸处理工艺及萃取处理工艺的共同优点是都可以起到含油污泥无害化处理和石油类物质资源回用的双重功效。含油污泥的生物处理法如果作为上述几种处理工艺处理后脱水污泥的补充处理方法，可以最大限度地减少最终排出污泥中的含油量；如果作为一种完全独立的含油污泥处理技术，如含油污泥的生物修复技术，由于石油类物质已经被降解，所以只能起到含油污泥无害化处理的效果，而不能进行石油类物质的回收再利用。含油污泥的处理工艺多种多样，各有所长，总体来说仅靠单一的处理工艺很难满足环保的要求，而且从目前的发展趋势来看，将各种工艺有机组合，加强污泥的深度处理是发展的趋势之一。随着各项处理技术的日臻完善，调质离心法、焚烧法等联合处理措施将是污泥前处理的主要方向，而对含油污泥进行深度处理时电化学生物耦合处理具有更广阔的发展前景。同时鉴于含油污泥中成分复杂，应及时分级、分阶段处理，从而达到含油污泥的无害化处理和资源化应用［中华人民共和国石油天然气行业标准《油田含油污泥处理设计规范》(SY/T 6851—2012)］。

# 第2章　含油污泥特性、检测方法及处理标准

## 2.1　含油污泥来源及特性

### 2.1.1　大庆油田含油污泥来源及特性

1. 大庆油田含油污泥来源

油田含油污泥的组成成分和污油存在形式极其复杂，污泥中含泥砂、垢质、杂草、石砾、建筑垃圾，并含有老化原油、腊质、沥青质、胶体、固体悬浮物、细菌、盐类、酸性气体、腐蚀产物等，还包括生产过程中投加的絮凝剂、缓蚀剂、阻垢剂、杀菌剂等水处理剂，油田开发过程中加入的压裂液、酸化液、发泡剂等。另外，由于大庆油田实施聚合物驱三次采油，造成含油污泥中所含化学成分还包括弱酸低温胶联剂、聚丙烯酰胺、硫化物等。含油污泥是一种极其稳定的悬浮乳状液，很难实现多相分离，从而使其处理技术的难度和成本增高。

大庆油田作为原油开采型企业，作业面积广，含油污泥种类多，每一种来源的含油污泥主要特点如下：

（1）游离水脱除器清理出来的物质包括污油、污泥和垢质，其中污泥含油量在10％左右，垢质较多，呈块状，块状物可以达到10kg以上。

（2）三相分离器清理出来的污泥，含油量为10％～30％，沉积物以细泥砂为主，泥砂底部含油量低，沉积牢固，泥砂上部与污油混合在一起，清理过程中造成污泥中的含油量很高。

（3）立式罐和回收水池清理出来的污泥，含油量大于30％。由于容器的面积大，容器内的污油无法回收干净，清理时污泥与上部污油混合在一起，污泥中的含油量最高。

（4）污油回收站的含油污泥，底部含油量少，在5％以下；上部含油量多；在清理时污油污泥搅拌在一起，含油量在20％以上。

（5）油水井作业、测试等产生一些污油、污水，这部分污油、污水落地后形成含油污泥，污泥的产生量不确定，污泥的含油量也不确定。

（6）基建施工、管线穿孔等也会产生落地污油，分布地点分散，污泥产生量及含油量不确定。

（7）偷盗原油过程中会产生落地污油，落地污油区域范围小，污泥含油量高，有的可以直接回收污油，但是绝大部分的污油与污泥混合在一起，回收困

难，泥中含油较高，少数污泥含油大于50%。

由于含油污泥的来源不同，其组分、性质也不尽相同。通过对各类含油污泥的取样分析，含油污泥一般含油15%～50%。污水沉降罐底泥外观为黑色，黏稠状，含油较多，乳化严重，颗粒细密，杂质较少，呈明显的分布较均匀的“油泥”形态；油罐底泥含油最多，杂质以沙石和泥为主；三相分离器底泥外观大多呈黑黄色，含油多、黏稠，颗粒较沉降罐底泥颗粒大，杂质较少，含油污泥形态较均匀；落地含油污泥中含有大颗粒砂石及杂草等杂质，密度较大，含油污泥分布极不均匀，含油污泥中原油、泥砂组分比例变化较大。含油污泥普遍存在流动性差的特点，冬季呈块状，高温时有黑色油液析出。尤其是污水沉降罐的底泥黏稠性高，污泥中的油、水、泥相互包裹，油和水乳化程度高。

2. 大庆油田含油污泥特性

1）含泥率、含水率分析

由于污泥的性质、成分差异很大，取部分来源的样品分析测试污泥的含泥率、含水率、含油率，见表2.1。由于井场含油污泥分布极不均匀，难以取得有代表性的样本，故无落地含油污泥的分析数据。

**表2.1 含油污泥质量组成表**

| 污泥来源 | 含水率/% | 含油率/% | 含泥率/% |
|---|---|---|---|
| 污水沉降罐底泥 | 28.0 | 49.8 | 22.2 |
| 油水分离器底泥 | 20.2 | 15.9 | 63.9 |
| 污水回收池混合泥 | 28.2 | 21.3 | 50.5 |

2）组成成分分析

(1) 阴阳离子。

大庆油田含油污泥中不仅含有大量的阳离子（如$Na^{+}$、$K^{+}$、$Ca^{2+}$、$Mg^{2+}$、$Ba^{2+}$、$Sr^{2+}$、$Fe^{2+}$等）和阴离子（如$Cl^{-}$、$SO_4^{2-}$、$CO_3^{2-}$、$HCO_3^{-}$等），而且还含有少量的重金属离子（如$Cr^{3+}$、$Cu^{2+}$、$Pb^{2+}$、$Hg^{2+}$、$Ni^{2+}$和$Zn^{2+}$等）。含油污泥中重金属含量分析结果见表2.2。

**表2.2 混合含油污泥重金属离子分析** （单位：mg/kg干污泥）

| 分析项目 | 污泥样品 | 《农用污泥中污染物控制标准》(GB 4284—1984) |
|---|---|---|
| pH | 7.66 | |
| 锌及其化合物（以Zn计） | 21.00 | 1000 |
| 铜及其化合物（以Cu计） | 4.00 | 500 |
| 铅及其化合物（以Pb计） | 100.00 | 1000 |
| 镉及其化合物（以Cd计） | 6.00 | 20 |
| 镍及其化合物（以Ni计） | 33.00 | 200 |
| 砷及其化合物（以As计） | 4.00 | 75 |

由表2.2可见，污泥中的主要重金属污染物小于《农用污泥中污染物控制标准》(GB 4284—1984) 的指标。

(2) 干污泥组成。

① 干污泥矿物组成。

对处理后的干污泥利用X射线衍射分析法，对泥土矿物组成进行了测试，结果见表2.3。

**表2.3　泥土矿物组成数据表**　(单位：%)

| 组　成 | 伊利石 | 高岭土 | 伊利石+蒙脱石 | 蒙脱石+绿泥石 | 备　注 |
|---|---|---|---|---|---|
| 样品一 | 20.3 | 71.2 | 5.9 | 2.6 | 八厂污泥 |
| 样品二 | 21.7 | 68.5 | 6.8 | 3.0 | 八厂污泥 |
| 样品三 | 23.1 | 70.2 | 5.1 | 1.6 | 一厂污泥 |

由表2.3可见，污泥中主要矿物组成是伊利石和高岭土，其含量占到总量的90%以上，伊利石+蒙脱石与蒙脱石+绿泥石含量之和不到总量的10%。上述测试数据与普通天然岩石中胶结物矿物组成测试结果是一致的，表明采出污泥的主要矿物组成是经水或聚合物溶液冲刷、脱落而被带出地面的油藏岩石胶结物。

② 污泥粒径。

脱水、脱油处理后的泥土是由不同粒径颗粒组成的混合物，对污泥样品所含泥土颗粒粒径及分布状况分析，见表2.4，样品一中0.071mm以下的泥土颗粒占到总数的70.18%，0.25mm以上的为14.34%，0.071～0.25mm的只有15.5%。而在样品二中0.071mm以下泥土颗粒占总数的30.40%，0.25mm以上的为5.43%，0.071～0.25mm的高达64.17 %。两个样品虽然取自同一采油厂，但它们粒径分布存在较大差异。样品三中0.071mm以下泥土颗粒占到总数的48.2%，0.25mm以上仅为2.3%，0.071～0.25mm的为49.5%。一厂污泥与八厂污泥样品相比较，粒径较大颗粒所占比例较小。

**表2.4　污泥样品颗粒大小及其分布数据表**

<table>
<tr><td rowspan="3">样品一</td><td>粒径范围/mm</td><td>≥0.25</td><td>0.25～0.112</td><td>0.112～0.09</td><td>0.09～0.071</td><td colspan="2">≤0.071</td></tr>
<tr><td>质量分数/%</td><td>14.34</td><td>6.75</td><td>3.75</td><td>5.02</td><td colspan="2">70.18</td></tr>
<tr><td>累计质量分数/%</td><td>14.34</td><td>21.09</td><td>24.84</td><td>29.86</td><td colspan="2">100</td></tr>
<tr><td rowspan="3">样品二</td><td>粒径范围/mm</td><td>≥0.25</td><td>0.25～0.112</td><td>0.112～0.09</td><td>0.09～0.071</td><td colspan="2">≤0.071</td></tr>
<tr><td>质量分数/%</td><td>5.43</td><td>22.26</td><td>8.37</td><td>33.54</td><td colspan="2">30.40</td></tr>
<tr><td>累计质量分数/%</td><td>5.43</td><td>27.69</td><td>36.06</td><td>69.60</td><td colspan="2">100</td></tr>
<tr><td rowspan="3">样品三</td><td>粒径范围/mm</td><td>≥0.25</td><td>0.25～0.112</td><td>0.112～0.09</td><td>0.09～0.071</td><td>0.063～0.071</td><td>≤0.063</td></tr>
<tr><td>质量分数/%</td><td>2.3</td><td>23.9</td><td>13.7</td><td>11.9</td><td>2.0</td><td>46.2</td></tr>
<tr><td>累计质量分数/%</td><td>100</td><td>97.7</td><td>73.8</td><td>60.1</td><td>48.2</td><td>46.2</td></tr>
</table>

（3）有机成分组成。

含油污泥中自然存在的有机化合物主要分为四类，即脂肪烃和环烷酸、芳香烃、极性化合物和脂肪酸。采自不同地点的污泥，这些化合物的相对含量和相对分子质量分布变化很大，见表 2.5。

**表 2.5　混合含油污泥中主要有机污染物**

| 分子式 | 相对分子质量 |
| --- | --- |
| $C_{11}H_{25}N$ | 171 |
| $C_{15}H_{30}O_2$ | 242 |
| $C_{24}H_{38}O_4$ | 390 |
| $C_{22}H_{38}O_2$ | 334 |
| $C_{22}H_{38}O_2$ | 322 |
| $C_{19}H_{40}$ | 254 |
| $C_{23}H_{28}O_7$ | 416 |
| $C_{12}H_{22}O_3$ | 209 |
| $C_{15}H_{30}O_3$ | 258 |
| $C_{12\sim18}$-*n*-alkane | |

混合含油污泥样品中含油量 $2\times10^5$mg/kg，《农用污泥中污染物控制标准》(GB 4284—1984) 中矿物油含量 3000mg/kg，油类指标超标严重。

如图 2.1 所示，含油污泥中脂肪烃和环烷烃的含量范围较宽，碳原子数低于 5 的脂肪烃极易溶解于水，是主要的挥发性有机碳。芳香烃化合物和脂肪烃化合物在含油污泥中含量较高，而极性化合物和脂肪酸化合物次之。芳香烃化合物特别是苯、甲苯、乙苯和萘，它们溶解于水中，构成了含油污泥中的溶解性化合物。

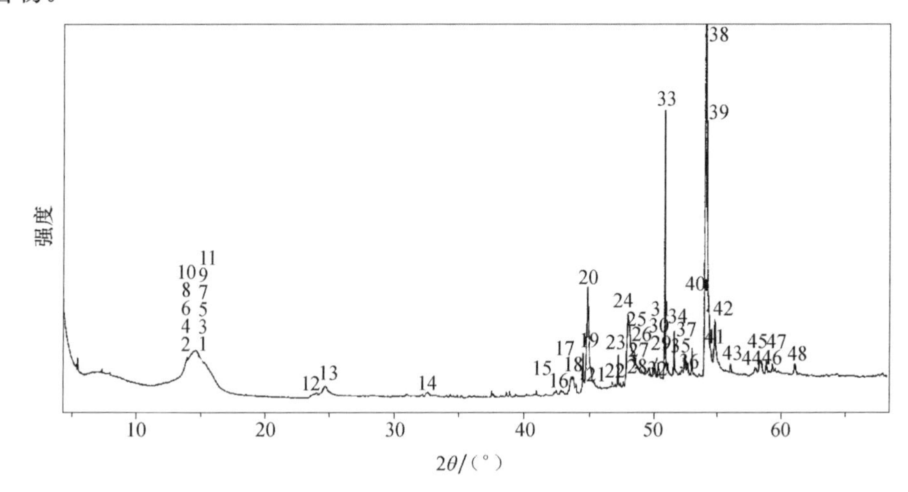

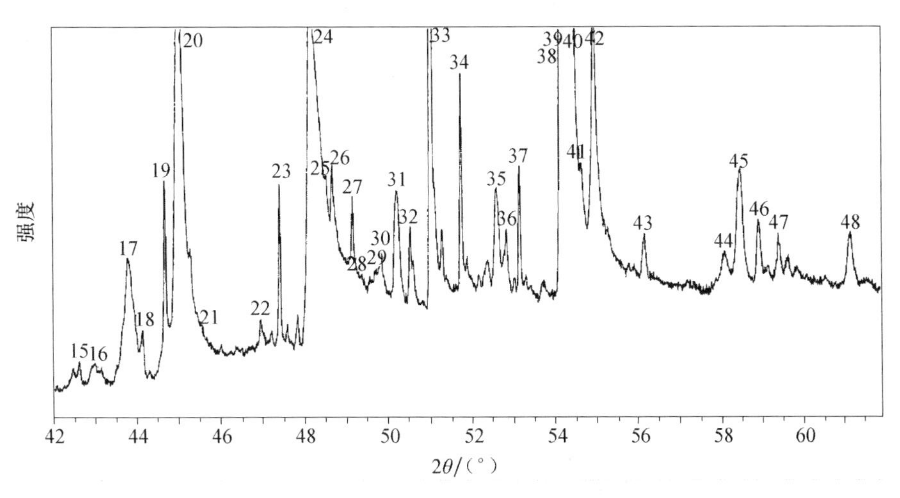


图 2.1　混合含油污泥中主要有机污染物测定谱图

(4) 含油污泥中原油与大庆原油的对比。

大庆油田内部不同区块的原油性质也有不同，各区块原油的物理化学特性见表 2.6 和表 2.7。

**表 2.6　大庆油田不同区块原油的物理性质**

| 序号 | 饱和蒸气压/kPa | | 密度/(kg/m³) | 运动黏度/(mm²/s) | | 动力黏度/(mPa·s) | | 开口闪点/℃ | 燃点/℃ | 凝点/℃ |
|---|---|---|---|---|---|---|---|---|---|---|
| | 37.8℃ | 45.0℃ | 20℃ | 40℃ | 50℃ | 40℃ | 50℃ | | | |
| 1 | 8.1 | 10.9 | 858.4 | 88.20 | 27.92 | 74.45 | 23.36 | 34 | 50 | 29 |
| 2 | 14.2 | 22.6 | 861.8 | 39.94 | 27.41 | 33.85 | 23.03 | 41 | 51 | 32 |
| 3 | 17.5 | 23.7 | 863.6 | 38.21 | 27.55 | 32.45 | 23.20 | 29 | 36 | 28 |
| 4 | 6.8 | 19.8 | 856.8 | 33.79 | 19.94 | 28.46 | 16.65 | 43 | 50 | 34 |
| 5 | 8.7 | 14.7 | 867.6 | 65.90 | 34.71 | 56.24 | 29.37 | 50 | 60 | 28 |
| 6 | 17.5 | 23.8 | 860.3 | 47.19 | 26.12 | 39.92 | 21.91 | 39 | 55 | 28 |
| 10 | 13.1 | 15.4 | 872.6 | 68.91 | 37.32 | 59.16 | 31.77 | 49 | 59 | 29 |
| 11 | 15.8 | 22.4 | 859.5 | 64.43 | 27.13 | 54.45 | 22.74 | 39 | 55 | 25 |
| 12 | 10.2 | 14.9 | 858.0 | 38.94 | 21.91 | 32.85 | 18.33 | 53 | 65 | 27 |
| 13 | 11.3 | 15.6 | 865.2 | 92.13 | 30.87 | 78.40 | 26.05 | 39 | 51 | 33 |
| 14 | 7.8 | 15.2 | 867.0 | 112.40 | 36.06 | 95.87 | 30.49 | 46 | 60 | 33 |
| 15 | 13.4 | 20.1 | 871.7 | 74.55 | 38.94 | 63.99 | 33.12 | 43 | 61 | 29 |
| 16 | 7.3 | 11.4 | 872.5 | 127.30 | 42.13 | 109.20 | 35.87 | 45 | 63 | 33 |
| 17 | 22.6 | 31.5 | 858.4 | 72.11 | 32.67 | 60.66 | 27.24 | 33 | 37 | 25 |
| 18 | 13.6 | 19.0 | 865.0 | 87.27 | 31.27 | 74.25 | 26.38 | 40 | 58 | 33 |
| 19 | 19.1 | 28.2 | 851.7 | 43.57 | 18.91 | 36.48 | 15.69 | 37 | 51 | 27 |
| 20 | 12.7 | 20.6 | 857.7 | 55.55 | 20.73 | 46.85 | 17.33 | 40 | 58 | 31 |
| 21 | 7.7 | 17.3 | 853.7 | 35.59 | 22.72 | 29.87 | 18.90 | 36 | 46 | 30 |
| 22 | 6.2 | 11.4 | 862.9 | 181.90 | 28.34 | 154.30 | 23.84 | 70 | 84 | 33 |

续表

| 序号 | 饱和蒸气压/kPa | | 密度/(kg/m³) | 运动黏度/(mm²/s) | | 动力黏度/(mPa·s) | | 开口闪点/℃ | 燃点/℃ | 凝点/℃ |
|---|---|---|---|---|---|---|---|---|---|---|
| | 37.8℃ | 45.0℃ | 20℃ | 40℃ | 50℃ | 40℃ | 50℃ | | | |
| 23 | 12.5 | 16.1 | 855.3 | 85.62 | 22.91 | 72.00 | 19.10 | 31 | 49 | 31 |
| 24 | 22.2 | 27.7 | 854.5 | 138.70 | 25.80 | 116.50 | 21.49 | 36 | 46 | 32 |
| 25 | 15.3 | 19.7 | 863.1 | 93.56 | 36.00 | 79.42 | 30.30 | 50 | 62 | 33 |
| 26 | 5.4 | 8.2 | 865.5 | 79.51 | 34.89 | 67.69 | 29.45 | 59 | 79 | 33 |
| 27 | 14.2 | 17.9 | 867.7 | 119.10 | 37.26 | 101.70 | 31.51 | 53 | 64 | 33 |
| 28 | 13.6 | 17.0 | 867.3 | 185.60 | 44.12 | 155.80 | 37.32 | 51 | 65 | 33 |
| 29 | 29.9 | 37.4 | 842.8 | 52.41 | 19.68 | 43.40 | 16.15 | 39 | 52 | 32 |
| 30 | 19.4 | 25.5 | 847.5 | 89.97 | 26.38 | 74.95 | 21.78 | 30 | 40 | 31 |

**表 2.7　大庆油田不同区块原油的化学性质**

| 序号 | 硫含量/% | 酸值/(mg KOH/g) | 蜡/% | 胶质/% | 沥青质/% | 残炭/% | 灰分/% | 氮/(μg/g) | 相对分子质量 | 机械杂质/% |
|---|---|---|---|---|---|---|---|---|---|---|
| 1 | 0.09 | 0.02 | 25.30 | 8.16 | 1.00 | 2.54 | 0.004 | 1149 | 305 | 0.014 |
| 2 | 0.15 | 0.04 | 30.84 | 9.16 | 0.60 | 2.86 | 0.005 | 1240 | 274 | 0.026 |
| 3 | 0.18 | 0.02 | 25.72 | 8.43 | 0.40 | 3.12 | 0.003 | 1329 | 340 | 0.018 |
| 4 | 0.10 | 0.02 | 33.56 | 10.16 | 0.44 | 1.86 | 0.016 | 1128 | 286 | 0.028 |
| 5 | 0.10 | 0.03 | 32.13 | 9.12 | 0.60 | 3.39 | 0.001 | 1347 | 337 | 0.024 |
| 6 | 0.10 | 0.02 | 34.84 | 10.44 | 0.50 | 2.83 | 0.004 | 1246 | 367 | 0.021 |
| 7 | 0.07 | 0.03 | 33.73 | 8.04 | 0.28 | 1.25 | 0.003 | 1074 | 277 | 0.015 |
| 8 | 0.10 | 0.01 | 29.91 | 8.23 | 0.88 | 2.42 | 0.004 | 1286 | 349 | 0.019 |
| 9 | 0.10 | 0.02 | 29.62 | 7.88 | 0.98 | 3.24 | 0.003 | 1379 | 353 | 0.018 |
| 10 | 0.12 | 0.02 | 36.28 | 10.64 | 0.84 | 3.87 | 0.007 | 1391 | 365 | 0.022 |
| 11 | 0.11 | 0.02 | 34.94 | 9.02 | 0.76 | 2.67 | 0.004 | 1243 | 303 | 0.016 |
| 12 | 0.09 | 0.01 | 30.46 | 7.76 | 1.04 | 2.40 | 0.006 | 1286 | 282 | 0.016 |
| 13 | 0.10 | 0.03 | 31.11 | 9.79 | 0.78 | 2.78 | 0.003 | 1291 | 361 | 0.014 |
| 14 | 0.10 | 0.03 | 30.68 | 10.00 | 0.75 | 3.17 | 0.002 | 1233 | 373 | 0.019 |
| 15 | 0.10 | 0.03 | 31.06 | 9.54 | 0.63 | 3.77 | 0.003 | 1326 | 398 | 0.020 |
| 16 | 0.10 | 0.04 | 30.30 | 9.10 | 0.44 | 3.82 | 0.002 | 1334 | 403 | 0.022 |
| 17 | 0.09 | 0.03 | 26.70 | 7.54 | 0.32 | 1.52 | 0.003 | 1269 | 284 | 0.018 |
| 18 | 0.09 | 0.03 | 27.80 | 7.60 | 0.24 | 2.71 | 0.004 | 1247 | 298 | 0.019 |
| 19 | 0.10 | 0.03 | 27.62 | 7.79 | 0.92 | 1.87 | 0.008 | 1134 | 306 | 0.018 |
| 20 | 0.10 | 0.04 | 26.78 | 7.86 | 1.07 | 2.06 | 0.005 | 1198 | 313 | 0.020 |
| 21 | 0.09 | 0.04 | 27.68 | 7.84 | 0.80 | 1.95 | 0.004 | 1164 | 280 | 0.016 |
| 22 | 0.09 | 0.04 | 35.60 | 7.79 | 0.79 | 2.29 | 0.004 | 1246 | 284 | 0.017 |
| 23 | 0.08 | 0.01 | 26.43 | 7.57 | 0.34 | 2.06 | 0.003 | 1502 | 353 | 0.015 |
| 24 | 0.08 | 0.02 | 26.61 | 7.04 | 0.58 | 2.41 | 0.005 | 1527 | 306 | 0.020 |
| 25 | 0.11 | 0.02 | 25.55 | 6.59 | 0.16 | 3.10 | 0.005 | 1792 | 305 | 0.016 |
| 26 | 0.10 | 0.01 | 26.72 | 6.66 | 0.18 | 2.68 | 0.006 | 1565 | 385 | 0.022 |
| 27 | 0.10 | 0.03 | 28.14 | 7.24 | 0.73 | 3.62 | 0.007 | 1888 | 345 | 0.021 |
| 28 | 0.11 | 0.05 | 29.08 | 7.91 | 0.98 | 3.33 | 0.005 | 1878 | 365 | 0.025 |
| 29 | 0.06 | 0.01 | 25.99 | 5.68 | 0.29 | 1.61 | 0.004 | 1121 | 258 | 0.014 |
| 30 | 0.08 | 0.07 | 30.68 | 9.74 | 0.63 | 1.63 | 0.004 | 1467 | 295 | 0.013 |

注：相对分子质量为原油的平均相对分子质量。

由表2.6和表2.7可见，大庆原油20℃密度为842.8～872.6kg/m³，属中质原油；50℃的运动黏度为18.91～44.12mm²/s，低于100mm²/s，属低黏原油，便于管道运输；凝点变化范围在25～33℃，各油区之间的凝点变化较小；硫含量为0.06%～0.12%，原油硫含量<0.5 %，按照原油分类属低硫原油；酸值<0.1mgKOH/g，在原油储运及加工时对设备腐蚀性小；残炭含量1.61%～3.87%；蜡含量25.30%～36.28%，属高含蜡原油；胶质5.68%～10.64%，胶质含量较高；沥青质含量0.16%～1.07%，沥青质较低；氮含量均在2000μg/g以下。

综上所述，大庆原油属低硫石蜡基原油，其主要特点是含蜡量高，环状烃含量较低，硫含量低，对生物降解最不敏感的沥青质含量也较低，这些特点有利于对原油污染土壤及含油污泥的生物修复。

大庆油田普通原油和含油污泥中原油对比见表2.8。

**表2.8　大庆油田普通原油和含油污泥中原油对比**

| 原油来源 | 相对密度 | 黏度（50℃）/(mP·s) | 凝固点/℃ | 含蜡/% | 沥青/% | 含硫/% | 残炭/% | 馏分组成/% | | |
|---|---|---|---|---|---|---|---|---|---|---|
| | | | | | | | | 初馏点/℃ | <200℃ | <300℃ |
| 普通 | 0.875 | 17.4 | 24.0 | 28.6 | 0.3 | 0.15 | 2.5 | 88 | 14 | 28 |
| 样品一 | 0.892 | 19.8 | 26.3 | 31.2 | 0.6 | 0.17 | 2.6 | 91 | 12 | 25 |
| 样品二 | 0.887 | 18.9 | 25.8 | 30.7 | 0.8 | 0.16 | 2.7 | 89 | 13 | 26 |
| 样品三 | 0.882 | 18.4 | 25.4 | 29.8 | 0.77 | 0.16 | 2.6 | 90 | 13 | 27 |

由表2.8可见，普通的原油和含油污泥的原油性质相似，只是原油中重质成分有所增加，导致黏度、凝固点、含硫和残炭量略有增加。污泥中分离出来的原油性质与普通原油性质没有明显变化，不影响原油的正常利用。

（5）化学药剂。

在原油集输及处理过程中投加了多种化学药剂，这些化学药剂具有重要的作用（如缓蚀、阻垢、防蜡、杀菌、破乳等）。

不同的采油厂所采用化学药剂的类型和数量不同。根据这些化学药剂在油、气和水三相中的相对溶解度，不同的化学药剂分别进入油、气、水三相，其浓度不同。表面活性剂可以进入任何液相，但是在采油过程中有些表面活性剂要被消耗。就目前的技术手段来说，要评估这些化学药剂的数量和类型非常困难，因此对此类指标未进行测定。

通过对大庆油田含油污泥样品的分析，可以初步得出以下几个结论：

① 含油污泥中含油量差异较大。

② 矿物油的成分变化较大。

③ 高相对分子质量的烃类和脂肪酸较多。

④ 黏土矿物含量较少，原生矿物较多，人为投加的重晶石比例大。

⑤ 固体成分颗粒较大。

### 2.1.2 辽河油田含油污泥来源及特性

1. 辽河油田含油污泥的来源

含油污泥按来源主要分为：井场含油污泥、联合站油区含油污泥、联合站水区含油污泥。

1）井场含油污泥

井场含油污泥在油井作业过程中产生。井场含油污泥含油、含泥砂较多，可闻到明显的油味，外观与沙土类似，但颜色偏黑，含杂质（如稻草、石块、塑料）很多。

目前落地含油污泥主要采用化学热洗的方法处理。化学热洗工艺的基本原理就是对落地含油污泥进行热水漂洗和化学药剂处理，然后进行油、水、泥砂三相分离。采用本工艺可回收大部分原油，最大回收率可达 80%，但回收的油品性质较差，不能直接进入集输系统，需要进一步处理；分离出来的污水含油率较高，不能达标外排，而且含油污泥处理厂远离联合站，污水运输成本较大，往往就地排放，对当地环境造成严重影响；分离出来的泥砂类物质含油率一般在 5%左右，远高于国家颁布的农用污泥标准［现含油污泥堆放的含油标准未定，暂执行《农用污泥中污染物控制标准》（GB 4284—1984）］；此方法处理不彻底，存在严重的二次污染。

2）联合站油区含油污泥

联合站油区含油污泥主要指油气集输部分产生的含油污泥，主要为储油罐的底泥。各联合站油罐均需定期进行清罐。排出的泥含油量多，杂质以沙石和泥为主。在特稠油处理站，清罐需要频繁进行。

部分油区含油污泥进行了化学热洗，但大部分含油污泥目前未加任何处理，主要在联合站附近污油池中堆放，既占用了土地，又污染了周围的环境，同时也制约了污水处理站的发展。

3）联合站水区含油污泥

联合站水区含油污泥主要指含油污水处理站产生的含油污泥。含油污水处理站产生的含油污泥主要是由调节罐、浮选机、除油罐等处理单元产生的含油污泥。该含油污泥大部分经过污水处理站内的污泥脱水处理，污泥脱水后一般含水率可达到 70%～80%，仅起到减量化的作用，达不到无害化和资源化的目标，需要做进一步的处理（表 2.9）。

表2.9　辽河油田主要联合站浮渣状况调查

| 联合站 | 污水处理量/($m^3$/d) | 气浮方式 | 浮渣状况 | 产量/($m^3$/d) | 分析结果/% | | | 现有处理方式 | 备　注 |
|---|---|---|---|---|---|---|---|---|---|
| | | | | | 油 | 泥 | 水 | | |
| 洼一 | 3500 | 溶气式 | 有 | 2～3 | 0.58 | 1.83 | 97.59 | 压滤 | — |
| 兴一 | 2000 | 溶气式 | 有 | — | — | — | — | 回沉降罐 | 稀油 |
| 兴二 | 6300 | 溶气式 | 少量 | — | — | — | — | — | 非典型浮渣 |
| 曙四 | 4500 | 溶气式 | 有 | 10 | 0.58 | 2.96 | 96.46 | 压滤 | — |
| 欢二 | 11000 | 溶气式 | 少量 | 30（油） | 8.06 | 1.63 | 90.31 | 回沉降罐 | 非典型浮渣 |
| 欢四 | 8000 | 引气式 | 少量 | — | 0.15 | 0.26 | 99.59 | — | 非典型浮渣 |
| 锦采 | 15000 | 溶气式 | 有 | 50 | 0.29 | 0.85 | 98.86 | 混 | — |
| 高二 | 1150 | 射流 | 少量 | — | — | — | — | — | — |
| 冷东 | 8500～9000 | 溶气式 | 有 | 50 | 1.78 | 1.52 | 96.70 | 混 | — |

2. 辽河油田含油污泥的特性

目前辽河油田联合站产生含油污泥 $2.4\times10^5$ t/a（90%～95%），折合成70%含水率为 $5.4\times10^5$ t/a，其质量组成见表2.10。

表2.10　含油污泥（浮渣）质量组成表

| 样品（原样） | 颜　色 | pH | 含水率/% | 含泥率/% | 含油率/% |
|---|---|---|---|---|---|
| 洼一联1 | 棕黑色 | 7 | 97.19 | 2.28 | 0.60 |
| 洼一联1 | 棕黑色 | 7 | 98.23 | 1.42 | 0.39 |
| 洼一联3 | 棕黑色 | 7 | 97.54 | 1.95 | 0.49 |
| 洼一联4 | 棕黑色 | 7 | 97.25 | 1.96 | 0.75 |
| 洼一联5 | 棕黑色 | 7 | 97.85 | 1.66 | 0.48 |
| 洼一联6 | 棕黑色 | 7 | 97.51 | 1.77 | 0.67 |
| 洼一联7 | 棕黄色 | 7 | 97.60 | 1.72 | 0.74 |
| 洼一联8 | 棕黑色 | 7 | 96.91 | 1.91 | 0.56 |
| 洼一联9 | 棕黑色 | 7 | 96.75 | 2.12 | 0.97 |
| 洼一联10 | 棕黑色 | 7 | 97.10 | 1.82 | 0.89 |
| 平均值 | | | 97.39 | 1.86 | 0.65 |
| 曙四1 | 灰黄色 | 7 | 96.52 | 2.97 | 0.59 |
| 曙四2 | 灰黄色 | 7 | 96.52 | 2.95 | 0.57 |
| 曙四3 | 灰黄色 | 7 | 96.68 | 2.84 | 0.61 |
| 曙四4 | 灰黄色 | 7 | 96.66 | 2.73 | 0.51 |
| 平均值 | | | 96.59 | 2.87 | 0.57 |
| 锦采1 | 灰白色 | 7 | 98.81 | 0.87 | 0.28 |
| 锦采2 | 灰白色 | 7 | 98.85 | 0.83 | 0.30 |
| 锦采3 | 灰白色 | 7 | 98.88 | 0.85 | 0.28 |
| 锦采4 | 灰白色 | 7 | 98.74 | 0.81 | 0.37 |
| 平均值 | | | 98.82 | 0.84 | 0.31 |
| 欢二联1 | 黑色 | 7 | 89.59 | 1.48 | 8.05 |

续表

| 样品（原样） | 颜色 | pH | 含水率/% | 含泥率/% | 含油率/% |
|---|---|---|---|---|---|
| 欢二联 2 | 黑色 | 7 | 88.78 | 1.59 | 7.27 |
| 欢二联 3 | 黑色 | 7 | 89.28 | 1.82 | 8.87 |
| 欢二联 4 | 黑色 | 7 | 90.51 | 1.62 | 7.52 |
| 平均值 | | | 89.21 | 1.63 | 8.06 |
| 欢四联 1 | 棕黑色 | 7 | 99.56 | 0.22 | 0.23 |
| 欢四联 2 | 棕黑色 | 7 | 99.52 | 0.37 | 0.15 |
| 欢四联 3 | 棕黑色 | 7 | 99.65 | 0.20 | 0.07 |
| 平均值 | | | 99.58 | 0.26 | 0.15 |

1）外观

（1）井场含油污泥：外观与沙土类似，颜色偏黑，含油量较少，但可闻到明显油味，含杂质较多。

（2）联合站油区含油污泥：外观为黑色黏稠液体，含水率较低，含油量较高，温度降低呈块状，温度升高软化，高温具有黑色油流出，具有挥发性。

（3）联合站水区含油污泥：外观为黑色液体、含水率较高颗粒细密，泥砂较少，具有挥发性。

2）组成成分分析

（1）阴阳离子。

辽河油田含油浮渣中不仅含有大量的阳离子，如 $Na^{+}$、$K^{+}$、$Ca^{2+}$、$Mg^{2+}$ 等，还含有一些阴离子，如 $Cl^{-}$、$SO_4^{2-}$、$CO_3^{2-}$、$HCO_3^{-}$ 等，而且还含有少量不同种类的重金属化合物，如含 Cr、Cu、Pb、Zn 的盐类等。

（2）干污泥组成。

① 干污泥矿物组成。

所用含油浮渣中所含的矿物成分由次生矿物和原生黏土矿物两类组成，以原生黏土矿物为主，主要为高岭石、绿泥石、蒙脱石、伊利石、混层矿物和一些氧化物及氢氧化物，见表 2.11～表 2.15；次生矿物主要为石英、正长石、斜长石、方解石和白云石等。

**表 2.11　含油浮渣中黏土分析**

| 样品 | 质量分数/% | | | | | 混层比/% |
|---|---|---|---|---|---|---|
| | 蒙脱石 | 伊蒙混层 | 伊利石 | 高岭石 | 绿泥石 | |
| 洼一 | 21.6 | | 13.1 | 52.3 | 13.1 | |
| 欢二 | | 30.8 | 18.0 | 9.0 | 42.3 | 30 |
| 欢四 | | 31.3 | 8.4 | 14.1 | 46.2 | 30 |
| 冷东 | | 23.8 | 20.3 | 27.3 | 28.6 | 52 |
| 曙四 | 76.0 | | 5.8 | 14.5 | 3.7 | |
| 锦采 | 69.1 | | 13.6 | 12.7 | 4.5 | |

**表 2.12　黏土矿物的机械组成（洼一）**

| 样品号 | 质量分数/% | | | | | 混层比/% |
|---|---|---|---|---|---|---|
| | 蒙脱石 | 伊蒙混层 | 伊利石 | 高岭石 | 绿泥石 | |
| 1 | | 38.6 | 39.3 | 12.0 | 10.0 | 54 |
| 2 | | 23.8 | 20.3 | 27.3 | 28.6 | 52 |
| 3 | | 37.4 | 28.1 | 17.1 | 17.4 | 65 |
| 4 | | 29.0 | 33.9 | 18.4 | 18.8 | 61 |
| 5 | | 25.2 | 38.9 | 18.7 | 17.2 | 66 |
| 6 | | 25.7 | 38.9 | 17.2 | 18.1 | 76 |
| 7 | | 39.2 | 30.3 | 16.3 | 14.2 | 72 |
| 8 | | 17.9 | 48.4 | 16.9 | 16.8 | 63 |
| 9 | | 20.5 | 36.3 | 22.4 | 20.8 | 63 |
| 10 | | 6.8 | 48.1 | 22.3 | 22.9 | 36 |

**表 2.13　黏土矿物的机械组成（锦采）**

| 样品号 | 质量分数/% | | | | | 混层比/% |
|---|---|---|---|---|---|---|
| | 蒙脱石 | 伊蒙混层 | 伊利石 | 高岭石 | 绿泥石 | |
| 1 | 69.1 | | 13.6 | 12.7 | 4.5 | — |
| 2 | 77.8 | | 11.9 | 6.3 | 4.0 | — |
| 3 | 50.4 | | 30.4 | 12.7 | 6.5 | — |
| 4 | 69.6 | | 16.1 | 9.4 | 4.9 | — |
| 5 | 48.8 | | 35.9 | 10.2 | 5.1 | — |
| 6 | 57.4 | | 29.7 | 8.1 | 4.8 | — |

**表 2.14　黏土矿物的机械组成（曙四）**

| 样品号 | 质量分数/% | | | | | 混层比/% |
|---|---|---|---|---|---|---|
| | 蒙脱石 | 伊蒙混层 | 伊利石 | 高岭石 | 绿泥石 | |
| 1 | 76.0 | | 5.8 | 14.5 | 3.7 | — |
| 2 | 90.1 | | 1.9 | 7.3 | 0.7 | — |

**表 2.15　黏土矿物的机械组成（洼一）**

| 样品号 | 质量分数/% | | | | | 混层比/% |
|---|---|---|---|---|---|---|
| | 蒙脱石 | 伊蒙混层 | 伊利石 | 高岭石 | 绿泥石 | |
| 1 | 21.6 | | 13.1 | 52.3 | 13.1 | — |

② 污泥粒径黏土矿物比表面积及污泥粒度。

比表面积是黏粒或颗粒基本的表面性质。黏土之所以具有较高的活性与其巨大的比表面积分不开，它是评价化学活性的一项指标。应当指出，同一矿物或胶体比面积的差异不仅表现在面积的大小，而且与表面形状有关，不同的黏土矿物之间更是如此，见表2.16。

**表2.16 黏土矿物比面积的分析** （单位：$m^2/g$）

| 矿物名称 | 范　围 | 矿物名称 | 范　围 |
|---|---|---|---|
| 蒙皂石 | 600～800 | 白云石 | 17～90 |
| 蛭石 | 720～780 | 菱锰矿 | 22～89 |
| 伊利石 | 90～130 | 三水铝石 | 47～58 |
| 高岭石 | 10～21 | 绿泥石 | 73～117 |
| 水铝英石 | 500～700 | 方解石 | 16～20 |
| 无定形氧化铁 | 203～600 | 斜长石 | 95±5 |
| 纤铁矿 | 108～187 | 钾长石 | 5±1 |

（3）浮渣中的原油性质。

含油气浮浮渣的主要特点是含水率高、黏稠度大；含泥量、含油量低，呈半固体，流动性差（表2.17）。另外，含油浮渣中胶质、沥青质等成分多，且与生产工序中加入的乳化剂、降黏剂等各种有机聚合物结合稳定，与固体颗粒吸附后形成的胶体非常稳定，增加了破乳分离过程的难度，在界面机制、分离机制、脱水方式等方面都具有特殊性。

**表2.17 浮渣提取油油品分析**

| 油　样 | 密度/(g/cm³) | 黏度（50℃)/(mPa·s) | 凝点/℃ | 胶质、沥青质/% | 机械杂质/% |
|---|---|---|---|---|---|
| 锦采 | 0.9630 | 8947.3 | 7.6 | 27.8 | 0.25 |
| 冷东 | 0.9795 | 17652.7 | 13.7 | 29.2 | 0.34 |
| 欢四 | 0.9621 | 32471.5 | 19.1 | 24.3 | 0.24 |
| 曙四 | 0.9814 | 4785.3 | 45.2 | 32.1 | 0.22 |
| 洼一 | 0.9321 | 3242.1 | 5.4 | 21.1 | 0.41 |

### 2.1.3 大港油田含油污泥来源及特性

1. 大港油田含油污泥的来源

原油在集输、脱水处理和储存过程中都会产生大量的底泥或细沙，通过对大港油田各个联合站的现场调查表明，油田含油污泥主要来自沉降罐底泥，三相分离器或油水分离器的底排污，原油储罐底泥，污水沉降罐底排污，过滤器反冲洗排污，污水处理系统使用的絮凝剂或其他助剂，各类罐顶回收的污油，系统的腐蚀产物等。系统内含油污泥目前主要集中排放到污泥池或污泥干化池，经长期沉积后定期清理运走，大港油田各联合站及污水处理站的含油污泥产量见表2.18。生产运行中，实际进入污泥池的污泥含水率为95%～99%。

**表 2.18　大港油田各联合站及污水处理场产生含油污泥量**

| 取样地点 | 含油污泥量 | 清运周期 | 备　注 |
|---|---|---|---|
| 炼厂污水处理场 | 三泥和浮渣 60～100m³/d | 每天 | 污水处理量每天 200m³，产泥量按 1%计算，外排量按 0.01%计算 |
| 炼油厂原油罐 | 约 300t/罐 | 2 年清 1 次 | 4 个 10000m³、4 个 5000m³、1 个 2000m³ 高凝原油储罐 |
| 西一联合站 | 约 1000t | 1 年清 1 次砂 | 1 个沉砂池和 1 个含油污泥池 |
| 西二联合站 | 700t/罐 | 每年 2 次 | 3 个 5000m³ 沉降罐 |
| 滨海原油外输计量站 | 300t/罐 | | 每年处理量 100 多万 t 原油，4 个 5000m³ 油罐 |
| 港东联合站 | 300t | 每 2 年清 1 次 | 1 个含油污泥池，79m×79m×1.5m |
| 羊二庄联合站 | 200m³ 含油污泥砂 | | 1 个 5000m³，1 个 3000m³，1 个 1000m³ |
| 枣一站 | 200m³ | 1 年清 1 次砂 | |
| 官一联合站 | 430m³ | | 污泥已干化，含水率 50%左右 |
| 小集联合站 | 150m³ | | 隔油池及清罐的原油 |

对大港油田各联合站和炼油厂等场地产泥量调查的同时，取具有代表性的含油污泥共计 12 种，分别为 1＃：东二站污泥池（二次沉降池）；2＃：东二站污泥池（一次沉降池）；3＃：西一联合站沉砂池表层含油污泥；4＃：大港炼油厂三泥；5＃：西二联合站沉砂池混合含油污泥；6＃：西一联污泥池混合含油污泥；7＃：西一联一次沉降罐底泥；8＃：西一联干泥砂；9＃：羊二庄污泥池；10＃：官一联合污泥池；11＃：小集联合站污泥池；12＃：枣大联合站污泥池。

2. 大港油田含油污泥的特性

1）含油率、含水率、含砂率

通过对污泥含量的室内监测，各种污泥的含油率、含泥率、含水率见表 2.19 及图 2.2。其中含油率在 9%～77%，含泥率在 25%～86%，含水率在

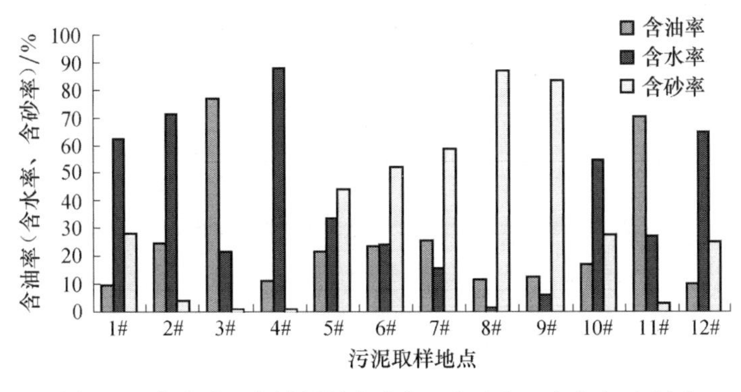


图 2.2　大港油田各站污泥含油率、含砂率、含水率对比图

15%～88%。污泥组成成分上具有油、水、泥含量差别较大的特点。有的含砂率较高，如8＃西一联干泥砂，9＃羊二庄污泥池；有的含水率较高，如2＃东二站污泥池（一次）和4＃大港炼油厂三泥等；有的含油率比较高，如3＃西一联合站沉砂池表层含油污泥和11＃小集联合站污泥池。

**表 2.19　大港油田含油污泥检测结果**

| 编　号 | 污泥取样地点 | 含油率/% | 含泥率/% | 含水率/% | 干泥含油率/% |
|---|---|---|---|---|---|
| 1 | 东二站污泥池（二次沉降池） | 9.78 | 27.94 | 62.28 | 25.9 |
| 2 | 东二站污泥池（一次沉降池） | 24.55 | 4.06 | 71.39 | 85.7 |
| 3 | 西一联合站沉砂池含油污泥 | 76.98 | 1.24 | 21.78 | 98.4 |
| 4 | 大港炼油厂三泥 | 11.13 | 0.99 | 87.88 | 91.8 |
| 5 | 西二联合站沉砂池混合含油污泥 | 21.81 | 44.32 | 33.87 | 33.0 |
| 6 | 西一联污泥池混合含油污泥 | 23.59 | 52.15 | 24.26 | 28.8 |
| 7 | 西一联一次沉降罐底泥 | 25.65 | 58.93 | 15.42 | 30.3 |
| 8 | 西一联干泥砂 | 11.75 | 86.69 | 1.56 | 11.9 |
| 9 | 羊二庄污泥池 | 10.49 | 83.47 | 6.04 | 11.1 |
| 10 | 官一联合污泥池 | 17.27 | 27.74 | 54.99 | 38.4 |
| 11 | 小集联合站污泥池 | 70.33 | 2.77 | 26.90 | 96.2 |
| 12 | 枣大联合站污泥池 | 9.98 | 25.07 | 64.95 | 28.5 |

2）有机物

对东二站污泥采用色质联机的方法进行了有机物含量的测定，色质联机能够测定出沸点在30～350℃的有机物质。由表2.20可见，含油污泥中的烃类物质碳数较高，属重质油组分，且相对分子质量较大，其中$C_{26}$～$C_{30}$和$C_{69}$为主要组分。

**表 2.20　东二站污泥分析**

| 出峰时间/min | 结构简式 | 相对分子质量 | 相对含量/% |
|---|---|---|---|
| 5.25 | $C_{26}H_{34}O_6$ | 442 | 2.71 |
| 6.45 | $C_{29}H_{42}O_8$ | 518 | 5.90 |
| 7.23 | $C_{26}H_{44}O_4S$ | 452 | 4.85 |
| 7.67 | $C_{28}H_{43}NO_6$ | 489 | 1.53 |
| 7.91 | $C_{30}H_{42}O_{10}$ | 562 | 7.76 |
| 8.55 | $C_{29}H_{60}$ | 408 | 10.89 |
| 8.89 | $C_{69}H_{134}O_6$ | 1058 | 34.20 |
| 9.09 | $C_{32}H_{54}O_4$ | 502 | 1.32 |
| 9.84 | $C_{22}H_{46}$ | 310 | 21.34 |
| 12.26 | $C_{26}H_{54}$ | 366 | 4.42 |
| 14.02 | $C_{16}H_{14}C_{16}O_4$ | 480 | 2.49 |
| 14.87 | $C_{26}H_{28}N_2O_2Pd$ | 506 | 2.59 |

3）重金属离子

取油田多个站的混合污泥进行重金属含量测定，由表 2.21 可见，油田含油污泥中的重金属离子含量远低于《农用污泥中污染物控制标准》（GB 4284—1984）中规定的指标的要求。

**表 2.21　采油污泥重金属含量分析数据**

| 项　目 | 锌/(mg/L) | 铜/(mg/L) | 铬/(mg/L) | 砷/(mg/L) | 铅/(mg/L) | 镍/(mg/L) |
|---|---|---|---|---|---|---|
| 含油污泥 | 29.5 | 29.5 | 18.6 | 3.25 | 12.5 | 5.2 |
| GB 4284—1984 | 500 | 250 | 600 | 75 | 300 | 100 |

# 2.2　含油污泥的检测方法

## 2.2.1　含油污泥中油类污染物的测定方法

1. 含油污泥中油类污染物的区别

含油污泥成分的复杂及状态的多样，也给其中油类含量的检测带来了很大的难度。在我国，含油污泥的油类含量检测方法一直缺乏一个统一的标准。造成这一状况的主要原因：一是我国制定的《土壤环境质量标准》（GB 15618—1995）中，只是主要说明了重金属和难降解农药的指标，并没有石油类及其相关物质的标准要求；二是研究中常常对于矿物油（mineral oil）、石油类（petroleum substances）和总石油烃（total petroleum hydrocarbons，TPH）含量的概念存在着混淆。

对于含油污泥来讲，虽然我国目前还没有一个统一标准规定，实际上，矿物油、石油类物质和总石油烃在概念上是有一定区别的，尤其是石油类含量与总石油烃含量的概念也应当与《水质 石油类和动植物油的测定 红外光度法》（GB/T 16488—1996）中规定的概念有所不同。

油类物质从来源上一般可分为三大类：一是矿物油，指天然石油（原油）及其炼制产品，由碳氢化合物组成。二是动植物油，来自动物、植物和海洋生物，主要由各种三酰甘油组成，并含有少量的低级脂肪酸脂、磷脂类、甾醇类等。三是香精油，由某些植物提馏而得的挥发性物质，主要成分是一些芳香烃或萜烯烃等。各种油类的化学性质完全不同，多数动植物油能作为营养源供人们食用，并且被消化和吸收，而矿物油和香油精非但不能食用，而且对人体有害。

对于油田开发生产过程中产生的含油污泥来讲，其组成成分应为矿物油，以下就从矿物油的角度来进行分析，各种油类的一般定义如下。

（1）总体油。

总体油是总体石油类加总体动植物油。测定样品中（一般为水中）的油如未加说明或特殊要求，报出的结果是总体油，既包括石油类又包括动植物油。如果需要分别测定石油类和动植物油，应先测总体油，然后将被测溶液经硅酸镁吸附处理，单独测定石油类利用差减法求出动植物油的含量。

测定方法遵循《水质 石油类和动植物油类的测定 红外光度法》（GB/T 16488—1996）。

（2）石油类。

《水质 石油类和动植物油类的测定 红外光度法》（GB/T 16488—1996）采用的定义：用四氯化碳萃取，不被硅酸镁吸附，并且在波数 $2930cm^{-1}$、$2960cm^{-1}$ 和 $3030cm^{-1}$ 全部或部分谱带处有特征吸收的物质，称为石油类。石油类的成分非常复杂，其组成也因产地而异，其主要成分是烃类。在石油烃中次甲基、甲基及芳香烃基团中碳氢键的振动波数分别是 $2930cm^{-1}$、$2960cm^{-1}$ 和 $3030cm^{-1}$，所以只有这三个波数吸收强度的和才是总体石油类。ISO 和国标中指出：只有红外分光光度法才能满足碳氢化合物 $CH_2$、$CH_3$ 和芳香烃测量的要求。其他的测油方法只是测定出总体石油类中的一部分，不能代表总体石油类。

（3）动植物油。

从动物、植物体内提炼出来的油，称为动植物油，例如，菜子油、花生油、豆油、香油（芝麻油）等为植物油；猪油、牛油、羊油等为动物油。动物油和植物油的主要成分都是脂肪酸。脂肪酸（fatty acid），是指一端含有一个羧基长的脂肪族碳氢链。

油脂中的碳链含碳碳双键时，主要是低沸点的植物油，油脂中的碳链为碳碳单键时，主要是高沸点的动物脂肪，碳碳双键的性质是可以使溴水和酸性高锰酸钾溶液褪色，同时也是植物油所具有的特性，含单键的动物脂肪是固体，不能反应褪色，这就是两者的区别。动物油沸点 400℃左右；花生油、菜子油的沸点为 335℃，豆油为 230℃。动植物油能被硅酸镁吸附。

（4）矿物油。

依据习惯，把通过物理蒸馏方法从石油中提炼出的基础油称为矿物油，加工流程是在原油提炼过程中，在分馏出有用的轻物质后，残留的塔底油再经提炼而成［称为老三套（溶剂精制、酮苯脱蜡、白土补充精制）］。矿物油主要是含有碳原子数比较少的烃类物质，多的有几十个碳原子，多数是不饱和烃，即含有碳碳双键或是叁键的烃。按照现代工艺是指取原油中 250～400℃的轻质润滑油馏分，经酸碱精制、水洗、干燥、白土吸附、加抗氧剂等工序制得。

中华人民共和国国家环境保护标准《废矿物油回收利用污染控制技术规范》（HJ 607—2011）中定义废矿物油（used mineral oil）：从石油、煤炭、油页岩中提取和精炼，在开采、加工和使用过程中由于外在因素作用导致改变了原有的物理和化学性能，不能继续被使用的矿物油。

有文献介绍，矿物油的测定范围是沸点较高（170～430℃）、碳数在 $C_{10}$～$C_{35}$ 的石油烃类，包括柴油烃类、煤油类等。

但是针对在油田开发生产过程中产生的含油污泥来讲，其组成成分应为广义的矿物油，也就是含油污泥中的原油组成成分。

（5）总石油烃。

烃是仅由碳和氢两种元素组成的有机化合物，称为碳氢化合物，烃类化合物是碳与氢原子所构成的化合物，主要包含烷烃、环烷烃、烯烃、炔烃、芳香烃。总石油烃指所有的碳氢化合物，对环境空气造成污染的主要是常温下为气态及常温下为液态但具有较大挥发性的烃类，包括 $C_1$～$C_{12}$ 的烃类，而 $C_{13}$ 以上的碳氢化合物一般不会以气态存在。

显然，总石油烃字面的意思是石油中总的烃类，实际上，对于油田开发生产过程中产生的含油污泥来讲，应该指的是含油污泥中的原油组成成分：碳氢化合物（烃）及含氮、硫、氧等的烃类衍生物。

因此，总石油烃的概念相当于广义的矿物油。石油类的概念（用 $CCl_4$ 萃取，不被硅酸镁吸附）相当于总萃取物去掉动植物油，对于含油污泥中的原油组成成分而言，缺少部分温度下的馏分。

### 2. 石油类测定方法比较

由于我国尚无土壤中石油类的国标方法，对于矿物油和总石油烃也没有确定的标准方法，多数参照采用《水质 石油类和动植物油类的测定 红外光度法》(GB/T 16488—1996)。

（1）红外分光光度法。

红外分光光度法是目前测定石油烃的较好方法，具有灵敏度高、能显示油品的特征吸收、可以识别—$CH_2$—、—$CH_3$—、═CH—的 C—H 伸缩振动和不受油标准限制等优点，被广泛应用于水体、土壤、沉积物中石油烃含量的测定。红外光谱法更能全面地反映出被测样品中的总石油烃含量，因为石油中的烷烃、环烷烃占总体的 70%～80%，这两种烃类中的—$CH_3$—、—$CH_2$—、═CH—和 $C_6H_n$ 是红外光谱法测定的基础，而芳烃仅占石油的 20%～30%，有些产地的油仅含 6%～15%的芳烃，因此所测值普遍偏低。实践证明芳烃苯环上可能有一定量的—$CH_3$—、—$CH_2$—、═CH—在 $2960cm^{-1}$、$2930cm^{-1}$、$3030cm^{-1}$ 有吸收，所以红外光谱法可测定石油中 80%～90%的组成物。

（2）紫外分光光度法。

石油烃中带有 C—C 共轭双键的有机化合物在紫外区 215～230nm 处有特征

吸收，而含有简单的、非共轭双键和具有 n 电子的生色基团有机化合物在 250～300nm 范围内有低强度吸收带。因此，一般是选在 215～300nm 范围内进行扫描，然后选择在最大吸收峰处进行测量。紫外分光光度法测定石油烃含量，合理选择萃取溶剂和测定波长尤为重要，因为很多溶剂在紫外区 225nm 都有吸收。紫外分光光度法常用的萃取剂是石油醚，为避免其他因素的干扰，常采用双波长测定。紫外分光光度法由于灵敏度低，对饱和烃、环烃无效，比较适于高浓度样品中石油烃含量的测定。该法广泛地应用于水中、土壤中、沉积物中石油烃含量的测定，而较少应用于水产品中石油烃的含量测定。而且紫外分光光度法只能测定具有共轭双键的成分和具有 n 电子的生色基团有机化合物，而不包括饱和烃类，因此测定结果不具代表性。

因此，紫外分光光度法在含油污泥的石油组成物测定中不适用。

（3）气相色谱法。

气相色谱法（GC）是将石油烃经色谱柱分离后，可分别检测不同的石油烃组分。GC 具有灵敏度高、能定性检测石油烃的某种组分等优点。但由于石油烃组成极其复杂，所以 GC 测量时使用的标样也十分复杂，从应用角度来看不适合石油组成物含量的测定。有标样的情况下，由于其吸收峰的复杂性，难以进行分析而不能实际应用。

（4）可见光分光光度法。

石油（包含各种组分）在可见光中 430nm 处有最大吸收峰，可以用于测定。该方法以标准油绘制标准曲线，样品用 $CCl_4$ 萃取，采用分光光度法（可见光 430nm）测定。

（5）非分散红外法。

适用于测定 0.02mg/L 以上的含油水样，当油品的比吸光系数较为接近时，测定结果的可比性较好；但当油品相差较大时，测定的误差也较大，尤其当油样中含芳烃时误差要更大些，此时要与红外分光光度法相比较。同时要注意消除其他非烃类有机物的干扰。

（6）重量法。

重量法适用于高含量样品的测定。

### 3. 含油污泥中石油类的测定方法

通过上节分析，含油污泥中石油类的测定可采用重量法和红外分光光度法。

（1）重量法。

用 250mL 的锥形瓶称取 3～5g 含油污泥样品，向锥形瓶中加 25mL 石油醚，轻轻振荡 1～2min，盖上盖，放置过夜；将过夜的锥形瓶置于 50～55℃水浴振荡器上热浸 1h（注意放气 2 次）；震荡后液体取出过滤，在滤纸上放适量（加入量以不再结块为准）的无水硫酸钠脱水；滤渣中加 25mL 石油醚，水浴中振荡 30min；重复加入石油醚清洗滤渣，至滤渣中加入石油醚无色；将装有所有滤液的烧杯放在 55～60℃水浴振荡器中通风浓缩至干；擦去烧杯外壁水气，置于 60～75℃烘箱中 4h，取出放入干燥器冷却 30min 后称重；烧杯前后质量差即为污泥中油的质量。该方法准确度比较低，一般用于含油量高（10mg/L 以上）的样品分析。

本方法参照《水和废水监测分析方法》(第四版)。

（2）红外分光光度法。

红外光谱测定方法参见黑龙江省地方标准《油田含油污泥综合利用污染控制标准》(DB 23/T 1413—2010）中石油类的测定：红外光度法。

### 2.2.2　含泥率的测定

含油污泥的含泥率通过重量法测定，测定方法如下：

（1）称量一干燥坩埚质量，记为 $m_1$。

（2）往坩埚中加入一定量的含油污泥，称量质量，记为 $m_2$。

（3）将坩埚放在 650℃的马福炉中焚烧 8h 后冷却，称量质量，记为 $m_3$。

（4）含泥率的计算：含泥率$=\frac{m_3-m_1}{m_2-m_1}\times 100\%$。

含水率的计算：含油污泥是由油、水、泥砂三部分组成的，含油污泥含水率就可以通过 100%－含油率－含泥率计算得出。

### 2.2.3　含油污泥中的矿物与有机污染物分析

经有机溶剂萃取，分离含油污泥中的固体矿物组分，采用 X 衍射法分析全岩量，对含油污泥中矿物的主要成分进行定性分析，并对粒子的粒径及分布进行测定。仪器为粒径分布测定仪和多功能衍射仪器。

### 2.2.4　含油污泥处理后油、水、泥三相的组分分析

1. 液相的含油率、含泥率分析

对处理含油污泥的清洗液进行分析。含油率测定采用有机溶剂萃取-重量法；含泥率测定采用重量法；石油类浓度按《水质 石油类和动植物油的测定 红外光度法》(GB/T 16488—1996）利用红外测油仪测定。

具体操作如下：

（1）普通含水率不高的样品取约 10g，称重；含水率高的样品（如稀泥）倾去上清液后取约 10g 土样，称重；在 105℃条件下，烘 10～12h，称重。

计算干重含量：干重含量＝干重/土样原重。

（2）普通含水率不高的样品取约10g土样，称重，加入10g无水$Na_2SO_4$充分混合，置于研钵中，磨成细粉后置于100mL具塞磨口锥形瓶中；含水率高的样品（如稀泥），在已倾去上清液的样品中取约10g，称重，置于表面皿中，加入15g$MgSO_4 \cdot H_2O$充分搅匀混合，沿表面皿壁铺成薄层，15～30min固化，置于研钵中，磨成细粉后置于100mL具塞磨口锥形瓶中。

加入25mL$CCl_4$，50～60℃水浴，40～60r/min，振荡12h。

倾出$CCl_4$于50mL容量瓶中，向锥形瓶中加入20mL $CCl_4$，50～60℃水浴，40～60r/min，振荡2h。

$CCl_4$并入50mL容量瓶中，定容，过硅酸镁吸附柱，用红外仪测定。

计算石油类含量：土样中石油类含量＝测得石油类量/(干重含量×样品重)。

### 2. 含油污泥处理后的油中水分分析

对处理后分离出的油进行含水率、含泥率分析。回收油含水率较高，因此采用有机溶剂萃取法并进行差减计算测定含水率，含泥率测定采用重量法。

1）测定原理

在试样中加入与水不混溶的溶剂加热蒸馏，水和溶剂形成共沸，冷凝下来的溶剂和水在接收器中连续分离。水沉降到接收器带刻度部分，溶剂部分返回蒸馏烧瓶中，部分留在接收器中，与蒸馏出的水之间形成清晰的界面。读出接收器中水的体积，计算试样中水的百分含量$w$（$m$%）。

$$w = \frac{V}{m} \times 100\% \tag{2.1}$$

式中，$V$——接收器中水的体积，mL；

$m$——试样的质量，g。

2）测定方法

接收器和整套仪器在初次使用前应进行标定。

（1）标定接收器。

标定工具为可读至0.01mL的微量滴定管或移液管，标定液体为水。

标定允许误差：加入水和回收水室温下的体积误差不超过±0.025mL，超过允许误差定为不合格，需要换合格的接收器。

（2）系统标定。

标定步骤：加入200mL溶剂作空白试验，之后用滴定管或移液管把1mL±0.01mL的室温蒸馏水加入烧瓶进行蒸馏；同样把4.5mL±0.01mL的室温蒸馏水加入烧瓶进行蒸馏。

标定允许误差：加入水和回收水室温下的体积误差不超过±0.025mL。

标定误差分析：蒸汽渗漏，沸腾太快，接收器刻度不准确，外来水汽进入，仪器内表面不清洁。

3）样品含水测定

称取一定质量的待测油样，加入500mL圆底烧瓶内，溶剂总量加至200mL。开启冷却循环水，启动加热器缓慢加热，循环冷却水的温度保持在20～25℃，沸腾之后，调整加热速度，冷凝液爬升不超过3/4处。馏出物以2～5滴/s的速度滴进接收器，为了减少爆沸在蒸馏烧瓶中加瓷环或加玻璃球和毛细管，加热时间0.5～1h，至系统内接收器外无可见水，接收器中水体积5min不变，停止加热。降温后用石油醚冲洗除去黏附水，重新加热蒸馏，冷凝管内无水沉聚。蒸馏完成后接收器冷却至室温并将黏附水刮至水层，记下接收器中水的体积。每个试验重复3次。

3. 泥相的含油量分析

对处理后分离的泥测定含油率，采用有机溶剂萃取-重量法。

### 2.2.5　含油污泥pH的测定

含油污泥样品用水浸提或用中性盐溶液浸提（如酸性土壤可用1mol/L氯化钾溶液浸提；中性和碱性土壤可用0.01mol/L氯化钙溶液浸提）。水土比一般为2.5∶1；盐碱土水土比为5∶1。经充分搅拌，静置30min，用酸度计或pH计测定。

1. 试剂配制

（1）pH 4.01标准缓冲溶液：将10.21g苯二甲酸氢钾（$KHC_8H_4O_4$，分析纯，105℃烘干）溶于1000mL蒸馏水中。

（2）pH 6.87标准缓冲溶液：将3.39g磷酸二氢钾（$KH_2PO_4$，分析纯，45℃烘干）和3.53g无水磷酸氢二钠（$Na_2HPO_4$，分析纯，45℃烘干）溶于1000mL蒸馏水中。

（3）pH 9.18标准缓冲溶液：称取3.80g硼砂（$Na_2B_4O_7 \cdot 10H_2O$）溶于1000mL煮沸冷却的蒸馏水中。装瓶密封保存。

（4）1mol/L氯化钾溶液：将74.6g氯化钾（KCl，分析纯）溶于1000mL蒸馏水中。该溶液的pH为5.5～6.0。

（5）0.01mol/L氯化钙溶液：将147.02g氯化钙（$CaCl_2 \cdot 2H_2O$，分析纯）溶于1000mL蒸馏水中，即1mol/L氯化钙溶液。取10mL 1mol/L氯化钙溶液于500mL烧杯中，加入500mL蒸馏水，滴加氢氧化钙或盐酸溶液调节pH为6，然后用蒸馏水定容至1000mL，即0.01mol/L氯化钙溶液。

2. 样品处理

将含油污泥样品风干磨细过2mm筛，称取10.0g样品于50mL烧杯中，加入25mL无二氧化碳的蒸馏水或1mol/L氯化钾溶液（酸性土壤），或0.01mol/L氯化钙溶液（中性和碱性土壤），用玻璃棒剧烈搅拌1～2min，静置30min，以备测定。此时应注意实验室氨气和挥发性酸雾的影响。

按仪器说明书开启pH计（或酸度计），选择与土壤浸提液pH接近的pH标准缓冲溶液（酸性的用pH 4.01缓冲溶液，中性的用pH 6.87缓冲溶液，碱性的用pH 9.18缓冲溶液）作为标准，校正仪器指示的pH与标准值一致。将pH计的复合电极（或pH玻璃电极和甘汞标准电极）插入土壤浸提液中，轻轻转动烧杯，读出pH。每份样品测定后，用蒸馏水冲洗电极，并用滤纸将水吸干。

### 2.2.6 生物表面活性剂分析

对生物表面活性剂的定性分析是采用红外光光谱来分析官能团。对于固体物质的红外光谱分析需要进行样品的预处理，常用的是溴化钾压片法，需要先将菌株的发酵上清液进行离心收集，然后加入HCl调pH为2，放入冰箱中过夜，然后将产生的白色絮体再次离心收集，并进行烘干，最后将烘干后的样品取1～3mg，加100～300mg经研磨和干燥后的溴化钾粉末在研钵中研细，使粒度小于2.5μm，放入压片机中进行抽真空加压，使样品与溴化钾的混合物形成一个薄片，外观上透明，然后放于红外光谱专用的固定装置上进行红外光谱扫描。根据扫描后图谱中出现特征谱线的位置与红外光谱标准对照表进行比较，就可以确定样品中所含有的官能团。

### 2.2.7 含油污泥、含油土壤微生物观察及测定

1. 常用土壤微生物量测定方法

在土壤微生物研究中，目前常用的研究方法主要包括：直接镜检法、成分分析法、底物诱导呼吸法、熏蒸-培养法、化学抑制法、平板计数法等。另外，随着技术的不断发展，一种新兴的土壤微生物研究方法——微生物分子生态学方法已经成为该领域研究的主要手段。各种研究方法的基本原理和特点如下。

（1）直接镜检法。

该法较为原始，但不失为一种最直接的土壤微生物测定方法，其基本操作过程为：土壤样品加水制成悬液后，在显微镜下计数，并测定各类微生物的个体大小。根据一定观察面积上的微生物个数、体积及密度（一般采用1.18g/$cm^3$），计算出单位干土所含的微生物量。

该法的主要缺陷：一是技术难度大，特别是在测定微生物个体大小时很容易产生大的误差，不太适宜常规分析。二是操作复杂，首先要测定各类微生物的个体大小；其次要针对同类微生物个体之间存在大小差异，进行大量的抽样测定，

在此基础上，计算出微生物大小的平均值，而通常情况下，土壤中往往存在种类不同的微生物，因此，几次测定结果很难重现，无法做出准确判断，不适宜批量样品的测定。

（2）成分分析法。

成分分析法常采用的是三磷酸腺苷（adenosine triphosphate，ATP）分析法，是由 Jenkinson 等 1979 年提出的。其基本过程是将微生物细胞破坏，将其释放所含的 ATP，经适当的提取剂浸提，浸提液经过滤，用荧光素-荧光素酶法测定其中的 ATP 量，然后将 ATP 量转换成土壤微生物量。土壤微生物的 ATP 含量一般采用 6.2μmol/g 微生物干物质。

该法的不足之处：①ATP 的提取效率不理想；②质地差异较大的土壤，其微生物 ATP 含量差异可能较大，因此，ATP 与土壤微生物量的转换系数需针对测试土壤种类重新测定；③土壤磷素状况也可能影响 ATP 测定；④ATP 测定所需的荧光素-荧光素酶试剂较为昂贵及测定过程的复杂性一定程度上影响了该法的普及。

（3）底物诱导呼吸法。

底物诱导呼吸法是由 Anderson 和 Domsch 提出来的，其基本原理是通过加入足够量的底物（葡萄糖），诱导土壤微生物达到最大呼吸速率，根据土壤最大呼吸速率与土壤微生物量之间存在线性相关，可以快速测定土壤微生物量。Anderson 等测得土壤微生物量与呼吸释放的 $CO_2$ 量之间的相关性可以用方程 $C_{mic}(\mu g/g)=40.92C_{CO_2}[\mu L/(g \cdot h)]+12.9$ 表示。

该法的特点及注意事项：①该法适用的土壤范围较广，但测定值受土壤 pH 及含水量的影响。由于碱性土壤对产生的 $CO_2$ 吸收较多，常使测定结果偏低。Chen 和 Colemn 建议采用气体连续流动系统来减少 $CO_2$ 的损失；土壤培养期间的含水量调整到 120%田间持水量被认为是比较合适的。②土壤呼吸速率必须在加入葡萄糖之后 1～2h 内测定，时间过长，微生物增殖，会使结果偏高。③对每个待测土壤必须先做一个预备试验，以确定达到最大呼吸速率所需的最少葡萄糖量。

（4）熏蒸-培养法。

该法为 20 世纪 70 年代中期 Jenkinson 和 Powlson 提出的，其特点是简便，适合于常规分析。其基本过程为：采集新鲜土壤样品，调节其含水量至 40%～50%田间持水量，25℃下预培养 7～10d，置干燥器内用不含酒精的氯仿熏蒸 24h，用抽气法除尽氯仿后，调节土壤含水量至 50%田间持水量，好氧培养 10d，收集、测定培养期间释放的 $CO_2$，根据熏蒸和未熏蒸土样释放 $CO_2$ 量差值，计算出土壤微生物量 $C$（$C_{mic}$），计算公式如下：

$$C_{mic} = \frac{F_c}{K_c}$$

式中，$F_c$——熏蒸和未熏蒸土样释放 $CO_2$ 量之差；

$K_c$——$F_c \rightarrow C_{mic}$ 的转换系数，可通过纯培养试验获得，也可通过同位素标记法测得。

不同试验测得的 $K_c$ 不尽相同，但根据大部分测定结果，$K_c$ 为 0.45 较合宜，应用于不同土壤不至于出现较大的误差。

该法局限性主要是不适于风干土样土壤微生物量测定，对游离 $CaCO_3$ 含量高的土壤、淹水土壤、pH＜4.5 的土壤及新近施过有机肥或绿肥的土壤，其测定结果均不可靠。

（5）化学抑制法。

该方法通过使用化学抑制剂有选择地抑制不同种类微生物的代谢活性来达到估价其相对组成的目的。例如，某些学者推荐用硫酸链霉菌抑制细菌，用环已酰亚胺抑制真菌。Wcst 用类似的方法测定了土壤中真核生物与原核生物的比例。

这种方法存在的致命缺点是只能在研究土壤中微生物群落结构时作为辅助手段。首先，很难找到一种理想的化学品能完全抑制土壤中某一类微生物的代谢活性；其次，对土壤微生物活性的最大抑制所需要的浓度并不是固定的，依不同来源的土壤而不同，因而限制了这一方法的应用。

（6）平板计数法。

平板计数法比较原始，但仍为最直接的土壤微生物量测定方法。土壤样品加水制成悬液，在显微镜下计数，并测定各类微生物的大小，根据一定观察面积上微生物的数目、体积及微生物的密度（一般采用 1.18g/cm$^3$）计算出每克干土所含的微生物量，或根据微生物体的干物质量（一般采用 25%）及干物质含碳量(通常为 47%)，进一步换算成每克土壤微生物的碳含量。

该法的局限性在于：自然界中有 85%～99.9%的微生物至今还不可纯培养，再加上其形态过于简单，并不能提供太多的信息，这给客观认识环境中的微生物存在状况及微生物的作用造成了严重障碍。其优点在于方法简单，费用较低。

（7）分子生物学方法。

要对土壤微生物的群落结构组成进行定量描述或者说要定量地测定土壤中各种不同种类微生物的相对比例在目前确实很困难。土壤微生物通常紧密地黏附于土壤中的黏土矿物和有机质颗粒上，它们所形成的结合体之间具有的生理和形态差异非常大。虽然常用的研究方法可以对土壤微生物形态多样性进行观察，但不能描述土壤微生物的群落结构组成方面的信息，往往会过低估价土壤微生物的群落结构组成，无法得到它们在土壤生态系中的重要信息。

利用土壤中可提取 DNA 复杂性来估价土壤中微生物群落结构和组成的多样性是最近几年刚刚兴起的一种分子生物学方法。众所周知，生物多样性可分为基因、物种和生态系三个层次。最近，Torsvik 等认为土壤中细菌的基因多样性可以通过直接测定土壤中脱氧核糖核酸组成的复杂性来实现；而且这种方法是目前唯一能评价土壤中微生物整体群落多样性的手段。他们在直接测定土壤细菌群体中 DNA 后证实：土壤中整体微生物群落基因多样性要比实际上能分离出来的群体水平上表现出的多样性高 200 倍。土壤微生物在基因水平上的多样性是指微生物群体或群落在这一水平上不同数目和频率的分布差异。这种多样性可以通过微生物中 DNA 组成的复杂性表现出来；而 DNA 组成的复杂性是指在一特定量 DNA 中不同 DNA 序列总长度或其碱基对总数目。从理论上讲，使用分离和鉴别土壤中目标生物的 DNA 这一方法可以完全实现对土壤中微生物种类的鉴别，但是实际上问题并非如此简单。由于土壤是一个极为复杂的体系，对其中 DNA 提取的困难性、完全性及对 DNA 鉴别时需要高程度的纯化导致了分析方法的复杂性，最终大大地影响了所得到数据的可靠性。尽管如此，利用土壤中 DNA 的组成来估价土壤中微生物的多样性至少在目前是其他手段难以替代的方法。常规的方法和现代的方法相结合，才能更有效的探索性地分析生物修复和微生物处理过程中微生物群落的变化情况。

### 2. 平板菌落计数法对微生物筛选、鉴定及群落动态分析过程

(1) 含油土壤样品的采集。

含油土壤样品的采集必须选择有代表性的地点和有代表性的含油土壤类型。样品采集：在划定采样范围之后，根据采样范围内地块面积的大小、土壤养分、肥力状况、植被、地块形状等特征，可采用蛇形采样法、棋盘法和对角线法布设样点进行采集。采集点的布设不要过于集中，布点均匀，每点取样量应大体一致。采集的样品应尽快分析，如果不能立刻检验，样品应在 4℃左右保存，但保存期限不要超过三周。

(2) 富集培养。

基本原理：含油土壤中存在的各种微生物都是按各自的特征进行不同的生命活动，并对外界环境的变化作出不同的反应。根据微生物的这一基本性质，如果提供一种只适于某一特定微生物生长的特定环境。那么，相应微生物将因获得适宜的条件而大量繁殖，其他种类微生物由于环境条件不适宜，逐渐被淘汰。这样就有可能较容易地从土壤中分离出特定的微生物。

操作步骤：配制富集培养用培养基，分装 30～50mL 于 100mL 三角瓶中灭菌。在第一个三角瓶里加入 1g 土壤样品，恒温培养，待培养液发生浑浊时，用无菌吸管吸取 1mL，移入另一个培养三角瓶中。如此连续移接 3～6 次，最后就得到富集培养对象菌占绝对优势的微生物混合培养物。然后，以这种培养液作为材料，用平板法分离纯化所需的微生物。

（3）纯种培养。

基本原理：平板菌落计数法是根据微生物在固体培养基上所形成的一个菌落是由一个单细胞繁殖而成的现象进行的，也就是说一个菌落即代表一个单细胞。计数时，先将待测样品作一系列稀释，再取一定量的稀释菌液接种到培养皿中，使其均匀分布于平皿中的培养基内，经培养后，由单个细胞生长繁殖形成菌落，统计菌落数目，即可换算出样品中的含菌数。

这种计数法的优点是能测出样品中的活菌数，但平板菌落计数法的手续较繁。操作步骤：取新鲜土壤样品 1g，用无菌水按 10 倍稀释法做成一系列稀释液。选择 2～3 个连续的稀释度，用混菌法进行平板接种。每个稀释度作 3～5 个平板，每个平板上接种土壤悬液 1mL。接种后的平板于 28～30℃恒温箱中培养，待菌落长出后进行计数。按下列公式计算每克土中的菌数，即

1g 干土中的菌数＝[(2 个平板的菌落数×稀释度)/干土的百分数]×100

（4）纯种分离、鉴定。

基本原理：通过纯种分离，可把退化菌种的细胞群体中一部分仍保持原有典型形状的单细胞分离出来，经过扩大培养，就可恢复菌株的典型形状。

纯种的验证主要依赖于显微镜观察，从单个菌落（或斜面培养物）上取少许进行各种制片操作，在显微镜下观察细胞的大小、性状及排列情况、革兰氏染色、鞭毛的着生位置和数目、芽孢的有无、芽孢着生的部位和形态、细胞内含物等是否相同及个体发育过程中形态的变化规律，以此来确认所分离的微生物是否为纯种。

（5）污染土壤中微生物组成及动态分析。

基本原理：土壤样品的采集时间与土壤微生物的数量变化有很大关系；土壤微生物的数量随着季节性的不同而变化；也随着环境因子、营养因素的变化而变化。

基本步骤：配制细菌培养基、PDA 和高氏一号培养基，按平板计数法统计土壤中细菌、真菌和放线菌的数目，绘制菌数时间变化曲线，观察污染物浓度、营养、温度、pH 等因子与微生物组成、数量之间的关系。

#### 3. PCR-DGGE 技术石油污染土壤和含油污泥中微生物种群动态的分析过程

常规检测方法受采样及分析条件的影响极大，准确性差，检测时间长，有些种类（如厌氧菌）分离困难。且自然界中有 85%～99%的微生物至今还不可纯培养，再加上其形态过于简单，并不能提供太多的信息。由于生物处理工程中生物氧化作用是多种菌种共同作用的结果，因此，不同菌群之间的相互作用至关重要。由 PCR 技术发展而带动的基于多态性技术的研究取得了迅速进展，如 DGGE 技术、SSCP 技术都可以检测各种生物反应器中的微生物种群结构。应用

DGGE分析16S rDNA/18S rDNA的扩增产物，可绘制一组微生物种群的16S rDNA/18S rDNA基因图谱，使环境学家从基因水平上描述和鉴定微生物群落，估计菌种的丰度、均匀度；了解微生物多样性、群落和区系动态变化及其在自然生态系统中的作用来进行环境的风险评价及环境治理。

1）PCR-DGGE技术的基本原理

rRNA分子在进化上是一种很好的度量生物进化关系的分子钟。细菌核糖体小亚基16S rRNA分子约为1500bp，包含有可用于细菌系统发育和进化研究的足量信息。利用16S rRNA保守序列设计特异性引物，对其多变区或全长进行扩增和序列分析，最早用于细菌分类、鉴定、起源和进化等方面的研究，近年来在微生物多样性、种群结构和区系变化等研究领域已得到广泛应用。DGGE使用具有化学变性剂梯度的聚丙烯酰胺凝胶，该凝胶能够有区别的解链PCR扩增产物。DGGE不是基于核酸相对分子质量的不同将DNA片段分开，而是根据序列的不同，将片段大小相同的DNA序列分开。双链DNA分子中A、T碱基之间有2个氢键，而G、C碱基之间有3个氢键连接，因此A、T碱基对对变性剂的耐受性要低于G、C碱基对。由于这四种碱基的组成和排列差异，使不同序列的双链DNA分子具有不同的解链温度，因此长度相同但核苷酸序列不同的双链DNA片段将在凝胶的不同位置上停止迁移。DNA解链行为的不同导致一个凝胶带图案，该图案是微生物群落中主要种类的一个轮廓，根据此轮廓就可知微生物群落结构、多样性和区系变化。

另外，在生物增强系统中应用这些技术得出的数据，不仅强有力地支持了生物增强技术的理论基础，为理论研究、工艺优化及提高生物处理效率提供了条件，而且可用来确定系统的最优条件，设定投菌日程及投菌量，了解混合菌种生物增强菌对系统改善的贡献。Jacobsen利用免疫荧光显微镜检测技术对系统中生物增强菌进行定量分析，评价了这些菌对PCP（五氯苯酚）降解速率提高的贡献。

2）操作步骤

样品采集：根据实验需要采集具有代表性的污染土壤。

（1）基因组DNA的提取。

① 取离心后样品1g放入1.5mL的离心管中，加入提取缓冲液900μL，轻轻搅动。

② 加入10%SDS 100μL，充分混匀，于65℃水浴中保温30min，每隔5min晃动一次。

③ 采用液氮冻融30min，重复3次。

④ 加入100μL 5mol/L乙酸钾，充分混匀，冰浴中放置30min，4℃、12000r/min离心10min。

⑤ 上清液转入新离心管中，加入等体积的氯仿/异戊醇，轻轻颠倒离心管数次，放置片刻后于4℃、8000r/min离心10min。

⑥ 重复步骤⑤两次。

⑦ 在上清液中加入2/3体积、−20℃预冷的异丙醇，混匀，−20℃放置2h；4℃、12000r/min离心30min，倾去上清液，将离心管倒置于吸水纸上，控干上清液。

⑧ 用80%乙醇洗涤沉淀2～3次，吹干10～15min。

(2) 基因组DNA的纯化。采用专用的玻璃珠DNA胶回收试剂盒，按照操作说明对DNA粗提液进行纯化。

(3) 基因组DNA浓度检测。DNA浓度测定用1%琼脂糖凝胶进行电泳检测，UVP-GDS8000凝胶成像系统记录结果。

(4) 基因组DNA的PCR扩增。16S rRNA基因V3区引物GM5F-GC和518R进行扩增，反应参数为94℃预变性5min，前20个循环94℃ 1min，65～55℃ 1min和72℃延伸3min（其中每个循环后复性温度下降0.5℃），后10个循环为94℃ 1min，55℃ 1min和72℃ 3min，最后在72℃下延伸7min。PCR反应的产物用1%琼脂糖凝胶电泳检测。

(5) PCR反应产物的变性梯度凝胶电泳分析。

① 使用梯度胶制备装置，制备变性剂浓度从30%～70%的8%的聚丙烯酰胺凝胶。

② 待胶完全凝固后，将胶板放入装有电泳缓冲液（0.5×TAE）的装置中，每个加样孔加入含有10%的加样缓冲液的PCR样品50$\mu$L。

③ 在75V下电泳16h，温度为60℃。

④ 电泳结束后，采用银染色方法进行染色。

(6) 变性梯度凝胶电泳条带的切胶回收。

(7) 将分离后的条带测序并进行序列分析。

## 2.3 含油污泥处理标准

### 2.3.1 国外含油污泥处理标准

在国际上，各地在地质和地理条件上的差异，土壤对油类有机物的耐受程度不同，因此对于污泥中的TPH或者含油量，世界上没有统一的标准，但是很多国家和地区都根据本地区的实际情况以法规或指导准则的形式提出了相应的现场专用指标，对土壤或污泥中的含油量及有机物和重金属含量提出了相应的限制。大部分含油污泥处理指标要求都与污泥的最终处置方式有直接的关系。

### 1. 加拿大对含油污泥处理的要求

在加拿大，不同的州和省对填埋场制定了可以接受的 TPH 标准。例如，加拿大 Sask 土地填埋指导准则中对于石油工业土地填埋主要提出了以下几点：在合理的情况下，尽量减少废弃物。当再没有其他选项时，可以选择安全填埋废物或选择合适的垃圾填埋法。原油污染的土壤分类为 IA，在被送入工业垃圾填埋场前，TPH 通常≤3%。下列情况下 TPH 可能大于 3%：

（1）固体中的烃含有高的碳数，以至于其不能被除去，或者实践中很难除去（碳数越高，越难和水相溶）。

（2）固体包含的细微颗粒<0.08mm，或者除不去，或者实践中很难去除。

加拿大 Alberta 能源利用委员会则提出关于用原油污染的砂土来筑路的原则性政策，其中要求原油 TPH 必须小于 5%。另外，1999 年该委员会提出要求，石油工业应该符合最新的能够接受的标准规定，使油田废弃物能够用不同类型的垃圾填埋场处理。其具体的规定如下：对工程黏土或合成防护层，有沥出液收集系统的填埋场，对 TPH 没有限制；工程黏土或合成防护层，没有沥出液收集和去除系统，TPH<3%；自然黏土防护层，TPH<2%。加拿大 Alberta Directive058《关于上游石油工业油田废物管理要求》中，在 29.3 章第二条中提到了用于铺路的标准是含油小于 5%；废物排到土壤时，碳氢化合物的含量不超过 2%。

### 2. 美国对含油污泥处理的要求

在美国，除美国环保局对危险和固体废物的处理及土地处置提出了一般的要求外，美国的各个州也根据自己的实际情况制定了相应的法规或指导原则。由于石油开采工业直接面对原油，其 TPH 标准比起石油炼厂或其他商业用油要宽松很多，因为原油中没有添加剂，当石油炼制时，处理过程中会产生各种危险物质。例如，来自石油炼厂、运输公司或加油站的含油污泥，有非常严格的 TPH 准则（TPH 要求可能低至 0.005%），并且应该按照危险废弃物法案进行处理，而对于原油工业实际上很少要求。在垃圾填埋处理方面对 TPH 要求的决定因素是垃圾填埋场的土建，其他要考虑的重要因素是渗漏的潜在性、距离地层水的深度、距离地表水的深度、公众可接近性和对人类健康危害的程度。通常而言，TPH 小于 2%是自然黏土填埋能够接受的标准，产油区有时允许更高 TPH 的原油废弃物进入填埋场。例如，加利福尼亚允许用 TPH 高达 5%的固体废物来铺路。

3. 法国对含油污泥处理的要求

法国对于降水量较高、属于湿地的地区要求土壤中含油小于5000ppm[1)]（0.5%），对于旱地宽松一些，小于2.0%即可。

### 2.3.2 国内含油污泥处理标准

1. 现行的固体废弃物和农用污泥处理标准

针对固体废物，我国出台了《中华人民共和国固体废物污染环境防治法》，在此基础上，制定了《国家危险废物名录》和《危险废物鉴别标准》，并且对危险废物的处置给出规定，制定了《危险废物填埋污染控制标准》（GB 18598—2001）和《危险废物焚烧污染控制标准》（GB 18484—2001）等。在这些标准和法规中将含油污泥归类为危险固体废物，但是并没有对含油污泥中的含油量提出量化指标，仅在《农用污泥中污染物控制标准》（GB 4284—1984）中对污泥中的矿物含油量做出明确规定，要求其在土壤中的最高容许含量≤3000mg/kg（3‰），见表2.22。

**表2.22　农用污泥中污染物控制标准**

| 项　目 | 最高容许含量/(mg/kg) | |
|---|---|---|
| | 在酸性土壤上（pH<6.5） | 在中性和碱性土壤上（pH≥6.5） |
| 镉及其化合物（以Cd计） | 5 | 20 |
| 汞及其化合物（以Hg计） | 5 | 15 |
| 铅及其化合物（以Pb计） | 300 | 1000 |
| 铬及其化合物（以Cr计） | 600 | 1000 |
| 砷及其化合物（以As计） | 75 | 75 |
| 硼及其化合物（以水溶性B计） | 150 | 150 |
| 矿物油 | 3000 | 3000 |
| 苯并（a）芘 | 3 | 3 |
| 铜及其化合物（以Cu计） | 250 | 500 |
| 锌及其化合物（以Zn计） | 500 | 1000 |
| 镍及其化合物（以Ni计） | 100 | 200 |

《农用污泥中污染物控制标准》（GB 4284—1984）规定了适用于在农田中施用的城市污水处理厂污泥、城市下水沉淀池污泥，某些有机物生产的下水污泥及江、河、湖、库、塘、沟、渠的沉淀底泥中污染物［如镉、汞、铝、铬、砷、硼、铜、锌、镍、矿物油、苯并（a）芘］的控制标准。例如，镉在pH<6.5的酸性土壤上，最高容许含量为5mg/kg干污泥；在pH≥6.5的中性和碱性土壤上，其含量为20mg/kg干污泥。标准同时说明污泥每年用量不超过2000kg（以

1）$1ppm=1\times10^{-6}$，下同。

干污泥计）及施用年限，并配有监测方法（1984 年 5 月 18 日中华人民共和国城乡建设环境保护部发布，1985 年 3 月 1 日实施）。

2. 我国主要油田的含油污泥处理标准

含油污泥处理和处置的问题在国内外都引起了足够的重视，随着环境保护法律法规要求的日益严格，对于含油污泥的处理和处置要求也越来越高，但是目前对于含油污泥及土壤中的油含量指标世界各国并没有统一的标准，现有的指标均属于现场专用指标，即都是各国或各州政府或环保部门根据本地区的实际情况确定的，其主要目的都是为了维护人体健康，保证环境的可持续发展。

纵观国内外的标准和法规，目前对于炼油厂、城市污水处理等的污泥处理要求较高，对于石油工业含油废弃物的处理要求一般是总石油烃含量≤2%，因此在含油污泥进行填埋处置或土地利用之前，必须要进行处理，甚至还需要进行深度处理。虽然我国对于石油工业的含油污泥处理处置指标并没有一个明确的要求，对于含油污泥，辽河油田、胜利油田、长庆油田及吉林油田等确定含油污泥砂清洗站处理工艺的主要控制指标为：处理后泥砂含油≤3‰。

3. 大庆油田含油污泥处理标准

大庆油田要求处理后污泥中含油的指标≤2%，依据的标准是黑龙江省地方标准《油田含油污泥综合利用污染控制标准》（DB23/T 1413—2010）中处理后的油田含油污泥用于铺设油田井场或通井路的指标，见表 2.23。

**表 2.23　油田含油污泥综合利用污染控制指标**

| 项　目 | 污染控制指标/(mg/kg 干污泥) | | |
|---|---|---|---|
| | 垫井场　通井路 | 农用 | |
| | | 土壤 pH<6.5 | 土壤 pH≥6.5 |
| 石油类 | ≤20000 | ≤3000 | ≤3000 |
| As | — | ≤75 | ≤75 |
| Hg | 0.8 | ≤5 | ≤15 |
| Cr | — | ≤600 | ≤1000 |
| Cu | 150 | ≤250 | ≤500 |
| Zn | 600 | ≤500 | ≤1000 |
| Ni | 150 | ≤100 | ≤200 |
| Pb | ≤375 | ≤300 | ≤1000 |
| Cd | ≤3 | ≤5 | ≤20 |
| pH | ≥6 | — | — |
| 含水率 | ≤40% | — | — |

# 第3章　含油污泥减量化处理工艺技术研究与应用

## 3.1　含油污泥减量化现状及研究进展

### 3.1.1　技术背景及其现实意义

在油田水处理过程中，无论采用物理、化学技术（沉降、混凝、过滤）还是采用生物降解、修复技术，在水质得到净化的同时，又将水中的无机和有机污染物以固相形态分离出来，形成污泥和残渣。这些污泥及残渣产生量约占处理污水总量的3%～8%，含水率约为97%～99%，产量大，成分复杂，并因所归属的油田或区块不同而差异较大。其主要成分包括老化原油、固体悬浮物、盐类、胶质、沥青质、细菌、腐蚀产物及油气水在集输、作业、处理过程中加入的各种药剂，2008年国家环保总局及发改委已将油田污水和污泥列入危险废物名录。油田污泥如不经过妥善合理处置会对环境产生影响。

减量化是指减少废物产生量和排放量，包括从产生源头削减和处理过程减量，最终达到有效处理及最大限度的回收利用。

### 3.1.2　污泥减量化技术的理论基础

1. 城市污水处理厂污泥减量化的理论基础

目前国内外学者对污泥减量化技术已做了大量研究，尤其是对污泥减量化过程控制和减量化技术的开发和研究已取得了一定的成果。城市污水处理中的剩余污泥主要是在废水处理过程中产生的有机物，绝大部分由微生物菌体组成，是由生物处理工艺中微生物的代谢特征决定的。剩余污泥的产量与微生物维持代谢所需的能耗、内源呼吸作用及生物捕食作用等有关，剩余污泥减量技术主要基于以下四种相关理论。①维持代谢和内源呼吸污泥减量理论。在活性污泥微生物的作用下，可降解有机物的1/3被微生物氧化分解，并形成无机物和释放出能量，2/3被微生物用于合成新细胞和自身增殖。增加维持代谢和内源代谢，可减少细胞合成和增殖，有利于减少污泥产量。污泥的产量和细胞维持代谢的活性呈负相关。②解偶联代谢理论。新陈代谢是指在生物体内的所有生物化学转化的总和，包括分解代谢、合成代谢的相互作用，以及由分解代谢、合成代谢决定的微生物种群行为。③溶胞-隐性生长理论。所谓隐性生长是指微生物利用衰亡细菌所形成的二次基质生长，整个过程包含了溶胞和生长。④生物捕食理论。微型动物削减剩余污泥产量的机理是基于生态学理论，食物链越长，能量在传递过程中被消耗的比例就越大，最终在系统中存在的生物量就越小。城市污泥减量化技术研究的比较全面，然而含油污泥减量化技术研究相对较少[18～63]。

2. 油田含油污泥减量化的理论基础

1）污泥中水的存在形式

污泥的减量化处理主要指污泥的浓缩减容过程。目的在于降低污泥中的水分含量，减少污泥体积，以便于运输及后续处理和处置利用。污泥中水的存在形式有以下几种。

(1) 游离水或自由水。与污泥颗粒无关，可通过过滤去除，在不同种类污泥中，其含量变化很大。

(2) 毛细水。存在于污泥固体颗粒内部毛细管内，由于表面张力作用而存在，一般占污泥非自由水分的 20%左右，可离心去除。

(3) 间隙水。存在于污泥固体颗粒间隙中，为固体颗粒污泥所包围，一般可通过浓缩去处，约占污泥中非自由水分的 70%。

(4) 表面吸附水。又称湿存水，吸附在污泥颗粒表面并形成一层薄的水膜，其含量与颗粒表面特性有关，约占污泥非自由水分的 7%左右，可通过蒸发、离心去除。

(5) 内部水。又称结合水，存在于颗粒内部或微生物细胞内，约占污泥非自由水分的 3%，靠机械方法难以去除。

2）源头减量化

含油污水处理过程中，尽量避免污泥的产生；油田污泥产生过程中消减污泥的产生，实现污泥的源头减量。

3）过程减量化

在含油污泥产生的过程中，逐步消减污泥的体积、含水量等，减轻后续处理的难度。属于含油处理中过程减量。

### 3.1.3　含油污泥减量化处理技术现状

从污泥减量化处理的工艺角度，将该阶段的含油污泥分成源头减量和过程减量两个阶段。第一阶段：含油污泥的源头减量。主要措施是通过筛选药剂及优化处理条件减少污泥产生量。第二阶段：含油污泥的过程减量。主要是通过污泥的浓缩和脱水工艺，实现污泥的减容处理。

1. 含油污泥的源头减量化技术

目前现有的含油污泥源头减量技术主要以预氧化降污泥技术和复合碱-污泥回用技术为主，生物法源头减量技术目前还没有比较成型的技术，同时研究较少。

2. 含油污泥的过程减量化技术

油田开发生产过程中将产生大量的含油污泥，随着污水处理工艺的不同，其污泥量也不尽相同，但是有一个共同点就是体积大、含水率高。例如，污水沉降罐底部污泥含水率在99%以上。由于体积大、含水率高，在处理时，基建投资高，运行成本大，运输处置费用高。因此，污泥处理首先应将其容积减小。目前采用的方法大多为浓缩和脱水工艺。

3. 排泥工艺技术

排泥工艺是实施污泥减量化之前的重要环节。由于油田生产过程中各类容器的运行，底部积累产生大量的含油污泥，只有对这些含油污泥有效排出和收集，才能进行污泥的减量化处理。目前油田常用的大罐排泥工艺主要有：积泥坑停产排泥、自压排泥、静压穿孔管排泥、负压排泥、机械刮泥等。

4. 污泥浓缩工艺

目前国内外污泥浓缩的方法通常有三种：重力浓缩、气浮浓缩、机械浓缩。

1）重力浓缩

重力浓缩本质上是一种沉淀工艺，属于压缩沉淀。目前重力浓缩池仍是城市污水处理厂污泥浓缩的主要技术。虽然工艺技术、构造和运行管理简单，但占地面积大、卫生条件差。不进行曝气搅拌时，在池内可能发生污泥的厌氧消化，污泥上浮，从而影响浓缩效果，这种厌氧状态还使污泥已吸收的磷释放，重新进入污水中。安装在重力浓缩池中心的水下轴承易出故障，搅拌栅易腐蚀，常造成停池检修。重力浓缩后的污泥含固率低，特别是对于剩余活性污泥的重力浓缩，一般浓缩后污泥含固率不超过4%，含固率低使后续处理构筑物容积增大，增加投资和运行成本，随着污水处理工艺的发展和污水处理标准的提高，特别是对脱氮除磷要求的提高，使重力浓缩工艺在剩余活性污泥浓缩方面的应用受到限制。

针对油田各类容器的底泥及过滤罐反冲洗排水所产生的含油污泥，绝大多数油田仍采用重力浓缩方式。

2）气浮浓缩。

根据气泡形成的方式，气浮可以分为：压力溶气气浮、生物溶气气浮、涡凹气浮、电解气浮等，在污泥处理中压力溶气气浮工艺已广泛应用于城市污水处理厂剩余活性污泥的浓缩，生物溶气气浮工艺浓缩活性污泥也有应用，涡凹气浮工艺和其他几种气浮工艺在油田含油污泥和城市污水处理厂污泥浓缩中的应用未见报道。

(1) 压力溶气气浮。

压力溶气气浮工艺中空气在压力作用下溶解于水体形成溶气水，并在压力突然降低时以微气泡形式释放出来，从而使污泥上浮浓缩。压力溶气气浮工艺浓缩剩余活性污泥具有占地面积小，卫生条件好，浓缩效率高，在浓缩过程中充氧，可以避免富磷污泥磷的释放等优点，但设备多，维护管理复杂，运行费用高。

(2) 生物气浮浓缩。

1983年瑞典Simona开发了生物气浮污泥浓缩工艺，加入硝酸盐，利用污泥的自身反硝化能力，污泥进行反硝化作用产生气体使污泥上浮而进行浓缩。硝酸盐浓度、温度、碳源、初始污泥浓度、泥龄、运行时间对污泥的浓缩效果有较大影响。气浮污泥浓度是重力浓缩的1.3～3倍，对膨胀污泥也有较好的浓缩效果，气浮污泥中所含气体少，对污泥后续处理有利。

生物气浮浓缩工艺的日常运转费用比压力溶气气浮污泥浓缩工艺低，能耗小，设备简单，操作管理方便，但污泥停留时间比压力溶气气浮污泥浓缩工艺长，需投加硝酸盐。

(3) 涡凹气浮浓缩。

涡凹气浮系统的显著特点是通过独特的涡凹曝气机将“微气泡”直接注入水中，不需要事先进行溶气，散气叶轮把微气泡均匀地分布于水中，通过涡凹曝气机抽真空作用实现污水回流。

涡凹气浮浓缩城市污水处理厂剩余污泥的应用尚无报道，小规模试验研究表明，涡凹气浮适用于低浓度剩余活性污泥的浓缩。

3) 机械浓缩

(1) 离心浓缩。

离心浓缩工艺的动力是离心力，离心力是重力的500～3000倍。离心浓缩用于浓缩活性污泥时，一般不需加入絮凝剂调质，只有当需要浓缩污泥含固率大于6%时，才加入少量絮凝剂。离心浓缩占地小，不会产生恶臭，对于富磷污泥可以避免磷的二次释放，提高污泥处理系统总的除磷率，造价低，但运行费用和机械维修费用高，经济性差，一般很少用于污泥浓缩，但对于难以浓缩的剩余活性污泥可以考虑使用。

(2) 带式浓缩机浓缩。

带式浓缩机主要用于污泥浓缩脱水一体化设备的浓缩段。带式浓缩机主要由框架、进泥配料装置、脱水滤布、可调泥耙和泥坝组成。其浓缩过程如下：污泥进入浓缩段时被均匀摊铺在滤布上，好似一层薄薄的泥层，在重力作用下泥层中污泥的自由水大量分离并通过滤布空隙迅速排走，而污泥固体颗粒则被截留在滤布上。带式浓缩机通常具备很强的可调节性，其进泥量、滤布走速、泥耙夹角和高度均可进行有效地调节以达到预期的浓缩效果。浓缩过程是污泥浓缩脱水一体化设备关键控制环节，水力负荷是带式浓缩机运行的关键参数。

(3) 转鼓、螺压浓缩机浓缩。

转鼓、螺压浓缩机或类似的装置主要用于浓缩脱水一体化设备的浓缩段，转鼓、螺压浓缩是将经化学混凝的污泥进行螺旋推进脱水和挤压脱水，转鼓、螺压浓缩机是降低污泥含水率的一种简便高效的机械设备。转鼓、螺压浓缩机的工艺参数主要是单台设备单位时间的水力接受能力及固体处理能力。

#### 5. 污泥脱水工艺

污泥浓缩后用物理方法进一步降低污泥的含水率，便于污泥的运送、堆积、利用或作进一步处置。污泥脱水有自然蒸发和机械脱水法两类，习惯上称机械脱水法为污泥脱水，称自然蒸发法为污泥干化。

1) 自然蒸发法

将浓缩后的污泥在污泥干化场上铺成薄层，污泥所含水分一部分自然蒸发，一部分渗入土壤或滤水层。渗滤水通过铺设在地下的排水管集中排走。排水管下面还需用黏土压实形成不透水层（或铺设防渗膜），以防止污染地下水。这种方法可使污泥的含水率降低 65％～80％，污泥已没有了流动性，可用作肥料（针对城市污泥处理厂剩余污泥）。夏季温度高，蒸发量大，周期短，污泥自然蒸发一般也需要 10d 以上，因此占地面积大。此法在干燥少雨且土地资源宽裕的地区可以采用，也可以作为机械脱水系统的事故应急处置方法。

自然蒸发法方法简单，易于管理，但占地大，受气候影响大，卫生条件差，对周边环境的影响相对较大。从环保角度出发，目前油田污泥处理工程已基本不采用这种方法。

2) 机械脱水法

在采用机械脱水前，一般先对污泥进行加药调理，用化学调理的措施改善污泥的脱水特性，提高效率。冻融调理措施也是常用的污泥调节措施，能破坏污泥的亲水胶体结构，并大幅提高脱水率。

常用的机械脱水法有以下几种。

(1) 真空过滤法。

机械形式较多，分为转鼓式、盘式、带式等多种。水处理行业中多使用转鼓式，一般是用横断面为圆形的滚筒，外粘滤布，部分浸入污泥槽中。滚筒内抽为真空，部分水分透过过滤布排出，污泥被截留在滤布上后随着滚筒的转动脱落下来，收集处理。脱水后污泥的含水率约为80%。

（2）加压过滤法。

加压过滤法分为带式压滤、鼓式压滤和板式压滤等。目前在水处理行业的污泥脱水中，大多使用带式压滤机，污泥用滤布挤压脱水，压力为3～5kgf[1)]/$cm^2$。脱水后污泥含水率为70%～85%。

（3）离心分离法。

离心脱水机分为立式和卧式两种，目前国内水处理行业主要使用卧式离心脱水机中的卧式螺旋沉降离心机形式（简称卧螺离心机），离心机转速为2000～4000r/min。污泥中的固体物在离心作用下向离心机转筒周壁上密集，并经固定在中轴上的螺旋叶片推出筒外收集。离心分离法的优点是容易操作，比上述两种过滤法节省运行费用；但分离液中仍有50%～60%的悬浮物，会给后续处理造成一定困难。

机械脱水法占地面积较小，不受气候条件影响，脱水效果比较稳定，但需要设备和动力，管理比较复杂。

## 3.2　含油污泥源头减量化处理技术研究与应用

以我国中原油田为研究对象，开展相关的研究工作。中原油田是一个复杂断块油田，由于各油田所处的区块、层位、层系不同，产出水差异较大，但大致归纳起来都具有“四高一低”的特点：矿化度高（一般均在$10\times10^4$mg/L以上）、游离$CO_2$及$HCO_3^{2-}$含量高（$CO_2$含量在100～200mg/L，$HCO_3^{2-}$在200～800mg/L）、总铁含量高（一般在10～50mg/L，且主要以$Fe^{2+}$为主）、细菌含量高，其中硫酸盐还原菌（SRB）及腐生菌（TGB）含量在$10^3$～$10^5$个/mL、pH低（pH 5.5～6.5），水型为$CaCl_2$型。因此，中原油田采出水处理难度大，腐蚀性强。

1996年，中原油田实施水质改性技术，即将水体pH由6.5提高到8.5～9.0，并配套絮凝剂、稳定剂等药剂投加，使处理后净化水质得到较大改善，系统腐蚀也得到有效控制。但该技术的应用也带来生产上的一些难题，如系统结垢严重、细菌滋生等，特别是伴生污泥问题越来越突出，不仅大大增加了处理构筑物运行负荷，造成生产事故，而且污泥产出量由原来来水量的3%左右激增到8%～10%，产出污泥没有出路，处置十分困难。

通过对采出水组分及处理过程药剂投加过程进行分析，污水处理过程产生的污泥主要由以下四部分组成：

---

1）1kgf=9.806 65N，下同。

(1) 采出污水中从地层挟带出来的泥砂、岩屑、黏土等固体悬浮物、集输及处理过程中腐蚀产物、垢及细菌残留物。

(2) 采出水处理过程中胶体破稳后形成的沉淀物。

(3) 投加药剂后发生化学反应产生的沉淀物。

(4) 药剂本身产生的残渣，如石灰具有微溶于水，溶解度低，残渣量大的特性。

经机理研究及分析化验结果得到结论如下：(1)、(2) 部分产生的污泥是无法减少的，但生成量较少，一般占污泥总量的10%～15%；(3)、(4) 部分产生的污泥是伴生污泥的主要成分，约占产出量的80%～85%，是降低污泥产出量的主攻方向。污泥减量化最主要的手段是从源头治理，减少污泥产出量。为此，中原油田于1999年开始，在各采油厂陆续开展降污泥技术研究及应用，在2003年取得初步成果。主要有预氧化技术、复合碱液-污泥回用技术等。

### 3.2.1 预氧化降污泥技术研究与应用

预氧化降污泥技术是在投加其他污水处理药剂前投加氧化剂，将污水中的一些离子转化为具有净水作用的有用离子；同时降低原工艺处理水的pH，可减少污泥产出量65%以上。预氧化污水处理技术提高了回注水与地层水的配伍性，降低了腐蚀速率，达到了深度净化水质的目的。

1. 低pH技术研究

1) 水的pH对水处理效果的影响

水的pH影响混凝剂的效果，同时影响腐蚀与结垢性质。为降低pH，减少污泥产出，应同时考虑有利于混凝沉降及控制系统腐蚀、结垢。油田含油污水混凝剂一般为铝系混凝剂、有机高分子助凝剂。铝盐的水解反应不断产生$H^+$，从而导致水的pH下降。要使pH保持在最佳范围内，水中应有足够的碱性物质与$H^+$结合。铝盐水解过程十分复杂，通过对铝盐水解产物进行实验分析，当pH在6.5～7.5时，水解产物以$Al(OH)_3$为主。pH在8.5以上时，水解产物将以负离子$[Al(OH)_4]^-$形式存在。对带负电荷的水体来说，对胶体破稳显然是不利的。而高分子助凝剂受水的pH影响较小，对pH的变化适应性强。因此，降低采出水处理过程中的pH在改善加药条件、提高处理效率上是完全可行及必要的。

2) 水的pH对腐蚀趋势的影响

腐蚀一般分为化学腐蚀和电化学腐蚀。油田污水系统属于电化学腐蚀。在水中无溶解氧时发生析氢腐蚀，在水中有溶解氧时发生吸氧腐蚀。在无氧环境中，随着pH的降低腐蚀性加剧；而在较高pH（即碱性条件）时，铁的表面被$Fe(OH)_2$或$FeCO_3$所覆盖，形成保护膜，从而减轻腐蚀；在有氧环境中，pH在6～8时，腐蚀的主要因素是溶解氧，pH对腐蚀影响不大。在低pH下，控制腐蚀趋势的关键是控制水中溶解氧含量。

3）水的 pH 对结垢趋势的影响

油田水中含大量 $Ca^{2+}$ 及 $CO_3^{2-}$，pH 低时 $CO_2$ 溶于水生成 $H_2CO_3$，结垢量减少；pH 高时，$H_2CO_3$ 分解为 $CO_3^{2-}$ 离子，结垢量增加。因此，降低 pH 有利于结垢趋势控制。由以上分析可得出结论，在低 pH 条件下控制净化水质和系统腐蚀、结垢趋势是完全可能的。

2. 预氧化降污泥技术研究

中原油田某采油厂进行了预氧化降污泥技术。预氧化技术即在处理流程首端投加强氧化剂，兼起氧化除铁及杀菌功能。预氧化剂选择了 $ClO_2$。技术路线为：氧化除铁-pH 控制-混凝沉降-过滤把关。

1）$ClO_2$ 除铁技术研究

中原油田采出水含铁量较高，其中一部分为地层产出，一部分是地面系统腐蚀产物。对铁离子研究表明，中原油田净化水指标中，总铁含量是一个重要指标，滤膜系数与总铁含量负相关，也就是说总铁含量越高，滤膜系数越低。$Fe^{2+}$ 在碱性条件下生成 $Fe(OH)_2$ 沉淀，这种物质性质不稳定。在净化污水输送过程中，一旦溶解氧等条件发生变化，$Fe^{2+}$ 就会变为 $Fe^{3+}$，重新形成沉降，影响井口水质。

经室内试验测试，要使 $Fe^{2+}$ 产生沉淀，pH 应在 8.2 以上。而 pH 在 7.0 左右时，$Fe^{3+}$ 就可以沉降下来。$ClO_2$ 是一种强氧化剂，可将 $Fe^{2+}$ 氧化为 $Fe^{3+}$，在低 pH 条件下（pH 7.1）即可沉淀下来。

2）$ClO_2$ 杀菌技术研究

$ClO_2$ 作为杀菌剂，对细菌的细胞壁有较强的吸附和穿透能力，从而能有效破坏细菌内酶，快速控制蛋白质合成。因此，$ClO_2$ 对细菌、病毒和芽孢均有很强的杀灭作用。现场试验和运行经验表明，作为杀菌剂使用，$ClO_2$ 具有以下优点：

（1）作用快，持续时间长。

（2）杀菌作用受 pH 影响小。

（3）相对于其他杀菌剂，$ClO_2$ 毒性较低。

（4）细菌对 $ClO_2$ 抗药性差。

3）$ClO_2$ 对腐蚀趋势的影响

在 $ClO_2$ 处理技术中，$ClO_2$ 投加量以水中余氯含量来进行控制。反应完成后，余氯量为 0.1～0.3mg/L。经试验及现场应用证明，如此低的剂量不会对系统造成腐蚀。

预氧化过程完成后，投加碱剂将 pH 调整到 7.1 左右，不仅能完成 $Fe^{3+}$ 沉降，同时，在该 pH 下，氢的去极化作用减弱，腐蚀速度降低，腐蚀主要由氧的去极化作用控制。Pourbaix 运用电离平衡、沉淀平衡和标准电极电位原理推导出了 Fe 电位-pH 相图。在相图中划分出腐蚀区、不腐蚀区和钝化区，并用实验测定极化曲线，证明了三个区块的存在。pH 在 7.0 以上时，因电位大于 −0.44V，此处为钝化区，基本上不会存在腐蚀趋势。

为确保控制系统腐蚀，在滤后水中投加稳定剂（含缓蚀剂成分），可在管道或容器内壁形成一层致密的保护膜，阻止水中溶质与设备或管道本体接触，也切断了腐蚀电路，阻止腐蚀发生。

4）预氧化技术的水质净化功能研究

$Fe^{2+}$ 和 $Fe^{3+}$ 都是一种混凝剂，能中和胶体负电荷，压缩双电层，起到胶体破稳作用，形成混凝沉淀。投加正电荷粒子的效应，因离子价位不同而有很大差别。根据叔采-哈代法则，三价离子的效应为二价的 150～200 倍。因此，在将 $Fe^{2+}$ 氧化为 $Fe^{3+}$ 的过程中，相当于往水体中投加了新生态高效混凝剂。一般中原油田污水中，铁含量为 20～30mg/L，该过程相当于向水中投加了 20ppm 混凝剂，这是一般混凝剂的投加剂量。因此，预氧化技术可以在一定程度上提高水处理效率。

### 3. 预氧化技术的应用

中原油田某采油厂污水站进行了生产应用，主要工艺流程如图 3.1 所示。

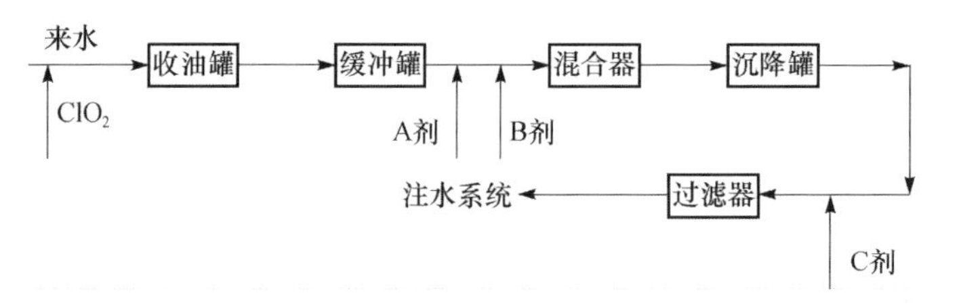


图 3.1　预氧化处理技术工艺

从上述流程设置可看出，来水在收油罐前先经过预氧化及杀菌，然后在混合罐前投加石灰（A 剂）调整 pH，投加絮凝剂（B 剂）增加矾花体积和重量，加速沉降，在沉降罐完成混凝沉降过程后，进入过滤器，在过滤器出口投加净水剂（C 剂）。

A 剂配制为 10%～15%悬浊液，根据在线 pH 计检测由自控加药系统控制加药泵转速，实现连续投加；B、C 剂配制成 3%～4%溶液，由计量泵冲击投加；$ClO_2$ 采用氯酸钠法 $ClO_2$ 发生器制备，利用水射器连续投加。

由于系统 pH 由 8.5 降低至 7.5，石灰投加量由原来的 550mg/L 降低至 250mg/L，产出污泥量减少 60%以上，经测试，站内及沿线水质指标、腐蚀、结垢速率均能达标。现场应用结果与室内试验结果一致。

### 3.2.2　复合碱-污泥回用技术研究

1. 复合碱-污泥回用理论研究

由于石灰残渣量大，碱性较弱，投加量大，污泥产出量高，中原油田采油某厂污水站实施复合碱除铁降污泥技术。该技术的核心是通过投加除铁药剂使 $Fe^{2+}$ 转化为 $Fe^{3+}$，再投加复合碱液调整 pH，达到减少石灰用量，降低系统 pH 的目的。

石灰量减少或被其他碱剂取代，一方面污泥量大幅度减少，另一方面由于矾花密度降低，絮体结构变得松散，沉降性能变差。在室内实验中，沉降时间延长 1/3 左右。特别是沉降下来的污泥含水量大，难以成形，需要投加其他净水剂或助凝剂。通过对污泥成分分析，认为可以利用污泥残渣的活性来改善絮体结构，强化净化效果，利用污泥回用作为低 pH 条件下的净化配套技术。对水质改性技术产生的污泥和低 pH 污泥残渣成分进行了分析，结果见表 3.1。

**表 3.1　污泥成分对比分析表**　（单位：mg/L）

| 项　目 | $Ca^{2+}$ | $Mg^{2+}$ | $Si^{2+}$ | $Fe^{3+}$ | $K^{+}$ | $Na^{+}$ | $SO_4^{2-}$ | $Cl^{-}$ | $CO_3^{2-}$ |
|---|---|---|---|---|---|---|---|---|---|
| 改性污泥 | 33.74 | 6.44 | 3.84 | 4.00 | 0.12 | 5.12 | 0.19 | 6.75 | 42.10 |
| 低 pH 污泥 | 25.4 | 5.30 | 4.80 | 10.20 | 0.40 | 9.20 | 0.31 | 19.60 | 33.80 |

由表 3.1 可见，低 pH 污泥残渣 $Ca^{2+}$、$Mg^{2+}$ 离子含量有所下降，但具有絮凝活性的成分 $Ca^{2+}$、$Mg^{2+}$、$Fe^{3+}$、$Si^{2+}$ 等总量与改性污泥相比，并没有下降，特别是作为混凝性质的物质 $Fe^{3+}$ 含量还有所上升。

因此，将产出污泥活化后作为助凝剂回用，不仅可降低加药量，还可改善絮体结构，增强混凝效果。活化污泥还可作为一种污泥改性剂，改变污泥组分和密实度，降低污泥含水率，为污泥再利用创造条件。粉煤灰是一种工业废料，富含硅、铁、铝等碱性氧化物质，其形态是一种玻璃体，具有硬度强、多微孔粉状体特性。通过对其进行活化处理，可以提高其碱度，被溶出的铝、铁在水中形成氢氧化物，强化混凝沉降效果。同时，其多孔的特性具有较强的物理和化学吸附作用。因此，可作为污泥改性剂使用。

2. 复合碱-污泥回用技术应用

1）采油某厂工艺流程

复合碱现场加药工艺流程如图 3.2 所示。

复合碱剂及回用污泥作为混凝剂使用，可与水中悬浮物、分散油等形成体积

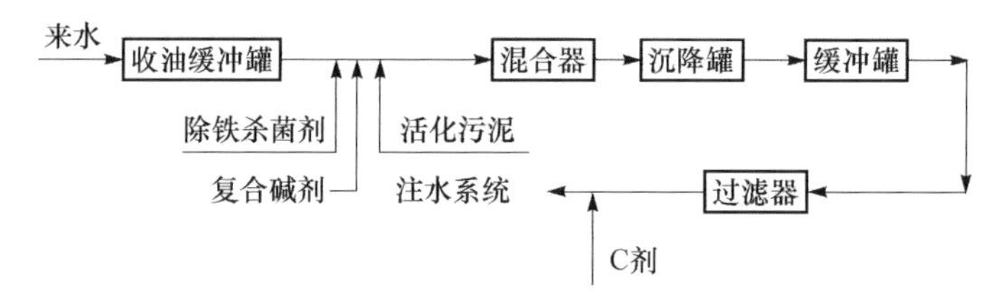


图 3.2 复合碱现场加药工艺流程

大、密度高、沉速快的絮体。A 剂投加量由原 350mg/L 降低至 150mg/L，减少 A 剂投加量 50%以上，产泥量下降 60%左右，水质达标，系统运行平稳。

2）采油某厂应用情况

采油某厂利用活化后的粉煤灰替代 A 剂，工艺流程同上。粉煤灰与等量产出污泥混合，加入 NaOH，配套高分子聚合态絮凝剂。在原 A 剂池中按比例加入粉煤灰（投加量为 180mg/L）和活化剂取代 A 剂，活化完成后，将排出污泥导入 A 剂池均化，同时补加碱液 NaOH，配套投加氧化剂、净水剂，水质指标能满足注水水质要求。含铁由 0.36mg/L 降低至 0.20mg/L，产出污泥量减少 50%以上。预氧化技术和复合碱-污泥回用技术相比：预氧化技术产泥量更小，但产出污泥密实度较差；复合碱-污泥回用技术产泥量相对较大，但产出污泥密实度较好，污泥压缩和再利用条件较好。

### 3.2.3 含油污泥脱水药剂及其脱水性能

1. 试验方法及原理

试剂：$Al_2(SO_4)_3\cdot 18H_2O$、$FeCl_3\cdot 6H_2O$ 均为分析纯，PAC 为工业品；非离子型聚丙烯酰胺（PAM），相对分子质量 110 万～1200 万，阳离子型聚丙烯酰胺（CPAM）相对分子质量 1200 万。仪器：SC 六联实验搅拌机，真空抽滤装置一套。

2. 试验方法

取一定量搅拌均匀的含油污泥，按 1∶1 比例掺入水，然后边搅拌边加入一定量絮凝剂，搅拌 5min 后，除去上层原油，倒入布氏漏斗中，在真空 $1.013\times 10^5$Pa 压力下脱水，测定滤液体积，计算污泥比阻。含油污泥取自江汉油田某联合站，其泥、水、油含量分别为 16.8%、70.1%和 13.1%，污泥比阻 $r=8.9\times 10^4$m/kg，属难过滤性污泥。

3. 处理效能

1）无机絮凝剂对含油污泥脱水性能的影响

用絮凝剂处理含油污泥，可以改变含油污泥颗粒的结构，破坏胶体的稳定性，提高污泥的滤水能力。絮凝剂的投加量对污泥脱水影响较大。图3.3是无机絮凝剂PAC、$Al_2(SO_4)_3$、$FeCl_3$用量与污泥比阻的关系。

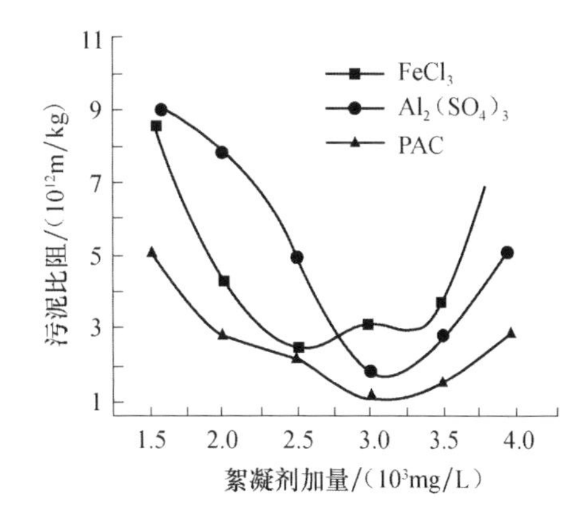


图3.3　无机絮凝剂加量与污泥比阻的关系

研究表明，无机絮凝剂处理含油污泥在一定程度上可以改善污泥的脱水性能。如图3.3所示，在一定范围内随着药剂投加量增加，含油污泥比阻均呈下降趋势，其中PAC效果最好，但当投加量超过一定范围时，比阻重新升高，脱水性能降低。无机絮凝剂投加到含油污泥中，将发生一系列水解和聚合物反应，生成大量的羟基络合物，水中的胶粒能够强烈吸附水解与聚合反应的各种产物，被吸附的带正电荷的多核络离子能压缩双电层及电中和作用，使污泥中胶粒的$\zeta$电位降低，水包油或油包水外膜变薄，从而使稳定体系脱稳，进而改善过滤性能，由于聚合铝碱度范围较宽，故絮凝效果较好，当无机絮凝剂投量过大时，过多的正电荷有可能使颗粒表面带正电，使体系重新稳定，从而造成污泥比阻升高，过滤性能降低。

2）有机絮凝剂对污泥脱水性能的影响

试验选用的有机絮凝剂为PAM和CPAM，试验结果如图3.4所示。

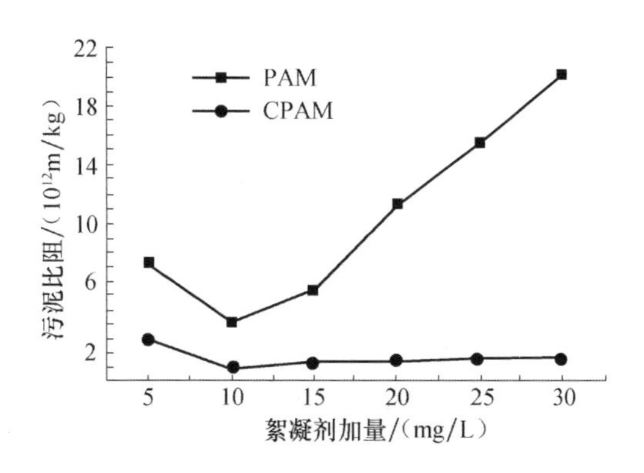


图3.4　有机絮凝剂加量与污泥比阻的关系

如图3.4所示，阳离子型的絮凝剂对降低含油污泥比阻最有效。由于阳离子絮凝剂在处理含油污泥时，具有正电荷中和和吸附架桥的双重作用，因而其改善污泥脱水性能明显优于仅以架桥为主的非离子絮凝剂。但试验中发现，对于有机絮凝剂也存在一个加量适度的问题，若投加量过大，会形成结构松散的絮凝体，絮体中所含水分同样难以去除。

3）助滤剂 CaO 对含油污泥脱水性能的影响

助滤剂对含油污泥过滤性能的影响情况见表 3.2。

**表 3.2　助滤剂对含油污泥过滤性能的影响**

| 絮凝剂及用量/(mg/L) | 污泥比阻/(m/kg) | 泥饼含水率/% |
|---|---|---|
| $2000Al_2(SO_4)_3+100CaO$ | $1.19\times10^{10}$ | 40.6 |
| $2000FeCl_3+100CaO$ | $1.40\times10^{10}$ | 42.7 |
| 10PAM+100CaO | $2.34\times10^{10}$ | 49.2 |
| 20PAM+100CaO | $2.10\times10^{10}$ | 45.8 |
| 20CPAM+100CaO | $1.10\times10^{10}$ | 40.0 |

试验表明，已用无机絮凝剂、有机絮凝剂处理后的污泥，再加入助滤剂 CaO，滤速显著增大，污泥比阻从处理前的 $10^{14}$ 数量级降至 $10^{10}$ 数量级。一般无机絮凝剂处理污泥 3min 即可抽干，有机絮凝剂处理 5min 即可抽干，泥饼干燥易于分离。

4）含油量对污泥脱水性能的影响

图 3.5 为 $Al_2(SO_4)_3$ 投加量为 2000mg/L 时的试验结果。如图 3.5 所示，含油量多少是影响含油污水脱水性能的一个重要因素，随含油污泥含油量的减少，含油污泥絮凝后脱水变得较容易，因此含油污泥经絮凝处理后，除去浮油是改善其过滤性能的一个重要措施。

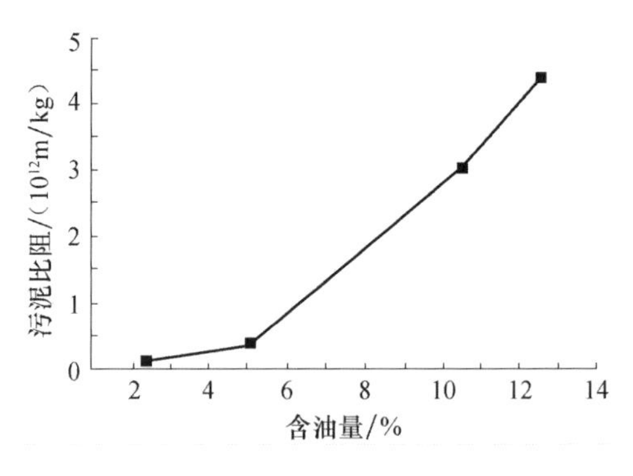


图 3.5　含油量与污泥比阻的关系

## 3.3　含油污泥排泥技术

### 3.3.1　积泥坑停产排泥工艺

积泥坑停产排泥工艺依靠沉降罐中均匀设置的若干个积泥坑，通过阀室中的排泥泵将积泥坑里的污泥排出沉降罐外，这种方式需要停产进行，影响生产。同时由于该方法是污泥在沉降罐中经逐年积累到一定程度后，才进行停产排泥处理，使大量污泥在沉降罐中不能及时排除，滞留在污水系统中，影响水质。该排泥方式的优点是清除的污泥浓度高。目前大庆油田大部分污水站采用该工艺进行排泥。

### 3.3.2　压力排泥工艺

压力排泥工艺是利用卧式除油设备的余压，将底部污泥压至污泥浓缩罐中浓缩处理。该方法具有操作简单、无需停产的特点，但也存在收泥不够均匀的缺点。工艺流程示意图如图 3.6 所示。

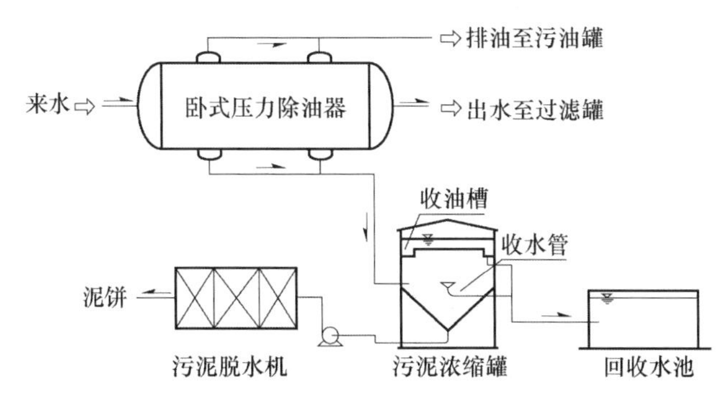


图 3.6　自压排泥处理工艺流程示意图

### 3.3.3　静压排泥技术

在污水沉降罐底部加装中密度聚乙烯穿孔管，依靠罐自身静压水头排泥。此工艺具有系统较简单、不需助排液、工程改造投资省的特点。但也存在穿孔管吸力小、孔眼易堵塞的缺陷，尤其目前采用聚乙烯材料的 V 形导流板，在沉降罐检修或改造时，极易发生损坏。静压穿孔管结构如图 3.7 所示，工艺流程示意图如图 3.8 所示。

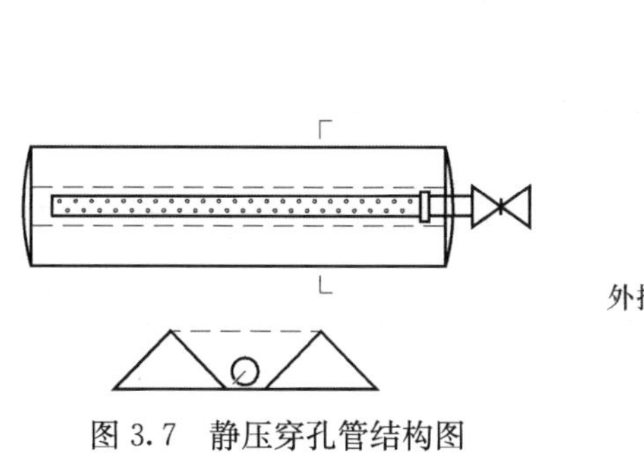

图 3.7　静压穿孔管结构图

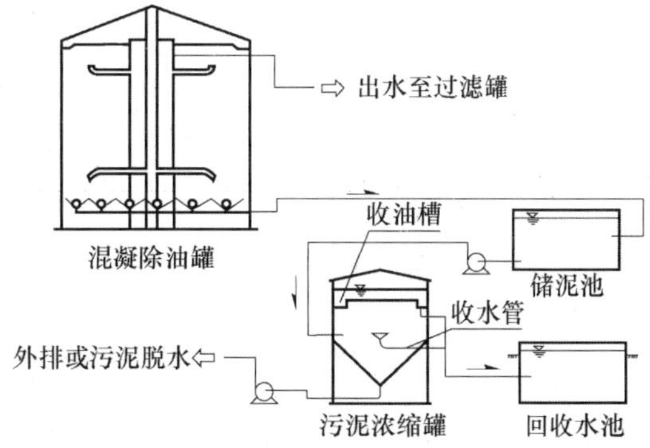


图 3.8　穿孔管排泥处理工艺流程示意图

大庆油田某含油污水处理站，设计规模为 $2.0\times10^4 m^3/d$，有一次自然沉降罐两座，二次混凝沉降罐两座，排泥设计是一次沉降罐和二次沉降罐内全部采用静压穿孔管排泥方式。该站于 2002 年 11 月投产。

该含油污水处理站的设计参数及目前的实际运行参数见表 3.3。

**表 3.3　设计及实际运行参数表**

| 名　称 | | 设计参数 | 实际运行参数 |
|---|---|---|---|
| 处理量/($m^3$/d) | | $2.0\times10^4$ | $1.6\times10^4$ |
| 自然沉降罐（2 座） | 有效停留时间/h | 9.78 | 12.3 |
| 混凝沉降罐（2 座） | 有效停留时间/h | 4.0 | 5.0 |
| 核桃壳压力过滤器（12 台 $\phi$4.0m） | 处理量/($m^3$/h) | 69.4 | 55.6 |
| | 滤速/(m/h) | 5.5 | 4.4 |

通过在该含油污水处理站一次自然沉降罐连续投加无机混凝剂聚合氯化铝后，一次自然沉降罐内有了一定高度的沉泥含量。2004 年 4 月进行了 7＃排泥管和 5＃排泥管两根排泥管的排泥试验，结果如图 3.9 和图 3.10 所示。

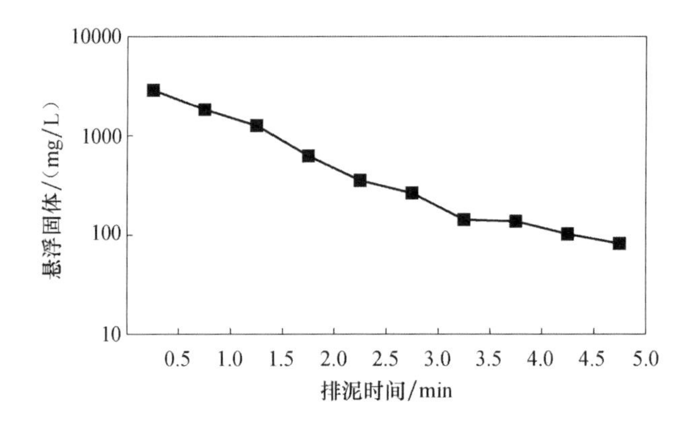


图 3.9　排泥数据曲线

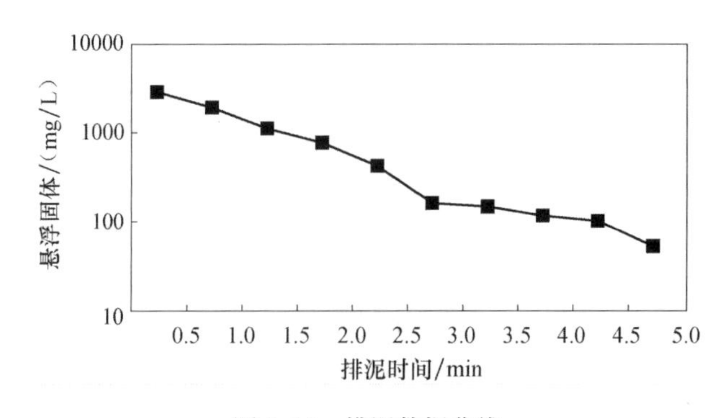


图 3.10　排泥数据曲线

1）5＃排泥管排泥情况

（1）排泥时间：5min。

（2）排出液体积：47.24$m^3$。

（3）5＃排泥管孔眼数：57 个。

2）7＃排泥管排泥情况

（1）排泥时间：5min。

（2）排出液体积：49.93$m^3$。

（3）7＃排泥管孔眼数：64 个。

3）试验结果分析

静压穿孔管能够将沉降罐底部沉泥迅速排出，排泥 2.5min 即可使污泥去除率达到 80％以上。

### 3.3.4　负压排泥技术

负压排泥器排泥工艺具有吸力强、吸泥量大、排泥相对均匀、排出液可利用出口压力排至一定高度的浓缩罐中（低位可以向高位排泥）等优点，但也存在改造投资大、工程量多、操作相对复杂、需外加助排液导致排污量大等缺点。负压排泥器排泥工艺流程如图 3.11 和图 3.12 所示。

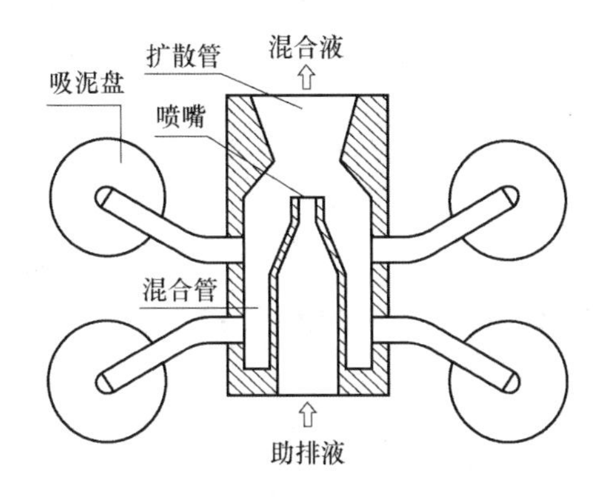

图 3.11　负压排污器结构原理

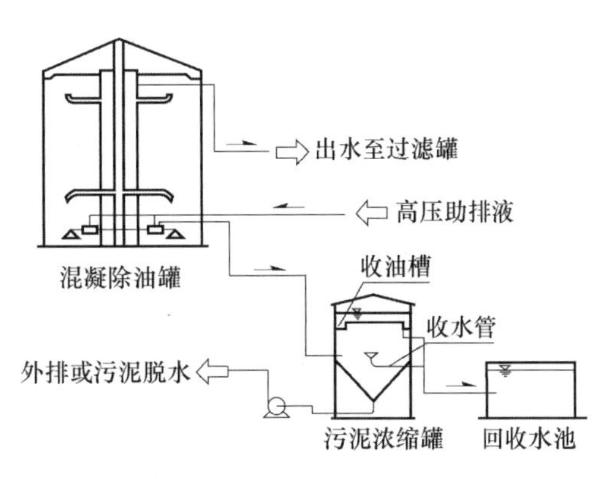

图 3.12　负压排泥处理工艺流程示意图

1. 负压排泥器性能参数

（1）工作液压力≥0.6MPa。

（2）工作液流量≥11.24$m^3/h$。

（3）最大负压值－0.01MPa。

（4）吸排流量≥27.42$m^3/h$。

（5）排泥器（一组）总流量≥38.62$m^3/h$。

2. 负压排泥器排泥试验

大庆油田某含油污水深度处理站于 2000 年 7 月投产，设计规模为 $1000m^3/d$。采用的工艺流程为：一次自然沉降罐→二次混凝沉降罐→一次双层滤料过滤器→二次双层滤料过滤器。该含油污水深度处理站的设计参数及实际运行参数见表 3.4。

**表 3.4 大庆油田某联含油污水深度处理站设计及实际运行参数表**

| 项 目 | | 设计参数 | 实际运行参数 |
|---|---|---|---|
| 处理量/($m^3$/d) | | 1000 | 750 |
| 自然沉降罐（1 座）$\phi$8.2m×12.3m | 有效停留时间/h | 5.6 | 7.5 |
| 混凝沉降罐（1 座）$\phi$7.8m×10.3m | 有效停留时间/h | 3.5 | 4.7 |
| 一次双滤料压力过滤器（4 台 $\phi$1.2m） | 处理量/($m^3$/h) | 14 | 10.4 |
| | 滤速/(m/h) | 13.3 | 9.2 |
| 二次双滤料压力过滤器（4 台 $\phi$1.6m） | 处理量/($m^3$/h) | 14 | 10.4 |
| | 滤速/(m/h) | 7.5 | 5.2 |
| 混凝剂 | 投加量/(mg/L) | 40 | 40～45 |
| 杀菌剂 | 投加量/(mg/L) | 80～100 | 130 |

沉降罐增设排泥器以前，正常生产每运行 3 个月就需要进行人工清泥一次，清罐时需要污水处理站停产进行，清罐一次需要 10 天左右，造成注水水质波动很大。这样做不但增加了工人的工作强度，清理出污泥外运填埋还造成环境污染，因此增加了油田生产管理难度。

该站于 2002 年 10 月增设了沉降罐排泥系统，在沉降罐中安装了负压排泥器。该站实际生产平均日处理量 $750m^3/d$，生产运行负荷率 75%。

1）二次混凝沉降罐排泥试验

运行参数：排泥时间 40min；使用助排液 $25.5m^3$；排出沉降罐污泥液量 $80.5m^3$；进入污泥浓缩罐总液量 $1.0\times10^6m^3$。

在排泥过程中，对排出液进行取样分析，分析结果如图 3.13 所示。

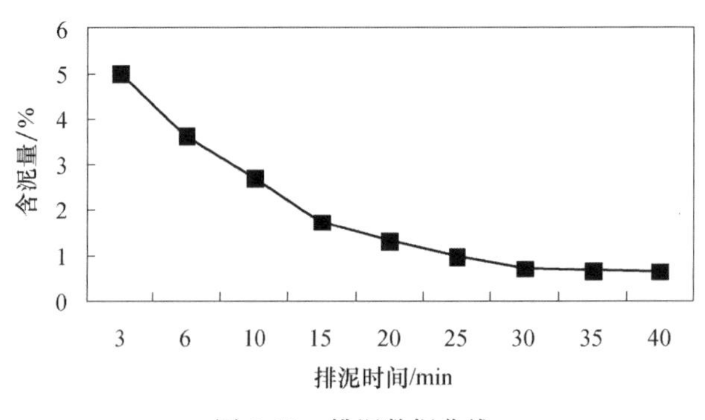


图 3.13 排泥数据曲线

从图 3.13 可以明显看出，随着排泥时间的延长，外排污水中含泥量（悬浮固体）逐渐减少，25min 时去除率达到了 80%以上，含泥量（悬浮固体）趋于平稳。

2）一次自然沉降罐排泥试验

对该站的一次自然沉降罐进行负压排泥试验，取排出液分析悬浮固体含量，分析数据如图 3.14 所示。

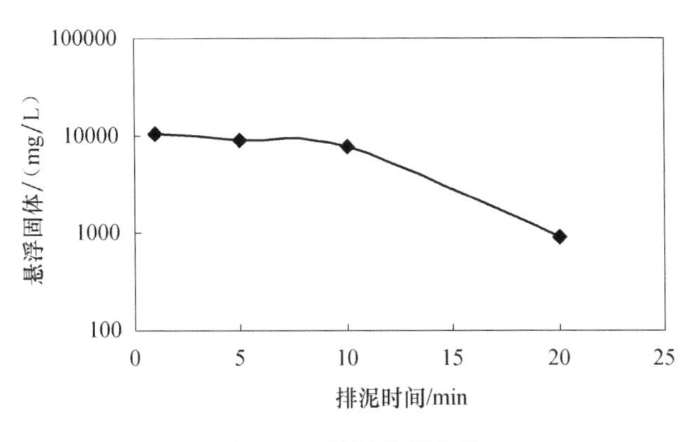


图 3.14　排泥数据曲线

通过数据分析可以看出，在排泥 10min 内，排出液中悬浮固体含量均较高，最高悬浮物含量达到 1%，随着排泥时间的延长，排出液中含泥量逐渐减少，20min 时去除率达到了 91%以上。

3）试验结论

负压排泥器能够将沉降罐底部沉泥排出，二次混凝沉降罐的排泥去除率超过 80%的排泥时间为 25min，一次自然沉降罐的排泥去除率超过 90%的排泥时间为 20min。

### 3.3.5　内置式机械刮吸泥技术

内置式机械刮吸泥技术以胜利油田某污水站为例，该站 1979 年建成投产，2003 年、2007 进行了二次改造，设计规模 8000$m^3$/d，实际处理水量 6000$m^3$/d，加药量约 5.4t/d，产泥量 8t/d（含水率约 50%），主要工艺流程如图 3.15 所示。其中在 2007 年改造时，2 座 1000$m^3$ 一次沉降罐增设了内置式机械刮吸泥装置，同年 6 月投产运行至今。

内置式机械刮吸泥技术是静压排泥的改良技术，它有效地避免了传统排泥“泥管固定，静压排泥”的方式，而在排泥管端增加了旋转构件，使得排泥管可以在罐内旋转移动排泥，提高排泥效率。2007 年 4 月，在该站采用了内置式机

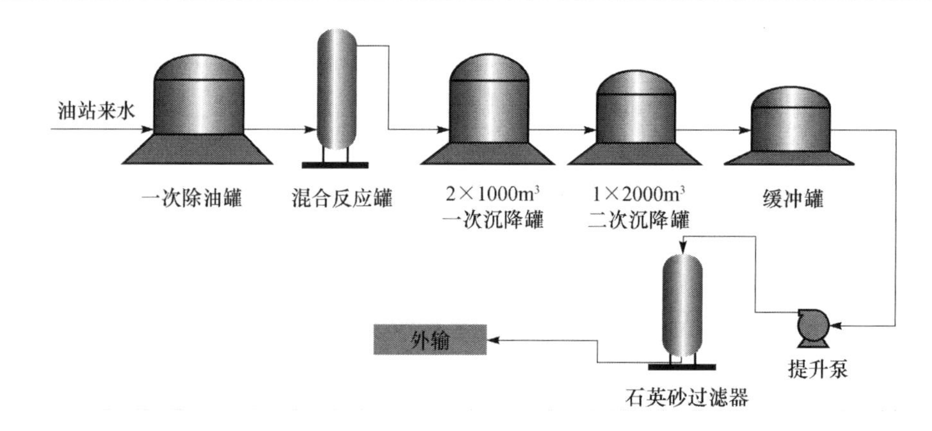


图 3.15　某污水站污水处理主工艺流程图

械刮吸泥装置，该装置由电动机、减速机、传动轴、中心转动体、刮吸泥装置、排泥管、支撑圈、自控阀及控制系统组成，它是依靠机械臂的旋转作用将罐底淤积的污泥搅起，然后通过机械臂上的吸排泥口排出，解决了污泥的淤积问题，实现了沉降罐不停产排泥。内置式刮吸泥机采取间断开启工作，通过设置在外部的电机减速器带动罐内设置的蜗轮蜗杆传动机构，同时带动刮吸泥臂绕中心支承座作缓慢圆周运动，刮泥板搅动罐内底部的沉积污泥，安装在吸泥管上的多组刮吸泥板，在旋转过程中将沉降在罐底部的污泥集中刮至吸嘴，与此同时自动开启排泥管上的电动阀门，被搅起的罐内污泥通过吸泥口吸入并靠罐内液体的重力差进行排放，从而达到自动排泥的目的，如图 3.16 所示。

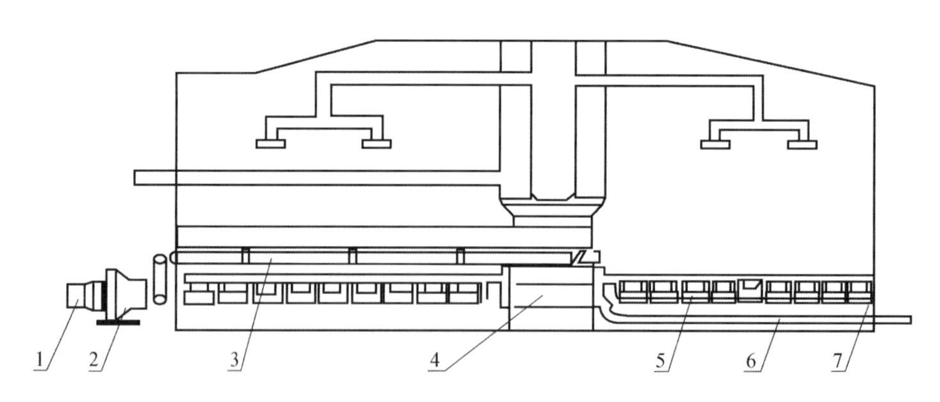


图 3.16　内置式机械刮吸泥机示意图

1. 电动机；2. 减速机；3. 传动轴；4. 中心转动体；5. 刮吸泥装置；6. 排泥管；7. 支撑圈

排泥装置在某污水站投产三个月后，由于设备基础沉降，导致设备停运。分析原因主要是因为排泥装置产生的扭矩力较大，建设初期对电动机的基础处理不当造成的。在停运期间，由于长时间的没有排泥，造成罐内污泥层厚达1.0m多，致使在重新浇筑基础后，排泥装置重新投入使用时出现转动力不足，不能正常工作的现象，最后被迫清罐。清罐后，设备运转平稳，每天排泥6次，每次18min，控制大罐泥层厚约0.6m，排出的污泥含水率较高，在98%以上。污泥排出经污泥池浓缩后，提升、压滤、外运。整体装置采用自动控制，罐内结构相对较少，清罐方便。但在清罐维修期间，发现装置部分构件存在腐蚀问题，另外由于设备所限，距罐底0.4m范围内的污泥无法通过刮吸泥装置排出。

### 3.3.6　机械刮泥机排泥技术

机械刮泥机排泥以胜利油田某污水深度处理站为例，是一项将采出水经过软化达到热采锅炉给水标准的工程，处理规模为$1.5\times10^4m^3/d$。工艺流程为：气浮选罐→澄清罐→缓冲罐→提升泵→双滤料过滤罐→一级弱酸软化罐→二级弱酸软化罐→软水储罐→加压外输注汽站。

该站澄清罐直径为$\phi$18.3m，采用中心轴式机械刮泥机排泥。反应产生的颗粒及悬浮固体沉降后由旋转刮板将稠浆推到罐中心，其固体含量约3%，然后由仪表控制，开启污泥泵将稠浆送至污泥离心脱水机。在澄清罐设计中罐底基础采用钢筋混凝土，壁板采用钢板，将基础预埋钢板和壁板进行焊接，防止渗漏，为解决水处理容器的排泥，罐底防腐创造了很好的条件。但投产初期罐壁与基础结合处出现渗水情况，经整改后渗水问题解决。这种方式排泥较彻底，效果好，在国外应用较多。但考虑到钢罐壁与混凝土基础结合处施工难度大，到目前为止国内应用不多，中心轴式机械刮泥机示意如图3.17所示。

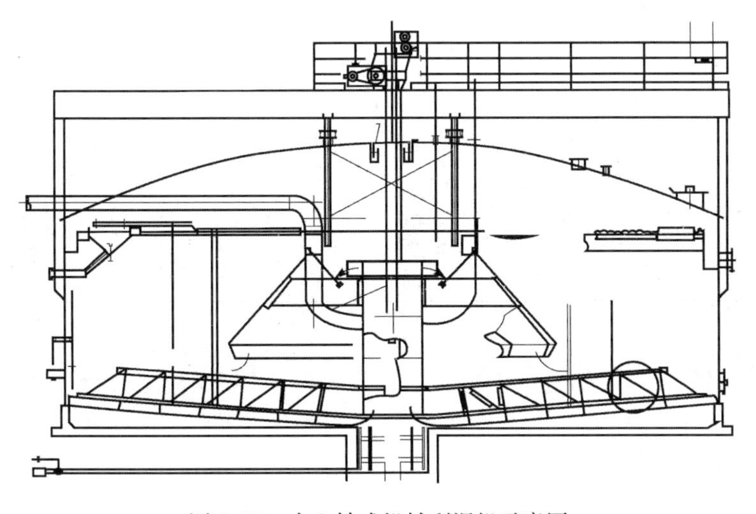

图3.17　中心轴式机械刮泥机示意图

## 3.4 含油污泥浓缩工艺技术与应用

### 3.4.1 含油污泥特性

由于污泥的分离、浓缩、脱水等分离过程的效率除与配套处理设备的选择有关外，还与分离物料的特性，即悬浮液的特性、固体颗粒特性等有关，基于这一点，首先对含油污泥的外观进行观察和分析。

1. 含油污泥的外观

使用显微镜对大庆油田采油某污水处理站横向流聚结除油器底部沉降排出污泥（含水率为99.4%），进行分布观测，观测结果如图3.18所示（见彩图）；对另一污水沉降罐底部沉降排出污泥（含水率为98.5%），进行分布观测，观测结果如图3.19所示（见彩图）。

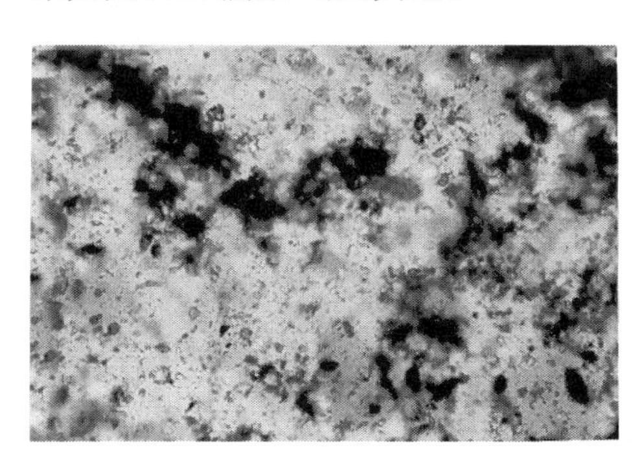
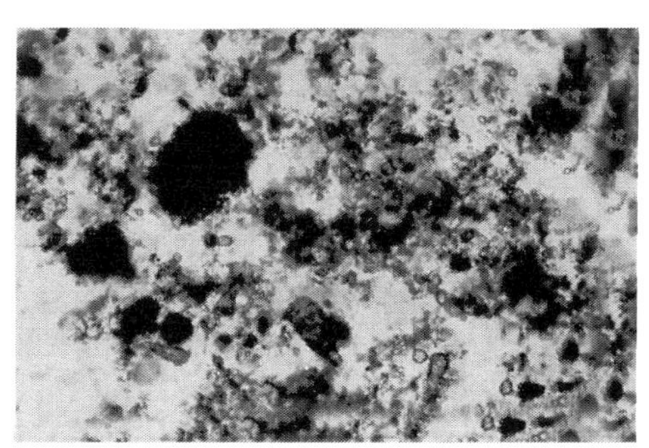

图3.18 某污水站横向流聚结除油器底部沉降排出污泥分布图

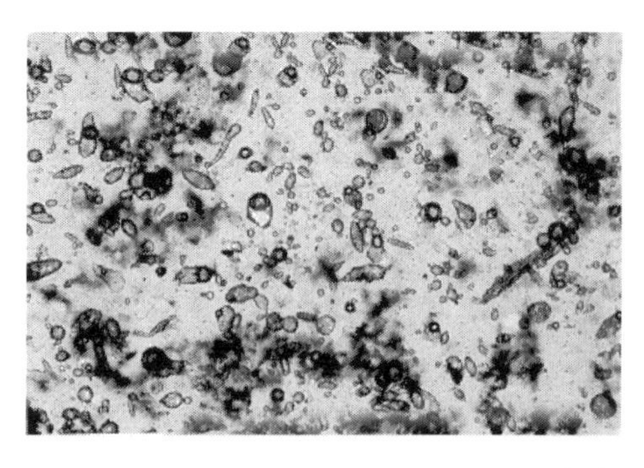
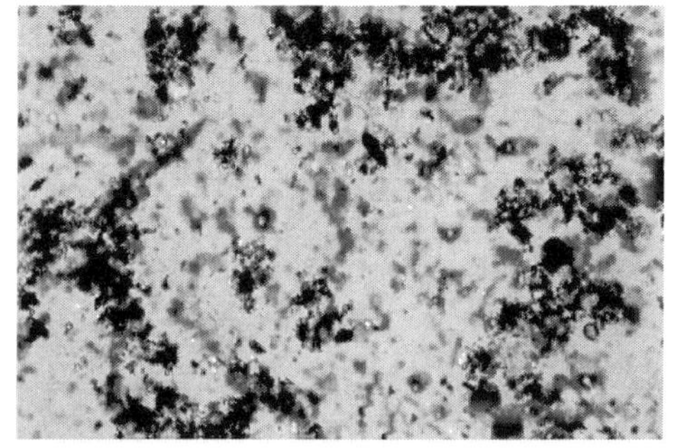

图3.19 污水沉降罐底部沉降排出污泥分布图

由图3.18和图3.19所示，含油污泥大都呈絮状分布，泥砂颗粒含量较少，且颗粒非常细小。污泥中颗粒间的空隙水占据了很大一部分空间，含量较高；而且图中还显示了较多的小油珠，说明污泥中的含油也较多。

2. 含油污泥的固体颗粒分布测试

分析用样取自大庆油田某污水处理站排入污泥浓缩罐的横向流聚结除油器底部沉降污泥，使用激光粒度仪观察污泥颗粒的大小及粒度分布，同时对该站处理原水的粒径分布进行测试，分析测试结果如图3.20和图3.21所示。

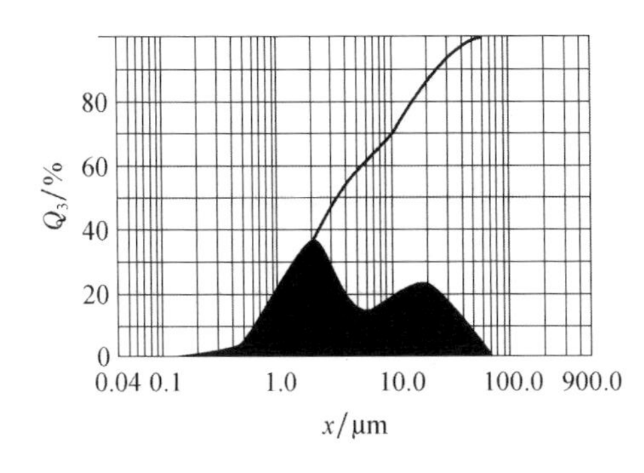


图3.20 除油器来水中颗粒粒度分布图

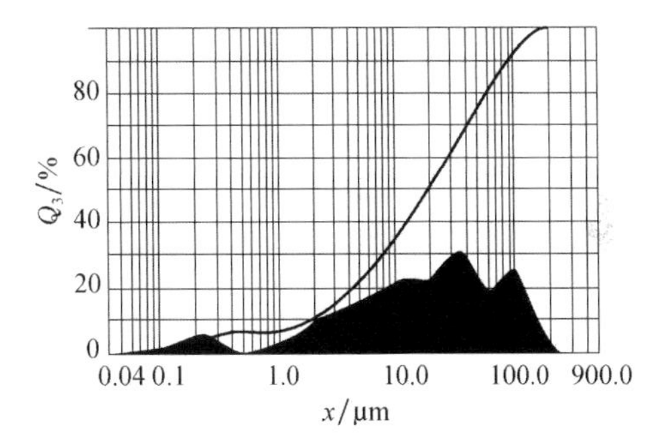


图3.21 除油器底部沉降污泥颗粒粒度分布图

如图3.20和图3.21所示，横向流聚结除油器底部沉降下来的污泥的粒径中值为19.96μm，颗粒的直径分布在1.0～200μm，占有比例95.7%，大部分颗粒为10.0～100μm；横向流聚结除油器进水粒径中值为3.27μm，颗粒直径分布为0.1～60μm，大部分颗粒分布为1.0～20μm，颗粒直径明显比污泥颗粒小。

### 3.4.2 污泥自然浓缩试验

1. 污泥浓缩过程中含水率试验

将各站取的污泥原样搅拌均匀，分别置于500mL的柱形玻璃沉降管内，进行静止沉降，观察沉降效果，并分别测定不同沉降时间污泥的含水率，如图3.22所示。

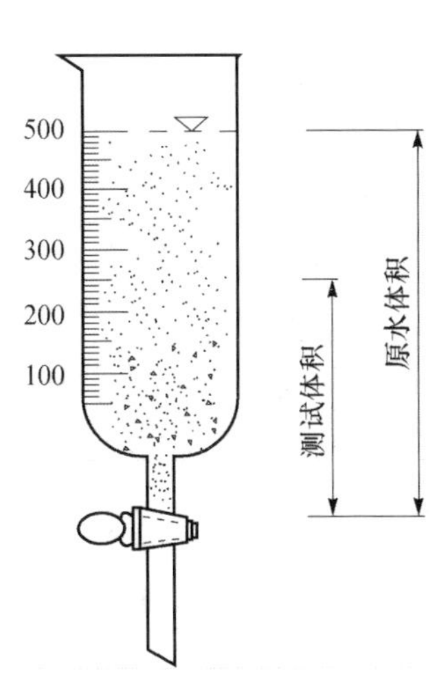


图3.22 污泥浓缩沉降测试柱形玻璃沉降管示意图

取不同区块及不同沉降分离设备中产生的含油污泥，测得含水率均在96%以上，其中有3个站在98%以上，这与各站运行方式及取样时间、取样方法有较大的关系。进行自然浓缩沉降，浓缩沉降3h后，含油污泥的含水率降低到85%左右，继续增加污泥浓缩沉降时间，污泥的含水率变化幅度较小，也就是说污泥经过3h浓缩沉降之后，即可使污泥的含水率大大降低，减少污泥的体积，有利于减轻后续污泥处理设备的负荷。从试验数据中还可以发现，原始污泥含水率越低，含油污泥经过长时间沉降浓缩后，含水率降低的幅度越大。

2. 污泥浓缩过程中悬浮固体去除试验

取大庆油田某污水处理试验站横向流聚结除油器底部沉降污泥和沉降罐底部沉降的污泥进行室内沉降试验。将取的泥样摇匀分别倒入 9 个 500mL 的柱分液漏斗中进行沉降（其中一个用作测定总悬浮固体含量），依次进行 10min、20min、30min、60min、90min、120min、180min、240min 的沉降。其中原始浓度为 $C_0$，取每一个柱形分液漏斗下部 250mL 的液体悬浮固含量为 $C_2$，柱形分液漏斗上部 250mL 的液体悬浮固体含量为 $C_1$，由此得出悬浮固体总的去除率 $E$。悬浮固体总的去除率按以下公式进行计算：

$$E=\frac{C_2-C_1}{C_0}$$

其测试结果绘制沉降时间与悬浮固体总去除率曲线，如图 3.23 和图 3.24 所示。

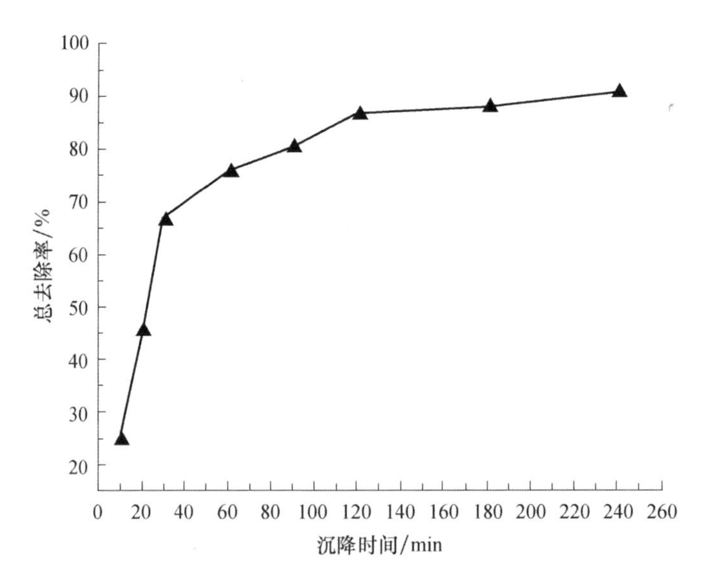


图 3.23　横向流底部污泥沉降总去除率与沉降时间的关系曲线

如图 3.23 和图 3.24 所示为来自沉降灌和横向流聚结除油器沉降的污泥总去除率与沉降时间的关系曲线。在不投加浓缩药剂的条件下，对应 120min 处污泥总去除率曲线斜率变化较大，含油污泥经过 2h 沉降后，其污泥总的去除率在 87%左右，且当原始含油污泥悬浮固体含量较高时，其总去除率相对也较高。继

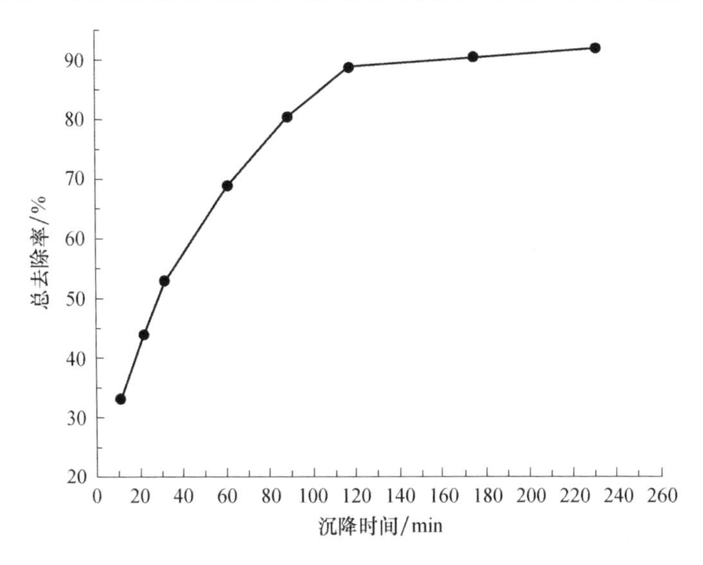


图 3.24　沉降罐底部污泥沉降总去除率与沉降时间的关系曲线

续增加沉降时间，可进一步提高悬浮固体的去除率，但提高幅度不大，说明大颗粒杂质已经被去除，只有部分小颗粒杂质还需要通过增加时间来达到去除的目的。

由此可以得出，在不加药剂的前提下，为了保证回收到水处理系统中的上清液不产生二次污染，要求回收水中悬浮固体含量不大于水处理站来水中的悬浮固体含量，因此对污泥浓缩沉降设备的设计，其沉降时间设计参数可选用不小于4h。

### 3.4.3　加药后污泥沉降时间效果试验

试验取大庆油田某污水处理站横向流聚结除油器底部沉降污泥，现场静止数分钟排除上部污油，然后将污泥原样搅拌均匀，分别置于 9 个 500mL 的烧杯中，往其中的 8 个烧杯中（1 个作为空白试验用）投加 DX/C-04 药剂 40mg/L，放入搅拌机下进行搅拌（搅拌转速为 120r/min），搅拌时间为 1min。搅拌后迅速将泥样倒入 500mL 的柱形玻璃沉降管内，进行静止沉降，观察沉降效果，并分别测定不同沉降时间污泥的含水率，试验结果如图 3.25 所示。

如图 3.25 所示，污泥在静止沉降 1h 后的去除率达到 97%，继续增加停留时间污泥的去除率基本上保持不变。因此可以看出投加浓缩药剂不但提高了污泥的去除率，而且大大地缩短了污泥的浓缩沉降时间，加快了污泥的沉降速度，从而减轻了后续处理设备的负荷。当投加浓缩药剂时，污泥在浓缩罐中的停留时间可按不小于 2h 进行设计。

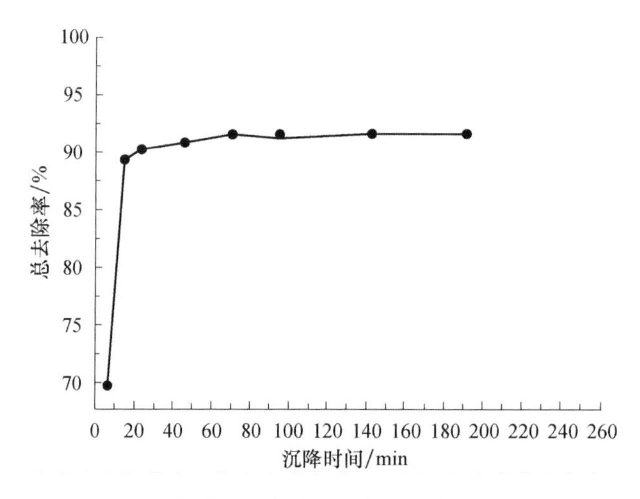


图 3.25　污泥加药后沉降总去除率与沉降时间的关系曲线

### 3.4.4　污泥浓缩工业化试验

1. 沉降段污泥浓缩沉降试验

该项试验所采用的污泥浓缩沉降罐的结构示意图如图 3.26 所示，相应的污泥处理工艺流程如图 3.27 所示。该流程特点是定期从回收水池、沉降罐及高效沉降分离设备的积泥区抽取沉降污泥，使含油污泥水进入污泥浓缩沉降罐中进行浓缩，浓缩后的污泥用污泥泵提升进箱式板框压滤机压滤脱水，脱水后形成的泥饼外运处置。在污泥浓缩沉降罐的进水口处投加混凝剂，以利于污泥的浓缩。污泥浓缩罐及箱式压滤机的上清液自流进入回收水池。该流程 10d 左右运行一次，具体时间应根据污泥量来确定。

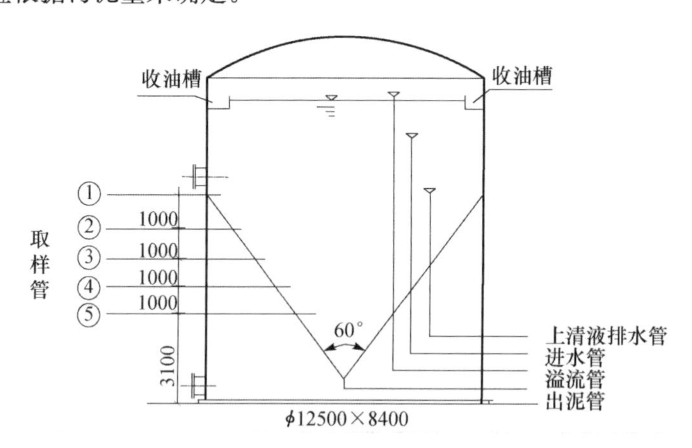


图 3.26　污泥浓缩沉降罐取样管结构示意图（单位：mm）

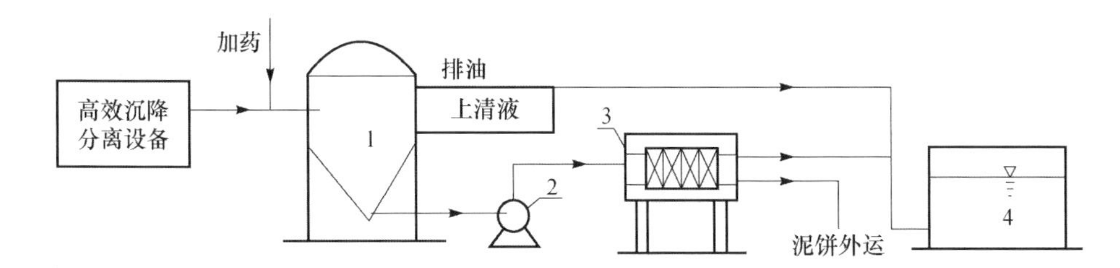


图 3.27　高效沉降分离设备浓缩脱水工艺流程示意图

1. 污泥浓缩罐；2. 污泥提升泵；3. 箱式压滤机；4. 污水回收池

污水处理站的污泥处理系统采用的污泥浓缩处理工艺如图 3.27 所示。

将横向流聚结除油器底部沉降污泥排入污泥浓缩沉降罐，在不同的时间内，对污泥浓缩沉降罐分 5 个高度点进行取样，测试污泥沉降的效果，并分析化验每个高度点的悬浮固体和油含量，由此确定污泥在浓缩沉降罐中的沉降时间及浓缩后的污泥含水率，为生产运行提供依据。其测试数据见表 3.5。

**表 3.5　含油污泥浓缩沉降试验**

| 时间/min | 悬浮固体含量/(mg/L) | | | | | 含油量/(mg/L) | | | | |
|---|---|---|---|---|---|---|---|---|---|---|
| | ①点 | ②点 | ③点 | ④点 | ⑤点 | ①点 | ②点 | ③点 | ④点 | ⑤点 |
| 10 | 134 | 133 | 166 | 226 | 283 | 2104 | 852 | 319 | 291 | 281 |
| 20 | 129 | 172 | 176 | 349 | 397 | 1802 | 325 | 259 | 197 | 196 |
| 30 | 124 | 172 | 216 | 364 | 545 | 587 | 237 | 237 | 227 | 153 |
| 60 | 110 | 140 | 176 | 410 | 643 | 283 | 185 | 201 | 117 | 144 |
| 90 | 94 | 105 | 294 | 479 | 896 | 192 | 165 | 159 | 124 | 93 |
| 120 | 89 | 102 | 347 | 568 | 1350 | 128 | 149 | 162 | 105 | 85 |
| 180 | 58 | 92 | 350 | 649 | 1820 | 119 | 78 | 88 | 66 | 60 |
| 240 | 57 | 81 | 410 | 681 | 2100 | 106 | 65 | 68 | 53 | 55 |

由表 3.5 可见，①号取样点悬浮固体由 134mg/L 降到 57mg/L，悬浮固体降低了 57%；⑤号取样点悬浮固体由 283mg/L 升到 2100mg/L，悬浮固体增长了 87%；沉降 240min 后，①号取样点悬浮固体 57mg/L，⑤号取样点悬浮固体为 2100mg/L，悬浮固体增长了 97%，说明横向流聚结除油器排出的污泥（10d 排泥）静止沉降 4h 后，污泥基本上可以去除。因此，选择排入污泥浓缩罐中的横向流聚结除油器底部沉降的含油污泥，沉降时间为 4h 较为合理，同时排入污泥浓缩罐中的横向流聚结除油器底部沉降含油污泥的部分油，在浓缩罐中上浮被回收。

### 2. 过滤罐反冲洗排水污泥浓缩试验

#### 1）反冲洗排水浓缩沉降试验

试验在大庆油田某采出水处理试验站进行，其试验工艺流程示意图如图 3.28 所示。

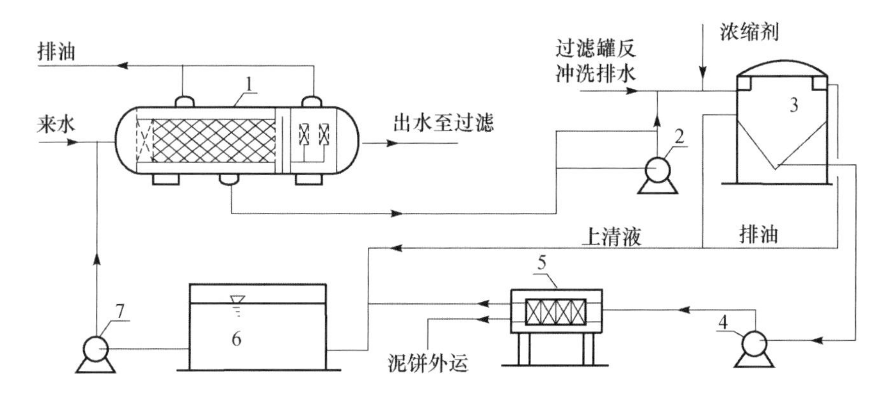


图 3.28　某含油污水处理站污泥浓缩脱水工艺流程示意图

1. 高效沉降分离设备；2. 污泥提升泵；3. 污泥浓缩罐；4. 污泥提升泵；
5. 板框压滤机；6. 污水回收池；7. 污水提升泵

该流程与前面流程相比，增加了直接回收过滤罐反冲洗排水的功能。根据过滤罐在过程中截留的悬浮固体为 40%～50%，并考虑过滤罐反冲洗前 8min 排出的水中悬浮固体含量较高，需将滤罐反冲洗前 8min 排出的含油污泥水直接排进污泥浓缩沉降罐中进行处理，后 7min 反冲洗排水直接进回收水池。污泥浓缩沉降罐中浓缩后的污泥进储泥罐，利用污泥泵提升储泥罐的污泥，进箱式板框压滤机压滤脱水。

该污泥处理的特点是系统运行频繁，但污水处理系统中的污泥处理彻底，可有效解决污泥对水处理系统的二次污染，防止污泥在水处理系统中恶性循环，有利于提高处理后的水质，使处理设备的性能充分发挥。

试验时根据现场测试的滤罐反冲洗排水中（反冲洗时间为 15min），前 8min 排出水中的污泥杂质和油含量较高的特点，将这部分水回收进行浓缩处理。通过试验给出回收污泥量、浓缩沉降时间，分别进行沉降时间 10min、20min、30min、60min、90min、120min、180min、240min 悬浮固体含量和含油量的测试。试验数据见表 3.6。

**表 3.6　反冲洗排水中的污泥在浓缩沉降罐中浓缩沉降试验**

| 时间/min | 悬浮固体含量/(mg/L) | | | | | 含油量/(mg/L) | | | | |
|---|---|---|---|---|---|---|---|---|---|---|
| | ①点 | ②点 | ③点 | ④点 | ⑤点 | ①点 | ②点 | ③点 | ④点 | ⑤点 |
| 10 | 294 | 250 | 247 | 165 | 157 | 216.0 | 159.0 | 119.0 | 72.7 | 38.8 |
| 30 | 217 | 225 | 205 | 200 | 238 | 113.0 | 95.6 | 91.6 | 60.5 | 32.3 |
| 60 | 198 | 195 | 186 | 206 | 330 | 93.3 | 95.4 | 81.4 | 59.4 | 32.9 |
| 90 | 194 | 186 | 176 | 216 | 478 | 76.1 | 76.6 | 63.7 | 42.0 | 27.4 |
| 120 | 169 | 174 | 174 | 329 | 484 | 69.0 | 66.4 | 58.1 | 40.1 | 25.1 |
| 180 | 134 | 174 | 168 | 360 | 703 | 68.3 | 66.0 | 56.9 | 39.6 | 22.7 |
| 240 | 104 | 144 | 164 | 466 | 740 | 45.6 | 44.6 | 42.1 | 36.3 | 22.2 |

由表3.6可见，反冲洗排水前8min中的污泥杂质经过4h沉降以后，①号取样点悬浮固体由294mg/L降到104mg/L，悬浮固体降低了65%；⑤号取样点悬浮固体由157mg/L上升到740mg/L，悬浮固体增长了79%；沉降240min后，①号取样点悬浮固体104mg/L，⑤号取样点悬浮固体为740mg/L，悬浮固体增长了86%；说明反冲洗排水中大部分杂质经过4h沉降后已经沉降被去除，但相对沉降分离设备底部沉降污泥的去除率低。

2）浓缩污泥含水率及含油量测试

回收的反冲洗排水，在浓缩沉降罐中经过4h沉降以后，向浓缩罐中进水提高液位进行强制收油，并记录进水量及收油时间，完成该项工作之后，通过浓缩沉降罐中部上清液排水管将浓缩罐中的上清液回收到回收水池，取样分析上清液的悬浮固体含量及油的含量，同时记录排液量。然后将浓缩沉降罐中浓缩于罐底部的反冲洗排水污泥打入储泥罐中，同时按一定时间间隔进行取样分析浓缩污泥的含水率和含油量，测试数据见表3.7和表3.8。

**表3.7　反冲洗排水浓缩沉降后污泥含水率及含油量测试数据表**

| 时间/min | 1 | 2 | 3 | 4 | 6 | 8 | 10 | 12 | 15 |
|---|---|---|---|---|---|---|---|---|---|
| 含水率/% | 94.10 | 95.30 | 95.90 | 96.60 | 99.41 | 99.48 | 99.9 | 99.92 | 99.98 |
| 含油量/(mg/L) | 3627 | 2980 | 1880 | 689 | 530 | 387 | 225 | 187 | 27.8 |

**表3.8　反冲洗排水浓缩沉降后上清液悬浮固体及含油量测试数据表**

| 组　次 | 1 | 2 | 3 | 4 | 5 | 6 | 7 | 8 | 9 | 平均值 |
|---|---|---|---|---|---|---|---|---|---|---|
| 悬浮固体/(mg/L) | 265 | 269 | 250 | 287 | 140 | 283 | 271 | 240 | 205 | 246 |
| 含油量/(mg/L) | 51.1 | 56.5 | 58.0 | 64.0 | 45.2 | 55.1 | 54.6 | 55.7 | 56.9 | 55.2 |

由表3.7中的数据，可以得出浓缩后污泥的含水率平均为98.08%。从含水率这项指标发现，反冲洗排水中的污泥沉降浓缩4h后污泥浓缩效果较沉降分离设备底部排出的污泥沉降浓缩效果差。分析其原因，可能是反冲洗排水中的污泥沉降特性发生变化：一方面由于被处理的含油污水中较大颗粒的污泥已经在沉降分离设备中沉降去除，而剩余的没有沉降去除的较小的颗粒则在过滤段被截流，造成反冲排水中的固体含量变小（含水率相对增高），从而导致污泥的沉降特性发生了变化；另一方面，由于颗粒直径变小，在不投加混凝、浓缩等药剂的前提下，很难使反冲排水中的污泥在相同的沉降时间内，达到同沉降分离设备底部排出的污泥的沉降效果。因此，需要通过加药的途径来改变反冲洗排水中的污泥沉降特性。表3.8中测得沉降4h后排出浓缩上清液的悬浮固体含量在200mg/L左右，也说明了是因为污泥的沉降特性发生变化所致。

试验测得回收浓缩沉降罐上部浮油时间为15min，排放浓缩沉降罐上清液悬浮固体含量平均为 245.6mg/L，含油量平均为 55.2mg/L，排放上清液时间为 35min；在污泥提升泵的流量为 $100m^3/h$ 的条件下，将浓缩沉降罐中体积为 $30m^3$ 的污泥打入储泥罐中需要 15min 左右。

## 3.5 污泥脱水技术

在这阶段中油田各站采用了多种工艺技术，概括为两大类：传统重力脱水和机械脱水工艺，其中机械脱水包括离心脱水、板框（厢式）脱水和带式脱水三种工艺。各种工艺在油田的部分应用情况见表 3.9。污泥脱水效果的好坏在很大程度上会影响污泥最终处置的难易度，是污泥处理的中心环节。

**表 3.9 污泥脱水技术在胜利油田的应用部分统计表**

| 干化技术 | | 核心设施 | 应用站场 |
|---|---|---|---|
| 重力脱水 | 自然干化 | 污泥干化场 | 河口首站等 |
| 机械脱水 | 离心脱水 | 离心脱水机 | 乐安污 |
| | 板框脱水 | 板框脱水机 | 商河注水站、纯梁首站、滨一污等 |
| | 厢式脱水 | 厢式脱水机 | 孤六污等 |
| | 带式脱水 | 带式脱水机 | — |

### 3.5.1 重力脱水-自然干化

污泥自然干化工艺是污泥前端脱水处理应用最早的一种工艺，这种工艺一般不做浓缩处理，而直接将大罐污泥排至干化场脱水，具体示意流程如图 3.29 所示。

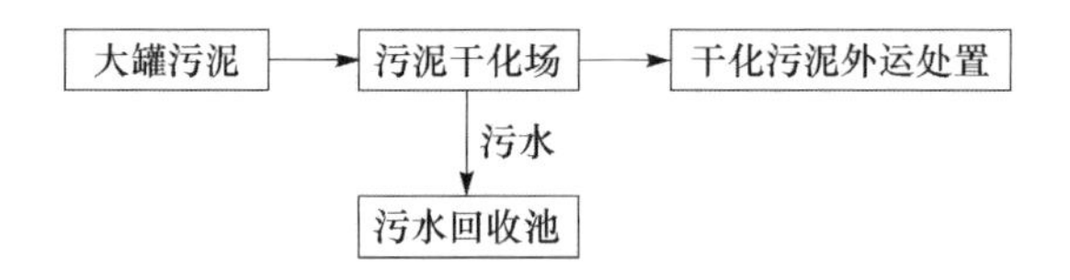


图 3.29 污泥重力自然干化流程示意图

干化场操作、管理、维护简单，无需能耗，但其占地面积大，处理效率受气候影响严重，更因为干化场容易造成地下水污染，近几年，油田污泥干化场的使用已逐步减少，在设计时已基本不推荐使用，在此不再赘述。

### 3.5.2 板框压滤脱水

以某油田注水站为例，该站建有改性污水处理系统 1 套，设计规模 $8000m^3/d$，日产干污泥（含水率 75%～85%）约 8t，采用“浓缩-板框脱水压滤-干泥外运”

的污泥处置方式，站内设有板框压滤机2台，同时工作，一次工作6～8h。该压滤机采用加压过滤原理，使污泥内的水通过滤布排出，达到脱水目的。其工作原理如图3.30和图3.31所示，它主要由凹入式滤板、框架、自动气闭式系统、滤板震动系统、空气压缩装置、滤布高压冲洗装置及机身一侧光电保护装置等构成。注水站的脱水设施如图3.32所示，从目前的使用情况来看，板框压滤机的使用情况良好，进泥含水率97%～99%，出泥含水率在75%～85%，效果稳定，但设备存在一定的腐蚀现象。

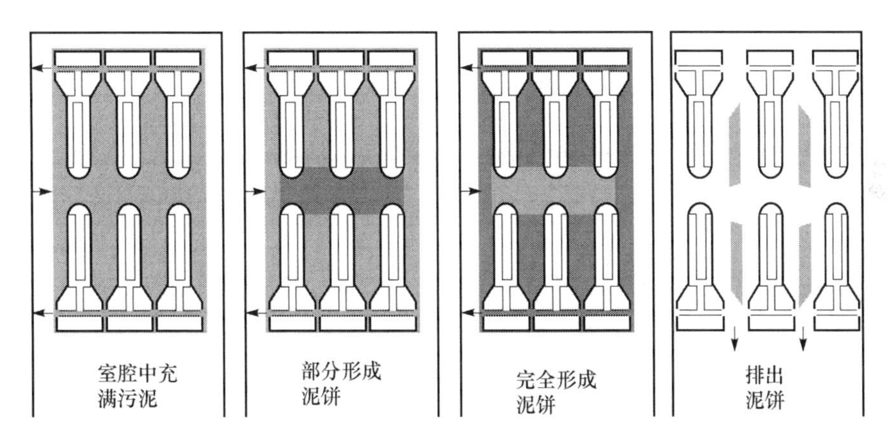


图3.30　板框压滤机工作原理示意图

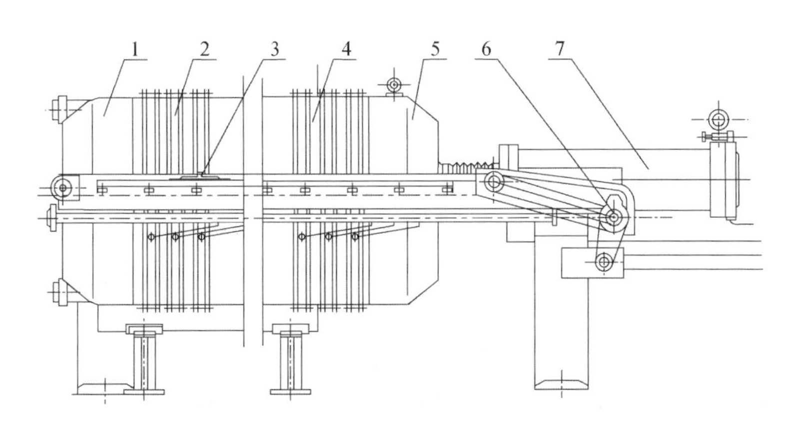


图3.31　板框压滤机构造示意图

1. 尾板（固定）；2. 压榨滤板；3. 拉板机构；4. 过滤板；5. 头板（活动）；6. 传动机构；7. 压紧装置

目前国内一些油田主要采用板框压滤机脱水工艺，但板框机处理效果与污泥颗粒粒径及污泥含油量关系密切，在实际应用时需考虑如何增大污泥粒径和降低含油量，一般多采用石灰和油水分离剂进行调质预处理。

图 3.32　污水站污泥脱水设施

板框压滤机构造较为简单，如图 3.32 所示，它由板和框相间排列而成。

### 3.5.3　厢式压滤脱水

厢式压滤脱水工艺以某油田污水处理站为例，该站设计污水处理规模 $2\times10^4m^3/d$，进水含油 4000～5000mg/L，悬浮物约 350mg/L，日产污泥（含水率 70%）约 18t，采用厢式压滤脱水机脱水，2008 年 3 月投产运行。站设有 XAZY200/1250-U 型厢式压滤机 2 台，采用增强聚丙烯滤板，单台压滤周期 4～6h，工作次数 2～4 次/d，最大产泥量 $12m^3/d$（按 24h 工作计算），压滤持压 0.6MPa，出泥含水率 75%以上。污泥处理和输送流程如图 3.33 所示。

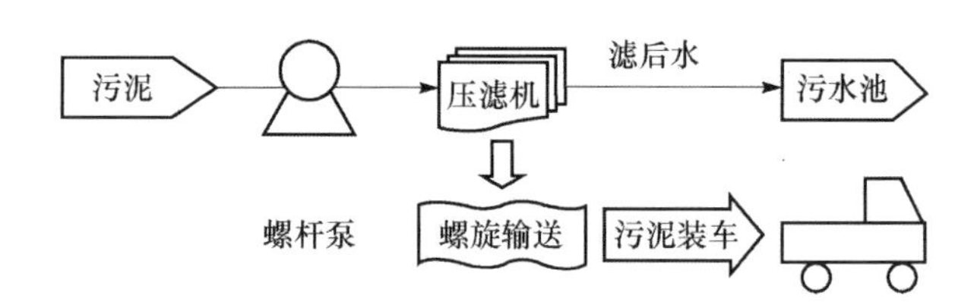


图 3.33　污泥处理与输送流程

厢式压滤机的基本原理与板框压滤机类似，不同的是板框压滤采用滤板和滤框形成组合泥室，而厢式压滤则只有滤板，装置结构相对简单，密封性能较好。该装置投产初期脱水效果较好，但投产后不久出现脱水困难，出泥含水率达不到要求，出泥色泽变黑，污泥黏度增大，滤布易堵塞等现象，致使滤布的更换周期仅为 1 个月；另外由于污泥黏性较大，自该装置投产以来，滤后自动卸泥系统无法正常工作，必须采用人工手动操作，卸一次泥耗时需 2～3h，影响了设备的处理能力；再就是污泥脱水效果降低，为粥状，难以成形，污泥溅满拉运车间内墙，拉远困难。污泥脱水部分无加药系统，装置带病运行，后更换了滤布，脱水效果稍有改善。现场照片如图 3.34 图 3.35 所示（见彩图）。

图 3.34　某污泥站污泥脱水机使用情况

图 3.35　某污泥站污泥拉运车间及泥样现状

### 3.5.4　带式压滤脱水

带式脱水技术的核心设备是带式压滤脱水机，它是由上下两条张紧的滤带夹带着污泥层，从一连串按规律排列的辘压筒中呈 S 形弯曲经过，靠滤带本身的张力形成对污泥层的压榨力和剪切力，把污泥层中的毛细水挤压出来，获得含固量较高的泥饼，从而实现污泥脱水，如图 3.36 所示，带式压滤脱水机有很多形式，但一般都分成以下四个工作区：重力脱水区、楔形脱水区、低压脱水区和高压脱水区。整机由滤带、辊压筒、滤带张紧系统、滤带调偏系统、滤带冲洗系统和滤带驱动系统构成。

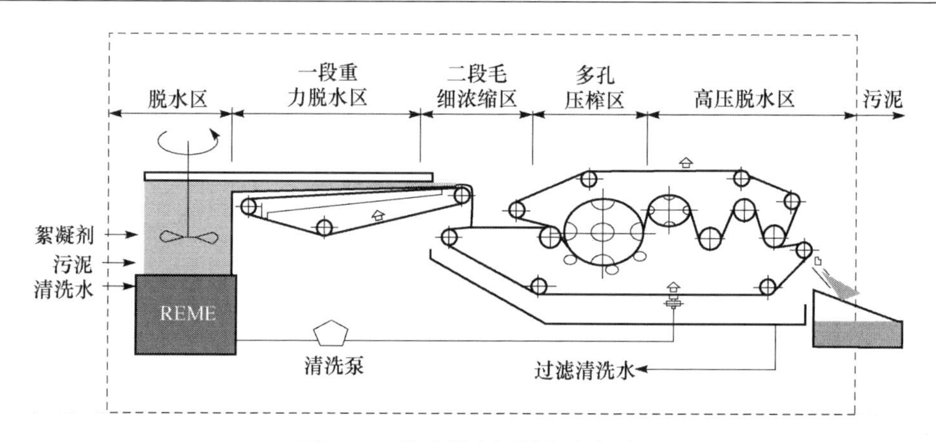


图 3.36　带式脱水机脱水示意图

带式压滤脱水机受污泥负荷波动的影响小，具有出泥含水率较低且工作稳定能耗少、管理控制相对简单、对运转人员的素质要求不高等特点。同时，由于带式压滤脱水机进入国内较早，已有相当数量的厂家可以生产这种设备，设备投资相对较低。

带式滚压脱水机原理如图 3.37 所示，污泥自装置上中部均匀配布于滤带上，运移至装置左侧进入下滤网承泥段，然后随上下滤带运移进入滚压段，最后自装置右端排出泥饼，被滤挤出的污水经收水装置汇入装置底部集水池，然后自流回收进入污水回收池。

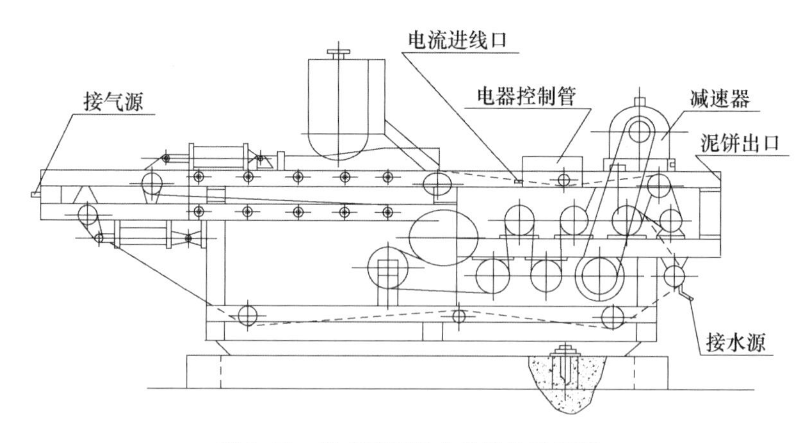


图 3.37　带式滚压脱水机结构示意图

应注意的是采用带式滚压脱水机进行含油污泥脱水时，不宜选用常规的带式滚压脱水机，应充分考虑含油污泥的特性，选用特殊的滤布和滚压脱水系统。

### 3.5.5 离心脱水

污泥离心脱水技术的核心设备就是离心脱水机，它主要由转载和带空心转轴的螺旋输送器组成，污泥由空心转轴送入转筒后，在高速旋转产生的离心力作用下，立即被甩人转毂腔内。污泥颗粒密度较大，因而产生的离心力也较大，被甩贴在转毂内壁上形成固体层；水密度小，离心力也小，只在固体层内侧产生液体层。固体层的污泥在螺旋输送器的缓慢推动下被输送到转载的锥端，经转载周围的出口连续排出，液体则由堰室溢流排至转载外，汇集后排出脱水机。如图3.38所示，圆筒形离心脱水原理，在高速旋转状态下，离心力的作用数千倍于重力作用，因此，可以忽略重力场对离心力场的影响。

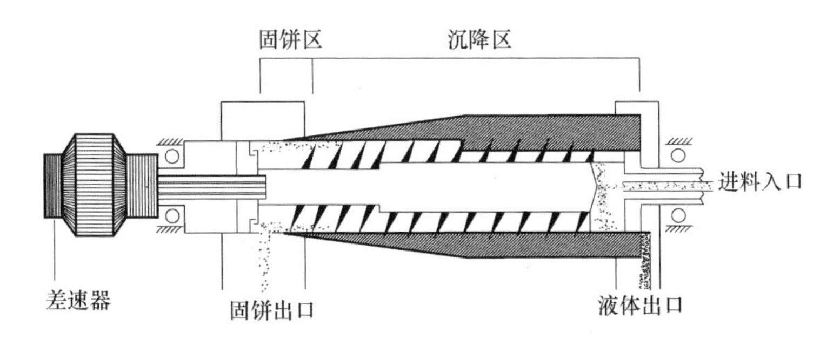


图3.38 圆筒形离心结构示意图

离心机按分离因素可分为高速离心机（分离因素 $\alpha>3000$）、中速离心机（分离因素 $1500<\alpha<3000$）、低速分离机（分离因素 $1000<\alpha<1500$）。油田含油污泥处理中多用中、高转速的圆筒式离心机。

## 3.6 两级水力旋流污泥稠化工艺应用

大庆油田在某试验站开展了 $80m^3/h$ 规模两级串联旋流分离的现场试验。通过两级旋流器的浓缩作用，为后续的离心机脱水试验奠定基础。

### 3.6.1 试验工艺

现场试验工艺的工艺流程图如图3.39和图3.40所示。回收水泵将含泥污水从回收水池中打出，采用离心升压泵增压后，供给旋流浓缩单元，进行两级旋流器的浓缩过程。一级旋流器主要用于去除大部分的水，并通过在溢流管线上加装悬浮物截留装置得到较为洁净的溢流水。二级旋流器对污泥做进一步的浓缩。浓缩单元中，经过净化的一级旋流器溢流水根据现场条件返回回收水池，二级旋流器溢流水返回至离心升压泵前，重新进入旋流浓缩单元进行处理，二级旋流器底流水作为稠化单元中离心机的入口进料。

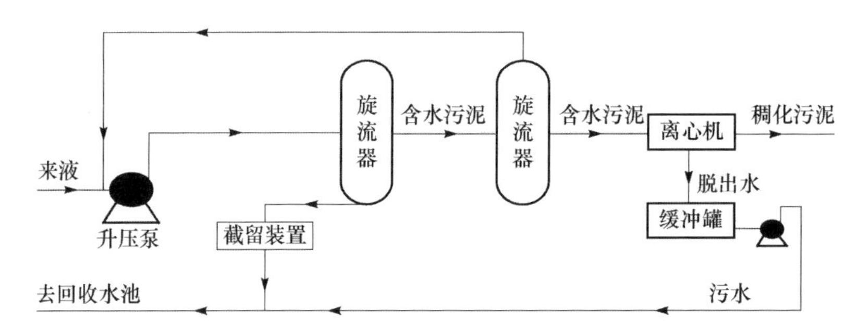


图 3.39　80m³/h 规模工艺流程简图

图 3.40　污泥浓缩现场装置实物照片

### 3.6.2　入口来液

考虑到悬浮物等污泥在含聚污水中悬浮于沉降设备中部，不下沉，底部含泥量小于中部，悬浮物去除主要靠滤料截留，通过反冲洗去除。而反冲洗水又进入系统重新处理，从而形成恶性循环。为消除此恶性循环，因此确定处理反冲洗回收水。试验来液选定为某试验站的回收水池，采用负压吸泥盘吸出含泥污水，通过管线输送到试验流程入口。

如图 3.41 所示，入口处来液的含泥量普遍较低，稳定在 0.05%左右，仅有少部分可以达到 0.1%以上，从一定程度上加大了处理的难度。分析造成入口含泥量较低的原因有两种：一是回收水池投产时间短，只有半年，水池底部并不存在较多的沉降污泥；二是反冲洗回收水固液分离时间不足，使得整个回收池的泥量无法沉积太多。经改变水射器吸泥盘取水方式为直接采用回收水泵供水，入口浓度得到提高，但仍在 1000mg/L 以下。

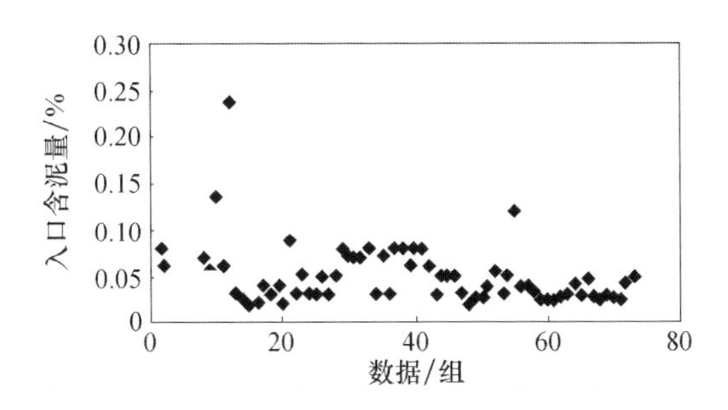


图 3.41　入口污泥的浓度分布

### 3.6.3　脱水率评价方法

水力旋流器底流口的分离效果评价指标采用脱水率 $\eta$。试验中保证旋流器的分流比在 20%左右，即保证了旋流器的脱水率在 80%左右。在两级旋流器串联工艺中，两级旋流浓缩的脱水率 $\eta$ 即是两级旋流器脱出水的总体效果，表示为

$$\eta = (1 - F_1 \times F_2) \times 100\%$$

### 3.6.4　旋流浓缩试验

旋流浓缩试验主要依据旋流分离原理，采用两级固-液型旋流器对来液中的含泥污水进行浓缩，脱出大部分的水，并使浓缩后的污泥达到稠化系统中离心机要求的入口指标。

1）一级旋流器脱水率

一级旋流器脱水率的典型数据如图 3.42 所示。

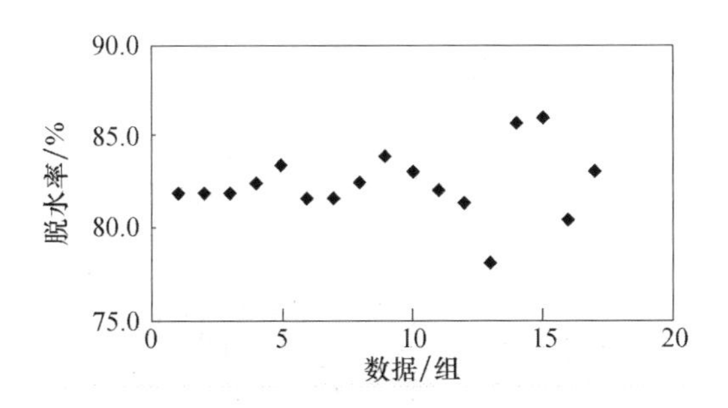


图 3.42　一级旋流器脱水率分布图

如图 3.42 所示，由于试验过程中保证了分流比在最佳效率范围，一级旋流器的脱水率始终保持在 80%左右。

2）二级旋流器脱水率

如图 3.43 所示，浓缩工艺中二级旋流器的脱水率也保持在 80%左右，起到

了进一步对含泥污水的浓缩作用。

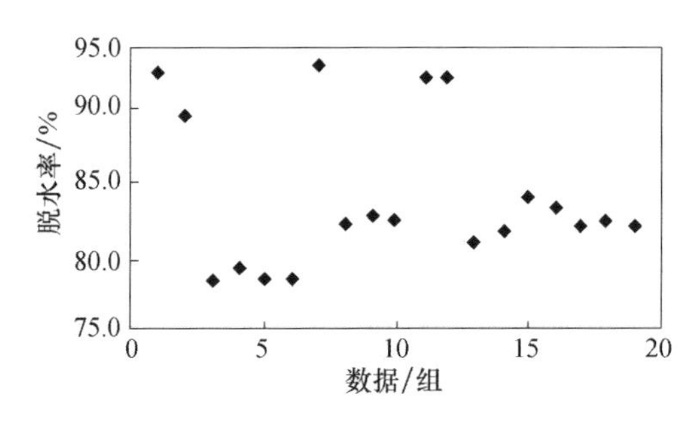


图 3.43　二级旋流器脱水率分布图

3）两级旋流器脱水率

综合一、二级旋流器的脱水率，两级旋流浓缩系统总脱水率的分布情况如图 3.44所示。

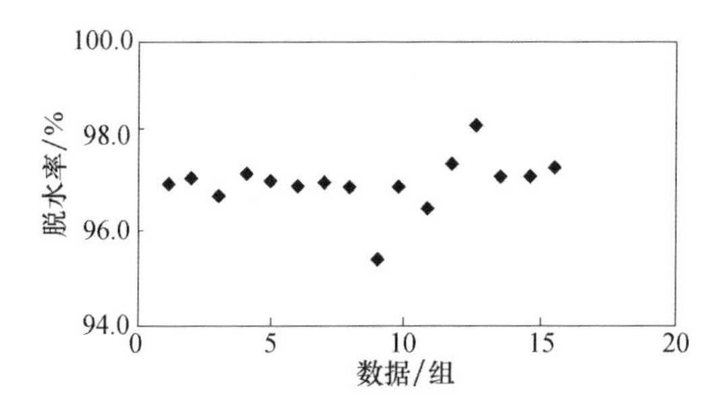


图 3.44　两级旋流器脱水率分布图

如图 3.44 所示，两级旋流器对含泥污水的浓缩效果十分明显，其脱水率均可以达到 94%以上。

4）一级旋流器溢流的污泥含量

一级旋流器脱除来液中大部分的水，需达到“脱除后污水中污泥含量小于200mg/L”的技术要求。试验情况如图 3.45 所示。

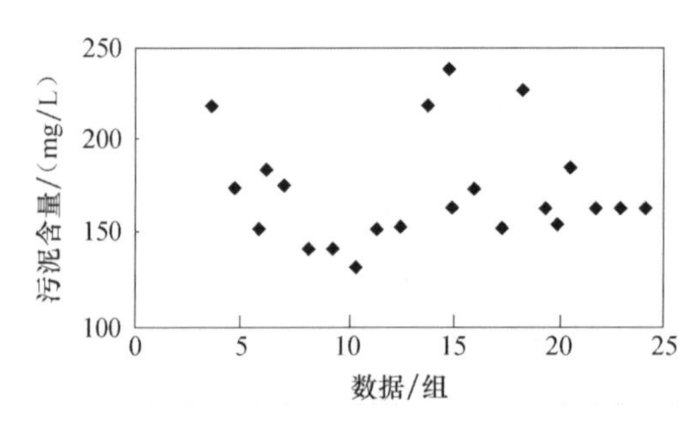


图 3.45　一级旋流器溢流出口污泥含量

如图3.45所示，从一级旋流器溢流排出的污水中，虽然大部分污泥含量低于200mg/L，但是存在少量不合格的情况（大于200mg/L），因此，试验过程中在一级旋流器的溢流增加了悬浮物截留装置，以去除溢流出水中的悬浮物。

如图3.46所示，经过悬浮物截留装置后的溢流水中的污泥含量，全部在200mg/L以下，完全达到了技术指标要求。

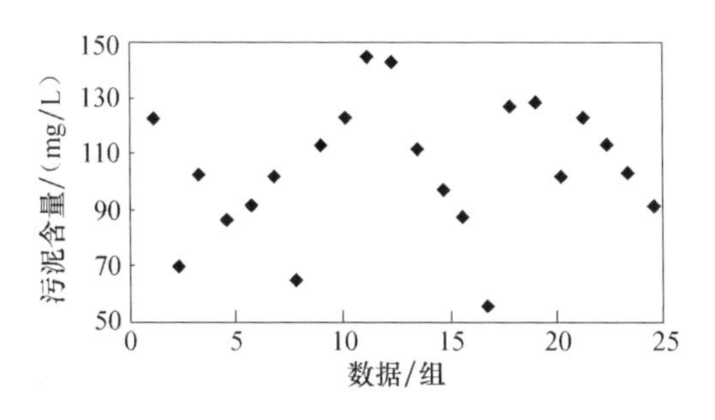


图3.46　滤布后的溢流污泥含量

5）二级旋流器的底流污泥含量

二级旋流器的底流污泥含量分布如图3.47所示，二级旋流器的底流实际上也就是稠化系统中离心机的入口，它并不是项目要求的技术指标。

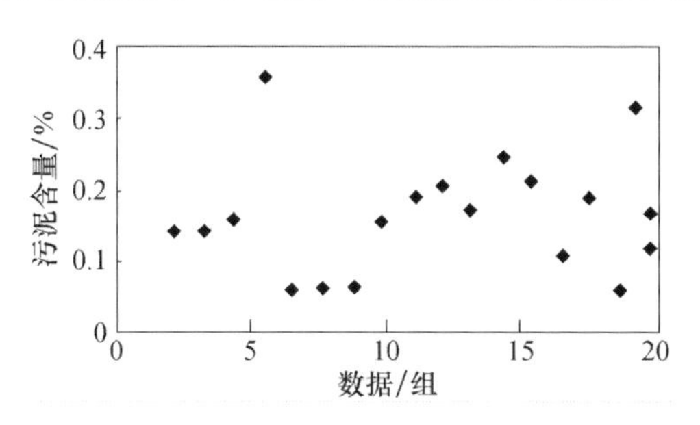


图3.47　二级旋流器底流中的污泥含量

两级旋流器可以将来液中的含泥污水浓缩6～10倍，使得旋流器二级底流的污泥含量基本在0.1%以上，满足了离心机的入口进料要求。应用污泥稠化系统，滤前含油降低14mg/L、悬浮物降低5mg/L；滤后含油下降4mg/L、悬浮物下降4mg/L，对除油段、过滤段的处理效果有显著提高，处理后水质明显改善。

6）试验研究主要结论

（1）优化得到的5度锥角单锥型水力旋流器结构设计合理，满足了项目各项技术指标的要求。单根旋流器流量3.5$m^3$/h左右、分流比为5%～8%的条件下，可以达到最佳的处理效果。

（2）优选出的单级水力旋流器在最佳参数条件下的压力损失不高于0.30MPa。

(3) 80m³/h 规模现场试验中，一级旋流器的脱水率始终保持在 80%左右，两级旋流器的脱水率可以达到 94%以上。

(4) 经过悬浮物截留装置后的溢流水中的污泥含量全部在 200mg/L 以下。

(5) 离心机稠化污泥中含水量均在 80%以下。

(6) 系统工艺总体压力损失始终保持在 0.9MPa 以下。

### 3.6.5 该工艺的特点

采用两级旋流浓缩、一级离心机的污泥稠化工艺技术，具有占地小、运行费用低、除泥效果好、操作简单等特点。该工艺不仅可消除反冲洗回收水在水处理系统的恶性循环，而且消除了含油污水站污泥浓缩排泥与容器清理所形成的大量含油污水露天存放的问题，大大减轻环境污染，为其后续的无害化处理提供前提，为油田的低成本和绿色生产创造条件。

## 3.7 叠片螺旋式固液分离工艺应用

为解决沉降罐排出液无法快速处理，大量堆积在站内储泥池或回收水池内的问题，2009 年，在大庆油田某厂进行试验规模为 1m³/h 的叠片螺旋式污泥浓缩装置现场试验，处理后污泥含水率、出水水质均达到了指标要求。2010 年，在连续收油排泥工艺完善工程中，安装 1 套处理规模为 30m³/h 的叠片螺旋式污泥浓缩装置，目前已投入现场使用，运行效果良好，为解决油田高含水含油污泥处理问题提供有效的技术途径。

### 3.7.1 叠片螺旋式污泥脱水系统构成及工作原理

叠片螺旋式油田污泥脱水系统主要由计量加药部分和叠片螺旋主体部分构成如图 3.48 所示（见彩图）。计量加药部分由计量槽、絮凝混合槽和加药泵组成。叠片螺旋主体由固定环和游动环相互层叠，螺旋推力轴贯穿其中组成，分为浓缩区和脱水区，固定环与游动环之间的滤缝及螺旋轴螺距，由浓缩区至脱水区逐渐变小。

运行过程中污泥通过外力提升被输送至叠片螺旋式污泥脱水系统的计量槽内，调节槽内液位调整管，可控制污泥自流进入絮凝混合槽的进泥量，使流量保持在一定范围内，多余污泥通过回流管回流到污泥池；加药泵根据污泥流量，按设定加药量向混合槽内投加絮凝剂，通过搅拌使污泥与药剂在絮凝混合槽内充分作用；形成矾花的污泥自流进入叠片螺旋主体，受自身重力作用，液相在浓缩区通过游动环和固定环之间的滤缝排出，固相物质截留在腔体内部；螺旋推力轴在电机的带动下，推动轴圆周外的多重游动环上下运动，使浓缩区截留的固相物

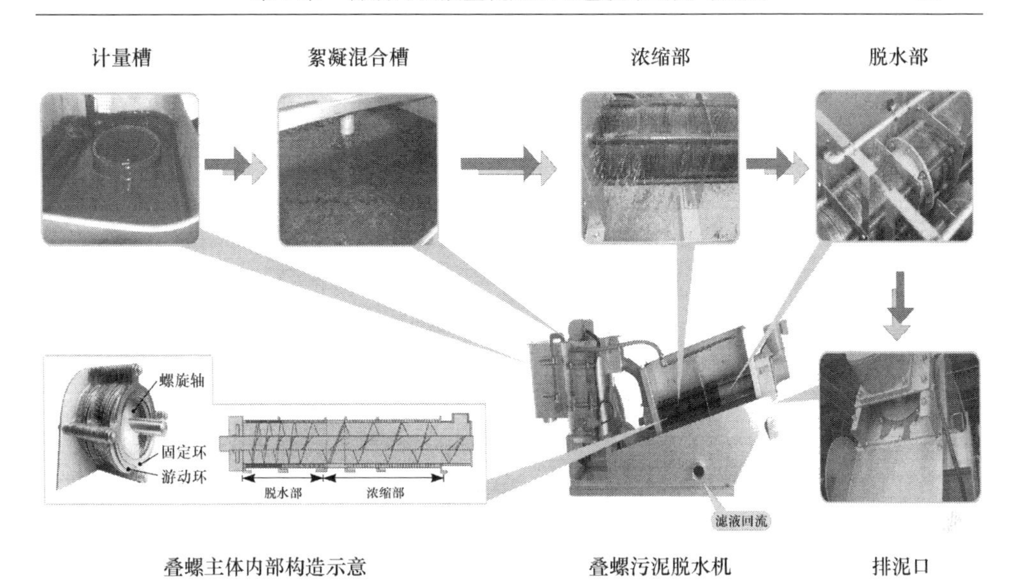


图3.48　叠片螺旋式污泥脱水系统构成图

质，被螺旋轴推至污泥脱水区，利用螺旋轴距的不断收缩，增强内压，并通过背压板调压机理，使滤饼含固量不断提高，在螺旋推力轴连续运转推动下，液相连续分离流出，污泥不断受挤压脱水排出，从而达到污泥连续浓缩脱水的目的。通过调节螺旋轴的转速和背板压力的空隙可调节污泥处理量和污泥含水率。

工艺流程是污泥通过污泥输送泵被输送到缓冲槽，然后进入混合槽。污泥和絮凝剂在混合槽内，通过搅拌机进行充分混合形成矾花。浓缩后的污泥沿着螺旋轴旋转的方向继续向前推进，在背压板形成的内压作用下充分脱水。加药形成的矾花液体由絮凝混合槽自流到脱水主体，经过浓缩，大量滤液从浓缩部的滤缝中排出。脱水后的泥饼从背压板和叠片螺旋主体形成的空隙中排出，如图3.49所示。

### 3.7.2　主要技术特点

叠片螺旋式污泥脱水工艺具有以下技术特点：

（1）适用范围广泛，不但适用于低含水污泥，还可直接适用于高含水污泥的浓缩处理（即含水率在99.8%左右的污泥），可大大地降低前端浓缩池等预处理工艺的建设规模，大幅度缩减建设、运行及维护管理的成本。机体设计紧凑，浓缩脱水一体化，也减少了污泥脱水设备本身的占地。

（2）污泥脱水效率高，浓缩后泥饼含水率在60%左右，污泥回收率>93%。

（3）采用固定环和游动环相互层叠设计，利用环之间的可调缝隙截留固相物质，而且通过环之间的上下游动，将环与环缝隙之间内部的填充物重新截留进入腔体或少部分随液相排出。整个工艺无滤网、滤料设计，无需为防止滤缝堵塞而

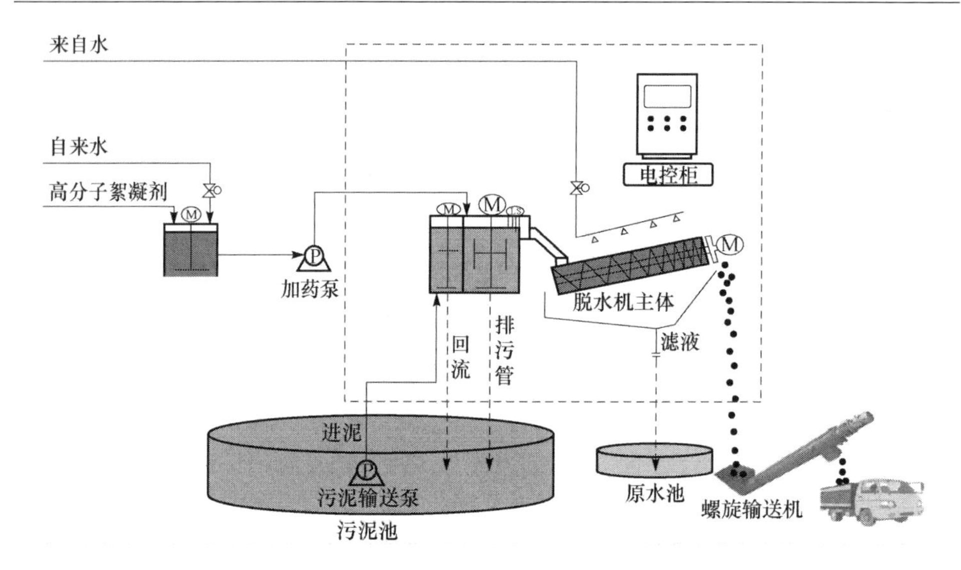


图 3.49　叠片螺旋式污泥脱水系统工艺流程图

进行清洗。该系统所配自清洗功能仅在生产停机时对机体外表面冲洗之用，以保证其外表洁净，耗水仅 0.03m³/次。

（4）操作简单，设备运行安全可靠。整体联锁自动控制，从输送污泥、注入药剂、浓缩脱水至排出泥饼，可实现 24h 连续无人运行；采用低转速运行，避免了高转速设备在运行中产生的噪声和震动，更消除了高转速设备在运行过程中存在的安全隐患。

（5）能耗低。该系统采用低转速运行，螺旋轴的转速约为 2～3r/min，电耗仅 0.1kW·h/(kg·ds)；该设备在油田生产水温下即可满足污泥浓缩处理的要求，无需热源，日常维护简单，维护费用低。

### 3.7.3　现场实施效果

1）投加药剂试验

试验将选用的絮凝剂配制成水溶液加入污水中，产生压缩双电层作用，使污水中的悬浮微粒失去稳定性，胶粒物相互凝聚使微粒增大，形成絮凝体。絮凝体长大到一定体积后即在重力作用下脱离水相沉淀。

在室内试验中研究了药剂的投加量对罐底污泥 $\zeta$ 电位的影响，以及絮凝效果的变化。空白污泥的 $\zeta$ 电位是－17mV，随着絮凝剂投加量的增加，污泥的电位 $\zeta$ 呈先上升后下降的趋势。当投加量为 50mg/L 时 $\zeta$ 电位最大，此时絮凝效果最好；随后 $\zeta$ 电位逐渐减小；絮凝效果并没有随着加药量的增加而提高，如图 3.50 所示。

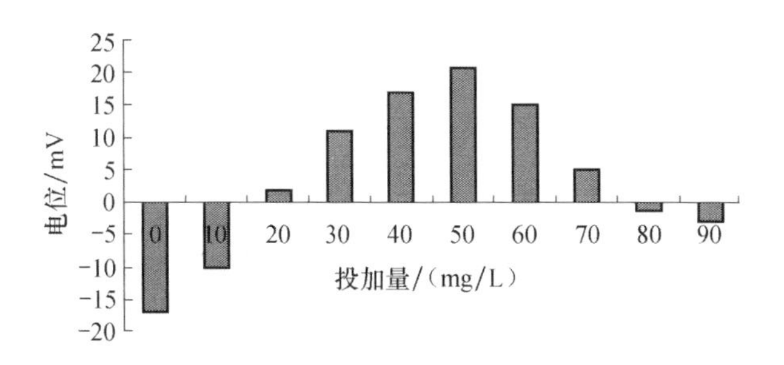


图 3.50　药剂投加量对污泥 ζ 电位影响

装置组成：为方便移动，该装置制作成撬装。主要设备包括叠螺机主体、加药泵、外输水泵、控制系统、絮凝剂制备及在线稀释装置，处理规模选为 $30m^3/h$，设备总功率 12kW，其板房和内部装置如图 3.51 所示。

图 3.51　叠片螺旋机板房和内部装置

试验了加药量在 50mg/L 时设备处理效果。试验过程中在叠片螺旋机的来液槽内、设备出水口、出泥口分别取样，化验结果见表 3.10。

**表 3.10　加药量在 50mg/L 时的试验数据**

| 时间/min | 进水水质 | | 出水水质 | | | | 出泥 | | |
|---|---|---|---|---|---|---|---|---|---|
| | 悬浮物/(mg/L) | 含油量/(mg/L) | 悬浮物/(mg/L) | 去除率/% | 含油量/(mg/L) | 去除率/% | 含油率/% | 含水率/% | 干物质/% |
| 0 | 6270 | 2530 | 15.7 | 99.7 | 106.0 | 95.8 | 13.1 | 77.2 | 9.7 |
| 2 | 3653 | 2665 | 16.7 | 99.6 | 85.5 | 96.8 | 8.8 | 59.2 | 32.0 |
| 5 | 1800 | 1650 | 13.3 | 99.7 | 100.8 | 93.9 | 11.1 | 49.4 | 39.5 |
| 10 | 655 | 201.4 | 39.1 | 94.0 | 20.0 | 90.1 | 10.9 | 63.2 | 25.9 |
| 平均值 | 3094.5 | 1761.6 | 21.2 | 99.3 | 78.1 | 95.6 | 11.0 | 62.3 | 26.8 |

由表 3.10 可见，沉降罐排出液进入叠片螺旋主体 1～2min 后即能出泥，出水口取样颜色由混浊逐渐变清澈。化验结果表明，浓缩污泥平均含水率为

62.3%，污水中的悬浮物及含油量均大幅降低。

2）稳定试验

现场试验选择在某聚驱污水站进行，整套设备安装在彩板房内，设备运行前先进行沉降罐排泥，排出液经提升泵进入装置后，启动脱水装置进行处理。处理中加入有机絮凝剂，目前加药量约为30～40mg/L。试验过程中在设备的来液槽内、设备出水口、出泥口分别进行取样进行化验，化验结果见表3.11。

**表3.11　叠片螺旋式污泥浓缩装置试验数据**

| 进水水质 | | 出口水质 | | | | 出泥 | | |
|---|---|---|---|---|---|---|---|---|
| 含杂量/(mg/L) | 含油量/(mg/L) | 含杂量/(mg/L) | 去除率/% | 含油量/(mg/L) | 去除率/% | 含油率/% | 含水率/% | 干物质/% |
| 5010 | 911 | 74.1 | 98.5 | 148 | 83.8 | 27.9 | 52.4 | 19.7 |
| 6080 | 2750 | 256 | 95.6 | 271 | 90.1 | 40.2 | 47.6 | 12.2 |
| 8444 | 7429 | 328 | 96.1 | 480 | 93.5 | 34.4 | 51.9 | 13.6 |

污泥浓缩装置运行数分钟后即能出泥，出水口取样颜色较为清澈。化验结果表明，浓缩污泥含水率在实际运行过程中可以达到50%。污水中的悬浮物去除率能达到95%以上，含油去除率达到80%以上，悬浮物及含油量均大幅降低，设备出水可以直接返回系统，能保证排泥工作的正常运行。

3）试验结论

(1) 叠片螺旋式污泥脱水技术可实现对沉降罐排出的高含水含油污泥的快速直接浓缩处理，机体设计紧凑，可缩减浓缩池等预处理工艺实施的建设规模。

(2) 叠片螺旋式污泥浓缩工艺可以使沉降罐排泥工作正常进行，保证了罐底污泥的排出，减少悬浮物在系统内的恶性循环；实现了污泥减量化，减轻了清淤的工作量，降低了生产运行费用。

(3) 现场试验中絮凝剂的加药量在30mg/L时，处理效果可以同室内加药量在50mg/L时相近，说明可以通过调整螺旋推动轴转速和背压板的压力，在保证设备处理效果的同时降低运行费用。

(4) 选定合适的药剂是泥水分离的一个关键因素，在生产运行中可针对本区块水质对投加的药剂进行筛选或复配，以确保设备的处理效果。

# 第4章　筛分流化-调质-离心处理工艺技术研究及应用

## 4.1　国外研究和应用现状

### 4.1.1　加拿大MG工程公司的APEX技术及应用

1. 加拿大MG工程公司的APEX技术

APEX（aqueous petroleum effluent extraction）（水溶性石油提取）工艺是加拿大MG工程公司开发的一种从含油污泥、受污染的土壤和稳定的油水乳状液中分离出烃类的高新技术。APEX设备是由普通的物质分离设备构成的，有几个创新的工艺和设计，与APEX专有的化学药剂配合使用后，该分离设备能够很好地把油、水、固体（包括细微的固体颗粒）从废弃物和最稳定的乳状液中分离开来，使其达到美国环保署与加拿大油田和炼厂废弃物处理标准的要求。用APEX工艺分离含油废弃物分为两个阶段，其工艺如图4.1所示。

第一阶段：包括混合和静态下的自由沉降，然后撇出浮油。把废油、污泥和污染的土壤等加入到分离罐中，同时加入水和化学药剂，通过搅拌混合使水溶液及其中的化学药剂与固体中的油充分接触，利用水力冲洗作用及化学药剂的破乳作用，使油、水、固三相分离。自由沉降下来的固体进入下一处理单元，溶液中的浮油被撇出，回收利用。清洗水溶液作为工艺用水可以循环利用。

第二阶段：使用加热和机械分离等方法，进一步清洗固体使其处理后符合处理规范的要求。通过加热可以加强破乳作用，使油、水、固三相得到更好的分离；通过筛分、离心等机械作用能更好地将油、水及细微固体颗粒分离。分离出的油回收利用，分离出的水作为工艺用水循环利用，分离出来的固体可以达标排放。

该公司含油污泥处理工艺尽管采用独特的原料预处理及独特的化学药剂配方，解决了原料组分比较复杂的含油污泥的处理问题，并使处理结果能够满足污泥中含油率≤1%的要求，但不能达到含油≤3‰的要求；另外该公司的装置自动化程度较低，工人的劳动量较大，对前置预处理工艺如处理含有大量杂草、石块、编织袋等废弃物没有较成熟的装置和设备。

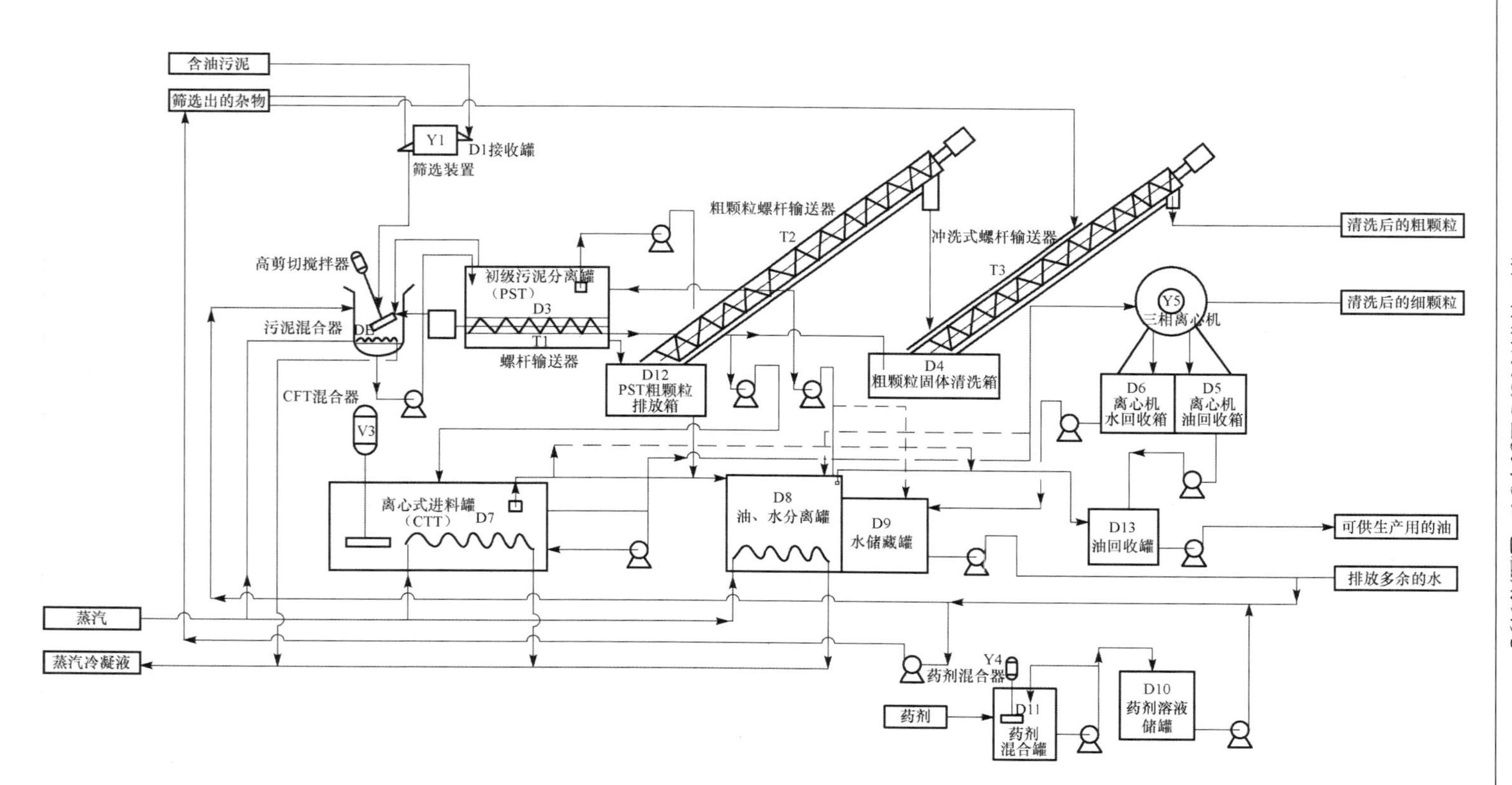


图 4.1　加拿大MG工程公司开发的APEX处理工艺技术流程示意图

2. APEX 处理工艺技术特点

1）专有的化学药剂

MG 公司通过大量的试验和程序的优化，开发了一系列拥有自主产权的化学药剂，其能够使油从固体表面脱附，同时不再沉降和乳化。这些化学制剂使用安全、无毒并且可以生物降解，其价格低廉。通过使用与 APEX 处理工艺相配套的化学制剂，可以简化操作单元，并获得良好的分离效果。

2）处理工艺技术特点

Greenfeld 早期的研究和开发主要与 Alberta 油砂处理工厂残渣中烃类回收有关。其申请了三项专利并最终发明了 APEX 处理工艺。MG 工程公司拓展了最初的研究范围，将其应用到油田和炼厂的废弃物处理中。

由于 APEX 设计人员在采矿和石油工业方面拥有丰富的工程学知识和良好的科学背景，以及长期用常规油-水-固分离设备处理废弃物的实践经验（1990～1995 年），使得 APEX 设备的设计获得了成功，并形成了几种不同型号的产品，以便根据具体的应用和处理量来选型。由于集中了几项创新的工艺和设备，开发出紧凑和可移动的 APEX 处理工艺，其处理污泥的能力为每小时 10～40t。由于使用的化学药剂价格低廉及使用常规易得的设备组件，所以 APEX 设备的价格和设备运行的总体费用不高。APEX 处理工艺技术特点见表 4.1。

**表 4.1　APEX 处理工艺技术的特点**

| 技术特点 | 备　注 |
|---|---|
| 设备紧凑，占地面积小 | APEX 处理工艺设备的占地面积只有其他设备的二分之一至三分之一，甚至更少。在设备体积相近的情况下，其处理量是其他技术的 2～3 倍 |
| 撬装式可移动设备 | 每一个撬块最多重 4t，用普通的平板卡车就可以运输，可方便地运输到油田现场，几天内就能在现场安装好并开始运行 |
| 处理效率高 | APEX 处理工艺分离效率可达 99.8%，处理后的固体满足总石油烃<1%的标准，回收油中的固体携带物<1% |
| 工作方式灵活 | 既可以连续工作，也可以间歇工作。两种方式运行成本不变 |
| 进料范围宽 | MG 公司提供多种废弃物的处理和分离经验，包括油田和炼厂的各种含油废物 |
| 设备价格及运行费用低 | 由于使用常规易得的设备部件和价格低廉的化学药剂，所以 APEX 处理工艺设备的价格和运行费用都很低。APEX 处理工艺不产生乳化液，生产的油中水和杂质含量（BS&W）少于 1%，而且产生的水也是清洁的，水在闭路中循环，避免了化学药品的浪费和热量的损失 |
| 经济效益好 | APEX 处理工艺可以回收原料中 99%以上各种油品 |
| 无污染物排放，产物安全可靠 | APEX 处理工艺中使用的化学药剂无毒，不会产生污染物，最终产物对环境是安全的。经 APEX 处理工艺处理后的固体，在排放到自然界中大约一个月之后，植物能在上面自然地生长出来 |

3. APEX 处理工艺技术的工程应用

APEX 采用独特的原料预处理及独特的化学药剂配方，解决了原料组分比较复杂的含油污泥的处理问题，处理结果符合美国环保署 BDAT 标准和填埋处理要求。目前该工艺已经成功地应用到美国、加拿大、罗马尼亚、巴拿马、墨西哥等国家的含油污泥处理项目。

1）API 分离器中产生的污泥处理（路易斯安那，1995 年）

埃克森石油公司某炼油厂要求处理 4000$m^3$ 污泥。污泥油的含量为 4%～20%，固体含量为 30%～80%，固体中包含 60%的微细颗粒（直径小于 75μm）、砂粒和焦炭颗粒。承包商 IT 集团公司使用了 MG 工程公司的 APEX 处理工艺技术进行该污泥处理，处理结果满足美国环保署 BDAT K051 标准和污泥填埋处理要求。

现场用水力挖掘机将污泥移出，然后用泵将污泥送入处理工艺中使用的常规土壤清洗设备中，加入水性化学溶液使油从固体上脱附下来并漂浮在表面，然后被撇出；分离出的固体颗粒分为粗细两种，分别通过筛网过滤和离心分离把大颗粒固体和细微颗粒固体从洗涤液中分离出来，现场处理工艺如图 4.2 所示。该套处理工艺每小时处理 15～40t 污泥。

图 4.2　现场处理工艺实景图

2）可移动式油田废弃物处理装置（欧洲，1999 年）

Petrom 罗马尼亚国家石油公司，使用 MG 工程公司提供的一套完整的可移动式 APEX 处理工艺设备来处理采油废弃物和污染的井场（处理范围从废油到污染土壤），其处理量为 10～20t/h，并提供 APEX 的化学药剂。MG 工程公司承包的工程包括设备的供应和试车、提供清除污泥的设备，以及培训客户的操作人员。由于此工程最终促成了 Petrom 石油公司在 2001 年从 MG 工程公司又购买了 4 台可移动式 APEX 设备（图 4.3）。

图 4.3　现场处理工艺实景图

3）炼油厂废物、罐底和被污染土壤的治理（巴拿马，2002 年）

APEX 处理工艺技术被巴拿马雪佛龙德士古炼厂的清洁工程选中，用于治理有 20 年历史的污泥坑及储罐作业区的覆盖油层的砂石和污染土壤。通过泵和挖掘设备将各种废弃物（范围从油污染的砂石到含乳化油的黏土）移入 APEX 处理工艺进行处理，其处理量为 40t/h。废弃物处理后生成的固体残渣，其烃含量低于项目规定的标准（小于 1%），被回填至废弃物坑，处理工艺中回收的油送至炼厂的废油罐，或者用煤油稀释加入燃料油罐；处理工艺中设备使用的工艺水为闭路循环，多余水用泵送至炼厂 API 分离器。

4）钻井废弃物处理（墨西哥，2004 年）

目前，APEX 处理工艺技术被用来处理墨西哥 Villahermosa 地方钻井废弃物，包括近岸和远岸钻井平台的钻井废弃物。治理后的水基和油基钻井废弃物符合当地严格的固体废弃物处置环保要求。回收的油用泵打入钻井泥浆混合设备中，处理后的废水可作为工艺水循环使用。该套处理装置的处理量为 40t/h。

5）清洁重油生产设备中产生的污泥处理（Alberta，加拿大，1989 年）

壳牌加拿大 Peach River 公司重油生产设备产生的污泥，用包括溶剂萃取等常规方法无法处理，需要一种有效的清洁方法来确保其被安全处理。MG 公司和壳牌签约，在实验室向该公司展示 APEX 处理工艺技术（图 4.4）。实验室结果表明，在 100t 级良好作业规范 GMP（good manufacturing practice）试验性装置中，用 APEX 单段式工艺处理了大约 5t 污泥样品，经检测处理后固体烃含量低于 1%，符合工厂排放标准，能有效地把常规方法无法处理的污泥分离成可以利用的油和净水及固体。

图 4.4　现场处理工艺实景图

6）油田生产废弃物的处理（Alberta，加拿大，1990 年）

某油田废弃物回收储罐中充满了废油和污泥，亟需清洁后生产使用。在清洁操作中，MG 公司通过使用 APEX 处理工艺，并用专有的化学药剂和操作程序来分离该废弃物，将 100$m^3$ 的废弃固体处理后送至填埋厂，同时还回收了油品，处理后的废水可以排放至深井。

### 4.1.2　美国 Hydropure Technologies Inc. 的含油污泥处理（STS）

该公司对含油污泥的处理主要采用化学处理和物理处理相结合，即在进行污泥的三相分离前，根据含油污泥的性质加入专门配制和优化的絮凝化聚合体、破乳剂及专门合成的表面活性剂，实现经济、有效地分离含油污泥。在处理工艺流程中（图 4.5）还配有给料泵、过滤器和热交换器撬等辅助设施。

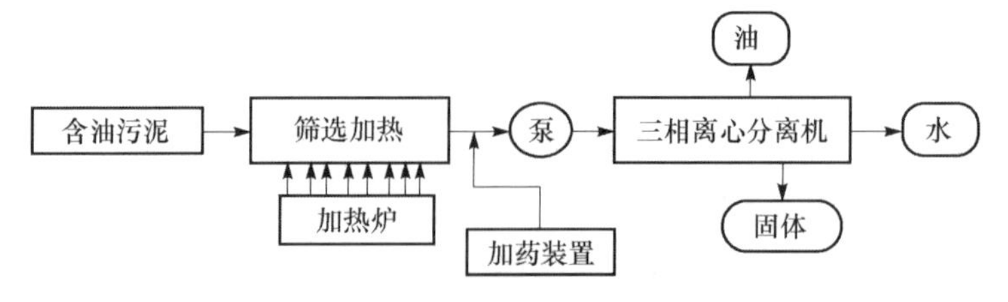


图 4.5　污泥三相分离处理工艺流程示意图

美国的得克萨斯州米德兰 Notrees 油田采用了此工艺。该工艺以移动处理为主，以实现收油为主要目的，其处理工艺过于简单，没有考虑含油污泥中的大块杂质的去除，因此，也没有相应的预处理措施，处理后的污泥中含油量大于5%。

### 4.1.3　德国 Hiller GmbH 公司的含油废物处理

德国 Hiller GmbH 公司在处理含油污泥方面，以其先进的离心机设计制造能力为核心，采用物理和化学方法相结合，提出了如图 4.6 所示的处理工艺设计方案。

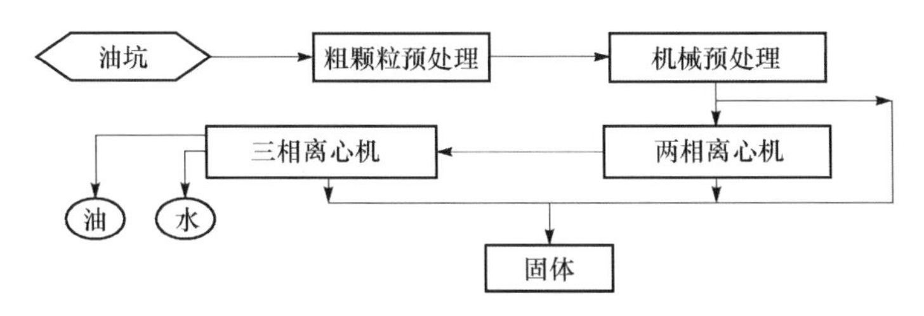


图 4.6　Hiller GmbH 公司含油废物处理工艺流程示意图

用浮式吸泥机从油坑中将污泥取出，然后进入粗颗粒预处理装置，分选出较大的粗颗粒并进行清洗，经预处理后的污泥送至用蒸汽加热的收集池内进行加热搅拌，池中沉降下来大的、重的杂质用挖掘机或其他设备收走，而悬浮在收集池上部的塑料袋、碎木头等杂质则通过自清洗的筛网截留去除，而滑落到滤网另一侧的杂质（包含纤维状物质）用粉碎机粉碎后通过偏心螺杆泵输送到离心处理单元，通过两相离心机去除大量的固体物质，两相离心机溢流出的液体再进入三相离心机进行油、水、固三相分离，处理后的污泥中油含量≤2%；两相和三相离心单元最后分离出的固体则进一步进行电化学方法处理，确保净化后的污泥达到标准法规的要求。需要说明的是该公司没有成熟的预处理装置，需要外购。

### 4.1.4　德国 Hans Huber AG 公司的含油污泥成套预处理设备

德国 Huber 集团是废水和污泥处理设备及工艺供应商。该公司拥有格栅、转筛、颗粒分离和处理、输送机、除砂器、污泥处理机、污泥干燥机和沉降罐等废水和污泥处理设备的设计及制造加工能力，设备全部采用不锈钢材质。

该公司提供的油泥处理成套设备主要包括进料站 ROSF7、鼓式分选装置 ROSF9、沉砂处理装置 R06、螺旋输送机和全自动 PLC 控制装置等几部分。该成套预处理工艺采用物理筛分和重力沉降原理，可以有效实现含油污泥中大颗粒的分选、筛分和清洗功能。翻斗车或罐车收集的污泥及用挖掘机挖掘的污泥首先进入进料站，通过进料站内置的故障物质分离栅将较大的固体物去除，然后再经设在料斗下部的螺旋输送器输送至鼓式分选装置进行筛分和清洗；经鼓式分选装置分选出来的固体物质通过螺旋输送器送出，而液体则进入下部的沉砂处理装置进行进一步的沉淀分离；沉砂处理装置上部的液态物质通过提升泵打入后续的流化污泥调节池进一步调节和加热后，送至后续的离心分离处理单元。该公司污泥成套处理设备如图 4.7 所示。

图 4.7　Hans Huber AG 公司含油污泥成套预处理设备图

### 4.1.5　荷兰 G-force CE bv 公司的油污处理设备

荷兰 G-force CE bv 公司为油污回收技术提供公司，其油污处理装置用于处理石油钻井、采收、加工炼制等石油工业生产中产生的各种有危险性的油污。对于含油废弃物，该公司的处理工艺主要以离心分离技术为核心，其成套预处理设备如图 4.8 所示。在预处理模块中，包括挖掘泵、料斗、自清洗沉降罐、热交换器、输送机和送液泵等。其核心的 MKIII 装置是以两相和三相离心机为主，辅以调质、加热等装置。

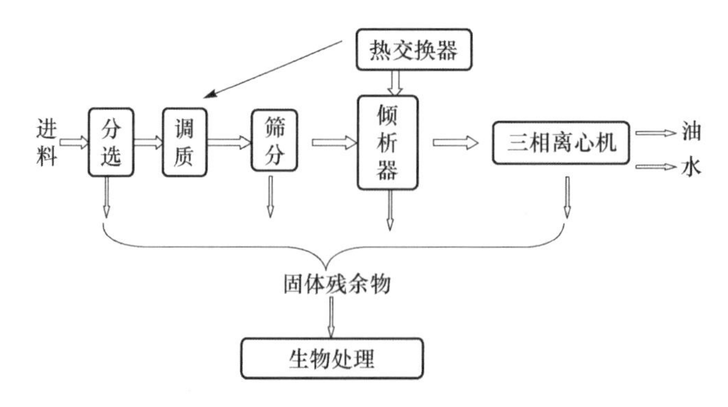


图 4.8　G-force CE bv 公司油污处理的工艺流程示意图

主要的工艺步骤如下：

第一步：分选调质（加热、加药、搅拌等）。

第二步：采用振动筛去除较大的杂质和浮渣。

第三步：采用3000-g的两相离心机去除90%的细小固体。

第四步：采用6000-g的三相净油离心机，分离出的油可以达到炼厂的回用标准，分离出的水可进一步进行油水分离处理，分离出的固体则可以和前两段分出的固体混合后准备进行后续的处理。

第五步：采用12000-g的三相水浓缩离心机，分离出的水可以满足污水处理厂的要求或海洋相关的水质处理要求。

第六步：进行微生物修复处理，使分离出的固体中的含油量满足地区的土壤中含油量的要求。

该公司为欧洲、北美、拉丁美洲及中东等国家和地区的油田、炼厂、船舶及其他工业场所提供了上百套的含油污泥处理系统，对原料组分比较复杂的含油污泥进行了有效的处理和回收。

### 4.1.6 不同国家的含油污泥处理工艺方案比较

不同国家的含油污泥处理工艺方案比较见表4.2。

表4.2 不同国家含油污泥调质-离心处理工艺方案比较表

| 公司名称 | 优 点 | 缺 点 |
| --- | --- | --- |
| 加拿大MG工程公司 | 专利的APEX技术，设备紧凑，占地面积小，可移动，工作方式灵活，进料范围宽 | 自动化程度低，缺少成熟的预处理装置和设备 |
| 美国Hydropure技术公司 | 车载可移动处理装置，以收油为主要目的，处理经济、有效 | 流程过于简单，没有相应的预处理装置，处理后泥中含油量大于5%，不能达标 |
| 德国Hiller公司 | 专业离心机设计制造厂家，设备紧凑，占地面积小，装置为撬装化，自动化程度高，含油污泥离心处理装置的性价比高 | 没有成熟的预处理装置 |
| 荷兰G-force公司 | 设备紧凑，占地面积小，装置为撬装化，自动化程度高，在含油污泥的整体设计工艺上经验丰富 | 没有成熟的预处理装置 |
| 德国Huber公司 | 有成熟的污泥预处理装置，有丰富的污泥预处理经验，设备紧凑，自动化程度高 | 仅有污泥预处理装置，没有后续的离心处理装置 |

由表4.2可以看出，各公司虽然在处理工艺上有些差异，但在处理工艺中都采用了调质和离心两个主体处理设备，处理后污泥中的含油量小于2%～5%。如果要想使处理后的含油污泥达到我国农用污泥的标准，即泥中的含油量满足≤3‰的要求，仅采用调质和离心机械分离的方法还无法实现，还需要采取深度处理技

术对处理后的含油污泥进行处理。

## 4.2 筛分流化-调质-离心处理工艺原理

根据相关的技术资料可以看出，在国外的炼厂落地油、钻井废液、罐底油泥等含油废弃物的处理中，大部分采用筛分流化—调质—机械脱水的处理工艺，处理后的污泥大部分可以直接铺路或者垫井场（污泥中的油含量≤2%）。因含油污泥性质特殊，不同于一般生活废水处理后产生的污泥，其黏度高、过滤比阻大，多数污泥粒子属“油性固体”（如沥青质、胶质和石蜡等），质软；另外大部分含油污泥含水率较高，在进入许多处理工艺前需要进行脱水减容；在进行离心脱水时，还因其黏度大、乳化严重，固-固粒子间黏附力强和密度差小等原因导致分离效果差。因此，在污泥脱水减容前，需进行污泥的筛分，对于含水率较低的落地污泥等需要进行流化，然后再进行调质。

### 4.2.1 筛分流化

考虑到被处理的污泥含水率不同及来源不同，造成污泥中的杂质含量不同。为了确保后续处理设备的正常运转和最终的处理效果，需要对含油污泥进行筛分和流化处理。污泥收集池中收集的污泥首先进入进料站的集料斗内，在集料斗上部设置2层不锈钢筛网（固定层的筛孔尺寸为300mm，活动层的筛孔尺寸为100mm），小于100mm的物料通过网孔落到料斗内，通过料斗底部的螺旋输送机送至自清洗鼓式分选装置，鼓式分选装置的筛网孔径为20mm，随着装置旋转和清洗热水的加入，进料被匀化，进料中如有大块板结的污泥可被高压热水打碎，而粒径大于20mm的颗粒被鼓式分选装置中的穿孔板截留，从装置后部排放出去；小于20mm的物质则被吹脱管带出，送至位于鼓式分选装置下部的曝气沉砂装置中。在鼓式分选装置的筛网外部安装有吹脱管，用来清洁滤网的表面，防止滤网被污泥堵死，实现装置的自清洗功能。在曝气沉砂池中设有加热盘管，保证池内的物料可被加热。池内的液相中设有曝气装置，使流化污泥形成环流状态，起到搅拌匀化的作用。经过匀化的污泥通过泵送至调质罐。沉砂池的底部设有输送机，液体中大于5mm的颗粒通过重力沉降分离出来，落入输送机内，输送机是开放的，贯穿整个罐底，并在末端与一个倾斜的螺旋输送机相连，将大于5mm的颗粒输送出装置；在倾斜的输送机上均配有水淋装置，对输送过程中的颗粒表面用热水进行冲洗，达到处置要求进行填埋处理。含油废物中粒径大于100mm的固体，包括用编织袋装填的废物、大块石头、砖瓦、草根和棍杆等被集料斗上部筛网截留，采用人工的方法将编织袋割破，废物落入集料斗内，木棍、编织袋等收集起来集中进行焚烧处置。

### 4.2.2　调质

含油污泥调质方法的选择原则：一要根据含油污泥的性质和特点；二要适应所有脱水机械的性能；三要考虑其脱水泥饼如何处理或利用。污泥脱水过程实际上是污泥的固体粒子群和水的相对运动，而污泥的调质则是调整固体粒子群的性状和排列状态，使之适合不同脱水条件的预处理操作。污泥调质能显著提高机械脱水性能，改善脱水的效果，同时使用投加絮凝剂的化学调节法，能使一般污泥中的悬浮固体微粒凝聚并顺利进行脱水。对于含油污泥的调质来说，在调制过程中还必须加上如破乳剂和加热等其他强化手段来保证调质的效果。

通过调质使流化的含油污泥实现油-水-固（无机固体）的三相分离，关键是使其中黏度大的吸附油解吸和破乳。为促使油从固体粒子表面分离，Surendra 认为加入合适的电解质可增加系统的电荷密度，使它们取代油组分优先吸附在粒子表面，并使粒子更分散，为油从固体颗粒表面脱附创造更好的条件。Jan、Sanjay、Aldo 等分别发明了有关专利技术，通过投加表面活性剂、稀释剂（癸烷等）、电解质（NaCl 溶液）或破乳剂（阴离子或非离子）、润湿剂（可增加固体微粒表面和水的亲合力）和 pH 调节剂等，并辅以加热减黏（最佳为 50℃以上）等调质手段，实现水-油-固三相分离。调质方法的选择应在测试含油污泥性质的基础上进行。Aldo 建议，在含油量大于 10%时，宜用亲水性表面活性剂；含油量小于 4%时，则宜用亲油性表面活性剂。在用前者时，分离后水和固体在下层，而油在上层；用后者时，下层为含油固体，而上层为水（水层中均含有可溶性油和微乳化油）。

### 4.2.3　离心脱水

含油污泥经过调质后，使污泥沉降和脱水性能得到很大的改善。处于乳化状态的石油类物质在混凝剂、破乳剂等作用下，突破了油粒间的乳化膜，相互凝聚为较大的油粒，在一定程度上从水相中脱离出来，但是仍然难以直接与水、泥加以分离。如果要实现油、水、泥的分离，还需要进一步通过机械脱水的方法对调质后的污泥进行处理，并提取其中的石油类物质，达到油-水-固三相的分离。要使含油污泥的机械脱水效果好，还应按具体情况和要求选择污泥脱水机械和设计脱水系统，包括污泥物料性质的测试、脱水机械及其参数的选择等。

在脱水设备上，逐渐淘汰了真空转鼓、折带式过滤机，取而代之的是便于连续操作的离心脱水机，其中卧螺旋式离心机具有设备紧凑、占地面积小、调节剂耗量少和处理效率高等优点，已得到越来越广泛的应用。德国 OMW 炼厂和 ESSO 公司应用三相卧式螺旋离心机处理含油污泥，有效地将含油污泥分成油、水、固三相。

我国炼厂污泥前处理普遍采用机械脱水工艺，以带式压滤机、离心机为主，带式压滤机一般用于处理含油少的污泥，离心机一般用于处理油泥和浮渣，经带式压滤机或离心机脱水后，污泥的含水率一般在75%～80%。目前用于污泥脱水的离心机，国外离心机的分离效果优于国产离心机，但国外离心机价格比较昂贵。

## 4.3 含油污泥流化-调质-离心处理试验研究

此部分研究主要进行室内试验含油污泥（含水率<70%）经流化-调质-离心工艺处理后，最终处理后的污泥含油量是否能够达到2%，为现场污泥处理工艺试验提供工艺运行相关参数。

### 4.3.1 试验材料

主要仪器：试验所用主要仪器有LK-6六联加热搅拌机和LD-40型大容量离心机，扫描电子显微镜和原子吸收能谱。

污泥来源：试验用污泥为大庆油田某联合站污水沉降罐底泥及另外采油厂污油池底泥和沉降罐底泥三处的混合含油污泥。

### 4.3.2 试验方法

1. 确定试验参数

影响含油污泥处理试验结果的因素很多，通过分析确定本次试验主要考察污泥量、热洗温度、热洗时间、热洗水量、离心速度、离心时间六种因素，并制定表4.3正交试验因素位级。

**表4.3 正交试验因素位级表**

| 因　素 | 污泥量 $A$ /g | 热洗温度 $B$ /℃ | 热洗时间 $C$ /min | 热洗水量 $D$ /mL | 离心速度 $E$ /(r/min) | 离心时间 $F$ /min |
|---|---|---|---|---|---|---|
| 位级1 | 100 | 40 | 15 | 400 | 1500 | 15 |
| 位级2 | 200 | 60 | 30 | 800 | 3000 | 30 |

2. 试验方法

根据确定的影响污泥处理效果的因素，选择正交表L8（$2^7$）最多能安排7个2位级的因素。试验时将一定量的含油污泥称重后放入1000mL烧杯中，加一定温度和一定量的热水进行搅拌到规定的热洗时间后，除去上层浮油（热洗水量的5%），并把污水倒出，然后将待处理的污泥倒入离心筒中，在选定的离心时间及离心速度下，进行污泥离心分离处理试验；取热洗-离心后的污泥进行含水率、含固率、含油率的分析测试。

### 4.3.3　试验结果及分析

1. 含油污泥的组成及成分分析

对采油某联合站油水分离器出泥、电脱水器出泥、二合一加热炉底泥、沉降罐底泥、联合站三合一底泥等不同来源污泥样品进行组成分析，通过扫描电子显微镜，原子吸收能谱初步解析的结果如图4.9、图4.10和表4.4所示。

(a) 500×　(b) 1000×　(c) 3000×　(d) 5000×

图4.9　处理前含油污泥的扫描电子显微镜照片

**表4.4　不同来源含油污泥质量组成表**

| 样品名称 | 含水率/% | 含固率/% | 含油率/% |
|---|---|---|---|
| 油水分离器出泥 | 33.0 | 70.4 | 3.40 |
| 电脱水器出泥 | 10.3 | 55.5 | 34.20 |
| 二合一加热炉底泥 | 48.8 | 29.9 | 21.30 |
| 污水沉降罐清泥 | 47.6 | 23.32 | 29.08 |
| 三合一装置清泥 | 39.3 | 0.72 | 59.98 |

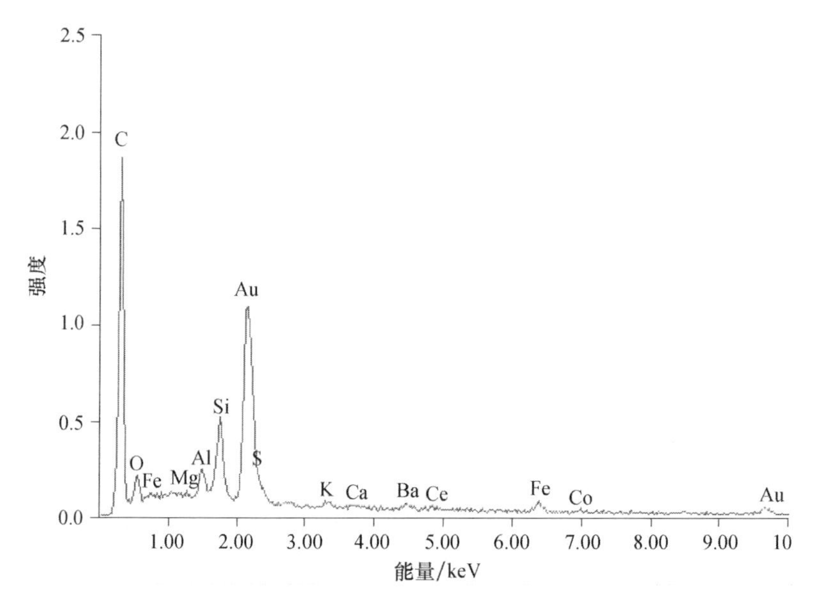


图 4.10　处理前含油污泥的能谱

如图 4.9 所示，处理前的含油污泥外层包裹主要以油为主，由图 4.10 可见 C 的含量达到 74.77%，Si 的含量达到 4.74%，Fe 的含量为 4.34%，含量较少。

由表 4.4 可见，不同来源的含油污泥的油、水和固体组分相差很大。

对采油某厂某含油污泥存放点堆放（图 4.11）的含油污泥进行取样。由于不同来源的污泥混合、层析和干化较严重，选择三种有代表性的样品：①黑色，含油量大，固体少，沥青状油泥；②棕褐色，含油较多，固体颗粒较多；③棕黑色，含油适中，泥砂较多，混杂大量干草。

图 4.11　某站含油污泥夏季及冬季堆放现场实物图

试验采用 5 点法进行样品采集，然后进行分析，分析数据见表 4.5。

表4.5　混合含油污泥质量组成表

| 样品编号 | 含水率/% | 含固率/% | 含油率/% |
|---|---|---|---|
| 1 | 7.6 | 52.1 | 40.3 |
| 2 | 17.4 | 35.7 | 46.9 |
| 3 | 29.1 | 33.5 | 37.4 |
| 4 | 29.3 | 39.8 | 30.9 |
| 5 | 20.2 | 34.8 | 45.0 |
| 范围 | 10～30 | 30～50 | 30～45 |

由表4.5可见，污泥存放点混合污泥中油与固体的组分大致相当，污泥中的含水率随着污泥堆放时间的延长，因自然干化而逐渐减小。

2. 模拟流化-调质-离心处理工艺正交实验

室内正交试验选择的模拟流化-调质-离心处理工艺的试验结果见表4.6。

表4.6　室内含油污泥流化-调质-离心处理工艺模拟实验结果表

| 因素列号<br>试验号 | 试验计划 | | | | | | 试验结果 | | |
|---|---|---|---|---|---|---|---|---|---|
| | 污泥量<br>*A* | 热洗温度<br>*B* | 热洗时间<br>*C* | 热洗水量<br>*D* | 离心速度<br>*E* | 离心时间<br>*F* | 污泥含水率/% | 污泥含固率/% | 污泥含油率/% |
| 1 | 1(100g) | 1(40℃) | 1(15min) | 2(800mL) | 2(3000r/min) | 1(15min) | 52.0 | 15.6 | 32.4 |
| 2 | 2(200g) | 1(40℃) | 2(30min) | 2(800mL) | 1(1500r/min) | 1(15min) | 50.5 | 16.4 | 33.1 |
| 3 | 1(100g) | 2(60℃) | 2(30min) | 2(800mL) | 2(3000r/min) | 2(30min) | 83.1 | 1.7 | 15.2 |
| 4 | 2(200g) | 2(60℃) | 1(15min) | 2(800mL) | 1(1500r/min) | 2(30min) | 65.1 | 10.9 | 24.0 |
| 5 | 1(100g) | 1(40℃) | 2(30min) | 1(400mL) | 1(1500r/min) | 2(30min) | 64.0 | 10.6 | 25.4 |
| 6 | 2(200g) | 1(40℃) | 1(15min) | 1(400mL) | 2(3000r/min) | 2(30min) | 48.9 | 10.7 | 40.4 |
| 7 | 1(100g) | 2(60℃) | 1(15min) | 1(400mL) | 1(1500r/min) | 1(15min) | 61.2 | 14.2 | 24.7 |
| 8 | 2(200g) | 2(60℃) | 2(30min) | 1(400mL) | 2(3000r/min) | 1(15min) | 50.9 | 14.2 | 34.9 |

注：原始污泥含油率为57%，以上数据均为四个平行样结果的算术平均值。

由表4.6可以得出，模拟流化-调质-离心处理最终处理后的污泥含油率在15%～41%，在其他工艺参数相同的条件下，待处理的污泥量为100g时，最终处理后污泥的含油率数值比污泥量为200g时低；当污泥处理量为100g时，最终处理后的污泥密实度相对较差，而污泥量为200g时，离心后的污泥密实状态较好。从以上两方面综合考虑，认为污泥量与热洗水量的掺混比例在1.5∶8左右为宜。

进行污泥离心脱水，当离心转速为1500r/min时，离心分离出的水相油水分层不很明显，水相浑浊；而转速达到 3000r/min 时，分离出的水相静止沉降，上层浮油易形成“油盖”，分离效果较好，说明离心转速越高，污泥离心分离处理效果越好。因此，离心转速应不低于 3000r/min。另外试验中在进行流化-调质除油过程中选择 40℃热洗温度，油、泥、水分离效果差，考虑污泥处理的经济性，试验得出热洗温度选择在 55～60℃较佳。

## 4.4 含油污泥筛分流化-调质-离心处理工艺技术应用

随着油田开发的深入及对污水水质治理力度的加大，油田含油污泥的产生量越来越大，为了处理油田含油污泥，大庆油田 2007 年在采油四厂新建设计处理量为 10t/h 的含油污泥处理站 1 座，污泥处理站占地约 7100$m^2$，运行时间为每年5～10月，设计运行机制为 24h 连续运行。该工程采用目前技术成熟、在国际上应用广泛的筛分流化-调质-离心处理工艺，最终处理后污泥中含油量小于 2%，满足铺路和垫井场要求。

整个污泥处理站主要由含油污泥收集池、污泥筛分流化预处理装置、污泥调质装置、离心分离装置、油水分离装置、回掺热水处理装置、导热油加热装置、排污装置及污泥堆放场等组成。整个处理工艺流程示意图如图 4.12 所示（见彩图）。2009 年 5 月建成投产以来处理含油污泥累计 1.40×$10^4$t，回收污油累计 6580$m^3$，循环使用污水 7900$m^3$，累计外运处理后的污泥 190$m^3$。经该站处理后的污泥，现已用来填垫某含油污泥存放点。

### 4.4.1 含油污泥处理工程设计基本参数

杏北含油污泥处理站污泥来源广，组成复杂多变，根据日常的取样测试结果，按以下基本参数进行工程设计：

（1）pH：7.0。

（2）原油凝固点：30℃。

（3）密度：1.16g/$cm^3$。

（4）含油率：30%。

（5）含水率：40%。

（6）含固率：30%。

### 4.4.2 处理规模

考虑到大庆的气候环境条件，采用每年 5 月 1 日～10 月 30 日定期进行处理，采用 24h 连续运转的机制，同时考虑固液废弃物存放点已经存放的含油废弃物和每年即将产生的量，选择处理规模 10t/h。

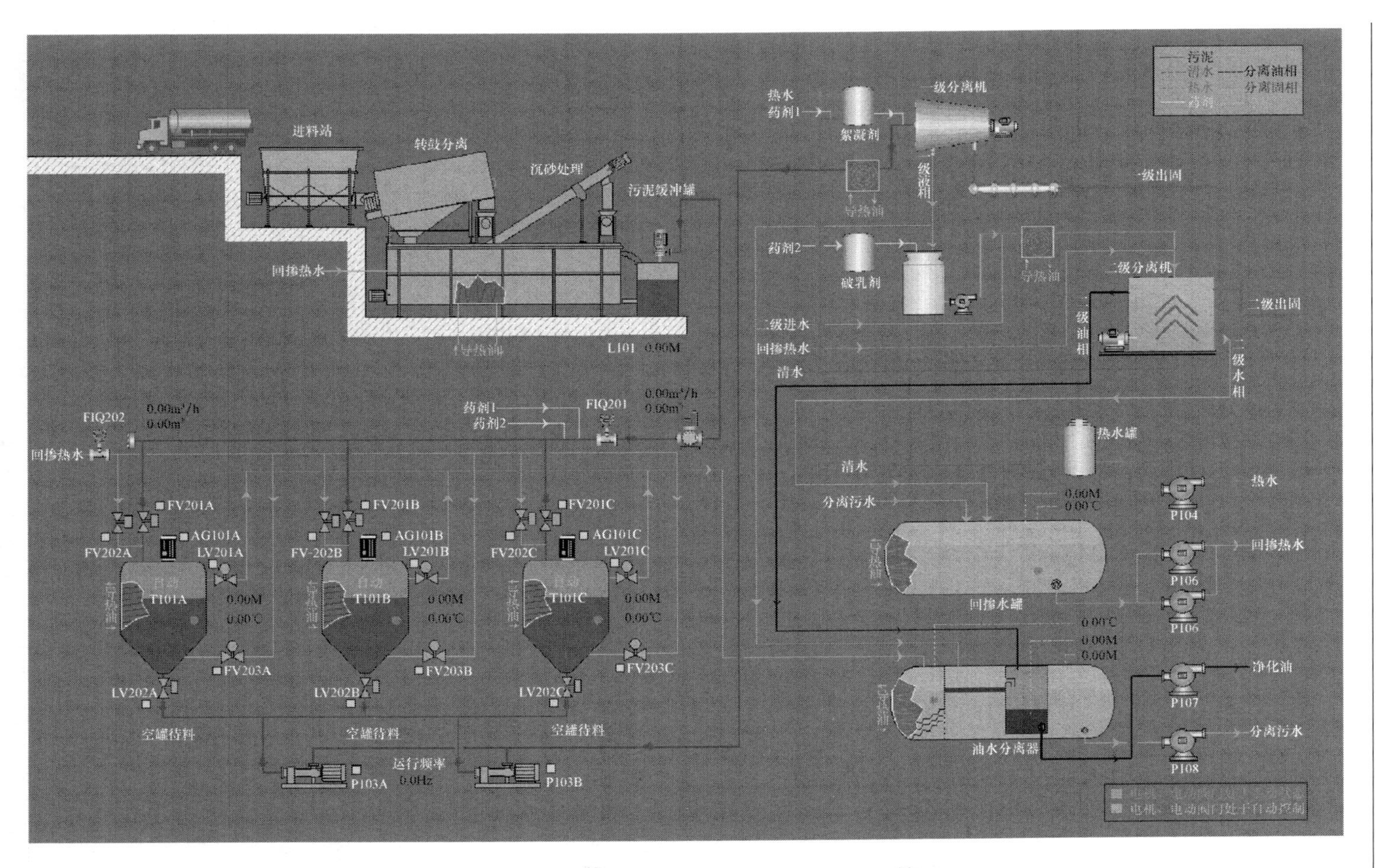


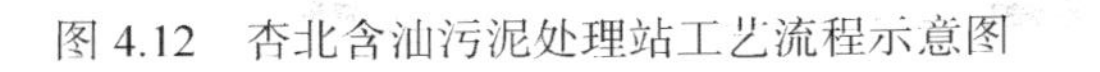

图 4.12　杏北含油污泥处理站工艺流程示意图

### 4.4.3　技术指标

根据大庆油田含油污泥的特征及环保要求，确定技术指标如下：

（1）处理后污泥中含油率≤2%，可用于铺垫井场、填埋或土地利用。

（2）机械脱水后污泥含水率≤70%。

### 4.4.4　主体处理工艺描述

该污泥处理站设计处理工艺以物理化学法相结合的离心分离为主，充分重视含油污泥的预处理，机械分离后的污泥中含油率≤2%。整体处理工艺由以下构筑物组成。

1. 含油污泥储存池

1）功能描述

污泥处理站中设置的含油污泥储存池，主要用来收集由其他污泥点送来的含油污泥及编织袋装含油污泥等，而污泥中可能存在大量的砖瓦、石块、杂草、棍棒和塑料等杂物。在池内设有集液池，收集池内废液，定期用污泥泵排出至污泥流化预处理装置进行处理。储泥池配有吊车和抓斗可将池内废物吊入自动进料装置的螺旋输送机进口中，大块物料被进料口格栅分出，其余物料被螺旋输送机送至预处理进料斗。

2）技术参数

含油污泥储存池为钢筋混凝土结构，满足含油污泥的防渗等级要求。考虑到污泥处理站的设计规模为10t/h，每天工作24h，则每天处理的污泥量为240t左右，因此为保证处理站连续运行和避免夜间收泥，再考虑到雨天和周末等因素，设计污泥收集池的有效容积为1500$m^3$，最多可以满足处理站1周的进料要求。

污泥收集池的尺寸（长×宽×深）为40m×20m×3m，一端设有15°的坡度，方便车辆出入。配套的液下泵流量10$m^3$/h，扬程30m，电机功率5.5kW。该池的立面图和实景图如图4.13所示。

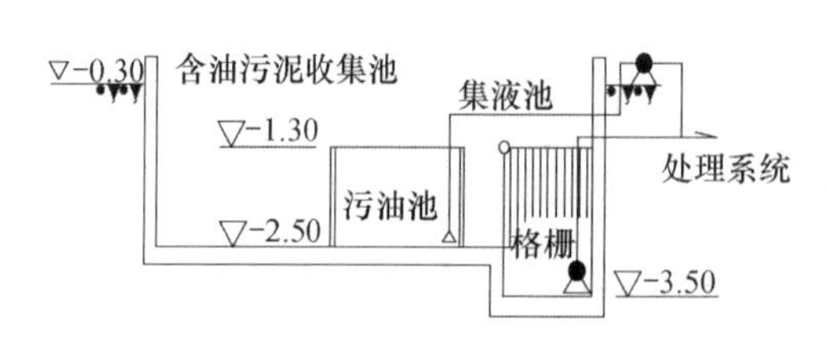

图4.13　含油污泥储存池构筑图及现场实景图片

2. 含油污泥筛分流化处理装置

1）功能描述

被处理污泥按含油率为 30%、含固率 30%、含水率 40%计，考虑到污泥中可能存在大量的砖瓦、石块、杂草、棍棒和塑料等杂物。因此，在含油污泥进入调质设备之前，需要将大块的固体杂质从污泥中去除，减少后续机器的磨损并保证其处理效率。另外，在该工序中，通过加入回掺热水（系统循环利用的水），可将污泥升温至 45℃左右，并将含固率较高的污泥流化成含固率在 15%左右的可流动污泥。该站共设两套此装置交替使用，包括进料站、转鼓式分选装置、曝气沉砂处理装置、螺旋输送装置、鼓风机及配套的管道增压泵、污泥缓冲罐、流化污泥提升泵和全自动 PLC 控制装置等设备。预处理流化装置现场实景和处理工艺流程示意图如图 4.14 所示（见彩图）。

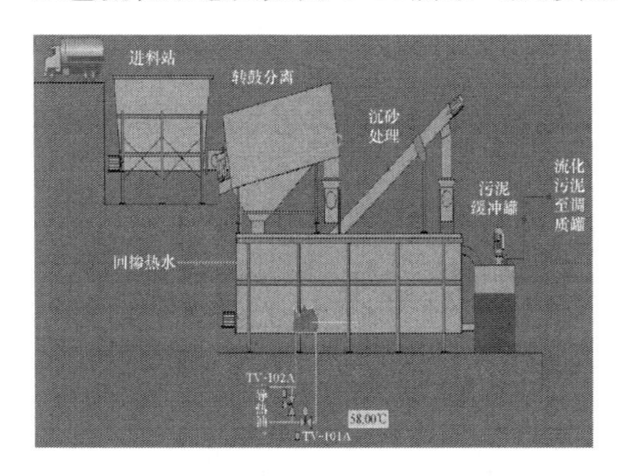

图 4.14　现场含油污泥预处理流化处理装置及处理工艺流程示意图

物料进入流程如图 4.15 和图 4.16 所示（见彩图）。从污泥储存池中或罐车收取的固态、半流态和流态的污泥用挖掘机或泵直接送至污泥筛分流化预处理装置进行处理，分选出的大块杂质经充分地清洗和处理后用螺旋输送机送至污泥堆

图 4.15　油罐车卸车进入预处理装置进料口现场图片

图 4.16　螺旋输送装置提升出的沉积砂粒

放场进行进一步的处理，液态含油污泥进入调质罐进行调质。

污泥首先进入进料站的集料斗内（集料斗带加热，物料被加热至 45℃），在料斗内设置不锈钢筛网，筛孔尺寸 200mm，将大于 200mm 的固体等杂物截留下来，未被截留的油泥进入 $8m^3$ 的储料箱，由箱体下面的水平螺杆将油泥输送到自清洗转鼓式分选装置，转鼓式分选装置的筛网孔径为 20mm，随着装置旋转和清洗热水的加入，进料被匀化，进料中大块板结的污泥可被高压热水打碎，而粒径大于 20mm 的颗粒被鼓式分选装置中的穿孔板截留，从装置后部排放出去；小于 20mm 的物质则被吹脱管带出，送至位于转鼓式分选装置下部的曝气沉砂装置中。在转鼓式分选装置的筛网外部安装有吹脱管，用来清洁滤网的表面，防止滤网被污泥堵死，实现装置的自清洗功能，旋转筛转鼓的转速可自由设置。

在曝气沉砂池中设有加热盘管，池内的物料可被加热至 45℃。池内的液相中设有曝气装置，使流化污泥形成环流状态，起到搅拌匀化的作用。经过匀化的污泥通过泵送至调质罐。沉砂池的底部设有输送机，液体中大于 5mm 的颗粒通过重力沉降分离出来，落入输送机内，输送机是开放的，贯穿整个罐底，并在末端与一个倾斜的螺旋输送机相连，将颗粒输送出装置。在倾斜的输送机上均配有水淋装置，对输送过程中的颗粒表面进行冲洗，达到排放要求。

经曝气沉砂装置处理后的流化污泥从曝气沉砂装置溢流至污泥缓冲罐，再由提升泵输送至污泥调质罐。污泥缓冲罐的液位与提升泵连锁控制，罐液位低时自动停泵，罐液位高时发出报警信号，并停止进料站的运行。为提高油泥的流动性，在沉砂提砂装置上增加了一组导热油加热装置，由池内的温度变送器自动控制导热油出口阀，保证流化污泥温度达到 45℃。

2）技术参数

该装置可接收固态和液态的含油污泥，主体装置为 2 套，可单套运行，也可两套联用。单台进料站的箱体体积为 8m$^3$，底部输送螺杆的直径为 355mm，每小时最多可输送 3～4t 的固体。单台转鼓式分选装置的处理能力为 20～30m$^3$/h，经该装置处理后，含油污泥中大于 5mm 的颗粒可全部去除，含油污泥的温度可上升至 45℃。

该装置做成半地下式，曝气沉砂装置安放在一个钢筋混凝土结构的池中，上设遮雨/阳棚，并为卸料的车辆设置专门的停车平台，方便车辆卸料。

#### 3. 污泥调质

1）功能描述

实现液-固分离的关键之一是使黏度大的吸附油解吸或破乳，为促使油类从固体粒子表面分离，需对污泥进行调质处理，也就是对污泥进行进一步的加热和匀化，为油从固体颗粒表面脱附创造更好的条件。

含油污泥调质罐用来接收从预处理装置过来的液态含油污泥，其顶部设有搅拌器，可对在罐入口处加药后的污泥进入罐内进行搅拌匀化，进一步增强油和泥的脱附，有利于后续的离心处理；罐内还设有加热盘管，用于将污泥加热到 65℃左右，从而增强油和泥的分离效果。经调质后的污泥，在罐内沉降一段时间后，罐体上部的浮油会从溢流口流出，直接进油水分离装置进行分离，罐底沉降分离含固率为 10%～15%的污泥，由螺杆泵输送至后续的离心处理单元进行离心分离。

2）设计参数

调质罐单台的有效容积为 80m$^3$，总有效容积约 240m$^3$，在工作期间，可进行两次充满-放空的循环，满足后续离心处理装置连续 24h 的运行。调质罐设计成常压立式平顶锥底罐，上部圆柱体的直径为 4.2m，高 5.8m，下部锥角的角度为 90°。3 台调质罐由液位控制，实现自动切换调质和供料。经调质罐调质后，污泥的温度可达到 65℃左右，污泥中含固率为 10%～15%。配套的污泥提升泵采用德国 Seepex BN35-12 型螺杆泵，$Q$=20m$^3$/h，$H$=50m，$P$=11kW。现场调质罐装置照片和处理工艺流程示意图如图 4.17 所示（见彩图）。

#### 4. 含油污泥离心分离

1）功能描述

含油污泥经过调质后，使污泥的脱水、沉降性能得到很大的改善。处于乳化状态的石油类物质在混凝剂、破乳剂等作用下，突破了油粒间的乳化膜，相互凝聚为较大的油粒，在一定程度上从水相中脱离出来，但是仍然难以直接与水、泥加以分离。因而需要进入后序离心处理单元进行油、水、固三相分离。其中离心分离出的油被回收，输至附近污油处理站的污油池，统一进入老化油处理工艺进行处理，分离出的水大部分进回/掺水罐，作为污泥处理工艺用水循环利用，离心机分离出的固体送至处理后污泥堆放场。

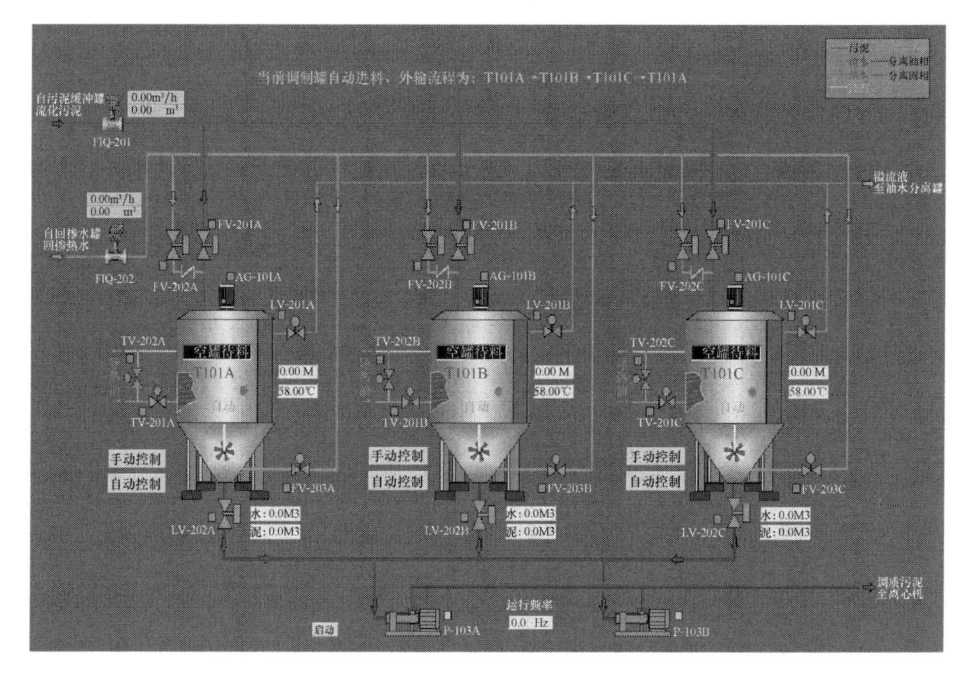


图 4.17　现场调质罐装置工艺流程示意图

离心处理单元为含油污泥处理的核心，它主要由筛网过滤器或切割破碎机、两相离心机、三相离心机、热交换器、化学药剂加注入设备、螺旋输送器和输送泵及控制系统等组成。该装置自动化程度高，可根据调质罐提供的物料温度、组分及相关参数进行自动调节，保证离心机的平稳运行。图 4.18 为现场实际离心处理装置实景及处理工艺流程示意图（见彩图）。

调质罐中的污泥经泵提升，首先进入筛网分离器去除残留的大固体颗粒，充分保障后续的离心机正常工作。过滤后的污泥经热交换器后加热至 75℃左右进入两相分离机。当进入两相分离机的污泥温度达不到要求值时可进行循环升温。进入到两相分离机的污泥在 3000g 左右的离心力作用下实现固液的两相分离，分离出的固体通过螺旋输送机送至含油污泥堆放场，分离出的液相落入两相离心机底部设置的罐内，经提升泵提升并经热交换器进一步升温至 85～95℃，与化学药剂进行充分混合后，进入油水分离装置或三相离心机进行油、水、固三相分离，对油和水进一步净化，其中分离出的油进入到油水分离装置的油室内，输送至转油站；分离出含油 500ppm 左右的水进入回掺水罐，用作处理工艺循环用水。油水分离装置处理示意图如图 4.19 所示（见彩图），处理后含油率小于 2%的含油污泥如图 4.20 所示（见彩图）。

2）设计参数

进口污泥含水率：60%～70%（一般含固率约为 15%～20%）。配套的污泥提升泵：$Q$=10m³/h，$H$=50m。

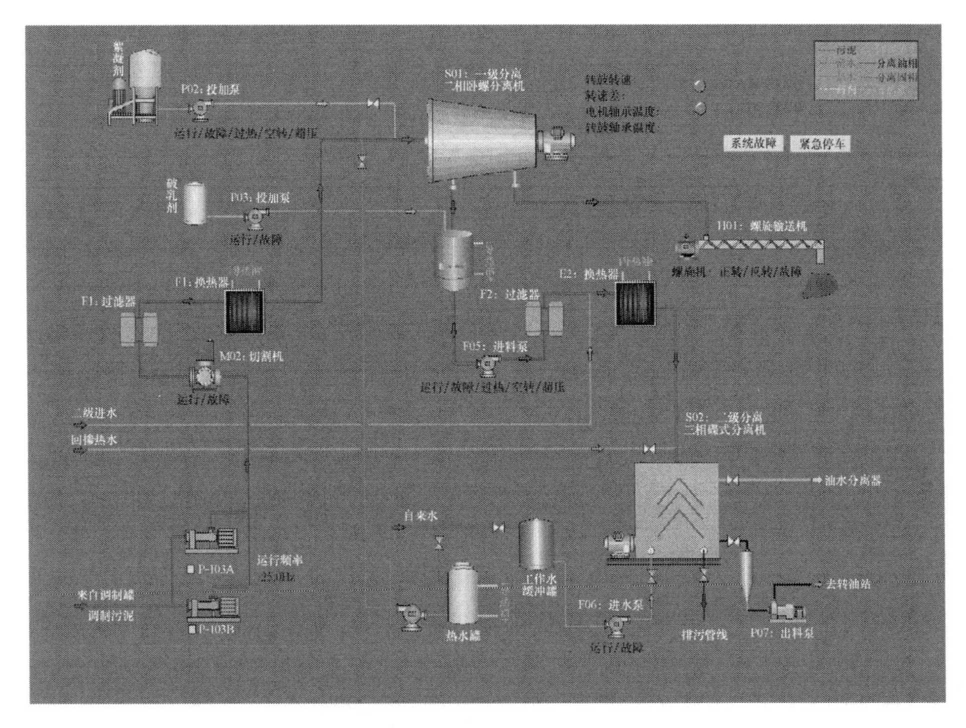


图 4.18　现场离心处理装置工艺流程示意图

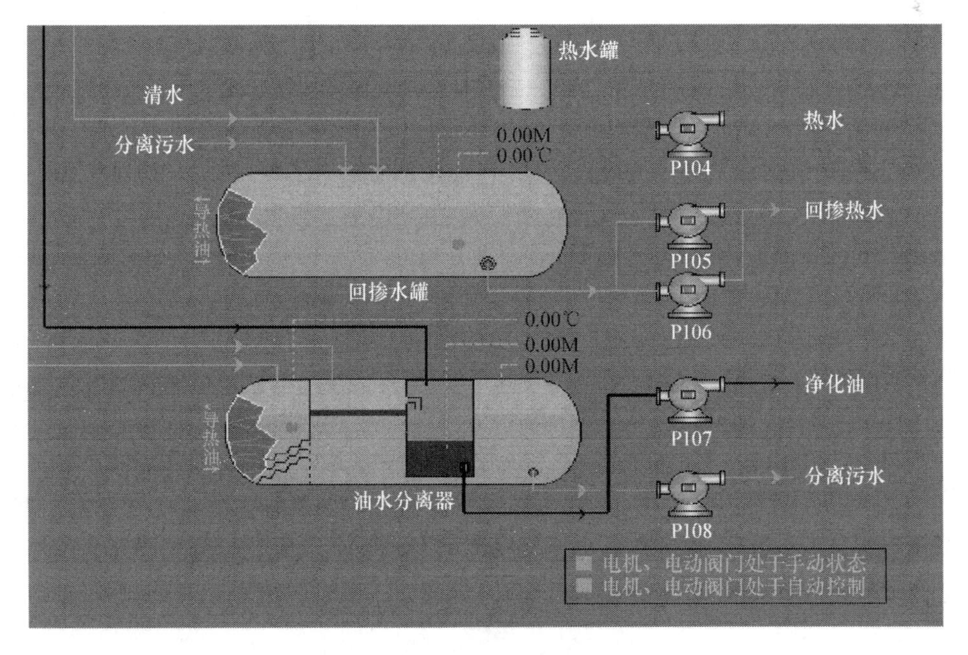


图 4.19　油水分离装置处理示意图

图 4.20　处理后的含油污泥图

离心加药：进泥的同时投加 0.2%清洗剂和 0.1%调节剂，反应 2h 后，投加 200～500mg/L 的破乳剂，药剂反应温度为 65℃。

5. 回掺热水处理装置

1）功能

回掺热水处理装置接收来自三相离心机或油水分离装置分离出的净水，经加热缓冲后作为工艺水循环利用。

2）技术参数

回掺水罐为卧式储罐，设计容积 $100m^3$，罐体尺寸 $\phi3.0m\times13.8m$，罐内部设加热盘管，配液位控制。

6. 辅助配套设备

1）清洗热水及泵增压装置

（1）功能描述。

该装置主要是为含油污泥处理工艺提供辅助的热水并增压，保证系统的清洗效果和正常运行。

（2）技术参数。

该装置主要包括 1 台热水罐和 5 台泵，热水罐为立式储罐，罐体尺寸 $\phi1.2m\times1.6m$，内带加热盘管。

1 台泵与热水罐相配，用来外输热水用于设备清洗，$Q=10m^3/h$，$H=60m$，$P=7.5kW$。

1 台泵用于外输油，$Q=5m^3/h$，$H=60m$，$P=5.5kW$。

1 台泵用于向三相离心机或调节水罐供水，$Q=20m^3/h$，$H=50m$，$P=11kW$。

另外两台为回掺水泵，1 用 1 备，为系统各部分提供工艺用水，$Q=50m^3/h$，$H=60m$，$P=18.5kW$。

2）加药装置

（1）功能描述。

加药装置用来为含油污泥系统各加药点进行加药，保证装置的处理效果。整套含油污泥处理装置共需四种药剂：絮凝剂、破乳剂、调节剂和清洗剂，分别在不同地点加入。调节剂和清洗剂加药点为调质罐；絮凝剂加药点为两相离心机入口和油水分离器；破乳剂加药点为调质罐、离心机中间罐。具体加药量需在污泥站运行过程中根据实际生产确定。

（2）技术参数。

加药装置共设4套，用来为系统加入不同种类的药剂。加药罐的容积为1$m^3$，加药泵为机械隔膜泵（也可以采用柱塞泵或螺杆泵），$Q$=200～500L/h，$H$=0.6MPa。图4.21为现场加药装置实物图（见彩图）。

图4.21　现场加药装置实物图

3）导热油加热装置

（1）功能描述。

导热油加热装置主要用来为含油污泥处理过程提供有效的热量，从而提高分离清洗效果。

（2）技术参数。

整个系统采用逐级加热逐渐升温，最终系统的温度会上升至90℃左右。经计算，整个污泥处理站的热负荷约为1000kW，选用热负荷为1200kW的加热炉。加热炉选用热煤炉，操作安全，加热效率高，无需补充软化水，不结垢，维护简单。加热炉主要由炉体及仪表控制系统组成，占地面积约为7.5m×6.0m，露天安装，上设遮雨/阳棚。

4）污泥堆放场

（1）功能描述。

污泥堆放场设在主体设备厂房的旁边，用来临时存放机械分离脱水后的污泥。污泥堆放场为混凝土地面，其中辟出一小块面积用来堆放大块的废料，其余的用来堆放处理后的污泥。堆放场用1.2m高的砖混墙四面围起，设1大门便于车辆出入清运污泥。

（2）技术参数。

将堆放场设计为15m×21m×1.2m，可堆放两周左右的泥量。

### 4.4.5　筛分流化-调质-离心工艺物料平衡

针对筛分流化-调质-离心处理工艺，进行了物料平衡分析见表4.7、表4.8及图4.22。

表 4.7　含油污泥物料平衡表

| 项目 | 编号 | 1 | 2 | 3 | 4 | 5 | 6 | 7 | 8 | 9 | 10 | 11 | 12 | 13 | 14 | 15 |
|---|---|---|---|---|---|---|---|---|---|---|---|---|---|---|---|---|
| | | 污泥 | 喷射清洗溶液 | 洗过后的大颗粒固体 | 污泥存储罐 | 稀释溶液 | 冷凝泥浆 | 旋流沉积物 | 去离心式进料罐的细砂 | 清洗溶液 | 洗净的粗砂 | 筛分底流 | 离心进料 | 离心出水 | 离心油 | 离心清洁细砂 |
| 质量分数/% | 原油 | 30.00 | — | 21.75 | 4.83 | — | 21.28 | 21.40 | 21.40 | 27.67 | 27.67 | 2.50 | 0.20 | 98.50 | 10.87 | 0.50 |
| | 水 | 40.00 | 100.00 | 57.50 | 40.00 | 98.00 | 58.37 | 58.47 | 58.47 | 70.43 | 70.43 | 22.41 | 98.9 | 1.00 | 22.20 | 98.92 |
| | 固体 | 30.00 | — | 20.75 | 55.17 | — | 20.30 | 20.09 | 20.09 | 1.87 | 1.87 | 75.00 | 0.50 | 0.50 | 66.93 | 0.50 |
| | 药剂 | — | — | — | — | 2 | 400～500 | 400～500 | 400～500 | 400～500 | 400～500 | — | 400～500 | — | — | 400～500 |
| | 合计 | 100 | 100 | 100 | 100 | 100 | 100 | 100 | 100 | 100 | 100 | 100 | 100 | 100 | 100 | 100 |
| 质量流量/(t/h) | 原油 | 3000.0 | — | 2987.5 | 17.5 | — | 2987.5 | 2982.5 | 2982.5 | 2895.7 | 2895.7 | 86.8 | 14.7 | 2835.5 | 23.5 | 16.9 |
| | 水 | 4000.0 | | 7900.0 | 145.0 | 294.0 | 8194.0 | 8149.0 | 8149.0 | 7370.8 | 7370.8 | 778.2 | 7315.7 | 28.9 | 48.0 | 3339.6 |
| | 固体 | 3000.0 | 4000.0 | 2850.0 | 200.0 | — | 2850.0 | 2800.0 | 2800.0 | 196.0 | 196.0 | 2604.0 | 36.9 | 14.5 | 144.7 | 16.9 |
| | 药剂 | — | — | — | — | 6.0 | 6.0 | 6.0 | 6.0 | 6.0 | 6.0 | — | 6.0 | — | — | — |
| | 合计 | 10000.0 | 4000.0 | 13737.5 | 362.5 | 300.0 | 14037.5 | 13937.5 | 13937.5 | 10465.5 | 10465.5 | 3472.0 | 7373.3 | 2878.9 | 216.2 | 3373.5 |

**表 4.8　工艺处理含油污泥物料平衡表**

| 项目 \ 编号 | | 1 | 2 | 3 | 4 | 5 | 6 | 7 | 8 | 9 | 10 | 11 | 12 | 13 | 14 | 15 |
|---|---|---|---|---|---|---|---|---|---|---|---|---|---|---|---|---|
| | | 污泥 | 喷射清洗溶液 | 洗过后的大颗粒固体 | 污泥存储罐 | 稀释溶液 | 冷凝泥浆 | 旋流沉积物 | 去离心式进料罐的细砂 | 清洗溶液 | 洗净的粗砂 | 筛分底流 | 离心进料 | 离心出水 | 离心油 | 离心清洁细砂 |
| 质量分数/% | 原油 | 30 | — | — | 25 | — | 17 | 7 | 18.2 | — | 0.2 | 5 | 16.4 | 0.2 | 99.5 | 1 |
| | 水 | 30 | 99.7 | — | 44 | 99.7 | 62 | 40 | 64.1 | 99.7 | 15.5 | 91.8 | 67.8 | 99.7 | 0.2 | 23 |
| | 固体 | 40 | — | — | 31 | — | 21 | 53 | 17.7 | — | 84.3 | 3.2 | 15.8 | 0.1 | 0.3 | 76 |
| | 药剂 | — | 0.3 | — | — | 0.3 | — | — | — | 0.3 | — | — | — | — | — | — |
| 质量流量/(t/h) | 原油 | 3 | — | — | 3 | — | 3 | 0.12 | 2.88 | — | 0.002 | 0.118 | 3 | 0.015 | 2.84 | 0.145 |
| | 水 | 3 | 2.28 | — | 5.2 | 5.6 | 10.8 | 0.68 | 12.12 | 1.8 | 0.23 | 2.25 | 12.37 | 10.519 | 0.011 | 1.84 |
| | 固体 | 4 | — | — | 3.7 | — | 3.7 | 0.9 | 2.8 | — | 77 | 0.08 | 2.88 | 0.013 | 0.017 | 2.85 |
| | 药剂 | | 0.001 | — | — | — | — | — | — | — | — | — | — | — | — | — |
| | 总流量 t/h | 10 | 2.28 | — | 12 | 5.6 | 17.5 | 1.7 | 15.8 | 1.8 | 1 | 2.45 | 18.25 | 10.55 | 2.868 | 4.83 |
| 体积流速 | 1/min | 132 | 38 | — | 170 | 94 | 264 | 26 | 238 | 30 | 7 | 49 | 287 | 176 | 58 | 53 |
| | GPM | 35 | 10 | — | 45 | 24 | 69 | 7 | 62 | 8 | 2 | 13 | 75 | 45 | 15 | 15 |

2010 年 5～8 月份某含油污泥处理站主要处理清罐油泥，平均含油率 25%，含固率 30%，含水率 45%，共处理含油污泥约 1600m³。

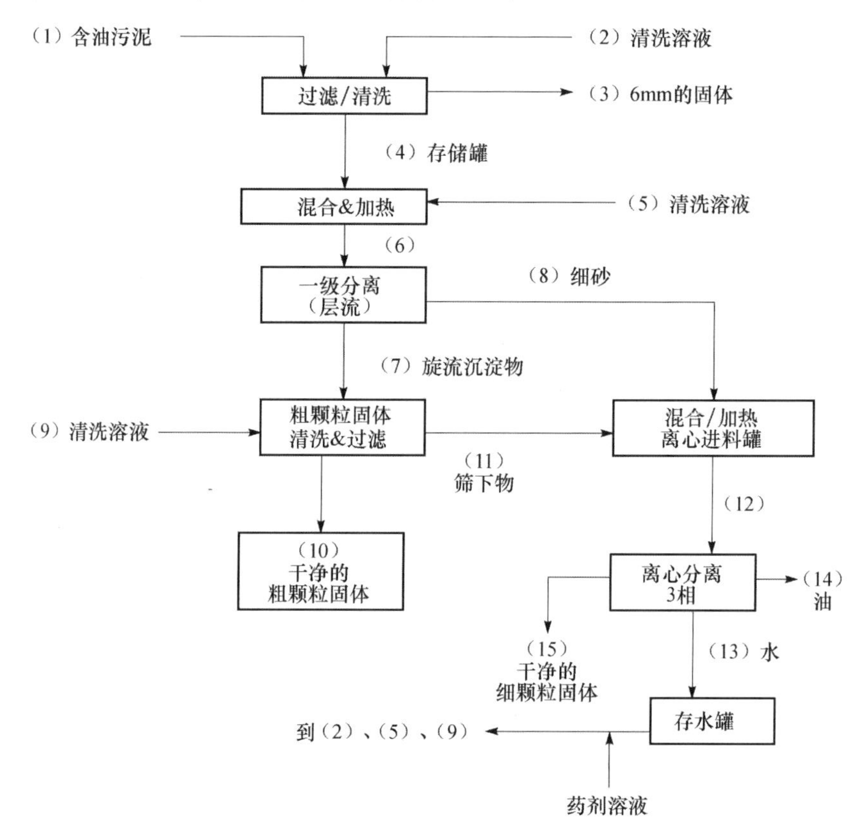


图 4.22　工艺物料平衡图

### 4.4.6　筛分流化-调质-离心处理工艺现场运行结果

为了确保现场处理工艺最终的处理结果，首先在室内进行药剂的筛选和设备运行参数的优化试验，用于指导现场生产装置的稳定运行。

1. 筛分流化处理装置操作参数优化

筛分流化处理装置的主要功能是将污泥中大于 5mm 的固体颗粒筛选出去，并将污泥稀释提高污泥的流动性，若回掺水温度过低或回掺水量过小，会导致大块物料上的污油来不及冲洗干净便被筛分出去，对环境造成污染，同时也会造成预处理后的流态污泥温度过低，污泥和污油分离不充分，增加后续调质处理难度。

经过现场试验，通过观察分离出的大块物料的含油情况得出：当掺水温度超过 65℃，现场实际处理装置回掺水量在 20m³/h 时（掺水比例为 1.5∶8），分离出的大块物料上的污油去除率可达到 80％～90％；若回掺水温度低于 65℃，回掺水量低于 $20m^3/h$，则无法保证预处理效果。

2. 清洗药剂室内筛选试验

1）污泥清洗剂的筛选复配

污泥清洗剂的筛选试验方法：取容积为 1000mL 的烧杯，称取（100±1）g 含油污泥，加入 600mL 水，将烧杯置于 65℃恒温水浴中预热 1h；加入清洗剂，在 65℃下以 260r/min 的转速搅拌 1h，搅拌桨距烧杯底部约 1cm；停止搅拌后，抽取烧杯底部污泥，在 3000r/min 的转速下离心 4min，取出后倒掉水层中的水，用脱脂棉擦去离心管壁上附着的原油。

由表 4.9 可见，应用均匀设计复配得出清洗剂 10 个配方，对含油污泥清洗效果的评价，从中优选出适用于现场含油污泥的清洗剂配方为 XY-1，命名为 ST-1001。

**表 4.9　清洗剂效果试验表**

| 配方标识 | XY-1 | XY-2 | XY-3 | XY-4 | XY-5 | XY-6 | XY-7 | XY-8 | XY-9 | XY-10 |
|---|---|---|---|---|---|---|---|---|---|---|
| 底部沉砂质量/g | 4.5 | 4.48 | 11.46 | 5.5 | 4.32 | 4.73 | 5.21 | 7.1 | 11.15 | 7.45 |
| 洗油后泥砂含油量/(mg/L) | 3408 | 9178 | 3354 | 7042 | 9196 | 5666 | 7519 | 5348 | 13308 | 11102 |

2）清洗剂适用条件的优化

（1）温度对清洗剂的影响试验。

称取 100g 污泥，以污泥量计加入 2000mg/L 清洗剂，加入 600mL 水，在水浴中预热至一定温度后搅拌，搅拌速度为 300r/min，搅拌 30min。结束后撇去烧杯中上浮的油层，将剩下的水和泥混匀后离心。离心结束后将上层浮油和水层倒掉，用脱脂棉仔细擦掉离心试管壁上附着的原油，将试管底部的污泥取出搅匀后测其含水率及含油量。试验结果见表 4.10。

**表 4.10　不同温度条件下清洗剂清洗污泥后的对比效果**

| 温度/℃ | 污泥烘干后含水率/％ | 干污泥含油量/(mg/L) |
|---|---|---|
| 40 | 14.54 | 91165 |
| 50 | 22.39 | 35596 |
| 60 | 22.63 | 29967 |
| 70 | 22.55 | 28349 |
| 80 | 20.11 | 21220 |

由表 4.10 可见，当水温为 40℃时，加药清洗后的污泥含油量高达 91165mg/L，随着清洗水温的增加，清洗后的污泥中剩余含油量逐渐减少，说明清洗水温对清

洗剂的作用效果影响明显；当水温达到 60℃以后，清洗后的污泥中剩余含油量变化不大，考虑实用性和经济性，现场应选择清洗水温为 60℃适宜。

（2）pH 对清洗剂的影响试验。

称取 100g 污泥，以污泥量计加入 2000mg/L 清洗剂，加入 600mL 水，用盐酸和氢氧化钠调节至一定的 pH。在水浴中预热至 60℃后搅拌，搅拌速度为 300r/min，搅拌 30min。搅拌结束后撇去烧杯中上浮的油层，将水和泥混匀后离心。离心结束后将上层浮油和水倒掉，用脱脂棉仔细擦掉离心试管壁上附着的原油，将试管底部的污泥取出搅匀后测其含水率及含油量，试验结果见表 4.11。

**表 4.11　不同 pH 下清洗剂洗后效果对比**

| pH | 含水率/% | 含油量/(mg/L) |
| --- | --- | --- |
| 3 | 20.10 | 17481 |
| 5 | 21.22 | 18735 |
| 7 | 22.55 | 33167 |
| 9 | 24.75 | 35876 |
| 12 | 22.00 | 24179 |

从表 4.11 可见，当 pH 小于 7，投加清洗剂后污泥内包含的部分杂质被溶解，有助于破开包裹油珠的固体外壳，清洗后污泥中剩余的含油量较低；而当 pH 达到 12 时，部分含油污泥中的原油组分能够与碱发生皂化反应，生成表面活性物质，可与洗油剂共同作用，促使原油乳化，与固体分离，也能够提高清洗效果。

3. 投加破乳剂的筛选试验

1）破乳剂的筛选

向 150mL 配方瓶中加入污油 30mL，含油污水 70mL，在 75℃恒温水浴中预热 30min；按照 500mg/L 的剂量加入破乳剂，用手振荡 50 下，于 75℃恒温水浴中静置沉降 24h 后，用玻璃注射器从油层中部抽取约 10mL 油样进行测试，其结果见表 4.12。

**表 4.12　复配破乳剂效果试验表**

| 编　号 | P1 | P2 | P3 | P4 | P5 | P6 | P7 |
| --- | --- | --- | --- | --- | --- | --- | --- |
| 油质量/g | 26.26 | 26.4 | 26.33 | 29.11 | 26.2 | 26.92 | 24.85 |
| 水体积/mL | 0.3 | 0.02 | 0.03 | 0.51 | 0.6 | 0.15 | 0.8 |
| 含水率/% | 1.14 | 0.08 | 0.11 | 1.75 | 2.29 | 0.56 | 3.22 |

由表 4.12 可见，应用均匀设计复配得出 7 个配方，通过对破乳效果的评价，得出 P2 效果最佳。然后再综合考虑与 ST-1001 的配伍性，研制出了适用于进一步脱水处理的破乳剂，命名为 DE-2009。

2）破乳剂的破乳效果对比试验

实验选择破乳剂DE-2009和油田常用SP169破乳剂，与空白样进行了破乳效果对比试验，试验结果见表4.13和图4.23。

**表4.13　不同破乳剂破乳效果对比**

| 破乳剂 | 加量/(mg/L) | 脱出水体积/mL | | 含水率/% | 水和沉淀物含量/% |
|---|---|---|---|---|---|
| | | 60min | 360min | | |
| SP169 | 200 | 60 | 68 | 17.2 | 24.0 |
| DE-2009 | 200 | 70 | 75 | 0.0 | 1.0 |
| 空白 | — | 60 | 65 | 31.6 | 42.0 |

图4.23　不同破乳剂对含油污泥破乳效果图

由表4.13和图4.23可得出，通过室内试验研究优选出的破乳剂DE-2009，在污泥处理过程中可有效提高对油、水、固体三相分离。

4. 不同含油量污泥调质温度优化实验

含油污泥进入调质罐后，需要对污泥继续进行加热来提高污泥的调质效果。为了找到污泥调质的最佳温度，开展调质温度优化试验。

试验方法：在烧杯中加入性质组分相当的含油污泥，再加入相同剂量的药剂，设置不同的调质温度，经过相同的调质时间和沉降时间，以调质后进入离心机前的污泥含油量为考察指标，优化调质装置的调质温度。共进行了5组实验，每组实验的污泥初始含油量都不同，试验数据见表4.14。

**表4.14　调质装置参数优化数据表**

| 组　别 | 初始污泥含油率/% | 沉降时间/h | 调质温度/℃ | | | | | |
|---|---|---|---|---|---|---|---|---|
| | | | 50 | 55 | 60 | 65 | 70 | 75 |
| 1组 | 12～13 | 2 | 10.63 | 9.91 | 4.35 | 4.26 | 5.02 | 3.96 |
| 2组 | 18～19 | 2 | 12.50 | 11.90 | 8.90 | 8.60 | 10.62 | 8.35 |
| 3组 | 14～15 | 2 | 9.56 | 9.69 | 7.88 | 8.19 | 7.65 | 7.84 |
| 4组 | 9～10 | 2 | 9.50 | 7.60 | 6.54 | 5.56 | 6.35 | 4.25 |
| 5组 | 20～25 | 2 | 13.26 | 13.32 | 11.29 | 12.56 | 11.87 | 9.25 |

由表 4.14 可见，调质温度越高，调质的效果越好，但是温度超过 60℃后，调质后的污泥含油率随调质温度的提高变化不大，从节约能源角度考虑，认为调质罐的调质温度为 60℃较为适宜。

5. 现场含油污泥处理试验

1）清洗剂投加量优选试验

清洗剂加在调质罐内可以降低油/水、油/泥的界面张力，以利于油更好地从泥上剥离脱落。试验针对来源相同而含油量不同的含油污泥，分别加入不同剂量的清洗剂，在相同温度下，搅拌 2h 后，沉降 2h，溢流上层上浮的污油，然后对调质罐底层污泥进行检测分析，以清洗后的污泥的含油率为指标优选出清洗剂的投加量。分别取了 5 个含油级别的污泥进行了试验，试验数据见表 4.15。

**表 4.15 清洗剂投加量优化试验结果表**

| 剩余含油率/%<br>污泥含油率/% | 清洗剂加药量/(L/h) | | | | | | |
|---|---|---|---|---|---|---|---|
| | 20 | 40 | 60 | 80 | 100 | 120 | 140 |
| 5.3 | 2.32 | 1.06 | 0.88 | 0.98 | 0.85 | 0.92 | 0.76 |
| 10.6 | 4.56 | 3.68 | 1.35 | 1.23 | 1.12 | 1.21 | 1.31 |
| 15.2 | 8.65 | 5.58 | 2.05 | 1.87 | 1.65 | 1.74 | 1.58 |
| 21.3 | 12.33 | 13.56 | 7.23 | 2.85 | 2.56 | 2.98 | 1.09 |
| 29.6 | 11.23 | 8.65 | 9.78 | 5.43 | 4.25 | 3.26 | 4.36 |

由表 4.15 可见，当污泥含油量一定时，随着清洗剂投加量的增加，污泥的清洗效果越好；初始的含油量越高，所需要的清洗剂投加量越多。污泥含油率为 5%～30%时，最佳的清洗剂投加量为 40～120L/h。

2）破乳剂投加量优选试验

破乳剂可投加在调质罐和油水分离器内，用以破坏油水界面，降低油水界面张力，使界面膜的黏度下降，利于油水破乳达到油水分离的目的。试验针对来源相同而含油量不同的含油污泥，在分别加入相同数量的清洗剂和调节剂的基础上，然后加入不同数量的破乳剂，在相同温度下，搅拌 2h 后，沉降 4h，然后从调质罐上层取污油样品，以上层污油的含水率为指标，优选出破乳剂的投加量。同样选取了 5 个含油级别的污泥进行了试验，试验数据见表 4.16。

**表 4.16 破乳剂投加量优化试验结果表**

| 剩余含油率/%<br>污泥含油率/% | 破乳剂加药量/(L/h) | | | | | | | |
|---|---|---|---|---|---|---|---|---|
| | 20 | 40 | 60 | 80 | 100 | 120 | 140 | 160 |
| 5.3 | 1.21 | 0.25 | 0.13 | 0.19 | 0.12 | 0.08 | 0.11 | 0.14 |
| 10.6 | 2.15 | 2.56 | 0.89 | 1.02 | 0.79 | 0.45 | 0.12 | 0.85 |
| 15.2 | 1.25 | 3.25 | 1.35 | 0.56 | 0.15 | 0.65 | 0.24 | 0.08 |
| 21.3 | 6.85 | 7.56 | 2.51 | 1.23 | 0.86 | 0.92 | 0.09 | 0.25 |
| 29.6 | 5.68 | 4.26 | 5.35 | 3.26 | 1.25 | 0.89 | 0.23 | 0.04 |

由表 4.16 可见，随着污泥含油量的增加，所需要的破乳剂量也随之增加，当破乳剂投加量达到一定量后，药剂的破乳效果基本稳定。现场可根据实际情况适当调整加药量。

3）离心装置及其参数优化

（1）离心机转速优化试验。

试验选择同一调质罐内调质后的含油污泥，调整离心机转速，让污泥在不同的转速下进行离心处理，对离心分离出的泥样进行含油量检测。为了保证数据的准确，在调整转数 30min 后再进行取样，以便确保所取样品与转数相对应。进行了 5 组试验，每调整一次转数上升 100r/min，污泥离心机转数对处理效果影响实验数据见表 4.17。

**表 4.17　离心机转速对污泥处理效果影响试验数据表**

| 离心机转数/(r/min) | | 2700 | 2800 | 2900 | 3000 | 3100 | 3200 |
|---|---|---|---|---|---|---|---|
| 组别 | 1 组 | 3.56 | 1.99 | 1.96 | 1.45 | 1.23 | 1.35 |
| | 2 组 | 5.45 | 3.65 | 1.85 | 1.65 | 1.45 | 1.48 |
| | 3 组 | 2.98 | 2.32 | 1.98 | 1.56 | 1.61 | 1.33 |
| | 4 组 | 3.65 | 2.05 | 2.05 | 1.96 | 1.68 | 1.32 |
| | 5 组 | 2.98 | 2.05 | 1.76 | 1.02 | 1.89 | 0.68 |

由表 4.17 可见，当离心机转速在 2700r/min 和 2800r/min 时，离心分离后的污泥中的含油率很难达到要求小于 2%的处理指标；当转数达到 2900r/min 时，离心分离后污泥中剩余含油率达到了要求小于 2%的处理指标，分离效果变好；之后继续增加离心机的转数，离心分离后的污泥中剩余含油率继续下降，但变化不大。考虑到随着转数的升高，离心机的轴瓦温度也随之升高，轴瓦温度过高不利于离心机的安全平稳运行，现场一般设置轴瓦温度高于 95℃时自动报警，高于 100℃时自动停机保护。因此从安全和分离效果考虑，离心机的最佳转数应该在 2900～3100r/min，根据实际情况进行动态调整。离心机在各转数下对应的轴瓦温度范围见表 4.18。

**表 4.18　离心机转数对应轴瓦温度范围表**

| 离心机转速/(r/min) | 2700 | 2800 | 2900 | 3000 | 3100 | 3200 |
|---|---|---|---|---|---|---|
| 轴瓦温度范围/℃ | 60～70 | 65～75 | 70～80 | 75～85 | 80～90 | 85～95 |

（2）离心机转速差优化试验

试验选择同一调质罐来泥，将离心机的转速设定在 2900r/min 不变，改变离心机的转速差，30min 后取离心机分离出的泥样，测试不同转速差变化后污泥的含油率和含水率试验结果见表 4.19。

**表 4.19　离心机不同转速差分离效果试验数据表**

| 转速差/(r/min) | 1组（油18%，固2.5%） | | 2组（油15%，固1.5%） | | 3组（油9%，固1.7%） | |
|---|---|---|---|---|---|---|
| | 含油率/% | 含水率/% | 含油率/% | 含水率/% | 含油率/% | 含水率/% |
| 3 | 2.01 | 22.1 | 1.89 | 27.2 | 1.25 | 26.5 |
| 4 | 1.89 | 28.7 | 0.98 | 31.2 | 1.98 | 28.7 |
| 5 | 2.54 | 26.5 | 1.25 | 30.4 | 1.38 | 32.5 |
| 6 | 2.89 | 34.5 | 1.26 | 31.5 | 1.86 | 33.3 |
| 7 | 3.12 | 38.6 | 2.06 | 43.8 | 2.09 | 38.6 |
| 8 | 3.25 | 43.2 | 2.04 | 44.5 | 2.53 | 37.8 |

由表4.19可见，转差越低，离心分离后的污泥含油率和含水率越低。但实际生产过程中，转速差过低会使污泥在离心机内停留时间过长，易造成离心机排泥缓慢，甚至堵塞离心机。根据试验数据，并结合现场实际排泥等因素，得出离心机转速差在5r/min左右时，既可保证排泥顺畅，又能保证离心机分离效果稳定。

(3) 絮凝剂投加优化试验。

絮凝剂投加在两相离心机前，便于固液分离。选用阳离子高分子絮凝剂，可与水中微粒起电荷中和及吸附架桥作用，从而使体系中的微粒脱稳、絮凝，达到固液分离。试验选择同一个调质罐的污泥，在其他参数不变的情况下，加入不同剂量的絮凝剂，以处理后的污泥中剩余含油率为考察标准，优化絮凝剂的投加量，试验结果见表4.20。

**表 4.20　絮凝剂投加量对离心分离效果的影响试验数据表**

| 剩余含油率/% ＼ 污泥含固率/% | 絮凝剂加药量/(L/h) | | | | | | | | |
|---|---|---|---|---|---|---|---|---|---|
| | 90 | 120 | 150 | 180 | 210 | 240 | 270 | 300 | 330 |
| ≤1 | 6.40 | 3.65 | 0.89 | 1.25 | 2.04 | 1.58 | 1.89 | 2.04 | 2.56 |
| 1～2 | 3.50 | 3.60 | 3.45 | 1.09 | 1.25 | 0.97 | 1.95 | 2.07 | 1.08 |
| 2～3 | 4.25 | 4.00 | 3.89 | 2.05 | 0.56 | 0.89 | 1.25 | 0.79 | 2.05 |
| 3～4 | 2.35 | 2.38 | 3.68 | 2.86 | 1.89 | 1.86 | 1.56 | 2.06 | 1.89 |
| 4～5 | 3.89 | 2.56 | 3.05 | 1.89 | 2.05 | 1.72 | 1.21 | 0.56 | 0.89 |

由表4.20可见，当被处理的污泥含固率增加时，要想保证离心分离出的污泥效果，即含油量较低，絮凝剂的投加量也应随之增加；而当投加量增加到一定数值后，处理效果变化不明显，甚至变差，因此应根据处理污泥的含固率相应的调整絮凝剂投加量。试验得出不同污泥含固率投加絮凝剂量的范围见表4.21。

**表 4.21　不同污泥含固率投加絮凝剂量的范围表**

| 污泥含固率/% | ≤1 | 1～2 | 2～3 | 3～4 | 4～5 |
|---|---|---|---|---|---|
| 絮凝剂投加量的范围/(L/h) | 150～180 | 180～210 | 210～240 | 240～270 | 270～300 |

含油污泥筛分流化-调质-离心处理技术，是一项多种技术集合的含油污泥处理技术。含油污泥的处理效果受调质温度、离心机转数、转差、各种药剂的投加量等影响。通过试验得出，不同来源的含油污泥性质和组分存在一定的差异，在实际生产过程中需要根据来泥的情况，按照现场实际试验得出的结果，调整相应处理的各项运行参数，才能保证最终的处理效果。

6. 油水分离装置操作参数优化

油水分离器主要是用来接收调质罐溢流出的污油及离心机分离出的污油污水，具有缓冲沉降分离作用。整个油水分离装置依靠污油污水的重力沉降进行分离，并利用罐内的隔板将沉降后上层污油溢流到污油回收区外输；下层分离出的污水进入污水回收区，用作回掺水循环利用。油水分离装置主要包括四个区域：

（1）加热区。该区域设有加热盘管，可以对进入的污油污水进行升温加热，为下一步的油水沉降分离创造条件。

（2）沉降分离区。主要是进行加热后的污油污水的沉降分离。

（3）污油回收区。主要用来接收沉降分离后的污油。

（4）污水回收区。主要用来接收沉降分离后的污水。

由于本站处理后的污油需要进入油系统做进一步的处理，而对油中含水的指标要求不高，但考虑分离出的污水需要作为回掺水循环重复利用，而要求得到含油量较低的污水。因此，需要保证油水分离装置有足够的沉降时间，来确保分离出高质量的污水作为回掺用水，而且必要时还需要在油水分离装置入口处投加破乳剂。

为了优选出最佳沉降分离时间，进行了沉降时间对沉降效果的影响试验。每间隔 1h 对沉降后的污水进行取样分析，测试结果见表 4.22。

**表 4.22　油水分离装置不同沉降时间的沉降分离效果测试数据**

| 沉降时间/h | 1 | 2 | 3 | 4 | 5 | 6 | 7 | 8 |
|---|---|---|---|---|---|---|---|---|
| 污水含油率/% | 13.8 | 9.5 | 3.5 | 2.6 | 2.1 | 2.4 | 1.9 | 2.0 |
| 污水含油率/% | 10.8 | 5.8 | 4.6 | 2.5 | 1.5 | 1.2 | 0.8 | 1.2 |
| 污水含油率/% | 8.2 | 5.4 | 2.1 | 1.6 | 0.9 | 0.8 | 1.0 | 1.6 |

由表 4.22 的 3 组测试结果可以得出，沉降 5h 后水中含油率较小，再增加沉降时间其变化不大，考虑处理效果和经济效益，选择沉降分离时间为 5h 最佳。

7. 最佳运行参数条件下的系统稳定试验研究

通过上述对各单体处理设备运行参数的优化试验，得出相应的最佳工业运行参数，并进行了稳定试验。回掺水温度 70℃，回掺水量 $25m^3/h$，调质温度设为

60℃，离心机转速 3000r/min，絮凝剂加药量 40L/h，试验结果见表 4.23。

**表 4.23　筛分流化-调质-离心处理工艺现场实际运行测试结果**

| 调质罐序号 | 调质温度/℃ | 清洗剂投加量/L | 破乳剂投加量/L | 搅拌时间/h | 沉降时间/h | 调质前污泥 | | | 离心分离后污泥 | | |
|---|---|---|---|---|---|---|---|---|---|---|---|
| | | | | | | 污泥含油率/% | 污泥含水率/% | 污泥含固率/% | 污泥含油率/% | 污泥含水率/% | 污泥含固率/% |
| 1# | 61.2 | 60 | 40 | 3 | 4 | 9.8 | 68.4 | 21.8 | 1.79 | 28.69 | 69.52 |
| | | | | | | | | | 2.01 | 33.25 | 51.53 |
| | | | | | | | | | 1.35 | 30.25 | 68.40 |
| 2# | 60.8 | 80 | 60 | 3 | 4 | 15.5 | 65.6 | 18.9 | 0.78 | 28.91 | 71.09 |
| | | | | | | | | | 0.98 | 32.54 | 66.48 |
| | | | | | | | | | 1.27 | 33.25 | 65.48 |
| 3# | 58.9 | 95 | 80 | 3 | 4 | 18.9 | 55.4 | 25.7 | 1.76 | 29.56 | 68.68 |
| | | | | | | | | | 1.63 | 35.24 | 63.13 |
| | | | | | | | | | 1.88 | 41.62 | 56.50 |

由表 4.23 可见，经离心分离最终处理后的污泥中的含油率均小于 2%，达到了设计要求的技术指标，并达到了黑龙江省地方标准《油田含油污泥综合利用污染控制标准》（DB23/T 1413—2010）规定的指标。优化出的最佳运行参数能够保证污泥得到有效的处理。

8. 处理后的含油污泥组成及重金属分析

1）含油污泥的成分分析

对含油污泥处理站处理后的污泥进行形态观察及成分分析，其扫描电子显微镜照片如图 4.24 所示。

（a）放大500×处理后油泥

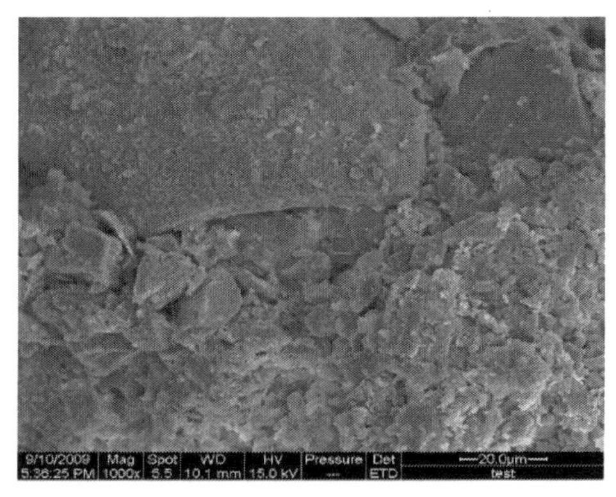

（b）放大1000×处理后油泥

（c）放大3000×处理后油泥

（d）放大5000×处理后油泥

图 4.24　处理后含油污泥样品的扫描电子显微镜照片

如图 4.24 和图 4.25 所示，处理后的含油污泥表面粗糙，存在许多蜂窝和大小不一的颗粒物。C 的质量比占到 25.42%，Si 和 Fe 分别占到 29.46% 和 6.80%，Ba 占到了 16.37%，还有 K 和 Al 等分布。

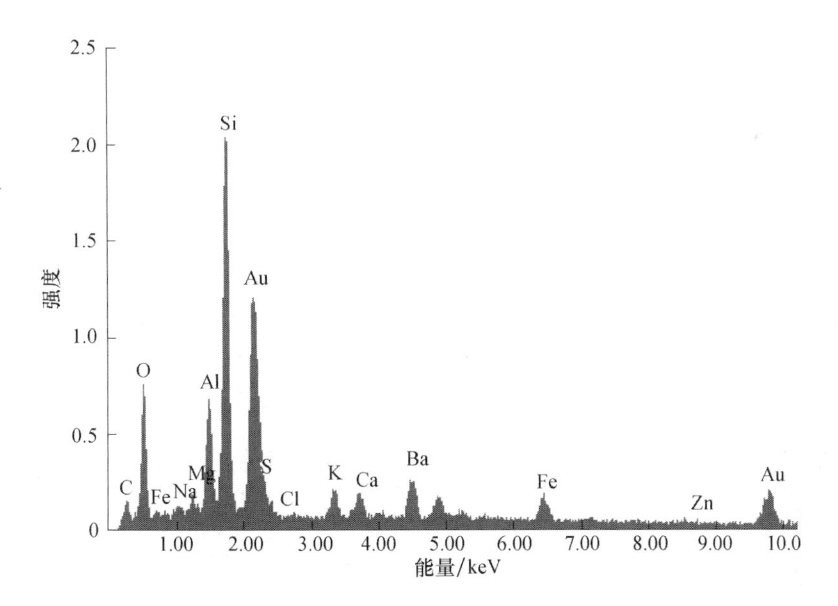


图 4.25　处理后污泥的样品能谱分析

如图 4.26 所示，处理后的含油污泥放置一个月后，在污泥表面生长了大量的放线菌、真菌及微生物。这个现象表明，对含油污泥采用生物方法进行处理是可行的，关于到底是何种微生物需要进一步通过分子生物学手段进行验证。

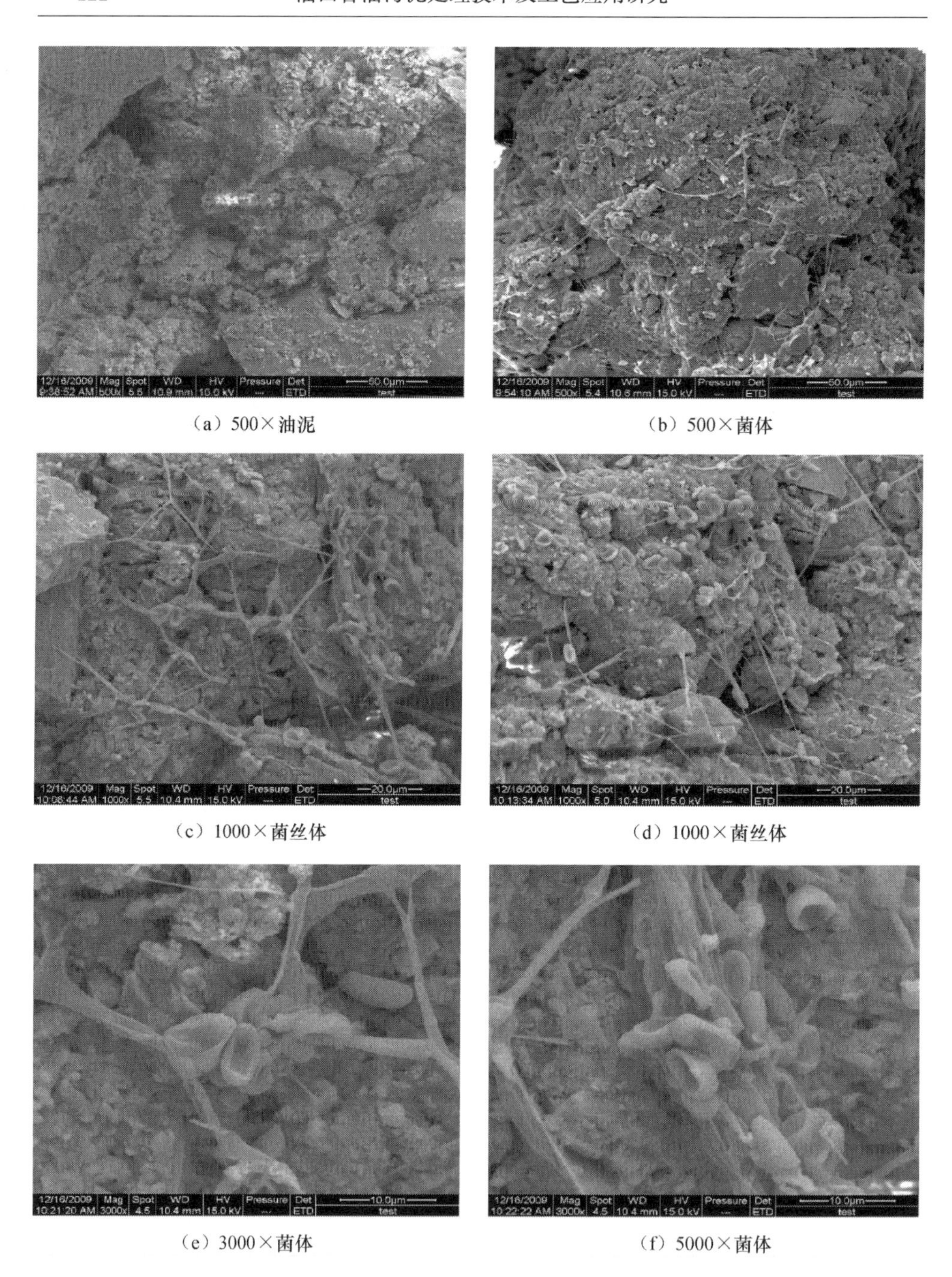

（a）500×油泥　　（b）500×菌体

（c）1000×菌丝体　　（d）1000×菌丝体

（e）3000×菌体　　（f）5000×菌体

图 4.26　处理并放置一个月后的污泥样品扫描电子显微镜照片

处理并放置一个月后污泥样品的组成含量如图 4.27 所示。C 的质量比占到 31.30%，其次是 Si 和 Fe 分别占到 7.59%和 27.93%。Fe 的含量比较高，这对于微生物修复是有益的。Ba 占到了 2.14%，还有 K 和 Al 等分布。

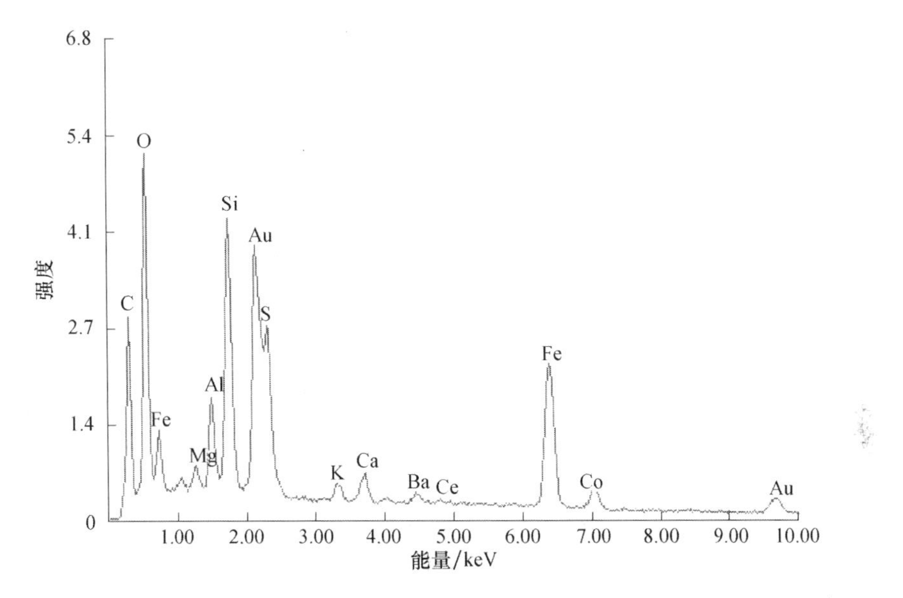


图 4.27　处理并放置一个月后的污泥样品能谱分析

对处理后的污泥，按不同时间及不同堆放位置分别取了 3 组样品进行分析，并与《农用污泥中污染物控制标准》（GB 4284—1984）中相应参数进行对比，处理后含油污泥重金属的成分见表 4.24。

**表 4.24　处理后污泥中重金属成分**

| 项　目 | 处理后污泥 1# /(mg/kg) | 处理后污泥 2# /(mg/kg) | 处理后污泥 3# /(mg/kg) | 最高容许含量（标准）/(mg/kg) |
|---|---|---|---|---|
| Pb | 16.1 | 7.6 | 11.3 | 1000 |
| Cd | <0.1 | <0.1 | <0.1 | 20 |
| Cr | 124.1 | 116.9 | 997.0 | 1000 |
| Cu | 300.3 | 301.0 | 322.6 | 500 |
| Hg | <0.1 | <0.1 | <0.1 | 15 |
| As | <0.1 | 0.8 | 1 | 75 |
| Zn | 366.9 | 367.0 | 253.1 | 1000 |
| Ni | 45.3 | 46.1 | 44.5 | 200 |

由表 4.24 可见，处理后污泥中重金属成分含量均在《农用污泥中污染物控制标准》（GB 4284—1984）最高容许含量范围内。

# 第5章　电化学生物耦合含油污泥深度处理工艺技术研究

## 5.1　含油污泥深度处理研究背景

大庆油田某含油污泥处理站占地约7000m²，设计处理规模为10t/h，设计指标为处理后污泥中含油≤2%。该站2008年8月开始施工，2009年5月正式投产。根据国内外的调研，该油田含油污泥处理站主工艺采用技术先进较成熟的筛分流化-调质-离心的处理技术，整个处理站主要由污泥筛分流化处理装置、调质装置、离心装置、油水分离装置、回掺水装置、导热油加热装置等几部分组成（具体详见第4章）。主工艺流程如图5.1所示（见彩图）。

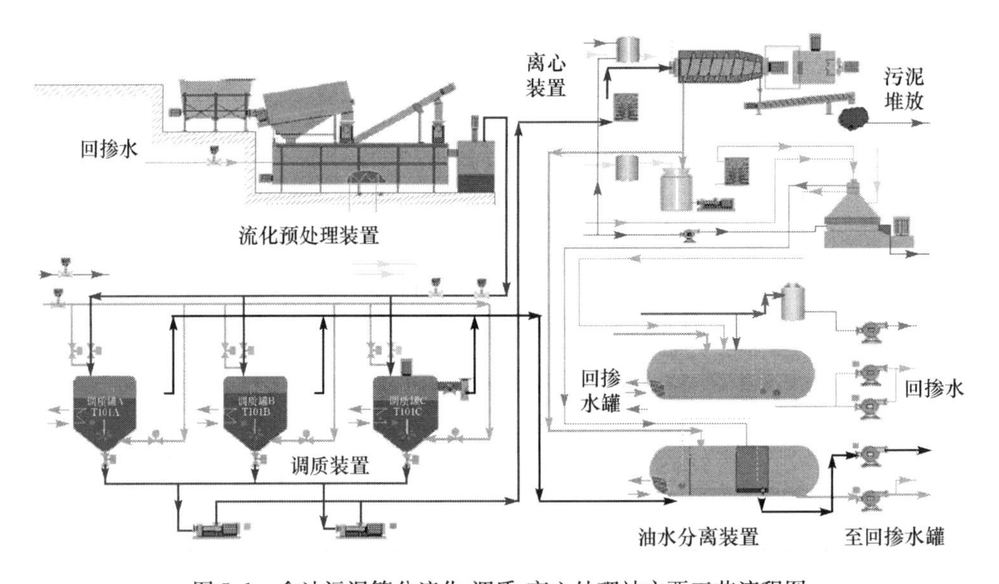


图5.1　含油污泥筛分流化-调质-离心处理站主要工艺流程图

第一步：污泥筛分流化处理。由于大庆含油污泥的来源广，成分复杂，污泥中所含的杂质种类多，因此在含油污泥进入调质-离心脱水的主工艺之前，需要将大块的固体杂质从污泥中去除，减少后续机器的磨损并保证其处理效率。另外，在该工艺中，通过加入回掺热水（系统循环利用的水），可将污泥升温至45℃并将含固率较高的污泥流化成含固率在5%左右的可流动的污泥，其工艺流程为从污泥池中或罐车收取的固态、半流态和流态的污泥用挖掘机或泵直接送至污泥筛分流化预处理装置进行处理，分选出的大块杂质经充分清洗和处理后用螺旋输送机送至污泥堆放场进行进一步处理，液态含油污泥进入调质罐进行调质。

第二步：污泥调质。实现液-固分离的关键之一是使黏度大的吸附油解吸或破乳，为促使油类从固体粒子表面分离，对污泥进行调质处理，对污泥进行进一步的加热和匀化，为油从固体颗粒表面脱附创造更好的条件。

第三步：含油污泥的离心分离。经调质后的含油污泥进离心处理单元进行油水固三相分离，分离出的液体进入油水分离装置，分离出的油被输至某含油污泥处理站旁的污油回收站的污油池后，统一进入老化油处理工艺进行处理；分离出的水大部分进回掺水罐作为工艺用水循环利用；离心机分离出的固体送至处理后污泥堆放场，用于铺路或者垫井场，处理后的油泥如图 5.2 所示（见彩图）。

图 5.2　调质-离心处理后的油泥

经筛分流化-调质-离心工艺处理后的污泥，无法达到《农用污泥中污染物控制标准》(GB 4284—1984) 含量 3‰的标准，需要进一步开展电化学、生物处理试验。

## 5.2　电化学处理技术原理及应用

### 5.2.1　电化学处理技术原理

1. 电化学处理及其供能方式

电泳现象是 19 世纪初当 Reuss 在一个黏土-水的混合物中施加直流电场时首次被发现的[64~69]。简而言之，电化学动力学处理（以下简称电化学处理）是一个发生在电极间的电迁移、电渗透、电化学反应的受控过程[70]。土壤的电化学力学处理技术就是在受污染土壤中通入电流，是土壤中的污染物在直流电场的作用下进行定向迁移，最终达到去除污染物的目的。其原理可以解释为在通电过程中，带正电的离子移向阴极，带负电的离子移向阳极，而不带电的粒子则随着电渗透作用产生的水流方向从阳极向阴极进行移动[71]，如图 5.3 所示。

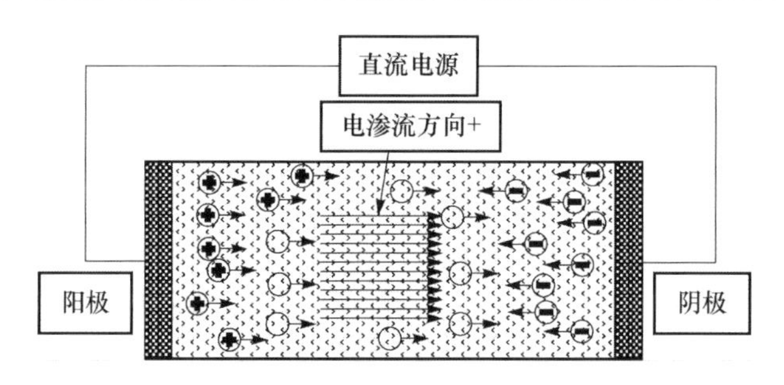


图 5.3 电化学修复机理示意图

根据选择的电极不同，还会出现电极与污染物发生反应来去除污染物的现象。土壤电化学修复是一项新兴的环境处理技术，对于饱和与非饱和的土壤都是适用的。电化学修复的主要供能方式包括控制电压法和控制电流法两种[72]，控制电压法就是不考虑电场中的电阻大小，通电过程中只保持电压不变，一般采用电场强度或电势梯度（V/m）来表征，其特点是电势梯度稳定均匀；而控制电流法就是保持通电过程中电流恒定，一般采用电流密度（$mA/cm^2$）来表征，其特点是可以根据电势的变化来指示修复的终点。

2. 电化学处理机制

根据电化学处理描述，其处理机制主要包括电迁移、电渗透及电泳三种方式，其中电泳是指带电粒子或胶体在电场中的运动方式，与其他两种方式相比，在实际污染物去除过程中，电泳作用的贡献较小，甚至可以忽略不计，因此，主要介绍电化学处理过程中的电迁移和电渗透机制。

1）电迁移

电迁移是带电离子或离子团在直流电场中的移动方式，其移动方向是与其本身所带的电荷相反的电极方向。Probstein 等[73]提出的电迁移速率的表达式为

$$u_{em-} = vzFE \tag{5.1}$$

式中，$u_{em-}$——带电离子在土壤中的迁移速率，$m^2/(s \cdot V)$；

$v$——离子迁移率，$m^2/V$；

$z$——离子电荷数，个；

$F$——法拉第常数，C/mol；

$E$——电场强度，V/m。

根据式（5.1）可以看出，电迁移速率与离子电荷数和电场强度呈正比关系，对于一种已知离子污染物，提高电场强度可以提高该污染物的电迁移速率。

2）电渗透

土壤中不带电粒子一般采用电渗透作用移动，其实质是土壤孔隙水本身的移

动过程，由于土壤表面带有电荷可以形成双电层结构，而双电层中的带电溶液在电场作用下就会迁移，而土壤孔隙中的黏性剪切力会平衡电渗透作用力将中性溶液移出双电层。Shapiro 等[74]是最早提出关于电场强度存在条件下的电渗流速和 $\zeta$ 电位理论，一般称为 Helmholtz 和 Smoluchowski 公式，其表达式为

$$u_{eo} = \frac{\varepsilon \zeta E}{\mu} \tag{5.2}$$

式中，$\varepsilon$——孔隙水的介电常数，F/m；

$\zeta$——土壤表面的 $\zeta$ 电位，mV；

$E$——平均电场强度，V/m；

$\mu$——孔隙水的黏度，Pa · s。

实际修复中为了控制阳极的酸化，往往对阳极的 pH 进行控制，以达到提高电渗流的目的[75]。

### 5.2.2　含油土壤中有机污染物在电场中的行为及研究进展

从目前关于采用电化学修复技术去除土壤中有机物污染物的研究来看，可以按照有机污染物的性质不同将其大致分为两类，一类是解离态有机物，另一类是非解离态有机物。

#### 1. 解离态有机物在电场中的行为及研究进展

解离态有机物是指在土壤溶液中能够解离成带电荷的离子状态的有机物，土壤污染物中常见的解离态有机物为酚类化合物及其衍生物。解离态的有机污染物一般水溶性较好，其在直流电场中的迁移主要包括电迁移和电渗透作用，具体的移动方向跟污染物本身所带的电荷性质有关。王焘等[76]通过对苯酚污染土壤的电化学修复过程的研究表明，在直流电场存在条件下，土壤中的苯酚可以有效地从土壤颗粒表面解吸并在电场中迁移，但是迁移的效果取决于苯酚的存在状态，通电初始阶段，迁移方向是从阳极移向阴极，当通电时间达到 10d 后，苯酚开始向阳极方向移动。早期的研究在电化学修复工艺的阳极采用 $H_2O_2$ 替代去离子水，并且在工艺中投加一定量的铁粉。结果表明，这种人为形成的 Fenton 体系可以有效实现土壤中苯酚的去除，为期 10d 的修复可以获得 30%以上的去除效率[77]。然而铁粉和 $H_2O_2$ 的使用不仅增加了修复成本，也带来了一定的二次污染问题。近年来，罗启仕等提出采用非均匀电场进行苯酚污染土壤的修复[78]，试验中分别以苯酚和 2,4-二氯酚作为目标污染物。施加非均匀电场的修复效果表明，非均匀电场提高了苯酚和 2,4-二氯酚在土壤中的解吸作用，并且二者的去除效率均优于均匀电场，两种污染物在电场中的迁移机制包括电迁移和电渗透两种作用。此外，罗启仕进一步研究了非均匀电化学力学技术对土壤性质的影

响[79]，结果表明，非均匀电化学力学对土壤 pH 影响较小，对电极区附近的土壤 pH 影响较大，按照一定的时间进行非均匀电化学力学电极极性的切换，可以对土壤 pH 的急剧变化进行有效控制；与均匀电化学力学相比，非均匀电化学力学提高了系统运行的稳定性，降低了对土壤水分的影响，更重要的是其能耗较低。这对于促进土壤中酚类化合物的电化学修复技术的应用提供了重要的理论依据。与此同时，Hanna 等[80]提出了利用羟丙基-β-环糊精提高五氯酚在土壤水溶液中的溶解度并结合 Fenton 氧化的方式来强化电化学去除土壤中的五氯酚，同样取得了较好的修复效果，并且通过 Fenton 反应氧化五氯酚的过程来降低其毒性，Yuan 等[81]的研究也证实了电-Fenton 过程对酚类化合物毒性削减是有效的。罗启仕在随后对非均匀电场修复基础上，又提出了在二维电场修复中进行电极矩阵和旋转电极的操作方式进行土壤电化学修复，结果表明，旋转电极的操作方式可以有效促进土壤中苯酚的生物降解过程，最高的去除率为 58%，比前期的修复效率有了较大的提高。Lear 等[82]的研究补充了电化学修复五氯酚过程中土壤微生物（包括细菌及真菌的种群、微生物呼吸及碳源利用）的变化，Lear 认为，对于任何处理技术来说，不仅要保证污染物的去除效率，还要尽量降低电化学修复过程对含油土壤“健康”的影响，否则是难以被人们承认并应用的，对处理技术的开发提供了新的要求。

2. 非解离态有机物在电场中的行为及研究进展

相对解离态有机物而言，非解离态有机物就是不能解离为带电荷的离子状态的有机物，一般称为疏水性有机物（hydrophobic organic compounds，HOC）。比较公认的可以有效提高 HOC 的溶解度的途径就是加入增溶剂，常用的增溶剂可以分为化学表面活性剂、生物表面活性剂和环糊精等[83,84]。Khodadoust 等[85]在去除二硝基甲苯（3，4-Dinitrotoluene，DNT）的电化学修复试验中采用去离子水和环糊精溶液作为电修复的净化液。环糊精具有安全性，能够用于强化电修复过程中 DNT 的去除。将浓度为 1%和 2%的羟丙基-环糊精（HPCD）溶液分别加入高岭土和冰川土中，提取 DNT 作为观察结果。实验发现，土壤中加入 HPCD 较加入去离子水时具有更强的流动性和渗透性。Wang[86]的研究比较了乙醇和甲基-β-环糊精对电化学修复土壤中六氯苯溶解度的增强作用，主要通过对电流、累积液及 pH 等电流参数条件的比较，结果表明，50%的乙醇虽然能够较好地增溶六氯苯，但是累积液产生了严重的负面影响，在实际的应用中，甲基-β-环糊精显然更适合作为修复过程的增溶剂。Oonnittan 等[87]的研究证实了在六氯苯污染的低渗透性土壤中，加入甲基-β-环糊精作为增溶剂可以有效提高六氯苯在土壤中的流动性，去除效率高达 64%。Yuan 等[88]在考察表面活性剂辅助电化学修复（surfactant-aided electrokinetic，SAEK）技术对氯苯的修复效果过程中阐明，加入的处理液在 SAEK 去除黏土中氯苯的过程中起到了关键作用，该处理液属于混合表面活性剂（包括 0.5%的 SDS 和 2.0%的 PANNOX110）。Chang 等[89]的研究比较了在不饱和土壤中加入不同的增溶剂（鼠李糖脂和 Triton X-100）对菲去除过程的影响，结果表明，鼠李糖脂显著地增强了菲在电场中的电渗流作用。上述的研究从不同方面证实了在进行土壤中 HOC 电化学修复的过程中加入增溶剂能够提高修复效率的有效性。根据 Helmholtz 和 Smoluchowski 公式［式（5.2）］，电渗流速取决于孔隙水的介电常数、土壤表面的 $\zeta$ 电位、平均电场强度及孔隙水的黏度。Hamed 等[90]研究了电化学力学过程中电流密度、pH 与电渗流速的关系，结果表明，电渗流速与电流密度及 pH 呈正相关，比较而言，增大 pH 不仅可以提高电渗流速，还可以解决提高电流密度带来的能耗问题。Kaya 等[91]系统地研究了电化学修复过程中投加的表面活性剂对土壤 $\zeta$ 电位的影响，结果表明，阴离子表面活性剂产生负面 $\zeta$ 电位。其他表面活性剂根据土壤类型和系统中存在的离子，产生正面和负面的 $\zeta$ 电位。

### 5.2.3　电化学处理土壤中有机污染物的工艺研究

电化学处理工艺实质上是由被污染的土壤和放入的电极共同构成一个典型的电解反应室来进行土壤的原位处理，而这种电解室由电极之间的物质流动所组成，在电化学修复过程中常常加入处理液来强化污染物的去除。

1. 单极式工艺

单极式工艺是指加入土壤中的阳极和阴极的数量均为一个，但是根据电极的形状又可以进一步分为方形、圆板形及圆柱形三种，图 5.4 给出了这三种类型单极式工艺的示意图，目前方形单极式工艺在电化学处理中应用较多的是进行酚类

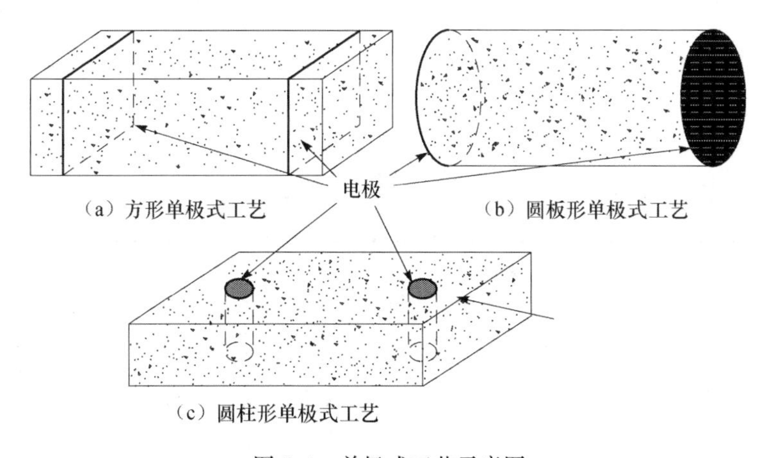


图 5.4　单极式工艺示意图

化合物及其衍生物的去除，其中 Lear 主要研究电化学修复土壤中五氯酚的过程中微生物群落的变化，采用方形极板对于采样布点的均匀性和可靠性方面，较其他两种电极形式具有一定的优势；圆板形单极式工艺在电化学修复中更多的是用于非解离态有机物的去除[92,93]。在进行非解离态有机物电化学修复过程中，一般需要加入增溶剂溶液，采用圆板形单极式工艺在工艺的密封性上具有一定的优势；而采用单极式工艺中一般较少采用圆柱形电极，因为电化学修复过程一般发生在两个电极之间的电场，圆柱形电极之间的有效面积较小，会降低通电过程中的库仑效率，从而导致修复速率较慢，能耗较高。

2. 多极式工艺

多极式工艺是指加入土壤中阳极或阴极的数量多于一个，电极形状为圆柱形，具体分为单阳极多阴极和单阴极多阳极两种形式，如图 5.5 所示。采用多极式工艺不仅可以节省电极的使用，降低成本，提高电极的使用效率，而且可以强化去除效率。目前在电化学处理土壤中有机物的研究中，涉及圆柱形多极式工艺的研究报道相对较少，但是从处理机理上分析是完全可行的，例如，美国 EPA 提出了多阳极体系。通电之后，污染物从周围的阳极向阴极移动，这对于电化学迁移后污染物的进一步处理是有利的，当然对于不同的污染物带电特性，还可以采用多阴极体系。

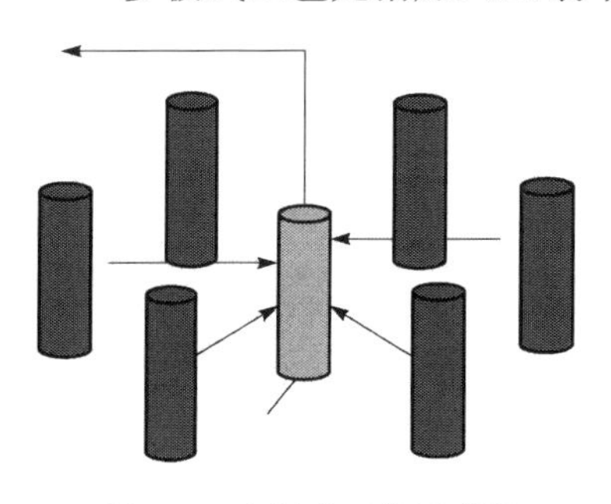

图 5.5　多极式工艺示意图

### 5.2.4　含油污泥电化学处理工业化应用

电化学自从 1809 年就开始在科学和工业上应用，至今已有 200 多年的历史。在应用上主要有以下两种方式：一种是合成反应，即将一种化学物质转化为其他的物质；另一种则属于动力学方面的应用，即将离子物质从土壤中迁移出来。电化学工艺技术就是利用电化学原理，利用大地电场和低电压、低电流技术，在有机物和无机物之间引入氧化还原反应，将土壤中复杂的碳氢化合物分解为二氧化碳和水，并通过电化学力去除重金属和小颗粒物质及水。电化学的方法去除 TPH 的主要反应链如图 5.6 所示。

该方法的技术要点为通过破坏分子的尺寸进行液化（氧化还原反应），利用电化学原理使油迁移并利用电渗析原理去除水。该法可有效去除土壤中的有机污染物［如 TPH、PAH、CVOCs、半挥发性氯化物、BTEX、氰化物、PCBs、杀虫剂、DF（二氧吲哚、呋喃）、MTBE、重金属等］，另外，此法目前在采油上也有应用。图 5.7 为直流技术在现场应用的原理性示意图。

$$CH_3[CH_2]_{34}CH_3 \xrightarrow{a} C_{12}H_{26} \xrightarrow{a} C_6H_{14} \xrightarrow{a} C_3H_8 \xrightarrow{b} C_3H_8O \longrightarrow$$

（异三十六烷）　（十二烷）　（己烷）　（丙烷）　（丙醇）

$$\xrightarrow{b} C_3H_6O \xrightarrow{d} C_3H_6O_2 \xrightarrow{e} CO_2+H_2O$$

（丙醛）　（丙酸）　（二氧化碳和水）

图 5.6　TPH 的主要反应链

a. 从最优先位置打开碳链的反应（$C_{12}$、$C_6$ 或 $C_3$）；b. 氧化形成醇类；c. 氧化形成醛和酮；d. 氧化形成羧酸；e. 氧化形成二氧化碳和水

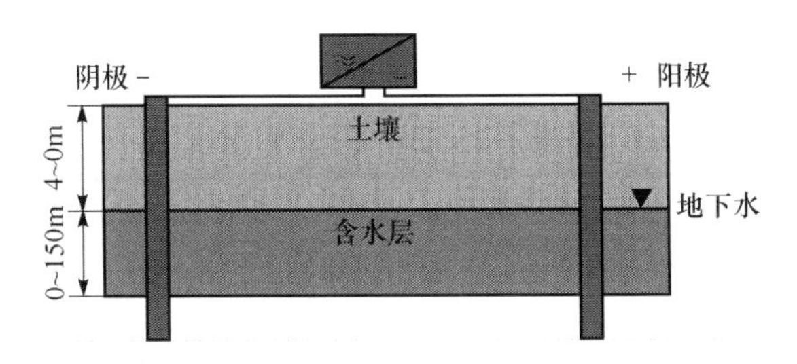


图 5.7　直流技术在现场应用的原理性示意图

该方法具有反应时间较短，不用拆除地面建筑物，适用范围广等优点。该工艺在含油污泥的处理上属于一种新技术，对其还需要进行进一步的研究和探讨。在丹麦哥本哈根，该工艺首先将污染物在集中处理厂根据污染源不同进行分类堆放，如被原油污染的堆放到一起，然后用振动筛将大的颗粒物分选出来，小的颗粒则放入格墙行电化学工艺处理，如图 5.8 和图 5.9 所示（见彩图）。每个格墙约为 30m×9m×2m，在格墙两侧放置有串联的电极并与中控室相连。电极采用直流供电，运行电压一般在 50～80V，电流为 5～10A，如图 5.10 所示（见彩图）。

图 5.8　电化学工艺处理现场

图 5.9 电化学工艺供电间

图 5.10 电化学工艺处理现场的电极

### 5.2.5 含油土壤电化学处理技术的优势

在过去的 20 年中，采用电化学处理技术去除土壤中多组分污染物已经成为一个新的热门研究领域，其在实际土壤处理中应用的可行性及有效性已经被许多研究报道所证实。但对于任何环境处理技术都应该给予客观的评估，目前还没有任何一种环境处理技术是“完美”的。Lageman 等[94]认为电化学处理虽不能去除所有污染物或是将某种污染物全部去除，但可以成为处理土壤和地下水强有力的手段，目前土壤电化学处理技术还需要进一步的发展和完善。

1. 电化学处理的技术优势

相比于其他土壤处理技术，电化学处理的优势主要体现在以下几个方面[95~97]：

(1) 技术应用具有灵活性。由于处理过程只发生在电极之间，因此技术的应用不受位置限制；既可以作为原位技术进行土壤处理，也可以进行异位处理，还可以作为传递细菌和营养物进行强化土壤处理的手段。

(2) 技术适应性强。电化学处理技术既适合饱和土壤修复，也适合非饱和土壤修复，还适合黏土类等低渗透性土壤处理。

(3) 目标污染物广泛。电化学处理技术可处理的目标物较广泛，主要包括无机物（硝酸盐等）、有机物（苯酚和烃类物质等）及重金属。电化学处理的缺点主要在于能耗较高和处理过程中引起的土壤酸化两个方面，而这也是限制电化学处理大规模应用的两个关键问题，亟待克服和解决。通电本身就是一个耗能过程，通电后的电极反应产酸亦不可避免，从本质上来说，这是电化学处理的必然过程。由于电化学处理技术具有其他处理技术无法比拟的优势，因此如何有效合理地将电化学技术应用于土壤处理过程中，就成为了电化学处理技术当前的主要发展趋势之一。

#### 2. 电化学处理的发展方向

目前，相关的研究更倾向于联合技术的开发，即将电化学技术与其他技术进行联合，用以去除土壤中的污染物。已经报道的联合技术主要包括以下几种：

(1) 电化学技术-化学技术联合。根据应用的化学反应不同，可以将该联合技术细分为电化学技术-增溶剂增溶联合技术和电化学技术-化学氧化联合技术。在电化学处理土壤中非解离态有机物过程中，常常加入一定量的增溶剂来促进该有机物在土壤孔隙水中的溶解度，从而加速污染物的电化学去除效率，这是目前常见的用于有机物污染土壤的处理技术[98]；这里的化学氧化技术一般是指Fenton氧化技术，相关的研究成果已经证实了这种联合技术的有效性及可行性。

(2) 电化学技术-超声波技术联合。Goma等[99]和华兆哲等[100]的研究证实了，超声波可以增强污染物的迁移和去除，其作用的机理是通过对流动颗粒的转移、积累过程的影响和产生辐射压力、气穴现象等造成界面上的不稳定性，来促进污染物的去除。

## 5.3 微生物降解技术

微生物处理技术是指利用微生物来降解土壤中的石油烃类污染物，使其最终转化为$CO_2$和$H_2O$或者其他无害物质的过程，根据微生物的种类可以分为细菌处理和真菌处理，比较而言，细菌具有容易培养、容易进行分子生物学技术改造、代谢底物广泛、容易实现烃类污染无矿化等优点，因此在土壤处理中细菌比真菌的应用广泛。研究显示，常见的具有石油烃类降解能力的细菌种属包括：假单胞菌属（*Pseudomonas*）、节杆菌属（*Arthrobacter*）、不动杆菌属（*Acinetobacter*）、产碱杆菌属（*Alcaligenes*）、微球菌属（*Micrococcus*）、棒状杆菌属（*Corynebacterium*）、黄杆菌属（*Flavobacterium*）、红球菌属（*Rhodococcus*）、无色杆菌属（*Achromobacter*）、芽孢杆菌属（*Bacillus*）、分枝杆菌属（*Mycobacterium*）及防线菌诺卡氏菌属（*Nocardia*）等。

### 5.3.1　微生物降解石油的机理

由于石油烃分子难溶于水，而微生物的代谢过程需要在水环境中完成，因此，可以把微生物代谢石油烃的过程分成两个部分，即石油烃的摄取和石油烃的降解。

1. 微生物对石油烃的摄取

在烃类微生物降解的过程中，关于微生物摄取烃类的机制尚未明确，目前的研究仍然处于探索阶段。有效的接触可以提高微生物对烃类污染物的利用，Rosenberg 等[101]的研究也证实了这一点。

主动运输的过程需要表面活性剂的支持，外源表面活性剂和微生物自身产生的表面活性剂都可以在微生物代谢过程进行主动运输过程，根据 Pena 等[102]的研究可知，对于离子型表面活性剂而言，其胶体分子难以接近油的分子颗粒。一般而言，单个油分子与表面活性剂胶体颗粒是在扩散边界层迁移的过程中或在到达本体溶液中后与胶体结合［图 5.11（a）］，进而使得油分子可以溶解或扩散出来。相反，对于非离子型表面活性剂而言，它与油分子之间不会产生排斥，因此能够接近油分子颗粒。当二者接触时，它们或吸附在表面，或与油分子结合，或部分及全部的表面活性剂被分解并吸附在油表面。不论油颗粒需要一个或几个表面活性剂胶体颗粒才能得到溶解，包含溶解后油分子的表面活性剂胶囊都要被最终释放［图 5.11（b）］。

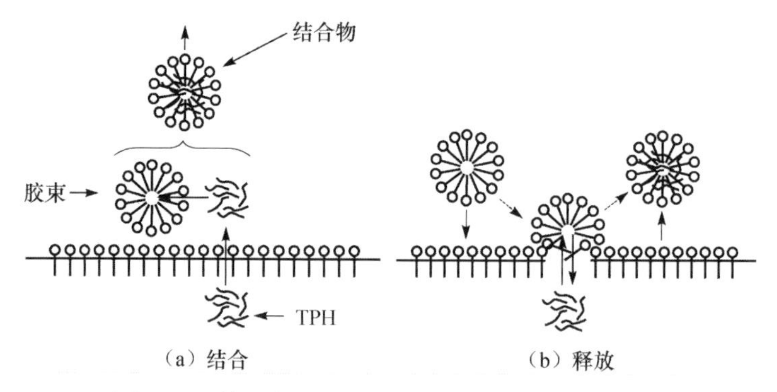


图 5.11　外源表面活性剂促进微生物摄取烃示意图

Rosenberg 提出的生物表面活性剂促进微生物摄取烃类污染物的过程如图 5.12 所示。首先微生物把产生的表面活性剂排到体外，然后表面活性剂与 TPH 分子进行增溶反应，产生的结合物就通过主动运输的过程进入微生物体内，在通过细胞壁及细胞膜的过程中部分生物表面活性剂出现解离又排至体外，进入体内的 TPH 分子可以作为微生物细胞生长繁殖的碳源营养物，被微生物分解，同时也是作为合成生物表面活性剂的碳源组分。整个过程循环进行。

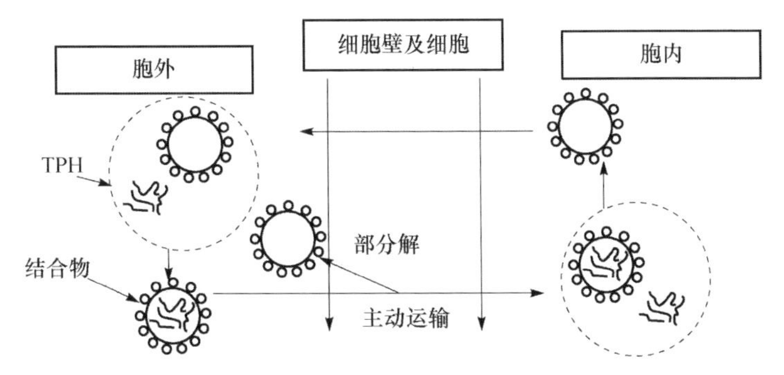


图 5.12　生物表面活性剂促进微生物摄取烃示意图

2. 微生物对石油烃的降解

石油烃分子的结构和特点存在差异导致了微生物对石油烃的代谢途径及代谢机理不同。目前，微生物代谢机制的典型石油烃组分包括烷烃、烯烃、炔烃和芳香烃。

1）烷烃

烷烃属于一类饱和烃，微生物好氧降解直链烷烃的机理主要包括单末端氧化、亚末端氧化和双末端氧化[103]，如图 5.13 所示。单末端氧化过程是烷烃一端的甲基首先被氧化成醇，然后被氧化成醛，最终被氧化成脂肪酸。可见烷烃氧化过程的最终产物是脂肪酸，而在微生物体内，脂肪酸可以经过 $\beta$-氧化转化为乙酰辅酶 A，然后进入 TCA 循环进行好氧代谢，最终转化为 $CO_2$ 和 $H_2O$。

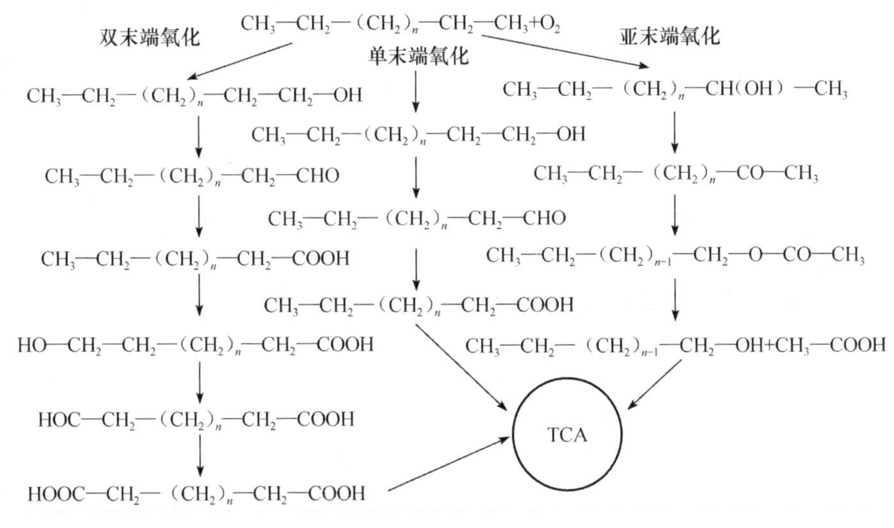


图 5.13　烷烃好氧代谢途径

已有的研究表明[104,105]，支链烷烃的降解过程在开始的氧化阶段与直链烷烃是一致的，但最终的产物是生成支链脂肪酸。与直链烷烃相比，微生物对支链烷烃的降解难度较大，难度与支链数量正相关，因为支链的存在增强了烷烃的抗氧化能力[106]。

如图 5.14 所示为环烷烃被微生物降解的过程，环烷烃一般首先被氧化为一元醇，然后在细菌中环烷醇的内酯中间体断开，最终被氧化为二羧酸，后续的代谢途径与直链烷烃是一致的，最终被氧化为 $CO_2$ 和 $H_2O$。

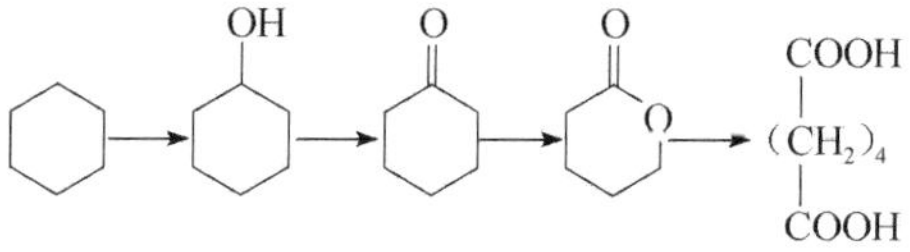

图 5.14　环烷烃的好氧代谢途径

2）烯烃和炔烃

烯烃和炔烃属于一类不饱和烃，相关的研究表明[107,108]，烯烃降解的三种方式包括：碳双键断裂，最终被氧化为脂肪酸；甲基氧化形成烯酸；一氧化合物酶参与氧化形成二醇化合物。目前关于炔烃代谢途径的报道相对较少，具体的代谢机制还不清楚。

3）芳香烃

芳香烃是一种常见的石油烃组分，苏荣国认为真菌和细菌都能氧化从苯到蒽范围内的芳香烃，根据已有研究，细菌进行好氧降解芳香烃的代谢途径如图 5.15 所示。芳香烃首先被氧化为顺式结构的二氢二醇，然后转化为邻苯二酚，最终被氧化为二羧酸[109]，然后经过 $\beta$-氧化转化为乙酰辅酶 A，然后进入 TCA 循环进行好氧代谢，最终转化为 $CO_2$ 和 $H_2O$。

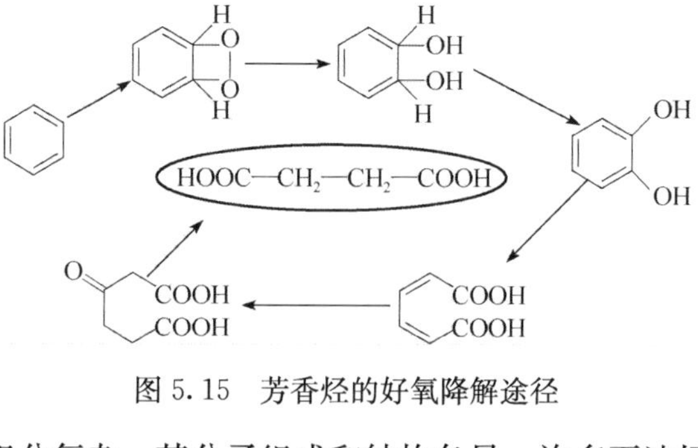

图 5.15　芳香烃的好氧降解途径

由于石油烃组分复杂，其分子组成和结构各异，许多石油烃组分的降解机制还不能确定。随着研究的深入，发现石油烃类不仅可以进行好氧代谢，还可以进行厌氧代谢，Coates 等[110]认为能够在厌氧条件下被微生物代谢的烃类相对较少，而且代谢的速率较好氧条件有所下降。目前，已经证实了能够进行厌氧代谢烃类的细菌大多属于硫酸盐还原菌属和硝酸盐还原菌属[111,112]。

### 5.3.2 微生物降解石油过程的关键因素

土壤的微生物处理过程实质就是微生物在以石油烃为碳源的生长代谢过程中逐渐去除土壤中的石油烃类污染物。与物理化学处理技术相比，微生物的生长代谢过程容易受环境条件等因素的干扰，因此，如果想提高微生物的处理效率，就需要在实际的处理过程中采取一定的强化手段，为微生物的生长代谢创造有利环境。根据已有的研究成果，可以将土壤的微生物处理过程中存在的关键因素及相关的解决方案概括为以下几个方面。

1. 石油烃的组成及性质

作为目标污染物，石油烃的化学组成、水溶性、浓度及毒性等都可以对微生物的代谢过程产生影响。微生物对石油烃中主要组分降解能力的顺序为烷烃最高，芳香烃次之，胶质和沥青等物质很难被微生物降解，然而对于一个给定的需要处理的土壤而言，这些石油烃的组分是无法改变的。石油烃的存在浓度及毒性也可以影响微生物的代谢，某些石油烃本身就是微生物生长的抑制剂，但毕竟这是极少的一部分，更多的是由于高浓度的底物浓度给微生物生长带来的底物抑制效应，这就要求微生物本身应该具有较高的耐受性。

2. 微生物对石油烃的降解能力

微生物对石油烃的降解能力是进行土壤微生物处理技术的决定因素，目前的微生物处理技术更倾向于采用投加外源微生物，这就要求所投加的外源微生物对石油烃必须具有较高的代谢能力，围绕筛选高效石油降解菌的研究已经有很多报道，这些报道的菌株不仅在降解石油烃方面是有效的，而且均具有自身产生生物表面活性剂的能力。Charkrabarty 将降解基因位于质粒上的四种细菌的质粒构建到一种细菌体内，获得了能够同时降解四种原油组分的“超级细菌”，但是这种基因工程菌的缺点在于其繁殖过程中的遗传不稳定性和环境应用过程中的突变性，并没有实现大规模的应用。因此，构建石油降解的混合菌群是目前解决这一问题的最佳方案，齐永强等[113]的研究也证实了混合菌群复配后可以有效进行石油降解。

3. 环境条件的控制

对石油污染的土壤微生物处理过程而言，进行环境条件的有效控制可以进一步强化微生物对石油烃的代谢能力。不同微生物的生长繁殖对环境条件的要求不同，在土壤处理中主要的环境因素包括以下五个方面：

（1）温度。温度主要影响微生物酶的活性[113]，因为酶发挥其催化功能需要一个适合的温度范围。此外，温度还会影响石油烃的物理状态和化学组成，石油烃状态的改变也会对微生物产生毒害作用，抑制其生长。

（2）pH。pH 的变化容易影响细胞中的蛋白质、核酸及酶的活性和细胞膜的透过性，从而会影响微生物对营养物质的吸收利用，一般在石油污染土壤的处理过程最适合的 pH 应控制在中性偏碱的范围内[114,115]。

（3）营养底物。营养底物是微生物生长繁殖过程中所必需的组分，同时营养底物比例失衡也会影响微生物的生长。当石油烃进入土壤后，就会导致土壤中的 C 含量偏高，而 N/P 相对缺乏，因此需要投加适量的 N/P 值进行营养底物比例调整，一般 C/N/P 值维持在 100∶5∶1。许多研究结果也表明，在 100∶10∶1 时可以获得更好的效果，N/P 的投加量取决于实际土壤中可利用的 C 源含量。

（4）湿度。由于微生物的代谢过程需要在水环境中进行，如果土壤中的含水率过低，细胞活性就会受到抑制，导致代谢速率下降，而含水率过高，就会降低土壤的透气性，妨碍氧气的供应[116]。

（5）供氧策略。微生物好氧降解石油烃的能力要优于厌氧降解[117,118]，因此充足的氧气供应会提高石油烃的去除速率，常采用通气、加入 $H_2O_2$ 或选择多孔载体等手段强化氧气供应。

## 5.4 大庆油田电化学生物耦合含油污泥深度处理技术

### 5.4.1 电化学生物耦合处理技术

电化学生物耦合处理技术（electrochemical biological coupling technology，EBCT），是笔者提出的新型的含油污泥深度处理技术，即生物强化去除与电场耦合进行含油污泥处理的新技术。已有的关于电化学技术-生物技术联合进行土壤处理的研究可以分为三种形式：电化学-生物浸滤技术联合[117]、电化学注入降解菌或营养底物[118]、电化学技术刺激强化降解菌代谢。其中，电化学-生物浸滤技术是由 Maini 等[119]提出的，该技术通过生物浸滤作用将持久性有机污染物（POPs）转化成溶解态，然后通过电化学技术将 POPs 移出土壤。Wick 等[120]采用电化学处理技术将对目标污染物 PAH 具有降解能力的细菌成功注入缺乏活性微生物或微生物数量不足的污染区域中，研究认为细菌在土壤中移动的驱动力来自于电渗流，与此类似，电化学技术还可以通过将无机盐等营养底物快速注入缺乏营养底物的污染区域。López 等[121]认为通电过程中的再生铁离子既可以氧化，又能增强细菌的活性和发育。Matsumoto 等[122]的研究也证实了通电时当 $Fe^{2+}$ 氧

化为 $Fe^{3+}$ 和采用微气泡提供氧气时，都可以给微生物生长提供电子供体和受体，可以显著促进铁硫杆菌的生长。技术联合的目的不仅可以实现处理效率的最大化，还能够互相弥补克服各技术本身的局限性。

### 5.4.2　研究的目的和意义

由于含油污泥中含有硫化物、苯系物、酚类、蒽、芘等有恶臭的有毒有害物质，并且原油中所含的某些烃类物质具有致癌、致畸、致突变作用，油田含油污泥已被列为危险固体废弃物（HW08），纳入危险废物进行管理。随着国家对环保的要求越来越严格，含油污泥无害化、减量化、资源化处理技术将成为污泥处理技术发展的必然趋势。研究针对采油四厂污泥处理站分离出来的残油污泥，采用电化学生物耦合技术，经过该技术处理的污泥最终满足《农用污泥中污染物控制标准》（GB 4284—1984）排放标准，污泥中的矿物油含油量≤3‰。解决油田含油污泥所造成的环境污染等问题。

### 5.4.3　含油污泥高效降解菌剂开发

通过投加微生物实现土壤中石油污染物的去除属于传统的生物处理土壤技术，该处理技术的可行性及有效性已经被许多研究所证实。影响生物处理技术应用的限制因素主要包括两个方面：一方面在于其处理周期较长，Atlas 的研究表明，土壤中能够降解石油烃的微生物约占土壤微生物群落的1%左右，因此，需要投加外源菌株来强化土壤中石油烃类污染物的去除，这就要求筛选对目标处理土壤具有针对性和适应性的高效石油降解菌株。由于微生物处理技术的核心是微生物，而微生物代谢污染物效率的高低直接决定该技术的有效性，因此，需要对微生物的生长繁殖特性进行深入研究，以便其能更好地发挥降解污染物的能力。研究拟通过传统的平板分离方法，从目标油污染土壤中筛选出具有高效降解能力的菌株和表面活性剂降解菌株，并对所筛选的菌株进行 16S rRNA 准确鉴定及系统进化地位分析，并对其降解效果进行验证。

1. 菌株的培养基优化及筛选

在菌种的筛选工作中，主要分为产表面活性剂菌株的筛选与石油降解菌株的筛选两方面，分别采用不同的方法，从采油某厂取得的油泥及附近取得的土壤当中筛选出不同作用的菌种，并分离纯化。

筛选所用培养基为富集筛选培养基（MSM 无机盐液体培养基）：$NH_4NO_3$ 4.0g、$K_2HPO_4$ 4.0g、$KH_2PO_4$ 6.0g、$MgSO_4 \cdot 7H_2O$ 0.2g、液体石蜡 4%或原油 0.5%、微量元素溶液 1mL（$CaCl_2 \cdot 2H_2O$ 1000mg、$FeSO_4 \cdot 7H_2O$ 1000mg、EDTA 1400mg、去离子水 1000mL）、去离子水 1000mL，pH 6.5 于 121℃下灭

菌 20min。

分离纯化培养基（LB 培养基）：胰蛋白胨 10g、酵母提取物 5g、NaCl 10g、去离子水 1000mL，pH 7.0 于 121℃下灭菌 20min。

2. 石油降解菌种的筛选

称取 10g 油泥或土壤样品，溶于 90mL 生理盐水中，35℃摇床振荡培养 12h，取上清液 10～90mL 富集液体培养基（0.5%原油为碳源）中，35℃摇床振荡培养 3～4d。再取 100μL 培养液，涂布于富集培养基平板（0.5%原油为碳源）上，7d 后挑取平板上菌落划线分离提纯。

试验一共分离得到 21 株具有产表面活性剂功能和降解石油功能的菌种做下一步研究。分别编号为 W01、W02、W03、W04、W05、W06、W07、W08、W09、W10、W11、W12、W13、W14、W15、W16、W17、W18、DQ-1、JJ-1、SC-1、SC-3，部分分离菌株的菌落形态如图 5.16 所示（见彩图）。

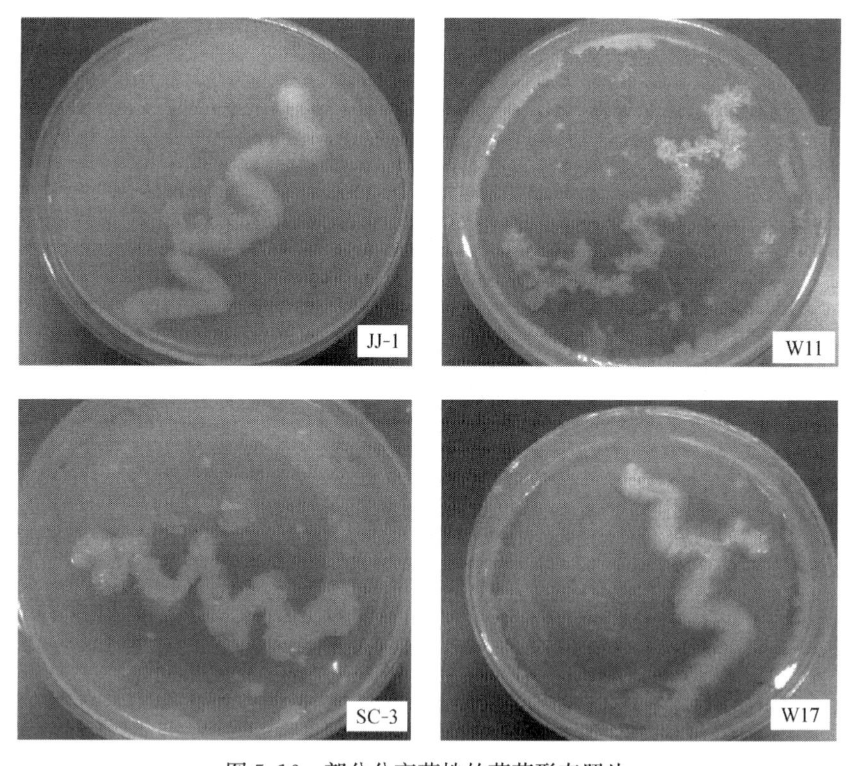


图 5.16 部分分离菌株的菌落形态照片

3. 菌株的微观形态

通过扫描电子显微镜可以观察菌体的微观形态，如图 5.17 所示。从图 5.17

中可以看出获得的菌株W11和S1个体单一，纯化程度很高，但是个体形态存在很大差别，菌株W11属于短杆菌，并且菌体周围包被大量的荚膜类物质；而SC-1属于典型的杆菌形态，菌体表面有一薄层的荚膜状物质，并且有许多小的突起结构。

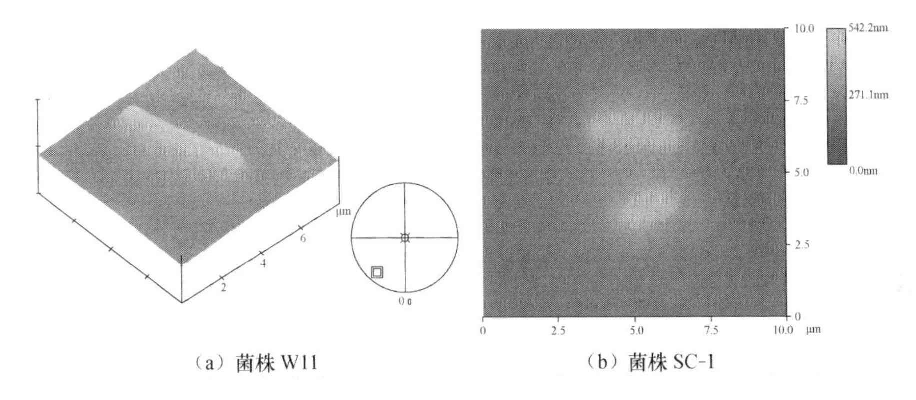


（a）菌株W11　　（b）菌株SC-1

图5.17　菌株W11和S1的形态观察

4. 含油土壤不同菌株的降解效果

模拟现场的试验条件对微生物菌种的降解效果做了一定的研究。在35℃下，称取现场油泥50g，置于500mL大烧杯中，烧杯中加入事先培养的微生物菌液100mL，用蒸馏水稀释，至液体没过土壤样品（图5.18和图5.19）。

图5.18　50g油泥置于35℃下进行菌株的培养

以石油醚为溶剂，采用超声-紫外法测量每个菌种作用下油泥含油率的变化，得出在现有的微生物菌种中12种对石油具有较好降解效果的菌株（图5.20）。

图 5.19　菌液 100mL 加入土壤中，蒸馏水稀释至没过土壤表面

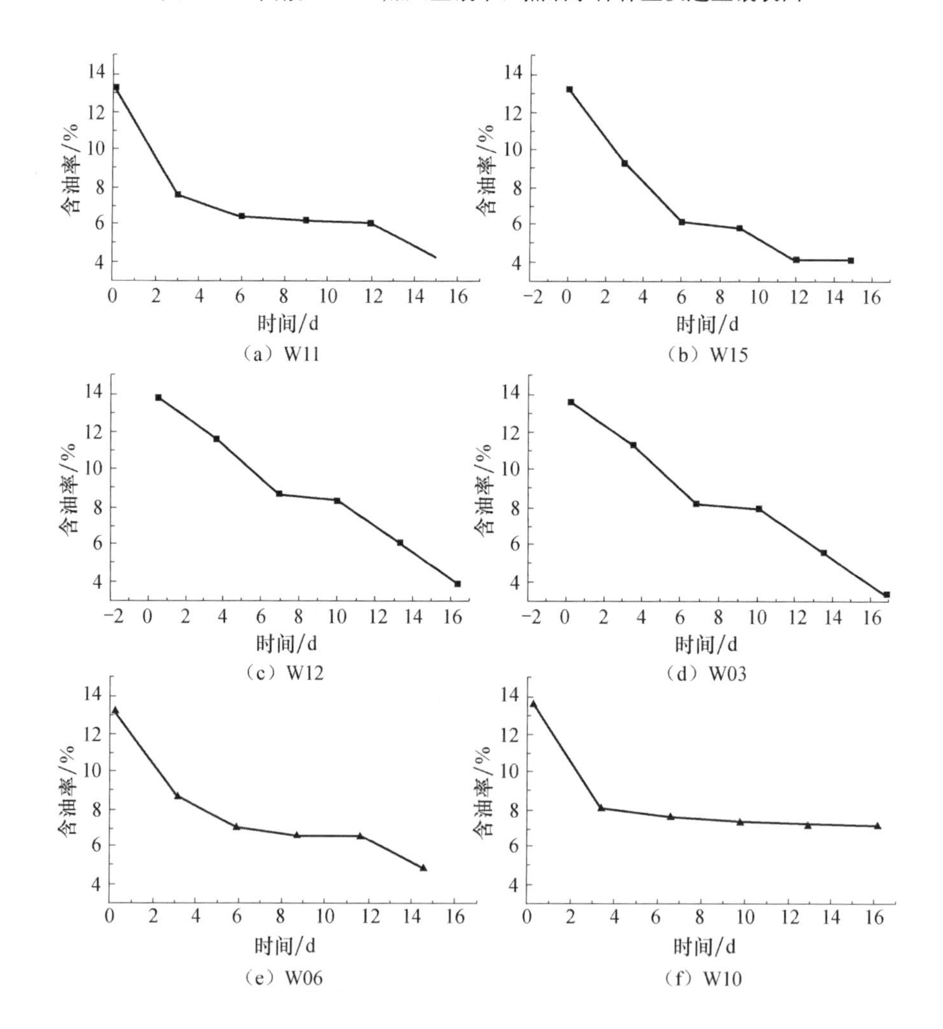


（a）W11　（b）W15　（c）W12　（d）W03　（e）W06　（f）W10

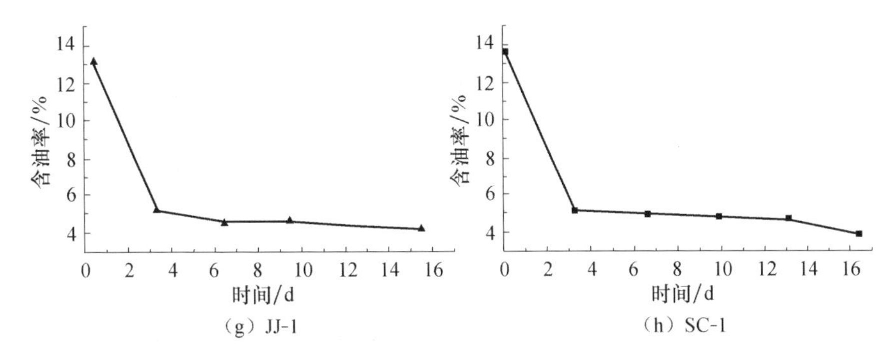


图 5.20 不同菌株的含油污泥降解效果

由表 5.1 可见，总体菌株的去除率在 78%左右，原因在于当污泥中有机物含量太低时，微生物生长缓慢。这个问题是值得考虑的，在一定的情况下，添加些有机物（如牛粪、猪粪等）可以实现含油量的降低和进一步提高石油的降解率。

**表 5.1 8 株效果较好的菌株的降解率**

| 菌 株 | W03 | W06 | W10 | W11 | W12 | W15 | SC-1 | JJ-1 |
|---|---|---|---|---|---|---|---|---|
| 初始 | 13.44% | 13.44% | 13.44% | 13.44% | 13.44% | 13.44% | 13.44% | 13.44% |
| 3d | 10.93% | 7.90% | 5.99% | 6.39% | 10.85% | 6.18% | 10.08% | 5.36% |
| 6d | 8.65% | 5.82% | 5.52% | 6.21% | 7.86% | 6.03% | 6.57% | 5.09% |
| 9d | 7.37% | 5.26% | 5.51% | 6.19% | 7.43% | 5.84% | 4.99% | 5.03% |
| 12d | 4.88% | 5.14% | 5.23% | 6.14% | 5.92% | 4.23% | 4.79% | 4.89% |
| 15d | 2.39% | 3.15% | 5.02% | 4.26% | 5.14% | 4.13% | 4.52% | 4.20% |
| 平均去除率 | 82.23% | 76.61% | 64.84% | 65.84% | 64.12% | 69.30% | 66.35% | 68.73% |

5. 菌株的 16S rRNA 克隆测序及系统进化树

石油降解菌株的基因组采用试剂盒提取总 DNA。采用通用引物进行 PCR 扩增，16S rDNA 序列的引物 27F：5′-AGAGTTTGATCCTGGCTCAG-3′，1492R：5′-GGT TACCTTGTTACGACTT-3′。PCR 反应在 PTC-200 上进行扩增，20μL 的反应体系内含模板 20ng 左右，rTaq DNA 聚合酶终浓度为 0.3U，dNTP 为 0.3mmol/L，引物各 0.1μmol/L；扩增程序为 94℃预热 5min，94℃变性 30s，58℃复性 45s，72℃延伸 90s，循环 30 次，最后 72℃延伸 10min。扩增产物与 1.0%的琼脂糖电泳检测。用胶回收试剂盒切胶回收，后与 pGEM-T 载体连接，转化到大肠杆菌 TOP10 感受态细胞。LB 固体培养基中加入氨苄青霉素 Amp（5μg/mL）和 X-gal，蓝白斑筛选转化子。提取质粒，用载体引物 T7 和 SP6 检测，检测后送到大连宝生物公司测序。将上述 PCR 产物的克隆测序结果在

Genebank 中进行 BLAST 比对，并与典型的真细菌模式菌株的序列进行比对，利用 MEGA4.1 可以绘制菌株的系统进化树，如图 5.21 所示。

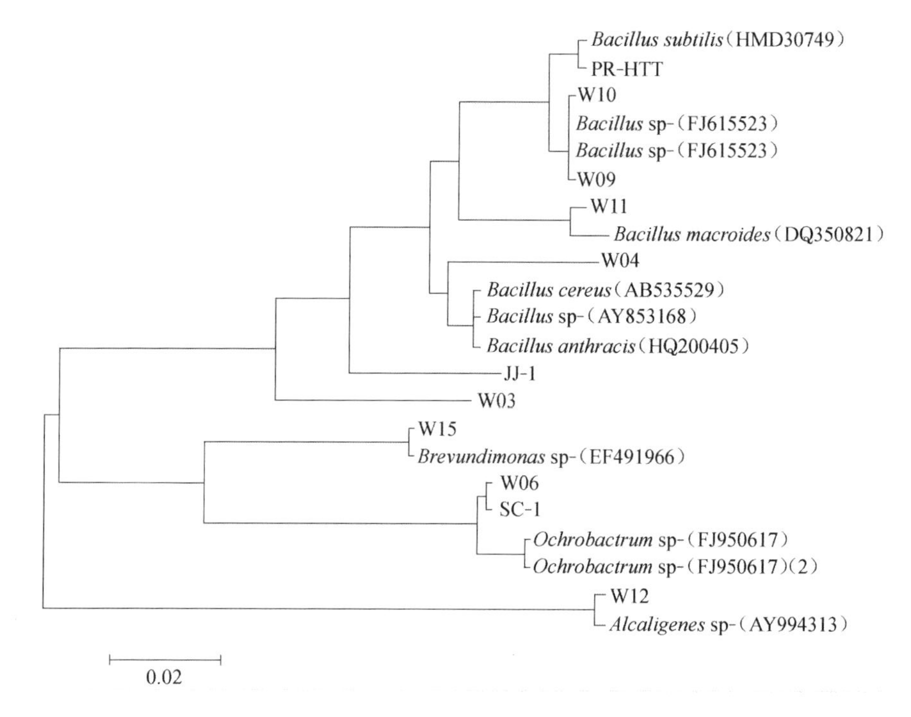


图 5.21　菌株的系统发育树

由图 5.21 可见，SC-1 菌株与 *Ochrobactrum* sp.（FJ950617）的相似性为 99%，JJ-1 菌株与 *Bacillus cereus*（AB535529）的相似性为 94%。

6. 石油高效菌剂的制备

对分离的高效菌株进行菌群构建，然后通过发酵罐发酵后，在 35℃下称取现场油泥 50g，置于 500mL 大烧杯中，烧杯中加入事先培养的微生物菌液 100mL，用蒸馏水稀释，至液体没过土壤样品，每隔一定时间检测烧杯中油泥的含油率，25d 后，含油率小于 3‰（图 5.22）。

### 5.4.4　室内电场作用方式和电场强度的选择

1. 电极材料的选择

电极材料的选择是进行土壤电动处理的首要步骤，本试验中对比了常见的用于电动处理的三种电极（石墨、铝、铁），试验过程中采用的电场强度为 3V/cm，通电时间为 10d，初始土壤中 TPH 含量为 78.6mg/g，采用的处理工艺是图 5.23

图 5.22　菌剂在油泥中的生长情况

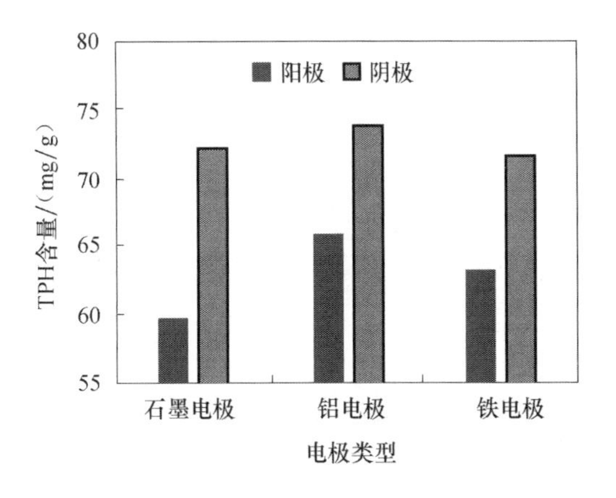


图 5.23　不同电极的处理效果

的单阳极单阴极处理工艺。通电结束后，取阳极土壤样品和阴极土壤样品测定土壤中 TPH 含量，阳极土壤样品为距离阳极板 2cm 内全部混合的土壤，阴极土壤样品为距离阴极板 2cm 内全部混合的土壤样品，如图 5.23 所示，从电动处理的效果来看，应用石墨电极的处理效果要优于以铝、铁为代表的重金属电极，阳极土壤中 TPH 含量降至 59.7mg/g，处理效率达到 23.9%；其次为铁电极，阳极土壤中的 TPH 含量降至 63.2mg/g，处理效率达到 19.6%；铝电极的处理效果最差，阳极土壤中的 TPH 含量降至 65.7mg/g，处理效率只有 16.5%。出现差异的原因可能与电极本身的性质有直接关系，石墨属于惰性电极，通电过程中表现稳定，而金属电极通电后容易发生氧化反应，导致电极的使用效率较低。但是在实际的工程应用过程中石墨电极板是很难应用的，其本身比较脆，成本较高，铝板的成本也高，只有铁的成本能够让生产实际接受，在以后的研究中都以铁电极为主，只是采用铁电极的方式和材料有所不同。

2. 室内电化学电场作用方式和电场强度的选择

研究考虑在单独使用电场处理时的运行参数，确定最佳的电场强度和施加方式，设计了以下的研究试验，主要研究不同的电场作用方式产生的不同效果，反应器共分为两组，6 个部分，总的电场强度为 60V。

1）电场的作用方式

第一组采用 60V 直流稳压电源单一作用，分为以下四种不同的作用方式：

（1）竖插式作用（图 5.24）。

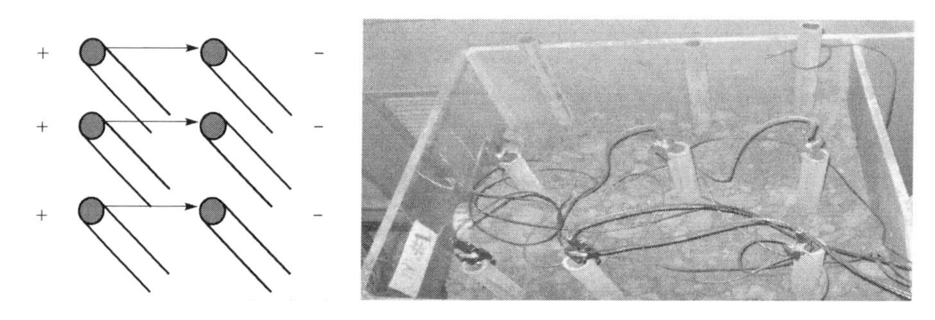


图 5.24　竖插式作用图及反应器实物

（2）点圆竖插式作用（图 5.25）。

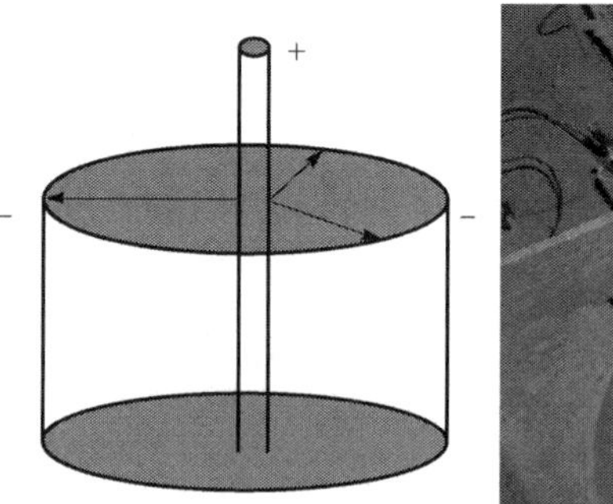

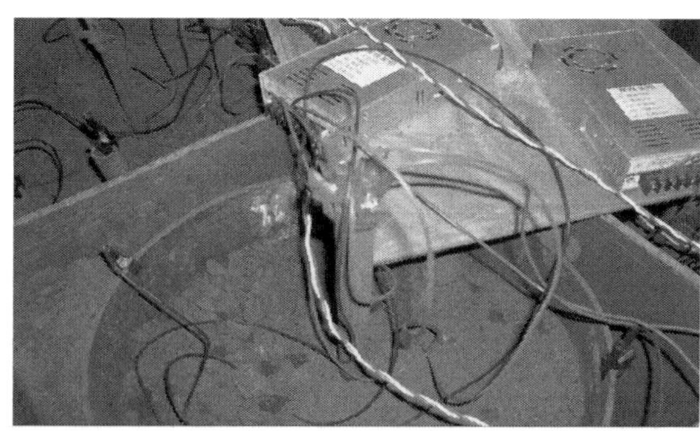

图 5.25　点圆竖插式作用图及反应器实物

(3) 立体式作用（图5.26）。

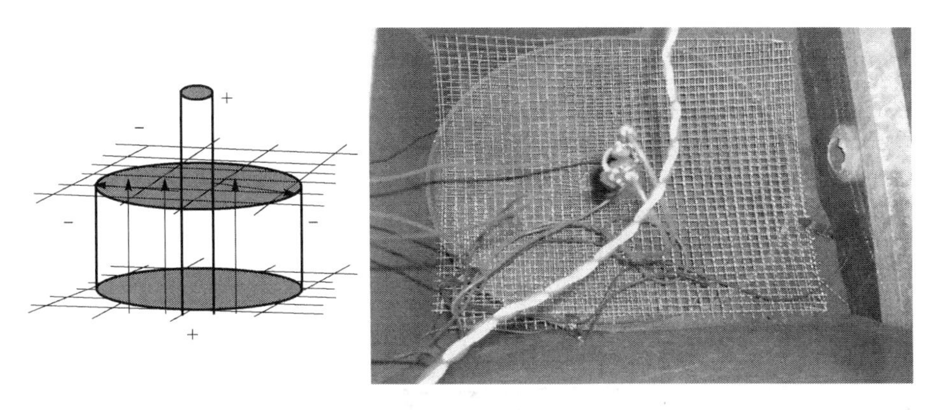


图5.26　立体式作用图及反应器实物

(4) 上下式作用（图5.27）。

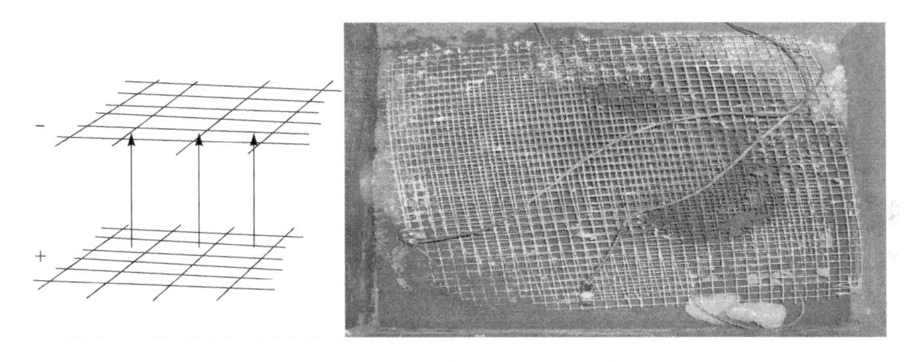


图5.27　上下式作用图及反应器实物

如图5.28所示，从1＃～4＃反应器中油泥含油率变化可以看出，4＃反应

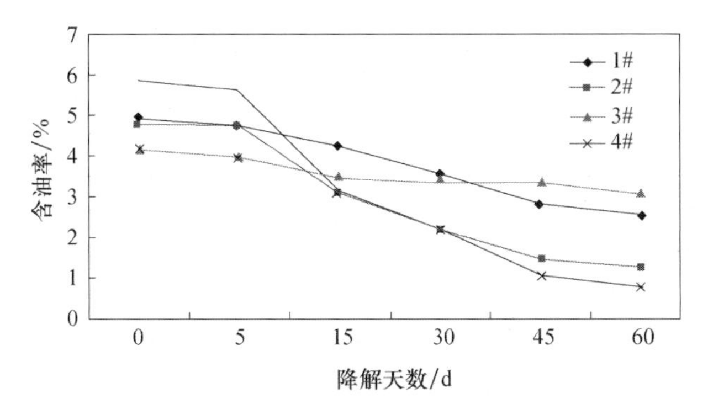


图5.28　不同作用方式的降解效果

器作用下，油泥的含油率在初始为5.86%的情况下，60d后达到0.75%，而1#、2#、3#反应器中油泥分别从初始的4.84%、4.78%、4.19%下降到了2.52%、1.26%、3.10%。由此可见，4#采用上下式作用的反应器效果最好，2#点圆竖插式作用效果次之，另外两种相对效果不好。

2）电场强度的选择

试验为了优化最佳的电场作用强度，在5#和6#反应器中采用铁板平行式辅助曝气的作用方式，调整阴极和阳极的电极板之间的距离，5#反应器中，电场强度为3V/cm，而6#反应器电场强度为2V/cm，如图5.29和图5.30所示。

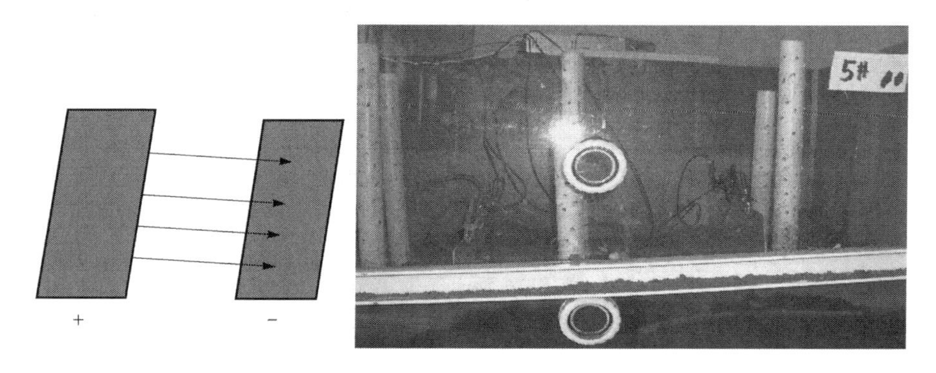


图5.29　5#铁板平行式辅助曝气作用及反应器实物

图5.30　6#铁板平行式辅助曝气作用及反应器实物

图5.31为5#和6#反应器中油泥含油率变化图，可以看出5#反应器中油泥含油率由初始的4.74%，经60d后变为3.08%；而6#反应器中油泥含油率由初始的4.65%，变为2.76%。由此可见，电场强度为3V/cm的反应器效果要好于2V/cm的。

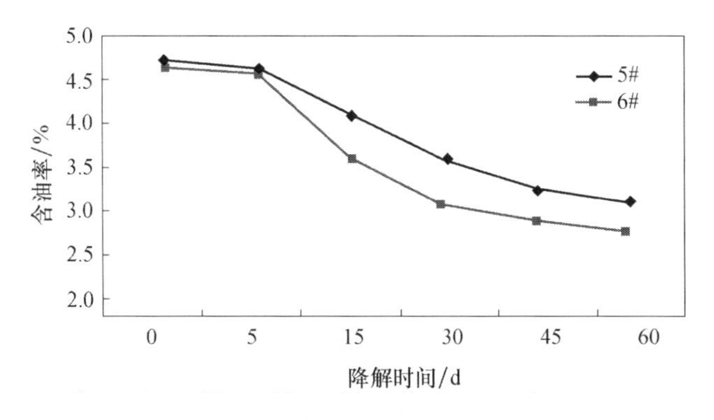


图 5.31　不同作用方式的降解效果

### 5.4.5　室内电化学生物耦合处理效能研究

1. 加药与未加药两种含油污泥的室内试验

取现场污泥进行电化学生物耦合处理试验，本次试验一共运行 20d，电场作用方式为点圆竖插式，电场的电压为 3V/cm。然后对制备的菌剂进行发酵，考虑到实际的用量较大，采用小型发酵罐结合传统的发酵方式进行菌剂的发酵（图 5.32）。

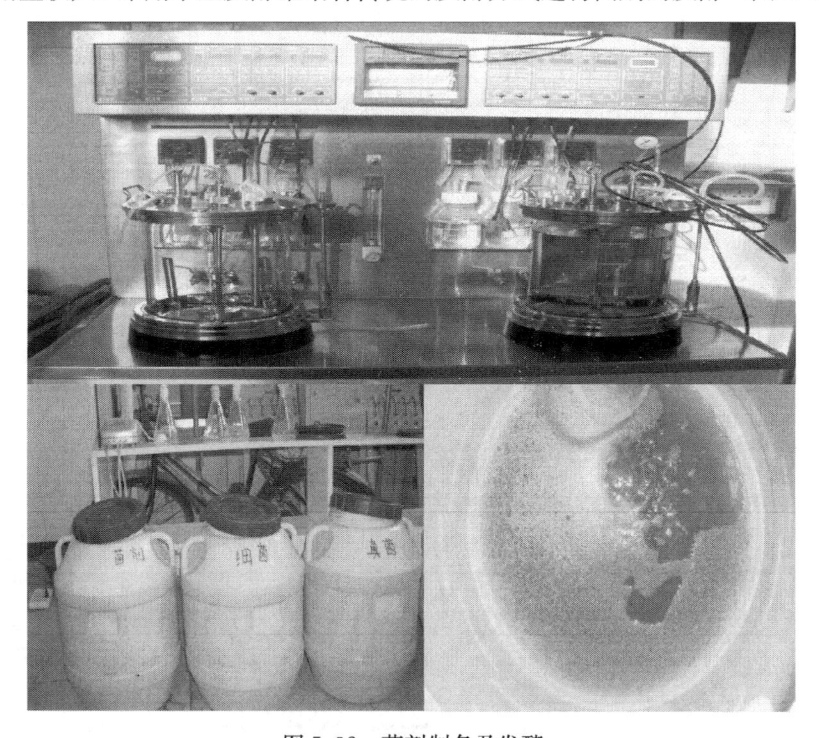


图 5.32　菌剂制备及发酵

两组处理的对象不尽相同，分别是预处理过程中加药与未加药的污泥，同时进行电化学生物耦合降解试验，加入相同量的菌剂。试验的反应器如图 5.33 和图 5.34 所示。

图 5.33　加药的含油污泥

图 5.34　未加药的含油污泥

如图 5.33～图 5.35 所示，7＃和 8＃反应器中油泥含油率变化情况为，7＃反应器油泥含油率由最初的 4.61%，经过 20d 后，变为 4.02%，而 8＃反应器中的油泥，经过 20d 的电场-微生物联合处理，由初始的 4.61%变为最终的 1.41%，可见加药油泥的降解存在一定的问题，分析后认为，存在的问题其中之一在于检测方法，由于加入了破乳剂等药品，在紫外分光光度计下，可能影响检测出的吸光度，目前可行的解决方法是经过定性滤纸过滤，再对萃取剂进行紫外分光光度检测。其二是调质过程中加入了清洗剂和破乳剂，其成分组成复杂，这

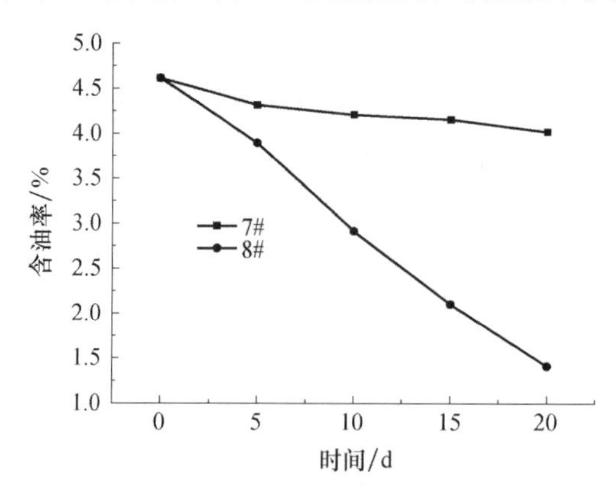


图 5.35　反应器运行 20d 的去除效果

两种药剂为化学药剂，浓度较大，对于生物而言，暂时还没有完全的降解能力，导致作用效果不明显。

2. 室内电场不同作用方式下的电化学生物耦合处理效能

考虑到现场试验的条件，发酵菌液共 150L，每取 9L 菌液，以 6L 水稀释至 15L，反应器中每格加入 15L 稀释后的菌液（图 5.36）。

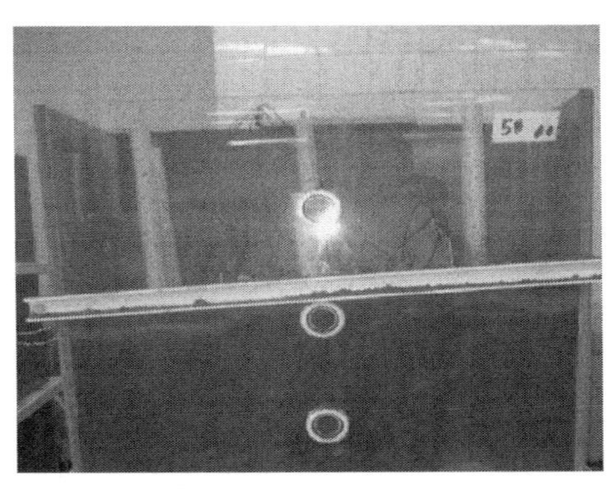

图 5.36　1＃～6＃的反应器实景图

发酵液加入到反应器中后，为防止联电造成短路，避免烧坏电源，要停止通电 10～15h，待发酵液较为均匀的渗透进污泥中后再开始通电，并定时取样，测定含油率，监测油含量的变化。反应器 1＃～6＃中的油泥，油含量变化如图 5.37 所示。

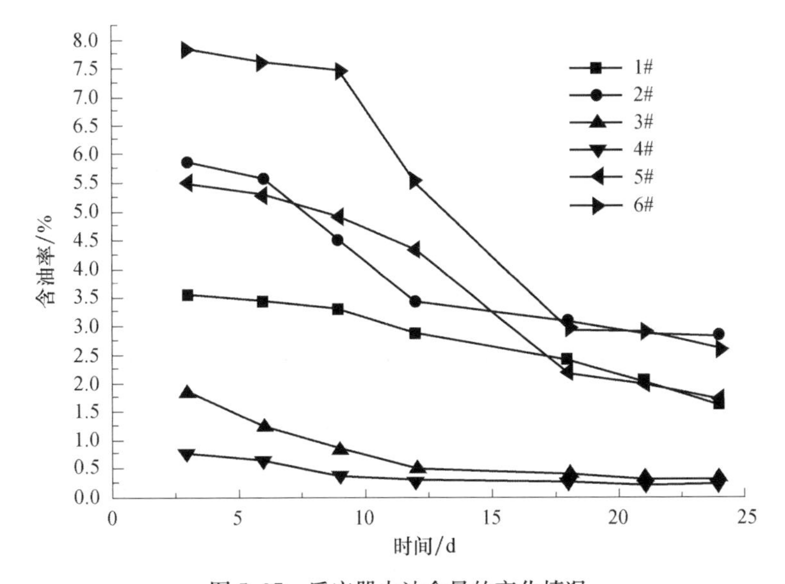


图 5.37　反应器中油含量的变化情况

如图5.37所示，1#～6#反应器中的油泥，由于初始油含量的差别，其在24d以后的油含量结果也显著不同，其中3#反应器与4#反应器中的污泥油含量都降到了3‰以下。考虑到深度处理阶段是针对油含量在2%左右的污泥进行处理，目标是将油含量降至3‰以下，3#反应器中的油泥油含量变化最能说明深度处理试验的可行性，经过24d的生物电场耦合处理，3#反应器中的油泥油含量从2%左右降到了3‰以下。

通过以上试验表明，采用电场生物耦合的方式对油泥进行深度处理，并将油泥的最终油含量降至3‰以下，在实验上是可行的。

### 5.4.6 电化学生物耦合处理现场试验工艺

1. 规模与技术指标

处理设计规模：10$m^3$/批次，经资源化处理后的残油污泥。处理前污泥含油量≤2%。处理后污泥含油量≤3‰。

2. 主体工艺

采用生物与电化学共同处理方法处理残油污泥，最终达到处理后污泥含油量≤3‰。

3. 现场中试

在实验室菌剂发酵和模拟试验的基础上，在现场建立处理场，研究以添加优选菌剂和一定辅助剂为主的残油污泥处理生物技术。

设计堆放池共5个，规格为2.4m×1.5m×1.2m。相邻的格子之间用混凝土板隔开，格子内部插入电极，电极采用直流供电，电压可调，电流控制在12A，具体的数值需要通过现场试验确定。第一个为先电后菌作用，第二个为先菌后电作用，第三个电菌同时作用，第四个为纯电场作用，第五个为纯微生物作用，如图5.38所示（见彩图）。

4. 理论计算

本工艺采用生物处理、电化学法处理残油污泥，处理时间为3个月。设残油污泥含油量为2%，深度处理法中生物法降解其80%，空气利用率为10%。则处理1t残油污泥（其中含油40kg），设其中含87%的C，34.8kg；含13%的H，5.2kg。根据计算，理论上共需$O_2$ 37.59$m^3$，空气179.9$m^3$。

设电化学法占20%，处理效率按80%计算，处理每吨残油污泥需氧气8.22$m^3$，需转移电子为$1.4\times10^5$C。

图 5.38　现场试验装置和操作间

5. 配套设施

残油污泥无害化处理研究是一项综合处理技术，在处理过程中需要对污泥添加菌剂并通风、翻耕等，电力、热力、供水系统是保证该设备正常运行的关键。

（1）菌剂。

处理 $10m^3$ 残油污泥，含油约 2%，共需菌液 500L。

（2）供电。

电压可调，电流维持在 12A。

（3）电极。

水平或垂直专用电极。

（4）电缆。

断面面积为 $16mm^2$，标准铜电缆。

（5）直流变压器。

直流变压器 4 个，电压 0～220V 可调，电流稳定为 12A。

（6）温度计。

温度监控系统：温度监测探头 5 个，温度监测仪 1 台。

（7）湿度监控系统。

湿度监测探头 5 个，湿度监测仪 1 台。

（8）取样器 1 个。

### 5.4.7　电化学生物耦合处理现场试验

1. 现场试验装置的安装

现场试验于 2010 年 8 月开始安装，安装主要包括反应器的搭建，电场湿度和温度及电场控制在线监测系统安装，试验共安装 5 台在线监测系统。现场安装的过程如图 5.39 所示（见彩图）。

图 5.39　现场中试试验设备安装

安装过程中需要注意的事项如下：①调质离心后的含油污泥选取的是没有加药的油泥，通过搅拌粉碎机尽量混匀，去除大的颗粒；②电场电极的布置，按照阳极-阴极-阳极的分布规律，同时保持间距 50cm，保持电极铁管平行和垂直对称，导线连接紧密；③温度探头和湿度探头埋深的深度为 50cm，同时注意在线监测系统电压的稳定；④含油污泥湿度的控制，控制含油污泥的湿度在 50%左右。

2. 现场菌剂和辅助药剂的投加

现场试验分别设计五组反应装置，分别为 1 号装反应器先电后菌，2 号反应器先菌后电，3 号反应器电菌同时，4 号反应器纯电场；5 号反应器纯微生物。

在此之前用清水调整油泥的湿度在 50%左右。通过室内进行菌剂的大量培养保持菌液中菌的浓度 $10^6$ 个/mL 以上，按照每立方米油泥加入 5L 菌液。5 个反应器同时启动，检查实时在线监测系统的运行情况，隔天取样观察，如图 5.40 所示（见彩图）。

图 5.40　现场菌剂和辅助药剂的投加

3. 现场先电后菌试验装置运行效能研究

1 号反应器的作用方式为先电后菌，即先利用电场作用一段时间，关闭电场，再向其中投加菌剂，利用微生物的作用继续对油污染进行去除。1 号反应器的装置如图 5.41 所示（见彩图）。

图 5.41　先电后菌试验装置

本试验从 2010 年 8 月中旬开始至 11 月中旬结束，1 号反应器总体的温湿度变化如图 5.42～图 5.44 所示。

如图 5.42 所示，在电场作用段，温度在 35～50℃变化，在前 100h，温度迅速由 35℃左右升至 50℃左右，后期部分，一直在 50℃左右变化。湿度则一直在 35%～60%波动，这是因为水分不断蒸发，受电场作用电热的影响，水分蒸发的速率很快，为保持湿度，实验操作人员又在不断人为的补充水分。在微生物作用段，温度变化范围较大，受环境温度的影响从 50℃左右，一直降至 0～5℃。湿度则一直维持在 55%～60%，这是因为水分的蒸发不再受电热的影响，而自然蒸发的速率也因为季节温度的变化而降低，不再需要人为的补充水分。

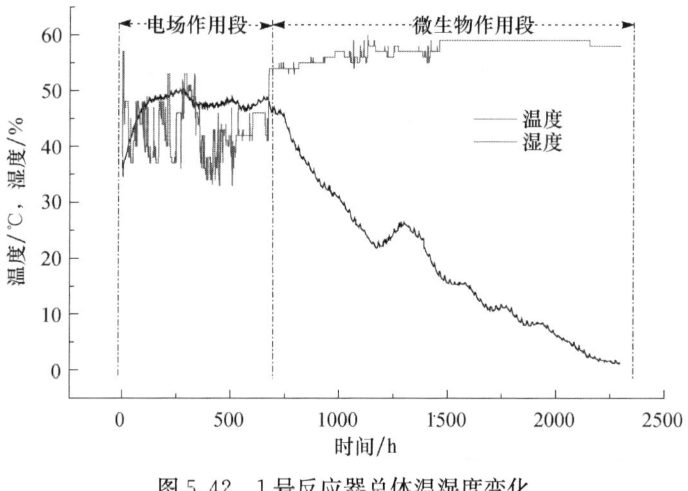


图 5.42　1 号反应器总体温湿度变化

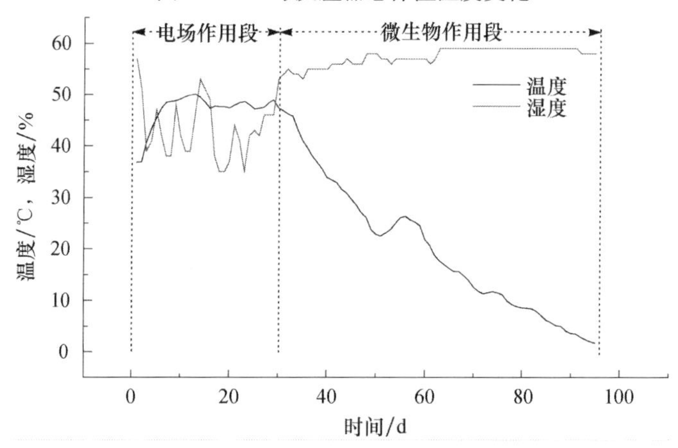


图 5.43　1 号反应器温湿度的变化（中午 12 点）

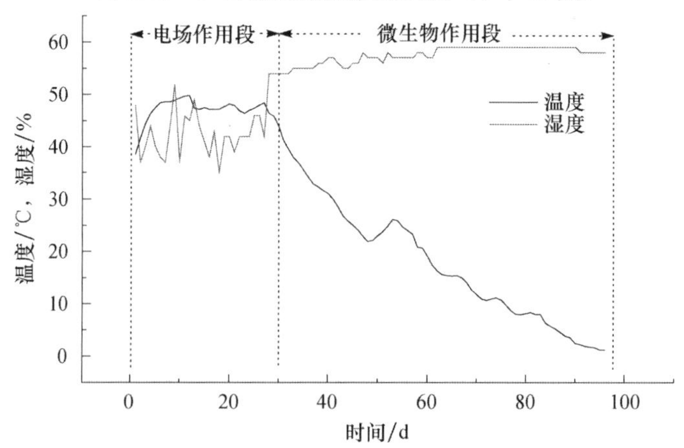


图 5.44　1 号反应器每天凌晨零点温湿度的变化（零点）

在电场作用阶段，反应器的湿度上下波动较大，温度则是一开始呈上升的趋势，而在达到 50℃左右后，基本维持平衡，波动幅度很小。在微生物作用阶段中，反应器湿度相对稳定，而反应器中的温度随季节温度的变化而变化，微生物作用几乎不对反应器内温度产生影响。

如图 5.42 所示，在夏季和初秋，1 号反应器每天正午 12 点的温度基本在 35～50℃变化；进入冬季后，温度下降，最低时降至 0～5℃。湿度在前半段波动较大，变化范围在 40%～60%，后半段基本稳定在 55%～60%。

图 5.44 显示了 1 号反应器每天凌晨零点的温湿度变化，前半段其温度在 40～50℃波动；后半段由于天气转冷，最低也降至 0～5℃。湿度在前半段波动，为 45%～55%，后半段趋于稳定，处在 55%～60%。对比图 5.43 和图 5.44 可见，1 号反应器中，零点和 12 点两个代表性时间的温度和湿度变化趋势与反应器整体温湿度变化趋势基本吻合，而 1 号反应器中每天凌晨零点的平均温度要高于每天正午 12 点的，这是因为在夜间，含油污泥经过整个白天的日照，储存了较多的热量。

由于反应器高 1.5m，所以对于含油率的监测分为表层和底层两个方面，分别取表层和底层深度约 1m 的污泥测定含油率，观察其变化情况，如图 5.45 和图 5.46 所示。

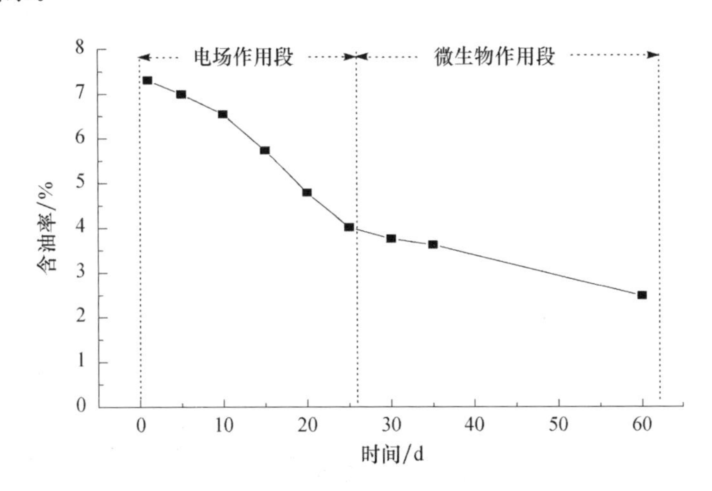


图 5.45　1 号反应器表层污泥含油率变化

如图 5.45 和图 5.46 所示，在先通电后加菌的 1 号反应器中，电场作用时段对油的去除速度也高于微生物作用时段，因此更加说明，无论是电场作用还是微生物作用，其对石油的降解速率都与温度的高低密切相关。1 号反应器表层污泥的含油率从 7.30%到 2.48%，去除率为 66.10%；底层污泥的含油率从 2.92%到 0.84%，去除率为 71.38%。

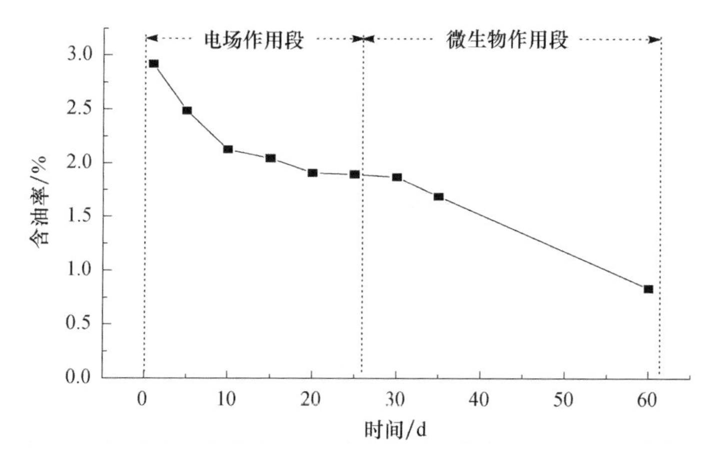


图 5.46　1 号反应器底层污泥含油率变化

4. 现场先菌后电试验装置运行效能研究

2 号反应器的作用方式为先菌后电，即先利用微生物作用一段时间，不再投加菌剂，而开始使用电场作用继续对油污染进行去除。2 号反应器总体的温湿度变化如图 5.47～图 5.49 所示。2 号反应器 8～11 月温湿度变化如下。

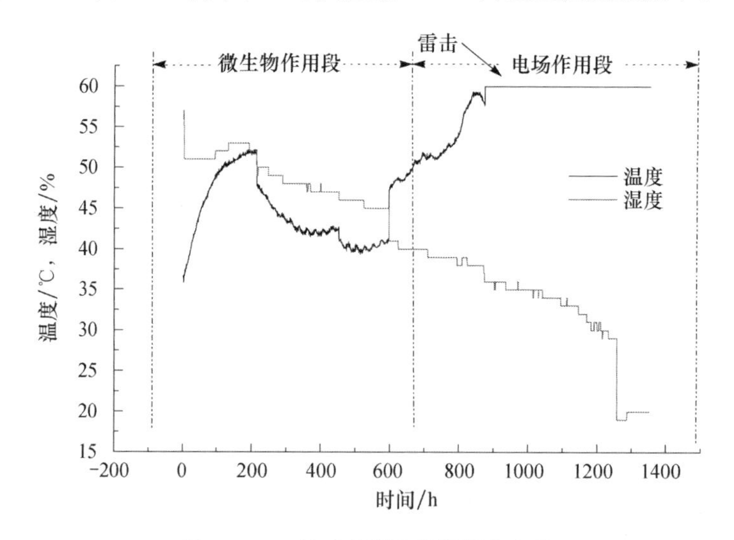


图 5.47　2 号反应器总体温湿度变化

在试验的过程中，2 号反应器遭遇了雷击，导致温度探头和湿度探头损坏，虽然如此，在遭遇雷击前仍然可以看出，在季节已经进入深秋的时候，反应器中温度在通电之后明显升高，说明污泥电阻较大，在电流通过的情况下产生了较大的电热。同 1 号反应器中一样的原理，2 号反应器每天凌晨零点的平均温度要高

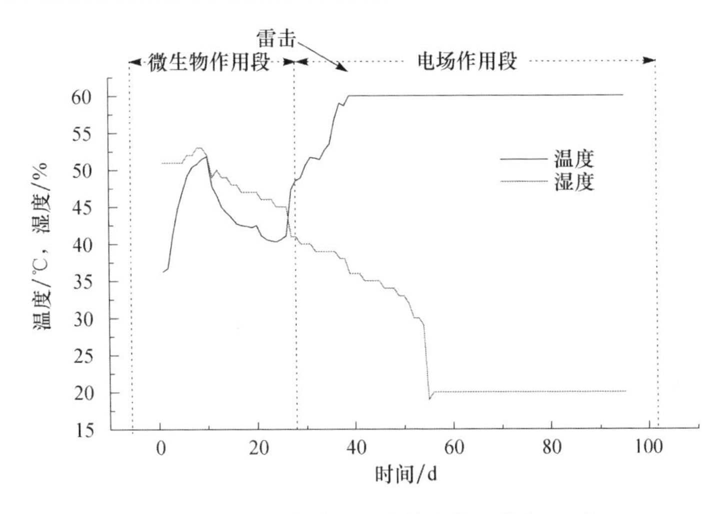


图 5.48　2 号反应器温湿度的变化（中午 12 点）

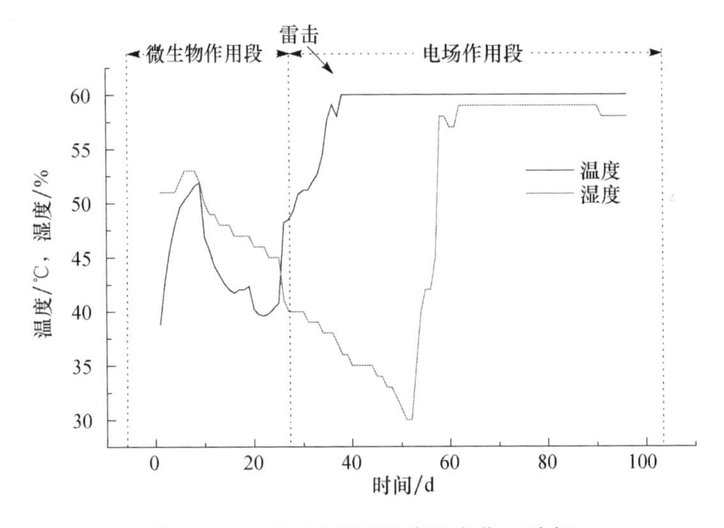


图 5.49　2 号反应器温湿度的变化（零点）

于每天正午 12 点的，而零点与 12 点的温湿度变化趋势也基本与整体温湿度的变化趋势相吻合，具有一定的代表性。通过 1 号和 2 号两个反应器中温湿度的变化综合总结，可以看出，对于整个反应过程而言，外界温度的变化对反应器中温度的影响最为显著，无论是在电场作用下，还是在微生物作用下，反应器中的温度都会随外界温度的变化而变化，不同的是天气转冷的时期，在有电场作用的情况下，温度的下降会明显减慢。2 号反应器中，表层和下层污泥含油率的变化如图 5.50 和图 5.51 所示。

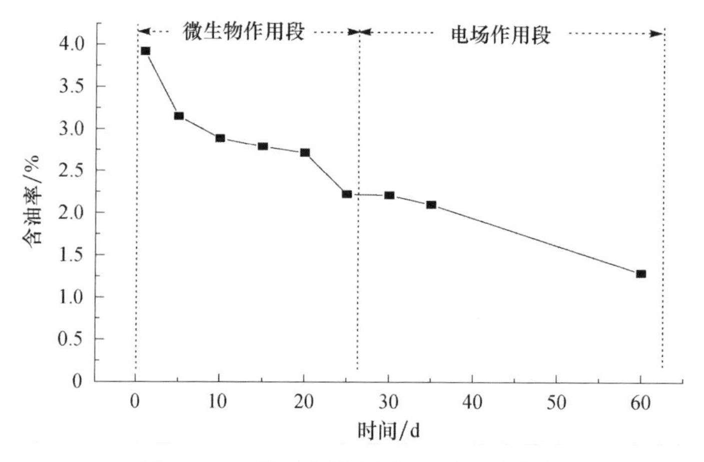


图 5.50　2 号反应器表层污泥含油率变化

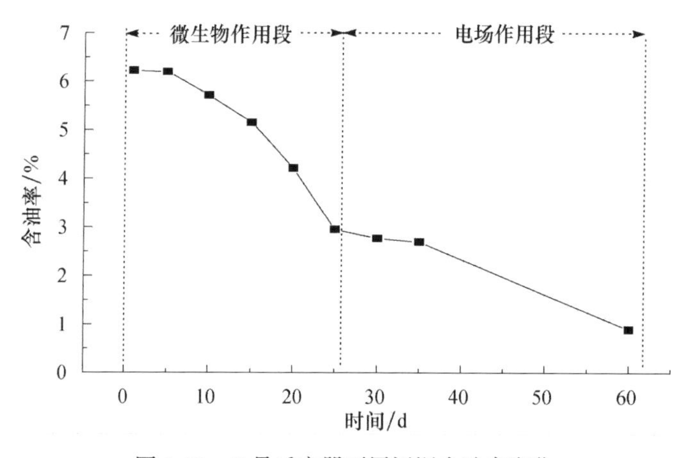


图 5.51　2 号反应器下层污泥含油率变化

由图 5.50 和图 5.51 可见，2 号反应器是先加菌后施加电场的，在微生物作用段含油率的下降速度较快，而在停止投加菌剂只通电以后，含油率的下降速度开始减慢，对比之前的温湿度变化情况分析，可能是由于温度的降低影响了污泥中油的去除。2 号反应器表层污泥的含油率从 3.91%到 1.29%，去除率为 74.07%；下层的污泥的含油率从 6.22%到 0.89%，去除率达到了 85.6%。

5. 现场电化学生物耦合试验装置运行效能研究

3 号反应器的作用方式为电菌同时，即电化学作用的同时投加菌剂进行生物强化，实现对油污染的去除，3 号反应器的装置如图 5.52 所示。

试验从 2010 年 8 月 15 日开始至 11 月中旬结束，3 号反应器总体的温湿度变化如图 5.53～图 5.55 所示。

图 5.52　电菌同时试验装置

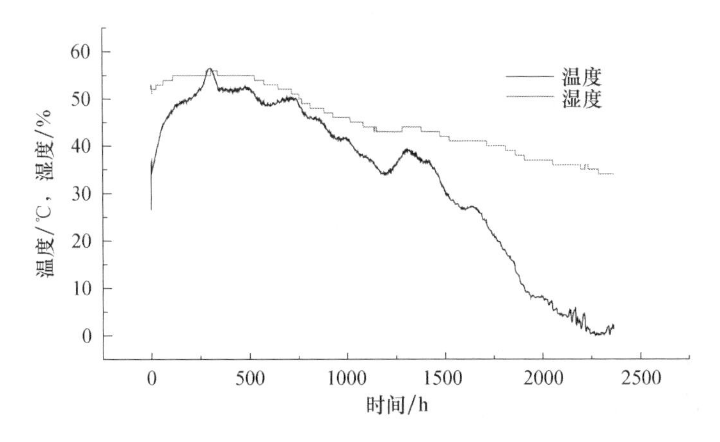


图 5.53　3 号反应器总体温湿度变化

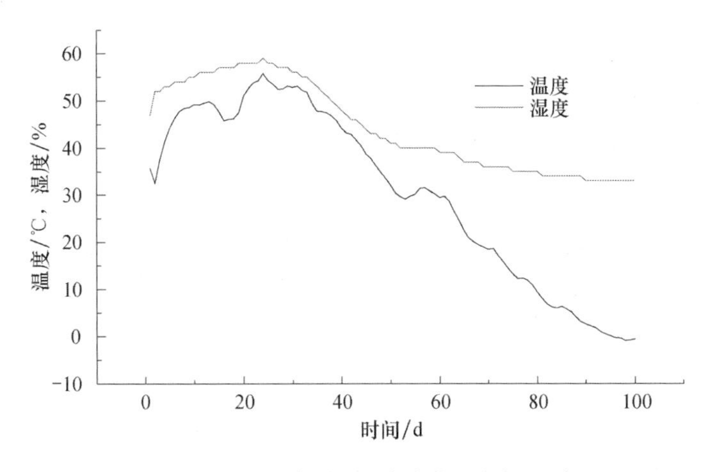


图 5.54　3 号反应器温湿度变化（中午 12 点）

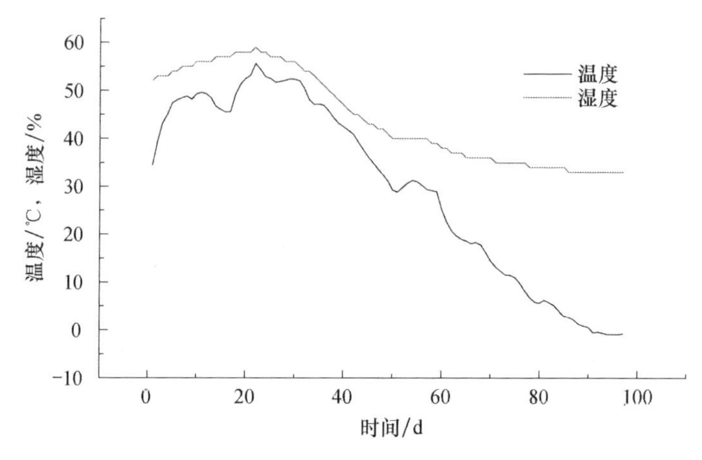


图 5.55　3 号反应器温湿度变化（零点）

图 5.53 显示的是 3 号反应器总体的温湿度变化情况，可见在夏季和初秋，3 号反应器温度在 25～60℃变化；而进入冬季，温度变化范围在 0～30℃，且一直呈下降趋势。3 号反应器的湿度则相对较稳定，只在 35%～55%波动。

图 5.55 描述的是 3 号反应器每天凌晨温湿度的变化情况，可以看出，零点温湿度变化情况基本与总体温湿度变化情况和正午 12 点的温湿度变化情况吻合，变化范围基本一致。如图 5.53～图 5.55 所示，在电菌同时作用的反应器中，湿度始终在 35%～55%波动，温度则在 0～55℃变化。由于电场的作用，温度在前期明显的升高。但由于季节的变化，外界温度下降，在后期，反应器中的温度也是呈下降趋势，由于有电场的作用，温度下降的速度相对较慢，并且有一定的波动。

如图 5.56 和图 5.57 所示，分别对 3 号反应器上层和下层污泥含油率变化进行检测，其上层污泥的含油率从 3.79%到 3.23%，去除率仅有 14.79%，下层

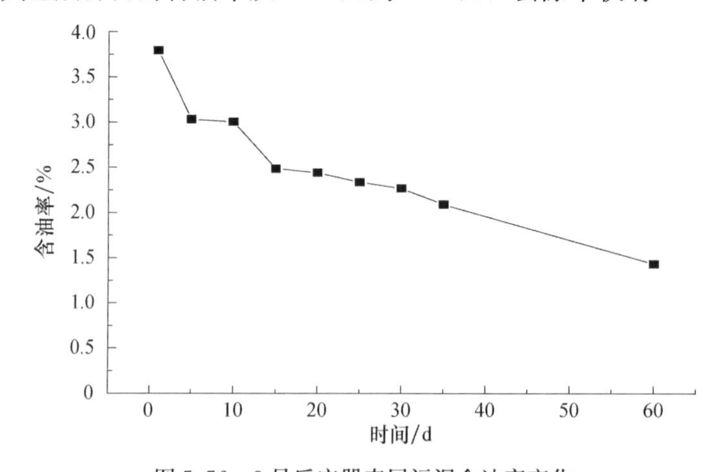


图 5.56　3 号反应器表层污泥含油率变化

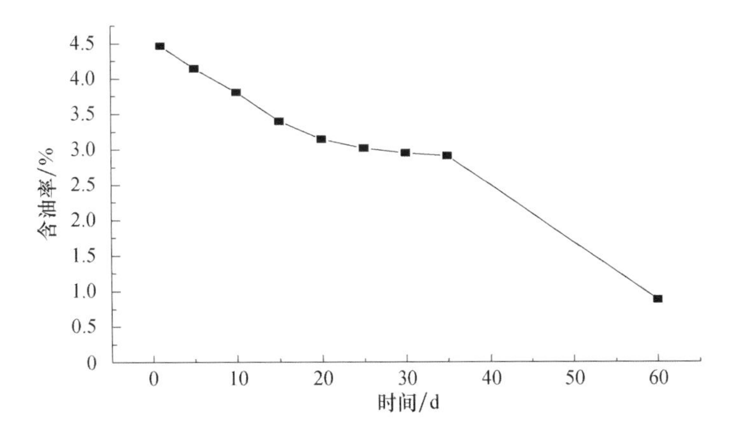


图 5.57　3 号反应器下层污泥含油率变化

污泥含油率从 4.46%到 0.88%，去除率达到了 80.31%。

由于 3 号反应器是电场和菌剂同时作用，因此，电流在污泥中产生的电热在整个反应过程中始终存在，这就可能导致投加的菌剂比较容易蒸发掉，在表层这种现象尤为明显。此现象一方面使表层污泥中的菌剂含量减少，另一方面也影响了表层污泥的湿度，某些微生物生长所需的微量元素可能也随之减少，从而影响表层污泥中菌的代谢活动。这可能是造成该反应器表层污泥中原油去除率较低的主要原因。

6. 现场纯电化学试验装置运行效能研究

4 号反应器的作用方式为纯电场处理，以电化学强化对油污染进行去除。4 号反应器的装置如图 5.58 所示。

图 5.58　纯电场试验装置

如图 5.59 所示为 4 号反应器总体的温湿度变化情况，反应器湿度变化范围在 40%～55%，前半段湿度较高，而后半段湿度较低。反应器的温度波动较大，即使在夏季和初秋亦然，夏季和初秋温度最低至 25℃，最高达 60℃，进入冬季，温度下降也很明显，最低降至 0℃左右。

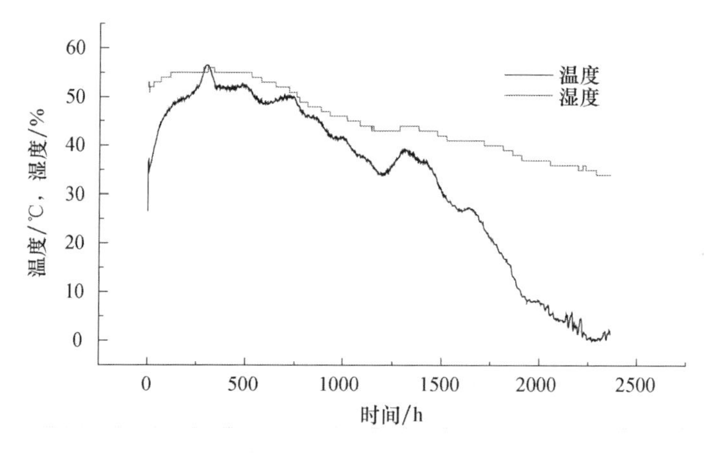


图 5.59　4 号反应器总体温湿度变化

4 号反应器每天正午 12 点的温湿度变化如图 5.60 所示，夏季和初秋其温度变化范围在 35℃～55℃，冬季最低降至 0℃左右。4 号反应器湿度变化的区间在 35%～55%。

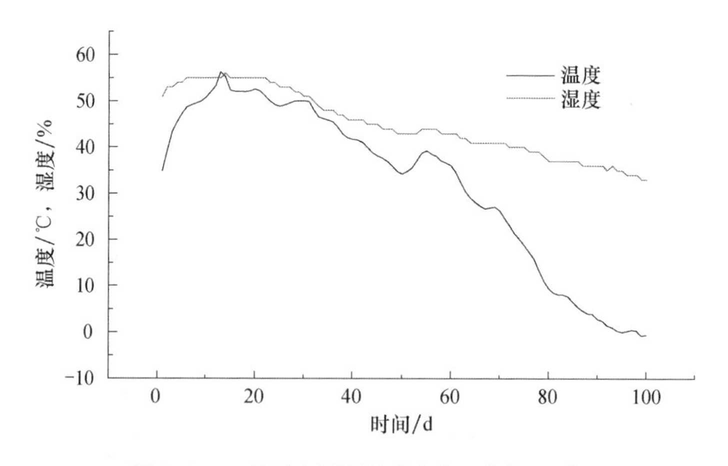


图 5.60　4 号反应器温湿度变化（中午 12 点）

如图 5.61 所示，4 号反应器每天凌晨零点的温湿度变化情况与其每天正午 12 点的变化趋势基本吻合，温湿度变化区间基本一致。通过 4 号反应器的温湿度变化可以明显看出，电场有提高污泥温度的作用。在夏季温度较稳定的情况下，通电使污泥温度明显升高；而冬季虽然环境温度低，反应器中污泥温度下降，但在有电场作用的情况下，温度下降速度明显较慢。

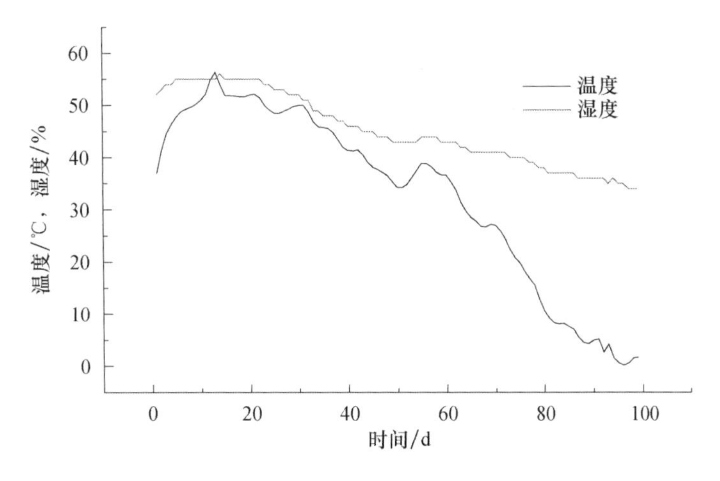


图 5.61　4 号反应器温湿度变化（零点）

4 号反应器中没有投加菌剂，但是通过施加的电场作用以及原污泥中含有的土著微生物的作用，其含油率下降也十分明显，如图 5.62 和图 5.63 所示。上层污泥的含油率从 3.54％到 1.81％，去除率达到 48.76％；下层污泥的含油率从 4.39％到 0.88％，去除率达到 79.79％。

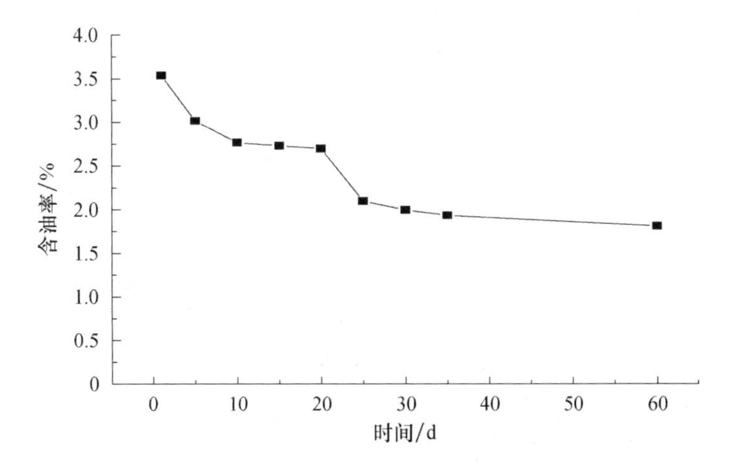


图 5.62　4 号反应器表层污泥含油率变化

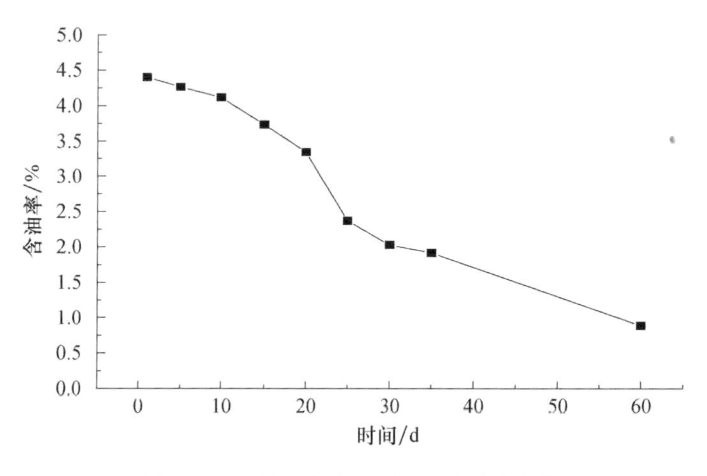


图 5.63　4 号反应器下层污泥含油率变化

在电化学作用下，铁棒电极腐蚀较快，如图 5.64 所示。这也是今后研究中需要注意的问题，探讨如何减少电腐蚀。同时对阴极和阳极的含油污泥进行了 GC-MS 分析，如图 5.65 所示。

图 5.64　电极腐蚀图片

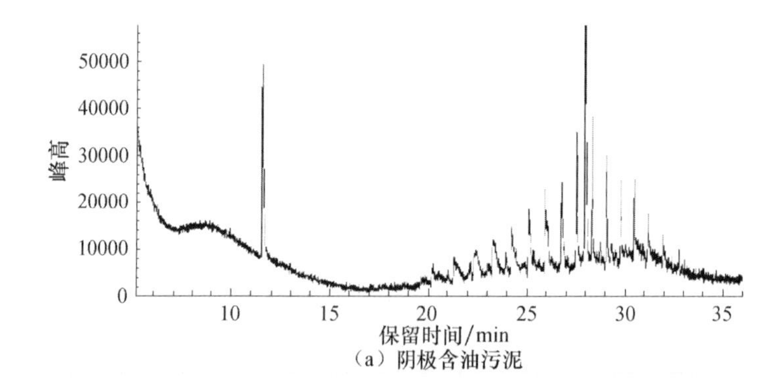


（a）阴极含油污泥

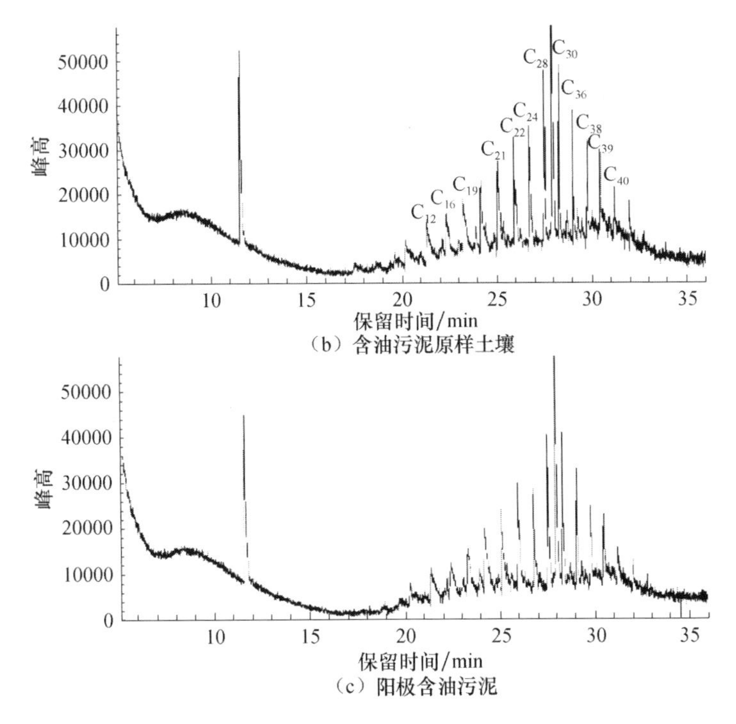


图 5.65 阴极含油污泥和阴阳极含油污泥中的石油烃类化合物

试验中在电场强度为 2V/cm 条件下，含油污泥中石油污染物的去除效率最高，通过 GC-MS 对阴极和阳极土壤中的总石油烃进行分析，原始油泥中的污染物以长链烷烃（$>C_{20}$）为主，这些烷烃的含量在阴极和阳极土壤中均呈现不同程度的降低趋势。烷烃的碳链越长，其分子体积越大。长链烃去除速率较慢（如 $C_{30}$、$C_{36}$、$C_{40}$ 等），短链烃去除速率较快（$C_{12}$、$C_{16}$、$C_{19}$ 等）。

7. 现场纯微生物试验装置运行效能研究

5 号反应器的作用方式为纯微生物作用，即在不通电的情况下，只定期向反应器中加入菌剂，其装置如图 5.66 所示。5 号反应器的温湿度变化情况如图 5.67～图 5.69 所示。

5 号反应器由于没有电场的作用，因此基本上其中污泥温度随外界温度的变化而变化，而湿度基本是按照水分蒸发的速度慢慢降低，只是在中间投加菌剂的时候出现短暂的升降。不论是总体变化趋势，还是每天正午 12 点或每天凌晨零点，其温度基本在 0～40℃变化，而湿度则一直维持在 50%～60%。由于没有任何形式的电场作用，5 号反应器中的温度虽有波动，但总体一直呈下降趋势。不论夏季还是冬季，热量一直随着水分的蒸发不断流失，又没有电热产生，因此温度呈下降态势。

图 5.66　纯微生物试验装置

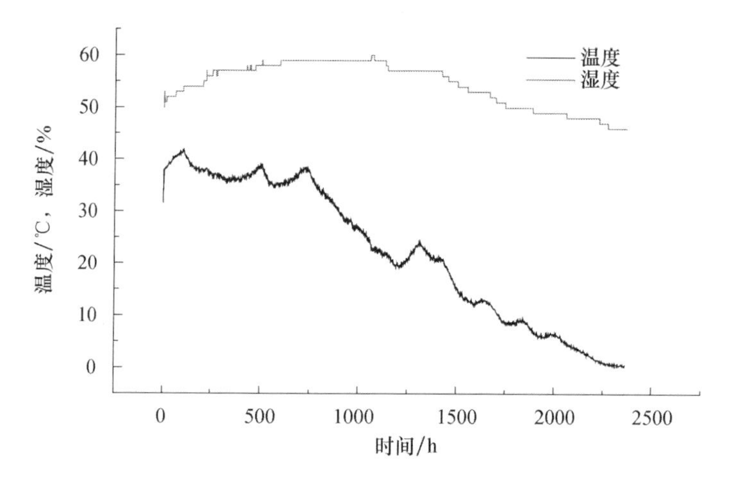


图 5.67　5 号反应器总体温湿度变化

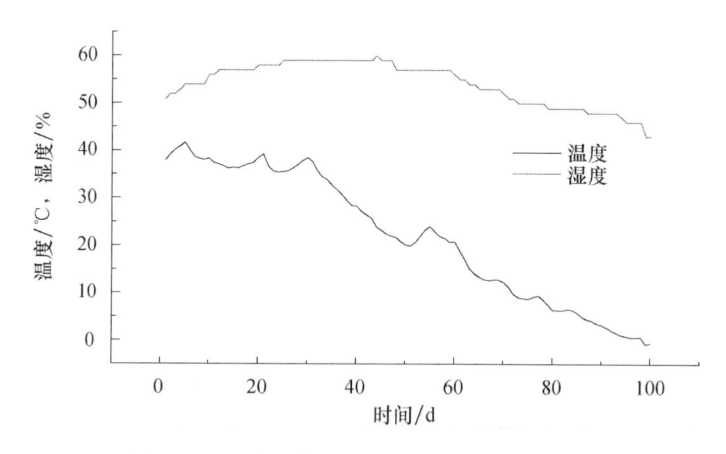


图 5.68　5 号反应器温湿度变化（中午 12 点）

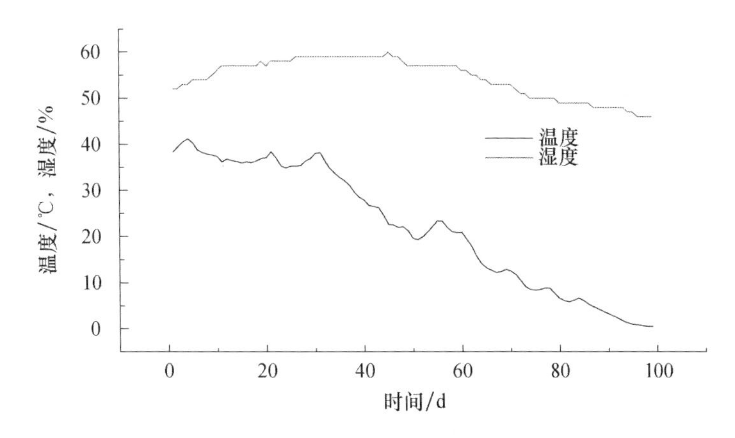


图 5.69　5 号反应器温湿度变化（零点）

5 号反应器上下层污泥含油率变化情况如图 5.70 和图 5.71 所示。

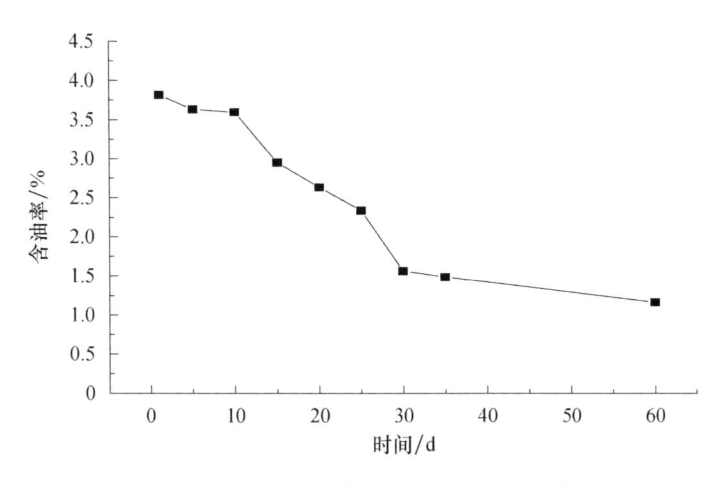


图 5.70　5 号反应器表层污泥含油率变化

5 号反应器并没有通电，只是单一的投加菌剂，因为此反应器投加菌剂的次数较多，所以一直保持着较好的湿度，其上层污泥的含油率从 3.81%到 1.16%，去除率达到 69.55%；下层污泥的含油率从 3.17%到 0.33%，去除率达到了 89.45%。

试验选择代表性的电场和微生物作用方式，对油泥样品进行了重金属组成成分分析，见表 5.2。

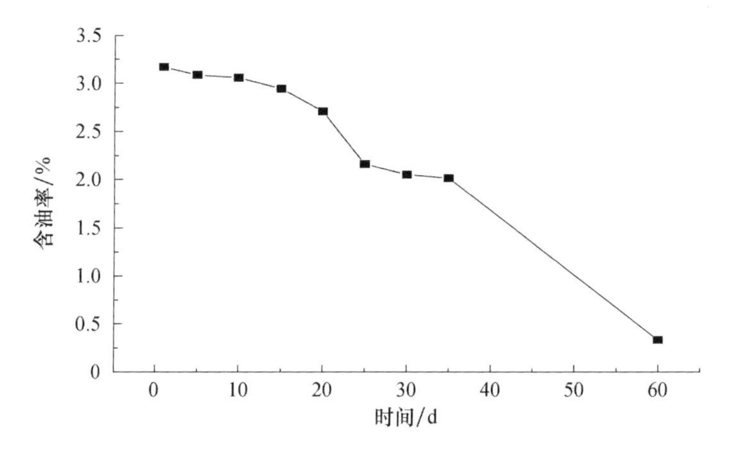


图 5.71　5 号反应器下层污泥含油率变化

**表 5.2　含油土壤处理后的重金属组成**

| 项　目 | 电菌同时/(mg/g) | 纯电场/(mg/g) | 纯微生物/(mg/g) |
|---|---|---|---|
| Pb | 0.0161 | 0.0076 | 0.0113 |
| B | 0.2186 | 0.1949 | 0.1787 |
| Cd | <0.0001 | <0.0001 | <0.0001 |
| Cr | 0.0865 | 0.1169 | 0.997 |
| Cu | 0.3003 | 0.3010 | 0.3226 |
| Hg | <0.0001 | <0.0001 | <0.0001 |
| As | <0.0001 | 0.0008 | 0.001 |
| Zn | 0.2109 | 0.3670 | 0.2531 |
| Ni | 0.0365 | 0.0461 | 0.0445 |
| S | 6.1148 | 13.6982 | 7.5827 |

由表 5.2 可见，电菌同时及纯微生物的对重金属有较高的去除率。横向比较 5 个采取不同作用方式的反应器，电菌同时作用的 3 号反应器和纯微生物作用的 5 号反应器对原油的去除效率最高，其下层的去除率分别达到了 87.04%和 89.45%，明显高于其他作用方式的反应器。3 号反应器中原油的去除率之所以略低于 5 号反应器，是因为电场作用产生的电热过高时，没有得到及时的处理，使得 3 号反应器中的温度一度达到 55℃左右，这种过高的温度并不利于微生物的生长代谢；而 5 号反应器中的温度始终保持在 40℃以下，这样的环境温度适合微生物的生长，因而其对原油的利用更加充分彻底。不论是电化学作用对油含量的降解，还是微生物对油含量的降解，环境温度都对其有较明显的影响。

通过现场的电化学生物耦合处理试验可以初步得出以下的结论：①5 个反应器中，所有下层污泥的原油去除速率都要高于表层，有的甚至远远的高于表层；②电化学生物耦合方法可以有效地进行含油污泥的深度处理。

# 第 6 章　超热蒸汽喷射和超声清洗工艺技术研究

## 6.1　含油污泥离心脱水-超热蒸汽喷射处理工艺技术

### 6.1.1　“污泥离心脱水＋超热蒸汽喷射处理”技术研究背景

吉林油田的罐底泥由于无法处理而进行露天堆放，污染了土壤和周围的环境如图 6.1 所示（见彩图），根据目前国内含油污泥处理技术的发展状况，结合吉林油田实际，2010 年新建了 1 套移动式罐底泥处理装置，该装置采用超热蒸汽喷射处理技术处理含油污泥，可实现污泥中油、水、泥三相分离。

图 6.1　油气田含油污泥现场

移动式污泥处理装置由离心脱水预处理部分和超热蒸汽喷射部分组成，其中离心脱水部分的处理能力为 $5m^3/h$，超热蒸汽喷射部分的处理能力为 $0.5m^3/h$。装置每天运行 10h，每年运行 200d，处理 $10000m^3$ 污泥，可以处理吉林油田每年产生的罐底泥。通过该技术处理后原油回收率平均可达 99%以上，固体残渣中含油量小于 0.3%，符合《农用污泥中污染物控制标准》（GB 4284—1984）中有关规定，既可用作水泥、制砖的添加剂，也可用作筑路材料及绿化培土等，实现了资源回收和环境保护的双收益。

### 6.1.2　超热蒸汽喷射原理

超热蒸汽（≥500℃）以超高速（超过 2Ma）从特制的喷嘴中喷出，与油泥颗粒进行垂向碰撞，油泥颗粒在超热气体热能和高速所产生的动能作用下，颗粒内的石油和水等液体迅速从颗粒内部渗出至颗粒表面，并迅速被蒸发，从而实现水分和油分等液体与固体的分离。蒸汽由管道输至油气回收单元经冷却后在重力作用下实现油水分离，油可直接回收，废水经处理后外排或回用，残渣呈粉末状。超热蒸汽喷射原理如图 6.2 所示。

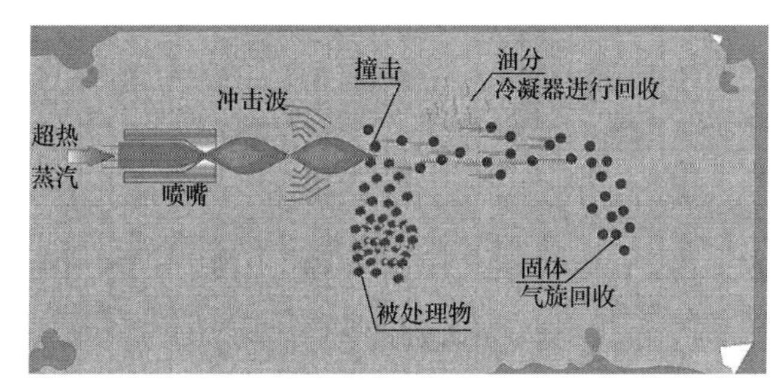


图 6.2　超热蒸汽喷射原理图

### 6.1.3　“污泥离心脱水+超热蒸汽喷射处理”工艺

“污泥离心脱水+超热蒸汽喷射处理”整体工艺流程如图 6.3 所示，该工艺已经在马来西亚、文莱、阿塞拜疆应用，对含油污泥处理有明显效果，处理后残渣的含水率≤10%，含油率≤1%（最低可以达到 0.08%）。单台处理量最大

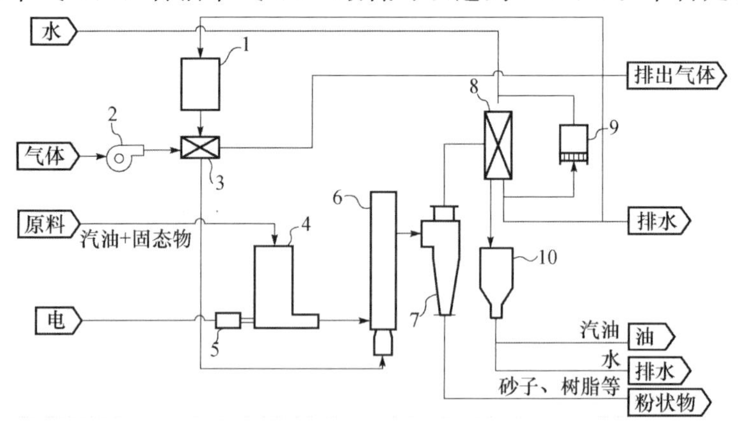


图 6.3　超热蒸汽喷射污泥净化处理整体工艺流程图

1. 蒸汽锅炉；2. 燃烧炉；3. 热交换机；4. 原料供给机；5. 马达；6. 处理槽；7. 旋风分离器；8. 冷凝器；9. 冷却塔；10. 分离槽

700kg/h（处理前污泥含水≤80%）。

超热蒸气喷射污泥净化处理流程如图6.4所示。

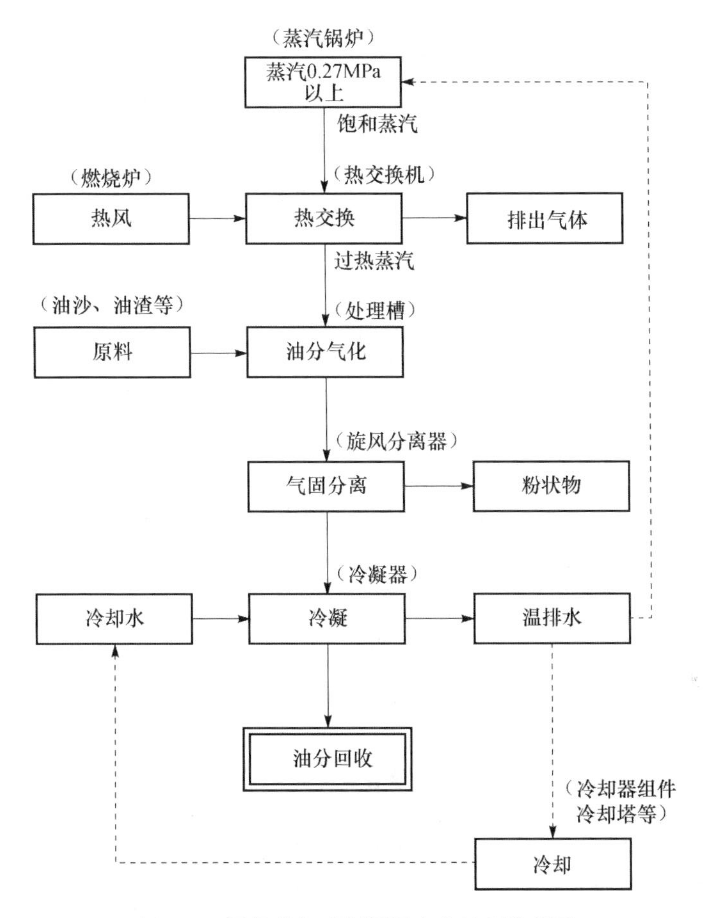

图6.4 超热蒸气喷射污泥净化处理流程图

1. “污泥离心脱水”工艺段

1）罐底泥的清洗方法

通常利用油田已有的石油储罐清洗设备，将罐内油水移至临近储罐，同时向罐内注入惰性气体，将罐内氧气浓度降到8%以下时进入温水清洗。通过温水清洗，罐内的底泥被清除干净，排放到联合站外的污水池中，如图6.5所示。

2）污泥处理装置

污泥浓缩脱水主要是利用化学和物理的方法，分步进行脱水，经过离心机脱水后罐底泥含水率能够达到80%以下。从污泥池提升上来的含油污泥先进行化学混凝处理，对污泥的微观结构进行调整，使污泥中的水分失去束缚成为自由

（a）清罐设备

（b）清理后的万方罐

图 6.5　清洗罐的设备和工艺

水，然后进入离心分离机脱水（图 6.6）。石油储罐清洗设备清除的罐底泥排放至联合站外的污水回收池，经过沉降后，上清液回收到污水处理系统重新处理，上部污油回收到集油系统，底部污泥进污泥浓缩系统进行化学混凝处理，然后再进入离心分离机脱水，脱出的污水回到污水处理系统重新处理，分离后污泥输送到下一环节进行处理。

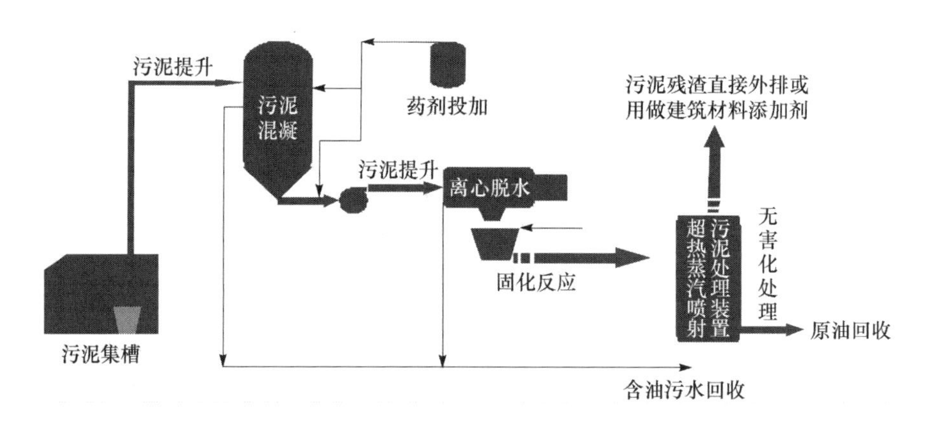


图 6.6　污泥浓缩脱水处理整体工艺

污泥处理装置主要包括以下模块：①通过连续混凝反应器进行初级减量脱水；②离心脱水实现进一步减量脱水和泥饼干化；③超热蒸汽喷射污泥净化处理单元；④原油冷凝回收处理单元；⑤干化固体残渣回收单元。现场实物照片如图 6.7 和图 6.8 所示。

3）离心脱水单元处理效果

脱下的水可以直接排入污水处理系统，浓缩后的污泥体积已缩小到原来的10%以下。处理效果如图 6.9 所示。

图 6.7　室外移动橇装

图 6.8　离心脱水设备图例

图 6.9　脱水后的含油污泥

该脱水工艺的特点如下：

(1) 工艺流程短，节省投资，容易运行管理。

(2) 有效解决危险废弃物的环境污染问题，无二次污染。

(3) 全自动变频控制，污泥脱水效率高，固化经济可靠，能够适应污泥性质的变化。

(4) 设备一体化，减少大量设计、协调与施工工作量。

(5) 占地面积少，容易移动，可为多个处理点服务。

### 2. “超热蒸汽喷射处理”工艺段

利用蒸汽锅炉生成0.27MPa以上的饱和蒸汽，在热交换机中，被来自燃烧炉的热再加热，成为600℃以上的高温高压的过热蒸汽。从热交换机中输出的过热蒸汽被导入处理槽，超音速流从喷射器的喷嘴中喷射而出。在处理槽中，过热蒸汽与原料供给机供给的含油污泥碰撞，瞬间将其粉碎气化。处理槽输出到旋风分离器中，利用离心分离或碰撞分离等进行气体和固体的分离。气体在旋风分离器中扩散，向冷凝器导出，固态粉状物被直接排出。在冷凝器中，气化了的油或水变回液体，利用冷却塔，将从冷凝器中分离出的温水冷却，可以循环再利用如图6.10所示（见彩图）。

图6.10　超热蒸汽喷射污泥处理装置

### 3. “污泥离心脱水＋超热蒸汽喷射处理”整体工艺的特点

“污泥离心脱水＋超热蒸汽喷射处理”整体工艺的特点如下：

(1) 工艺流程短，能耗低、全自动控制。

(2) 有效解决危险废弃物的环境污染问题。

(3) 污泥无害化处理后可用做建筑材料添加剂或直接外排。

(4) 设备撬装一体化设计，占地面积少，容易移动，可为多个处理点服务。

技术特点：

(1) 实用性强。可以处理油田、石化产生的各种含油污泥（落地油泥、罐底油泥、炼厂“三泥”等）。

(2) 处理效果好，残渣含油率可控，最低可达到0.8‰，远远超过《农用污泥中污染物控制标准》(GB 4284—1984) 中矿物油小于 3‰的标准。

(3) 不产生二次污染 (处理过程为全物理过程)。

(4) 移动式橇装设计，设备小巧、布局紧凑，占地面积小。

(5) 能耗低，可用柴油或回收原油作燃料。

(6) 回收油质纯净，不含重金属并且脱除了大部分硫，油中含水率可降至 0.12%。

(7) 蒸汽干化技术以蒸汽为热源，使整个处理过程均处于蒸汽的保护之下，提高了系统的安全性。

(8) 处理量以含水量 80%的油泥计算，设备处理能力 700kg/h。

(9) 自动化程度高，操作维修简便。

### 6.1.4　现场工程应用

吉林油田较早地在我国开展了"污泥浓缩脱水＋超热蒸汽喷射处理"工艺的应用研究，具体的工艺流程如图 6.11 所示。含油污泥由提升泵提升至均质罐中搅拌均匀，然后再由提升泵输送到换热器加热或者直接输入离心机，经离心机脱水后的油泥再输送至高温处理槽，在高温高速蒸汽喷射下被粉碎，同时油分和水分被蒸发出来，被粉碎的细小颗粒连同蒸汽一起进入气旋室，在旋分作用下实现蒸汽与固体颗粒的分离，固体颗粒直接进入回收槽，蒸汽进入油水分离槽，经冷却后实现油水分离。

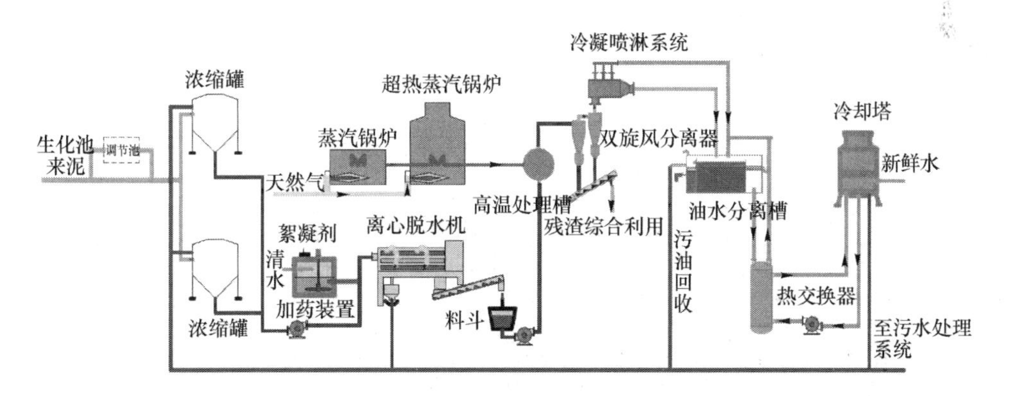


图 6.11　"污泥浓缩脱水＋超热蒸汽喷射处理"工艺流程图

2010 年吉林油田新建污泥处理装置 1 套，于 2010 年 6 月投产试运，其污泥成分：平均含水率为 85.855%，平均含油率为 10.035%，平均含固率为 4.11%。装置由 7 个橇块组成：1＃污泥调质橇、2＃离心脱水橇、3＃污泥净化橇、4＃冷却水循环橇、5＃和 6＃冷却塔、7＃锅炉 (图 6.12)，整套装置全自动控制。设备采用露天撬装形式，生产周期为每年 5～10 月。

图 6.12　污泥处理装置组成

1. 离心脱水预处理

污泥经一级提升泵进入 1＃撬体的水力旋流除砂装置，筛分除去大颗粒杂质。剩下粒径小于 1mm 的污泥，经二级泵提升，添加药剂，输送至均混搅拌装置，进行浓度均质化处理；将处理后的均质污泥输送至 2＃撬体换热器，利用 3＃撬体中锅炉产生的蒸汽进行加热，而后加药，再进入离心机进行脱水处理，处理后的残渣含水率小于 70％。利用输泥泵输送进入污泥净化系统。1＃、2＃撬体工艺流程如图 6.13 所示，预处理后的油泥经水力旋流除砂装置进行筛分，经污泥均质装置进行混合，在通过热交换器配置 1 套加药装置加热，然后进行离心脱水，其中污水进入回收池，污泥进入 3＃撬体。

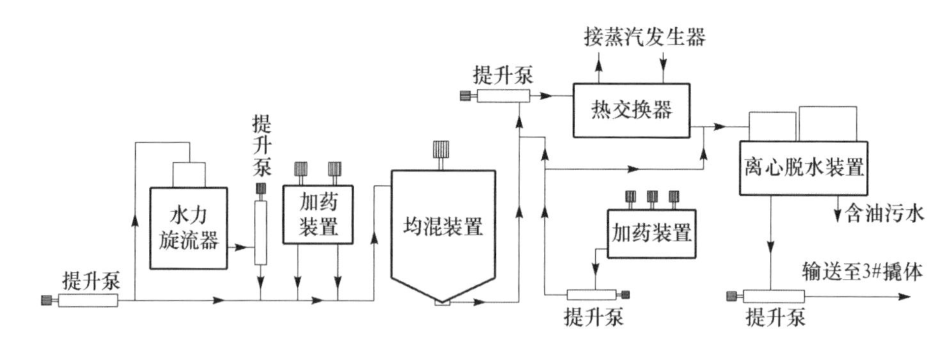


图 6.13　1＃、2＃撬体工艺图

2. 超热蒸汽喷射净化处理

污泥超高温蒸汽喷射净化设备的主要功能是实现污泥的固液分离。由 3＃撬体中的锅炉产生的蒸汽通过超热蒸汽发生装置，使其温度上升至 550℃，随后进入高温处理槽，将 2＃撬体脱水后的污泥击碎。高温处理槽内的油泥液体和固体经过双旋风分离装置进行固液分离，被分离出的固体将被彻底的干化并落入双旋风装置中，螺旋输送器将干渣输出。被汽化的液体部分则被送至冷凝器，再在油水分离槽中进行喷淋冷凝。回收的油中含水率低于 0.5%，处理后的固体残渣中含油量小于 0.3%。3＃撬体工艺流程如图 6.14 所示。来自污泥浓缩脱水装置的污泥经过原料输送斗进入高温处理装置（配置蒸汽发生器、超热蒸汽发生器），然后通过双旋风分离装置，其中污泥部分输出固体干渣，生成的混合蒸汽进入冷凝器，后再进行资源化。油水分离部分主要用于污油的回收，其中回收水进入热交换器，然后进入冷却塔（冷却后重复利用）。

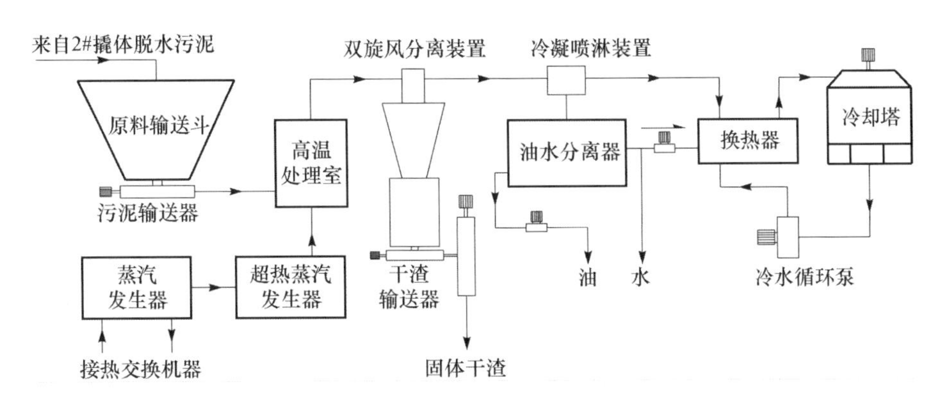


图 6.14　3＃撬体工艺图

3. 处理效果

“污泥浓缩脱水＋超热蒸汽喷射处理”工艺处理含油污泥过程中，处理前后的污泥形态如图 6.15 所示。处理后的含油污泥变成固态颗粒。从形态上看，含油污泥中的油被明显地去除。

（a）污泥池内污泥

（b）离心脱水后污泥

（c）超热蒸汽处理后污泥

图 6.15　“污泥浓缩脱水＋超热蒸汽喷射处理”工艺含油污泥处理效果图

# 6.2 超声清洗处理技术研究

## 6.2.1 超声清洗技术原理

1. 超声空化作用

对于超声空化现象，现在还难以给出一个简明而严格的定义。一般把在液体内部局部压力降低时，液体内部或液固交界面上蒸汽或气体的空穴（空泡）的形成、发展和溃灭过程称为空化。声波也就是通常所说的声音，是一种机械波，它在气体、液体、固体等介质中传播。超声波是声波的一种，人耳能听到声音的频率范围很窄，只有16～20000Hz。频率低于16Hz的声音通常称为次声波，频率高于20kHz的声音称为超声波。通常，超声空化是指当液体中有强度超过该液体“空化阀”（使液体中产生空化的最低声强或声压幅值）的超声传播时，内部会产生大量气泡，液体中的微小泡核在超声波作用下被激活，小气泡随着超声振动而逐渐生长和增大，然后突然破灭和分裂，分裂后的气泡又再连续生长和破灭，它表现为泡核的振荡、生长、收缩及崩溃等一系列动力学过程。气泡（空穴）的破灭产生高温高压，并且由于气泡周围液体高速冲入气泡而形成强烈的局部激波。附着在固体杂质、微尘或容器表面上及细缝中的微气泡或气泡，或因结构不均匀造成液体内抗张强度减弱的微小区域中析出的溶解气体等都可以构成这种微小泡核。超声波在液体媒质中传播时，不仅具有空化作用，而且还有机械搅拌作用和热效应。在油砂分离中超声波能对油品的热反应提供特殊的物理化学环境，起到特殊的作用。

具体作用主要表现在以下几个方面：

（1）存在于液体中的微气泡（空化核）在声场的作用下振动，当声压达到一定值时，气泡将继续变大，然后突然闭合，在气泡闭合时产生的冲击水波能在其周围产生上千个大气压的压力，破坏不溶性污染物而使它们分散在清洗液中。

（2）蒸汽型空化对污物层的直接反复冲击，一方面破坏污物与清洗件表面的吸附，另一方面也会引起污物疲劳破坏而与清洗件表面脱离。

（3）气体型气泡的振动对固体表面进行擦洗，污物一旦有缝可钻，气泡就可以“钻入”裂缝中作振动，使污层脱落。例如，工件上的氧化层就可以比较轻易地被气泡剥离。

（4）对于有油污包裹住的固体粒子，由于超声空化的作用，两种液体在界面迅速分散而乳化，固体粒子即行脱落。

（5）空化气泡本身在振荡过程中将伴随着一系列二阶现象发生，如辐射扭力。辐射扭力在均匀液体中作用于液体本身，从而导致液体本身的环流，即称为声流。这个声流可以作用于量级较大的范围，也可限于 $\mu m$ 量级较小的范围内，后者常被称为微声流，它可以使振动气泡表面处于很高的速度梯度和黏滞应力，这种应力有时高达 100Pa 以上，足以使工件表面污物造成破坏而脱落。

（6）超声空化在固体和液体界面上所产生的高速微射流能够除去或削弱边界污层，增加搅拌作用，加快可溶性污物的溶解，强化化学清洗剂的清洗作用。

2. 机械搅拌作用

超声波是机械能量的传播形式，与波动过程有关，会产生线性交变的振动作用，超声波在液体中传播时，质点位移振幅虽然很小，但超声引起的质点加速度却非常大。频率为 20kHz，声强为 $1W/cm^2$ 的超声波在水中传播，则产生的超声波压力在－173～＋173kPa 振动，这意味着超声波压力每秒钟内要在－173～＋173kPa 变化 2 万次，最大质点加速度达 $1.44\times10^4 m/s^2$，大约为重力加速度的 1500 倍。因此当超声波作用于液体时会产生激烈而快速变化的机械运动。

3. 热效应

超声波在媒质中传播，其振动能量不断被媒质吸收转变为热能而使媒质温度升高。吸收的能量可升高媒质的整体温度、边界外的局部温度和空化形成激波时波前处的局部温度等。

### 6.2.2　超声技术在原油破乳方面的应用与研究

国外对超声波用于破乳的研究开展得比较早，20 世纪 80 年代就有相关的报道。Stefaescu 和 Amilcar 开发了用超声波使原油脱盐脱水的装置，在该装置中原油通过一旁路管道，旁路管道有超声波作用，然后再回到主管道。

日本专利报道采用超声波来处理切削废油和船用废油。在 80℃条件下，超声波作用 1h 后，油中质量含水率降为 1.45%，而直接用热沉降 1h 后，油中含水率降为 31.5%。Davis 等用超声波处理原油乳状液，当频率为 1.25kHz 时配合破乳剂 AQUANOX272，用底部沉积物和水法（basic sediment and water）分析含水量为 0。美国 Teksonix 公司超声波原油脱水处理装置及工艺，1982～1985 年分别在美国的 8 家工厂进行了工业试验，均取得了良好的效果。相对国外而言，国内在超声波破乳方面研究比较迟，但也取得了许多进展。李淑琴等用超声波处理黏度大于 5000mPa·s 的稠油，结果显示用超声波能够提高原油破乳脱水率，降低破乳剂用量 35%以上。孙宝江等在进行了大量的室内实验并取得初步成功的基础上，在孤岛采油厂模拟现场条件进行了试验，油样综合含水率为 91%，聚合物含量 140mg/L，处理前乳化水含量 22.5%～25.5%，超声处理 20min 在 60℃的条件下沉降 4h，含水率降至 1.5%以下（脱水率为 94%），与自然沉降方法（含水率16%左右）相比（脱水率为35%），其效果明显。将超声波与孤岛采油厂推荐的WD21破乳剂（80～100mg/L）联合作用，在最优工作方式下含水率可降至0.9%以下（脱水率达到96%），与仅用破乳剂的含水率5.9%相比，效果明显。韩萍芳等将超声波技术用于污油破乳脱水，在超声波的作用下可以脱除污油中80%的游离水，把污油含水率降到9.85%，当加NS-1破乳剂后超声波的处理效果更加明显，可以脱出94%的游离水，污油的含水率可以降到3.08%。王鸿膺等对胜利油田ISl采油厂生产的高密度（20℃时密度为984.2kg/m$^3$）、高黏度（20℃时黏度为119800mPa·s）稠油进行超声波处理，结果表明脱水效果非常明显，脱水率可以达到93.7%。谢伟等以鲁宁管输原油为研究对象，按照工厂实际电脱盐流程设计了超声波电脱盐联合破乳实验装置进行原油脱盐试验。比较了超声波电脱盐联合作用和单一电脱盐作用的脱盐脱水效果。结果表明在同等条件下（如相同的破乳剂量、温度等），超声波电脱盐联合破乳过程比单一电脱盐过程具有显著优势。原油的盐质量浓度可从39.463mg/L降至3.243mg/L，水质量分数可降至0.24%，远低于炼油厂脱后原油盐质量浓度必须小于5.0mg/L，水质量分数低于0.3%的标准。

Davis等发明了采用溶剂和低频声波分离含油污泥中原油的方法，其主要工艺过程是将含油污泥与溶剂混合后形成泥浆，含油污泥与溶剂的混合比例根据含油污泥的性质而定，泥浆靠重力流入振动筛，大颗粒被截留送至轧碎机轧碎后与筛下物混合进入低频声波振荡器，溶剂通过管线注入声波振荡器底部并向上流动，使含油污泥中的油在低频声能和溶剂的作用下溶解在溶剂中，达到油泥分离的目的。通过调整溶剂的流速，既可保持泥砂的下沉，又可保持较高的处理效率。溶剂可选用轻质原油、有机溶剂（如甲苯）或煤油等。

俄罗斯科学家阿列克谢·伊万索斯基发明了一种处理含油污泥的反应器。先将含油污泥、水和试剂构成的悬浮液加入声波反应器，停留时间为40～60s，然后进行油和水的分离，可除去原油。这种方法分间歇式和连续式两种，处理能力为12t/h，分离效率高达99%，但此方法工艺还不成熟，处理成本较高。

### 6.2.3 主要研究内容和技术路线

针对某联合站含油污泥的环境污染问题和处理难的特点，研究采用超声清洗-微生物-植物联合处理工艺技术处理某场的含油污泥，通过对物化、生化处理条件的优化及对除油的过程及机理讨论和分析，建立一套经济有效的含油污泥处理技术与工艺，并为其运行条件的优化和推广提供参考依据。

具体研究内容如下：

(1) 油泥条件试验。通过油泥洗脱试验，获取不同运行条件下油泥洗脱程度，从而可以在一定程度上描述油泥的洗脱机理。

（2）超声加乳化剂试验。通过加入乳化剂后在不同的运行条件对油泥进行洗脱，利用乳化剂使油和固体颗粒剥离，再通过超声方法加以分离，实现油的回收。

（3）利用水听器确定驻波场中的声压、声强，确定超声波场中油泥洗脱的最佳试验条件。

（4）生物处理试验。研究生物高温氧化过程中石油类及石油主要组分的变化；强化微生物的加入对石油类降解的研究。

（5）筛选修复植物。选取能在含油土壤生长、适合北方气候的一种或几种植物进行现场种植，通过植物降解对采用生物处理后的含油污泥进行最后的处理。

（6）超声清洗-微生物-植物联合处理工艺的建立和实施。

本研究采用的技术路线，如图 6.16 所示。

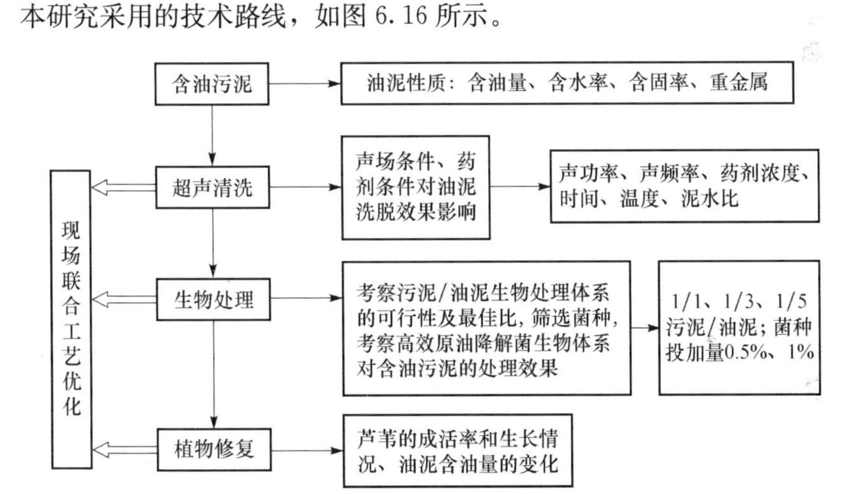


图 6.16　超声清洗-微生物-植物联合处理工艺技术路线

### 6.2.4　超声技术清洗含油污泥试验

1. 含油污泥特性分析

含油污泥来自大庆油田某联合站油泥堆放场的五合一罐底泥和储油罐底泥，由于长时间堆放，油泥已风干老化，外观为黑色，黏稠状，含油较多，乳化严重，颗粒细密，杂质以沙石和泥为主，呈明显的分布较均匀的“油泥”形态。新鲜的储油罐底泥黏稠性高，污泥中的油、水、泥相互包裹，油和水以水包油和油包水各种形式存在于污泥中，乳化程度高，如图 6.17 所示。混合均匀的油泥样品含水率为 20%～30%，含固率为 12%～43%，含油率 18%～60%。

大庆油田含油污泥中含有少量重金属离子，如 $Cr^{3+}$、$Cu^{2+}$、$Pb^{2+}$、$Hg^{2+}$、$Ni^{2+}$ 和 $Zn^{2+}$ 等，见表 6.1。

图 6.17　龙一联含油污泥形态

**表 6.1　含油污泥中重金属含量**

| 分析项目 | 含量/(mg/kg 干污泥) | 《农用污泥污染物控制标准》(GB 4284—1984) |
|---|---|---|
| pH | 7.6～7.8 | |
| 锌及其化合物（以 Zn 计） | 417.57±63.99 | 1000 |
| 铜及其化合物（以 Cu 计） | 888.11±77.99 | 500 |
| 铅及其化合物（以 Pb 计） | 80.91±56.81 | 1000 |
| 镉及其化合物（以 Cd 计） | 1.28±0.09 | 20 |
| 砷及其化合物（以 AS 计） | 未检出 | 75 |
| 铬及其化合物（以 Cr 计） | 67.43±4.36 | 1000 |
| 铁及其化合物（以 Fe 计） | 3388.03±745.70 | |

由表 6.1 可见，污泥中的主要重金属污染物除铜外均小于农用污泥污染控制指标，而污泥排放中矿物油含油指标超标严重（农用污泥污染物标准矿物油 3000mg/kg)。因此，油田污泥处理的主要目标是去除污泥中的油。

2. 超声处理含油污泥效能研究

1）试验装置

变频超声清洗机长 40cm、宽 30cm、高 33cm，底部设有换能器，通过控制装置控制超声条件；清洗机内加水，放置反应器，反应器采用不锈钢或有机玻璃制成，直径×高＝9cm×25.5cm，上端安装搅拌机，搅拌转速 60～80r/min；UT-18A 声压测定仪，用以监测声压变化（图 6.18 和图 6.19)。

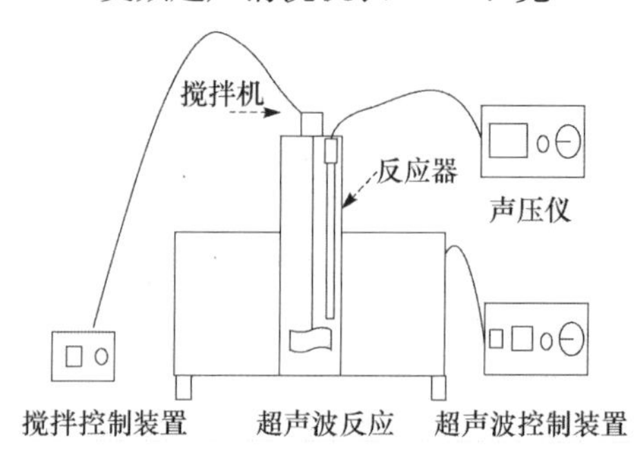


图 6.18　装置示意图

2）试验方案

(1）测定某联合站油泥样品的含水率、含固率和含油率。

（a）超声装置

（b）声压仪

图6.19　油泥物化处理装置

（2）超声声功率试验。称取一定量的油泥加入反应器中，同时按油泥/水为1/1加入自来水，考察声功率60W、120W、180W、240W、300W，洗脱时间5min、15min、30min、60min、120min。

（3）超声声频率试验。称取一定量的油泥加入反应器中，同时按油泥/水为1/1加入自来水，固定声功率，考察声频率25kHz、50kHz、100kHz、25/50kHz、25/100kHz、50/100kHz，洗脱时间5min、15min、30min、60min、120min。

（4）乳化剂浓度试验。试验中称取一定量油泥进行两次洗脱，固定超声频率、声功率、时间，按油泥/水为1/1加入自来水，第二次清洗时加药，将乳化剂HS1、HS2按油泥重量的百分比投加，考察乳化剂HS1投加量0.05%、0.1%、0.3%、0.5%；HS2投加量0.01%、0.02%、0.03%、0.05%。不同泥水比对洗脱效果影响试验。试验中称取一定量油泥进行两次洗脱，洗脱条件固定超声频率、超声功率、时间、乳化剂浓度，第二次清洗时加药，考察油泥/水比为1/1、1/2。

（5）乳化剂清洗时间试验。试验中称取一定量油泥进行两次洗脱，固定洗脱条件超声频率、超声功率、时间、油泥/水、乳化剂投加量，第二次清洗时加药，考察清洗时间10min、30min、60min、90min、120min。

（6）温度对洗脱效果影响试验。试验中称取一定量油泥进行两次洗脱，固定洗脱条件超声频率、超声功率、时间、油泥/水、乳化剂投加量，第二次清洗时加药，考察试验温度20℃、40℃、60℃、80℃。

（7）选择了对含油污泥洗脱效果的影响因素有：声频率、声功率、洗脱时间、药剂HS1投加量、药剂HS2投加量5个因素进行正交实验。

（8）在大庆某联合站进行现场试验，具体做法如下：称取一定量油泥进行两次洗脱和加药，考察声功率100W、200W、300W，声频率25kHz、50kHz、100kHz、25/50kHz、25/100kHz、50/100kHz的效果。

3）声场条件对含油污泥洗脱效能的影响

（1）声功率试验。

称取一定量油泥，不加任何药剂，选取超声频率为 25kHz，考察声功率改变，声压变化对油泥洗涤效果影响，试验结果如图 6.20～图 6.24 所示。

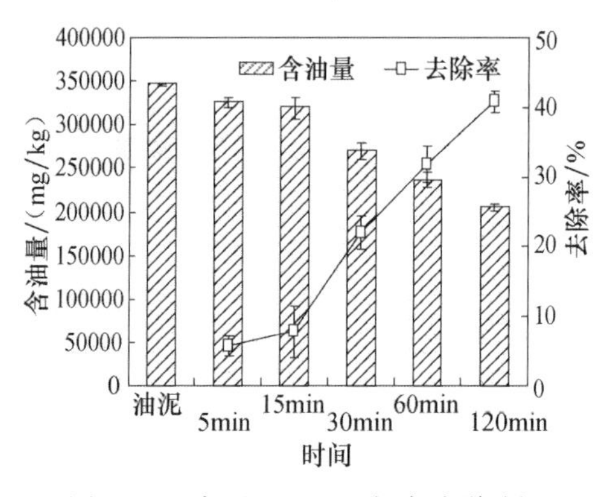


图 6.20　声压 46340Pa 超声洗脱油泥（声功率 60W）

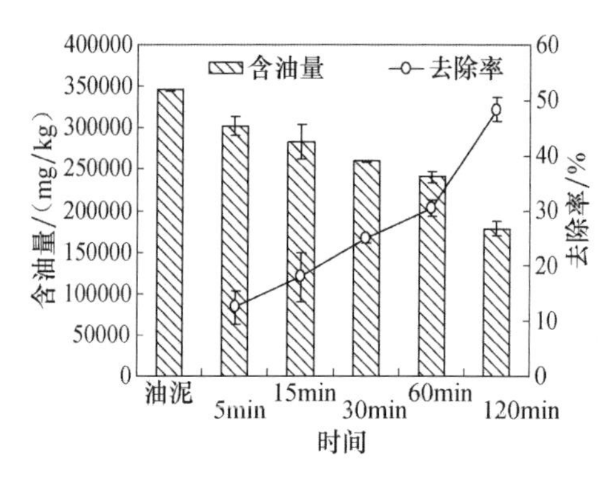


图 6.21　声压 46340Pa 超声洗脱油泥（声功率 120W）

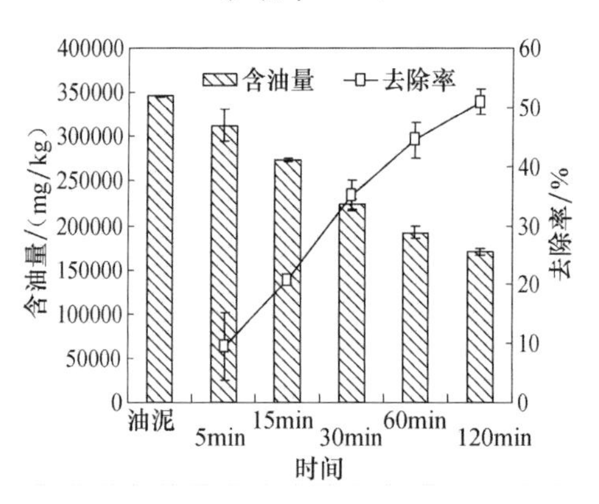


图 6.22　声压 55608Pa 超声洗脱油泥

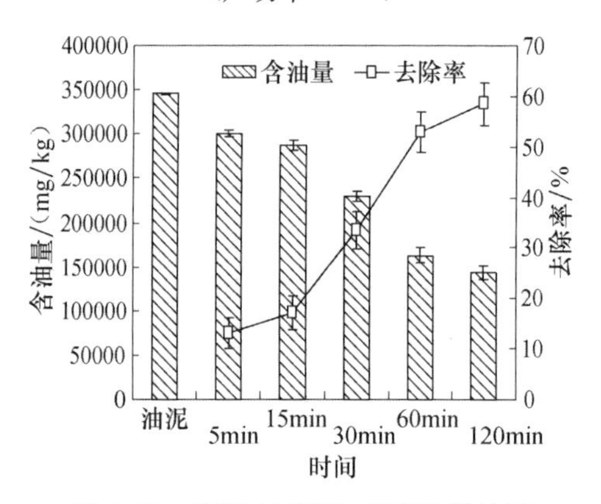


图 6.23　声压 64876Pa 超声洗脱油泥

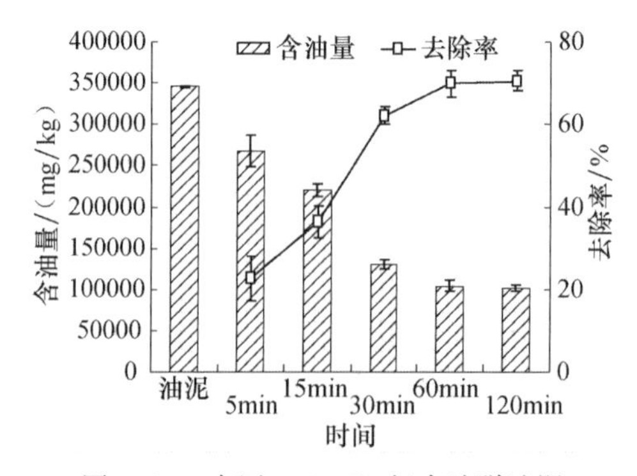


图 6.24　声压 74144Pa 超声洗脱油泥

由表 6.2 可见，反映改变声功率后反应器中声压、声强变化，可见声压、声强随着声功率增大而升高。超声洗脱效果随着声压升高而提高，原因是随着声强的增加，单位面积超声功率的作用增强，空化泡最大半径与起始半径的比值加大，使空化强度增大，而且空穴数量也增加，有利于清洗作用，出油率也随之提高。但并不是声强越高清洗效果越好，当声强过高时，在声源表面会产生大量无用的气泡而形成一道声屏障，使远离声源的声波强度减弱而削弱清洗作用。同时也可以看到，随着时间的增长而提高。声压 74144Pa 时经过 30min 有很好的洗脱效果，原油泥含油量从 345674.3mg/kg 左右降至 130822.2mg/kg，石油类去除率达到 70%。

**表 6.2　声压、声强随声功率的变化**

| 声功率/W | 声压/Pa | 声强/(W/cm²) |
|---|---|---|
| 60 | 46340 | 0.14 |
| 120 | 46340 | 0.14 |
| 180 | 55608 | 0.17 |
| 240 | 64876 | 0.20 |
| 300 | 74144 | 0.22 |

(2) 声频率试验。

由表 6.3 可见，反应器中声压、声强未随声频率的增加而升高。如图 6.31 所示，直接搅拌处理后油泥中的含油量没有明显减少，对比超声结果，超声有助于油泥中石油类物质的去除，并且石油类物质去除率随着时间的增加而提高，30min 后延长超声时间，石油类物质去除率变化不大。这是因为超声空化作用在整个油泥清洗系统中将产生附加效应、湍流效应、微扰效应、聚能效应和界面效应。这四种效应一方面可以减少油砂油厚度，加速整个油砂清洗系统的液固传质过程；另一方面，由于超声波可以使得清洗液进行强烈湍动，产生很多旋涡，增加搅拌作用，这样油砂表面的油在声压和液体微射流等作用下被撞击，发生内塌而迅速被剥离下来，并乳化，使油和砂彻底分离。

**表 6.3　反应器中声压随声频率的变化**

| 声频率/kHz | 声压/Pa | 声强/(W/cm²) |
|---|---|---|
| 25 | 74144 | 0.23 |
| 50 | 203896 | 0.62 |
| 100 | 69510 | 0.21 |
| 25+100 | 88046 | 0.27 |
| 25+50 | 203896 | 0.62 |

如图 6.25～图 6.31 所示，单频超声时，低频效果优于高频，这是因为液体

的空化阈值与超声波频率有密切关系。频率越高，空化阈值也越高，即频率越高，在液体中产生空穴所需要的声强或声功率也越大，同时空化泡的形成和崩溃变得更快。而超声波频率低时容易产生空穴，同时在低频率情况下，液体受到的

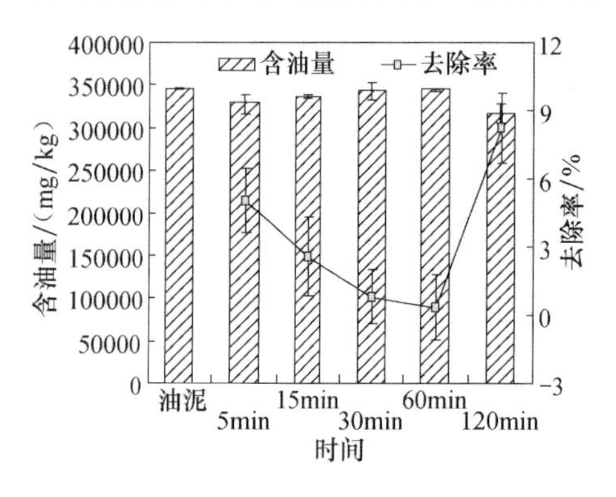


图 6.25　搅拌洗脱油泥效果

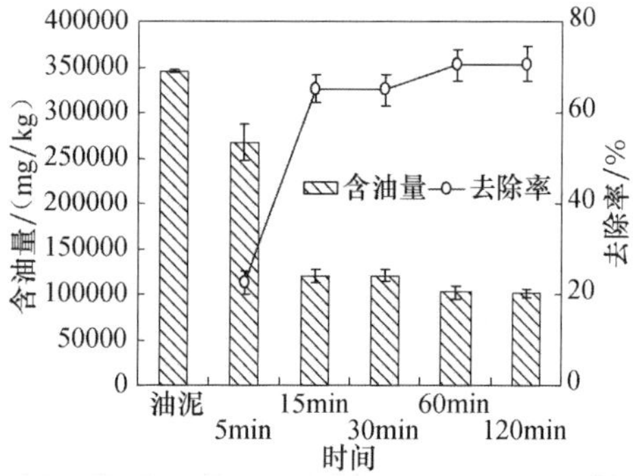

图 6.26　声压 74144Pa（25kHz）洗脱效果

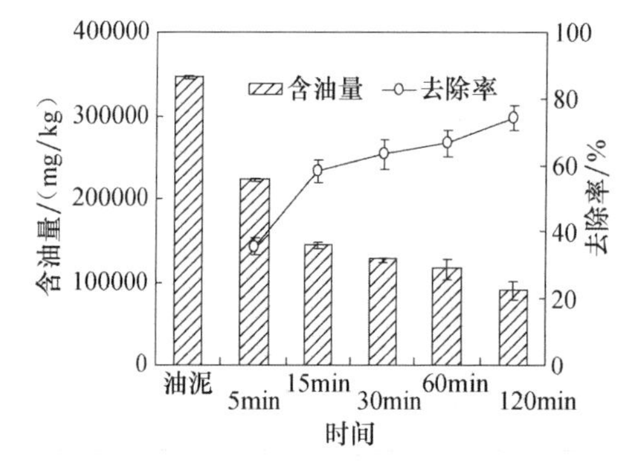


图 6.27　声压 203896Pa（50kHz）洗脱效果

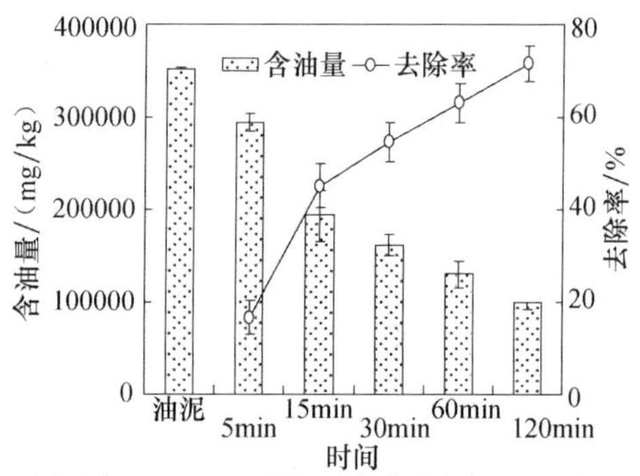


图 6.28　声压 69510Pa（100kHz）洗脱效果

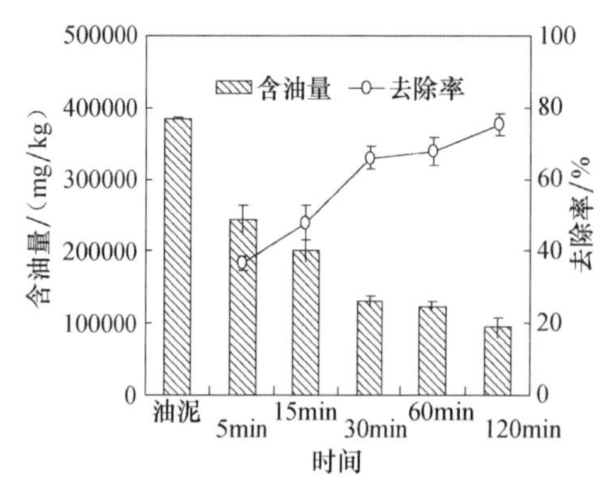


图 6.29　声压 20389Pa［(25＋50)kHz］洗脱效果

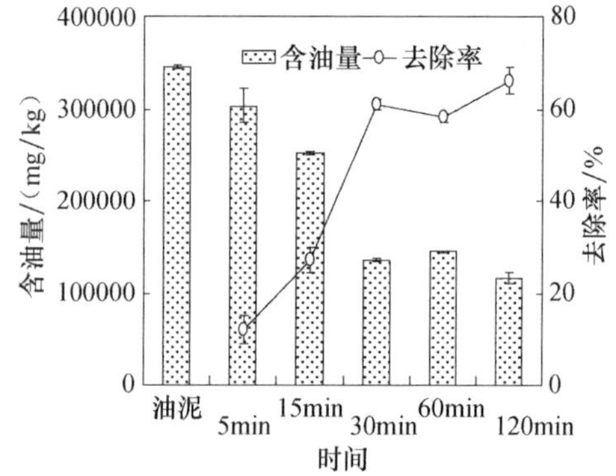


图 6.30　声压 88046Pa［(25＋100)kHz］洗脱效果

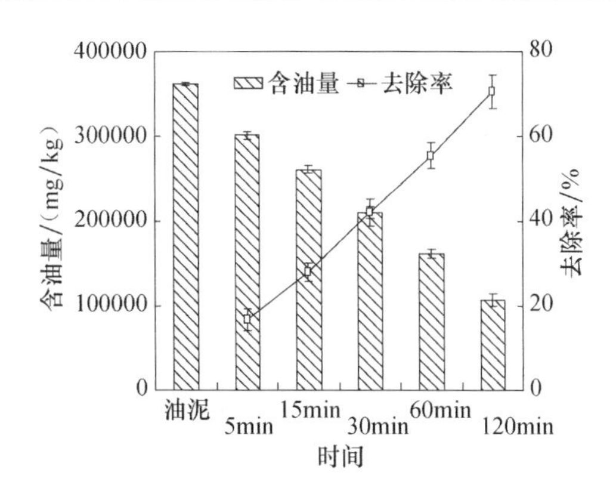


图 6.31　声压 74144Pa [(100+50)kHz] 洗脱效果

压缩与稀疏作用之间有更长的时间间隙，使气泡在崩溃前能长到较大尺寸，崩溃时空化强度增高，有利于清洗作用。同时发现经过 30min 超声，双频率（25+50)kHz（声压 203896Pa，声强 0.62W/cm²）时原油泥含油量由 345674.3mg/kg 左右降 131398.69mg/kg，洗脱效果优于其他声频率，原因是相对单频超声，双频复合超声是利用两束超声同时在溶液中传播，在单位时间里，双频复合超声产生的空化崩溃次数多于单频超声，双频复合超声具有协同作用，同时也说明在双频组合中，存在一种较好的功率分配值，可以使得超声空化产额最高。上述试验确定合适的超声条件为超声双频率（25+50)kHz，声强 0.62W/cm²，时间 30min。

4）乳化剂对含油污泥洗脱效能影响研究

(1）浮化剂浓度对含油污泥洗脱效果的影响。

药剂 HS1、HS2 投加浓度对石油类物质去除的影响很大。试验中称取一定量油泥进行两次洗脱，根据声场条件试验的结果，选定超声双频率为（25+50)kHz，时间 30min，超声功率 300W，按油泥/水为 1/1 加入自来水，第二次清洗时加药，将乳化剂 HS1、HS2 按油泥质量的百分比投加，考察乳化剂 HS1、HS2 不同浓度对含油污泥中石油类物质去除情况，从中选出最佳投药量。

如图 6.32 所示，固定 HS2 投加量 0.01%，油泥中石油类去除效果随着 HS1 浓度的增加而提高。当 HS1 投加量为 0.3%时，油泥的含油量从初始的(172042.84±3421)mg/kg 降至（10210.36±2134)mg/kg，石油类物质去除率为 94.06%；继续增加 HS1 投加量至 0.5%，含油量去除效率没有明显的变化。

如图 6.33 所示，固定 HS1 投加量 0.3%，油泥中石油类去除效果随着 HS2 浓度的增加而提高。当 HS2 投加量为 0.01%时，油泥的含油量从初始的(172042.84±3421)mg/kg 降至（13633.56±975.34)mg/kg，石油类物质去除率为 91.93%。继续增加 HS2 投加量至 0.05%，石油类物质去除效率没有明显的变化。乳化剂提高清洗效果的原因是乳化剂 HS1 和 HS2 协同作用能降低油-水

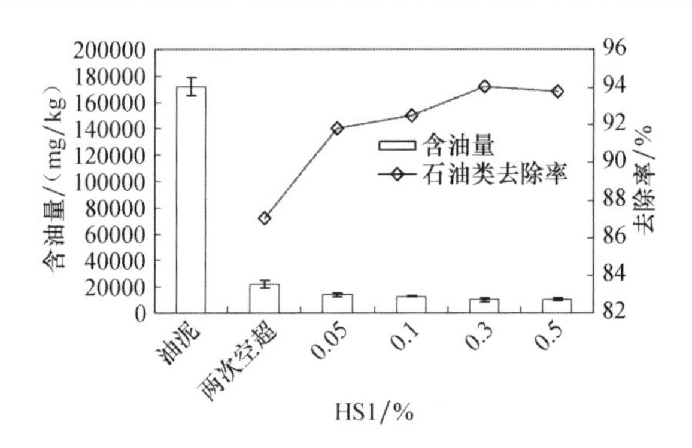


图 6.32　乳化剂 HS1 浓度对油泥中石油类物质的去除

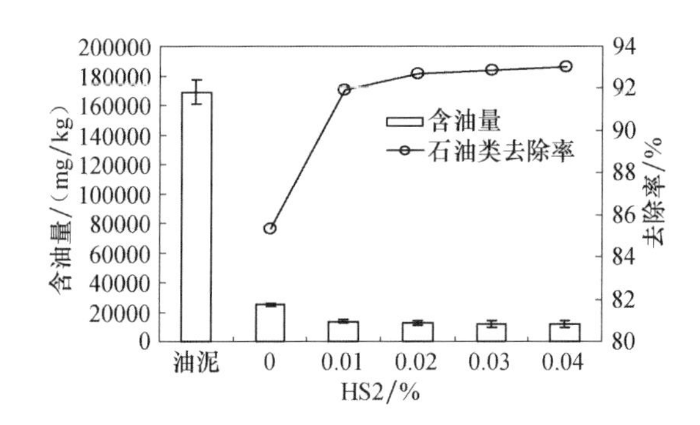


图 6.33　乳化剂 HS2 浓度对油泥中石油类物质的去除

间的液-液界面张力和油-砂及水-砂间的液-固界面张力，有助于油从泥上解吸下来。此外，乳化剂对水不溶性有机物还有增溶的作用，因此使用表面活性剂对油泥进行清洗具有较好的效果。根据试验乳化剂 HS1 最佳投加量为 0.3%，HS2 最佳投加量为 0.01%。

(2) 泥水比对含油污泥清洗效率的影响。

试验中称取一定量油泥进行两次洗脱，超声双频率 (25＋50)kHz，时间 30min，第二次清洗时加药，将 HS1、HS2 投加量分别固定在 0.3%、0.01% (质量的百分比投加)，考察油泥/水对含油污泥中石油类物质去除的影响，结果如图 6.34 所示。

如图 6.34 所示，油泥/水为 1/2 洗脱效果优于 1/1 的效果，加水量过少不利于油泥分离。因此油泥与水的比为 1∶2 左右较为合适。

(3) 药剂清洗时间对含油污泥洗脱效果的影响。

试验中称取一定量油泥进行两次洗脱，超声双频率 (25＋50)kHz，超声功率 300W，按油泥/水为 1/2 加入自来水，第二次清洗时加药，将 HS1、HS2 投加量分别固定在 0.3%、0.01%，增加超声洗脱时间，考察药剂 HS1、HS2 洗脱

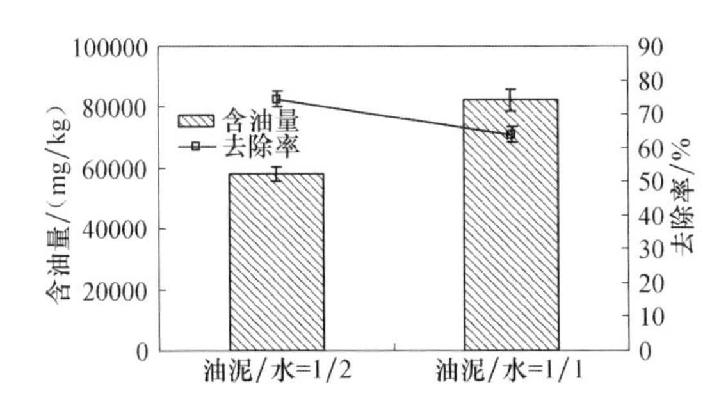


图 6.34　泥水比对含油污泥清洗效率的影响

时间对含油污泥中石油类物质去除的影响，清洗效率随清洗时间的变化曲线如图 6.35 所示。

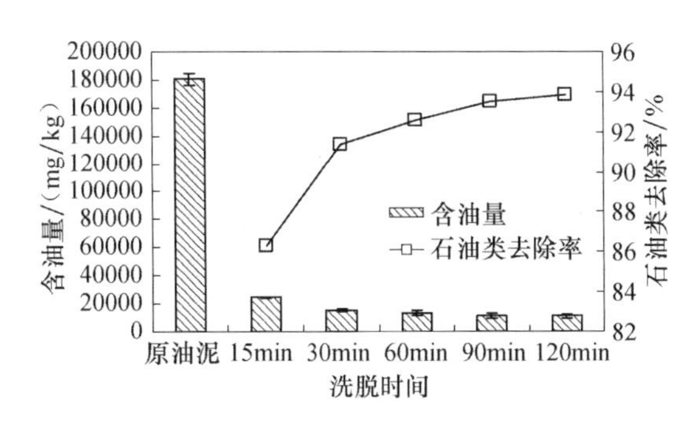


图 6.35　乳化剂洗脱时间对含油污泥中石油类物质去除的影响

如图 6.35 所示，随着药剂洗脱时间的增加，油泥中的含油量逐渐降低，石油类去除率逐渐提高。当洗脱时间为 30min 时，油泥中石油类物质含量从(180402±4017)mg/kg 降至（15529.1±1008)mg/kg，去除率达到 91.39%；继续增加洗脱时间，石油类物质去除率趋于平缓，没有明显的提高。综合考虑洗脱效果和超声能耗，洗脱时间选取 30min。

（4）温度对药剂洗脱影响试验。

按照所述的试验步骤，称取一定量油泥进行两次洗脱，选取试验条件为：超声双频率 25kHz+50kHz，超声功率 300W，时间 30min，按油泥/水为 1/2 加入自来水，第二次清洗时加药，将 HS1、HS2 投加量分别固定在 0.3%、0.01%，利用水浴锅将水温升至 20℃、40℃、60℃、80℃，考查温度对药剂 HS1、HS2 洗脱影响，试验结果见表 6.4。

**表 6.4　温度对清洗效果的影响**

| 温度/℃ | 20 | 40 | 60 | 80 |
|---|---|---|---|---|
| 含油量/(mg/kg) | 18345.67±1345.6 | 10452.34±1741.2 | 10344±923.12 | 8834.56±1123.4 |

由表6.4可见，温度升高有助于油泥中石油类物质的去除，随着温度的升高，洗出油泥中的残油率是逐渐减小的，清洗效率是逐渐提高的。温度从20℃升至80℃，石油类物质去除提高51.84%。在60℃以后，残油率的下降趋于平缓。这主要是在温度较低时，空化作用在短时间内不易破坏油砂之间的黏附应力，油不易从砂表面脱落；随着温度继续增加原油黏度降低，油膜的黏附能力减弱，表面张力急剧下降，易于与泥砂分离。但温度越高水分蒸发越快，水量损失越大，而且温度越高能耗也越大。所以综合考虑搅拌温度在20℃左右较为适宜。

(5) 超声＋药剂洗脱含油污泥正交试验。

称取一定量油泥（含油量257568.12mg/kg）进行两次洗脱：①影响因子及水平的选择。选择对含油污泥洗脱效果有影响的5个因素：声频率、声功率、洗脱时间、药剂HS1投加量、药剂HS2投加量，分别记为$A$、$B$、$C$、$D$、$E$，各因素有4个水平。②正交试验设计。待考察的影响因子有5个，每个因子又有4个水平，因此，根据“较少的实验次数可得到较多的信息”的原则，选择正交表L16 ($4^5$) 确定试验方案及试验次数$n$（表6.5)，根据正交表每行中所对应的各因子的水平进行试验。

**表6.5 正交试验及结果**

| 因 素 | 声频率/kHz | 声功率/W | 时间/min | 药剂HS1/% | 药剂HS2/% | 含油量/(mg/kg) | 去除率/% |
|---|---|---|---|---|---|---|---|
| 试验1 | 25 | 120 | 15 | 0.1 | 0.01 | 165412.12±2132.34 | 35.78 |
| 试验2 | 25 | 180 | 30 | 0.2 | 0.02 | 45261.23±2265.89 | 82.43 |
| 试验3 | 25 | 240 | 60 | 0.3 | 0.03 | 24312.52±3242.04 | 90.56 |
| 试验4 | 25 | 300 | 120 | 0.5 | 0.05 | 19235.12±3202.39 | 92.53 |
| 试验5 | 50 | 120 | 30 | 0.3 | 0.05 | 166215.30±2109.51 | 35.47 |
| 试验6 | 50 | 180 | 15 | 0.5 | 0.03 | 84215.32±2232.45 | 67.30 |
| 试验7 | 50 | 240 | 120 | 0.1 | 0.02 | 69241.23±2332.34 | 73.12 |
| 试验8 | 50 | 300 | 60 | 0.2 | 0.01 | 42547.34±3212.54 | 83.48 |
| 试验9 | 25+50 | 120 | 60 | 0.5 | 0.02 | 101231.02±3408.34 | 60.70 |
| 试验10 | 25+50 | 180 | 120 | 0.3 | 0.01 | 37312.20±3232.34 | 85.51 |
| 试验11 | 25+50 | 240 | 15 | 0.2 | 0.05 | 52795.21±3122.65 | 79.50 |
| 试验12 | 25+50 | 300 | 30 | 0.1 | 0.03 | 18454.20±2414.21 | 92.84 |
| 试验13 | 25+100 | 120 | 120 | 0.2 | 0.03 | 179827.14±62.04 | 30.18 |
| 试验14 | 25+100 | 180 | 60 | 0.1 | 0.05 | 82473.12±122.24 | 67.98 |
| 试验15 | 25+100 | 240 | 30 | 0.5 | 0.01 | 72475.45±2292.61 | 71.86 |
| 试验16 | 25+100 | 300 | 15 | 0.3 | 0.02 | 61217.31±3352.44 | 76.23 |

以石油类去除率为主要指标，考察影响因素对试验结果影响的显著水平。记每次试验石油类去除率分别为$Y_1$、$Y_2$、…、$Y_{16}$，每列因子中每种因子在同一水平上的试验值的算术平均值为$K^A1$、$K^A2$、$K^A3$、$K^B1$、$K^B2$、$K^B3$、…、$K^E3$，每种因素的极差为$R_A$、$R_B$、…、$R_E$，偏差平方和为$S_A$、$S_B$、$S_C$、$S_D$、$S_E$，方

差 $F_A$、$F_B$、$F_C$、$F_D$、$F_E$，得到实验结果见表 6-6、表 6-7。

**表 6.6　正交实验结果及差分析**

| 因　素 | 声频率/kHz | 声功率/W | 时间/min | 药剂 HS1 | 药剂 HS2 |
|---|---|---|---|---|---|
| $K1$ | 75.33 | 40.53 | 64.70 | 67.43 | 69.16 |
| $K2$ | 64.84 | 75.81 | 70.65 | 68.90 | 73.12 |
| $K3$ | 79.64 | 78.76 | 75.68 | 71.94 | 70.22 |
| $K4$ | 61.56 | 86.27 | 70.34 | 73.10 | 68.87 |
| $R$ | 18.08 | 45.74 | 10.98 | 5.667 | 4.250 |

**表 6.7　正交实验结果方差分析**

| 因　素 | 声频率/kHz | 声功率/W | 时间/min | 药剂 HS1 | 药剂 HS2 |
|---|---|---|---|---|---|
| 偏差平方和 | 874.243 | 4972.058 | 241.572 | 82.883 | 45.208 |
| 自由度 | 3 | 3 | 3 | 3 | 3 |
| $F$ 比 | 0.703 | 3.999 | 0.194 | 0.067 | 0.036 |
| $F$ 临界比 | 3.290 | 3.290 | 3.290 | 3.290 | 3.290 |
| 显著性 |  | * |  |  |  |

由表 6.6、表 6.7 可见，利用各因子在各自考察水平上的 $K$ 值大小，可以确定它们的最佳控制条件分别为：声频率（25＋50）kHz，声功率 300W，时间 60min，药剂 HS1 10.5%，药剂 HS2 20.02%。实际应用中综合考虑能耗和费用，选取实验条件：声频率（25＋50）kHz，声功率 300W，时间 30min，药剂 HS1 10.2%～0.3%，药剂 HS2 20.01%～0.02%。由极差大小和表 6.7 中的方差分析结果可以看出，影响超声＋药剂洗脱效果的试验因素按影响大小排序为：超声功率＞超声频率＞时间＞药剂 HS1 浓度＞药剂 HS2 浓度。

选择显著性水平 $\alpha=0.05$，查 $F$ 分布表得 $F$ 临界比＝3.290，只有声功率＞$F$ 临界值 3.290，而声频率、时间、药剂 HS1、药剂 HS2 间隔的 $F$ 值均小于 $F$ 临界值 3.290，所以在试验范围内，声频率、时间、药剂 HS1、药剂 HS1 都不是显著影响因素。声功率是影响油泥洗脱的相对显著影响因素，但不是高度显著影响因素。因此，在含油污泥清洗时声功率是相对重要的指标。

5）现场超声＋药剂洗脱含油污泥试验

2008 年大庆某联合站进行现场处理含油污泥试验，称取一定量含油污泥进行两次洗脱，按油泥/水为 1/1 加入自来水，第二次清洗时加药，将 HS1 投加量固定在 0.3%，药剂 HS2 投加量固定在 0.01%，超声洗脱时间 30min，考察不同声功率、声频率对含油污泥中石油类物质去除的影响。由于现场条件有限，用石油醚萃取后以紫外分光光度法测含油量，结果数据比实验室红外法的测定值低，将测定值放大 15 倍后接近实验室红外测定的结果，以该值作为分析的对象，

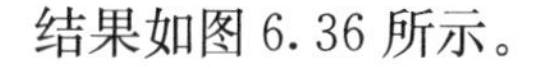
结果如图 6.36 所示。

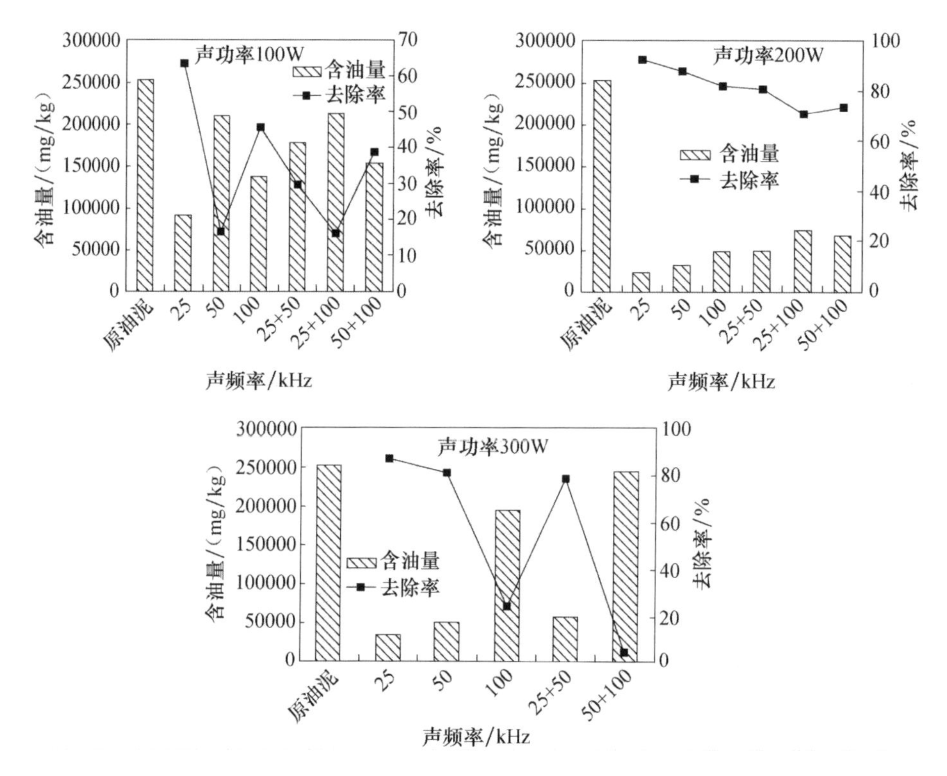


图 6.36　不同声功率、声频率对含油污泥中石油类物质去除效果的影响

由于现场试验次数一次，且测样时没有经过前处理，所以结果没有实验室的结果那样有规律，如图 6.36 所示，低频、复合双频率（25＋50)kHz 超声洗脱效果优于其他频率，同时洗脱效果随着声功率升高而提高，200W、300W 洗脱效果明显优于 100W。

3. 含油污泥中原油不同组成的变化

1）试验方法

将油泥的样品均匀地平铺在干净的托盘中，摊成薄薄的一层，置于通风室进行风干，风干后的样品用研钵研细。准确称取一定量研细后的样品用 $CCl_4$ 索氏提取 24h，提取液旋转蒸发冷冻干燥后称取一定量进行薄层色谱分析。

2）试验结果

为了进一步分析超声＋清洗剂对含油污泥中原油的作用情况，取原油泥、清水洗涤、超声清洗、超声＋药剂清洗四个样品进行薄层色谱分析，研究不同洗脱条件下油泥原油组分的变化，分析结果见表 6.8。

**表 6.8　不同洗脱条件下油泥原油组分分析结果**

| 项目 | 饱和烃/(mg/kg) | 芳香烃/(mg/kg) | 胶质/(mg/kg) | 沥青质/(mg/kg) |
|---|---|---|---|---|
| 原油泥 | 85849.48±3749.60 | 44067.57±4396.08 | 34742.07±3620.30 | 17279.61±3232.41 |
| 清水洗涤 | 51766.40±1911.34 | 30550.69±1777.99 | 27093.31±2755.88 | 16312.56±2889.24 |
| 超声清洗 | 26201.39±1092.75 | 16753.43±546.37 | 17736.86±943.74 | 9553.32±695.39 |
| 超声+药剂清洗 | 6564.99±254.62 | 3556.53±426.24 | 4169.64±216.49 | 1572.04±388.11 |

由表 6.8 可见，含油污泥中胶质、沥青质含量高，说明油泥是放置时间长，老化的污泥。超声+药剂清洗对于含油污泥中原油的不同组分去除率不一样。

由表 6.9 可见，含油污泥洗脱效果：超声+药剂清洗>超声清洗>清水清洗，超声+药剂清洗对于含油污泥中饱和烃去除率最高，为 92.35%，相对于超声清洗增加了 22.87%；其次是芳香烃去除率为 91.93%，相对于超声清洗增加了 29.95%；非烃、沥青质也有很好的去除，去除率为 88%、90.90%，相对于超声清洗增加了 38.05%、46.19%。

**表 6.9　不同洗脱条件下油泥原油组分去除情况**

| 项目 | 组分去除率/% | | | |
|---|---|---|---|---|
| | 饱和烃 | 芳香烃 | 非烃 | 沥青质 |
| 清水洗涤 | 39.70 | 30.67 | 22.02 | 5.60 |
| 超声清洗 | 69.48 | 61.98 | 49.95 | 44.71 |
| 超声+药剂清洗 | 92.35 | 91.93 | 88.00 | 90.90 |

4. 含油污泥超声药剂清洗试验结论

(1) 采用超声+药剂清洗法对含油污泥进行处理，可以回收大部分污油，具有一定的经济效益，而且大幅度降低了油泥的含油量。

(2) 超声空化作用有助于含油污泥中油与泥的分离；声压、声强随声功率增大而升高，同时油泥中石油类去除率也随之提高；双频率 (25+50)kHz 时洗脱效果优于其他频率。通过试验确定超声最佳条件为双频率 (25+50)kHz，声强 0.62W/cm$^2$，时间 30min。

(3) 超声可以提高乳化剂 HS1、HS2 的清洗效果；增加 HS1、HS2 的投加量，增加洗脱时间和升高洗脱温度能提高石油类物质的去除率。

(4) 正交实验说明声功率是影响油泥洗脱效果的显著因素。实验确定洗脱条件：声低频 (25+50)kHz，时间 30min，超声声强 0.62W/cm$^2$，油泥/水为1/1，常温，药剂 HS1 浓度（按油泥质量比）0.2%～0.3%，药剂 HS2 浓度（按油泥质量比）0.01%～0.02%。

(5) 石油组分析结果显示，超声+药剂清洗能显著提高原油各组分的去除率。

### 6.2.5 超声脱稳技术及其应用

1. 超声波脱稳技术处理含油污泥影响因素研究

在大庆油田某厂开展了超声波脱稳试验和工艺应用研究。超声波脱稳技术利用超声反应塔内的超声波换能器产生高频机械震荡波，震荡波传播到含油污泥溶液中，超声波在含油污泥溶液中疏密相间地向前辐射，使液体流动而产生数以万计的小气泡。这些气泡在超声波纵向传播的负压区形成、生长，而在正压区迅速闭合。气泡瞬间闭合产生高压，连续不断地冲击污泥的表面，使污泥表面上的油迅速剥落，从而达到迅速分离油泥的目的。并在槽底安装曝气装置使油泥均匀混合，保证超声波充分作用于含油污泥，从而达到三相结合状态，使其稳定性降低，使油、水、泥砂三相混合体达到脱稳的作用。

1）温度对于超声波处理油泥效果的影响

室内试验超声波处理油泥最佳频率为 40kHz，最低功率 10kW，作用时间 20min，在此基础上现场试验研究了不同温度下超声波脱稳技术对于落地油泥和罐底泥的处理效果。

如图 6.37 所示，经超声辐照后的落地油泥中污油随温度变化发生改变，污油的去除率随温度的升高而升高，在油泥处理温度为 50℃时，污油的去除率最大，达到 71.7%。继续提高温度对于油泥处理效果改善不明显。

由于罐底油泥含油量较高，固体成分中颗粒粒径较小。因此，预热分离需要较高温度。在落地污泥研究的基础上，罐底油泥预热温度从 50℃提高到 70℃，在处理温度达到 55℃时，油的去除率达到 80.43%，60℃时油的去除率最大，达到 84.71%，如图 6.38 所示。考虑到运行成本，罐底油泥处理温度确定为 55℃。超声清洗脱油的最佳操作温度在 50～60℃，常见含油污泥清洗温度为 70～90℃，证明利用超声波技术可以降低污泥清洗的操作温度，降低污泥处理成本。

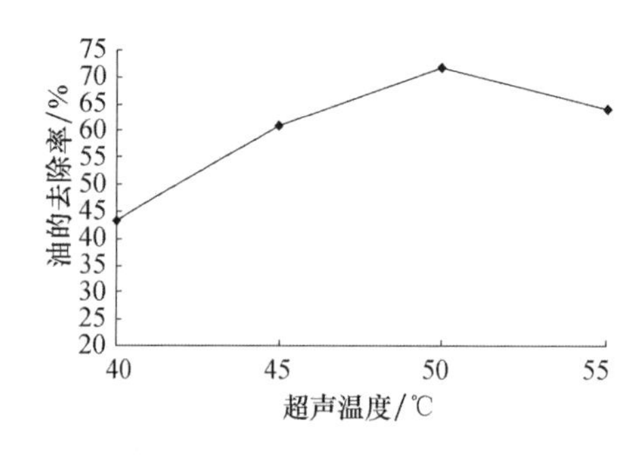


图 6.37 不同温度下处理落地油泥时油的去除率曲线图

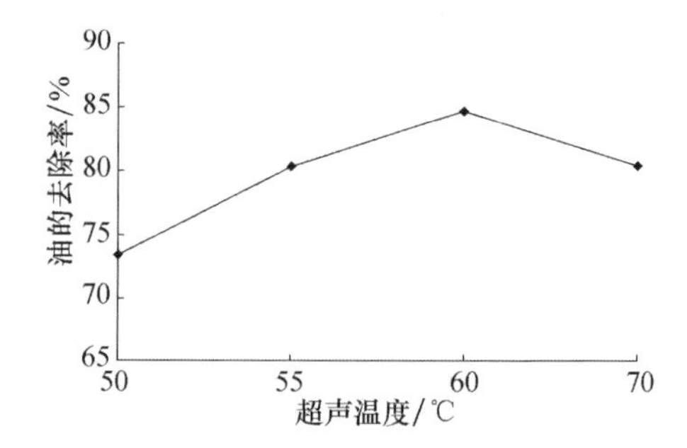


图 6.38 不同温度下处理罐底油泥时油的去除率曲线图

2）强度对于超声波处理油泥效果的影响

超声波处理油泥过程中，超声波输出功率、强度不同，产生空化作用和机械振动作用的效果也不同。在室内试验基础上，既最佳功率 10kW 基础上，研究了不同功率条件下落地油泥和罐底油泥的处理效果。

如图 6.39 和图 6.40 所示，改变超声波作用功率影响其除油效果，提高超声功率，油泥含油反而上升。这是由于超声声强增高，空化强度增强，而超声波在弱空化效应下除油较高。因此确定油泥处理系统合理的超声功率为 12kW。

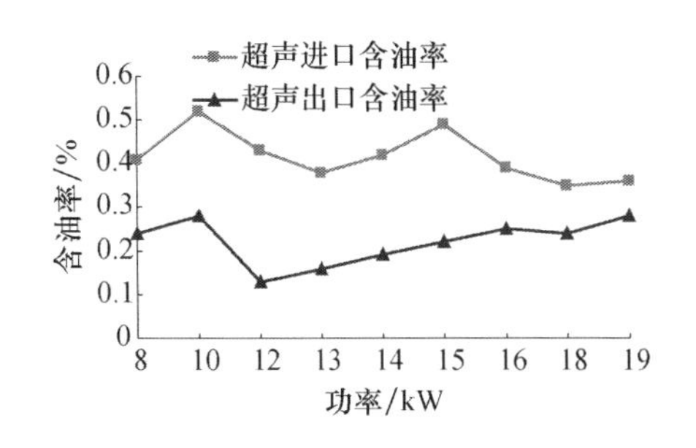


图 6.39　不同功率作用下超声波处理落地油泥的效果

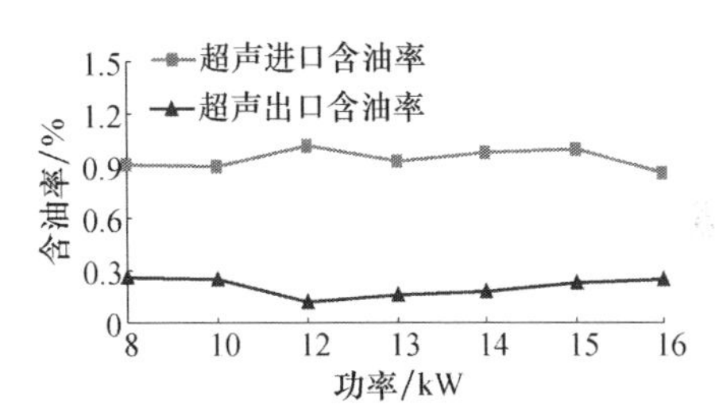


图 6.40　不同功率作用下超声波处理罐底油泥效果

2. 超声波脱稳技术的工艺研究

1）现场试验工艺

首先将含油污泥及水源井来水加入储泥池，加热搅拌调质，同时分离的大量污油打入储油箱。污泥搅拌均匀后经螺杆泵打入调质罐加药搅拌，加热至 50℃，调质罐上层污油流入储油箱，搅拌均匀的污泥再经螺杆泵打入超声波脱稳池。池内的超声波换能器发出超声波对油泥进行振荡粉碎处理，在脱稳过程中，上部的污油流入储油箱，箱内污油经泵打入卸油点，进入油系统处理。经脱稳的油泥打入离心分离系统进行固液分离。从离心机排出的浓缩污泥进入固化装置处理，形成污泥固化块后外运。在离心分离过程产生的污水进入污水箱进行系统循环使用，工艺流程如图 6.41 所示。

2）含油污泥超声分离装置

（1）功能描述。

利用超声波换能器产生高频机械震荡波，震荡波在含油污泥溶液中疏密相间地向前辐射，产生数以万计的小气泡，这些气泡瞬间闭合，形成高压，连续不断地冲击污泥的表面，使污泥表面上的油迅速剥落。在塔底安装曝气装置使油泥均匀混合，保证超声波充分作用于含油污泥，降低其稳定性，达到油、水、泥砂三相混合体脱稳的作用。塔内设置有进泥系统和出泥系统，使进入的油泥均匀分布

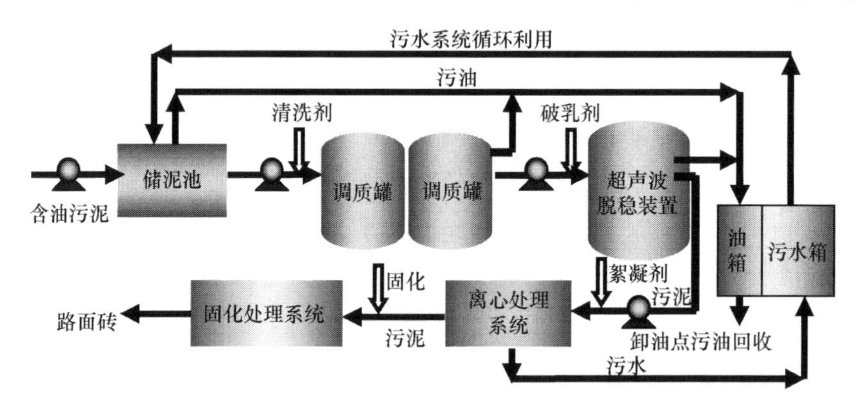


图 6.41　含油污泥处理工艺流程图示意图

在处理塔内。油由塔顶收油装置收集排至油池，油泥经由泵打入离心分离系统。该装置设置罗茨风机一台，利用曝气作用保证油泥在超声波作用范围内的停留时间和提高油水分离效果。油从塔顶排走，油泥经提升泵进入离心分离系统。

(2) 设计参数。

超声波处理塔一台，有效容积为 6m³，直径为 2.1m，高 3.0m，有效超声分离高度 1.6m，满足后续离心处理装置连续 24h 运行。设置罗茨风机一台，利用曝气作用提高油与油泥的分离效果。油从罐顶排走，污泥经由提升泵进入离心分离系统。处理温度 50～60℃；热负荷 $Q=168\times10^3$kJ/h。超声波塔示意图如图 6.42 所示。

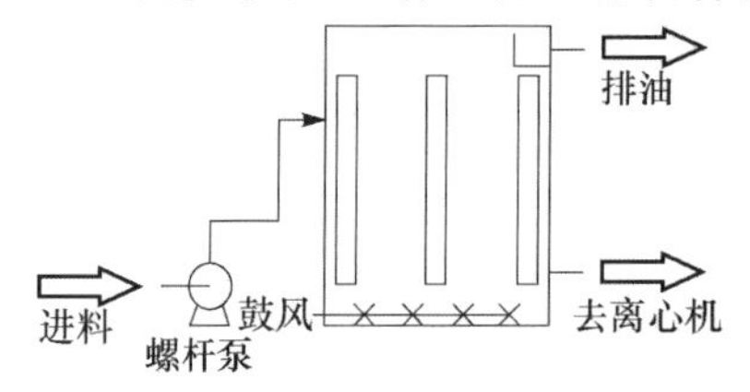


图 6.42　超声分离装置

超声分离装置与油水分离装置设在 1 个撬体上，撬体尺寸见表 6.10。

**表 6.10　超声分离装置主要设备构成**

| 序　号 | 名　称 | 规格型号 | 单　位 |
|---|---|---|---|
| 1 | 超声波处理塔 | WNCT/2.1-3.0 | 座 |
| 2 | 超声波发生器 | KESP-1006P36kW | 套 |
| 3 | 套管式换热器 | WNHR/0.2 | 台 |
| 4 | 罗茨风机 | ZLSR-505.5kW | 台 |
| 5 | 磁浮子液位计 | UHZ-52 | 件 |
| 6 | 双金属温度计 | WSS-401 | 件 |
| 7 | 电磁流量计 | XKD99Z-50 | 件 |
| 8 | 工艺管阀件及保温防腐 | | 套 |

3) 现场应用效果

(1) 落地油泥。

落地油泥试验参数为：处理温度 50℃，清洗剂投加量 600mg/L，破乳剂投加量 10mg/L，絮凝剂投加量 400mg/L，超声波运行功率 12kW。运行时间 20～25min 条件下设备稳定运行，研究了最优参数下系统的处理效果，如图 6.43～图 6.45 所示。

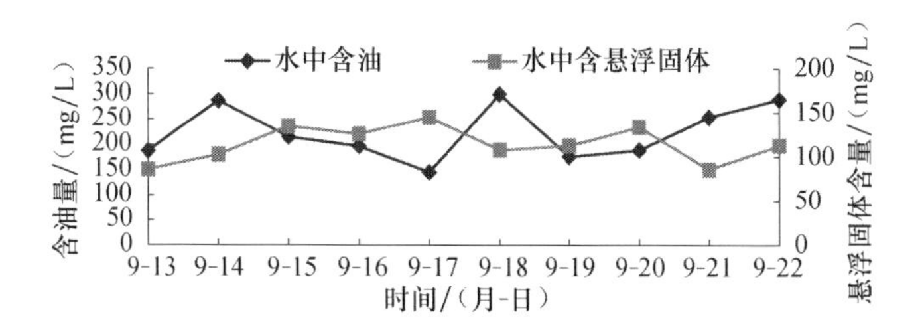


图 6.43　离心出口污水中悬浮物和含油量变化曲线图

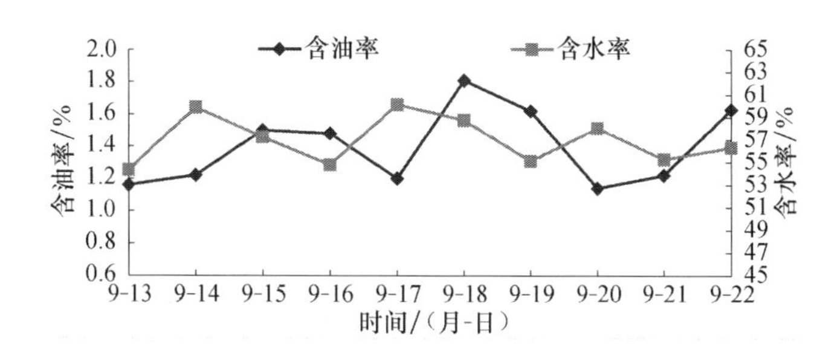


图 6.44　离心出口的污泥中含油率和含水率变化曲线图

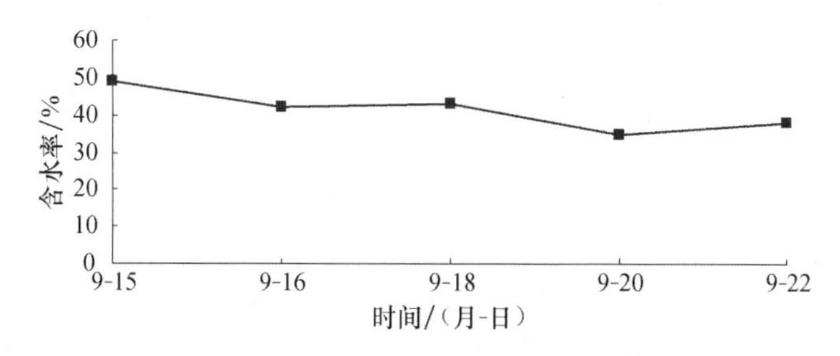


图 6.45　系统分离出污油中含水率变化曲线图

如图 6.43～图 6.45 所示，经该系统处理后离心出口泥中含油率低于 2%，污泥含水率低于 50%，离心机出口污水含油不大于 1000mg/L，悬浮固体含量不大于 50mg/L，进入脱水系统的污油含水率不大于 50%。达到试验的预期效果。

(2) 罐底油泥。

罐底污泥试验参数为：处理温度 55℃，清洗剂投加量 800mg/L，破乳剂投加量 15mg/L，絮凝剂投加量 600mg/L，超声波运行功率 12kW，运行时间 25～30min，研究了最优参数下系统的处理效果，如图 6.46～图 6.48 所示。

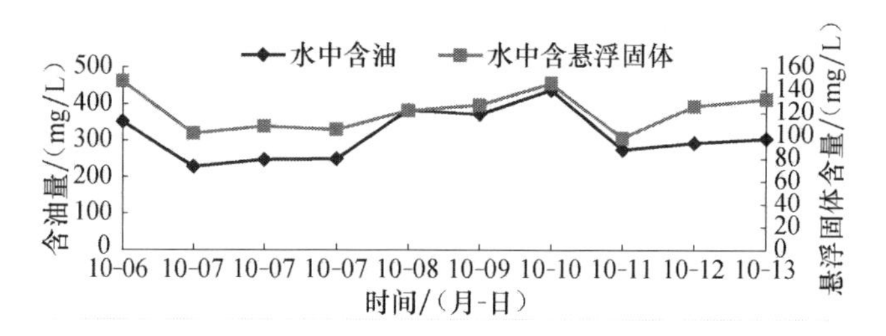


图 6.46　离心出口污水中悬浮物和含油变化曲线图

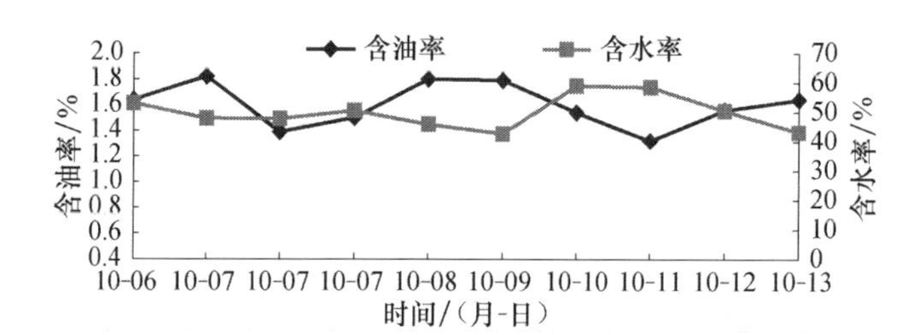


图 6.47　离心出口的污泥中含油率和含水率变化曲线图

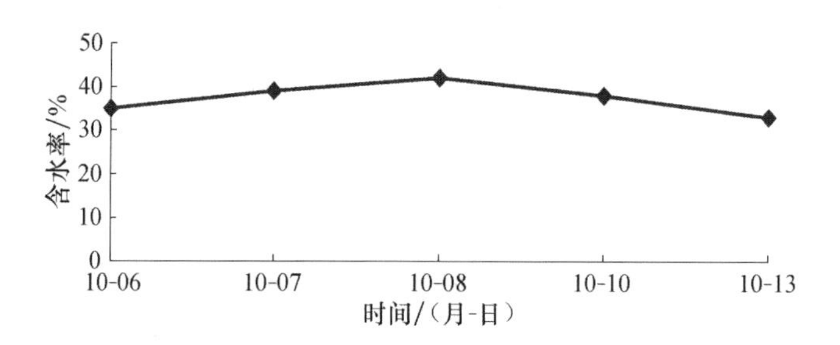


图 6.48　系统分离出污油中含水率变化曲线图

如图 6.46～图 6.48 所示，落地油泥及罐底污泥经系统处理后离心出口泥中含油率低于 2%，符合国家固体废弃物排放标准，解决了含油污泥处理难的问题，同时通过调质和超声分离能够将污泥中含有的油分离出来，检测结果显示油中含水率平均值在 50%以下，进入油系统，在处理废弃物的同时实现油的回收，具有一定的经济效益。

在室内试验的基础上，通过对含油污泥无害化处理系统进行现场运行调试，确定了运行最佳参数，并在此参数下研究了含油污泥处理效果，结论如下：

① 采用掺水加热机械调质能够改善油泥流动效果，提高油泥分离性能，对于落地油泥掺水比在 1∶7，罐底油泥掺水比在 1∶5 时，油泥分离效果最好。

② 投加清洗剂能够改善油泥分离性能，对于落地油泥清洗剂投加量在 600mg/L，罐底油泥清洗剂投加量在 800mg/L 时，处理效果最佳。

③ 采用超声波能够有效改善油泥分离效果，对于落地油泥超声波运行功率12kW，运行时间20～25min，温度50℃，破乳剂投加量10mg/L条件下，设备稳定运行，处理效果最佳。对于罐底油泥超声波运行功率12kW，运行时间25～30min，温度55℃，破乳剂投加量15mg/L条件下，设备稳定运行，处理效果最佳。

④ 采用投加絮凝剂进行离心分离能够有效实现泥水分离。对于落地油泥絮凝剂投加量400mg/L，罐底油泥絮凝剂投加量600mg/L，离心机转速2200r/min，运行效果最佳。

⑤ 系统稳定运行后研究了油泥处理效果，无论是落地油泥还是罐底油泥均能够达标，离心分离后泥中含油率≤2%。

(3) 应用情况分析。

在现场试验工艺稳定运行期间，处理710t污泥时，现场试验数据见表6.11。

**表6.11　含油污泥现场试验数据分析表**

| 项　目 | 原泥量/t | 出泥量/t | 纯产出油量/t | 耗气量/$m^3$ | 用水量/$m^3$ | 用电量/(kW·h) | 清洗剂/kg | 絮凝剂/kg | 破乳剂/kg |
|---|---|---|---|---|---|---|---|---|---|
| 试验期间 | 710 | 255.6 | 248.5 | 10650 | 653.2 | 22010 | 2556 | 2201 | 71 |

通过“机械调质＋离心分离＋超声脱稳”工艺处理含油污泥，可使油泥中的油泥水三相有效分离，处理后污泥含油≤2%，减少了含油污泥对环境的污染；经离心工艺分离出来的污水，可以循环进行调质使用，减少资源浪费；同时处理污泥过程中回收了一定量的污油，为企业创造了可观的经济效益。

# 第7章　热解法处理工艺技术研究

## 7.1　热解法的原理及国内外应用现状

### 7.1.1　热解法的原理

热解是指有机物在隔氧条件下加热分解的过程。含油污泥热解技术是在隔氧高温下将蒸馏和热分解融为一体，将污泥转变成三种相态物质，即含碳有机物在缺氧加热的情况下分解为相对分子质量较高的有机液体（焦油、煤油、芳香烃）＋低相对分子质量的有机液体（醇、醛类）＋多种有机酸＋炭渣＋$CO$＋$CH_4$＋$CO_2$＋$H_2$＋$H_2O$等。气相为甲烷、二氧化碳等；液相以常温燃油、水为主；固相为无机矿物质与残炭。热解工艺可应用于城市垃圾、工业污泥等固体废物处理与能源回收，属于现代开发的工艺。

在工业生产中，热解又称为干馏、热分解或焦化，是比较成熟的化工工艺过程，在实际的污泥处理过程中，焦化和热分解采用的技术原理是相同的，只是长期以来将其通俗化，一个是污泥处理后状态的描述，较为通俗（焦化）；一个较为学术（热解），二者采用的工艺存在一定的差异，但是原理是一致的。例如，煤气工程（焦化）。热解吸技术是在缺氧环境下从固体中解吸/分离气态或半气态有机物，整套装置包括进料系统、热解吸装置、蒸汽回收单元、水处理单元和相配套的控制系统。燃烧器的火焰和废气不与污染物质直接接触。滚筒在一个保温室中转动，该保温室由天然气、燃料油或丙烷做燃料的多重燃烧器加热，当滚筒转动时，其内部的物料随之转动，这样有助于通过滚筒将加热室的热量传递给物料，根据需要物料被加热到足够高的温度使全部或部分的污染物挥发，这个过程在厌氧（低氧）的条件下实现，从而避免了氧化。干净的物料通过一个双闸板阀从滚筒中排放，在物料排放前，通常向处理的物料中加入水，用于冷却和减少灰尘。离开热解吸装置后，所有的生产气体将在蒸汽回收单元中进行回收/冷凝和冷却。排出蒸汽回收单元后，可凝结的部分集中到一个储油槽中，在初级水处理单元中进行进一步的处理，被分成固体、油和水三相。所有不凝的气体被引回到炉内或在排放到大气之前进入吸附处理装置（通常采用活性炭吸附）。

### 7.1.2　热解法国内外应用现状

热解技术广泛用于生产木炭、煤干馏、石油重整和炭黑制造等方面。在固体废物处理上，最早于 1929 年美国政府矿务局主持开展了一些典型固体废物的热解研究。从 20 世纪 60 年代开始，科学家开始进行以城市固体废物为原料进行热解处理回收资源的研究。

由于热解法有利于资源的回收利用，相关研究和应用得到快速发展。废塑料热分解制油及城市固体废物热分解造气的研究广泛开展，不少热解厂也相继建立起来。1983 年，联邦德国在巴伐利亚州的 Ebenhausen 建设了第一座轮胎、废塑料、废电缆的热解厂，而后又在巴伐利亚州的昆斯堡建立了处理城市固体废物的废物热解工厂。美国纽约市也建立了采用纯氧高温热解法处理废物能力达 3000t/d 的最大的热解工厂。其中，以美国 RLC Technologies Inc. 公司热解吸含油污泥处理技术较为成熟，是一种改型的污泥高温处理方法。其典型的处理工艺流程如图 7.1 所示（见彩图）。

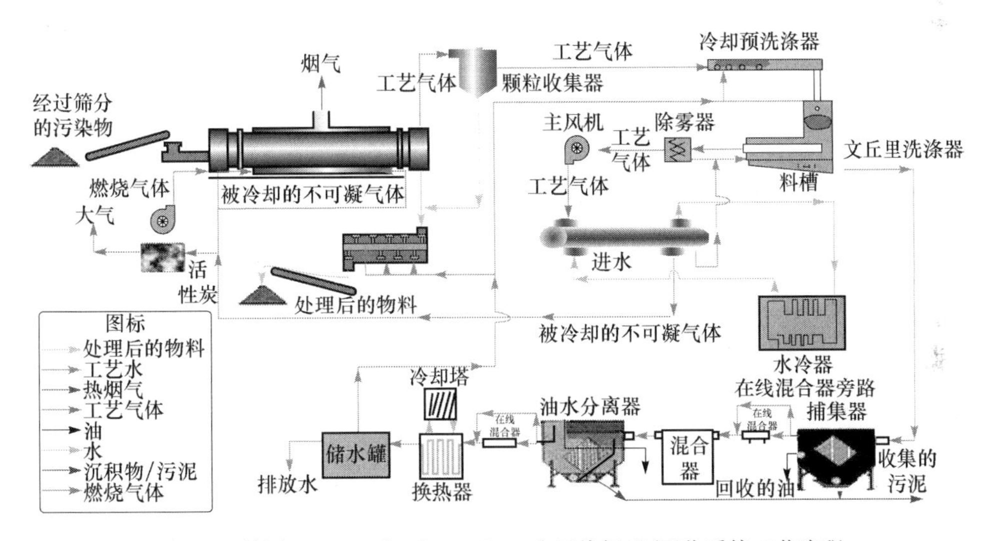


图 7.1　美国 RLC Technologies Inc. 公司热解吸/回收系统工艺流程

热解吸方法适合处理含水量不高而烃类含量较高的污泥，设备的处理能力和能耗与进料中的水含量成正比，因此该技术适用于经过减量化处理后的含油污泥，对污泥中的油和其他有毒有害物质处置彻底。该工艺处理速度快，回收的能量可以回用，与传统的焚烧法相比，节约能源，而且产生的烟气少，减少了大气污染，是国际上含油污泥处理技术的发展趋势之一，但与其他工艺相比，该工艺投资大，操作复杂，能耗高。

1981 年，我国农机科学研究院利用低热值的农村废物进行热解燃气装置的试验取得成功。此外，同济大学、重庆大学、中国市政工程西南设计院、广州市环境卫生研究所等一些院校和科研单位也都进行有关的热解技术研究。但目前为止，工业化生产装置投入运行很少，除市政垃圾外，基本未见对含油固废热解处理工业化应用的报道，在我国的辽河油田开展了相关的现场试验研究。

## 7.2 含油污泥热解技术研究的技术路线

针对含油污水处理污泥的来源及组成特征，提出其资源化处置的工艺路线如图 7.2 所示，即污水处理产生的脱水污泥直接热解处理分离为油、水、渣和不凝气。其中热解油回收利用，水回收进污水处理系统重新处理，不凝气直接用作热解的燃料气；渣可直接用作吸附材料，或者进行灼烧回收利用其中的残炭热值后再用作吸附材料，或者对灼烧脱碳残渣进行酸溶处理后再用作吸附材料，并且将酸溶液进行回收制备聚铝，回用于污水絮凝处理。

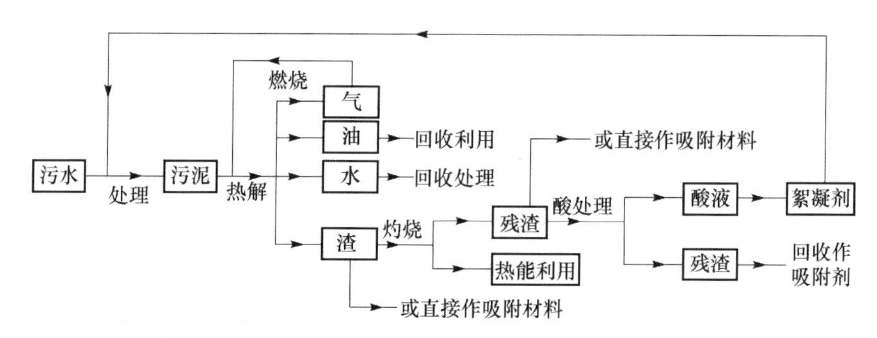


图 7.2 含油污泥资源化处置工艺路线图

## 7.3 大港油田含油污泥热解试验研究

### 7.3.1 含油污泥室内热解试验

1. 含油污泥热解反应机制

含油污泥热解（也称焦化）试验在大港油田进行，由于油泥中含有一定数量的矿物油，其组成主要有烷烃、环烷烃、芳香烃、烯烃、胶质及沥青质等，含油污泥中矿物油重质组分沉积居多。热解法处理含油污泥实质就是对重质油的深度热处理，其反应是一个烃类物质的热转化过程，即重质油的高温热裂解和热缩合，其反应过程大致如下：

石蜡烃→烯烃→二烯烃→环烯烃→芳烃→稠环芳烃→沥青质→焦炭

重质油中各组成的裂解和缩合能力依次为：正构烷烃＞异构烷烃＞环烷烃＞芳香烃＞环芳烃＞多环芳烃。

烃类的热反应基本上可以分成裂解和缩合两个方向。裂解生成较小的分子（如气体烃），缩合生成较大的分子（如胶质、沥青质、焦炭等）。在热转化过程中，重质油一般加热至 370℃左右即开始裂解，同时缩合反应随裂化深度的增加而加快。在低裂解深度下，原料和焦油中的芳烃是主要的结焦母体；在高裂解深度下，二次反应生成的缩聚物是主要的结焦母体。最终裂解的轻质烃类在合适的温度下被分离，缩聚物被留在反应容器中。通过控制一定的反应条件，可以使反应有选择地进行，其中原料性质、反应温度、反应压力、停留时间等是影响反应的主要参数。

2. 热解试验所需仪器设备

试验所采用的主要仪器有水浴振荡器、电热烘箱、减压干燥箱、锡浴加热装置、热解反应釜、冷却系统、减压蒸馏装置、冰水浴装置和尾气吸收装置等。水浴振荡器和电热烘箱用于测定含油污泥中的含油量，减压干燥箱用于对油泥进行预处理，锡浴加热装置和热解反应釜等用于进行热解试验研究，冷却装置用于收集油品，减压蒸馏用于对油品进行进一步分析。

热解试验所采用的仪表包括数字控温表、固态继电器、热电偶、冷凝器。实验以 $N_2$ 作为载气，通过数字控温表控制锡浴的温度来达到反应所需要的温度，反应产物经过冷凝器，然后用冰水浴收集在收集器内，尾气经过碱液吸收后直接排放。反应装置如图 7.3 所示。

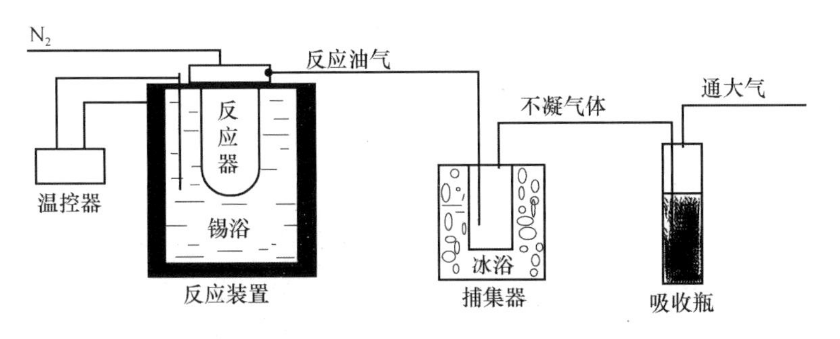


图 7.3　含油污泥热解反应处理试验装置示意图

3. 热解处理试验工艺

取一定量的预处理后的含油污泥送入焦化反应釜内，添加适量的催化剂，密封反应器，进行预加热脱除剩余的水分，待反应器出口无白色小雾出现时，将反应器温度由 105℃升至焦化控制温度，反应一定时间后，接收液相冷凝产品，不凝气经碱液吸收后排空，反应完成后，清除反应器内焦化固体产物（图 7.4）。

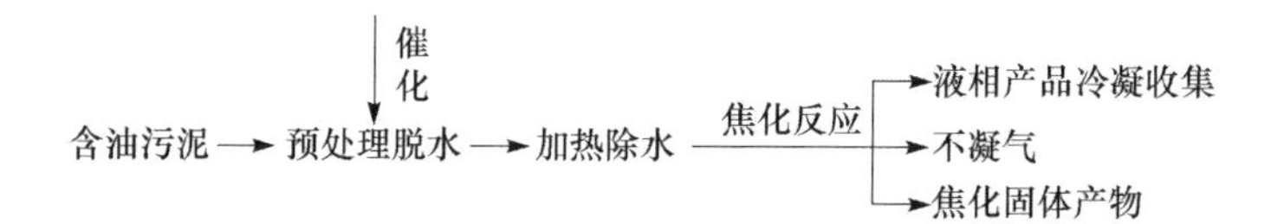


图 7.4 含油污泥焦化反应处理室内试验简易流程图

4. 热解反应条件的优化试验

1）反应条件的初步选择

实验选用某联合站沉降罐底泥经干燥箱干燥脱水后的样品作为反应原料，其含油率为 27.62%，含砂率为 64.84%，含水率为 7.54%。实验中反应温度取 470℃、485℃、500℃；反应时间取 45min、60min、75min，催化剂百分比为 2%、4%、6%；催化剂选用催化剂 A。正交实验的设计见表 7.1。

**表 7.1 焦化反应多因素正交实验数据表**

| 编号 | 反应条件 | | |
|---|---|---|---|
| | 反应时间/min | 反应温度/℃ | 催化剂百分比/% |
| 1 | 60 | 500 | 4 |
| 2 | 75 | 470 | 4 |
| 3 | 45 | 485 | 4 |
| 4 | 45 | 500 | 6 |
| 5 | 60 | 470 | 6 |
| 6 | 60 | 485 | 2 |
| 7 | 45 | 470 | 2 |
| 8 | 75 | 485 | 6 |
| 9 | 75 | 500 | 2 |

对正交实验的数据进行处理后得到表 7.2，液相收率达到了 70%左右，最高可达到 82.22%左右。由表 7.1 可见，影响因素的主次顺序依次为：催化剂加量＞反应温度＞反应时间。由表 7.2 中各因素水平值的均值可见较佳的水平条件分别为：催化剂 4%，反应温度 500℃，反应时间 75min。

**表 7.2 正交实验结果分析表**

| 实验号 | 反应条件 | | | 液相收率/% |
|---|---|---|---|---|
| | 反应时间/min | 反应温度/℃ | 催化剂百分比/% | |
| 1 | 60 | 500 | 4 | 82.22 |
| 2 | 75 | 470 | 4 | 81.88 |
| 3 | 45 | 485 | 4 | 74.94 |
| 4 | 45 | 500 | 6 | 64.08 |

续表

| 实验号 | 反应条件 | | | 液相收率/% |
|---|---|---|---|---|
| | 反应时间/min | 反应温度/℃ | 催化剂百分比/% | |
| 5 | 60 | 470 | 6 | 67.56 |
| 6 | 60 | 485 | 2 | 65.92 |
| 7 | 45 | 470 | 2 | 66.95 |
| 8 | 75 | 485 | 6 | 63.01 |
| 9 | 75 | 500 | 2 | 75.04 |
| *K*1 | 205.9824 | 216.3957 | 207.910 | |
| *K*2 | 215.6944 | 203.8733 | 239.040 | |
| *K*3 | 219.9302 | 221.3380 | 194.660 | |
| *K*1 效应值 | 68.6608 | 72.1319 | 69.302 | |
| *K*2 效应值 | 71.8981 | 67.9578 | 79.681 | |
| *K*3 效应值 | 73.3101 | 73.7793 | 64.886 | |
| *R* | 4.6493 | 5.8152 | 14.796 | |

2）热解反应条件的优化

（1）催化剂含量对液相收率的影响。

反应条件为反应时间 75min，反应温度为 500℃，反应催化剂采用催化剂 A，考察反应催化剂投加量为 3.0%、3.5%、4.0%、4.5%、5.0%对热解液相收率的影响，实验数据见表 7.3。

**表 7.3　催化剂含量对液相收率的影响数据表**

| 实验号 | 反应时间/min | 反应温度/℃ | 催化剂含量/% | 液相收率/% | 热解固体产物含油率/% |
|---|---|---|---|---|---|
| 单 7# (1) | 75 | 500 | 3.0 | 68.74 | 0.07 |
| 单 7# (2) | 75 | 500 | 3.5 | 74.65 | 0.12 |
| 单 7# (3) | 75 | 500 | 4.0 | 77.41 | 0.01 |
| 单 7# (4) | 75 | 500 | 4.5 | 81.25 | 0 |
| 单 7# (5) | 75 | 500 | 5.0 | 70.52 | 0 |

由表 7.3 和图 7.5 可见，液相收率与催化剂含量的关系较为复杂，过低和过高都不利于液相产品的收集，而是有一个适当范围。其原因有以下几个方面：含量过低，催化作用不够，所以液相收率相对较低；含量过高，催化作用强烈，反应速率大大增加，虽然从理论上分析催化剂不会改变反应的平衡，但反应速率的增加，

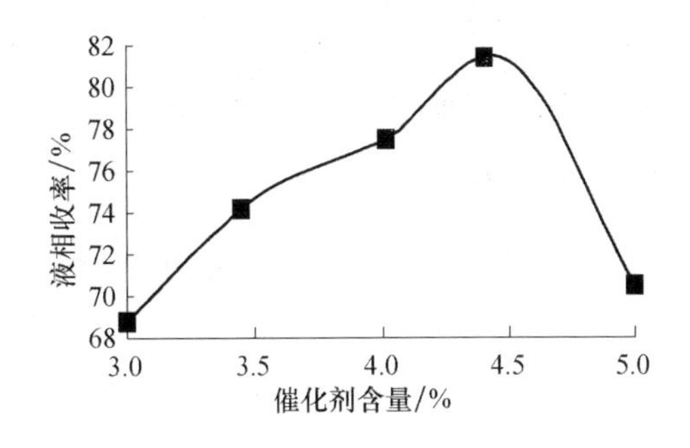


图 7.5　催化剂含量对液相收率的影响曲线

使得反应器中的中间产物浓度大大增加，二次反应变得较为重要，裂化反应和缩合反应同时加剧，从而使气相组分和热解渣产率增加，液相产率下降。所以催化剂含量不宜过大，适量即可。根据对表 7.3 中的数据和图 7.5 的分析可知，最佳的催化剂含量为 4.5%。

(2) 反应温度对液相收率的影响。

实验反应条件为反应时间 75min，催化剂选用催化剂 A，催化剂含量为 4.5%，考察反应温度 450℃、470℃、490℃、500℃、510℃对热解液相收率的影响，实验数据见表 7.4。

**表 7.4 反应温度对液相收率的影响数据表**

| 实验号 | 反应时间/min | 反应温度/℃ | 催化剂含量/% | 液相收率/% | 热解固体产物含油率/% | 不凝气量/g |
|---|---|---|---|---|---|---|
| 单 6# (1) | 75 | 450 | 4.5 | 46.68 | 2.69 | 4.0388 |
| 单 6# (2) | 75 | 470 | 4.5 | 73.40 | 0 | 4.4356 |
| 单 6# (3) | 75 | 490 | 4.5 | 76.28 | 0.02 | 4.7682 |
| 单 6# (4) | 75 | 500 | 4.5 | 65.46 | 0 | 4.9352 |
| 单 6# (5) | 75 | 510 | 4.5 | 55.83 | 1.40 | 5.2183 |

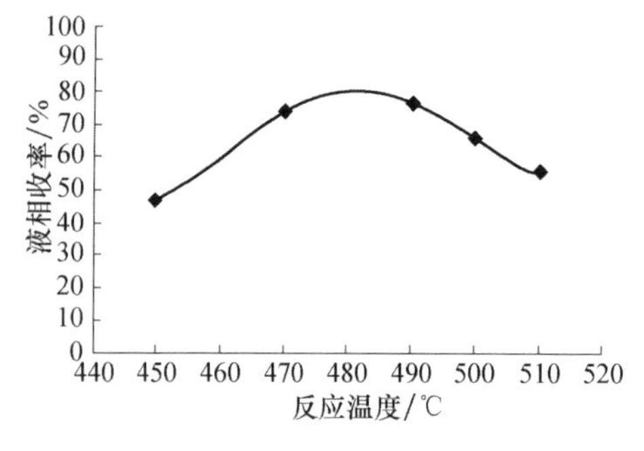


图 7.6 反应温度对液相收率影响曲线图

由表 7.4 和图 7.6 可以看出，在其他条件不变的情况下，热解反应液相收率随反应温度的增加，液相收率先增加后减少，在 480℃左右有最高液相收率。当反应温度高于 490℃时液相收率有所下降。主要因为反应温度升高，反应速率增加，裂解深度和缩合程度也随着增加，因此当反应温度提高到一定程度时，反应产物中热解渣和气体增多，产品的不饱和烃也随之增加，反而使液相产率下降。所以，反应温度太低，热解反应不完全；反应温度过高，热解反应过深，裂化和缩合程度均加剧，使得气体和热解渣产率增加而液相产品减少。而且反应温度提高，能耗也随之增加，对设备的要求也会较高。所以反应温度要适中，最佳反应温度为 480～490℃。

(3) 反应时间对液相收率的影响。

试验选用某联合站沉砂池混合油泥经预处理脱水后样品作为反应原料，其含油率为 26.05%，含砂率为 65.92%，含水率为 8.03%。反应条件为反应温度为 490℃，催化剂采用催化剂 A，催化剂含量为 4.5%，考察反应时间 45min、60min、75min、90min、105min、120min 对热解液相收率的影响，试验数据见表 7.5。

表 7.5　反应时间对液相收率的影响数据

| 试验号 | 反应时间/min | 反应温度/℃ | 催化剂含量/% | 液相收率/% | 热解固体产物含油率/% | 产气量/g |
|---|---|---|---|---|---|---|
| 单 5# (1) | 45 | 490 | 4.5 | 80.25 | 0.41 | 4.4059 |
| 单 5# (2) | 60 | 490 | 4.5 | 80.93 | 0.17 | 6.5735 |
| 单 5# (3) | 75 | 490 | 4.5 | 82.77 | 0 | 4.4781 |
| 单 5# (4) | 90 | 490 | 4.5 | 82.04 | 0 | 3.5738 |
| 单 5# (5) | 105 | 490 | 4.5 | 80.00 | 0 | 5.5119 |
| 单 5# (6) | 120 | 490 | 4.5 | 86.12 | 0 | 5.8624 |

由表 7.5 和图 7.7 可见，随着反应时间的增加，液相收率呈先增加后减少的趋势，热解产生不凝气的量先减少后增加，在反应时间为 75min 时，液相收率最高，反应产生不凝气量较小，故选取反应时间为 75min。热解反应是一个复杂的平行-顺序反应。平行-顺序反应的一个重要特点是：反应深度对产品产率的分配有重要影响。随着反应时间的增长，液相收率随之提高，最终产物气体和热解渣的产率也随着一直增加。随着反应深度的加深，样品中的石油馏分逐步减少，反应速率开始降低，反应产物在反应器中的停留时间逐渐增长，使得二次反应占据优势，液相分解成气体的速率渐渐超过反应生成的液相速率，缩合反应加剧，从而对液相收率影响减弱。

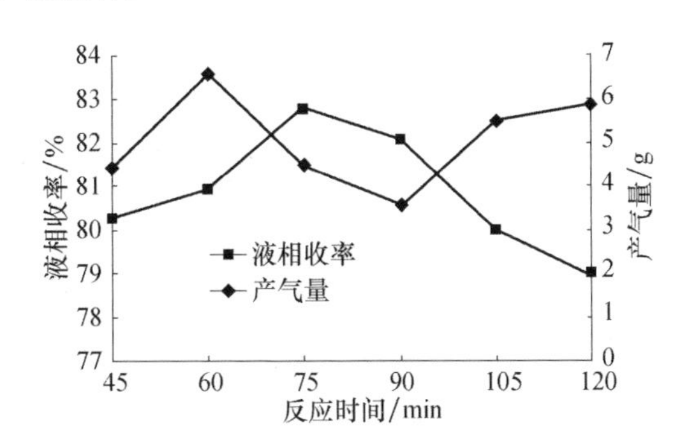


图 7.7　反应时间对液相收率及不凝气的影响曲线图

综上所述，反应时间过短则影响液相收率，同时由于反应深度不够，废渣中的含油量也会较多，无法实现达标处理的目的；反应时间过长，对液相收率影响不明显，气体和热解渣产率增加，而且能耗也随之增加，所以反应时间不宜过长，最佳反应时间为 75min。

（4）催化剂的筛选。

实验反应条件为反应温度 490℃，反应时间 75min，催化剂含量 4.5%，考察催化剂种类为无催化剂、催化剂 A、催化剂 B、催化剂 C、催化剂 D、催化剂 E 对热解液相收率的影响，试验数据见表 7.6。

**表 7.6　催化剂类型对热解反应液相收率的影响**

| 催化剂名称 | 泥量/g | 催化剂量/g | 油质量/g | 热解固体产物/g | 产气量/g | 液相收率/% |
|---|---|---|---|---|---|---|
| 对照（空白） | 85.8502 | 0 | 13.2829 | 52.4868 | 8.6213 | 59.39 |
| 催化剂 A | 86.8037 | 3.9059 | 17.4756 | 57.0161 | 5.4394 | 73.98 |
| 催化剂 B | 88.8954 | 4.0112 | 16.6540 | 59.6308 | 4.8686 | 71.92 |
| 催化剂 C | 78.4135 | 3.5277 | 14.1395 | 51.4362 | 3.9136 | 69.22 |
| 催化剂 D | 90.6847 | 4.0277 | 15.4895 | 62.6233 | 3.2683 | 68.50 |
| 催化剂 E | 83.6139 | 3.7742 | 15.7305 | 55.3121 | 6.7012 | 72.22 |

由表 7.6 和图 7.8 可见，热解反应时，加入催化剂比无催化剂时液相收率要高，说明热解剂对污泥热解反应有一定的催化效果。催化剂 A、催化剂 B、催化剂 D 和催化剂 E 的价格均在 2 万元/t 以上，而催化剂 C 的价格在 1500 元/t 左右，催化剂 C 的液相收率与其他催化剂相差不大，从经济方面考虑，采用催化剂 C 是经济可行的。

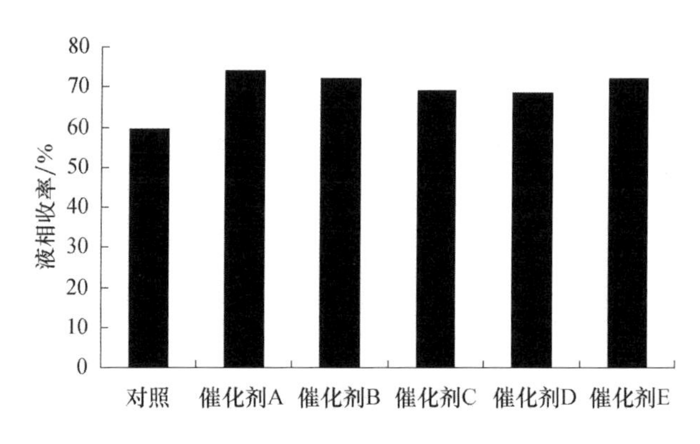


图 7.8　不同催化剂对液相收率的影响图

（5）不同 $N_2$ 量对液相收率的影响。

实验反应条件为反应时间 75min，采用催化剂 C，催化剂含量为 4.5%，反应温度 490℃，实验不同 $N_2$ 量 70mL/min、90mL/min、110mL/min 对热解液相收率的影响，实验数据见表 7.7。

**表 7.7　不同 $N_2$ 量对液相收率的影响**

| 实验号 | 氮气量/(mL/min) | 泥量/g | 催化剂量/g | 油质量/g | 热解固体产物/g | 产气量/g | 液相收率/% |
|---|---|---|---|---|---|---|---|
| 单 6＃（1） | 70 | 85.8101 | 3.8651 | 12.9525 | 70.4471 | 4.1879 | 66.58 |
| 单 6＃（2） | 90 | 81.2872 | 3.6651 | 13.8315 | 62.8274 | 5.9758 | 75.06 |
| 单 6＃（3） | 110 | 77.6414 | 3.4955 | 11.3480 | 63.7124 | 4.2824 | 64.47 |

由表 7.7 可见，当吹扫 $N_2$ 量为 90mL/min 时，反应液相收率最高，故反应

选取 $N_2$ 量为 90mL/min。

5. 热解固体产物的分析

1）热解固体产物含油量

热解固体产物的含油量也是实验考察的一个指标，用含油率指标衡量。热解固体产物的含油量反映了热解反应进行的最终程度。试验对某联合站沉降罐底泥样品进行正交实验得到的热解固体产物进行了含油率的分析，所得数据见表 7.8。

**表 7.8　热解固体产物含油量的测定数据**

| 热解固体产物名称 | $m_1$ | $m_2$ | $m_3$ | $m_4$ | 含油率/% |
|---|---|---|---|---|---|
| 7# (1) | 156.7958 | 161.2225 | 69.5896 | 69.5921 | 0.0565 |
| 7# (2) | 113.2780 | 116.5132 | 74.5383 | 74.5448 | 0.2009 |
| 7# (3) | 169.1878 | 175.7834 | 71.1235 | 71.1568 | 0.5049 |
| 7# (4) | 113.4403 | 121.2826 | 35.8692 | 35.8801 | 0.1390 |
| 7# (5) | 174.3294 | 180.2777 | 71.2171 | 71.2305 | 0.2253 |
| 7# (6) | 120.7035 | 124.0439 | 74.6661 | 74.6689 | 0.0838 |
| 7# (7) | 169.2851 | 174.1414 | 69.6835 | 69.7067 | 0.4777 |
| 7# (8) | 92.3688 | 99.4076 | 35.9212 | 35.9314 | 0.1449 |
| 7# (9) | 169.2778 | 173.9342 | 51.7185 | 51.7259 | 0.1589 |

由表 7.8 可见，热解固体产物的含油率差别较大，最小的仅为 0.0565%，最大的有 0.5049%。热解固体产物含油率整体上是理想的，热解渣的含油率较低，说明反应进行的比较完全，含油污泥中的油成分基本上被分离出。反应后绝大部分热解固体产物中矿物油含量<0.3%，低于《农用污泥中污染物控制标准》(GB 4284—1984)。

2）液相回收油品组分的分析

以某联合站污泥池混合油泥正交实验得到的油为例，进行克氏蒸馏，得到数据见表 7.9。

**表 7.9　蒸馏试验数据表**

| 试验号 | 原油质量/g | 汽油质量/g | 汽油百分比/% | 柴油质量/g | 柴油百分比/% | 蜡油质量/g | 蜡油百分比/% |
|---|---|---|---|---|---|---|---|
| 6# (1) | 14.0927 | 3.8484 | 27.31 | 3.7838 | 26.85 | 6.4605 | 45.84 |
| 6# (2) | 13.0577 | 3.2734 | 25.07 | 4.4131 | 33.80 | 5.3712 | 41.13 |
| 6# (3) | 13.4732 | 3.0839 | 22.89 | 3.2022 | 23.77 | 7.1871 | 53.34 |
| 6# (4) | 14.0009 | 2.7053 | 19.32 | 5.4206 | 38.72 | 5.8750 | 41.96 |
| 6# (5) | 13.6472 | 3.6799 | 26.96 | 4.5955 | 33.67 | 5.3718 | 39.36 |
| 6# (6) | 15.4564 | 2.3353 | 15.11 | 5.5590 | 35.97 | 7.5621 | 48.93 |
| 6# (7) | 12.9753 | 4.0159 | 30.95 | 5.7237 | 44.11 | 3.2357 | 24.94 |

续表

| 试验号 | 原油质量/g | 汽油质量/g | 汽油百分比/% | 柴油质量/g | 柴油百分比/% | 蜡油质量/g | 蜡油百分比/% |
|---|---|---|---|---|---|---|---|
| 6# (8) | 13.2268 | 3.0029 | 22.70 | 5.9169 | 44.73 | 4.3070 | 32.56 |
| 6# (9) | 16.9853 | 3.0705 | 18.08 | 6.3535 | 37.41 | 7.5613 | 44.52 |

注：常压下 IBP～200℃的馏分为汽油馏分，200～350℃的馏分为柴油馏分，>350℃的馏分为蜡油馏分。减压蒸馏真空度为－0.09MPa时，0～90℃的馏分为水及汽油，90～150℃的馏分为柴油，150℃以上的馏分为蜡油及渣油。

由表7.10可见，回收油中汽油馏分的平均含量大约为25%，柴油馏分的平均含量大约为35%，蜡油及渣油馏分的平均含量大约为40%，产品质量较好，可以作为进一步深加工原料。

3）焦炭分析

(1) 重金属含量测定。

对某联合站沉降罐底泥、沉砂池混合油泥和在无催化剂条件下含油污泥的热解固体产物中的重金属含量进行测试，结果见表7.10。

**表7.10　重金属含量测定表**　　（单位：μg/g）

<table>
<tr><th colspan="3">编　号</th><th>Ni</th><th>Cu</th><th>Pb</th><th>Cd</th><th>Zn</th><th>Cr</th></tr>
<tr><td colspan="3">油泥</td><td>22.0</td><td>16.2</td><td>23.0</td><td><0.05</td><td>46</td><td>64.6</td></tr>
<tr><td colspan="3">焦炭</td><td>73.8</td><td>47.2</td><td>112</td><td><0.05</td><td>168</td><td>148</td></tr>
<tr><td rowspan="2">《农用污泥中污染物控制标准》</td><td rowspan="2">最高容许含量</td><td>在酸性土壤上（pH<6.5）</td><td>100</td><td>250</td><td>300</td><td>5</td><td>500</td><td>600</td></tr>
<tr><td>在中性和碱性土壤上（pH≥6.5）</td><td>200</td><td>500</td><td>1000</td><td>20</td><td>1000</td><td>1000</td></tr>
</table>

从监测结果看，含油污泥和热解固体产物中的重金属含量均不超过《农用污泥中污染物控制标准》(GB 4284—1984)。

对某联合站混合油泥反应后热解固体产物结焦情况进行了测定，扫描电子显微镜照片如图7.9所示。

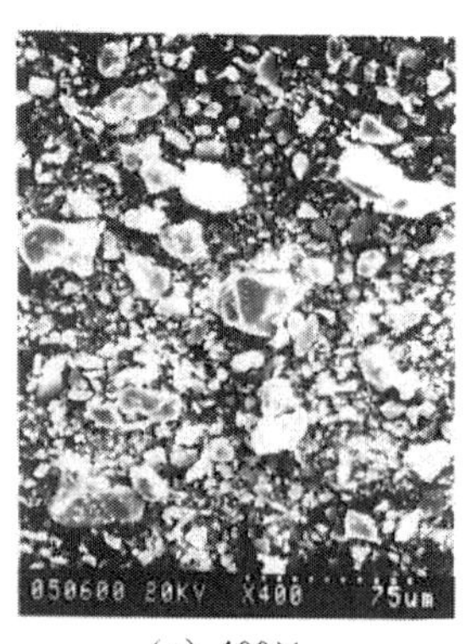

(a) 400×

(b) 1000×

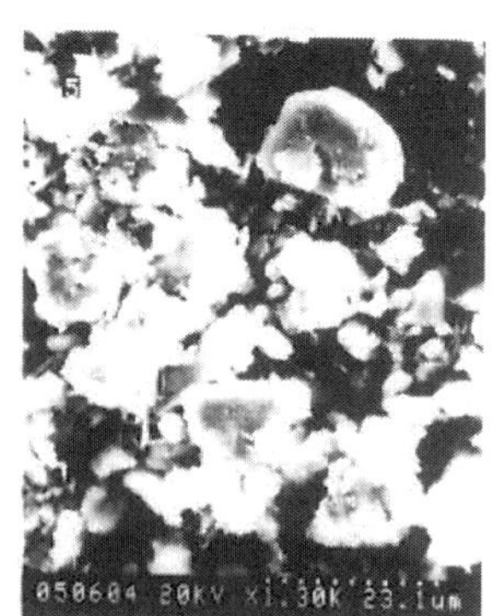

(c) 1300×

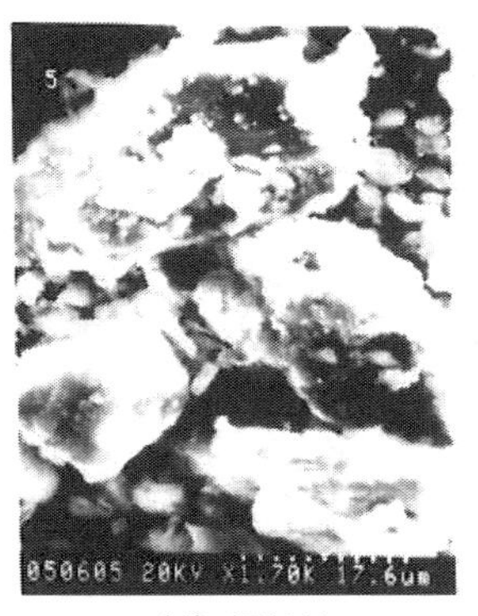


（d）1700×

（e）2000×

图 7.9　焦炭扫描电子显微镜照片

（2）热解产生的焦炭全分析。

对某联合污泥池油泥样品反应后的焦炭进行全分析，结果见表 7.11。

**表 7.11　焦炭全分析实验结果表**

| 名　称 | 监测值 |
|---|---|
| 空气干燥基水分/% | 0.41 |
| 空气干燥基挥发分/% | 4.90 |
| 空气干燥基灰分/% | 92.70 |
| 空气干燥基全硫/% | 0.25 |
| 空气干燥基高位发热量/(MJ/kg) | 0.69 |

由表 7.11 可见，热解反应后生成的焦炭，热值仅为 0.69MJ/kg。所以生成的焦炭不适合作燃料，可直接外排、作建筑材料或铺路。

（3）热解尾气中硫化物含量分析。

反应油泥量为 80g，用 2%的 NaOH 溶液对反应后的尾气进行吸收，并将吸收后尾气通入 $CrSO_4$ 溶液中，检测硫化物是否吸收完全，吸收完全后，用银氨电位滴定，测定尾气中硫化物的含量。计算得反应后硫化物含量为 $9.081\times10^{-3}$mol。

### 7.3.2　含油污泥现场小型热解试验

1. 热解处理现场试验工艺

在大量实验室试验的基础上，提出现场小型试验工艺流程图，如图 7.10 所示。

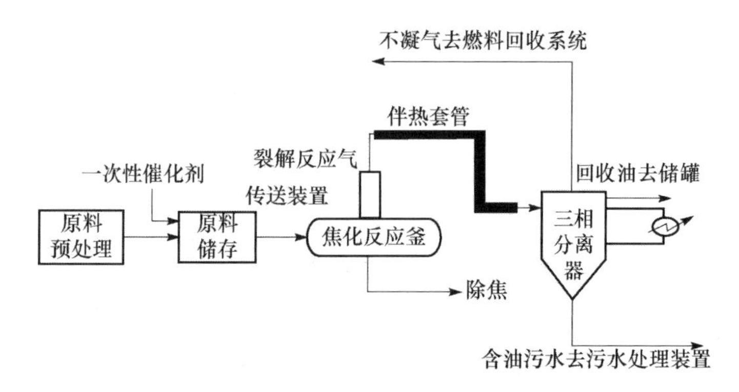


图 7.10 热解法处理含油污泥小试工艺流程示意图

含油污泥经过预处理脱水后除去较大机械杂质，利用传输设备与一次性催化剂掺和后送入已经预热（合理的进料温度有利于缩短反应时间，提高液相收率，同时便于操作）的热解反应，反应温度控制在 490℃，反应时间为 75min。热解反应器通过伴热套管（避免重组分在管中凝固，伴热温度＞350℃）进入三相分离器；三相分离器由循环水控制降温（100℃），分离器上部分相组分送入燃料系统回收利用；底部含油污水排水处理系统，回收油送入储罐储存。

2. 现场热解试验

在室内试验研究的基础上，设计了单次处理能力为 1kg 的小型热解试验装置，为现场中试装置的设计和加工提供更为合理、具体的技术参数。

1）试验装置设计

装置加工材质仍采用不锈钢，整个装置分为加热炉及反应单元、油气冷凝、液相产品收集和尾气处理四部分，各部分组成见表 7.12。

**表 7.12 含油污泥热解小型中试装置主要组成**

| 单元名称 | 组成部件 |
| --- | --- |
| 加热炉及反应单元 | 燃烧器、加热炉、烟囱、反应釜、U 形管水压差计等 |
| 油气冷凝 | 水冷套管 |
| 液相产品收集 | 油品收集器、油水分离分液漏斗、破沫器 |
| 尾气处理 | 采用 NaOH 吸收尾气中的酸性气体 |

含油污泥热解小型中试装置与室内试验装置不同的是：

（1）加热方式采用天然气明火直接加热，这样能够更真实地模拟现场装置。

（2）油气冷却方式采用水冷的冷却方式，较空冷的冷却效果好。

含油污泥热解小型试验装置图如图 7.11 所示，装置实物如图 7.12 所示。

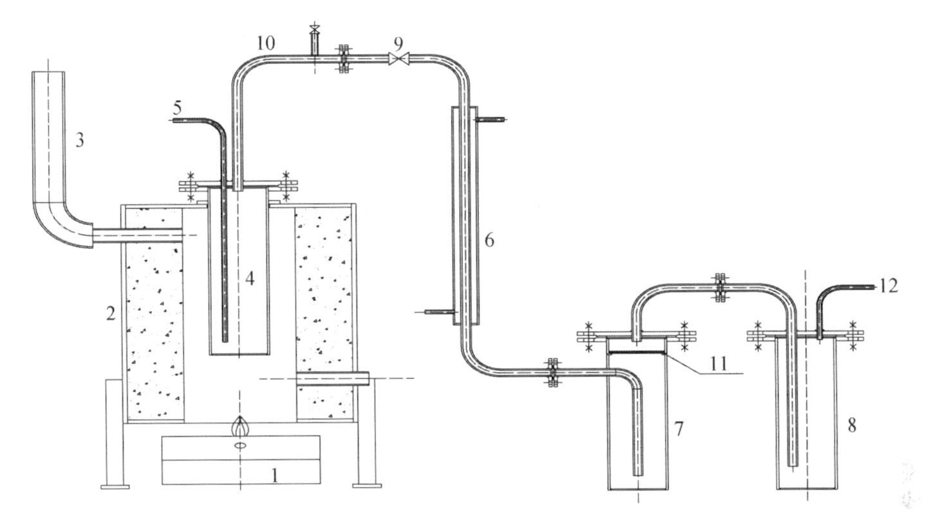


图 7.11　含油污泥热解小型试验示意图

1. 燃烧器；2. 加热炉；3. 烟囱；4. 反应釜；5. 载气进口；6. 水冷却器；7. 液相收集器；8. 尾气吸收装置；9. 法兰；10. 阀门；11. 破沫器；12. 尾气出口

图 7.12　含油污泥热解小型试验装置实物图

2）试验方法与步骤

（1）用减量法称取含油污泥 1kg 装入反应釜内，加入相应百分比一次性添加剂，搅拌混合均匀，装好密封垫片，将反应釜螺丝固定紧，关好阀门，检查装置气密性。

（2）连接试验装置，打开 $N_2$ 阀门通入 $N_2$，控制 $N_2$ 流量；打开冷却水阀门，通入冷却水。

（3）打开加热炉，注意调节天然气量。控制反应釜内温度在 102～105℃，脱除含油污泥中的水分，加热时间在 1h 左右；适当加大火焰，使反应温度迅速升至 485℃，进行反应，记录反应时间。

(4) 反应完毕后关闭天然气阀门，关闭冷却水，待反应釜冷却至 100℃左右时，打开阀门，1min 后再关闭 $N_2$（为了防止反应釜冷却后釜内压力降低，NaOH 尾气吸收液倒吸回油品器内），称量收集液相产品质量。

(5) 将反应釜卸开，将焦渣从反应釜内取出称重；将液相产品移至分液漏斗中，静置约 30min 进行油水分离，称量分离油品。

3) 试验结果

(1) 反应温度-压力关系。

含油污泥热解试验包括预处理脱水阶段和热解反应两部分，对炉膛温度、反应釜内温度和釜内压力进行监测，试验数据如图 7.13 所示。

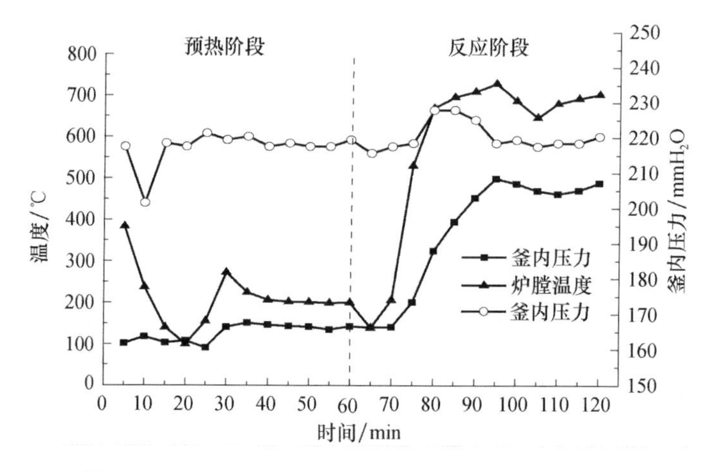


图 7.13　小型试验反应釜内温度-压力随时间变化曲线

如图 7.13 所示，预处理阶段反应釜内温度主要控制在 105℃左右，炉膛内温度初始升温较快，通过调节，基本控制在 200℃左右，反应釜内压力基本维持不变。反应开始后，反应原料升温需要 30min 左右，反应釜内压力先增加，后趋于稳定，主要是由于含油污泥中部分原油裂解，使釜内压力增加所致，整个反应过程中，反应釜内压力基本保持在 225mm$H_2O$。

(2) 反应温度对热解反应影响。

反应条件为：反应时间 75min，催化剂含量为 1.0%，反应温度 450℃、460℃、470℃、480℃、490℃、500℃、510℃、520℃，吹扫 $N_2$ 量为 40L/h。试验结果见表 7.13 和图 7.14。

表 7.13　反应温度对含油污泥热解反应影响数据表

| 序号 | 反应温度/℃ | 催化剂含量/% | 反应时间/min | 油回收率/% | 产气量/g | 生成焦渣量/g | 热解固体产物含油率/‰ |
|---|---|---|---|---|---|---|---|
| 1 | 450 | 4.0 | 75 | 67.18 | 39 | 45 | 4.46 |
| 2 | 460 | 4.0 | 75 | 65.51 | 42 | 46 | 6.50 |
| 3 | 470 | 4.0 | 75 | 63.56 | 55 | 39 | 5.97 |
| 4 | 480 | 4.0 | 75 | 64.36 | 51 | 41 | 4.85 |
| 5 | 490 | 4.0 | 75 | 76.43 | 29 | 32 | 2.10 |
| 6 | 500 | 4.0 | 75 | 82.46 | 11 | 34 | 2.01 |
| 7 | 510 | 4.0 | 75 | 81.26 | 14 | 34 | 1.07 |
| 8 | 520 | 4.0 | 75 | 80.45 | 18 | 32 | 0.95 |
| 9 | 530 | 4.0 | 75 | 70.80 | 24 | 41 | 0.92 |

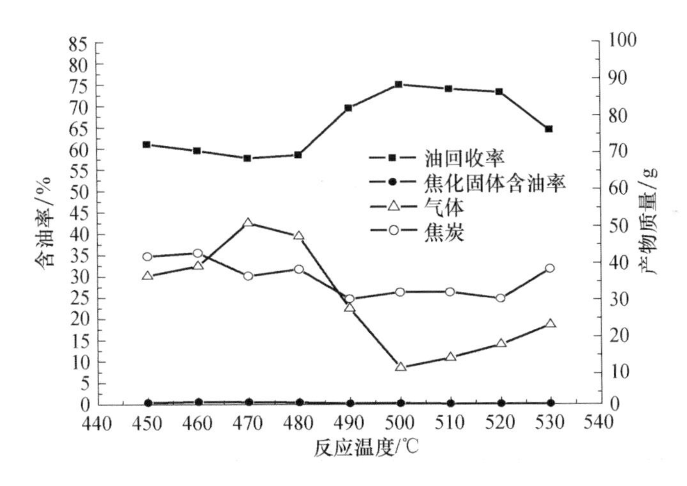


图 7.14　温度对含油污泥热解反应影响曲线

由表 7.13 和图 7.14 可见，当反应温度为 490℃以上时，热解固体中含油率<3‰，随着反应温度的增加，液相油品回收率先增加后减小，当反应温度在 500℃时液相油品回收率最大，且此时焦渣和不凝气体生成量较小。该温度较室内小试试验的 485℃要高，其原因可能为小型中试反应釜内径较大，受整个反应釜传热的影响，反应温度较小试时要高。

(3) 反应时间对热解反应影响。

反应条件为：反应温度 510℃，催化剂含量为 4.0%，吹扫 $N_2$ 量为 40L/h，反应时间分别为 30min、40min、50min、60min、70min、80min、90min。试验结果见表 7.14 和图 7.15。

**表 7.14　反应时间对含油污泥热解反应试验影响数据表**

| 序号 | 反应时间/min | 反应温度/℃ | 催化剂含量/% | 油回收率/% | 产气量/g | 生成焦炭量/g | 热解固体产物含油率/‰ |
|---|---|---|---|---|---|---|---|
| 1 | 30 | 500 | 4.0 | 53.68 | 57 | 62 | 5.15 |
| 2 | 40 | 500 | 4.0 | 60.61 | 42 | 59 | 4.56 |
| 3 | 50 | 500 | 4.0 | 77.92 | 22 | 35 | 2.84 |
| 4 | 60 | 500 | 4.0 | 80.68 | 10 | 34 | 1.06 |
| 5 | 70 | 500 | 4.0 | 82.52 | 18 | 32 | 1.20 |
| 6 | 80 | 500 | 4.0 | 82.25 | 14 | 31 | 1.05 |
| 7 | 90 | 500 | 4.0 | 80.95 | 18 | 31 | 1.32 |
| 8 | 100 | 500 | 4.0 | 78.35 | 24 | 32 | 1.20 |
| 9 | 110 | 500 | 4.0 | 80.09 | 20 | 31 | 0.96 |
| 10 | 120 | 500 | 4.0 | 79.22 | 23 | 31 | 0.87 |

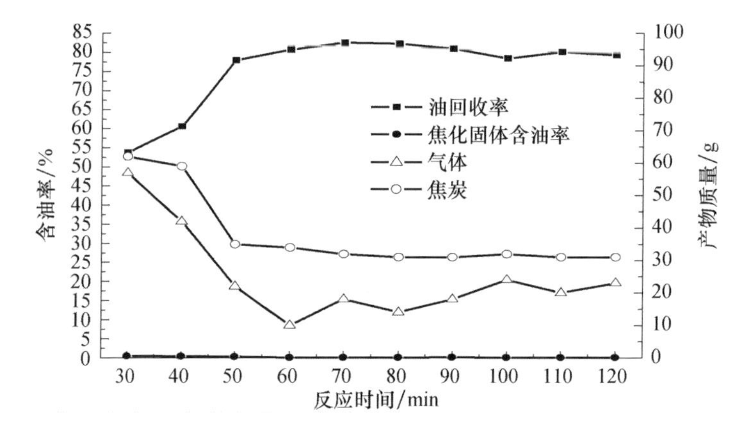


图 7.15　反应时间对含油污泥热解反应的影响曲线

由表 7.14 和图 7.15 可见，随着反应时间的增加，液相油品回收率增加，生成热解渣和不凝气的量减少，当反应时间为 70min 时液相油品回收率最大，此时热解渣和不凝气生成量最少，与室内试验反应时间 75min 相比，反应时间基本一致。

(4) 不同 $N_2$ 量对含油污泥热解的影响。

考察不同 $N_2$ 量 0、20L/h、40L/h、80L/h 对含油污泥热解的影响，试验反应条件为反应温度 500℃，反应时间 70min，催化剂投加量质量百分比 4.0%，试验结果见表 7.15。

**表 7.15　不同 $N_2$ 量对含油污泥热解的影响**

| 吹扫 $N_2$ 量/(L/h) | 0 | 20 | 40 | 80 |
|---|---|---|---|---|
| 液相油品回收率/% | 72.15 | 76.56 | 80.06 | 78.47 |
| 生成焦炭量/g | 66 | 47 | 31 | 29 |

由表7.15可见，当吹扫$N_2$量为40L/h时，反应液相收率最高，生成热解渣量也较少，故反应选取$N_2$量为40L/h。

综上所述，含油污泥热解小型试验较佳的反应操作条件是：反应压力微正压225mm$H_2O$左右，反应温度500℃，反应时间70min，催化剂投加量为4.0%（质量百分比），吹扫$N_2$量为40L/h。

（5）含油污泥热解处理效能。

采用优化后的反应条件即反应温度500℃，反应时间70min，催化剂投加量为4.0%，吹扫$N_2$量为40L/h。试验结果见表7.16。由表7.16可见，未脱水的含油污泥进行热解反应，其油回收率在70%以上，而且热解固体含油率在3‰以下。

**表7.16　含油污泥热解验证试验数据表**

| 编　号 | 含油率/% | 回收油/g | 油回收率/% | 热解固体含油率/‰ |
|---|---|---|---|---|
| 1# | 9.78 | 75 | 76.48 | 2.09 |
| 2# | 24.55 | 192 | 78.32 | 0.85 |
| 5# | 21.81 | 165 | 75.48 | 1.36 |
| 6# | 23.59 | 187 | 79.36 | 1.02 |
| 7# | 25.65 | 212 | 82.64 | 0.86 |
| 8# | 11.75 | 96 | 81.85 | 1.49 |
| 10# | 17.27 | 139 | 80.34 | 2.12 |

通过含油污泥热解小型装置的试验结果验证了室内试验，反应条件与实验室内试验基本一致。

### 7.3.3　含油污泥处理现场试验

1. 含油污泥热解处理装置

根据室内小型试验结果，加工了最大处理量为100kg/批次的污泥处理装置，装置设计上考虑的核心问题是污泥热解反应过程中受热的均匀性、耐高温材质的选择、反应器的密封性和反应器的恒温控制。由于装置本身体积很小，因此本次设计考虑进料和除渣均采用人工手动方式来进行。工业化生产中可以配备自动进料和除焦工艺，装置设计图如图7.16所示，主体设备规格为2600mm×1500mm×1500mm。

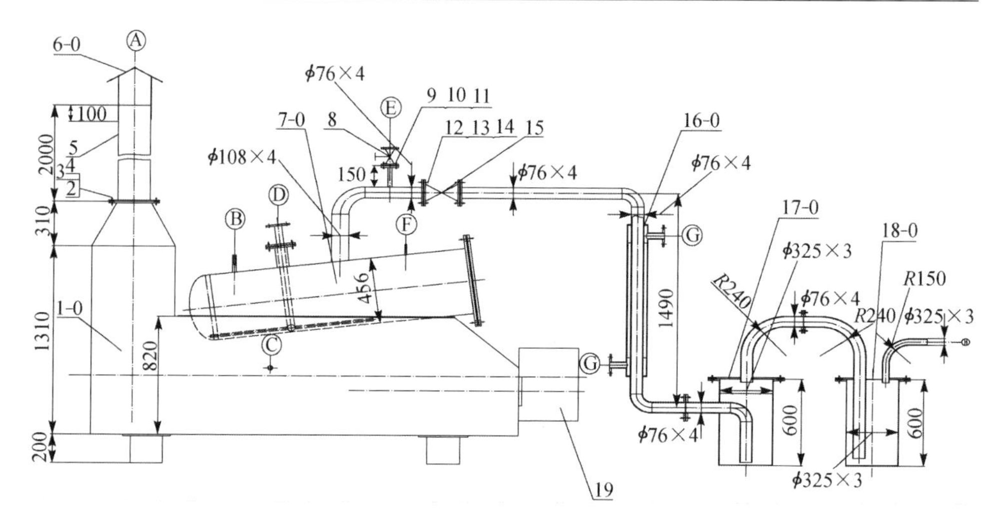


图 7.16 热解反应装置设计示意图（单位：mm）

装置组成主要包括加热炉、反应器、天然气燃烧器、冷却器、气液分离器、吸收罐及配套仪表，各组件规格与材质见表 7.17。

**表 7.17 各主要组件材质与规格**

| 序 号 | 名 称 | 材质与规格 | 数 量 |
|---|---|---|---|
| 1 | 加热炉 | Q235-A/304 | 1 台 |
| 2 | 反应器 | 0Cr18Ni9 | 1 台 |
| 3 | 冷却器 | 0Cr18Ni9 | 1 台 |
| 4 | 气液分离器 | 0Cr18Ni9 | 1 台 |
| 5 | 吸收罐 | 0Cr18Ni9 | 1 台 |
| 6 | 燃烧器 | | 1 台 |
| 7 | 温度数字显示仪 | | 2 台 |
| 8 | 热电偶（0～8000℃） | WRNK-332 | 1 根 |
| 9 | 热电偶（0～16000℃） | WRR-130 | 1 根 |

2. 含油污泥热解处理的现场试验

1）现场试验参数的优化与运行

污泥热解处理的现场试验在大港某联合站进行，现场试验共分为三个阶段进行。第一阶段，现场安装与调试运行；第二阶段，反应控制参数优化；第三阶段，热解装置的稳定运行，现场试验装置如图 7.17 所示。

（1）第一阶段：现场安装与调试运行。

① 现场安装。

设备运进某联合站后，首先进行加热炉、燃烧器、反应器、烟囱、冷凝管、气液分离罐和尾气吸收罐的连接与安装，然后进行水、电、气源管线的连接及 $N_2$、天然气、压力计等计量仪表的安装，并对该设备进行整体保温施工作业。然后开始进行加热炉的预处理，预处理过程为燃烧器点火后分阶段逐渐升温至 200℃，并在该温度下对炉子烘烤 8h 左右，使炉膛内衬层老化。

图 7.17　热解反应装置

② 反应装置试运行。

第一次运行先加少量的污泥约 54kg 进行试运行。根据室内试验结果，控制反应器温度为 500℃左右，反应时间为 70min。停止加热，待炉温冷却至 150℃以下后打开进料盖，取出反应器内热解渣，取样检测热解渣中含油为 10%左右。

（2）第二阶段：中试反应控制参数优化。

以室内小型试验优化出来的参数为依据，采用某污泥池沉积污泥（含水率为 10%～15%，含油率为 8%～18%）分别进行了反应温度、反应时间、催化剂加量与不同吹扫 $N_2$ 方式（连续吹扫 $N_2$ 和间断吹扫 $N_2$）等主要参数的优化试验。试验过程中取样时发现，反应器内热解渣外观颜色在炉内不一致，主要表现在反应器进料口处局部热解渣颜色稍深于反应器中部和内部，因此现场分别取样进行含油量的检测。某联合站污泥池底泥在不同反应条件下的试验结果见表 7.18。

**表 7.18　不同设计参数条件下的现场试验结果**

| 参数设计 | | | | | | 测试项目 | | |
|---|---|---|---|---|---|---|---|---|
| 温度/℃ | 时间/min | $N_2/m^3$ | 吹扫方式 | 催化剂加量/% | 液相回收率/% | 炉渣不同部位热解渣含油率/% | | |
| | | | | | | 外 | 内 | 混合 |
| 不同反应温度和反应时间下的试验结果 | | | | | | | | |
| 500 | 70 | — | — | — | 60.2 | 9.7 | 5.2 | 6.3 |
| 540 | 70 | 6.0 | 连续 | 4.5 | 65.6 | 8.6 | 4.5 | 5.8 |
| 540 | 120 | 6.0 | 连续 | 4.5 | 68.2 | 5.4 | 3.2 | 4.7 |
| 600 | 120 | 6.0 | 连续 | 4.5 | 70.8 | 0.45 | 0.28 | 0.36 |
| 600 | 150 | 6.0 | 连续 | 4.5 | 78.5 | 0.04 | 0.022 | 0.036 |
| 不同 $N_2$ 气吹扫量和吹扫方式下的试验结果 | | | | | | | | |
| 600 | 150 | 6.0 | 连续 | 4.5 | 78.5 | 0.04 | 0.022 | 0.036 |
| 600 | 150 | 4.5 | 连续 | 4.5 | 75.6 | 0.04 | 0.011 | 0.032 |
| 600 | 150 | 3.0 | 连续 | 4.5 | 73.2 | 0.04 | 0.012 | 0.033 |
| 600 | 150 | 3.0 | 间断 | 4.5 | 75.2 | 0.041 | 0.015 | 0.035 |
| 600 | 150 | 3.0 | 间断 | 4.5 | 74.8 | 0.042 | 0.018 | 0.036 |

续表

| 参数设计 | | | | | | 测试项目 | | |
|---|---|---|---|---|---|---|---|---|
| 温度/℃ | 时间/min | $N_2/m^3$ | 吹扫方式 | 催化剂加量/% | 液相回收率/% | 炉渣不同部位热解渣含油率/% | | |
| | | | | | | 外 | 内 | 混合 |
| 不同催化剂加量下的试验结果 | | | | | | | | |
| 600 | 150 | 3.0 | 间断 | 4.5 | 74.8 | 0.042 | 0.018 | 0.036 |
| 600 | 150 | 3.0 | 间断 | 3 | 74.6 | 0.050 | 0.021 | 0.036 |
| 600 | 150 | 3.0 | 间断 | 2 | 74.5 | 0.046 | 0.021 | 0.038 |
| 600 | 150 | 3.0 | 间断 | 1.5 | 74.2 | 0.048 | 0.025 | 0.040 |
| 600 | 150 | 3.0 | 间断 | 1 | 73.8 | 0.082 | 0.040 | 0.075 |
| 600 | 150 | 3.0 | 间断 | 0 | 73.5 | 0.130 | 0.060 | 0.110 |
| 不吹 $N_2$、不加催化剂条件下的试验结果 | | | | | | | | |
| 600 | 150 | — | — | 2 | 73.1 | 0.160 | 0.028 | 0.120 |
| 600 | 150 | — | — | — | 73.5 | 0.210 | 0.026 | 0.180 |

表7.18中，“连续”是指从反应升温到预定的反应温度开始到反应结束后的半小时内一直连续吹扫 $N_2$，“间断”是指从反应升温到预定的反应温度后开始计算的半小时内和反应结束后的半小时内吹扫 $N_2$。

根据上述试验数据，对以下的影响因素进行分析。

① 反应温度和反应时间的影响。

不同参数对污泥处理结果的影响程度有所不同，当反应温度在500℃，反应时间为70min时，处理后液相回收率和热解渣中含油量均不能达标；当温度升高到540℃时，热解渣中含油量虽然有所下降，但仍不能达标，即使反应时间从70min延长到120min时，仍不能达标。当温度从540℃升到600℃，反应时间为120min时，液相回收率达到70.8%，热解渣中含油量呈大幅下降的趋势，其中反应器外侧热解渣含油率为4.5‰，反应器内侧热解渣含油率为2.8‰，混合热解渣含油率为3.6‰；当反应温度为600℃，反应时间达到150min时，液相回收率达到78.5%，且混合热解渣的含油率下降到0.4‰。因此，反应温度和反应时间对污泥处理效果的影响十分明显。

现场加热所用气源为大港油田某油井套管伴生气，伴生气气压波动较大，伴生气热值为天然气热值的60%～70%，气压在0.06MPa时，加热炉和反应器的升温曲线如图7.18所示，由表7.18可知，反应器升温到600℃所用时间大约为5.5h，如气压升高0.08MPa，反应时间可缩短到4～4.5h。

在确定了反应温度和反应时间两个主要参数后，进行了 $N_2$ 吹扫量、$N_2$ 吹扫方式和催化剂加量对热解反应效果的影响。

② $N_2$ 对反应的影响。

A. $N_2$ 吹扫量的影响。

在反应温度为600℃，连续吹扫方式条件下，$N_2$ 吹扫量分别为6.0m³、

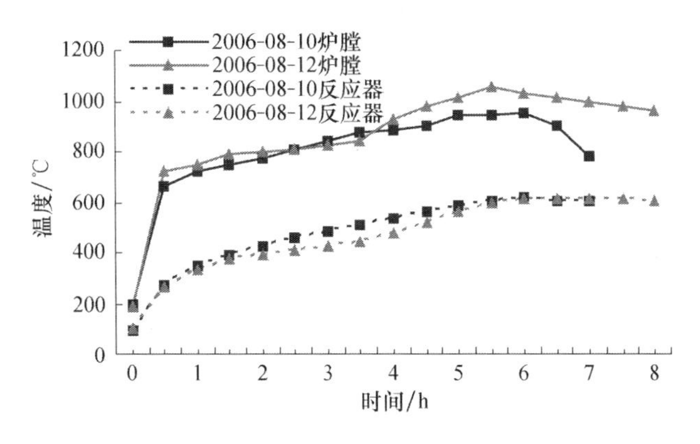


图 7.18　反应器升温曲线图

4.5m³、3.0m³ 时，污泥中液相回收率为 73.2%～78.5%。混合热解渣的含油率为 0.36‰～0.32‰，说明 $N_2$ 吹扫量对热解渣中含油率的影响不明显，而对液相回收率有一定的影响，但均能满足大于 70%这一指标的要求。因此，$N_2$ 吹扫量不是反应的主要控制因素。

B. $N_2$ 吹扫方式的影响。

当 $N_2$ 吹扫方式由连续变为间断时，液相回收率略有上升，焦渣中含油量基本保持稳定。因此，$N_2$ 吹扫量和吹扫方式对试验结果影响不大。

③ 催化剂加量的影响。

现场试验过程中当催化剂加量从 4.5%逐渐下降到 1.5%时，液相回收率和热解渣中的含油率基本稳定，而当催化剂加量为 1.5%、1%和 0%时，含油率也相应为 0.4‰、0.75‰和 1.1‰，但均能满足小于 3‰这一指标要求。

通过以上四个方面参数的优化试验可知，影响中试装置处理效果的因素按影响程度从高到低顺序依次为反应温度>反应时间>$N_2$ 吹扫量和催化剂加量。从现场试验结果看，对处理量为 100kg 的中试装置，热解反应最佳工艺控制参数为：反应温度为 600℃，反应时间为 150min，$N_2$ 吹量为 3m³，吹扫方式为间断，催化剂加量为 1%～2%。

(3) 第三阶段：装置稳定运行。

本阶段采用该油田产泥量较多的四个站内不同性质的含油污泥，分别进行不同含水污泥的热解处理。

① 稳定运行结果。

由表 7.19 可见，四个站内不同区块油田污泥处理后残渣中污泥含油率为 0.11‰～1.1‰，均能达到 3‰的要求；液相回收率在 73.9%～78.2%，均满足 70%这一指标的要求。站点 3 和站点 4 污泥热解渣外观如图 7.19 和图 7.20 所示。

图 7.19 站点 3 含油污泥热解渣

图 7.20 站点 4 含油污泥热解渣

**表 7.19 不同污泥不同含水率的热解反应现场试验结果**

| 序号 | 取样地点 | 泥量/kg | 含水率/% | 含油率/% | 含油率+含水率/% | 液相回收率/% | 混合热解渣含油率/% | 耗气量 |
|---|---|---|---|---|---|---|---|---|
| 1 | 站点 1 | 84 | 64.0 | 10.5 | 74.5 | 78.2 | 0.011 | 60～75m³/批次 |
| 2 | | 76 | 42.0 | 8.0 | 50.0 | 76.5 | 0.022 | |
| 3 | | 74 | 27.0 | 16.2 | 43.2 | 76.8 | 0.013 | |
| 4 | 站点 2 | 83 | 60.0 | 12.4 | 72.4 | 75.4 | 0.032 | |
| 5 | | 78 | 44.2 | 10.8 | 55.0 | 74.6 | 0.041 | |
| 6 | | 82 | 18.0 | 22.0 | 40.0 | 74.2 | 0.055 | |
| 7 | 站点 3 | 73 | 40.0 | 15.5 | 55.5 | 75.3 | 0.046 | |
| 8 | | 76 | 30.0 | 19.8 | 49.8 | 75.1 | 0.062 | |
| 9 | | 68 | 60.0 | 8.2 | 68.2 | 74.3 | 0.054 | |
| 10 | 站点 4 | 72 | 50.0 | 12.0 | 62.0 | 73.8 | 0.061 | |
| 11 | | 78 | 40.0 | 10.7 | 50.7 | 74.1 | 0.055 | |
| 12 | | 94 | 8.5 | 22.5 | 41.0 | 73.9 | 0.011 | |

通过以上试验数据可知，污泥中含水率对处理效果影响不大，但液相含量超过 75%时，污泥整体呈流动状态，给污泥的运输和进料带来一定的不便。

② 回收液相组分的分析结果。

取上述四个站点的污泥热解反应后回收液相组分的混合样进行重金属含量、元素分析及液相组分分析，具体测试结果见表7.20～表7.22。

**表7.20　回收油中重金属含量的分析结果**

| 重金属 | Zn | Ni | Cr | Cu | Pb | Cr |
|---|---|---|---|---|---|---|
| 含量/(mg/L) | 0.51 | 0.39 | 0.33 | 0.22 | 0.29 | 0.002 |

**表7.21　回收液相组分的元素分析结果**

| 测试元素 | C | H | N | S |
|---|---|---|---|---|
| 测试结果/% | 85.42 | 9.10 | 0.67 | 0.55 |

**表7.22　液相组分分析结果**

| 温度/℃ | 188 | 202 | 222 | 238 | 249 | 258 | 269 |
|---|---|---|---|---|---|---|---|
| 蒸馏体积/mL | 初馏点 | 5 | 10 | 15 | 20 | 25 | 30 |
| 体积分数/% | — | 5.5 | 11.1 | 16.7 | 22.2 | 27.7 | 33.3 |
| 温度/℃ | 286 | 308 | 342 | 370 | 396 | 469 | |
| 蒸馏体积/mL | 40 | 50 | 60 | 70 | 80 | 90 | |
| 体积分数/% | 44.4 | 55.5 | 66.6 | 77.7 | 88.8 | 100 | |

根据减压蒸馏试验结果，回收液相组分中汽油占5.5%，柴油占72.3%，渣油和蜡油占23.3%，液相组分凝固点为+3℃，回收液相产品性能较好。

③ 热解渣分析

热解处理后热解渣外观颜色随取泥地点的不同而有所变化，但主要呈砖红色或黑色，热解渣外观呈面状或疏松的小颗粒状。

取四个站点污泥反应后的热解渣混合后，进行了重金属含量和C、H、N、S等元素的分析，试验结果见表7.23和表7.24。

**表7.23　重金属含量分析结果**

| 检测项目 | 最高容许含量 | | 检测结果/(μg/g) |
|---|---|---|---|
| | 酸性土壤 pH<6.5 | 中性和碱性土壤 pH≥6.5 | |
| Cd | 5 | 20 | 0.18 |
| Pb | 300 | 1000 | 1.53 |
| Cr | 600 | 1000 | 49.5 |
| Cu | 250 | 500 | 19.6 |
| Zn | 500 | 1000 | 82.7 |
| Ni | 100 | 200 | 18.9 |
| As | 75 | 75 | 2.3 |
| B | 150 | 150 | 6.8 |
| 苯并（a）芘 | 3 | 3 | 0.2 |

由表 7.23 可见，热解渣中重金属元素锌、镍、铬、铜、铅、镉的含量远小于《农用污泥中污染物控制标准》（GB 4284—1984）中规定的含量范围。残渣中元素分析结果见表 7.24。

**表 7.24　元素含量分析结果**

| 测试元素 | C | H | N | S |
|---|---|---|---|---|
| 测试结果/% | 7.91 | 2.25 | 0.41 | 0.61 |

2）试验结论

中试装置的现场试验结果表明，对含油污泥采用热解处理从技术上是可行的，从经济上是合理的。对于大港油田不同区块污泥，热解处理后液相回收率完全可以达到＞70%，同时，热解固体产物含油率＜3‰，重金属含量低于《农用污泥中污染物控制标准》（GB 4284—1984）。通过 100kg/批次的现场试验可以得出以下结论。

（1）影响中试装置处理效果的因素按影响程度从高到低顺序依次为反应温度＞反应时间＞$N_2$ 吹扫量和催化剂加量。其中，反应温度和反应时间是主要控制参数，$N_2$ 吹扫量和催化剂加量为辅助控制参数。$N_2$ 吹扫量可小幅提高液相回收率，若不考虑最大程度的提高液相回收率而只需满足 70%这一指标，工业实施中可以考虑不吹扫 $N_2$ 而适当延长热解反时间；投加催化剂可小幅降低热解渣中含油量，工业实施中可以尽量降低催化剂的添加量，以 1%～2%为宜。

（2）对处理量为 100kg 的中试装置，热解反应最佳工艺控制参数为：反应温度 600℃，反应时间 150min，$N_2$ 吹扫量为 $3m^3$，吹扫方式为间断，催化剂加量为 1%～2%。现场中试与室内小试优化出来的最佳工艺控制参数存在一定差别，分析认为这主要是由于增大处理量后，污泥内部受热的均匀程度变差而造成的，工业实施中随处理规模的不同，热解反应的具体控制参数亦会有所差别，但差别不会很大。

（3）污泥中的含水量对污泥的处理效果基本上没有影响，但污泥中液相含量过高而呈现流动状态给污泥的运输和进料带来一定不便，因此，通过污泥的预处理使污泥中液相含量控制在 75%以下是比较合适的。

（4）热解反应处理后热解渣外观呈面装或疏松颗粒状，热解渣与反应器内壁的黏结力小，易于清理，不存在人工清除困难的问题。

（5）回收液相组分中汽油占 5.5%，柴油占 72.2%，渣油和蜡油占 22.3%，液相组分凝固点为 3℃，回收液相产品性能较好，可作为燃料油直接使用或作为深加工原料。

# 7.4　辽河油田热解法处理工艺技术研究

## 7.4.1　室内试验研究

1. 试验装置

辽河油田开发研制了污泥热解试验装置，其工艺结构和实物图分别如图7.21和图7.22所示。该装置为常压运行，计算机自动控制并记录加热升温速率，自动连续记录反应罐内温度与压力，自动连续记录馏分出口温度，馏分为水循环冷却，不凝气经碱吸收液处理后用湿式流量计计量。

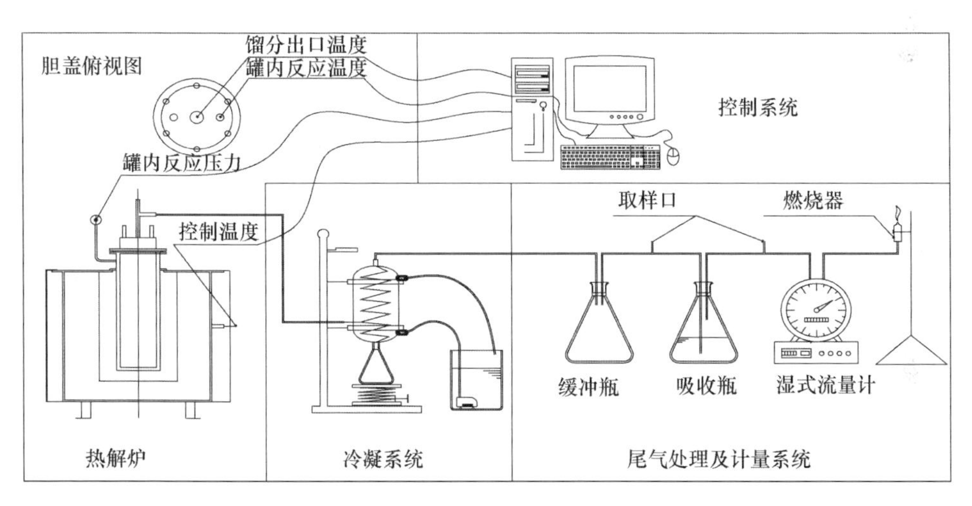


图7.21　室内热解系统工艺结构示意图

图7.22　室内静态热解试验炉

2. 热解回收油气及残渣室内试验

对辽河油田十余种含油污泥进行了热解回收油气与残渣可利用性的试验评价。研究结果表明，含油污泥热解的产油率高，可达10%以上，具有较好的油气回收价值；污水处理产生的污泥热解残渣的 $Al_2O_3$ 含量可达20%以上，高的可接近50%，有较高的铝盐含量，可再生制备聚合铝循环利用；污泥热解残渣的吸附性能与活性白土相当，可用作油品精制的吸附材料，或可用作各种溢油处置的应急材料。对辽河油田某污水处理站的两种含油污泥进行试验，一种是气浮选产生的污泥，压滤机脱水后含水率为70%～80%；另一种是罐底泥，主要是污水处理站的调节水罐和斜管除油罐的底泥，污泥的组成特征见表7.25。

**表7.25　某污水处理站压滤后含油污泥组成及特征**

| 名　称 | 含水率/% | 含油率/% | 600℃残渣/% | 600℃其他挥发物/% | 残渣 $Al_2O_3$ 含量/% |
| --- | --- | --- | --- | --- | --- |
| 压滤机脱水污泥 | 79.32 | 13.53 | 5.38 | 1.77 | 47.4 |
| 清罐污泥 | 54.59 | 25.77 | 13.89 | 5.75 | — |

1）热解试验基本数据

根据样品高温作用的挥发特征，经试验确定热解加热控制温度为600℃，热解试验的反应特征曲线如图7.23所示，热解试验的产物产率见表7.26，数据表明两种污泥都有较好的油气回收率。

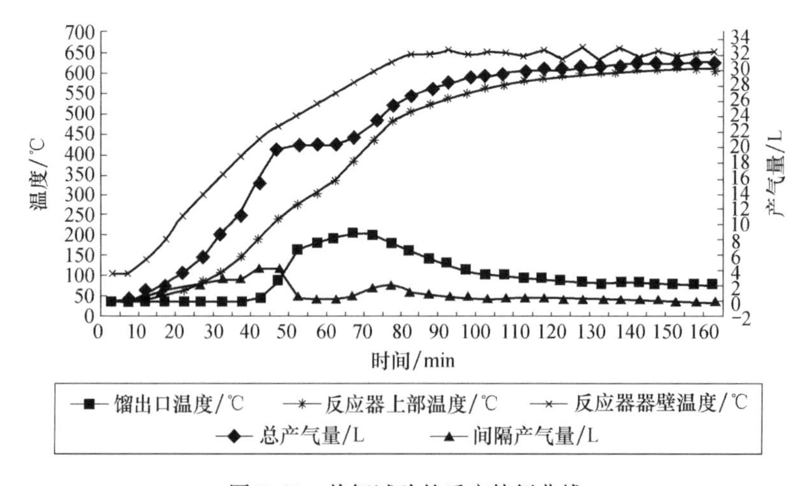


图7.23　热解试验的反应特征曲线

表 7.26 热解试验基本数据

| 名称 | | 产水 | 产油 | 产气 | 残渣 |
|---|---|---|---|---|---|
| 压滤机脱水污泥 | 质量分数/% | 78.2 | 9.3 | 4.8 | 7.68 |
| | 单位产量/(mL/kg) | 782 | 107.1 | 26.4 | 76.8 |
| 清罐污泥 | 质量分数/% | 53.3 | 22.0 | 8.7 | 15.9 |
| | 单位产量/(mL/kg) | 533 | 252.8 | 53.9 | 158.9 |

2）热解气组分分析

由表 7.27 可见，不凝气的主要成分为甲烷、二氧化碳和乙烷，其中 $C_1$～$C_3$ 烃类组分接近 90%，甲烷含量约为 50%，热解气可以直接燃烧供热。

表 7.27 热解气的组分分析 （单位：%）

| 样品 | $C_1$ | $C_2$ | $C_3$ | 其他有机物 | $CO_2$ |
|---|---|---|---|---|---|
| 压滤机脱水污泥 | 50.81 | 28.17 | 11.49 | 2.80 | 6.73 |
| 清罐污泥 | 48.71 | 23.19 | 15.40 | 3.44 | 9.26 |

3）热解油组分分析

由表 7.28 可见，热解油中汽油、煤油和柴油等轻质组分含量较高，回收油中轻质油占 60%左右，油品性质与提炼的原油产品还有一定差距，但是可以作为石化工艺的原材料，以便得到附加值更高的化工产品。

表 7.28 热解油的组分数据 （单位：%）

| 样品 | $C_8$～$C_9$（汽油） | $C_{10}$～$C_{15}$（煤油） | $C_{16}$～$C_{18}$（柴油） | $C_{19}$～$C_{34}$ |
|---|---|---|---|---|
| 压滤机脱水污泥 | 6.65 | 34.36 | 16.40 | 42.58 |
| 清罐污泥 | 7.96 | 37.99 | 16.85 | 37.20 |

4）残渣形态及组成特性

压滤机脱水污泥和清罐污泥热解后的形态不同，以下用两组图片分别描述。

（1）压滤机脱水污泥的热解残渣及热解残渣 600℃灼烧形态。

如图 7.24 所示（见彩图），右侧为热解残渣（黑色），呈具有一定机械强度的松散颗粒状。左侧为 600℃灼烧残渣，呈灰白色，蓬松酥散，轻敲即碎，机械强度小。经测定 600℃灼烧残渣中 $Al_2O_3$ 含量为 47.38%，金属铝回收利用价值较高。

（2）清罐污泥的热解残渣及热解残渣 600℃灼烧形态。

如图 7.25 所示（见彩图），右侧为热解残渣（黑色），颗粒较细。左侧为 600℃灼烧残渣，呈红褐色，蓬松酥散，机械强度小。经测定 600℃灼烧残渣中 $Al_2O_3$ 含量为 11.66%，可以考虑回收利用。

图 7.24　压滤机脱水污泥灼烧残渣和热解残渣

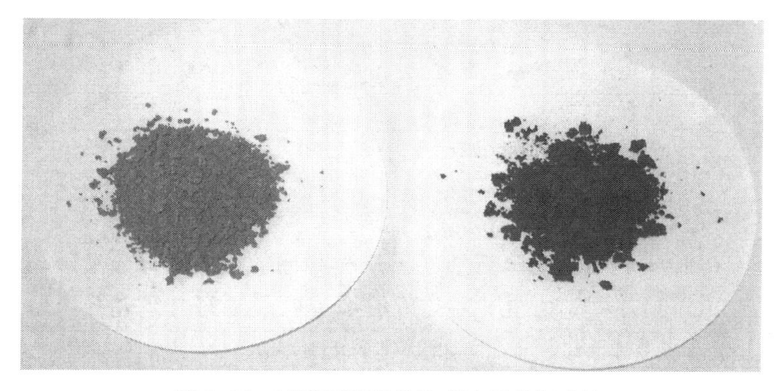

图 7.25　清罐污泥的灼烧残渣及热解残渣

(3) 热解残渣中污染物测定及分析。

表 7.29 是某联合污水站脱水含油污泥 600℃残渣污染物测定数据，并与《农用污泥中污染物控制标准》(GB 4284—1984) 指标进行对比。结果表明，残渣污染物指标均达到了《农用污泥中污染物控制标准》(GB 4284—1984)。

**表 7.29　某污水站脱水含油污泥 600℃残渣污染物测定数据**

| 检测项目 | 污染物含量/(mg/kg) | | | | | | | |
|---|---|---|---|---|---|---|---|---|
| | Cu | Pb | Zn | Cr | Ni | As | Hg | 石油类 |
| 压滤机脱水污泥 | 43.8 | 17.4 | 211.2 | 0.9 | 43.4 | 3.3 | 未检出 | 未检出 |
| 清罐污泥 | 76.6 | 37.1 | 432.5 | 0.3 | 73.1 | 7.3 | 未检出 | 未检出 |
| 标准值Ⅰ | 500 | 1000 | 1000 | 20 | 200 | 150 | 15 | 3000 |

注：标准值Ⅰ为《农用污泥中污染物控制标准》(GB 4284—1984) 指标。

表 7.30 为污水站脱水含油污泥 600℃残渣浸出液污染物测定数据，由表 7.30 中数据可知 600℃残渣浸出液石油类 COD 和重金属含量远低于《危险废物鉴别标准 浸出毒性鉴别》(GB 5085.3—2007) 和《污水综合排放标准》(GB 8978—

1996）二级指标要求。以上分析说明，该污泥 600℃灼烧残渣可实现无害化。

**表 7.30　某联合污水站脱水含油污泥 600℃残渣浸出液污染物测定数据**

| 检测项目 | 污染物含量/(mg/L) | | | | | | | | | |
|---|---|---|---|---|---|---|---|---|---|---|
| | Cu | Pb | Zn | Cd | Ni | As | Cr | Hg | 石油类 | COD |
| 压滤机脱水污泥 | 0.072 | 0.099 | 0.058 | 0.007 | 0.006 | 0.022 | 0.092 | 未检出 | 未检出 | 63 |
| 清罐污泥 | 0.023 | 0.074 | 0.083 | 0.014 | 0.031 | 0.015 | 0.051 | 未检出 | 未检出 | 39 |
| 标准值Ⅰ | 50 | 3 | 50 | 0.3 | 10 | 1.5 | 1.5 | 0.05 | — | — |
| 标准值Ⅱ | 2.0 | 1.0 | 5.0 | 0.1 | 1.0 | 0.5 | 0.5 | 0.05 | 10 | 150 |

注：标准值Ⅰ为《危险废物鉴别标准 浸出毒性鉴别》指标（GB 5085.3—2007）。
　　标准值Ⅱ为《污水综合排放标准》（GB 8978—1996）二级指标。

### 7.4.2　现场试验

1. 工艺流程

该试验工程在辽河油田某联合站进行，于 2008 年 3 月开始正式投产运行试验，每天 24h 连续运行，处理量为含水率 80%含油污泥 10t/d。

试验工程的工艺流程如图 7.26 所示。首先由污泥运输车定期将含水率小于 80%的含油污泥拉运至试验现场，存储到污泥仓内，用污泥泵密闭输送污泥进入回转式干燥热解炉内，在微负压 200～650℃条件下经过大约 3～5h 的反应后，残渣由出料口间歇排出，暂存于残渣池，然后经过输送器输出后装袋封存。馏分经过换热器冷凝至 40℃后，油和水进入油水缓冲罐，通过油水提升泵进入联合站的油水分离系统。分离出的不凝气经罗茨风机增压，外输供加热炉利用。馏分和烟道尾气换热器的冷源，采用循环冷却水系统，由冷却塔给水降温。

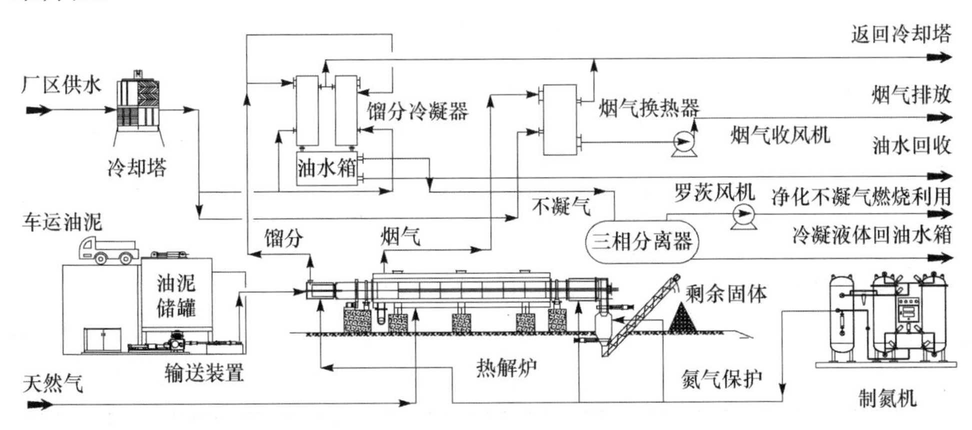


图 7.26　试验工程的工艺流程示意图

该工艺主要分为以下三个部分。

1）进料部分

由运输车将含油污泥送至污泥罐，再由浓料泵将其打入输泥管线送至煅烧炉。此装置为地下式，以保证车在地面直接卸料，闸门均为液压闸门。运来的含油污泥主要分为两类：一类为袋装老化油泥；另一类为污水处理站产生含油污泥，经站上板框压滤机脱水后，产生的污泥。

主要进料指标如下：

(1) 污泥含油率小于10%。

(2) 污泥含水率80%～95%。

(3) 含固率20%～50%。

(4) 固体粒径率小于160mm。

(5) 进料温度为100℃。

(6) 进料方式为柱塞泵连续进料。

2）操作系统

操作系统的主体装置为回转煅烧炉，为自动控制操作系统。煅烧炉共分5个区，第1区为煅烧炉进口部分，连接蒸汽冷凝气回收装置，该区温度控制在250℃；第2区、第3区和第4区为高温裂解区，温度控制在750～780℃；第5区为煅烧炉最尾端，用于逐渐冷却物料，温度控制在350℃。炉内负压控制在30～100kPa。煅烧炉总长22m，设备主体11m，共有14个火嘴，每个火嘴均配备测温仪。燃料为天然气，用量为300～400Nm³/t湿污泥。电耗约为1000kW·h/d。从进料到出料，在煅烧炉内物料停留时间大致为5～6h。

3）排料部分

油回收率很低，几乎全部以裂解气形式回收，每天回收裂解气约300m³。分离出的水一部分送回系统用做冷却水，每天排放水量约为1m³，温度为35℃左右。残渣排放到水里，但由于残渣的疏水性，导致残渣浮于水面。残渣含碳很高，大致在15%～35%，并且含有一定量的铝，可用作吸附材料。产生的不凝气具有臭味，且味道很大，不宜直接排放。

### 2. 试验工程运行与结果

1）工程运行概况

从2008年初开始投产调试，在长达一年半的运行试验中，完成了对主体设备稳定性、安全性和可操作性的测试。针对运行中暴露出的问题进行了整改完善。运行调试结果表明，系统配套主要设施设备（污泥输送、热解炉、冷凝器和控制系统等）基本能够正常运行，试验主体工艺与技术是成功的。装置处理能力可以达到12t/d（设计处理量为10t/d），回收油可达50L/t污泥，产生不凝气体可达$38m^3/t$污泥。

但是，在调试过程中，该工程也暴露出了不凝气回收处理与利用、热解残渣收集和馏分管道防淤清理等配套设施不能实现长时间运行等问题。中石油于2008年9月组织召开了完善整改的技术研讨会，确定了整改的技术方案，并于2008年10月～2009年4月进行了停产整改与技术完善，2010年5月重新恢复运行。经过恢复后的运行考核，原先存在的问题都得到了很好解决。

2）设备运行的基本情况

（1）主要设备。

中试工程主要工艺设备包括：热解炉、污泥储罐、污泥泵、馏分冷凝器、烟气换热器等，工艺设备型号及主要技术参数见表7.31。

**表7.31　主要工艺设备技术参数及其功能**

| 名称及规格 | 数　量 | 功　能 |
|---|---|---|
| 热解炉（试制）<br>总容量1000kW 驱动功率18kW | 1座 | 为热解试验站主体生产设备 |
| 污泥储罐$V=73m^3$，$\phi=5.6m$，$H=3.0m$ | 1座 | 存储含油污泥 |
| 污泥泵NBS3/6<br>$Q=0\sim3m^3/h$，$H=6.0MPa$，$N=18.5kW$/台 | 2台 | 污泥输送设备 |
| 馏分冷凝器<br>换热面积$36m^2$，$H=4.8m$ | 1台 | 将馏分冷凝至40℃以下 |
| 烟气冷凝器<br>换热面积$25m^2$，$H=1.9m$ | 1台 | 将烟气冷凝至200℃以下 |
| $Q=0\sim3.97m^3/min$，$P=9800Pa$，$N=1.1kW$ | 2台 | 控制热解炉反应压力，输送不凝气 |
| $Q=2161m^3/min$，$P=659Pa$，$N=1.1kW$ | 2台 | 控制热解路燃烧室压力 |
| $Q=100m^3/h$，$H=32m$，$N=15kW$ | 2台 | 提供冷却水动力 |
| $Q=4.9m^3/h$，$H=50m$，$N=3.0kW$ | 2台 | 将油水混合物增压排入集输系统 |
| 冷却塔$Q=86m^3/h$，$N=3.0kW$ | 1座 | 冷却冷却水 |
| 制氮机$P=0.8MPa$ | 1套 | 提供氮气 |

热解炉为试验工程的主体工艺设备，设计处理能力为10t/d，该设备采用全自动控制，微机实时记录运行过程中的各种参数。热解炉及其操作系统如图7.27所示（见彩图）。

污泥储罐和污泥泵为进料系统主要设备，储泥罐容积为$73m^3$，能储存系统一个星期的污泥用量。污泥泵设计输送量为$3m^3/h$，正常运行时控制在$0.5m^3/h$

图 7.27 热解炉及其操作系统

左右。污泥储罐及污泥泵如图 7.28 所示（见彩图）。

图 7.28 污泥储罐及污泥泵

（2）设备运行参数。

① 进料系统。

配合热解炉试验，分别以 7.2t/d，10.0t/d 和 12.0t/d 进行了系统的输送量与运行稳定可靠性试验。

② 热解炉反应筒的转速。

热解炉反应筒的转速由变频器调节，变频器的调节范围是 0.71～3r/min。热解炉的主拖动电机在 25Hz 的频率下工作，炉体反应筒转速为 1.48r/min。

③ 热解炉加热系统。

热解炉的加热系统由 21 个独立的火嘴组成，其中有 20 个常用火嘴和一个备用火嘴。20 个常用火嘴共分为 5 个加热区，分布情况如图 7.29 所示。

当加热区的温度低于该区的设定温度时，该区的 4 个火嘴会依次启动加热；当温度高于设定值时，火嘴会由 PLC 控制系统依次熄火。

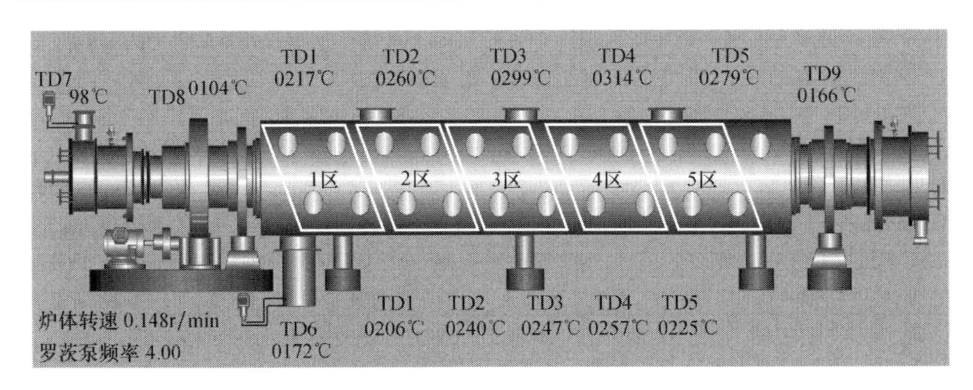


图 7.29 热解炉加热区分布示意图

A. 升温段燃烧室温度控制。

升温速度控制的原则是每小时最高升温 100℃（图 7.30）。如果高于该速率，可能导致热解炉机械转动部分的永久损坏，整个升温时间见表 7.32。

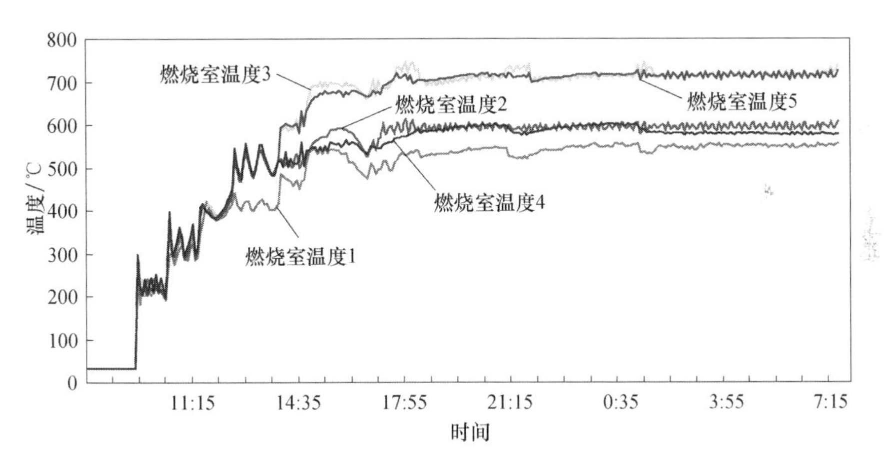


图 7.30 升温段燃烧室温度控制曲线

**表 7.32 热解炉升温操作表**

| 时 间 | 1 区/℃ | 2 区/℃ | 3 区/℃ | 4 区/℃ | 5 区/℃ |
|---|---|---|---|---|---|
| 8:00 | | | 冷车 | | |
| 9:00 | 200 | 200 | 200 | 200 | 200 |
| 10:00 | 300 | 300 | 300 | 300 | 300 |
| 11:00 | 400 | 400 | 400 | 400 | 400 |
| 12:00 | 500 | 500 | 500 | 500 | 500 |

续表

| 时　间 | 1区/℃ | 2区/℃ | 3区/℃ | 4区/℃ | 5区/℃ |
|---|---|---|---|---|---|
| 13:00 | — | 600 | 600 | 600 | — |
| 14:00 | — | 650 | 700 | 700 | — |
| 15:00 | — | — | 750 | 720 | — |

注：当热解炉整体温度低于100℃时，视为冷车状态。冷车状态下燃烧器的开启和停止由系统自动控制，不受温度控制。当冷车状态结束后，温控系统开始发挥作用。热解炉的每次升温都必须遵循每小时最多100℃的原则。

B. 降温段燃烧室温度控制。

降温与升温遵守同样的规则，即每小时降温最高100℃（图7.31），按照表7.33操作。

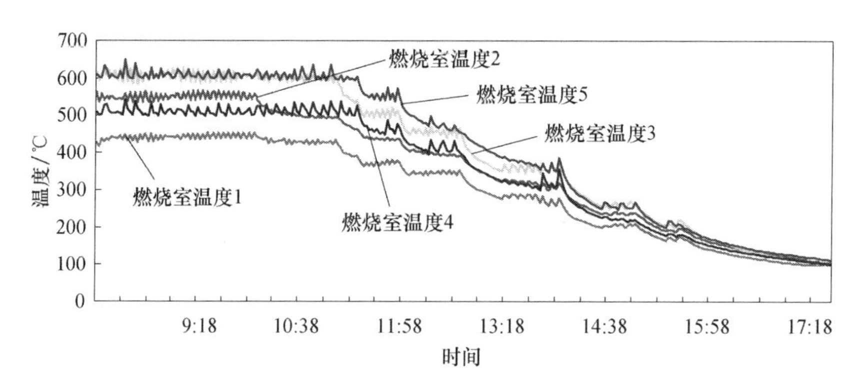


图7.31　降温段燃烧室温度控制曲线

**表7.33　热解炉降温操作表**

| 时　间 | 1区 | 2区 | 3区 | 4区 | 5区 |
|---|---|---|---|---|---|
| 11:00 | 430 | 550 | 600 | 600 | 500 |
| 12:00 | 330 | 450 | 500 | 500 | 400 |
| 13:00 | 230 | 350 | 400 | 400 | 300 |
| 14:00 | 130 | 250 | 300 | 300 | 200 |
| 15:00 | 30 | 150 | 200 | 200 | 100 |
| 16:00 | 0 | 50 | 100 | 100 | 0 |
| 17:00 | — | 0 | 0 | 0 | — |

3）运行效果及数据分析

（1）热解炉加热与温度控制分析。

① 进料时反应筒温度工况。

由图7.32可知，进料2～3h后，伴随着大量的水蒸气的产生，1区温度和2

区温度会以较大的斜率下降，最终 1 区稳定在 120℃附近，2 区稳定在 250℃附近，3 区为主要的反应区，在刚开始有物料进入的时候，由于整个物料流的热惯性会有一段极速下降，当稳定后温度会回升至 500～540℃。4 区温度比较平稳，维持在 650℃的处理温度，主要目的是增加反应时间，使反应更为彻底。5 区为保留区域，当 4 区的处理温度达不到要求时，提高 5 区控制温度，以确保完全热解。

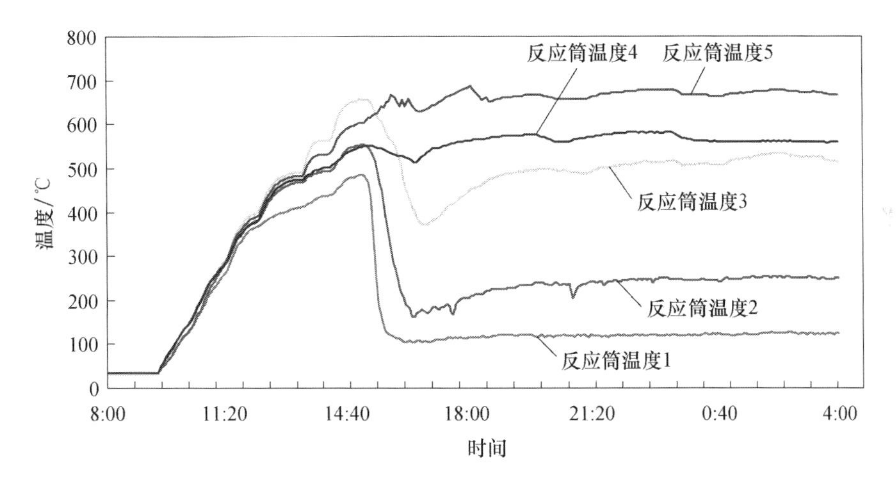


图 7.32　升温段进料段反应筒温度情况曲线

② 平稳运行时反应筒温度工况。

由图 7.33 可见，在平稳运行的情况下，5 个反应区域也会有一些波动，主

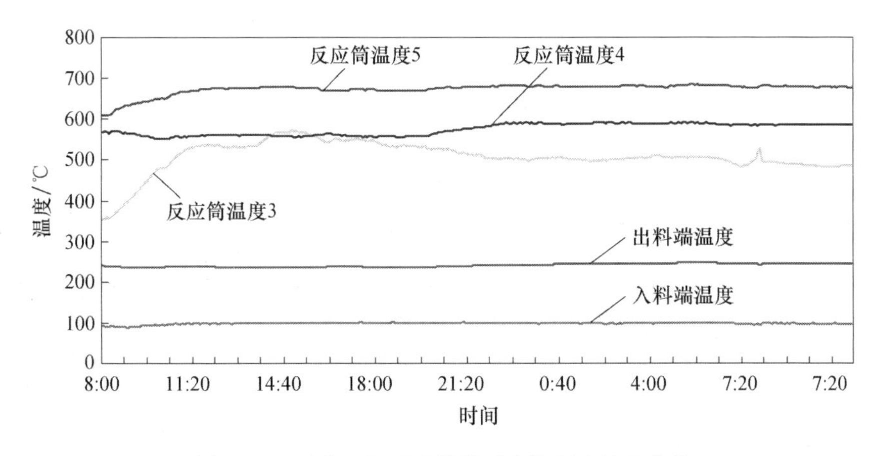


图 7.33　平稳运行时进料段反应筒温度情况曲线

要原因是进料的波动和进料含水率的波动。由于进料仓不是均匀搅拌的，在个别时间段内，如果有含水率相当高（90%以上）的污泥进入热解炉，此时热解炉温度曲线会有波动。

③ 1～5 区内外温度对比分析。

如图 7.34 所示，在整个反应过程中 1 区、2 区为蒸汽产生区域，需要较多热量，所以内外温差较大，热传导量较大。含油污泥中的大部分水分是在这两个区域中挥发的，其中 1 区温差为 430℃，2 区温差为 400℃，3 区温差相对小，大致有 250℃左右，说明物料在到达 3 区的时候水蒸气已挥发绝大部分，热解反应已经开始了。当 1 区、2 区不能将水分基本蒸发的时候，3 区温度会有较大下降。

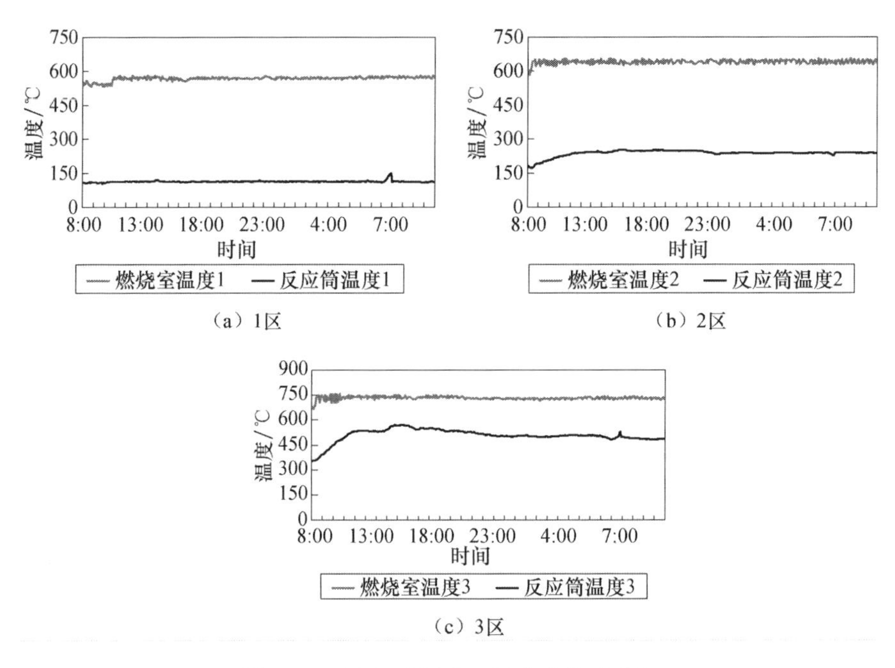


图 7.34 1 区、2 区和 3 区内外温度对比

由图 7.35 可见，4 区、5 区的温差很小，4 区是保证残渣含油率小于 0.3%的功能区，在运行过程中要确保 4 区的内筒反应温度大于或等于 650℃。5 区为保留区域，主要起降温和防止热解油气冷凝的作用。

(2) 污泥样品检测结果。

表 7.34 列举了 2008 年分析检测的 25 组和 2009 年分析检测的 8 组污泥样品数据。检测项目为含水率、含油率、600℃挥发率。污泥样品的检测结果表明，辽河油田某联合站污水处理产生的污泥含水率为 60%～83.28%。由于板框压滤机操作参数的改变，2009 年脱水后含油污泥含水率较 2008 年低。含油率波动

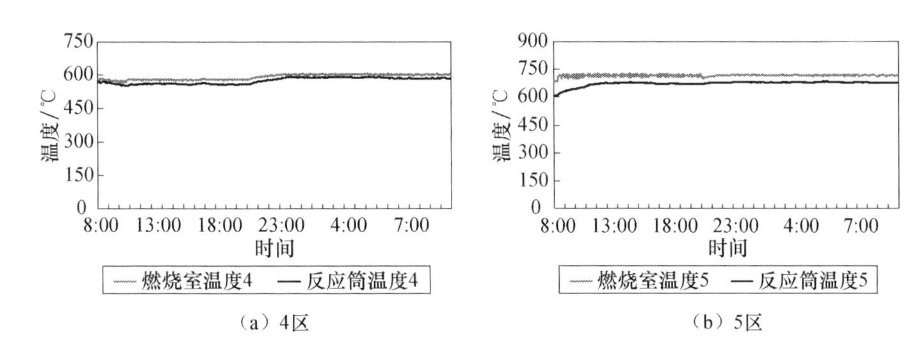

（a）4区　（b）5区

图 7.35　4 区、5 区内外温度对比

较大，含油率 2.74%～14.88%，其中 2008 年平均含油率为 5.73%，2009 年平均含油率为 10.02%。

**表 7.34　污泥样品检测情况**

| 序　号 | 取样时间 | 含水率/% | 含油率/% | 600℃挥发率/% |
|---|---|---|---|---|
| 1 | 2008-03-11 | 78.5 | 3.31 | 90.61 |
| 2 | 2008-03-12 | 82.54 | 6.33 | 94.07 |
| 3 | 2008-03-14 | 83.16 | 5.21 | 93.67 |
| 4 | 2008-03-15 | 79.71 | 7.24 | 91.75 |
| 5 | 2008-03-18 | 80.37 | 8.31 | 93.68 |
| 6 | 2008-03-20 | 85.5 | 4.38 | 94.78 |
| 7 | 2008-03-23 | 73.82 | 7.68 | 86.29 |
| 8 | 2008-03-24 | 75.86 | 4.82 | 85.77 |
| 9 | 2008-03-27 | 83.28 | 6.60 | 95.08 |
| 10 | 2008-04-07 | 86.87 | 3.57 | 95.53 |
| 11 | 2008-04-08 | 80.3 | 4.27 | 89.17 |
| 12 | 2008-04-09 | 80.67 | 6.59 | 93.95 |
| 13 | 2008-04-10 | 76.73 | 4.78 | 88.75 |
| 14 | 2008-04-14 | 78.27 | 5.02 | 89.92 |
| 15 | 2008-04-15 | 76.45 | 6.53 | 91.18 |
| 16 | 2008-04-16 | 86.41 | 3.87 | 95.28 |
| 17 | 2008-04-17 | 77.76 | 3.20 | 90.8 |
| 18 | 2008-04-18 | 82.73 | 2.74 | 96.04 |
| 19 | 2008-04-19 | 73.50 | 6.87 | 83.17 |
| 20 | 2008-04-29 | 73.53 | 6.97 | 87.73 |
| 21 | 2008-05-11 | 77.22 | 7.83 | 91.23 |
| 22 | 2008-05-15 | 79.74 | 5.48 | 93.35 |
| 23 | 2008-05-19 | 80.10 | 8.74 | 91.47 |

续表

| 序　号 | 取样时间 | 含水率/% | 含油率/% | 600℃挥发率/% |
|---|---|---|---|---|
| 24 | 2008-05-29 | 78.85 | 6.37 | 92.54 |
| 25 | 2008-06-09 | 82.32 | 6.53 | 89.22 |
| 平均值 | | 79.91 | 5.73 | 91.40 |
| 1 | 2009-05-10 | 73.47 | 11.53 | 93.40 |
| 2 | 2009-05-11 | 77.55 | 10.64 | 95.33 |
| 3 | 2009-05-15 | 68.63 | 14.88 | 91.96 |
| 4 | 2009-05-21 | 78.37 | 9.58 | 94.21 |
| 5 | 2009-05-29 | 80.35 | 8.49 | 93.77 |
| 6 | 2009-06-05 | 73.47 | 11.53 | 93.4 |
| 7 | 2009-06-12 | 77.55 | 10.64 | 95.33 |
| 8 | 2009-06-19 | 68.63 | 14.88 | 91.96 |
| 平均值 | | 75.98 | 10.02 | 93.66 |

(3) 残渣样品检测结果。

表7.35列举的残渣样品检测数据，其中2008年25组，2009年15组。主要检测了含油率、残炭、$Al_2O_3$含量（残渣经过600℃灼烧脱炭剩余产物）、飞灰率、饱和吸附度及热值。2008年热解残渣的平均含油率为0.221%，2009年热解残渣的平均含油率为0.193%，残渣含油率均达到了小于0.3%的设计指标。

**表7.35　残渣样品检测情况**

| 序号 | 取样时间 | 含油率/% | 残炭/% | $Al_2O_3$/% | 飞灰率/% | 饱和吸附度/(mg/g) |
|---|---|---|---|---|---|---|
| 1 | 2008-03-12 | 0.231 | 21.09 | 52.15 | 26.4 | 47.8 |
| 2 | 2008-03-15 | 0.198 | 32.50 | 57.44 | 25.1 | 49.5 |
| 3 | 2008-03-16 | 0.209 | 35.56 | 55.60 | 27.7 | 52.3 |
| 4 | 2008-03-19 | 0.117 | 29.46 | 56.83 | 30.2 | 51.4 |
| 5 | 2008-03-21 | 0.273 | 22.78 | 53.99 | 26.4 | 49.7 |
| 6 | 2008-03-24 | 0.292 | 29.14 | 52.16 | 24.2 | 48.3 |
| 7 | 2008-03-27 | 0.227 | 26.57 | 53.36 | 28.9 | 50.1 |
| 8 | 2008-03-28 | 0.245 | 26.30 | 58.92 | 26.3 | 53.2 |
| 9 | 2008-04-07 | 0.211 | 25.33 | 55.46 | 27.1 | 51.2 |
| 10 | 2008-04-08 | 0.294 | 30.84 | 55.27 | 25.4 | 49.7 |
| 11 | 2008-04-09 | 0.174 | 31.62 | 54.76 | 22.3 | 50.4 |
| 12 | 2008-04-10 | 0.266 | 24.87 | 54.47 | 26.7 | 48.3 |
| 13 | 2008-04-11 | 0.210 | 33.34 | 57.25 | 24.5 | 52.1 |
| 14 | 2008-04-15 | 0.253 | 23.52 | 58.40 | 25.9 | 47.7 |
| 15 | 2008-04-16 | 0.288 | 26.15 | 51.32 | 28.8 | 49.5 |

续表

| 序号 | 取样时间 | 含油率/% | 残炭/% | $Al_2O_3$/% | 飞灰率/% | 饱和吸附度/(mg/g) |
|---|---|---|---|---|---|---|
| 16 | 2008-04-17 | 0.276 | 26.20 | 55.54 | 23.2 | 48.0 |
| 17 | 2008-04-18 | 0.209 | 32.43 | 55.68 | 27.4 | 52.1 |
| 18 | 2008-04-19 | 0.241 | 31.62 | 54.83 | 23.8 | 50.8 |
| 20 | 2008-04-29 | 0.040 | 25.18 | 47.17 | 25.8 | 49.3 |
| 21 | 2008-05-11 | 0.210 | 24.77 | 37.08 | 27.4 | 50.2 |
| 22 | 2008-05-15 | 0.273 | 31.05 | 50.60 | 25.5 | 46.7 |
| 23 | 2008-05-19 | 0.255 | 23.77 | 39.88 | 27.3 | 49.7 |
| 24 | 2008-05-29 | 0.164 | 28.65 | 49.70 | 22.9 | 53.2 |
| 25 | 2008-06-09 | 0.147 | 27.41 | 50.24 | 26.8 | 48.8 |
| 平均值 | | 0.221 | 28.10 | 52.84 | 26.1 | 48.5 |
| 1 | 2009-05-10 | 0.243 | 35.63 | 50.37 | 24.5 | 47.2 |
| 2 | 2009-05-11 | 0.172 | 30.11 | 46.26 | 25.7 | 45.6 |
| 3 | 2009-05-18 | 0.255 | 27.79 | 51.74 | 24.8 | 50.7 |
| 4 | 2009-05-19 | 0.157 | 34.2 | 48.93 | 26.9 | 51.3 |
| 5 | 2009-05-20 | 0.194 | 29.06 | 47.69 | 27.3 | 49.3 |
| 6 | 2009-05-21 | 0.079 | 34.6 | 49.37 | 21.8 | 50.1 |
| 7 | 2009-05-22 | 0.221 | 31.34 | 50.14 | 25.4 | 47.8 |
| 8 | 2009-05-23 | 0.183 | 32.17 | 49.88 | 23.3 | 51.5 |
| 9 | 2009-05-24 | 0.194 | 29.66 | 47.43 | 27.2 | 50.6 |
| 10 | 2009-05-25 | 0.217 | 34.16 | 51.22 | 25.4 | 46.3 |
| 11 | 2009-06-04 | 0.232 | 37.11 | 48.59 | 24.2 | 53.9 |
| 12 | 2009-06-05 | 0.184 | 29.31 | 49.37 | 26.5 | 48.4 |
| 13 | 2009-06-09 | 0.139 | 33.54 | 53.14 | 28.2 | 49.7 |
| 14 | 2009-06-10 | 0.157 | 31.96 | 47.85 | 23.2 | 51.5 |
| 15 | 2009-06-19 | 0.274 | 27.85 | 46.39 | 25.2 | 47.3 |
| 平均值 | | 0.193 | 31.90 | 49.22 | 25.3 | 49.1 |

注：1. $Al_2O_3$ 是指灼烧除炭后残余物质中的含量。
2. 飞灰率是指直径在 0.076mm 以下的粉尘的质量百分数。

残炭的百分含量为 21.09%～35.63%，2008 年平均值为 28.10%，2009 年平均值为 31.90%，说明残渣中有较高的热值。$Al_2O_3$ 含量 37.80%～58.40%，2008 年平均为 52.84%，2009 年平均值为 49.22%，整体上比较稳定，说明热解残渣的无机组成部分比较稳定。残渣的飞灰率 2008 年平均为 26.1%，2009 年平均为 25.31%，粉尘量较大。

（4）残渣浸出毒性检测及重金属含量分析。

对污泥热解残渣样品做固体废物浸出毒性检测，结果显示各项指标均低于相应的标准限值，具体数据见表 7.36。

**表 7.36　残渣样品浸出毒性检测**

| 测试项目 | 六价铬 | 汞 | 铬 | 镍 | 铜 | 锌 | 镉 | 铅 | 砷 |
|---|---|---|---|---|---|---|---|---|---|
| 残渣（酸性浸出） | 0.00942 | 0.00262 | 0.016 | 0.030 | 0.006 | 0.033 | ND | ND | ND |
| 残渣（纯水浸出） | ND | 0.00170 | ND | ND | ND | ND | ND | ND | ND |
| GB 5085.3—2007 标准限值 | 5 | 0.1 | 15 | 5 | 100 | 100 | 1 | 5 | 5 |
| 残渣（强酸消解） | 20.7 | 0.0336 | 73.4 | 98.5 | 23.2 | 40.7 | ND | 24.0 | 11.5 |
| 《农用污泥中污染物控制标准》（酸性） | — | 5 | 600 | 100 | 250 | 500 | 5 | 300 | 75 |
| 《农用污泥中污染物控制标准》（碱性） | — | 15 | 1000 | 200 | 500 | 1000 | 20 | 1000 | 75 |

注：残渣（酸性浸出）、残渣（纯水浸出）、GB 5085.3—2007 标准限值，三项中的单位为 mg/L；残渣（强酸消解）、《农用污泥中污染物控制标准》（酸性）、《农用污泥中污染物控制标准》（碱性），三项中的单位为 mg/kg。ND：未检出。

（5）不凝气样品检测结果。

由表 7.37 中数据表明，不凝气的主要成分为 $CH_4$ 和 $H_2$，除 $CO_2$ 和 $N_2$ 外其余可燃气体含量接近 90%。

**表 7.37　不凝气样品检测数据**

| 序号 | 取样时间 | $C_1$/% | $C_2$/% | $C_3$/% | CO/% | $CO_2$/% | $N_2$/% | $H_2$/% | 其他有机物/% |
|---|---|---|---|---|---|---|---|---|---|
| 1 | 2008-03-24 | 34.85 | 4.42 | 0.40 | 5.31 | 6.83 | 5.46 | 41.46 | 1.27 |
| 2 | 2008-04-10 | 33.77 | 5.22 | 0.51 | 5.33 | 5.13 | 6.85 | 40.27 | 2.92 |
| 4 | 2009-05-19 | 36.42 | 5.18 | 0.92 | 7.25 | 6.39 | 5.52 | 36.28 | 2.04 |
| 5 | 2009-06-15 | 37.19 | 6.97 | 1.17 | 6.98 | 4.74 | 4.73 | 37.19 | 1.03 |
| | 平均值 | 35.56 | 4.84 | 0.53 | 4.94 | 6.6 | 6.26 | 40.4 | 1.95 |

（6）热解油检测结果。

表 7.38 和表 7.39 是热解油样品全烃气相色谱和棒薄层检测结果，表明热解油基本上以柴油和煤油为主，油中含有较多芳烃。

**表 7.38　热解油样品全烃气相色谱**

| 序号 | $C_8$～$C_9$(汽油)/% | $C_{10}$～$C_{15}$(煤油)/% | $C_{16}$～$C_{18}$(柴油)/% | $C_{19}$～$C_{34}$/% | 其他/% | 备　注 |
|---|---|---|---|---|---|---|
| 1# | 3.48 | 53.66 | 13.24 | 26.13 | 3.49 | 2008 年样品 |
| 2# | 7.11 | 66.06 | 9.55 | 14.63 | 2.65 | |
| 3# | 5.77 | 58.94 | 11.33 | 22.17 | 1.79 | 2009 年样品 |
| 4# | 6.31 | 49.23 | 18.32 | 23.26 | 2.88 | |

表 7.39　热解油样品棒薄层检测结果

| 样　品 | 饱和烃/% | 芳烃/% | 非烃/% | 沥青质/% | 备　注 |
|---|---|---|---|---|---|
| 1# | 19.57 | 60.91 | 12.74 | 6.78 | 2008年样品 |
| 2# | 17.61 | 66.34 | 11.86 | 4.19 | |
| 3# | 16.14 | 58.76 | 15.63 | 9.47 | 2009年样品 |
| 4# | 15.73 | 63.43 | 13.11 | 7.73 | |

(7) 油水气产生量测试评价与结果分析。

表7.40是污泥热解油、气、水产量的测试数据。由表中热解产油量数据及对污泥的含油率数据进行对比分析可见，污泥中油的回收率大致为80%，剩余的有机组分主要转化为残炭和不凝气，不凝气产量大致为40Nm³/t污泥。

表 7.40　污泥热解油、气、水产量

| 序　号 | 取样时间 | 单位污泥热解产水量/(L/t) | 单位污泥热解产油量/(L/t) | 单位污泥热解产气量/(Nm³/t) |
|---|---|---|---|---|
| 1 | 2008-03-15 | 847 | 52.15 | 37.7 |
| 2 | 2008-03-16 | 855 | 56.49 | 35.2 |
| 3 | 2008-03-24 | 853 | 55.40 | 36.4 |
| 4 | 2008-04-10 | 849 | 61.92 | 41.0 |
| 5 | 2008-04-14 | 856 | 48.89 | 37.5 |
| 6 | 2008-04-15 | 855 | 56.49 | 40.1 |
| 7 | 2008-04-16 | 870 | 39.11 | 35.7 |
| 8 | 2008-04-17 | 839 | 64.10 | 42.8 |
| 9 | 2008-04-18 | 861 | 51.06 | 38.4 |
| 10 | 2008-04-19 | 873 | 32.59 | 35.1 |
| 11 | 2008-05-11 | 855 | 49.79 | 37.4 |
| 12 | 2008-05-19 | 857 | 47.98 | 36.6 |
| 13 | 2008-06-09 | 862 | 43.45 | 39.7 |
| 平均值 | | 856 | 50.70 | 38.0 |
| 1 | 2009-05-10 | 765 | 68.3 | 48.3 |
| 2 | 2009-05-19 | 773 | 71.2 | 42.1 |
| 3 | 2009-05-22 | 812 | 53.5 | 56.5 |
| 4 | 2009-05-23 | 754 | 57.1 | 43.2 |
| 5 | 2009-05-24 | 831 | 65.6 | 37.7 |
| 6 | 2009-05-25 | 854 | 68.9 | 45.1 |
| 7 | 2009-06-05 | 821 | 54.3 | 39.3 |
| 8 | 2009-06-10 | 796 | 47.7 | 40.5 |
| 9 | 2009-06-19 | 751 | 69.8 | 44.6 |
| 10 | 2009-06-23 | 773 | 72.2 | 47.1 |
| 11 | 2009-07-17 | 792 | 63.1 | 33.2 |
| 12 | 2009-07-19 | 810 | 58.8 | 38.9 |
| 平均值 | | 794 | 62.5 | 43.0 |

# 7.5　新疆油田含油污泥热解工艺技术研究

## 7.5.1　污泥基本特征

试验物料共5种。分别取有油田污泥六九区清罐堆存的干化罐底泥和81站污水深度处理站脱水堆存干化污泥、炼油废白土克拉玛依石化分公司润滑油精制的废白土、炼油污水处理的离心脱水污泥（湿污泥，含水率在60%以上）和其堆存干化污泥。

对现场制备储存备用样品进行取样，测定了污泥的含水率、含油率及残渣等指标。由表7.41可见，克拉玛依石化废白土含油率高达27.5%；六九区罐底污泥和克石化湿污泥含油率较低，在10%左右；81站脱水污泥含油率最低仅为6.4%。固废的来源不同，其基本物性有较大差异，并对热解油气水的产率具有较大的影响。

**表7.41　样品的基本物性**

| 样品名称 | 含油率/% | 含水率/% | 其他挥发物/% | 残渣/% |
|---|---|---|---|---|
| 六九区罐底污泥 | 12.0 | 5.5 | 6.8 | 75.7 |
| 81站脱水污泥 | 6.4 | 12.1 | 13.8 | 67.7 |
| 克拉玛依石化分公司废白土 | 27.5 | 1.4 | 11.1 | 60.0 |
| 克拉玛依石化分公司湿污泥 | 7.9 | 64.0 | 20.3 | 7.8 |
| 克拉玛依石化分公司干化污泥 | 17.0 | 11.5 | 28.5 | 43.0 |

## 7.5.2　室内热解处理试验

对五种中试样品做了室内测试。试验主要测取了在600℃反应3h条件下油气水产收率和残渣含油量，表7.42中的试验数据表明，五种中试样品均具有较好的油气产收率，其中产油率的高低基本与物料本身的含油量大小相一致，但有的较高，有的则略低于其含油率，克拉玛依石化分公司废白土产油率最高，达31.3%，高于含油率近4%；在热解过程中，六九区罐底污泥、81站脱水污泥和克拉玛依石化分公司废白土除本身含水外其合成水低于3%，克石化干化污泥则为5.1%，而克石化湿污泥则为11%；五种中试样品残渣含油率为0.003%～0.009%。

**表7.42　五种中试样品室内热解试验油气水产率及残渣含油率表**

| 样品名称 | 产油率/% | 产气量/($m^3$/t) | 产水率/% | 残渣含油率/% |
|---|---|---|---|---|
| 六九区罐底污泥 | 12.6 | 43 | 6.6 | 0.006 |
| 81站脱水污泥 | 6.0 | 47 | 14.0 | 0.009 |

续表

| 样品名称 | 产油率/% | 产气量/($m^3$/t) | 产水率/% | 残渣含油率/% |
|---|---|---|---|---|
| 克拉玛依石化分公司废白土 | 31.3 | 36 | 4.0 | 0.003 |
| 克拉玛依石化分公司湿污泥 | 8.6 | 41 | 75.0 | 0.004 |
| 克拉玛依石化分公司干化污泥 | 14.1 | 79 | 16.6 | 0.007 |

### 7.5.3 中试热解处理试验

1. 热解处理工艺流程与装置

现场热解处理试验工艺流程如图7.36所示，整个工艺装置如图7.37所示。试验装置处理油砂能力为20t/d。试验主体设备为水平回转炉，自控连续运行。整体工艺装置由进料、传动、热解反应、热力、馏分排出、馏分冷凝分离、排渣和自控等八个系统设施构成。

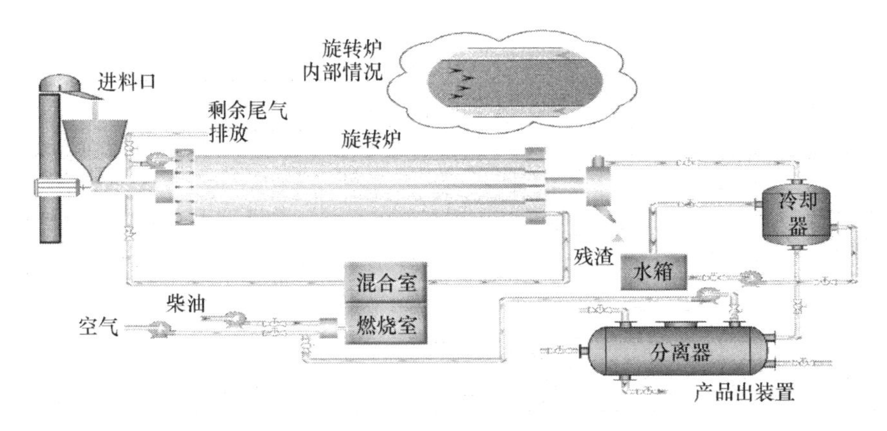


图7.36 含油固体废弃物热解处理工艺流程示意图

图7.37 含油固体废弃物热解处理试验装置

2. 热解反应温度与停留时间

热解炉进料口温度为 200～250℃，最高反应温度控制为 450～500℃，物料在炉内的停留时间为 3～4h。

3. 试验结果与分析

对五种中试评价样品现场热解处理的产油气水率进行了现场测试，对其剩余残渣的含油率进行了室内测定。表 7.43 中的试验数据表明，五种中试样品均具有较好的油气产收率，产气量略高于室内评价结果，产油率为室内的 81.4%～95.8%，平均值为 86.6%，这表明现场试验装置设备可行；在现场热解过程中，五种中试样品的含水率高于室内评价结果，比室内的产水率高出 3%～6%，这可能是中试设备不如室内实验设备密闭有关；五种中试样品残渣含油率为 0.3%～2.0%，远高于室内评价结果，除克拉玛依石化分公司废白土渣的含油率与农用污泥含油率 0.3%的指标相当外，其余均严重超标，这表明热解还不彻底，应延长反应时间或提高反应温度。

**表 7.43　现场中试评价热解油气水产率及残渣含油率**

| 样品名称 | 产油率/% | 产气量/($m^3$/t) | 产水率/% | 残渣含油率/% |
| --- | --- | --- | --- | --- |
| 六九区罐底污泥 | 11 | 60 | 11 | 0.9 |
| 81 站脱水污泥 | 5 | 75 | 17 | 1.2 |
| 克拉玛依石化分公司废白土 | 30 | 50 | 10 | 0.3 |
| 克拉玛依石化分公司湿污泥 | 7 | 30 | 80 | 2.0 |
| 克拉玛依石化分公司干化污泥 | 12 | 90 | 20 | 1.1 |

4. 试验装置运行中暴露的问题

对用于油砂干馏处理的两种炉型进行了含油固体废弃物热解处理的现场试验，试验运行结果表明，立式炉基本不能用于含油固体废弃物热解处理，水平炉可用于含油固体废弃物热解处理。但水平炉在运行过程中，除设备的控制系统和机械传动系统运行正常外，其他多个系统存在与含油固体废弃物处理不配套、设计能力不够和技术待完善等问题。

水平炉用于含油固体废弃物热解处理现场试验暴露的主要问题如下。

1）进料系统

进料系统是针对油砂设计的，各种含油污泥进料困难，试验只能人工喂料，进料工艺有待重新设计。

2）馏分从热解炉中的排放系统

(1) 馏分排放的整个管道系统易被灰尘堵塞，试验过程中清理工作频繁，需做改进。

（2）在正常运行情况下，炼油脱水干化污泥进料量为300kg/h的馏分排放存在排出不畅问题。按照油砂馏分的产生量设计，对含油固体废弃物来说其排放管道设计排放能力不足，针对含油固体废弃物则需根据其馏分产生量做重新设计。

3）馏分冷凝系统

在正常运行情况下，炼油脱水干化污泥进料量为300kg/h的馏分排放时，已存在冷凝液过热问题。针对馏分冷凝系统也需根据其馏分产生量做重新设计。

4）热解炉反应系统

现场试验热解残渣仍具有一定的含油率，高的达到2%；在试验正常运行时排出残渣有冒白烟现象，这表明物料热解反应不充分，有待进一步优化反应系统的运行工艺参数或反应系统的工艺结构。

5）热力系统

减少热能消耗，提高热力系统效率，需要进一步完善。

（1）对于高挥发馏分的含油固体废弃物热解处理，试验装置设备的供热能力不足，炼油脱水干化污泥进料量为300kg/h时，其炉内反应温度提升困难，针对高挥发馏分的含油固废热解处理设备的供热能力需做进一步的优化设计。

（2）供热系统的热效率低，提高供热系统热效率也将是改进完善工作的重点。

6）排渣系统

试验设备排渣系统简易，出渣温度高，粉尘易四处飞扬。对排渣系统需根据含油固废残渣粉尘含量高的特点进行设计。

## 7.6　微波热解技术处理含油污泥工艺技术研究

### 7.6.1　微波热解机理

#### 1. 微波技术基础

广义上讲，微波是一种频率为300MHz～300GHz的电磁波，波长为1mm～1m，常分为米波、厘米波、毫米波和亚毫米波四个波段。介于红外与无线电波之间，由于其频率很高，在某些场合也称为超高频电磁波。目前只有915MHz和2450MHz被广泛使用，对应波长分别为0.326557m和0.121959m，在较高的两个频段还没有合适的大功率工业设备。微波加热作用的特点是可在不同深度同时产生热，即“体加热作用”，这不仅使加热更快速，而且加热更均匀，节省能源，有利环保。鉴于微波的这种优势，目前微波已被广泛应用于纸张、木材、皮革、烟草及中草药的干燥等。此外，根据微波可以杀虫灭菌的特点，使微波在医学和食品工业中得到了广泛应用。在食品加工中，如食品加热、灭酶、焙烤、解冻、膨化和杀菌消毒等都有应用。微波在生物医学上可以用于诊断和治疗某些疾病、组织固定、免疫组织化学和免疫细胞化学研究等。微波在许多领域的应用越来越广泛，具有良好的发展前景。

2. 微波加热原理

微波加热物料主要有以下三种机制：其一，极性分子在外加微波电磁场的作用下，原来杂乱无章的分子随之快速改变方向，分子或原子的电子云发生偏移导致偶极子发生运动，呈现正负极性，由于电磁场的变化速度高达 24.5 亿次，如此高速的轮摆运动，使分子间摩擦产生热能；其二，磁性物质在微波场作用下，磁性组分会发生变化，这种变化的迟滞作用产生热能；其三，具有导电性的材料在微波场作用下会产生电流，电流的流动产生热能。微波辐射引起物质温度上升的速率主要与微波频率及其相应波长、材料介质内电场的尺度、被加热材料的特性（介质常数、介质损失或介质耗散能量的能力）等因子有关。微波并非从物质材料的表面开始加热而是从各方向均衡地穿透材料后均匀加热，但微波穿透介质深度有限。

3. 物质在微波场中的热效应

当微波在传输过程中遇到不同材料时会产生反射、吸收和穿透现象，据此可将相关材料分为三类：导体（反射）、绝热体（穿透）、吸收体（吸收）。导体反射微波，常用于微波能量的传导，例如，微波装置中的波导管；绝热体可透过微波，它吸收微波的功率很小，常被用作反应器的原料；吸收体也称电介体，是吸收微波的材料，因此微波加热又称电介加热。微波对物质的加热作用及其程度、效果取决于物料本身的几个主要的固有特性：相对介电常数（$\varepsilon_r$）、介质损耗角正切（$\tan\sigma$，简称介质损耗）、比热容、形状、含水量的大小等。

4. 微波加热特点

与传统的加热技术相比，微波加热具有如下优点：①高效快速；②节能省电；③热源与加热材料不直接接触；④能进行选择性加热；⑤便于控制；⑥设备体积小且无废物生成。

### 7.6.2 微波在污泥处理技术方面的研究进展

污泥含有大量易挥发性有机物质，因此污泥的热解技术引起了人们的关注和重视。污泥的热解技术就是在无氧环境下，对干燥的污泥进行加热至一定温度，在干馏和热分解的作用下，使污泥转化为油、水、不凝性气体和炭 4 种物质。现在对于污泥热解转化的机理还未完全明了。一般认为，200～450℃时脂肪族化合物蒸发，300℃以上蛋白质转化，390℃以上开始糖类化合物转化，主要转化反应是肽键断裂，基团的转化变性及其支链断裂[123]。目前国内的污泥热解转化还停留在试验阶段，而且多数研究为低温热解阶段。施庆燕等[124]对污泥低温热解过程的能量平衡进行了分析，表明即使是有机质含量较低的污泥，其热解过程也是能量净输出；同时在170～300℃范围内进行了炼油厂废水污泥热解制油的试验研究，取得较高的有机质的转化率[125]。研究认为不同污泥中，活性污泥的产油率最高，油漆污泥和硝化污泥次之[126]。韩晓强等确定了污泥热解过程不同化学反应区域的动力学参数：频率因子 $A$ 和活化能 $E$，并深入分析相关反应机理[127]。相比国内污泥热解主要集中在低温范围内，国外研究的温度区间更广，而且对热解产物分析、热解过程描述及对环境的污染控制等方面十分关注。Hu等对炼油厂污泥进行中低温（400℃左右）热解试验，分析了热解产物，并考察了产物中 PAH 和有害重金属的分布情况[128]。Ishikawa 等的进一步研究表明[129,130]，热解能够把除汞以外的重金属离子固定在固体残留物中，在自然界的环境下不宜溶出，比焚烧处理产生的含重金属的粉末污染要少许多。Lu 等设计了一个两步热解的装置，对两个温度段（290～500℃，700℃）的 12 种热解产物进行了详细分析，同时还考察了热解代替焚烧的经济可行性[131]。Sanchez 等的研究表明[132]，污泥高温分解过程（900℃）中产生的油和其他气体物质，主要成分为碳氢化合物，热值在 13000～14000kJ/m$^3$，与人工合成煤气的热值相当，可以作为燃料加以利用。对于热解的固态产物人们也加以了深入的分析。Bridle 等的研究表明[133]，污水污泥在 750℃和 850℃下的热解，烧焦残留物中含炭 23%～30%，其余为灰分，表面积为 1.05m$^2$/g，可以作为吸附剂回用。而且众多学者的研究也证明，除了热解终温外，热解气氛、热解升温速率、保温时间也对污泥热解和热解产物的特征有重要控制作用。当然，热解法也存在缺点：①其固体体积的减少不如焚烧减少得多；②裂解产生出来的液态产品的燃烧，会产生一定量的有害物质；③热解大多处于实验室研究阶段，工业化应用得很少，而且技术发展没有焚烧法完善。但是热解所能产生的能源效应是其他方法所不能比拟的，也正为现代社会所急切需要。因此，该项技术研究的关键在于要找到更适宜的能量来源以降低能量的消耗，并通过控制反应条件，产生更多有用物质、更少的危害产物。

微波热解技术与传统热解相比具有独特的传热传质规律。微波能整体穿透物料，使能量迅速传至反应物的中心，达到均匀加热的目的，其传热传质方向相同，挥发组分穿过低温区，可以减少不期望的二次反应。该技术具有设备简单、操作可靠、能量回收率高、无二次污染等特点，在取得环境效益的同时还有较好的经济效益，具有环境治理和资源利用的双重意义，在国外已有微波热解技术用于处理城市污泥的工程应用实例，为油田含油污泥无害化和资源化利用提供了一条新的思路，具有十分广阔的应用前景。

### 7.6.3 微波处理含油污泥室内试验

1. 试验材料与方法

1）试验方法

（1）试验设备。

主要试验设备为 WY50002-1C 程控微波源操作控制系统。使用频率 2450MHz 的微波。

（2）分析测定方法。

污泥含水率测定采用蒸馏法；污泥含油率测定采用石油醚萃取法；污泥含固率由减差法得到。含水率、含油率、含固率均以质量百分数表示。

2）试验用的含油污泥特性

试验采用以胜利油田某联合站的含油污泥为试验原料，其基本物理性质数据见表 7.44。

**表 7.44 油泥基本物理性质数据**

| 项目 | 含水率/% | 含油率/% | 含固率/% | Al/(μg/g) | Fe/(μg/g) | Na/(μg/g) | K/(μg/g) | Ca/(μg/g) | Mg/(μg/g) |
|---|---|---|---|---|---|---|---|---|---|
| 某联合站 | 57.95 | 14.75 | 27.30 | 1100 | 7205 | 6120 | 4527 | 245 | 813 |

由表 7.44 可见，该联合站含油污泥含油量较高，具有较高的回收价值，另外，污泥中 Fe 的含量较高，铁的化合物和固体焦炭是极优的微波吸收材料，能够促进微波加热速度，因此后续试验将考虑把热解之后的残渣加入到含油污泥中，考察其对含油污泥热解转化过程的影响。

2. 室内试验

通过自制微波实验装置，研究了含油污泥在热解过程中的温度变化情况、热解残渣质量对热转化过程的影响及热解产物组成，结果如图 7.38、图 7.39 和表 7.45 所示。

如图 7.38 所示，含油污泥的微波热处理过程温度变化可以分为三个阶段：水分蒸发区，室温 0～120℃；轻质烃类挥发和热解区，温度 120～470℃；重质烃炭化区，温度 470～850℃。其中，含油污泥的微波干化区温度达到 120～150℃，最高热解温度为 450～470℃。

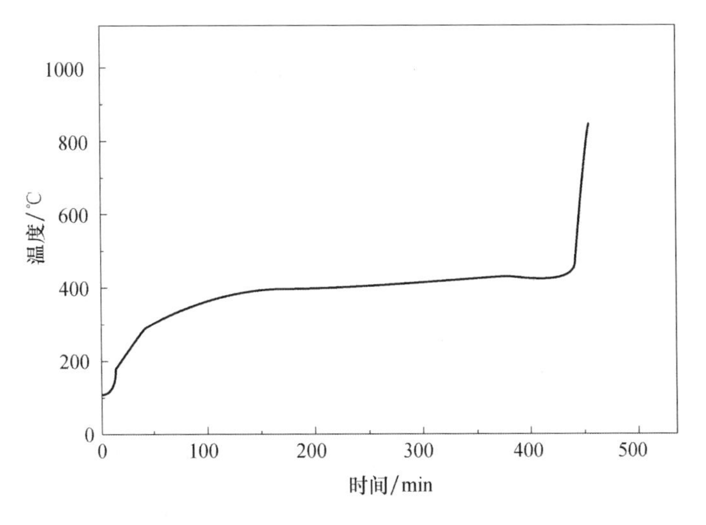


图 7.38　含油污泥微波加热过程中温度随时间的变化关系

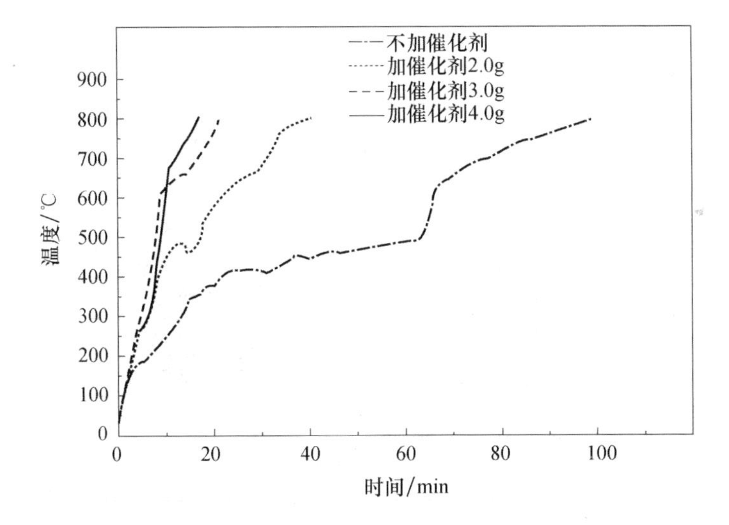


图 7.39　加入不同质量热解残渣对含油污泥微波热转化过程的影响

**表 7.45　热解产物组成及收率**

| 项　目 | 气　体 | 固　体 | 液　体 | |
|---|---|---|---|---|
| | | | 水 | 油品 |
| 原含量/% | — | 27.30 | 57.95 | 14.75 |
| 含量/% | 6.59 | 28.47 | 53.14 | 11.8 |
| 回收率/% | — | 91.7 | 91.7 | 80.0 |

如图 7.39 所示，加入热解残渣的量越大，微波热解的升温速率越快，热解

时间越短。

由表 7.45 可见，孤岛油田的含油污泥具有较高的资源回收价值，每吨含油污泥可以回收近 118kg 油品。含油污泥在微波热处理过程的温度变化可以分为三个阶段，其中第三个阶段重质烃炭化区是不希望发生的阶段，后续试验将通过温度自动控制系统抑制第三阶段的发生。同时还发现整个实验装置的密闭性越好，保温效果就越好，系统升温就越快。热解残渣的加入能够缩短热解时间。

### 7.6.4 微波处理含油污泥现场试验

根据室内试验设计了现场试验装置及工艺流程，如图 7.40 和图 7.41 所示，通过 PLC 温度自动控制系统将物料升温过程设置为二段式，第一段将物料控制在水分蒸发区；第二段控制在轻质烃类的挥发和热解区。为了提高系统的密闭性，在微波加热腔内放置了特制的磨口石英玻璃封闭保温内腔，上端加盖微波抑

图 7.40 现场试验装置

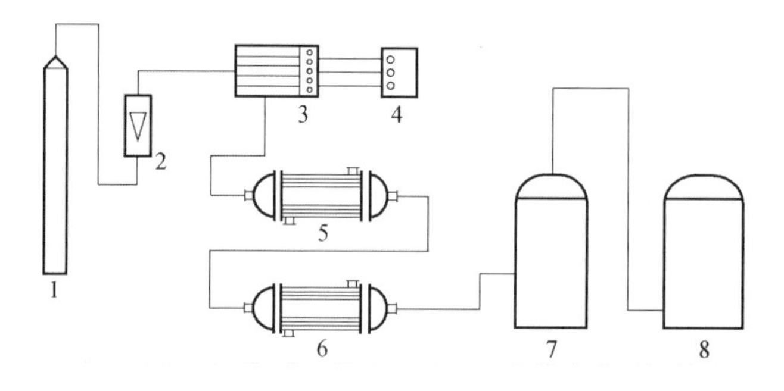


图 7.41 现场试验流程图

1. 氮气钢瓶；2. 转子流量计；3. 微波热解炉；4. 温控仪；5. 换热器 1；6. 换热器 2；7. 储罐；8. 尾气处理装置

制型端盖，并配合石墨密封盘根，不仅大大提高了系统的保温效果，而且还防止了热解过程产生的油气粘到微波发生源的内壁上阻碍微波的透射，提高了系统的加热效率，节省了系统电能损耗。

1. 热解终温对热解处理效果的影响

热解终温是指热解过程中所达到的最高温度，其对油泥热解残渣含油率的影响结果如图7.42所示。

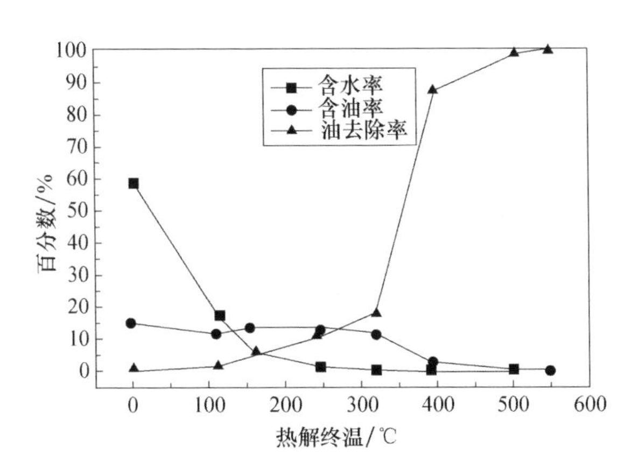


图7.42　热解终温对热解效果的影响

如图7.42所示，微波热解终温对热解处理效果的影响显著，随着热解温度的升高，热解残渣含油率逐渐减小，即随着终温的升高，热解处理效果逐渐提高。终温110℃时，处理物料和原泥比较可知，该处理过程主要是脱水过程，该物料的含水率为16.3%，远低于原泥的含水率57.95%，而其含油率12.18%稍低于原泥的含油率14.75%，说明该过程油分的挥发较少。在110℃之后，原泥中油质组分开始挥发、热解转化为气态（冷凝后大部分成液态），并随着温度的升高，油分的热解速度和热解深度增加，热解残渣中有机物含量急剧降低。当微波热解终温达到500℃时，热解残渣含油率已降为2‰，《农用污泥中污染物控制标准》（GB 4284—1984）中石油类含量低于3‰。

2. 微波热解残渣的加入对不同产物的影响

由室内研究得出热解残渣的加入能够缩短热解时间，因此现场试验中为了确定热解残渣的加入量，比较了不同微波热解残渣加入量下的不同产物的总产量，其中液体产物采用主要回收物油类产物的质量作为比较对象，同时每次热解油泥的量恒定为20kg，得到的结果如图7.43所示。

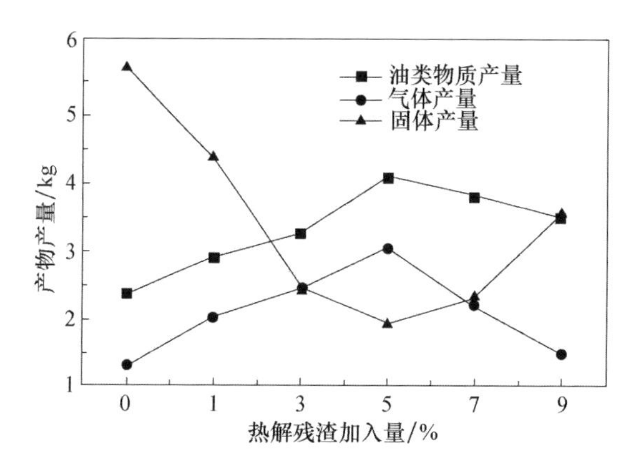


图 7.43　微波热解残渣的加入对热解产物产量的影响

如图 7.43 所示，微波热解含油污泥的产物总量大致相当，当气体与液体产物多时，固体产物就少，反之亦然。当微波热解残渣加入量为热解油泥质量的 5%时可以得到最高的油类产物的质量和气体量。由此，微波热解残渣加入量为热解油泥质量的 5%。

3. 含油污泥微波热解的液体产物中油类分析

原样污泥在热解终温 500℃、热解残渣加入量为 5%的条件下冷凝回收的油组分经模拟蒸馏分析得到图 7.44。

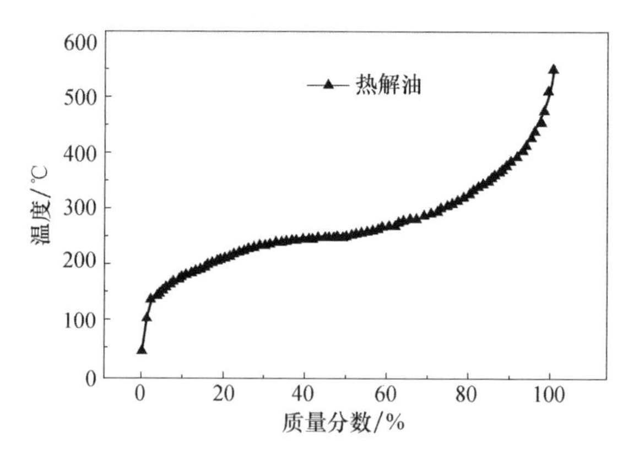


图 7.44　热解油品的模拟蒸馏曲线

如图 7.44 所示，可凝性气体主要为油品和水蒸气，经模拟蒸馏分析，油品细分为汽油（16.98%，200℃以下）、柴油（64.29%，200～340℃）、重质油（18.73%，340℃以上）。热解收集油品总含量可达原泥含油量的 80%，水分收集量则达 90%以上。

4. 热解残渣溶出重金属组分分析

按照有关标准首先对微波热解后形成残渣进行溶出，然后利用原子吸收技术对溶出液中的重金属离子进行测定，结果见表 7.46。

**表 7.46　微波焚烧残渣中重金属离子的溶出浓度**

| 停留时间/min | 溶出金属（浸出液浓度）/(mg/L) | |
|---|---|---|
| | 总铅 | 总铬 |
| 10 | 0.23 | 0.18 |
| 5 | 0.09 | 0.09 |
| 0 | 0.05 | 0.08 |
| 0 | 0.16 | 0.16 |

由表 7.46 可见，各种金属离子的浸出浓度完全符合标准。也就是说，用微波处理后的含油污泥的残渣完全符合排放标准，不会造成二次污染。

5. 试验结论

(1) 室内研究得出含油污泥的微波热处理过程的温度变化可以分为三个阶段：水分蒸发区、轻质烃类挥发和热解区及重质烃炭化区，其中第三个阶段重质烃炭化区是不希望发生的阶段；整个实验装置的密闭性越好，保温效果就越好，系统升温就越快；热解残渣的加入能够缩短热解时间；胜利油田的含油污泥具有较高的资源回收价值，每吨含油污泥可以回收近 118kg 油品。

(2) 通过现场试验得出含油污泥微波热解最佳工艺条件如下：热解终温为 500℃、热解残渣的加入量为 5%。此时含油污泥经过微波热解处理，热解生成的油相主要为轻质燃料油，占到 81.27%，产品价值高于原油，所含原油的回收率大于 80%，热裂解作用明显；残渣含油率为 0.20%<0.3%，满足《农用污泥中污染物控制标准》(GB 4284—1984) 的要求，各种金属离子的浸出浓度完全符合排放标准。

# 第8章　含油污泥焚烧处理工艺技术研究及应用

## 8.1　焚烧原理

焚烧是将有固定含水率的含油污泥送入焚烧炉内，通过高温燃烧使其成为稳定的残渣。污泥焚烧的对象主要是脱水泥饼，污泥脱水后的滤饼含水率仍达60%～80%，干燥处理后污泥含水率可降至20%～40%，焚烧处理后含水率可接近0，体积很小，便于运输与处置。

## 8.2　污泥焚烧技术

污泥焚烧是指在高温（500～1200℃）下，污泥固形物在无氧气或者低氧条件下，分解成气体、焦油及灰分残渣这三部分的过程。我国绝大多数炼油厂都建有含油污泥焚烧装置，可以较彻底地消除含油污泥中的有害有机物，如不考虑焚烧热能的综合利用，会造成大量的能源浪费。

污泥焚烧炉种类很多，主要有固定床式炉（方箱炉）、立式多段炉（耙式炉）、卧式回转炉和流化床焚烧炉等。

方箱炉属炉栅燃烧式，存在燃烧不彻底，表面焚化而内部烧结，需人工排渣，劳动强度大，排烟无净化设施，燃料消耗量大，单炉处理量小等缺点，目前已基本不被采用。

立式多段炉如图8.1所示，一般分为6～12层，每层均有旋转齿耙将泥饼自上而下逐渐耙落，此种炉型多用于再生活性炭和冶金系统的焙烧炉。立式多段炉操作过程中，含油污泥高热化使炉温上升，旋转齿耙消耗严重，焚烧能力受限。近年来辅助燃料成本上升，烟气排放标准更加严格等因素也使其越来越失去竞争力。

卧式回转炉（图8.2）是一个圆筒形的有耐火砖衬里的外壳，其轴心的安装线与水平线略成角度。回转炉通常炉体较长，使得燃烧区在整个焚烧炉中只占有很小的部分。大多数废物废料是由燃烧过程中产生的气体及炉壁传输的热量加热的。它是通过炉本体滚筒缓慢转动，利用内壁耐高温抄板将污泥由筒体下部在筒体滚动时带到筒体上部，然后靠污泥自重落下。由于污泥在筒内翻滚，可与空气充分接触，进行较完全的燃烧。污泥由滚筒一端送入，热烟气对其进行干燥，在

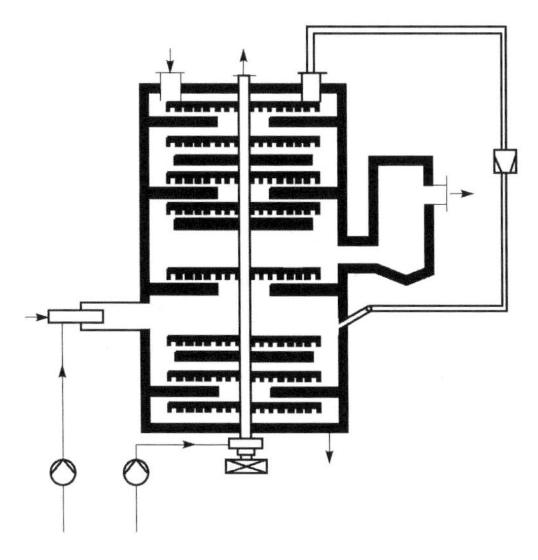

图 8.1　立式多段炉示意图

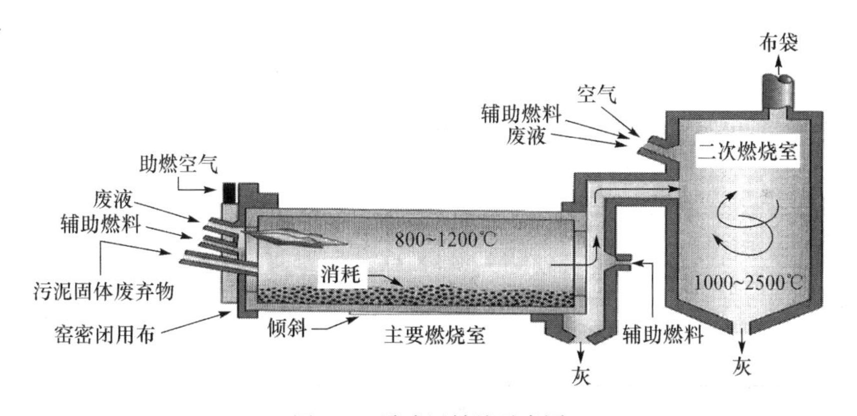


图 8.2　卧式回转炉示意图

达到着火温度后燃烧，随着筒体滚动，污泥得到翻滚并下滑，一直到筒体出口排出灰渣。当含油污泥含水量过大时，可在筒体尾部增加一级炉排，用来使污泥燃尽，滚筒中排出的烟气，通过垂直的二燃室。二燃室内送入二次风，烟气中的可燃成分在此得到充分燃烧，燃烧温度为 1000～1200℃。

流化床焚烧炉（图 8.3）属炉膛空间燃烧炉。它把流化床的强化传热、传质特性与高含水污泥的高耗热性质结合起来。采用高硅石英砂作为热载体，污泥在炉内分散性好，可以在非常短的时间内达到完全燃烧。流化床焚烧炉具有单位炉膛体积处理量大、占地面积小、炉床温度高、烟气臭味小、体积热负荷大、对污泥含水率和燃料的适应性强、操作灵活等优点。但流化床焚烧炉要求含油污泥颗粒化，预处理工序复杂，影响其推广应用。虽然焚烧法与其他方法相比具有突出的优点，但另一方面，随着焚烧工艺的使用，它所存在的若干问题也日渐暴露出来。

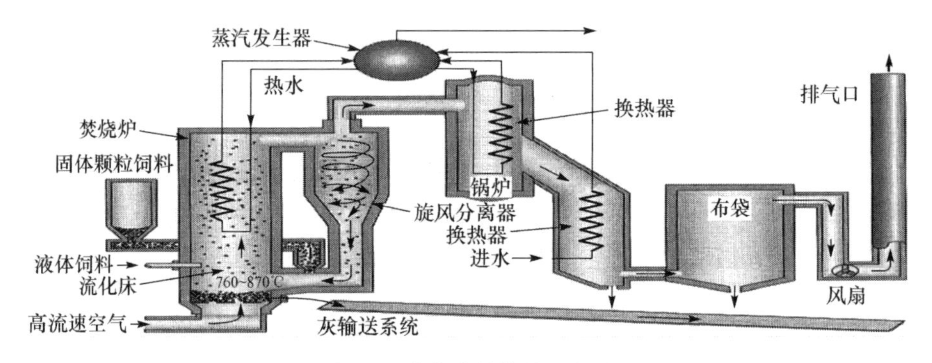


图 8.3　流化床焚烧炉示意图

其一，焚烧需要消耗大量的能源，而能源价格又不断上涨，焚烧的成本和运行费均很高；其二，存在烟气污染问题，噪声、震动、热和辐射及产生二噁英等。各发达国家都在制定更严格地固体焚烧炉烟气的排放标准，这也将给污泥的焚烧提出更高的要求。不同焚烧炉的性能见表 8.1。

**表 8.1　污泥焚烧炉性能比较**

| 项　目 | | 立式多段炉 | 卧式回转炉 | 流化床炉 |
|---|---|---|---|---|
| 处理能力 | 单位炉床面积/[t/(m²·d)] | 0.80～6.65 | — | 7.0～10.0 |
| | 单位炉断面积/[t/(m²·d)] | 2.5～4.5 | — | 7.0～10.0 |
| 焚烧效率 | 焚烧效率/% | 90～93.5 | — | 99.99 |
| | 灰中未燃物残余量/% | 5～15 | 5～15 | 0.2～1.0 |
| | 热效率/% | 53～67 | — | 67 |
| 排气设备 | 排气量 | 1.4 | 1.5 | 1.0 |
| 辅助设备 | 热交换器 | 不需要 | — | 必要 |
| | 后燃器 | 必要 | 必要 | 需要 |
| | 鼓风机 | 风量大，风压低 | 风量大，风压低 | 风量小，风压高 |
| 面积 | 基础面积 | 大 | 特别大 | 小 |
| | 占地面积/m² | 50 | 100 | 35 |
| 维护管理 | 炉寿命/a | 10 | 5 | 15 |
| | 内衬修理/a | 2～3 | 1 | 无 |
| | 耙壁与底板修理/a | 2～3 | — | 无 |

续表

| 项　目 | | 立式多段炉 | 卧式回转炉 | 流化床炉 |
|---|---|---|---|---|
| 投资/万元 | | 70～75 | 100 | 150 |
| 运行 | 电力消耗/[kW·h/(t·d)] | 1 | — | 1.2 |
| | 升温时间/h | 2～4 | 2～4 | 无 |

综上所述，目前焚烧工艺被世界各国认为是污泥处理的最佳实用技术之一。在欧洲各国、美国、日本等国家，该工艺已日渐成熟，其优点是处理速度快，减量化程度高，世界各国的环境条件均对废弃物处理所花费的时间和所占的空间提出了更为严格的要求，因而污泥焚烧技术已逐步成为污泥处理的主流技术，越来越受到世界各国的青睐。我国在废物焚烧方面的研究起步较晚，特别是在污泥焚烧这一领域更是缺乏系统的研究，因此对污泥处理中焚烧这一技术的研究就显得日益重要。该方法的优点是能够最大程度的减量化、无害化，对原料适应性强；缺点是能耗高、设备投资高、工艺技术要求高。

## 8.3　污泥焚烧技术的应用现状

污泥焚烧的初期研究是由美国的诺亚克、施莱辛格等于 1960 年在彼得堡能源中心开始的，其共同的特点是以回收能源为目的。脱水污泥（水分 65%～85%）的热值低（固体热值为 7500～15000kJ/kg），因此，焚烧过程中必需添加辅助燃料，所以应该设计辅助燃料最少的流程。世界上第 1 台焚烧污泥的流化床锅炉在 1962 年建于美国林伍德（华盛顿州），至今仍在运行。目前，污泥焚烧是日本、奥地利、丹麦、法国、瑞士、德国等国污泥处置的主要方法。韩国正在光东里污水处理厂试运行污泥焚烧新工艺。泰国北榄府正在建设东南亚规模最大的污水处理厂，其污泥处理单元将采用焚烧工艺。我国的城市污水处理厂中，只有深圳特区污水处理厂采用焚烧技术，对工业废水污泥的焚烧，国内应用的也很少。

焚烧炉型有回转型（如回转式焚烧炉）、多段型（如立式多段炉）、流化床型等。流化床焚烧炉有如下特点：①由于流化层内粒子处于激烈运动状态，粒子与气体之间的传质与传热速度很快，单位面积的处理能力很大。②由于流化床层内处于完全混合状态，所以加到流化床的固体废物，除特别粗大的块体之外，都可以瞬间分散均匀。③由于载体本身可以蓄存大量热量，并且处于流动状态，所以床层反应温度均匀，很少发生局部过热现象，床内温度容易控制。即使一次投入较多量的可燃性废弃物，也不会产生急冷或急热现象。④在处理含有大量易挥发性物质时（如含油污泥），也不会像多段炉那样有引起爆炸的危险。⑤流化床的结构简单，设有机械传动部件，故障少，建造费用低。⑥空气过剩系数可以较少。⑦特别是流化床焚烧炉还具有其本身独特的优点：燃料适应性广，易于实现对有害气体 $SO_2$ 和 $NO_x$ 等的控制，还可获得较高的燃烧效率，污泥焚烧的灰分有多种用途等。因此，流化床焚烧炉得到了较好的应用，其形式有道尔·奥利弗流化床焚烧炉、考可兰式流化床焚烧炉、回旋型流化床焚烧炉、带干燥段的流化床焚烧炉等。

污泥处理以减量化、资源化、无害化为原则。目前在世界各国，填埋、农用和焚烧是污泥处置的几种主要方法。近几年来，污泥焚烧技术已经成为处理污泥的主流方法，越来越受到重视。这是因为焚烧法与其他方法相比具有以下突出的优点：①焚烧可以使剩余污泥的体积减少到最小，因而最终需要处置的物质很少，不存在重金属离子的问题，有时焚烧灰可制成有用的产品，是相对比较安全的一种污泥处置方式。②污泥处理速度快，不需要长期储存。③可以回收能量用于发电和供热。

随着环保法规的日益严格和完善，含油污泥无害化、清洁化、资源化处理技术将成为污泥处理技术发展的必然趋势。油泥处理在达到环境标准的前提下，尽量回收能源是科学研究和技术开发的方向之一。

## 8.4 基于不同焚烧炉类型的油泥焚烧工艺

### 8.4.1 循环流化床焚烧工艺

循环流化床焚烧工艺具有以下特点：

(1) 处理工艺成熟，在处理城市生活污泥领域应用广泛，具有处理速度快，减量化程度高，单位处理成本低，灰渣燃烧充分，环保等特点。含油污泥经该工艺处理后完全符合排放标准。

(2) 油田含油污泥种类繁多，性质各异，尤其是含油量指标变化较大，而循环流化床技术燃料适应性强的特点正好满足需要。

(3) 热量可以供生产、生活使用，但需要相应的配套换热设备。

(4) 焚烧需要辅助燃料，焚烧污泥过程中需按泥煤比 4∶1 掺入符合流化床燃用的粒煤。

### 8.4.2 旋转窑焚烧工艺

1. 主工艺流程

旋转窑焚烧工艺的主流程如图 8.4 所示。预脱水后的含油污泥→旋转式焚烧炉→二燃室兼集尘器→污水换热器→G-G 热交换器→喷淋洗涤塔→雾水分离器→烟囱→排放大气中。

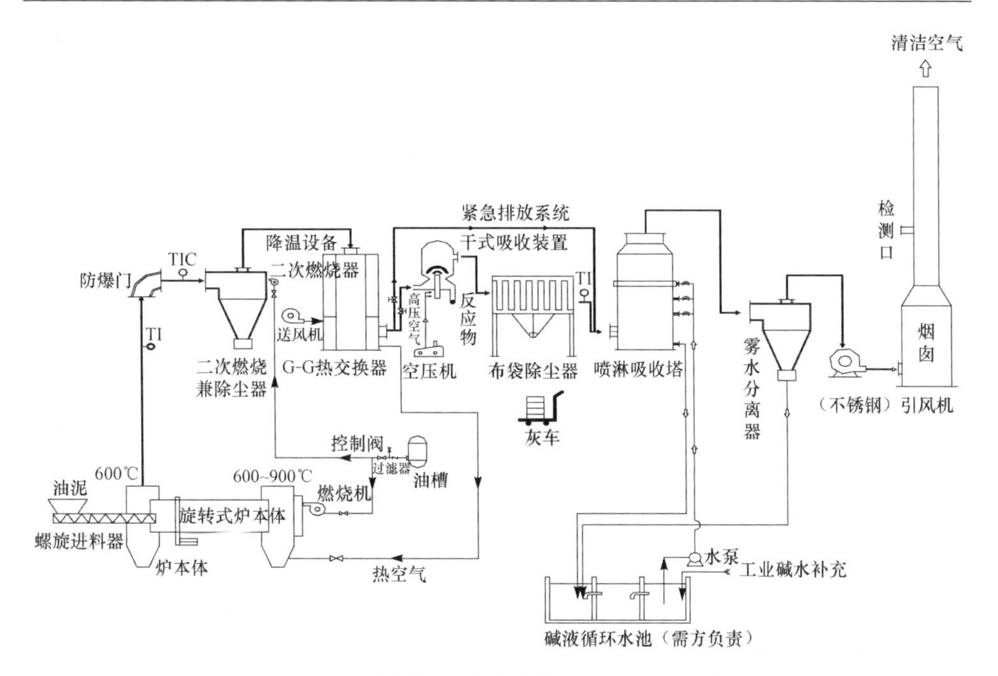


图 8.4　旋转炉窑焚烧油泥工艺流程示意图

2. 流程描述

油泥由双螺旋输送机批量送入旋转窑炉本体燃烧室，堆场的废气和空气由送风机经 G-G 换热器加热后送入旋转窑炉本体，由一次燃烧器点燃，根据燃烧 3T（温度、时间、涡流）原理在炉本体燃烧室（600～900℃）内充分氧化、热解、燃烧。残留的废气进入二次燃烧室（耐火式集尘器）经高温（1100℃以上）热解达到无异味、无恶臭、无烟完全燃烧的效果，使其燃烧效率达 99.9%以上，焚毁去除率达 99.99%以上，并除去烟气中大颗粒的粉尘后，烟气经过 G-L 换热器降温（250℃左右）及 G-G 换热器降温（200℃左右），经过 G-G 换热器降温后的废气送入旋转窑炉本体及二次燃烧室补氧并燃烧。降温后的烟气进入干式吸收装置，利用硝石灰和活性炭吸附二噁英并去除酸性气体，进入布袋除尘器去除粉尘，然后进入碱喷淋洗涤塔除去有害酸性的气体并降温（80℃左右），同时除去烟气中的小颗粒粉尘，并由雾水分离器除去烟气中的饱和水蒸气，然后将符合排放标准的达标气体经排风机由烟囱排入大气（70℃左右）。燃烧后产生的灰烬由自动出灰装置取出并转移至掩埋场掩埋。

3. 辅助工艺流程

燃料油使用渣油，由渣油罐车拉运来的渣先卸在渣油储箱内，然后由油泵提升到渣油储罐内，再经油泵提升经过预加热后到焚烧炉的本体和二次室。喷淋洗涤塔所需要的碱液在碱液槽中由耐碱泵提升到喷淋洗涤塔。引风机轴承的冷却水由站内供水系统提供，冷却后的水进入碱液槽中。

4. 优缺点分析

旋转窑焚烧工艺优缺点表现在以下几个方面：

（1）含油污泥采用回转窑焚烧，从工艺上是可行的，但还没有工程实例，若要进行工程实施，还需要做些必要的试验，而且主要设备回转窑要针对含油污泥的特性经过专门设计。

（2）回转窑处理含油污泥时，单位处理量受炉体限制，目前最大处理量为500kg/h。

（3）回转窑处理含油污泥需采用辅助燃料，处理成本高。

（4）含油污泥经该工艺处理后完全符合排放标准。

### 8.4.3 旋转窑热解工艺

1. 旋转窑热解处理工艺

旋转窑热解处理工艺是中石油为加强油田地面集输系统含油污泥的治理效率，于2003年立项并开始研究，并在辽河油田开展了工业性的现场试验。

2. 工艺流程

旋转窑热解处理工艺的工艺流程如图8.5所示。预脱水后的含油污泥→旋转式热解炉→冷凝器→气液分离器→分离出油水和气。

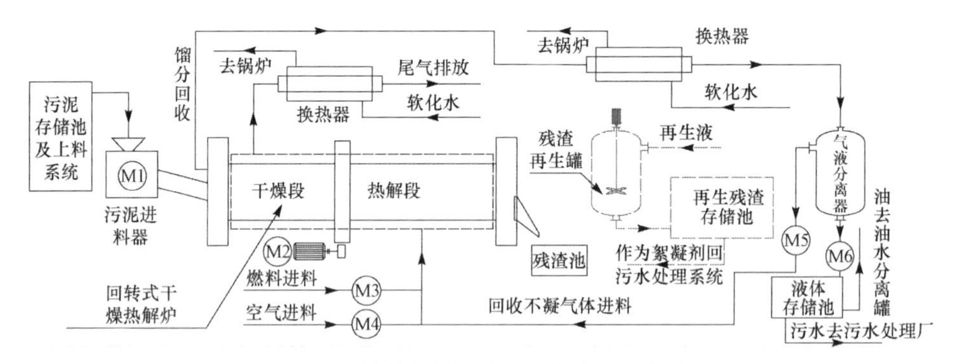


图8.5 旋转窑热解油泥工艺流程示意图

3. 流程描述

整体工艺系统包括进料、干燥与热解、馏分冷凝分离与回收、残渣回收与再生利用、燃料供给及监测与控制等多个单元设施设备。工艺实施的具体方法如下：物料由上料系统提升进入污泥进料器的进料斗，经挤压进入回转式干燥热解炉，在经过一定时间的干燥热解反应后，残渣由出料口间歇排出，暂存于残渣池，以备再生利用。干燥热解产生的馏分流经冷凝器冷凝，大部分冷凝为液态的油和水进入液体存储池，油品回收，污水去污水处理厂；不凝气体直接用作供热系统的燃料。馏分冷凝采用锅炉给水进行冷却以回收热能，热解炉的烟道尾气采用锅炉给水进行换热以回收余热。

### 8.4.4　层燃技术和热解气化技术相结合焚烧工艺

1. 工艺流程

层燃技术和热解气化技术相结合的焚烧工艺流程如图 8.6 所示。预脱水后的含油污泥→烘干预处理→立式层燃炉→余热锅炉→尾气处理→排入大气。

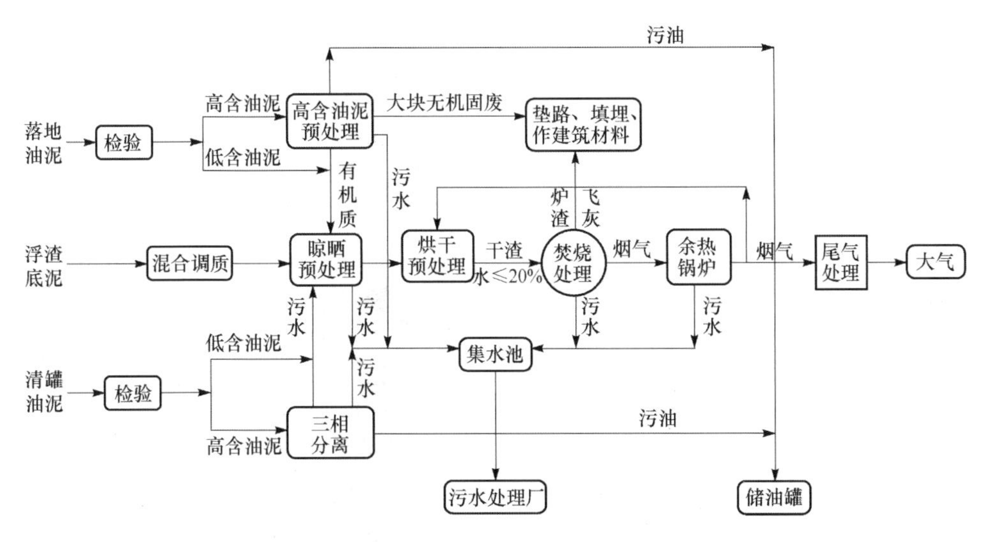


图 8.6　立式层燃旋转炉焚烧油泥工艺流程示意图

2. 流程描述

待处理的含油污泥物料为沉降罐的浮渣，直接晾晒、干化预处理将含水率从 70%降低至 30%以下，储存焚烧。一次减量处理后的含油泥砂及有机质和浮渣底泥送入晾晒场进行初步晾晒和干化。含水率 70%以上的浮渣底泥和落地油泥及清罐油泥经两级减量处理后，送入焚烧炉焚烧。焚烧产生的高温烟气经余热锅炉换热后，温度仍会很高，用于高含油污泥预处理和浮渣底泥的干化处理，余气可以民用。

3. 工艺的优缺点

含油污泥旋转焚烧炉是综合研究国内外已有焚烧炉的优缺点，开发出的层燃与热解气化相结合的新型焚烧技术，具有投资低、操作安全、焚烧彻底且效率高、无需预处理、无二次污染等优良性能，尤其适合浮渣底泥的焚烧处理。其焚烧机理如下：将预处理后的石油泥渣等物料经布料机均匀投入焚烧室，进行分层燃烧，炉排驱动燃烧物料整体产生移动，形成动态平衡的方式，对石油泥渣等物料进行焚烧处理，燃尽的炉渣经炉排挤碎后通过湿式出渣机排出。

该炉结构为二室燃烧。对一次燃烧产生的热解混合烟气进行二次燃烧，残留物（液态焦油、较纯的碳素及浮渣底泥本身含有的无机灰土和惰性物质等）充分燃烧后产生的残渣经炉排的机械挤压、破碎后，由排渣系统排出炉外。浮渣底泥经一次燃烧后实现了能量的两级分配，形成能量的动态平衡，从而保证了焚烧炉的持续正常运转。

石油泥渣旋转焚烧炉属于层燃技术和热解气化技术相结合的焚烧技术。其特点如下：

（1）燃烧机理先进，层燃与热解气化合二为一。

（2）设备制造、运行成本较低。

（3）对含油污水浮渣底泥的适应性强，炉内污染物易于控制，尾气易于处理，污染物排放低。

（4）操作实现全部机械化、自动化，安全、可靠性高。

（5）旋转布料系统可使浮渣底泥在炉内均匀分布。螺旋炉排具有搅拌、破渣、排渣、布风功能，彻底解决了炉排高温变形和炉渣表面烧结与搭桥等问题。

（6）运行过程不需要辅助燃料，能量利用最优化。

### 8.4.5 不同焚烧工艺的方案比较分析

由表 8.2 可见，产品收入最高的是旋转窖热解工艺，生产利润最高的是层燃技术和热解气化技术相结合工艺。需要根据生产实际因地制宜地进行工艺的选择。

表 8.2 不同焚烧方案的比较分析

| 项目 | 循环流化床焚烧工艺 | 旋转窑焚烧工艺 | 旋转窑热解工艺 | 层燃技术和热解气化技术相结合焚烧工艺 |
|---|---|---|---|---|
| 处理量/(kg/h) | 500 | 500 | 500 | 500 |
| 消耗药剂/(kg/d) | 480（石灰） | 0 | 0 | 100（片碱） |
| 消耗清水/($m^3$/d) | 24 | 160 | 10 | 30 |
| 消耗电/(kW·h/d) | 1700 | 2500 | 2500 | 2000 |
| 消耗油/(kg/d) | 8（柴油） | 1000（渣油） | 1500（渣油） | — |
| 消耗煤/(t/d) | 3.6 | 0 | 0 | 0 |

# 8.5　含油污泥室内焚烧试验

## 8.5.1　含油污泥的基本特性

以辽河油田某联合污水处理站为例，该污水处理站目前产生的含油污泥有两种：一种是浮选机产生的油泥，经压滤机脱水后油泥含水率为 70%～80%；另一种是清罐产生的含油污泥，主要是污水处理站的调节水罐和斜管除油罐，还有部分油储运区的储油罐内的油泥。中石油环保院对上述两种污泥分别进行了检测和评价，并完成室内焚烧实验。含油污泥的组成特征见表 8.3。

**表 8.3　某联合污水处理站压滤后含油污泥组成及特征分析**

| 项　目 | 取样时间 | 含水率/% | 含油率/% | 600℃残渣/% | 600℃其他挥发物/% | 残渣 $Al_2O_3$ 含量/% |
| --- | --- | --- | --- | --- | --- | --- |
| 压滤机脱水污泥 | 2006-08-30 | 79.32 | 13.53 | 5.38 | 1.77 | 47.4 |
| 清罐污泥 | 2006-10-10 | 54.59 | 25.77 | 13.89 | 5.75 | 11.66 |

## 8.5.2　室内焚烧试验分析的泥组分性质

某联合污水处理站压滤后含油污泥（浮渣）组分，含水率为 59.7%，含油率为 22.9%，含泥率为 17.4%。某联合污水处理站油泥压滤后含油污泥（浮渣）组分及热值分析见表 8.4：水分为 59.7%、灰分为 5.49%、挥发分为 33.39%、固定碳为 1.42%、低位热值为 9291kJ/kg。

含油污泥的氯含量测定值为 0.048%，相对较低，基本与煤中的氯含量相当，远低于垃圾的氯含量，由此可以推测，油泥燃烧中二噁英的产生概率较小(氯是二噁英生成的必备物质)。

**表 8.4　某联合污水处理站压滤后含油污泥（浮渣）组分**　（单位：mg/L）

| 平行样品 | Cd | Cr | Cu | Ni | Pb | Hg |
| --- | --- | --- | --- | --- | --- | --- |
| 1# | 4.2141 | 38.3157 | 3.7538 | 26.6546 | 146.5138 | 0.229 |
| 2# | 7.3187 | 39.1194 | 3.4456 | 13.1348 | 179.3405 | 0.118 |
| 3# | 2.4729 | 54.4421 | 8.9075 | 21.9159 | 138.2145 | 0.070 |
| 平均值 | 4.6686 | 43.9591 | 5.3690 | 20.2351 | 154.6986 | 0.139 |
| 标准值Ⅰ | 20 | 1000 | 500 | 200 | 1000 | 15 |
| 标准值Ⅱ | 1.0 | 300 | 400 | 200 | 500 | 1.5 |

注：Ⅰ.《农用污泥中污染物控制标准》(GB 4284—1984）指标。
Ⅱ.《土壤环境质量标准》(GB 15618—1995）三级指标。

油泥重金属含量大多数低于农用污泥的污染物控制标准指标及《土壤环境质

量标准》(GB 15618—1995) 三级指标，但 Cd、Cr 例外，以上分析数据表明：

(1) 辽河油田含油污泥含水率较低（一般在 70%左右），相对应含油率较高。含油污泥低位热值达 9291kJ/kg（即 2233kcal/kg），具有较高的能源利用价值。根据样品热值推测，可以在不加任何辅助燃料的情况下稳定燃烧。

(2) 含油污泥中硫含量基本与低硫煤相当，$SO_2$ 排放比较容易控制。

(3) 含油污泥中氯含量较低，二噁英生成的概率较小。

(4) 含油污泥的大多数重金属含量均低于《土壤环境质量标准》(GB 15618—1995) 三级指标，但 Cr 含量偏高。

### 8.5.3 室内焚烧试验评价

由浙江大学热能工程研究所完成了某联合污水处理站含油污泥的室内焚烧试验，并进行了焚烧处理评价。首先进行了输送方式的试验，在含油污泥的连续焚烧处理过程中，含油污泥的稳定输送是较为关键的问题。针对含油污泥的具体特点，进行了两种输送方式的试验：一是泵送方式，二是无轴螺旋输送方式。试验结论是：对于小型焚烧炉，由于污泥处理量较小，采用泵送方式比较合适；其次，利用浙江大学的试验设备进行了含油污泥的焚烧和排放特性的测试。从试验结果来看：无论是从燃烧特性的角度，还是从排放特性的角度，采用流化床焚烧技术都是可行的。理化特性的分析结果和燃烧结果都证实，对于送样含油污泥，可以在不需要辅助燃料的条件下稳定燃烧，而且燃烧效率可以达到 96%以上。同时排放数据表明，油泥采用流化床焚烧，完全没有必要担心二噁英的排放问题，二噁英的排放可以远低于各种相关标准；另外从 $SO_2$ 的原始排放测试结果看（750mg/$Nm^3$），在实际的焚烧炉中完全可以达到危险废物焚烧污染物控制标准 $SO_2$ 的排放限值 200mg/$Nm^3$。

在试验中，发现油泥和飞灰中的 Cr 含量较高，焚烧后的飞灰应按危险废物进行固化处理，飞灰含量仅为油泥含量的 5.49%，通过焚烧处理可以大大减少废弃物的处理量。根据含油量的不同，应对油泥分别采用不同的方式处理。对于含油量较低的油泥，宜采用焚烧处理；对含油量较高的油泥，宜进行原油回收利用之后再焚烧的方式处理。

## 8.6 辽河油田含油污泥焚烧处理工艺技术研究

### 8.6.1 焚烧试验

1. 含油污泥理化特性分析

在进行含油污泥的大型燃烧试验之前，首先对含油污泥的基本物理化学特性进行分析测试，目的在于了解含油污泥基本特性，并为大型燃烧试验提供依据。具体分析包括水分分析、含油率测试、元素分析、含氯量分析和重金属含量分析。

1）含油污泥含水率、含油率及含泥率的分析

测试方法：原油含水量测定采用《原油水含量测定法 卡尔·费休法》（GB/T 11146—2009）。取3个平行样品，经卡尔·费休水分测定仪测试，取其平均值。辽河油田含油污泥中含水率为59.7%，含油率为22.9%，含泥率为17.4%。

2）含油污泥氯含量的分析

测试方法：含油污泥氯含量采用高温水解-离子色谱法测定，参考《煤中氯的测定方法》（GB/T 3558—1996）和《水质 可吸附卤素（AOX）的测定 离子色谱法》（HJ/T 83—2001）。试验中取3个平行样品。测试结果见表8.5。

**表8.5　氯含量分析结果**

| 序　号 | 样品质量/mg | 吸收液中氯的质量/mg | 污泥氯含量/% |
|---|---|---|---|
| 1 | 311.6 | 0.1853 | 0.059 |
| 2 | 299.4 | 0.1225 | 0.041 |
| 3 | 328.5 | 0.1400 | 0.043 |
| 平均值 | 313.2 | 0.1493 | 0.048 |

根据上述分析结果，含油污泥的氯含量相对较低，基本与煤中的氯含量相当，远低于垃圾的氯含量，由此可以推测，油泥燃烧中二噁英产生的概率较小（氯是二噁英生成的必备物质）。

2. 燃烧试验工况结果分析

燃烧试验两个工况的汇总结果见表8.6。

**表8.6　试验结果汇总**

| 工　况 | 工况1 | 工况2 |
|---|---|---|
| 给煤量/(kg/h) | 28.5 | 0 |
| 给含油污泥量/(kg/h) | 111.6 | 157.5 |
| 含油污泥：煤 | 4：1 | — |
| 沸下温度/℃ | 890 | 711 |
| 沸中温度/℃ | 900 | 716 |
| 沸上温度/℃ | 924 | 786 |
| 悬下温度/℃ | 916 | 954 |
| 悬中温度/℃ | 793 | 856 |
| 悬上温度/℃ | 707 | 764 |
| $O_2$/% | 10.69 | 10.74 |
| CO/ppm | 1020 | 560 |
| $CO_2$/% | 7.63 | 7.31 |

续表

| 工　况 | 工况 1 | 工况 2 |
|---|---|---|
| $SO_2$/ppm | 268 | 273 |
| $NO_x$/ppm | 176 | 189 |
| $C_{fh}$/% | 16.86 | 12.87 |
| 化学不完全燃烧损失 $q_3$/% | 0.75 | 0.45 |
| 机械不完全燃烧损失 $q_4$/% | 5.77 | 2.74 |
| 燃烧效率 $\eta$/% | 93.5 | 96.8 |

由表 8.6 可见：

（1）在试验过程中，无论是添加辅助燃料（约 20%烟煤）的工况 1 或是油泥单独焚烧的工况 2，燃烧比较稳定可靠，说明油泥焚烧从技术上是可行的。

（2）从试验结果看，两个工况下燃烧效率都较高，分别达到了 93.5%和 96.8%，说明油泥的燃烧效率比煤更高，这是因为煤中较细的颗粒容易造成扬析，导致更高的飞灰含碳量。当然，在商业化的焚烧炉，由于采用比试验台更长的停留时间和更加优化的配风组织，可以达到更高的燃烧效率，即可以使 CO 的排放浓度和飞灰的含碳量进一步降低。由此可见，油泥焚烧在技术上不存在很大的难度。

（3）对于常规污染物 $SO_2$ 的排放，$SO_2$ 的原始排放仅为 750mg/$Nm^3$，在实际的焚烧炉中，只要达到 73.3%的脱出率，就可以达到危险废物焚烧污染物控制标准 $SO_2$ 的排放限值 200mg/$Nm^3$，而废弃物焚烧尾部烟气脱硫装置的效率一般都在 85%以上。所以在实际的焚烧炉中，要使 $SO_2$ 排放达标，技术上是可行的。

3. 特殊污染物分析

1）二噁英

为了测试含油焚烧过程中二噁英的排放情况，工况 2 在布袋前进行了 1h 的取样。

**表 8.7　二噁英排放测试数据**

| 混合物 | C/pg | V/$Nm^3$ | C/(pg/$Nm^3$) | TEF | I-TEQ/(pg/$Nm^3$) |
|---|---|---|---|---|---|
| 2378TCDD | — | 1.08 | N. D. | 1 | N. D. |
| 12378PeCDD | — | 1.08 | N. D. | 0.5 | N. D. |
| 123478HxCDD | 15.677 | 1.08 | 14.516 | 0.1 | 1.452 |
| 123678HxCDD | 34.853 | 1.08 | 32.272 | 0.1 | 3.227 |
| 123789HxCDD | 28.764 | 1.08 | 26.633 | 0.1 | 2.663 |
| 1234678HpCDD | 157.600 | 1.08 | 145.926 | 0.01 | 1.459 |

续表

| 混合物 | C/pg | V/Nm³ | C/(pg/Nm³) | TEF | I-TEQ/(pg/Nm³) |
|---|---|---|---|---|---|
| OCDD | 207.053 | 1.08 | 191.716 | 0.001 | 0.192 |
| 2378TCDF | 46.891 | 1.08 | 43.417 | 0.1 | 4.342 |
| 12378PeCDF | 45.816 | 1.08 | 42.423 | 0.05 | 2.121 |
| 23478PeCDF | 86.303 | 1.08 | 79.910 | 0.5 | 39.955 |
| 123478HxCDF | 56.262 | 1.08 | 52.094 | 0.1 | 5.209 |
| 123678HxCDF | 46.941 | 1.08 | 43.464 | 0.1 | 4.346 |
| 234678HxCDF | 52.804 | 1.08 | 48.893 | 0.1 | 4.889 |
| 123789HxCDF | 14.099 | 1.08 | 13.055 | 0.1 | 1.305 |
| 1234678HpCDF | 106.373 | 1.08 | 98.493 | 0.01 | 0.985 |
| 1234789HpCDF | 29.670 | 1.08 | 27.472 | 0.01 | 0.275 |
| OCDF | 63.471 | 1.08 | 58.770 | 0.001 | 0.059 |
| 总浓度 | | | | | 72.480 |
| 折算到 11%氧量 | | | | | 70.230 |

由表 8.7 可见，二噁英的排放仅为 70.23pg/Nm³，即为 0.07023ng/Nm³，远低于垃圾焚烧污染物控制标准的限值 1ng/Nm³ 和危险废物污染物控制标准的限值 0.5ng/Nm³，也低于欧盟标准的 0.1ng/Nm³。

另外，取样是在布袋前。如在布袋后，则可预见二噁英的排放浓度远低于测试值。所以对于油泥而言，采用流化床焚烧完全可以达到任何严格的标准。

2）飞灰重金属

在工况 2 中对飞灰取样进行了重金属含量的分析，结果是 Cd 为 64.5mg/kg，Cr 为 48.9mg/kg，Pb 为 8.3mg/kg，Hg 为 0.032ppm。飞灰的重金属含量都低于农用污泥、土壤及粉煤灰的相关标准限值。

3）灰渣含油量

测试方法：参照我国石油天然气行业标准《碎屑岩油藏注水水质推荐指标及分析方法》（SY/T 5329—1994），测试结果显示含油量接近 0mg/kg。灰渣中检测不出含油，可以铺路或做建筑材料。

无论是从燃烧特性的角度，还是从排放特性的角度，采用焚烧技术都是可行的。理化特性的分析结果和燃烧结果都证实：对于含油污泥，可以在不需要辅助燃料的条件下稳定燃烧，而且燃烧效率可以达到 96%以上；同时排放数据表明，油泥焚烧完全没有必要担心二噁英的排放问题，二噁英的排放可以远低于各种严厉的相关标准；另外从 $SO_2$ 的原始排放测试结果（750mg/Nm³）来看，在实际的焚烧炉中，完全可以达到危险废物焚烧污染物控制标准中的 $SO_2$ 的排放限值（200mg/Nm³）。根据含油污泥的组分，焚烧后产物完全符合《农用污泥中污染物控制标准》（GB 4284—1984）和《土壤环境质量标准》（GB 15618—

1995）三级指标。

### 8.6.2 含油污泥焚烧处理工艺及应用

#### 1. 工艺设计原则

含油污泥焚烧处理工艺的设计原则如下：

（1）以含油污泥焚烧技术为核心，通过前端不同的预处理技术，将不同来源的含油污泥减量化及回收其中部分油分，其余进行焚烧，无害化处理。

（2）以所属含油污水处理厂产生的浮渣及池底、罐底污泥为主，同时根据处理规模要求，进一步考虑其他作业单位产生的落地油泥及罐底油泥。

（3）来料主要采用农用翻斗车和自卸翻斗车运输。

（4）油泥处理工程主体工艺包括两部分，即预处理工艺和焚烧工艺。预处理工艺主要采用清洗、相分离、干化技术。

#### 2. 工艺流程

污泥焚烧技术已逐步成为污泥处理的主流技术，越来越受到世界各国的青睐。综合比较以上单元技术构成的各种方案，包括能耗、资源回收、处理效果、技术成熟度等，采用立式层燃螺旋炉排焚烧工艺。工程以焚烧工艺为核心，辅助前端不同的预处理工艺，达到最终的油泥无害化处理目标。

1）主工艺流程

工艺流程为：预脱水后的含油污泥→流化床式焚烧炉→除尘器→污水二次换热器→高温空预器→污水一次换热器→半干法烟气净化器→布袋除尘器→烟囱→排放大气中。

主流程描述如下：

预脱水后的含油污泥首先送至污泥堆放库，通过抓斗提升到炉前料斗，再通过污泥给料机输送至焚烧炉内。

污泥及辅助燃煤燃烧的烟气在炉内停留时间大于3s，燃烧温度保持在850～950℃，烟气再经过旋风除尘器分离，分离后的烟气到焚烧炉尾部烟道，分离下来的灰再进到焚烧炉循环燃烧，烟气在尾部烟道加热软化水和燃烧用的空气，焚烧炉出口的烟气温度降到160～170℃，再经过半干法烟气净化器脱硫，然后经布袋除尘器除尘，烟气达标后经引风机排到烟囱进入大气。

2）辅助工艺流程

破碎的辅助燃煤则通过斗提机送至炉前煤斗，再通过螺旋给料机输送至流化床焚烧炉内。燃烧所需的空气经送风机通过空气预热器加热，分成一次、二次风进入焚烧炉内，一次风经焚烧炉风室经布风板进入流化床，二次风在炉膛中下部进入焚烧炉。

点火流程为：焚烧炉点火采用轻柴油床下点火，点火用油采用埋地的地下油罐储存（5m³），油泵房设置油箱和油泵，油泵流量为 50kg/h，油压 2.5MPa，通过回油阀门调节所需点火油量，每次点火时间约 2h，耗油量小于 100kg，具体工艺流程如图 8.7 所示。

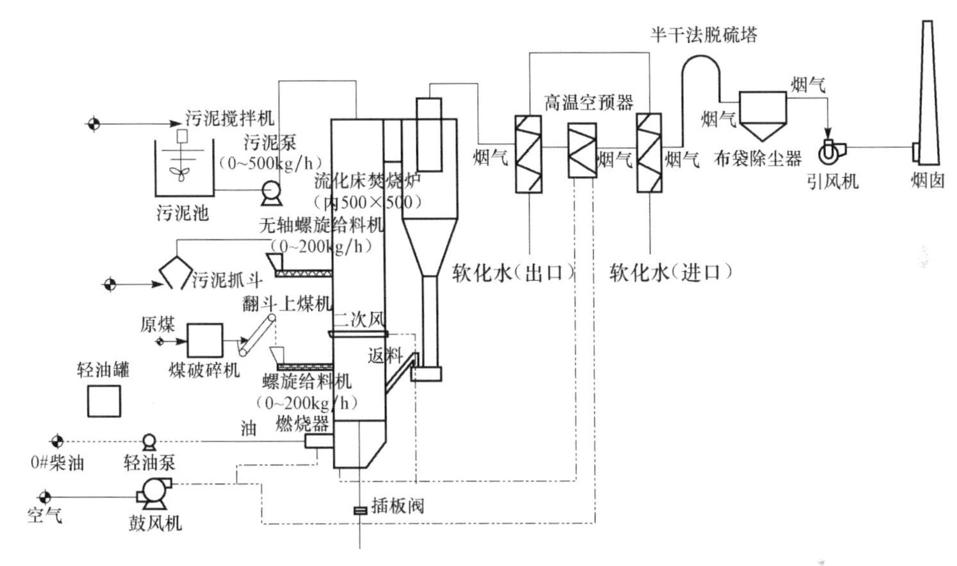


图 8.7　循环流化床焚烧油泥工艺流程图

3. 含油污泥预处理

待处理的含油污泥物料为沉降罐的底泥，直接晾晒干化预处理后，将含水降低至 30%以下，储存焚烧。当待处理的含油污泥不仅是浮渣底泥，还包括其他类型含油污泥时，则入厂含油污泥需分类储存。

1）高含油清罐油泥预处理

高含油的清罐油泥进入高含油污泥预处理系统，利用焚烧的余热进行油、泥、水三相分离。将该污泥在均质器中升温混匀，加入萃取溶剂油，经过均匀混合萃取后，泵入卧式离心装置，离心后，液相泵回储油池，固体晾晒焚烧。进行第一次减量处理，减量率为 20%～30%，减量产物去向如下：

（1）污油收集后，送储油罐储存，处理后外售。

（2）污水经集水池收集后，送入污水处理厂处理后达标排放。

（3）预处理产生的大块无机物质用于填埋、垫路、垫井场或做建筑材料。

2）落地油泥的预处理

落地油泥首先必须初步分拣，清除油泥中不利于后续清洗或焚烧的杂质。无机质直接填埋、垫道路、垫井场或作建筑材料；有机质经晾晒、烘干后焚烧。预处理后减量20%以上。分拣后的落地油泥进入清洗罐进行处理，回收原油，洗后固体进行离心分离。其中，清洗采用搅笼旋流淘洗工艺。利用污水处理厂隔油池废弃的热污水，将经过简单分捡处理的落地油泥，用专门设计的分离装置将大块无机质、有机质、含油泥砂、污油等进行分离，无机质填埋、有机质焚烧、含油泥砂根据油含量确定进一步处理方式。油含量低于10%的油泥，烘干焚烧；油含量高于10%的油泥，送入清罐油泥处理系统。

固液分离采用卧式螺旋离心机分离。主要是固液分离，之后油水进入储存池，自行沉降分离。预处理后产物去向如下：

(1) 有机质送入晾晒场，晾晒处理后焚烧。

(2) 含油泥砂送入晾晒场，烘干处理后焚烧。

(3) 污水收集后送入污水处理厂处理。

(4) 污油收集后送储油罐储存，处理后外售。

3) 晾晒烘干预处理

一次减量处理后的含油泥砂、有机质和浮渣底泥，送入晾晒场进行初步晾晒干化。

具体的干化方法如下：

(1) 自然通风晾晒。铺设浮渣底泥晾晒地坪，搭建浮渣底泥干化料棚，完善厂房储料车间，在春夏秋三季，采取晾晒办法进行初步干化预处理。

(2) 采取风干法进行快速机械干化。经过初步干化预处理的浮渣底泥进入干化预处理系统进一步去除水分。

(3) 干化后的油泥送入储料库储存。

(4) 干化过程产生的污水送到污水处理厂处理。

一次减量处理后的含油污泥经过干化预处理（含水控制在20%以下）减量50%以上。干化处理的主要设备为滚筒式高湿物料干燥机，利用焚烧系统余热锅炉出口烟气（500℃以下）进行干化。尾气进入除酸调温塔、布袋除尘器，处理后排放。

浮渣底泥及预处理后泥渣晾晒干化处理步骤：

(1) 进料。湿污泥由喂料斗、双螺旋定量喂料器、皮带输送机和进料螺旋定量器送入滚筒式污泥干燥机。

(2) 分散。由干燥机内壁上的防黏装置、抄板及内部高速旋转的破碎装置，反复撒落、击碎。

(3) 烘干。击碎的污泥与在引风机作用下呈负压的高温热空气充分接触，完成传热、传质过程。

(4) 出料。由于滚筒内抄板的倾角和引风机的作用，污泥由进料端向出料端缓缓移动。

4. 主要设备选择

以焚烧为核心，以年处理含油污泥 $5\times10^5$t 为例，工艺流程图如图 8.8 所示。

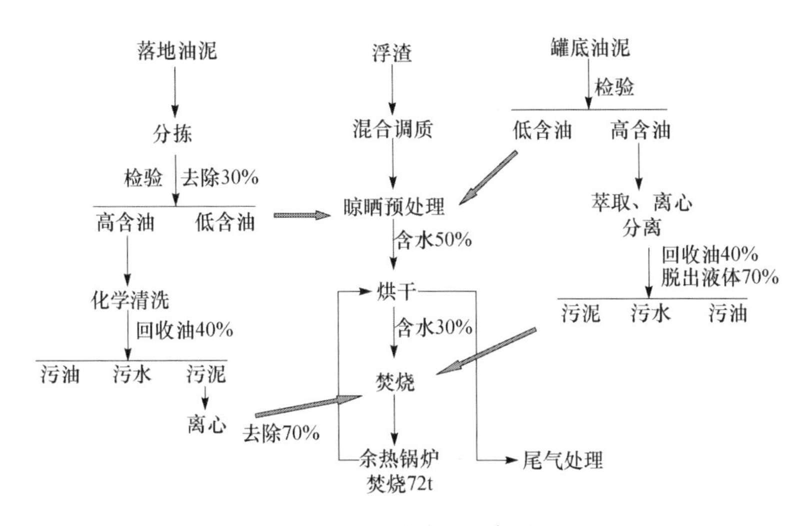


图 8.8　工艺流程示意图

在实施上述工艺的条件下，落地油泥组成如下：水 40%、油 15%、泥 45%，分拣去除总量 30%，清洗回收油 40%，洗后离心去除总液体的 70%，以最终剩余物质为 72t 计算的话，则总计处理落地油泥的量为 188t/d。取含油泥渣的平均组成如下：水 78%、油 8%、泥 14%，晾晒后泥渣含水变成 50%，烘干后浮渣含水小于 30%，以最终剩余物质为 72t 计算的话，则总计处理含油泥渣的量为 230t/d。取罐底油泥的平均组成如下：水 60%、油 12%、泥 28%，萃取回收含油量的 40%，离心脱出 70%液体，以最终剩余物质为 72t 计算的话，则总计处理罐底油泥的量为 145t/d。按照上述的比例计算，完全处理落地油泥时，年可处理量为 $5.5\times10^5$t；完全处理含油浮渣时，年处理量为 $6.9\times10^5$t；完全处理罐底油泥时，年可处理量为 $4.2\times10^5$t。根据实际接收油泥物料情况，确定年处理量为 $5\times10^5$t。

根据含油污泥处理的技术要求，对干化、分离及焚烧的设备进行了详细的了解和对比分析，提出以下主要设备。

① 干化设备。

滚筒式污泥干化机干化工艺需要 20～30min 才能将污泥从含固率 20%干化至 90%。直接干化系统由于烟气与污泥直接接触，虽然换热效率高，但对烟气的质量具有一定要求，主要包括含硫量、含尘量、流速和气量等。尚需注意烟尘具有一定的腐蚀性，烟气中可能含有一定的腐蚀性气体及干化机高温腐蚀问题。从设备角度来描述这一过程，包括上料、干化、气固分离、粉尘捕集、湿分冷凝、固体输送和储存等。热干化主要是热量的支出。干化意味着水的蒸发，水分从环境温度（假设 20℃）升温至沸点（约 100℃），每升水需要吸收大约 80Cal 的热量，之后从液相转变为气相，需要吸收大量的热量，每升水大约 539Cal（环境压力下）。两者之和，相当于 620Cal/L 水蒸发量的热能，几乎可以说是所有干化系统必须付出的“基本热能”。根据最终含水率要求，实际热能支出在 700～950Cal/L 水蒸发量。设计适宜选用滚筒式干化机 1 台。

② 焚烧设备。

焚烧设备选择石油泥渣旋转焚烧炉，经过前期的先导试验与试烧，焚烧的效果非常理想，能够回收有效的热能。

③ 固液分离设备。

卧式螺旋分离机悬浮液从进料管进入转鼓，固相颗粒在离心力场作用下受到离心力的作用加速沉降至转鼓内壁，沉降的颗粒在螺旋输送器叶片的推动下，从（直筒段）沉降区通过（锥段）干燥区至固相出口排出；澄清后的液相从溢流孔溢出。从而实现固、液相自动、连续的分离。卧式螺旋卸料沉降离心机主要特点：转鼓、螺旋等主要零件可用耐蚀不锈钢、钛合金制造。螺旋输送器可喷涂耐磨合金或镶焊硬质合金片。转鼓转速无级调速。安全保护：转速检测，过振动保护，电机过载过热保护，螺旋零差速保护。对于高黏度物料，可选用液压差速器，工作稳定可靠。处理量主要和转鼓内径相关，转鼓直径 220～500mm，随着转鼓直径增大，转鼓转速降低，最高在 4500r/min，最低为 2800r/min，生产能力 3.0～15$m^3$/h。

④ 均质机。

均质机的主要作用是在高含油油泥萃取过程中，保证溶剂油能够充分和油泥中的有机质接触，保证萃取的高效性。设计工艺需要 1 台均质机。

### 5. 功能区域布置

1）遵循原则

（1）根据各设备工作性质分区相对集中布置。

（2）便于生产操作、控制和管理。

（3）便于设备检修、更换。

（4）符合国家职业安全和环保有关规定。

2）布置方案

根据所选油泥处理工艺流程及工业场地的实际情况，主要分成三个区域，即物料储存周转区、预处理区、无害化处理区，主要构筑物占地面积见表 8.8。

**表 8.8　构筑物占地面积**

| 指标名称 | 数　量 |
| --- | --- |
| 厂区占地面积/$m^2$ | 30000 |
| 建（构）筑物占地面积/$m^2$ | 11000 |
| 露天堆场及作业场占地面积/$m^2$ | 12000 |
| 道路占地面积/$m^2$ | 1200 |
| 地上管线等估计占地/$m^2$ | 200 |
| 储池/$m^2$ | 5000 |
| 其他/$m^2$ | 600 |

（1）物料周转区。

油泥物料周转区由水泥砂浆和砾石构筑容量为 2400$m^3$ 的池体，上部加棚盖，所进物料由农用车拉至该处堆放。

（2）预处理区。

预处理区布置清罐油泥预处理装置，主要由卧式螺旋卸料沉降、离心机、均质机及相关辅助机泵、工艺管线构成，落地油泥预处理装置由一个旋转热水清洗分离装置及相关辅助机泵、工艺管线构成，同时建有一个 1500$m^2$ 的晾晒场地，经过部分分拣、清洗的油泥放置在晾晒场地自然干化，一套烘干预处理装置。

（3）无害化处理区。

无害化处理区设置一台焚烧炉，其结构系统组成包括：储料仓，布料机，焚烧室，螺旋炉排、出渣机，导风系统，防爆系统，自动控制系统。

在主厂房与辅助生产区周围设置环行道路，道路为水泥混凝土路面。厂区总体布局留有绿化用地，既能美化园区环境，又可以起到功能区划分、引导视线和交通导向的作用。

6. 主要构筑物

1）油泥周转池

油泥周转池主要包括：浮渣底泥周转池，有效容积 1200$m^3$；落地油泥周转池，有效容积 600$m^3$；清罐油泥周转池，有效容积 600$m^3$。具体要求为：建筑材质为毛石、水泥砂浆，池体底部和边坡做好防渗。

2）预处理装置

（1）落地油泥预处理系统。分拣处理 900$m^2$，沙子找平，15cm 混凝土。

（2）清罐油泥的固液离心分离系统。占地面积：2000$m^2$，内含一集水池，收集锅炉排污、油泥中的污水、预处理产生的污水、除酸喷雾的污水、设备冷却排污等，容积为 150m³，储油池容积为 75m³。

（3）油泥预处理。1600m² 简易棚，高 6m。

3）含油污泥干化处理系统

经过预处理的浮渣底泥及落地油泥、清罐油泥等低含油的固体物质移至干化场地，进一步浓缩。设备与设施包括两种：

（1）晾晒场地。总面积 1500m²，沙子找平，15cm 厚混凝土，四周设有污水收集沟。

（2）滚筒烘干处理系统，外设 30m×15m×7m 钢结构轻型彩板房。

4）焚烧系统

含油污泥焚烧系统，外部整体为钢结构彩板房，内部包括：焚烧炉 1 台，余热锅炉 1 台，尾气处理系统 1 组。

5）空气压缩机储罐

需购置一个 2m³ 的压缩空气储罐。

## 7. 焚烧炉系统主要技术参数

焚烧炉主要技术经济参数见表 8.9。

**表 8.9　焚烧炉主要技术参数**

| 项　目 | 数　据 | 项　目 | 数　据 |
|---|---|---|---|
| 焚烧效率/% | >99.9 | 焚毁去除率/% | >99.99 |
| 残渣热灼减率/% | ≤5 | 石油泥渣减容率/% | 60～70 |
| 烟气在二燃室停留时间/s | >2 | 保证污染物质的消除 | |

焚烧系统主要技术经济指标见表 8.10。

**表 8.10　焚烧系统主要技术参数**

| 项　目 | 数　据 |
|---|---|
| 入炉燃料热值/(kJ/kg) | >10000 |
| 年处理量/(t/a) | $5\times10^4$ |
| 年工作时间/h | 8000 |
| 点火燃料 | 柴油 |
| 二燃室温度/℃ | 1100±50 |
| 二燃室停留时间/s | >2 |
| 炉渣热灼减率/% | ≤5 |
| 余热锅炉数量/台 | 1 |
| 额定蒸汽产量/(t/h) | 4 |
| 蒸汽温度/℃ | 150～170 |
| 蒸汽压力/MPa | 0.7 |
| 烟气处理设施/套 | 1 |

8. 焚烧系统配置

焚烧系统配置以焚烧炉单台能力、投资和运行费用、检修期间对浮渣底泥处理量的影响、操作灵活性、蒸汽量等综合因素为依据，重点考虑全厂的运行经济性而确定。

焚烧系统主要包括以下三部分：

本工艺的设置：焚烧炉1台，额定日焚烧浮渣底泥量72t/d；余热锅炉1台，单台额定出力4t/h；尾气处理系统1组（半干法＋布袋除尘器）。

1）焚烧炉

焚烧炉主体主要由以下几部分组成：

（1）料仓及布料器。

料仓和布料器互相配合，将一定体积的入炉浮渣底泥保持在料仓通道内以阻隔炉内的烟气从料仓内溢出。布料器缓慢转动对料仓内的浮渣底泥进行破碎并连续均匀地布料进入炉内，以保证炉内焚烧工况的稳定。

（2）焚烧炉体。

焚烧炉体由固定炉盖与转动炉体组成，立式筒形结构。工作时通过炉体的转动实现入炉浮渣底泥的均匀布料。炉内有水冷壁、耐火材料、耐腐蚀材料组成的防护层，炉体与炉盖之间由双排水封槽密封，在炉盖上布置有烟道、布料器等。二次燃烧室为一筒形立式结构，内有耐火材料砌筑，设有烟气进口、二次风入口、燃烧器喷火口、烟气出口、沉积飞灰清理门。焚烧室产生的高温混合烟气沿切向进入二燃室，在高温富氧状态下将一燃室产生的裂解气燃尽，同时形成的旋风作用使部分灰分得以分离，烟气停留时间大于2s。

（3）螺旋炉排及炉排传动装置。

螺旋炉排是塔形锥体结构，安装在炉体底部，通过传动装置在电机的带动下缓慢旋转，作用如下：

① 使炉内的浮渣底泥蠕动，促进与空气的混合，保证焚烧完全。

② 强力破渣。通过炉排板与炉体侧壁的挤压将经过高温燃烧后的结焦状大块残渣破裂成150mm以下的小型块状，以便于排出。

③ 排渣。转动中在炉体腹腔的排渣器作用下将破碎后的碎渣块排至炉底的水槽里。

④ 布风。通过各个塔形层面的间隙使风室里的风均匀穿过进入炉内助燃。

（4）炉体回转机构。

炉体回转机构是由大直径回转轴承、回转大齿圈、回转平台、回转减速电机组成的大型结构件，以实现炉体与炉盖的相对平稳转动。

(5) 出渣机构。

由收灰漏斗、水槽、单链重型除渣机组成。

2) 余热锅炉

焚烧炉排出的烟气温度平均约为850℃。为充分回收余热，设置与焚烧炉相匹配的余热锅炉一台，锅炉运行方式与焚烧炉同步，余热锅炉的额定产蒸汽能力确定为4t/h，所产蒸汽全部送往各用汽单位，余热锅炉的排烟温度220℃，烟气排入烟气处理系统处理，余热锅炉主要技术特征见表8.11。

**表8.11　余热锅炉主要技术参数**

| 项　目 | 数　据 |
|---|---|
| 额定蒸发量/(t/h) | 4 |
| 额定工作压力（表压)/MPa | 0.7 |
| 过热蒸汽温度/℃ | 170 |
| 给水温度/℃ | 30 |
| 烟气进口温度/℃ | 1100±50 |
| 烟气出口温度/℃ | 220 |

3) 烟气净化

由于浮渣底泥组分十分复杂，其中含有大量的高分子聚合物及硫、氮、氯等物质，燃烧后烟气中可能含有粉尘和有害气体（如$SO_x$、HCl、$NO_x$等)，酸性气体污染环境，如处理不当将会造成严重的二次污染，因此必须对烟气进行处理，所以必须配置烟气净化装置使烟气排放达标。配备半干法脱除酸性气体、袋式除尘等烟气净化装置，净化后烟气由引风机抽出经烟囱排入大气，满足环保要求。主要设备有：调温除酸塔、布袋除尘器等。处理后烟气应满足《危险废物焚烧污染控制标准》(GB 18484—2001）中的有关规定，见表8.12。

**表8.12　烟气组成及净化指标**

| 项　目 | | 净化系统前 | 设计净化指标 | GB 18484—2001 |
|---|---|---|---|---|
| 烟气量/($Nm^3$/h) | | 12000 | | |
| 烟气温度/℃ | | 220 | | |
| 烟气组成 | $CO_2$/% | 8.2 | | |
| | $N_2$/% | 61.4 | | |
| | $O_2$/% | 6.2 | | |
| | $H_2O$/% | 24.2 | | |
| 污染物含量 | 烟尘/(mg/$Nm^3$) | 2000 | 50 | 65 |
| | $SO_2$/(mg/$Nm^3$) | 548 | 180 | 200 |
| | HCl/(mg/$Nm^3$) | 805 | 50 | 60 |
| | $NO_x$/(mg/$Nm^3$) | 350 | 350 | 500 |
| | CO/(mg/$Nm^3$) | 120 | 60 | 80 |
| | 黑度/格林曼级 | | 1 | 1 |

4）辅助系统

（1）排气系统。

本工艺排气烟囱高40m，排气管内部进行耐热防腐蚀涂附。在烟气入口烟道上设置永久采样孔。

（2）焚烧炉出渣。

浮渣底泥在焚烧炉内燃烬后落入水槽内的单板除渣机上，经沥去部分水后刮出，残渣可综合利用。

（3）各设备出灰。

余热锅炉内烟气沉降的灰尘、除酸塔和袋式除尘器排出的飞灰经出灰装置排出后，集中与水、水泥按一定比例混合、成型、固化，最终安全填埋。

（4）仪表和自控系统。

本着技术先进、性价比高、适用可靠的原则，全厂的生产过程实时控制采用PLC为基础的监测控制和数据采集系统，辅助以工业自动化仪表和闭路电视监控系统，在中央控制室可对厂内各工况进行实时监控，系统同时设有全自动、半自动和手动控制方式以适应生产过程中的不同需要。全部被控设备都可以实现就地操作。

### 8.6.3　主要工程量

主要工程量见表8.13。

**表8.13　主要工程量**

| 分类 | 项目 | 数量 |
|---|---|---|
| 工艺部分 | 油泥预处理清洗系统/项 | 1 |
| | 油泥旋转焚烧炉系统/项 | 1 |
| | 卧式螺旋分离机LW-800/台 | 1 |
| | 均质机/台 | 2 |
| | 输油泵/台 | 3 |
| | 螺旋推进机/台 | 1 |
| | 滚筒式油泥干化机/台 | 1 |
| | 干化机工艺管线/组 | 1 |
| | $50m^3$ 储存罐/座 | 3 |
| | 加药计量装置/套 | 2 |
| | 药剂泵/台 | 2 |
| | 工艺管件（包括法兰、阀门）/项 | 1 |
| | 行吊/台 | 1 |
| | 运输车/台 | 4 |
| 电气部分 | 电力增容、操作台及配电/项 | 1 |

续表

| 分　类 | 项　目 | 数　量 |
| --- | --- | --- |
| 土建部分 | 道路、土地平整/项 | 1 |
|  | 设备基础（焚烧）/项 | 1 |
|  | 焚烧车间（彩板房）/项 | 1 |
|  | 浮渣、底泥等储池/项 | 1 |
|  | 烘干处理系统钢结构轻型彩板/项 | 1 |
|  | 晾晒场地/项 | 1 |
|  | 集水池/项 | 1 |
|  | 分拣处理池/项 | 1 |
| 基本预备费 |  | 1 |

## 8.7　胜利油田油泥砂焚烧处理工艺应用研究

胜利油田从勘探开发至今已近半个世纪，目前共有污水站 50 多座，遍布各个采油厂，污水处理量近 $8\times10^5m^3/d$，它们担负着整个油田回注水和外排水的达标处理任务，为油田的增产稳产和环境保护做出了巨大贡献。但据不完全统计，截至 2007 年 12 月，胜利油田在污水处理过程年产生含油污泥近 $1.2\times10^5t$。

2000 年以来，为解决污泥无害化处置问题，胜利油田进行了大量的工作，取得了一些成绩和经验。胜利电厂焚烧站是面向全油田的一座油泥砂焚烧处理站，该站 2007 年建成投产，位于胜利发电厂内华新能源厂区南侧，占地面积约 10 万 $m^2$，一期设计每年可处理油泥砂达 $5\times10^5t$ 左右，已经投产，二期设计处理量 $1.0\times10^6\sim1.2\times10^6t$，尚未建设。

目前站内建有 20t/h 油泥砂专用焚烧炉一台，$2.8\times10^5t$ 油泥砂储备池一座，并配套了完善的管网系统、制备系统、储运系统、热控系统、电气系统、除尘设备、灰渣系统。目前基本处理流程如图 8.9 所示。经焚烧炉产生的蒸汽输往电厂辅助发电，目前可产生蒸汽量 20t/h。

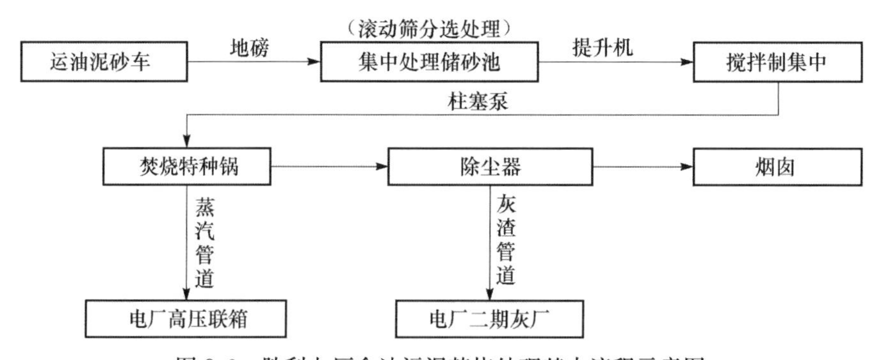


图 8.9　胜利电厂含油污泥焚烧处理基本流程示意图

截至 2010 年该站已累计焚烧油泥砂近 $5\times10^5t$，来泥量 120～140t/d，焚烧消耗量 120～130t/d，收集烟尘 100t/d，水煤浆消耗量根据泥砂中含油量的不同而不同（根据技术检测中心提供的胜采坨四站样品油泥砂检测报告，重量法含水率 19.6%，含油率 18.14%）。

污泥与水煤灰混合后进行焚烧，经焚烧炉产生的蒸汽输往电厂辅助发电，目前可产生蒸汽量 20t/h。焚烧残留物为细砂和中粗砂，经检测满足环保要求，现场情况如图 8.10 所示（见彩图）。

（a）焚烧炉间

（b）油泥砂储备池

（c）堆放的油泥砂（筛分前）

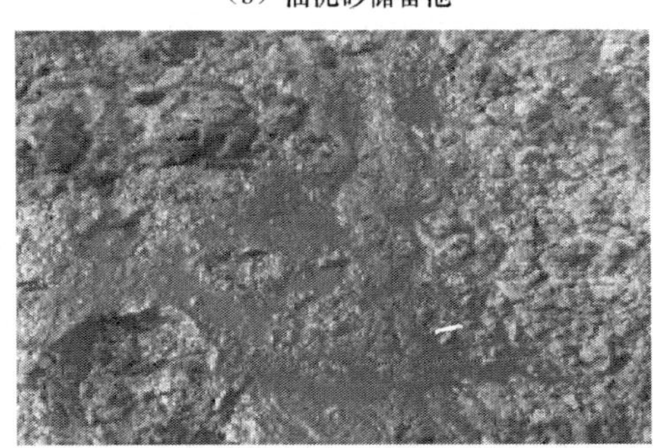

（d）筛分后的油泥砂

（e）焚烧炉炉膛出灰

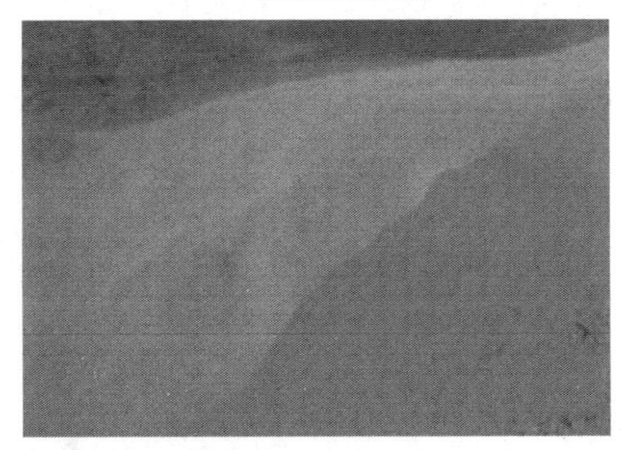

（f）除尘器收集的烟尘

图 8.10　胜利电厂焚烧站现场情况

从目前焚烧站的服务范围来看，除临盘采油厂外，已覆盖其他各采油厂；从焚烧站的焚烧能力来看，目前已具备年焚烧 $6\times10^5$ t 的能力，经二期扩建后，可

达到 $12\times10^6$ t/a，可以基本满足油田油泥砂的处理需要。

从无害化、资源化利用理念出发，采用焚烧是一种行之有效的污泥处置方式，特别是污水处理系统产生的污泥及其他含油较低的污泥应首选该方式。为彻底解决全油田油泥砂最终无害化处置，应扩建胜利电厂焚烧站，扩建后处理油泥砂能力达到 $12\times10^5$ t/a，负责全油田油泥砂的焚烧任务。

## 8.8 超热蒸汽喷射污泥处理后焚烧试验

在第 7 章中介绍了有关“超热蒸汽喷射污泥净化处理”技术，含油污泥通过该工艺处理后，还需要进一步的焚烧处理。在超热蒸汽喷射污泥处理装置旋风分离器下部有一个固体残渣排出口，安装有回转阀，穿过该回转阀的粉状物排到收容器中，粉状物含有 1%左右的油分（图 8.11 和图 8.12），温度在 250～350℃，利用鼓风机强制向收容器供给空气，残留油分燃烧，残渣中的油分可降至 3‰以下。燃烧产生的气体由排气口排出进入冷凝器。处理后的污泥符合《一般工业固体废物贮存、处置场污染控制标准》（GB 18599—2001）和《农用污泥中污染物控制标准》（GB 4284—1984）的要求。

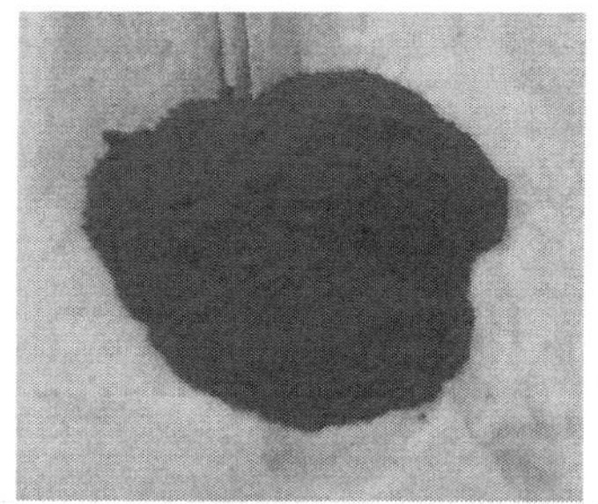
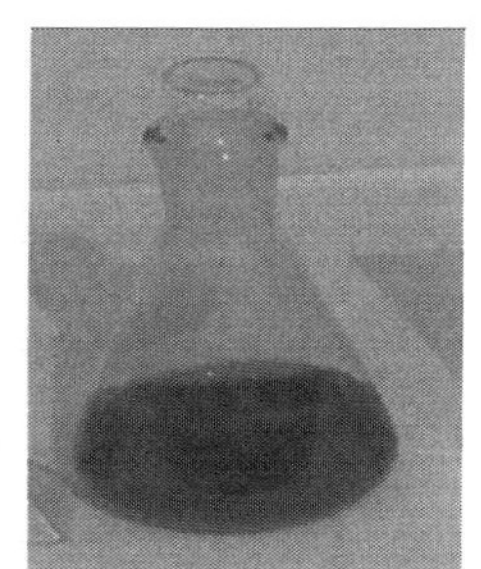

图 8.11　超热蒸汽喷射污泥处理效果图

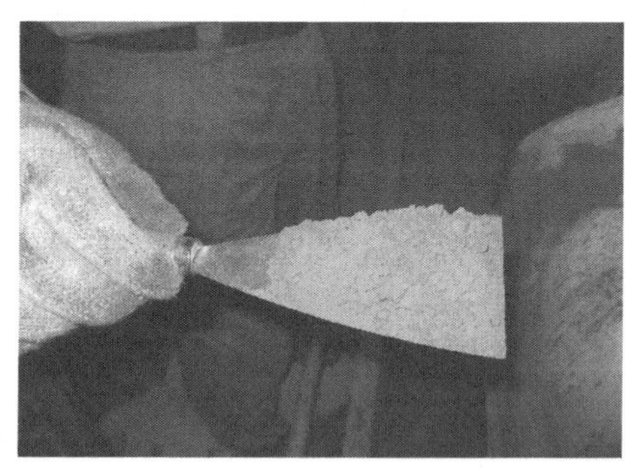

图 8.12　剩余污泥焚烧

# 第 9 章　含油污泥清洗剂及其应用

## 9.1　含油污泥清洗剂作用机理及分类

### 9.1.1　化学清洗剂的作用机理

含油污泥清洗剂的作用机理主要有以下三种。

1）卷起

卷起机理与清洗表面润湿有关，即由表面活性剂与清洗表面相互作用决定的。当接触角大于 90°时，通常污物就很容易脱落，典型的情况就是棉线类极性纺织品上的油污。对于聚酯和另外更多非极性纤维，接触角一般小于 90°，如图 9.1 所示。

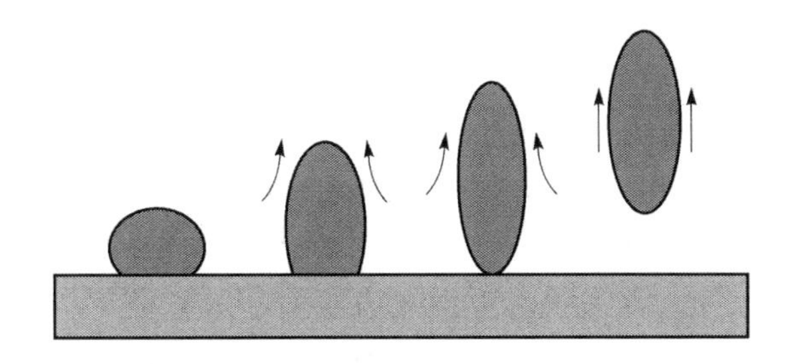

图 9.1　卷起机理示意图

2）乳化

要求在油污和表面活性剂溶液之间的界面张力比较低。乳化机理包括表面活性剂与油的相互作用，并且与清洗表面的本质无关，如图 9.2 所示。

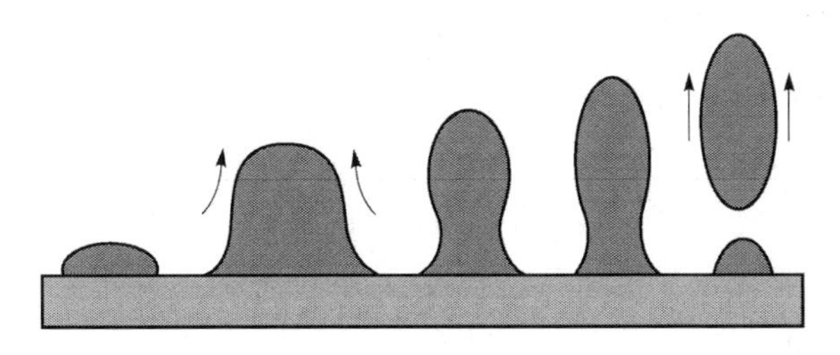

图 9.2　乳化机理示意图

3）溶解

油污被溶解，在原位形成微乳液，类似于乳化机理。溶解过程与下表面无关，但要求油与表面活性剂溶液之间的界面张力很低，如图 9.3 所示。

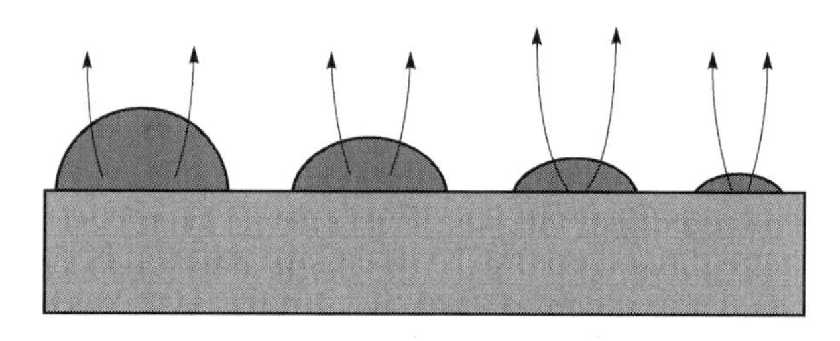

图 9.3　溶解机理示意图

### 9.1.2　清洗剂的分类

1. 非离子表面活性剂

1）脂肪酸酰胺类

脂肪酸酰胺类表面活性剂由于酰胺键的存在，耐水解性增强，且毒性低、生物降解性好、不刺激皮肤，既是优良的非离子表面活性剂，又是制备其他表面活性剂的中间体。根据所采用的原料胺的不同，产品可分为单乙醇胺及二乙醇胺、β-羟乙基乙二胺、二乙撑三胺和其他酰胺等几类。国内近期的研究主要为氨基头孢菌素（APA）合成工艺和产物性能研究。

2）脂肪酸酯类

根据脂肪酸原料和醇类品种，脂肪酸酯类表面活性剂分为一元醇酯、二元醇酯、甘油酯、多元醇酯和糖酯等。它们的开发应用呈现两个趋势：一是随着全球环保意识的增强，对其所具有的优良的生物降解性和对人体、环境安全性倍加关注，正在积极地开发新的应用领域；二是利用其本身的反应性能开发新的“绿色”表面活性剂。

2. 阴离子表面活性剂

1）磺酸盐类

以脂肪酸开发的磺酸盐主要有三类：酰基羟乙基磺酸盐、油酰基 N-甲基牛磺酸盐和脂肪酸甲酯磺酸盐（MES）。国内今后研究的重点将是 MES 的磺化和漂白技术、高浓度或粉状 MES 的制备技术及含 MES 的配方技术。此外用脂肪酸甲酯和二氧化硫、氧气在适当波长的紫外线照射下可合成随机定位的磺基脂肪酸甲酯，其性能比 MES 和 ALs 好，在硬水中稳定性好，且性能温和。

2）脂肪酸酰胺类

$C_{12\sim18}$脂肪酸通过甲酯化、酰胺化、磺化或再甲酯化、磺化等可合成系列脂肪酸单乙醇酰胺硫酸酯钠盐、磺基琥珀酸单酯二钠盐和脂肪酸二乙醇酰胺硫酸酯钠盐等阴离子产品。它们均具有较高的表面活性和钙皂分散力，在低温和硬水下发泡性很好，已应用在日化用品和水煤助剂等领域。

3）氨基酸类

*N*-酰基氨基酸及其盐既具有良好的表面活性又较阳离子表面活性剂有更佳的抑菌杀菌性能，可由脂肪酸和氨基酸反应而得，采用的氨基酸主要有：肌氨酸、谷氨酸、甘氨酸、丝氨酸、赖氨酸、丙氨酸和亮氨酸，其中以前三者最常用。其制备方法有酞氯缩合工艺及酸盐缩合工艺等。

### 3. 阳离子表面活性剂

1）季铵盐型

季铵盐型产品可分为长链脂肪伯胺、仲胺和短链胺的季铵盐。其中长链脂肪仲胺类用量较大，如双十八烷基二甲基氯化铵（DCDMAC）是优秀的织物柔软剂，而短链胺类产品又分为酰胺型季铵盐和酯基季铵盐两类。

2）咪唑啉型

以脂肪酸和多元胺为原料，用卤化物法和硫酸酯季铵化法等可生成咪哇琳季钱盐型阳离子产品。因其空间位阻作用，一般不用氯甲烷做季铵化试剂，而采用硫酸二甲酯。它主要用作织物柔软剂，与 DCDMA 相比成本低，且不易使织物返黄，现已成为 P&G 公司超浓缩柔软剂中的主活性物。另外，此类产品还可通过环化-开环-季铵化反应过程制得，咪唑啉还原开环反应为羧酸在二亚乙基三胺的仲氢上引入烷基提供了简便的合成方法，还原产物含两个伯胺，易进一步修饰，可进一步合成其他表面活性剂。

### 4. 两性表面活性剂

1）甜菜碱型

甜菜碱型表面活性剂目前主要品种是十二烷基甜菜碱（BS-12）、椰油酰胺丙基甜菜碱（CAPB）和十二烷基羟丙基磺基甜菜碱等。近年来，以脂肪酸与 *N*，*N*-二甲基丙二胺制得的脂肪酰胺丙基甜菜碱正逐步代替十二烷基叔胺制得的甜菜碱。同时向甜菜碱中引入烷氧基、磺基、羟基、磺基咪唑啉基团等可进一步改进和提高其性能。

2）咪唑啉型

咪唑啉衍生物是近期此类产品的开发重点，它能以阴离子、阳离子或两性离子形式存在，在等电点显示出独特的性能，尤其适于在个人保护品中作皮肤缓冲剂。椰油基两性乙酸盐和二乙酸盐（SCAA）由于合成工艺的改进而拓宽了其商业应用领域。

3）氨基酸型

氨基酸型两性表面活性剂常用化学法合成，其原料长链伯（仲）胺主要由脂肪酸与氨反应制成酸胺再降解而得。作为油脂原料深加工的一个重要方向，其开发较为活跃，新合成的品种有 *N*-(2-脂肪酰胺）乙基亚氨二乙酸二钠和 *N*-(2-脂肪酰胺）乙基-*N*,*N*-三[3-(2-羟基）丙基磺基] 氨二钠盐等。

### 5. 双子表面活性剂

双子表面活性剂是极具开发潜力的新品种，它含两个疏水基团、两个亲水基团和一个连接基。连接基可具亲水性或疏水性，可分为阴离子、阳离子、非离子和两性离子型，能更有效地降低水的表面张力，CMC 更低、有更好的润湿性和独特的流变性，且协同效应好，能保持良好的发泡、增溶、抗菌性等，具有广泛的应用前景。

### 6. 破乳剂

1）破乳机理研究

原油乳状液的破乳脱水有着较强的针对性，至今人们还没找到一种能够适合各种原油破乳的破乳剂。研究破乳剂的破乳机理，首先必须研究乳状液稳定的界面膜特性及在破乳剂作用下界面膜的变化情况，而膜的改变会直接影响到原油的油-水界面张力，因此对界面张力的研究是了解界面膜变化的最直接方法。

2）复配型破乳剂

由于原油的组成复杂，其中的天然乳化剂和稳定剂含量变化大，特性不尽相同，加之原油物性的影响，不同原油形成的油包水乳状液界面膜的组成、结构和强度有很大不同。一般针对某一含水原油筛选出的单一破乳剂，很难在热化学脱水的每一阶段都具有相应的优异特性。将数种各具特色的破乳剂复配起来，使各单剂的优势互补，是提高破乳脱水效果的一条有效途径。

3）专用破乳剂

随着油田开发的深入和蒸汽热采技术、乳化降黏技术的应用，稠油的开采量越来越大，稠油属重质油，具有高黏度、高密度、高胶质、高沥青质含量等特点，胶质、沥青质以胶体粒子状态存在于原油中，因而稠油的水乳状液稳定性好，许多常规破乳剂对其破乳作用明显减弱，效果很差，通过对常规破乳剂进行交联改性可获得适用高含水稠油的破乳剂。

## 9.2 生物表面活性剂的制备及油泥处理效能研究

### 9.2.1 研究目的和意义

油泥处理技术应包括无害化和资源化，其核心即是油泥中原油的分离与回收，常用的方法有物理法、化学法、物理化学法及生物学方法，其中前三种研究的较多并得到应用。但它们共同的缺点是投资及运行费用高，给环境带来二次污染，因此，人们寻求用生物学方法或生物学与物理化学联合的方法对油泥进行无害化处理。这样既可以回收较多的原油，又有利于剩余残油进一步分离和生物降解，使排放物中残油浓度达到排放标准。

运用表面活性剂溶液冲洗法进行现场治理时，需注意以下几点：

（1）表面活性剂溶液的注入位置和出水位置的妥善设计。

（2）目前还没有对表面活性剂加以回收利用，但在很多情况下，表面活性剂的回收是治理经济性的关键。

（3）注意石油烃类作用，尤其是有自由态烃类存在情况下对清洗过程的影响，因为乳化作用易阻塞流通。

（4）由于表面活性剂有一部分会被土壤吸附，因此有必要选择易于生物降解的表面活性剂，防止造成二次污染。

目前，国内对生物表面活性剂的研究还处于探索阶段，产品性能不稳定，生产成本较高，还无法进行大规模的工业化生产。但国内的许多研究机构已经陆续开始了实验研究，并取得了一定的研究成果。因此在相关研究的基础上，从大庆油田的各种土著微生物中筛选适宜菌株，尝试开发适合我国经济能力和技术适用的生物表面活性剂，具有非常重要的实践意义与理论价值。

### 9.2.2 生物表面活性剂的研究现状

生物表面活性剂在石油工业中的应用最早。生物表面活性剂易溶于水，在油水界面上具有良好的表面活性；可增加含油岩石的润湿性，使岩孔中的残油易于脱附，对原油具有较强的乳化降黏效果。与化学表面活性剂相比，它易被生物降解，并且不伤害地层，因此在采油和输油方面极具应用潜力。如在提高原油采收率领域，通过筛选合适的微生物菌株，或改变其生长条件，可以生产出多种生物表面活性剂，以满足不同原油和不同地质条件的需要；在强化采油方面，将生物表面活性剂注入地下，或注入高产微生物菌株，使其在岩层中就地培养微生物以产生生物表面活性剂。目前生物表面活性剂在采油中的应用已扩展到油田。

用*Coryneform* sp. 生产的生物表面活性剂可将油水界面张力降至 $2\times10^{-2}$mN/m，与戊醇配合则可降至 $6\times10^{-5}$mN/m。由 *Nocardia* sp.（诺卡氏菌）生产的海藻糖脂可使石油采收率增大 30%。生物表面活性剂在大规模油田三次采油效果还没有得到实际检验。但采油对表面活性剂结构、性能要求的专一性及适用条件的粗放性使生物表面活性剂在采油中的应用前景非常乐观。

生物表面活性剂在环境治理中同样具有广泛的应用前景。应用生物表面活性剂强化环境中有机物污染物的生物降解已引起广泛重视。石油污染是世界面临的一个突出的环境难题，世界各国都在研究如何运用生物技术进行此类污染的生物现场处理。研究表明，在石油污染土壤的生物处理中生物表面活性剂具有重要的应用前景。生物表面活性剂不仅可以改变土/油界面的物理性质，提高土壤水相中的矿物油含量，还可以为土壤提供有助于生物降解的营养物质，改善微生物区系的微生态环境。因此，微生物生产生物表面活性剂对于石油烃类污染的降解具有十分重要的意义。

1. 生物表面活性剂的产生机理

迄今为止，关于生物表面活性剂的产生机理还缺乏一致的认识。常规的生物学方法是采用筛选的特异微生物菌株直接进行接种，使其在烃类化合物存在的条件下，利用烃类及其他含碳化合物作为碳源进行发酵，产生能降低表面张力的化学成分，然后对其进行提取，制备成生物表面活性剂。在生物表面活性剂的产生中，碳水化合物、正构烷烃、甘油、油脂具有重要的生物作用。但作为碳源，它们在生物表面活性剂合成中的作用和优势众说纷纭。

2. 国内外研究现状

生物表面活性剂用于油田提高采收率的研究始于 20 世纪 40 年代，商业化实践则始于 60 年代末。1968 年，Arima 首次发现了枯草芽孢杆菌（*Bacillus subtilis*）IFO3039 产生的晶状脂肽类生物表面活性剂，其商品名为表面活性素（surfactin)，是迄今已报道的效果最好的生物表面活性剂之一。

生物表面活性剂的发展始于 20 世纪 70 年代后期，加拿大、英国、西德、前苏联等国家先后进行了这方面的研究和开发。研究发现，用生物方法也能合成集亲水基和疏水基结构于同一分子内部的两亲化合物。在起始阶段，将微生物在一定条件下培养，在其新陈代谢过程中可分泌产生一些具有一定表/界面活性的代谢产物，可作为生物表面活性剂。

20 世纪 80 年代已经研制出不同类型的生物表面活性剂。在产生表面活性剂的菌种的筛选、表面活性剂的结构测定和性能评价、获得这些表面活性剂的生产条件及生物表面活性剂的室内驱油评价等方面开展了大量的工作。在 80 年代中期，随着非水相酶学的开辟和进展，使由酶促反应经生物转换途径合成生物表面活性剂成为可能。目前由酶促反应和生物转换已成为生产生物表面活性剂的两条途径，而且由于前者具有一些本质的优点，越发引起人们的重视。美国专利（No. 2413278）描述了通过向地层注入脱硫弧菌提高原油采收率的方法。这种菌被认为能够以高相对分子质量烃为碳源，并且产生表面活性剂和清洁剂。美国专利（No. 2976835）描述了一种同步压裂油层和注入一种能代谢分解原油的杆菌的方法。美国专利（No. 3032472）描述了一种通过注入细菌孢子，并随后注入诱发孢子萌发的营养物如糖蜜，以提高原油采收率的方法，专利发明者发现脱硫弧菌和梭状芽孢杆菌属的细菌为微生物采油的合适菌种。美国专利（No. 3340930）描述了一种通过注入大量可代谢分解原油的微生物，并同时加入表面活性剂提高原油采收率的方法。

1）国外研究进展

随着分析手段的不断进步，高效液相色谱、柱层析、核磁共振（NMR）、疏水作用色谱、盐析试验等开始应用于菌种的检测和代谢产物的分析。目前又发展了快速和可靠的方法来评价生物表面活性剂的产生菌和它们的成分，检测细胞表面的憎水性是一种快速鉴定菌种是否产生表面活性剂的方法。Queen 等以铜绿假单胞菌、大肠杆菌等六种菌作为试验对象证明了细胞表面憎水性和表面活性剂的产生有直接的关系。美国几个实验室自 20 世纪 70 年代已经筛选出了脂蛋白表面活性剂。Eaic 试验室（美国得克萨斯大学）几个产品已经商品化，并做了现场试验。Qklahoma 大学的 Marah 模拟地层条件证明了微生物产生生物表面活性剂对提高采收率的重要性。Banat 等使用来自美国 Petrogen 公司的生物表面活性剂的菌株处理科威特石油公司原油罐的含油污泥，使其中 90%以上的残留原油得到回收。

Zhang 等报道利用 *Pseudomonas aeruginosa* ATCC9027 产生的鼠李糖脂作烷的降解。结果表明，这种表面活性剂增加了癸烷在水中的溶解度，加入鼠李糖脂的试验比对照组可增加 3 倍的降解量。van Dyke 等发现 *Pseudomonas aeruginosa* UG2 产生的表面活性剂可以将 48%的六氯二苯从污染土壤中回收出来，因而认为它可以应用于污染土壤的生物治理。Harvey 等将生物表面活性剂应用于轰动一时的 Exxon 公司油轮在阿拉斯加造成的原油污染治理，结果证明短期内促进了泄漏原油的降解。而 Passeri 等则从一种海洋细菌 MM1 中分离到一种葡萄糖内脂，并探讨了其在治理海洋石油污染中的价值。

Oberbremer 等在一个含“模拟”油类的土壤微观体系中加入生物表面活性剂，结果发现，油类降解 90%以上所需的总体时间可以缩短（表 9.1），因此可以认为生物降解作用得到了加强。一般说来，要加快某些污染物的生物降解速率，就必须在体系中加入足够的生物表面活性剂，以将界面张力降低至 2～

16mN/m。进一步的研究发现，*Rhodococcus erythropolis* 高产菌株在活细胞存在的条件下能增加对模拟油类的生物降解速率。

**表 9.1 特定糖脂对油类生物降解的影响**

| 生物表面活性剂 | 时间/h | 油去除率/% |
|---|---|---|
| 槐糖脂 | 75 | 97 |
| 鼠李糖脂 | 77 | 94 |
| 海藻糖-6,6-二霉菌酸酯 | 71 | 93 |
| 纤维素二糖脂 | 79 | 99 |

近年来，用汽油或葡萄糖加植物油进行培养生产生物表面活性剂在工业上已获得了成功，而且不同培养生产的生物表面活性剂在 pH 为 7.0 的水中能被提取和分离。这为生物表面活性剂在生物补救技术中的应用创造了条件。有报道，用生物表面活性剂对汽油浸泡的砂进行静态分批或动态柱法洗脱，测定洗出液中汽油的含量，包括甲苯、*m*-二甲苯、1,2,4-三甲苯和萘等，结果发现汽油在洗脱液中的溶解度增加，而且已确定这种含汽油和生物表面活性剂的洗出液可被工业微生物降解。另一典型的研究是采用不同培养条件得到的生物表面活性剂，考察其从土壤和砂粒中去除原油的差异。

Mulligan 和 Cooper 认为生物表面活性剂能用于泥煤脱水。将生物表面活性剂加到泥煤中能使水在受压下从泥煤中去除。在采矿业和造纸业中，已获得由 *Acinetobacter calcoaceticus* 产生的一种称为生物分散剂的阳离子多糖，保证矿物的水悬浮液稳定无絮凝。日本专利文献报道，生物表面活性剂已发展到应用于诸如煤浆的稳定以便于管道输送，化妆品与肥皂的组成成分，作为仪器及皮肤移植的药物转移系统。在我国也有采用表面活性剂可回收炼油厂废白土中蜡和油的报道，回收率达到了 93%和 95%。

2）国内研究现状

我国对生物表面活性剂的研究始于 20 世纪 80 年代，中国科学院上海有机化学研究所 1986 年开始，经微生物菌种筛选和培育，已研究出的糖脂类生物表面活性剂有槐糖脂类、海藻糖脂和多糖脂，其中海藻类生物表面活性剂已经应用于大庆油田的三元复合驱现场试验，并取得良好的效果。有关生物表面活性剂的分子遗传学的研究目前还刚刚起步，但重组 DNA 技术无疑将对它们的工业应用起决定性的作用。例如，*Pseudomonas aeruginosa* 中乳糖基因的表达，它使这种细菌能够依靠乳糖或者干酪乳清生长并产生鼠李糖脂。

### 9.2.3 研究技术路线

中国科学院沈阳应用生态研究所采用直接接种微生物菌剂，使微生物在有烃类化合物存在的条件下，利用烃类化合物作为碳源进行生长，并产生生物表面活性剂，促进原油的生物降解，降低表面张力，降低原油黏度，提高分离效率。另一种生物学方法是利用微生物或其他生物生产并制备成形的生物表面活性剂产品，将其投入到含油污泥中或注入油田采油井内提高含油污泥分离效果和采油率。该法效率比前者更好，但成本高于前者。研究利用分离自油田含油污泥和含油污水中的降解烃类的降解菌株，制备菌剂进行油泥生物分离试验，并评价其处理效果。

具体步骤如下：

(1) 首先通过对土著微生物的筛选、培养，分离、纯化出解脂酶活性高的微生物菌株。

(2) 对初步筛选的微生物进行发酵试验，通过发酵液的排油性试验，确定其是否具有降低表面张力的能力，并根据排油性试验结果，选择效果明显者进行表面张力的测定，并以此为油泥清洗药剂，进行油泥分离试验。

(3) 对能产生生物表面活性发酵液的菌株进行鉴定。

(4) 发酵条件优化。

(5) 生物表面活性剂的实际处理效能评价。

技术路线如图 9.4 所示。

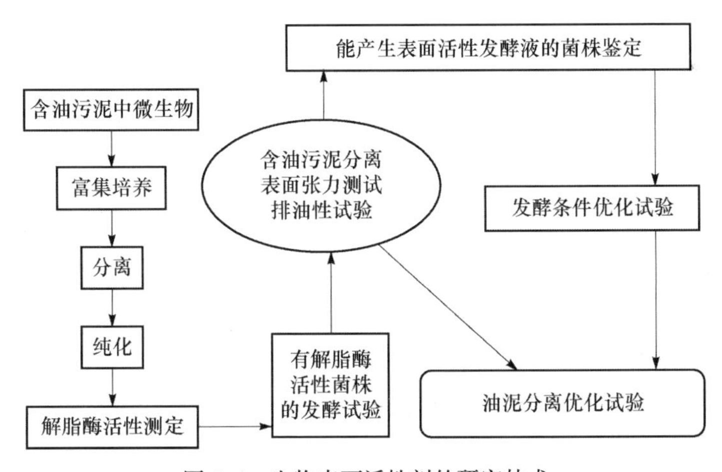


图 9.4　生物表面活性剂的研究技术

### 9.2.4　生物表面活性剂的制备方法

1. 微生物的富集培养

1）微生物的培养和富集

(1) 细菌采用牛肉膏蛋白胨培养基的配制。

牛肉膏、蛋白胨培养基是培养细菌应用最广泛的基础培养基，有时也称为普通培养基，主要含有牛肉膏、蛋白胨和氯化钠。牛肉膏为微生物提供碳源和能源，蛋白胨主要提供氮源，氯化钠则提供无机盐。在制备固体培养基时还要加入琼脂作为凝固剂，琼脂只作为凝固剂，通常不被微生物分解利用。一般细菌生长繁殖需要中性或微碱性环境，所以配置培养基时，将各成分溶解后要用稀盐酸或稀碱调节其 pH 至 7.0～7.4。本试验培养基的配方如下：牛肉膏 5g，蛋白胨 10g，氯化钠 5g，琼脂 20g，水 1000mL。

(2) 培养基的配制。

量取 1000mL 自来水，倒入 2000mL 三角瓶中，除琼脂外，分别按上述含量称取各组分，依次加入水中，混匀微热使各组分充分溶解后，调节 pH 至 7.2～7.6。将此液体培养基分装于 500mL 三角瓶中，每瓶 330mL，向各瓶加入 6.6g 琼脂，使培养基中琼脂浓度为 2%，将各瓶密封，以防灭菌时受潮。分装好的培养基置于高压锅中灭菌，在 101.3kPa 下处理 0.5h，灭菌后，待压力降至 0 时，取出灭菌培养基备用。

(3) 真菌采用土豆汁葡萄糖琼脂培养基配制。

称去皮土豆 200g，切块，加 1000mL 水，煮沸 30min，滤出土豆，用水补足土豆汁至 1000mL，再加入 20g 葡萄糖，溶化后分装于 500mL 三角瓶中，每瓶 330mL，并按 2%的量加琼脂于各瓶培养基中，将各瓶密封，置于高压锅中灭菌，其灭菌条件同细菌培养基。为防止细菌和放线菌生长，在倒平板之前，向每瓶培养基中加入 0.5mL 乳酸，摇匀后再倒平板。

(4) 放线菌采用高氏一号培养基的配制。

将培养基配好后，调节 pH 至 7.2～7.4，分装于 500mL 三角瓶中，每瓶 330mL，再按 2%的量加入琼脂。三角瓶密封后进行高压灭菌，灭菌条件同细菌培养基。为防止细菌和真菌对放线菌的污染，可在倒平板之前，向上述灭菌后的培养基中加入 0.01%～0.05%的重铬酸钾（即每 330mL 培养基中加入 5%的重铬酸钾溶液 1mL)，摇匀后倒平板。本试验培养基的配方如下：硝酸钾 1g，氯化钠 0.5g，硫酸镁 0.5g，可溶性淀粉 20g，硫酸铁 0.01g，磷酸氢二钾 0.5g，蒸馏水 1000mL，琼脂 2%（分装后加入）。

2) 培养皿灭菌

为分离微生物，需准备直径 90mm 的培养皿数套。将培养皿清洗后，在干热灭菌箱中灭菌 2h，灭菌温度为 140～150℃，冷却后取出待用。

3) 样品的稀释

为了分离样品中的微生物，必须将样品进行适当稀释，配制成一系列稀释度的菌液。在此之前，应先制备一定量的无菌水，其操作过程如下：于 300mL 三角瓶中，加入 90mL 水，密封后高压灭菌，灭菌条件同培养基的制备，根据样品数量制备相同数量的无菌水，此为第一个稀释度的无菌水；$10^{-2}$～$10^{-n}$的稀释水则用 18mm×180mm 的试管制备，每管加入 9mL 自来水，塞上棉塞，放入特制铁丝筐中，上面用牛皮纸盖好，置于高压锅中，101.3kPa 灭菌 0.5h。试管无菌水准备的数量视样品量和其中的微生物数量而定，通常一个样品需要 5～7 支无菌水。称取新样品 10g，放入装有 90mL 无菌水的三角瓶中，于 120r/min 摇床上振荡 30min 后，静置 20min，此为 $10^{-1}$ 稀释液；在无菌室内，吸取上清悬浊液 1mL，制成 $10^{-2}$～$10^{-6}$ 稀释度的菌悬液。

2. 微生物的分离、纯化

将灭菌的培养皿编号，从最大稀释度的稀释液中取 1mL 稀释液，加到相应编号的培养皿中，每个稀释度作 3 个平行样。然后，取相邻的前一个稀释度的液体，同样于 3 个培养皿中各加 1mL，再取下一个稀释度的液体进行同样操作。细菌：稀释度（1000 倍）；真菌：原液；放线菌：原液。样品加完后，将灭菌的培养基熔化并冷却到 45℃左右，分别倒入相应的细菌、放线菌和真菌的稀释平皿中，摇匀后，置于平台上，待培养基凝固后，将平皿倒置于 25～28℃恒温箱中进行培养。细菌培养 2～3h 分离优势菌落，真菌和放线菌培养 3～6h 分离优势菌落。

菌株的纯化——平板划线法：从计数平板上分离的菌株有时受其他菌落的污染，因此，为获得纯菌必须进行纯化，纯化方法通常采用平板划线法，其步骤如下。

1）平板的制备

选用分离时所用的各种培养基即可，其成分、制备过程和灭菌条件与分离培养基相同，只是在放线菌和真菌培养基中不需要加抑制菌剂（重铬酸钾和乳酸）。培养基灭菌后，冷却至 45℃左右，立即倒平板（培养皿事先灭好菌），每皿 15～18mL 培养基。在平台上冷却后，将平板倒置于 28℃恒温箱中，除去冷凝水，同时检查有无杂菌生长。

2）划线接种

烧红灭菌的接种环后，在斜面无菌苔部分位冷却片刻，然后挑取斜面菌苔少许，在制好的平板上轻轻地平行划 3 道线，再将接种环于火焰上烧去剩余菌苔，然后在平板空白处将接种环冷却，平板转 90°，再用接种环通过第一次划线尾部垂直该线平行划 3 道线，依次重复上述步骤，每次共转向 3 次。划线的平板再倒置于恒温箱中，于 25～28℃培养 2～3h，观察有单菌落长出，便可挑取菌落接入相应的斜面培养基上，继续培养，如此得到的菌株为纯菌株，如果第一次纯化不好，可重复多次，直到得到纯菌为止。在纯化放线菌和真菌时，可取少量待纯化菌株的孢子，在少量无菌水中制成孢子悬液，再用接种环在平板上划线，以便于得到单菌落。

3. 解酯酶活性测定

对解酯酶活性的测定采用中性红法。

1）油脂培养基的制备

先将培养基加热，使油脂和琼脂熔化混匀后，调节 pH 至 7.2，再向培养基中加入 1mL 浓度为 1.6%中性红水溶液。摇匀后，分装于 500mL 三角瓶中，密封后于高压锅中 101.3kPa 灭菌 30min。压力降至 0 时取出培养基，在室温下，待培养基降到 45℃左右时，边摇匀边倒平板，每皿 15～18mL（培养皿在使用前应进行干热灭菌），凝固后，培养皿编菌号。本试验培养基的配方如下：蛋白胨 10g，牛肉膏 5g，氯化钠 5g，橄榄油 10g，琼脂 20g，蒸馏水 1000mL。

2）点样接种

在无菌室内，将培养基用笔划线一分为二，用灭菌的接种环分别挑取菌苔点于培养基一侧，每侧点两点，然后置于恒温箱中培养，细菌为 3d，放线菌、真菌为 5d。观察菌落周围是否有红色斑点产生，如图 9.5 所示（见彩图）。如有红色斑点，说明该菌有解脂酶活性，根据斑点大小分为强、中、弱。

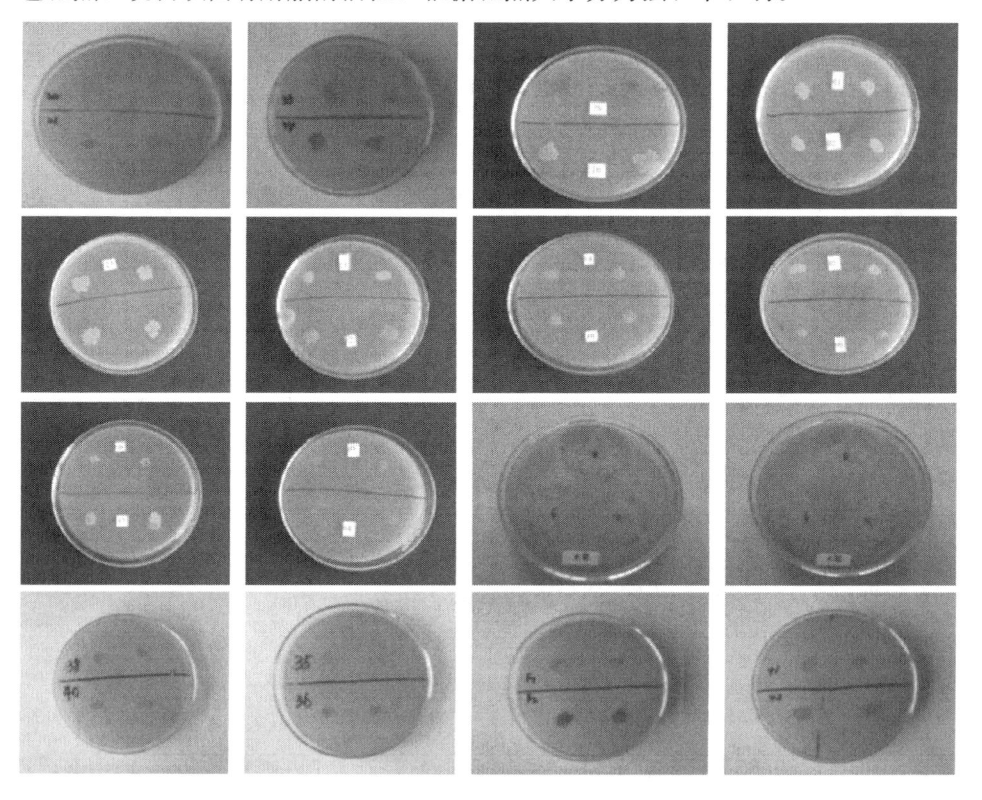

图 9.5　解酯酶活性测定图

### 4. 发酵试验

（1）配制细菌、放线菌发酵培养基，主要为蛋白胨、无机盐培养液；配制酵母和霉菌发酵培养基，主要为无机盐及酵母膏培养液。

（2）取 100mL 发酵培养基装入 250mL 三角瓶中，密封后，放入高压锅内，在 101.3kPa 下灭菌 30min。待压力降至 0 时，取出冷却至 45℃，备用。

（3）挑取纯化分离后的菌株接种于灭菌的发酵培养基中，于 28℃摇床上培养，转速 150～200r/min，细菌、放线菌培养 3d，真菌培养 5d。

### 5. 排油性试验

取一培养皿，加水后再加 0.1mL 橄榄油，在油膜中心加摇瓶发酵液，中心油膜被挤向四周形成一圆圈，圆圈的直径与表面活性剂含量和活性成正比，圆圈直径大于 10mm 的菌株保留作进一步的研究。

### 6. 油泥分离试验

为了验证生物发酵液中的生物表面活性剂是否对含油污泥具有清洗效果，设计了含油污泥清洗试验。试验方法如下：以灭活（101.3kPa，121℃下灭菌 30min）或未灭活的发酵液为表面活性剂，并与化学药剂（A）和（B）配合，在 25～28℃下振荡，离心后取渣泥，测定含油率。含油污泥量为 10g，发酵液、药剂的加入量均为 10%，同时用水、原培养基分别做空白、对照试验。

（1）试验一：细菌发酵液做 2 个处理。

处理 1　菌原液。

处理 2　灭活液＋药剂 A。

（2）试验二：真菌发酵液做 2 个处理。

处理 1　菌原液。

处理 2　菌原液＋药剂 A＋药剂 B。

（3）试验三：细菌发酵液离心后做 4 个处理。

处理 1　菌原液。

处理 2　菌原液＋助剂 A。

处理 3　菌原液＋助剂 B。

处理 4　菌原液＋助剂 A＋助剂 B。

### 7. 菌株鉴定

将纯化分离出的所有菌株培养 18～24h，进行革兰氏染色和鞭毛染色后，再进行镜检。酵母菌进行压片、镜验，进行分类鉴定；细菌的鉴定按《常见细菌系统鉴定手册》和《伯杰细菌鉴定手册》进行。

8. 表面张力测定

对经过筛选的微生物菌株进行排油等各种试验，取试验效果好的菌液进行表面张力试验。仪器采用 Auto-tensiometer ZL-2 型表面张力测定仪，测定方法为圆环法。

### 9.2.5 含油污泥生物处理效果分析讨论

1. 生物表面活性剂处理含油污泥试验

含油污泥及含油污水中生活的微生物能够利用或降解石油，根据大多数的文献报道，因为它们能在代谢过程中常分泌一些生化产物，具有较低的表面张力，使被泥砂吸附的油解吸出来而溶于水中，并增大了烃类对细胞膜的扩散作用，从而具有吸收、利用、降解烃类的能力。为此，本试验从油泥及含油污水中筛选土著微生物，建立微生物资源菌库，为生产生物表面活性剂提供生物菌源。

由表 9.2 和表 9.3 及图 9.6（见彩图）可见，研究筛选出较好的、具有解脂酶活性的优势微生物。此次共从油泥中筛选出菌株细菌 28 株，放线菌 2 株，真菌 3 株；从污水中筛选出细菌 6 株，真菌 4 株，放线菌未检出。

**表 9.2 含油污水中微生物菌种鉴定**

| 菌株号 | 革兰氏染色 | 鞭毛染色 | 鉴定结果 | 备 注 |
|---|---|---|---|---|
| F4 | $G^+$ | 细胞是椭圆形 | 酵母菌 | 真菌 |
| F5 | $G^+$ | 有菌丝和芽孢 | 待定 | 真菌 |
| F6 | $G^+$ | — | 曲霉 | 真菌 |
| F7 | $G^+$ | — | 酵母菌 | 真菌 |
| 33 | $G^-$ | — | 待定 | 细菌 |
| 34 | $G^+$ | 有芽孢，极生或侧生鞭毛 | 待定 | 细菌 |
| 35 | $G^-$ | 无芽孢，极生或侧生鞭毛，有荧光 | 待定 | 细菌 |
| 36 | $G^-$ | 侧生或无鞭毛 | 待定 | 细菌 |
| 37 | $G^-$ | 侧生鞭毛 | 待定 | 细菌 |
| 38 | $G^-$ | 无鞭毛 | 待定 | 细菌 |
| 39 | $G^-$ | 周生鞭毛 | 待定 | 细菌 |
| 40 | $G^+$ | 有芽孢，周生鞭毛 | 芽孢杆菌 | 细菌 |
| 41 | $G^-$ | 侧生鞭毛 | 待定 | 细菌 |
| 42 | $G^-$ | 周生或侧生鞭毛 | 待定 | 细菌 |
| 43 | $G^-$ | 侧生鞭毛 | 待定 | 细菌 |

**表 9.3　含油污泥中微生物菌种鉴定**

| 菌株号 | 革兰氏染色 | 鞭毛染色 | 鉴定结果 | 备　注 |
| --- | --- | --- | --- | --- |
| F1 | — | — | 木霉 | 真菌 |
| F2 | — | — | 青霉 | 真菌 |
| F3 | $G^+$ | 有假丝 | 假丝酵母 | 真菌 |
| 2 | $G^-$ | 极生或来极生鞭毛 | 待定 | 细菌 |
| 5 | $G^-$ | 无鞭毛 | 待定 | 细菌 |
| 9 | $G^-$ | 周生鞭毛 | 待定 | 细菌 |
| 10 | $G^-$ | 周生鞭毛 | 待定 | 细菌 |
| 11 | $G^-$ | 周生鞭毛 | 待定 | 细菌 |
| 17 | $G^-$ | 周生鞭毛 | 待定 | 细菌 |
| 18 | $G^-$ | 极生鞭毛或侧生鞭毛 | 待定 | 细菌 |
| 19 | $G^-$ | 侧生鞭毛 | 待定 | 细菌 |
| 20 | $G^-$ | 侧生鞭毛 | 待定 | 细菌 |
| 21 | $G^-$ | 无鞭毛 | 待定 | 细菌 |
| 22 | $G^+$ | 无鞭毛有芽孢 | 芽孢杆菌 | 细菌 |
| 23 | $G^-$ | 周生鞭毛 | 待定 | 细菌 |
| 24 | $G^+$ | 无鞭毛 | 巨大芽孢菌 | 细菌 |
| 25 | $G^+$ | 周生鞭毛有芽孢 | 待定 | 细菌 |
| 26 | $G^-$ | 极生鞭毛或侧生鞭毛 | 待定 | 细菌 |
| 27 | $G^-$ | 无鞭毛 | 待定 | 细菌 |
| 28 | $G^-$ | 无鞭毛 | 待定 | 细菌 |
| 29 | — | 周生鞭毛 | 待定 | 细菌 |
| 30 | — | 周生鞭毛 | 待定 | 细菌 |
| 32 | $G^+$ | 无鞭毛 | 假单孢杆菌 | 细菌 |
| B64 | $G^-$ | 极生鞭毛有荧光 | 铜绿假单孢杆菌 | 细菌 |
| B101 | $G^+$ | 周生鞭毛有芽孢 | 枯草芽孢杆菌 | 细菌 |
| B381 | $G^+$ | 侧生鞭毛有芽孢 | 地衣杆菌 | 细菌 |

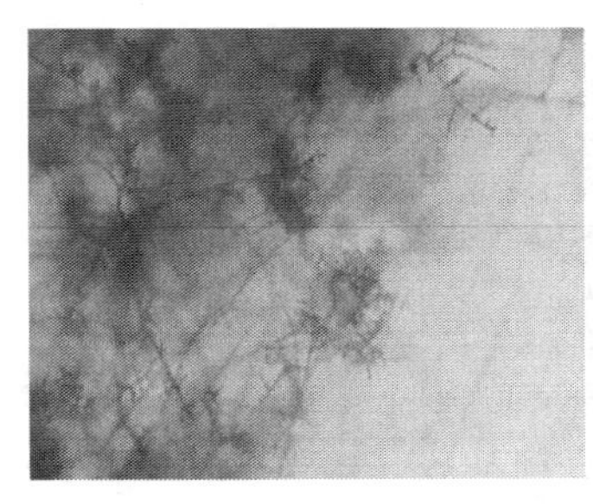
（a）木霉菌

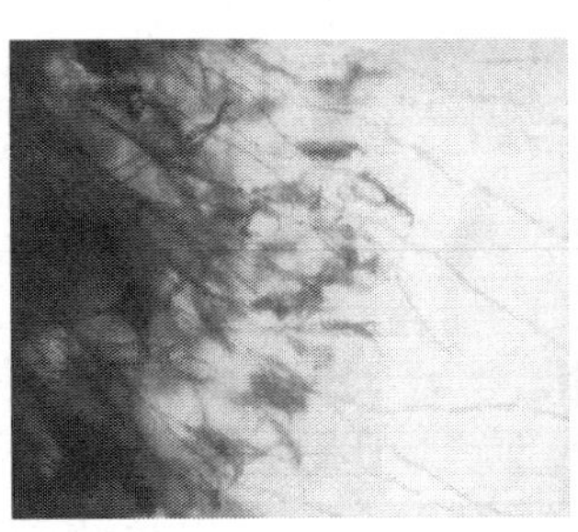
（b）青霉菌

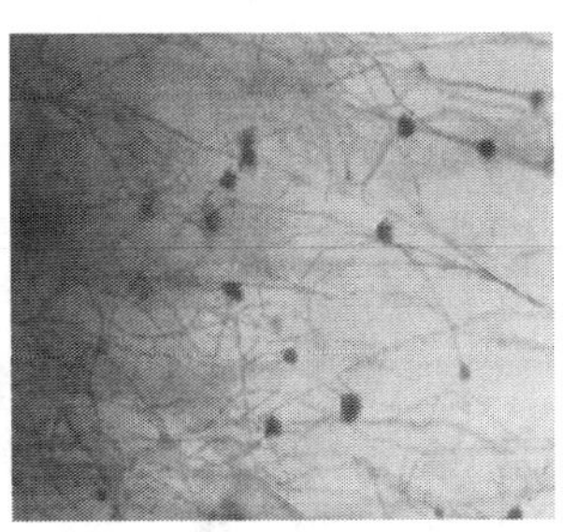
（c）曲霉菌

图 9.6　放线菌形态

对筛选到的 B381、B101 和 B64 菌株进行了形态学和生理生化特征的研究，确定三株菌分别为地衣芽孢杆菌（*Bacillus licheniformis*）、枯草芽孢杆菌（*Bacillus subtilis*）和铜绿假单胞菌（*Pseudomonas aeruginosa*）。C43 从菌落形态和细胞形态上初步鉴定为酵母菌。

2. 解脂酶活性

对具有解脂酶活性的微生物（表 9.4）产生的表面活性物质经聚丙烯酰胺凝胶电泳、气相色谱、薄层色谱和纸层析分析，菌株 B381、B101、B64、43 提纯产物分别为脂肽类（lipopeptide）、鼠李糖脂（rhamnolipid）、槐糖脂（sophrolipids）及甘油酯类（glyceride）化合物。

**表 9.4　解脂酶活性表**

| 菌株 | 1 | 2 | 3 | 4 | 5 | 6 | 7 | 8 | 9 | 10 | 11 | 12 | 13 | 14 |
|---|---|---|---|---|---|---|---|---|---|---|---|---|---|---|
| 解脂酶活性 | ++ | + | ++ | ++ | +++ | ++ | + | + | + | ++ | ++ | + | + | + |
| 菌株 | 15 | 16 | 17 | 18 | 19 | 20 | 21 | 22 | 23 | 24 | 25 | 26 | 27 | 28 |
| 解脂酶活性 | — | — | + | + | + | + | +++ | + | + | +++ | +++ | +++ | + | + |
| 菌株 | 29 | 30 | 31 | 32 | 33 | 34 | 35 | 36 | 37 | 38 | 39 | 40 | 41 | 42 |
| 解脂酶活性 | +++ | +++ | — | + | ++ | ++ | — | + |  | + | — | ++ | + | + |
| 菌株 | 43 | B64 | B101 | B381 | F1 | F2 | F3 | F4 | F5 | F6 | F7 |  |  |  |
| 解脂酶活性 | ++ | ++ | ++ | ++ | +++ | + | — | + | ++ | ++ | ++ |  |  |  |

注：“+”表示有，“++”表示中等，“+++”表示强。

3. 排油性试验

对于菌体生长中等及生长良好的发酵液进行排油性试验（表 9.5）。由表 9.5 可知，通过排油性试验，发现 20、21、22、24、25、27、28、33、36、38、40、41、42、43、B64、B101、B381 菌株发酵液的排油性较好。经过分析，选取 B381、B101、23、B64、43、40、33、19、2、34 等菌株的发酵液进行表面张力的测定。

**表 9.5　菌株排油性试验表**

| 菌株 | 1 | 2 | 3 | 4 | 5 | 6 | 7 | 8 | 9 | 10 | 11 | 12 | 13 | 14 | 15 | 16 |
|---|---|---|---|---|---|---|---|---|---|---|---|---|---|---|---|---|
| 排油性 | + | — |  |  | + |  |  |  | — | + | — | + |  |  |  |  |
| 菌株 | 17 | 18 | 19 | 20 | 21 | 22 | 23 | 24 | 25 | 26 | 27 | 28 | 29 | 30 | 31 | 32 |
| 排油性 | ++ | ++ | — | ++ | ++ | ++ | + | ++ | ++ | + | ++ | ++ | + | + |  | + |
| 菌株 | 33 | 34 | 35 | 36 | 37 | 38 | 39 | 40 | 41 | 42 | 43 | B64 | B101 | B381 | B301 |  |
| 排油性 | ++ | + |  | ++ |  | ++ |  | ++ | ++ | ++ | ++ | ++ | ++ | ++ | ++ |  |

4. 表面张力的测定

由表 9.6 可见，研究中制备的生物表面活性剂均不同程度地降低了水的表面张力。

**表 9.6　表面张力测定表**

| 项目序号 | 表面张力/(mN/m) | 降低比例/% | 生物活性 | 优势菌 |
|---|---|---|---|---|
| B381 | 60.6 | 16.4 | + | 地衣芽孢杆菌 |
| | 51.4 | 29.1 | − | |
| B101 | 55.6 | 23.3 | + | 枯草芽孢杆菌 |
| | 50.0 | 31.0 | − | |
| 23 | 62.7 | 13.5 | + | — |
| | 53.3 | 26.5 | − | |
| B64 | 68.9 | 5.0 | + | 铜绿假单孢杆菌 |
| | 48.8 | 32.7 | − | |
| 43 | 67.2 | 7.3 | + | — |
| | 50.4 | 30.5 | − | |
| 40 | 70.5 | 2.8 | + | 芽孢杆菌 |
| | 50.8 | 29.9 | − | |
| 33 | 65.2 | 10.1 | + | — |
| | 49.8 | 31.3 | − | |
| 19 | 65.3 | 9.9 | + | — |
| | 64.1 | 11.6 | − | |
| 2 | 64.1 | 11.6 | + | — |
| | 60.1 | 17.1 | − | |
| 34 | 64.0 | 11.7 | + | — |
| | 53.1 | 26.8 | − | |

5. 含油污泥分离试验

1）试验一：细菌处理试验

细菌发酵液做 2 个处理，震荡时间 36h。处理 1 菌原液（未灭活）；处理 2 灭活液＋药剂 A。试验结果表明，与对照样（细菌发酵培养液）与空白样（加水）相比，清洗后渣泥残油率较低，说明发酵液具有表面活性作用。其中 43 号和 33 号菌原液的去除率比对照去除率提高 49.33%和 47.13%。

由表 9.7 和图 9.7 所示，各种菌原液与灭活液相比，其清洗效果差异不明显，说明具有表面活性剂的物质为稳定化合物，在高温下稳定性很好。这与文献所报道的生物表面活性剂适应温度范围较广一致。

**表 9.7　细菌发酵液处理含油污泥试验**

| 样品处理 | 油泥 | 空白 | 对照 | 25 号菌液 | 40 号菌液 | 33 号菌液 | 43 号菌液 | 30 号菌液 | 34 号菌液 |
|---|---|---|---|---|---|---|---|---|---|
| 菌原液 | 15.18 | 11.33 | 4.18 | 2.32 | 2.65 | 2.21 | 2.12 | 3.60 | 2.88 |
| 灭活液+A | — | — | — | 2.80 | 2.28 | — | 2.46 | 3.60 | 2.90 |

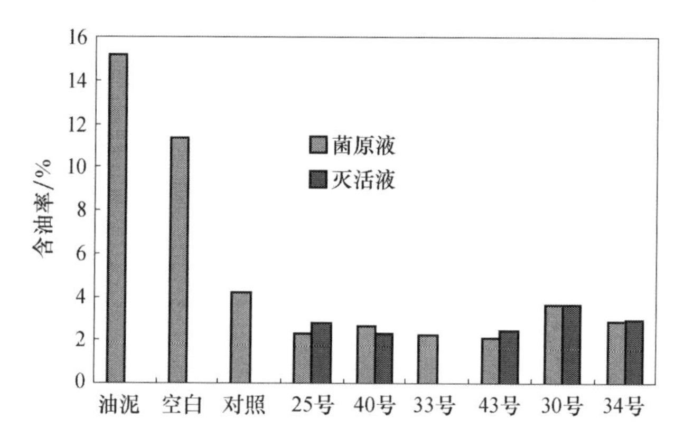


图 9.7　细菌发酵液处理含油污泥实验

2）试验二：真菌处理含油污泥试验

真菌发酵液做 2 个处理，震荡时间 36h。处理 1 菌原液；处理 2 菌原液+药剂 A+药剂 B；真菌发酵液的含油污泥分离试验，由表 9.8 和图 9.8 所示，油的去除效果比较差。这说明由于发酵培养液不适合真菌及酵母的生长，即使几种真菌的解脂酶活性很强，但发酵过程中未产生表面活性剂。

**表 9.8　真菌发酵液处理含油污泥试验**

| 含油处理率/% | CK | F1 | F2 | F3 | F4 | F5 | F6 | F7 |
|---|---|---|---|---|---|---|---|---|
| 菌原液 | 7.51 | 6.36 | 7.46 | 6.93 | 7.15 | 7.11 | 9.77 | 6.70 |
| 灭活菌液 | 7.27 | 7.03 | 7.30 | 7.95 | 7.17 | 6.95 | 4.97 | 3.29 |

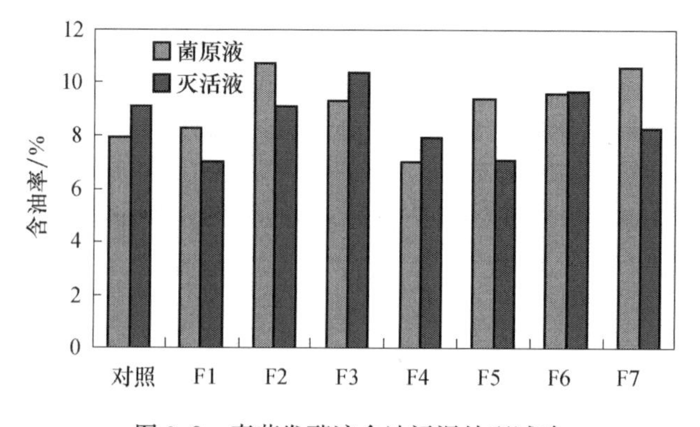


图 9.8　真菌发酵液含油污泥处理试验

3）试验三：细菌＋化学药剂处理含油污泥

细菌发酵液离心后做 4 个处理，震荡时间 12h。处理 1 菌原液；处理 2 菌原液＋助剂 A；处理 3 菌原液＋助剂 B；处理 4 菌原液＋助剂 A＋助剂 B；用原发酵培养基＋油泥做对照。由表 9.9 可见，不同细菌发酵液及同一细菌发酵液的不同处理对油泥的除油效果不同。如图 9.9 所示，与对照相比，33 号菌液处理含油污泥效果较好，其去除率为 28.34％。43 号菌次之。但与试验一相比，其去除效果不甚理想，这主要因为在振荡时间上的差别，说明生物表面活性剂需要较长的充分接触时间。

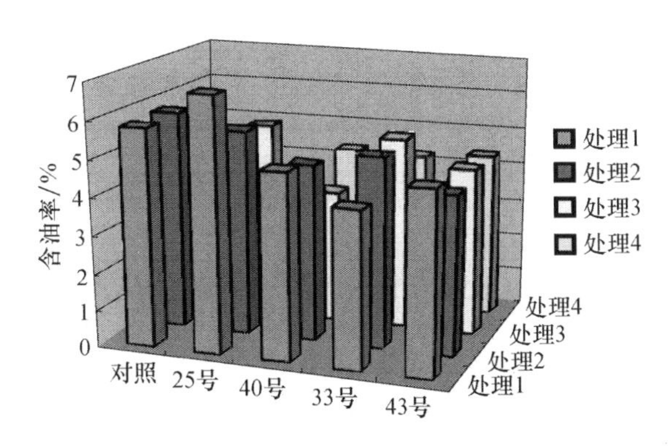


图 9.9　含油污泥分离试验

由表 9.9 所示，25 号菌液与化学药剂 A、B 配合使用，处理效率最高，40 号菌液与化学药剂 B 配合效果次之。以上试验说明，不同的菌产生的表面活性物质可能不同，并且有其一定的特性，但均表现出一定的表面活性，提高含油污泥的清洗效率。

**表 9.9　细菌＋化学药剂处理含油污泥试验**

| 样品处理 | 对照 | 25 号菌 | 40 号菌 | 33 号菌 | 43 号菌 |
|---|---|---|---|---|---|
| 处理 1 | 5.81 | 6.76 | 4.95 | 4.16 | 4.83 |
| 处理 2 | 5.85 | 5.48 | 4.72 | 5.07 | 4.25 |
| 处理 3 | 3.68 | 5.26 | 3.58 | 5.16 | 4.48 |
| 处理 4 | 4.25 | 3.11 | 4.35 | 4.31 | 4.43 |

4）试验四：常温下生物表面活性剂除油试验

在含油污泥中，加入菌株 B381、B101、B64、C43 发酵液（其中富含生物表面活性剂），在 25～28℃下振荡培养 24h 后，摇瓶中的泥、油、液体界面分离明显，大量的浸出油漂浮在液面上，含油污泥清洗效果见表 9.10。

表 9.10　常温下生物表面活性剂对含油污泥的清洗效果

| 发酵液 | 48h 油去除率/% | 72h 油去除率/% |
|---|---|---|
| 对照 | 5.04 | 8.36 |
| B381 | 25.67 | 62.31 |
| B101 | 49.33 | 81.69 |
| B64 | 36.42 | 71.38 |
| C43 | 47.14 | 80.31 |

由表 9.10 可见，与对照（发酵培养基）相比，清洗后渣泥含油量降低，去除率均达到 20%以上。使用富含生物表面活性剂的菌株发酵液处理含油污泥后，与对照相比，油泥中油的去除率显著提高，菌株 B101 和 C43 在 48h 的去除率达到 49.33%和 47.13%，而 72h 后去除率最高达 81.69%和 80.31%。总体上看，与对照相比，油去除率提高约 7～9 倍。油去除率结果与表面张力大小相关，表面张力越低，除油效果越好。

5）试验五：热洗条件下生物表面活性剂除油试验

将细菌发酵液加入含油污泥中，在 60℃下震荡 36h，如图 9.10 所示，与对照样（细菌发酵培养液）相比，清洗后渣泥含油率较低，说明发酵液具有表面活性作用。各种菌原液与灭活液相比，清洗效果差异不明显，说明具有表面活性剂的物质为稳定化合物，在较高温下稳定性很好。这与文献所报道的生物表面活性剂适应温度范围较广结果一致。

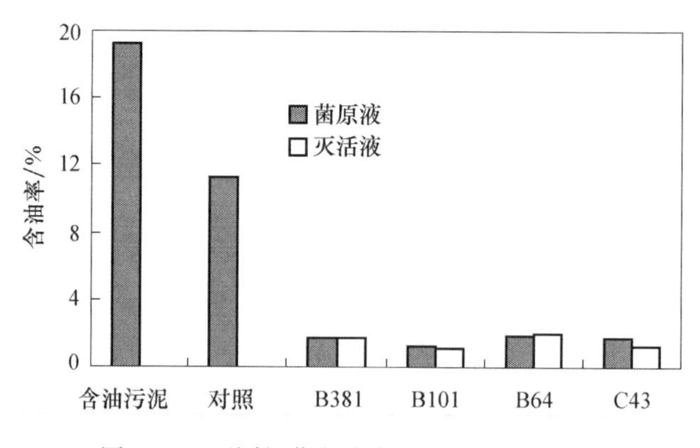


图 9.10　不同细菌发酵液处理后污泥含油率

6. 生物表面活性剂的产生与作用机理探讨

生物表面活性剂的发酵过程，有人认为烃类发酵对氧气的需求量高，溶解氧含量较低，而以葡萄糖作碳源，可以避免难溶性底物的发酵限制。也有研究认为由于烃同化菌要同时利用亲油性碳源及亲水性营养源，因此，以烃作为碳源可以诱导生物表面活性剂的合成。生物表面活性剂一方面可以充分乳化烃类，使底物得以很好的分散；另一方面可以改变细胞的疏水性，或者在细胞膜上有序排列，形成一种特殊的吸收系统，以利于烃类被细胞吸收和利用；相反，葡萄糖对适应性酶的合成具有抑制作用，因而作为碳源不利于生物表面活性剂的合成。另外，由于甘油与水互溶，相关酶的合成速度快，生物表面活性剂可以在较短的时间内合成，因此甘油也被认为是一种有效碳源。

## 9.3　生物酶制剂对油泥砂的清洗效能研究

### 9.3.1　生物酶的研究和应用现状

生物酶是一种以蛋白质为基质的非活性酶制剂，用于油田提高原油采收率和清理油泥砂污染物。与目前常用的化学法、微生物法等方法不同，生物酶不易受温度、压力、酸、碱、水矿化度的影响，与各种水配伍性良好，并具有安全、快速、无毒、无污染等特点。该项技术已在美国、委内瑞拉、墨西哥、马来西亚等国家和地区使用，取得了良好的效果。

美国发明生物酶后，于 1993 年开始应用到了井场、油罐及油库的油泥砂清理，至今仍在使用。1995 年 3 月对俄亥俄州的 7-7 公司的一个多年储存池底沉淀物进行处理，沉淀物（AHD 污泥）的黏度非常高，象熔融的沥青。样品分析结果表明，污泥中含有 40%以上的石油，20ppm 的氢氯联苯化合物（PCB），水及沉淀物约占 50%，还包括多种重金属离子，如铅离子的含量为 1800ppm。为了降低 AHD 污泥的黏度，首先在 AHD 污泥中按 1∶2 的体积加入密度较小的碳氢化合物如六烷，经过轻度搅拌，产生较湿的糊状物，以降低其黏度，将 3%的生物酶 AG-280 溶液按体积 3∶1 加入到上述处理过的 AHD 污泥中，经过剧烈而充分地搅拌后，20min 内生化反应完成，形成了清晰的三层。底层是清洁的固体沉淀，中间层是干净的浅褐色酶溶液层，顶层是黑色的不黏的碳氢化合物。上述三层可以利用固-液离心沉淀器很容易地进行分离，利用油-水分离器将碳氢化合物和酶进行分离并回用。回收的碳氢化合物（油）可以作为原油出售，生物酶溶液可以继续用来进一步处理 AHD 污泥。整个试验取得了成功，最终的实验室分析结果表明，AHD 污泥中的原油及酶溶液可以完全回收，剩余的固体非常干净，达到了法定填埋的要求，从而解决了未处理的 AHD 污泥污染的问题。

目前生物酶技术已成功应用于以下领域：

（1）油田输油管道内壁油泥清理。

（2）油田集输站大罐沉积物清理。

（3）卡车油罐及铁路运输油罐的清理。

（4）河运驳船、海运驳船、远洋运输船油箱底层污物的清洗。

（5）地上储油罐、地下储油罐的清理。

（6）井场落地油、泥的清理。

### 9.3.2 国内外油泥砂处理方法研究进展

油泥砂是在原油开采、大罐沉积、落地油回收等过程中形成的含油泥砂，主要来源于联合站的油罐、沉降罐、污水罐、隔油池的底泥；钻井、作业、管线穿孔而产生的落地原油及含油污泥。按照油泥砂所含颗粒的粒径区分，平均粒径≥74μm为油砂，平均粒径＜74μm的为油泥。油泥砂是石油开采生产过程中无法消除的副产物，国内油田开采数十年时间中，累积了数量巨大的油泥砂。随着石油开采生产地不断进行，新的油泥砂也在以很快的速度增加。油泥砂成为油田一个重要环境污染源，油泥砂的处理已逐渐成为关系油田生产发展的一项重要影响因素。

1. 暂储填埋

填埋方式是在油泥砂净化处理技术不够成熟的情况下选择的一种比较直接的方式，需投大量资金建设符合国家规范的油泥砂储砂池，同时会占用较大面积的土地。

2. 焚烧

油泥砂经过预先脱水浓缩预处理后，送至焚烧炉进行焚烧，在800～850℃焚烧，焚烧后的灰渣需进行进一步的处理。焚烧处理法的优点是污泥经焚烧后，多种有害物质几乎全部除去，减少了对环境的危害，废物减量效果好，处理比较安全；缺点是焚烧过程中产生了二次污染，设备投资成本高，并且浪费了油泥砂中所含的原油资源。

3. 生物处理

利用微生物将油泥砂中的石油烃类分解转化为无害的土壤成分。适用于含油量较低的油泥砂，且可能造成二次污染，处理场占地面积大，处理周期长。

4. 油泥砂回灌

将油泥砂进行处理后回灌废弃地层，一定程度地节约了油田生产成本。但油泥砂数量庞大，该种方法较难成为主要的油泥砂处理方式。

5. 其他处理方式

其他处理方式还包括固化、溶剂萃取等，这些处理方式均存在多种缺陷或不足而未能得以推广利用。

### 9.3.3 油田油泥砂成分分析

中原油田管辖 6 个采油厂，每年产生油泥砂量 $5\times10^3\sim1\times10^4$t，仅中原油田某采油厂现存的油泥砂就达约 $6\times10^3$t。目前累积的大量油泥砂得不到经济、有效的处理，石油污染物已对中原油田的生产、生活环境造成严重的污染，油田也需支付巨额排污费，因此亟须对其进行无害化处理。一般油泥砂外观主要为饼块状，混合少量分散颗粒，呈黑黄色，相对密度大于 1，主要性质特点如下所述。

1）原油含量高，黏结度高

高含油率是油泥砂的主要特性，一般平均含油率在 10%～45%，部分含油率接近 60%。凝固点较低，有较高的黏稠度。特别是老油泥砂，由于轻质组分的减少，表现出很高的黏结度，在一般水体状态浸泡下，饼块状油泥砂不分散。

2）组成成分密度差别大

油泥砂主要组成成分为原油、砂、少量泥等，这些组分在物理性质上的主要差别之一就是密度，砂粒密度高，原油的密度相对较低，组成成分的这一特性决定了在水中分散的油泥砂会由于重力作用自然分开为浮于水面的原油及沉至水底的砂粒。

3）新老油泥砂性质区别较大

老油泥砂在油泥砂储存池中一般存有较长的年限，期间发生的物理、化学等反应，如轻质组分的扬散、部分原油的渗离等，导致油泥砂性质状态发生了较大的变化，已逐渐转化为重质油、沥青质、砂、土的混合物，呈老化状态。

通过对中原油田某采油厂的油泥砂样品采用淋浸测试法检测，含油泥砂检测结果见表 9.11。

**表 9.11　含油泥砂的检测**

| 项　目 | 油泥砂 | | |
|---|---|---|---|
| | 含水率/% | 含油率/% | 含砂率/% |
| 1# | 18.70 | 4.30 | 77.00 |
| 2# | 22.36 | 3.20 | 74.44 |

通过含水率测定后，剩余的砂和油（含污油和溶剂）经过滤、洗涤、烘干，得到分离出的泥砂，称重并计算出含砂率，再计算出含油率。

### 9.3.4 油泥砂处理工艺

1. 工艺设计思路

中原油田某采油厂将泥砂分离出来，即可实现净化处理的目标，剩下的原油、水等其他成分在处理过程中形成液体状态，采用重力沉降实现进一步分离。泥砂粒表面主要包被物为原油，在稀浆状态下，采用物理搅动可洗刷掉大部分较容易脱落的原油，生物酶促进包被原油从泥砂粒表面的分离，即可较彻底地实现泥砂粒表面原油的剥离。中原油田对油泥砂考虑采用机械清洗处理技术，该技术的核心是含油泥砂加生物酶搅拌分离。使用生物酶将黏附在泥质、砂质固体颗粒表面上的原油（碳氢化合物）与固体颗粒实现分离，将油泥砂混合液泵入油泥砂处理装置搅拌混合、二次清洗，再经过旋流、气浮和离心脱水，将油、水、泥、砂完全分离，达到原油可以回收，泥砂进行无害化处置的环保要求。

2. 工艺流程

油泥砂处理工艺如图 9.11 所示。

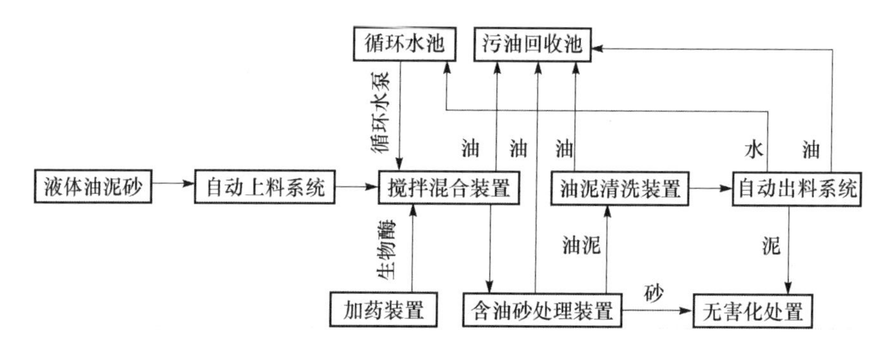


图 9.11 油泥砂处理工艺流程示意图

主体工艺描述如下：

(1) 向循环水池加入净化污水，通过循环水泵打入含油泥砂分离设备。

(2) 通过吸砂泵向分离设备分别加入固体和液体含油泥砂，加入生物酶后进入搅拌混合装置，含油泥砂在搅拌混合装置内受到搅拌、震动等物理、化学多重作用，实现油、泥、砂、水初步分离。

(3) 初步分离后的泥砂进入含油砂处理装置，大颗粒的砂直接达标分离出来，小粒径的油泥进入油泥清洗装置再次清洗分离，保证泥砂的处理效果。

(4) 清洗处理后的油泥进入气浮、离心分离装置，通过气浮、离心脱水处理将油、泥、水再次分离。

(5) 脱水干化达标的泥砂，经输送带送至存放场，再集中进行无害化处置。

(6) 泥砂脱水分离后产生的污水，排入循环水池经过滤器过滤后再循环利用。

(7) 各处理设施排出的污油，排入污油回收池储存，通过罐车集中拉回油站再处理回收利用。

3. 生物酶清洗油泥砂处理试验

1）生物酶有关技术参数

（1）外观颜色：棕（茶）色半透明浓缩液体，有发酵气味。

（2）主要成分：酶、稳定剂、水。

（3）pH 7（有时略偏酸性）。

（4）密度 1.0g/cm$^3$。

（5）溶解性：完全溶于水，与任何矿化度的污水配伍，不溶于油。

（6）沸点 100℃。

（7）可生物降解，对管道等设施和周围环境无任何腐蚀和污染，属环保产品。

（8）耐温：≤270℃

2）制备方法

处理后泥砂样含油率浸出液制备方法：称取 100g 干基泥砂样，置于浸出容器中，加 1L 蒸馏水和 7g 生物酶溶液升温至 60℃。将浸出容器垂直固定在振荡器上，调节振荡器频率为（110±10）次/min，振幅 40mm，在室温下振荡 8h，静置 16h。通过 0.45μm 滤膜过滤，制得浸出液，用于各分析项目的测定。

通过对中原油田某采油厂的油泥砂取样，实验室室内清洗试验，根据试验报告的结果，60℃条件下，生物酶平均洗油效果达到 99.965%，效果比较显著。生物酶室内清洗油泥砂结果见表 9.12。

3）试验效果

由表 9.12 可知，通过室内研究结果表明，采用生物酶清洗中原油田油泥砂具有良好效果，清洗处理后的泥砂可经混晶包容固化技术固化成为建筑材料，实现无害化及资源化的目的。分离出的砂粒经水冲洗含油率小于 3000mg/kg，达到《农用污泥中污染物控制标准》（GB 4284—1984）对矿物油的标准要求。油泥清洗处理后含油量≤10000mg/kg，油泥砂中含有的原油回收率达到 80%。

生物酶清洗油泥砂技术和含油泥砂处理装置于 2007 年 8 月在胜利油田孤岛采油厂投入使用，年处理新老油泥砂 15000m$^3$，处理后泥含油率在 1%以下，砂含油率在 0.3%以下，为孤岛采油厂彻底解决了油泥砂的处理问题，实现了环保和综合利用的目的。

**表 9.12　中原油田油泥砂经生物酶清洗后的检测结果**

| 样　品 | 含油率/% | 含水率/% | 处理后含油率/% | 粒径分布/% | | | | |
|---|---|---|---|---|---|---|---|---|
| | | | | ≥355μm | ≥250μm | ≥130μm | ≥74μm | <74μm |
| 1# | 9.73 | 23.2 | 0.032 | 11.49 | 12.38 | 7.13 | 26.93 | 40.20 |
| 2# | 10.57 | 35.6 | 0.037 | 12.11 | 10.89 | 13.89 | 14.44 | 45.00 |

# 9.4　含油污泥化学清洗药剂的制备及去除效能研究

## 9.4.1　化学清洗药剂的筛选原则和技术要求

### 1. 清洗药剂筛选的原则

药剂的选择应遵循普适性、无害性、经济与安全性的原则，具体解释如下：

1）普适性

药剂的选择应最大限度地适用于不同含油量的含油污泥。由于含油污泥的来源不同，含油量差异很大。因此，只适用于高浓度或低浓度的清洗药剂难以实现工业应用。例如，美国早期开发的 Lend-2 型复合表面活性剂只适合于清洗高浓度含油污泥，最终逐渐失去了撬装设备配套药剂的用户市场。同时，药剂应适合于不同性质的含油污泥。

2）无害性

药剂的使用不应导致后端的工艺毒害或环境污染。高效率的有机乳化药剂虽然对含油污泥的清洗（固-油分离）有很好的作用，但对后续的油水分离或回流沉降均有负面影响，尤其是有机高分子聚合物和阳离子表面活性剂。

3）经济与安全性

含油污泥处理属于环境治理工程，经济投入的高低决定了技术的应用程度。因此，低价、安全的处理药剂是药剂选择的一个重要指标。一般情况下，药剂的使用量与能耗和处理时间相矛盾，应采取以能耗和时间换安全的原则，即以适当延长处理时间的方法，降低药剂的加入量，或选用毒性较小的清洗药剂。

### 2. 清洗药剂的技术要求

1）有利于固油的分离

油泥的清洗效率取决于原油在液相中的分散系数 $S$，在水基溶液处理的情况下，$S=\sigma_{水}-(\sigma_{油}+\sigma_{油/水}+\sigma_{油/土})$。因此，选用的药剂要有效地降低原油、油水、油泥的界面张力，有利于固体与矿物油的分离，并保证水的表面张力不会在加入药剂的情况下大幅度降低。

2）有利于油水的分离

油水分离是保证含油污泥处理的重要步骤之一，油水分离效率直接影响到整体工艺的成败。常规的表面活性剂往往具有很强的表面活性，因此在油泥清洗后液相中的矿物油呈乳化状态，难于进行油水的分离，所以选择药剂时应同时考虑油/固、油/水两个分离过程。

3）有利于泥水的分离

泥水分离是含油污泥清洗技术的最后一个主要处理单元。过高的药剂表面活性不仅不利于油水分离，也会在一定程度上降低固体的沉降性能。因此，在注重药剂的分散作用以提高含油污泥清洗效率的同时，也要充分考虑药剂的凝聚性能，为泥水的高效分离提供基础。

4）能够回用

在具备条件的情况下，如果工艺或技术需要，应优先选用可以回用的处理药剂，并且药剂的理化性质不会随处理过程而变化。但是否采用药剂回用工艺，则取决于具体的经济指标分析。

### 9.4.2　SL1001 清洗药剂的制备

污泥处理药剂的选择直接关系到最终的处理效果及处理成本，是不容忽视的一个重要技术环节，考虑到制约污泥处理技术实际工程应用的成本问题，大庆油田研发了适合油田含油污泥处理且经济高效的化学清洗药剂 SL1001。SL1001 清洗药剂是一种以易溶于水的无机化合物 A 为主、辅以两种助剂，再与无机化合物 B 复配，最终形成一种新型的污泥清洗化学药剂。SL1001 清洗药剂的主要组分作用效能：A 化合物对油泥有良好的分散作用，可增大含油固体颗粒与液相溶液的接触表面，从而提高对石油的清洗效率；B 化合物易溶于水，适合作为水基药剂。同时其分子结构的对称性决定了它对矿物油有一定的相溶性，并且化学性质比较温和，在提高矿物油清洗率的同时，不会对油水分离产生影响；助剂具有良好的凝聚性能，有利于油泥清洗后固体颗粒的沉降，为后序工艺的离心脱水提供了保证。

### 9.4.3　SL1001 清洗剂除油效果试验

1. 温度对除油效果的影响

SL1001 清洗剂使用温度对含油污泥除油率的影响。如图 9.12 所示，随着温度升高含油污泥除油效果越好，80℃时含油污泥除油率已达 85.2%。含油污泥中加入热水后，油在较高温度下从泥砂表面解吸从而游离出来，随着温度的降低，小油滴逐渐聚集在一起，进而形成大油块。一方面，高温有利于油的解吸，所以应当使反应器内的温度保持在一个较高的水平；另一方面，低温有利于小油滴的聚集。因此，可以选择一个适宜的处理温度。考虑实际处理工程的经济性，确定试验除油剂温度为 60℃。

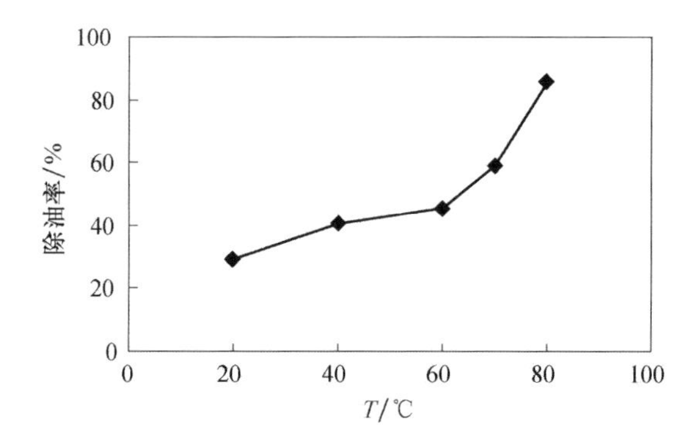


图 9.12　清洗剂使用温度与除油率关系曲线

2. 清洗剂用量的影响

对 SL1001 药剂进行最佳投加量试验，药剂投加量与脱油效率的关系，如图 9.13 所示。

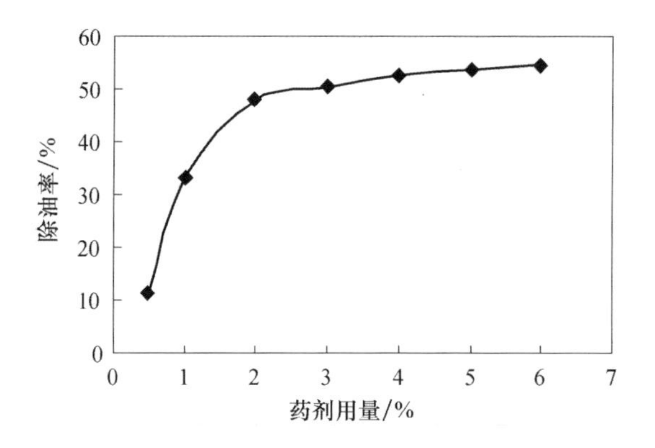


图 9.13　药剂用量与除油率关系曲线

如图 9.13 所示，随着投加量的增加，其除油效率依次增高，当投加量超过 2%时，除油效率上升较缓慢。考虑处理成本，现场试验选污泥药剂经济投量在 1%～2%范围内。

3. SL1001 清洗药剂与常用除油剂效果比较

试验共收集四种常用有机除油剂，分别为 QX-1、LH-1、FC、AES，将 SL1001 与这四种药剂进行了清洗效果比较试验，结果见表 9.13。

**表 9.13　不同除油剂对含油污泥的除油效果**

| 药剂种类 | 原泥 | 不加药剂 | FC 系列 | QX-1 | LH-1 | AES | SL1001 |
|---|---|---|---|---|---|---|---|
| 含油率/% | 29.3 | 14.6 | 12.5 | 8.2 | 9.6 | 10.3 | 6.7 |
| 除油率/% | — | 50.1 | 57.3 | 72.0 | 67.6 | 64.8 | 77.1 |

由表 9.13 可见，开发的 SL1001 除油效果最好。SL1001 清洗药剂配方综合考虑了药剂的分散、浸提及凝聚作用，保证了药剂的清洗作用，加快了泥相在水中的沉降过程。SL1001 处理过程中，泥相在水中的沉降速度较 QX-1 快。

4. 清洗后含油污泥物料测定

将含油污泥中油分出，底泥在 105℃下烘干后用重量法测其干样含油率。由表 9.14 可见，分析样品经过处理后分离出的油相、泥相、水相中油、水、泥的分布情况，可以比较直观地反映出含油污泥经过处理后油的去除情况及含油污泥处理后不同相（水相、油相、泥相）的产物组成，为部分产物的后续处理提供依据。

**表 9.14　含油污泥清洗后油、泥、水在三相中的分配**

<table>
<tr><th rowspan="2">样　品</th><th rowspan="2">占总物料比例/%</th><th colspan="2">各组分所占比例</th><th rowspan="2">备　注</th></tr>
<tr><th>组分</th><th>比例/%</th></tr>
<tr><td rowspan="3">油相</td><td rowspan="3">9.62</td><td>水</td><td>25.47</td><td rowspan="3">占总油的 91.51%</td></tr>
<tr><td>油</td><td>55.15</td></tr>
<tr><td>泥</td><td>19.38</td></tr>
<tr><td rowspan="3">水相</td><td rowspan="3">73.15</td><td>水</td><td>99.57</td><td rowspan="3"></td></tr>
<tr><td>油</td><td>0.14</td></tr>
<tr><td>泥</td><td>0.29</td></tr>
<tr><td rowspan="3">泥相</td><td rowspan="3">17.23</td><td>水</td><td>19.62</td><td rowspan="3">占总泥的 85.67%</td></tr>
<tr><td>油</td><td>6.27</td></tr>
<tr><td>泥</td><td>72.11</td></tr>
</table>

注：样品处理后沉降 40min 后，过滤出油层，将滤液离心后得到底泥与水层。

5. 药剂的选择及评价

在含油污泥中加入药剂 SL1001 的样品④处理效果明显好于样品①，在搅拌过程中样品④的出油时间大大短于样品①、分出油层后样品④比样品①的底泥的含油率低大约 8%，沉降效果如图 9.14 所示。

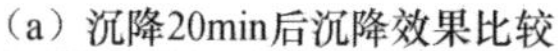

（a）沉降20min后沉降效果比较　　（b）沉降40min后沉降效果比较

图 9.14　处理后泥砂沉降比较图

处理含油污泥时同时加入药剂 SL1001，其加入量随样品组成的不同而随机改变配比，一般各加入以干物质计的 2%为宜。不同处理情况的处理效果比较如图 9.15 所示。

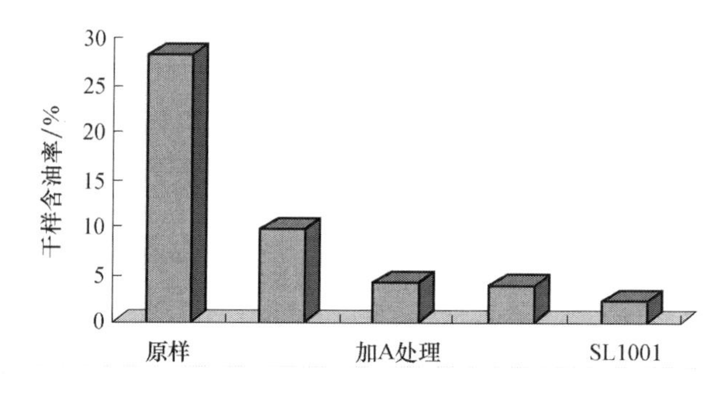


图 9.15　不同处理情况的处理效果比较图

6. 处理时间与温度的关系

含油污泥中加入热水后，油在较高温度下从泥砂表面解吸而游离出来，随着温度的降低，小油滴逐渐聚集在一起，进而形成大油块。一方面，高温有利于油的解吸，所以应使反应器内的温度保持在一个较高的水平；另一方面，低温有利于小油滴的聚集。系统保持一个较高的温度利于油的解吸，而小油滴要聚集到一起必须降低系统的温度，多次实验证明只有温度降到 25～30℃时才会形成大油块，达到很好的处理效果。如果提高系统的初始温度，系统温度要降到 25～30℃的水平所需的时间会增加，因此，可以得到一个适宜的处理时间与温度，加入 80～85℃水，处理 120min。

7. 处理效果指标评价

为了更好地比较含油污泥在处理前后污泥中矿物油的含量变化，设定一个考察指标——以样品含水率为 15%评价含油率。以此为标准，可以分析得出：含油污泥原样评价含油率在 11%～27%，经过物化处理后其评价含油率均低于 2%，达到了处理的要求。

### 9.4.4 复合型清洗破乳剂的研制

油田含油污泥组成成分复杂，一般由水包油（O/W）型乳状液、油包水（W/O）型乳状液、悬浮固体及泥砂组成，充分乳化难以分离，使用含油污泥处理药剂是提高工艺处理效果的手段之一。试验针对大庆油田采油某厂含油污泥样品进行处理药剂的筛选，并确定合理的药剂用量，推荐含油污泥处理现场工艺运行过程中的污泥药剂投加方式。

1. 试验方法

将含油污泥搅拌均匀，取一定量含油污泥放入 1000mL 烧杯中，按 1∶6 比例掺入热水，然后边搅拌边加入一定量的处理药剂，使含油污泥与处理药剂混合均匀，在 65℃水浴搅拌 30min（搅拌速度为 60r/min）后静止沉降 5min，取出上层浮油（可用冷冻法）。

取底部水和污泥混合物，在 3000r/min 的转速下离心 4min。取出后倒掉水层，取污泥干燥后用溶剂汽油萃取其中原油，采用比色法测定其含油量。计算泥中含油去除率 $\eta$ 的公式如下：

$$\eta = \frac{W_0 - W_1}{W_0} \times 100\%$$

式中，$W_1$——加药处理后污泥含油量，g；

$W_0$——没加药处理后污泥含油量，g。

2. 污泥清洗剂的研制

1）污泥清洗剂的筛选

在清洗过程中，含油污泥清洗剂利用其高表面活性改变含油污泥液-固界面性质，增强清洗效果。清洗剂的油泥分离作用不仅可有效去除污泥含油，还可充分地分离被油所包裹的泥砂，起到净化油层的作用。根据以上原理，首先对具有高表面活性的单剂进行筛选，见表 9.15。

**表 9.15　不同类型清洗剂单剂除油率**

| 清洗剂代号 | 加入浓度/(mg/L) | 除油率/% |
| --- | --- | --- |
| S01 | 1000 | 69.2 |
| S03 | 1000 | 64.9 |

续表

| 清洗剂代号 | 加入浓度/(mg/L) | 除油率/% |
|---|---|---|
| S04 | 1000 | 67.5 |
| S05 | 1000 | 65.7 |
| S61 | 1000 | 79.2 |
| S62 | 1000 | 70.7 |
| S63 | 1000 | 68.0 |
| S64 | 1000 | 66.2 |
| S65 | 1000 | 65.7 |
| 空　白 | 0 | 43.6 |

由表 9.16 可见，S61 单剂效果最好，将其与助剂 TSPP、$NaHCO_3$ 复配，获得清洗剂配方命名为 SC-2001、SC-2002 及 SC-2003。

**表 9.16　每克清洗剂产品中各组分含量**

| 组　分 | S61/g | TSPP/g | $NaHCO_3$/g |
|---|---|---|---|
| SC-1001 | 0.2 | 0.4 | 0.4 |
| SC-1002 | 0.4 | 0.2 | 0.4 |
| SC-1003 | 0.4 | 0.4 | 0.2 |

2）清洗剂效果评价

对所研制的药剂及其他污泥站在用的七种药剂进行室内效果评价，其中清洗剂 SC-2001、SC-2002、SC-2003、HBP-A1 四种，破乳剂 DE-2009、SP-1002、HBP-B1 三种。不同清洗剂处理后污泥的含油情况见表 9.17。

**表 9.17　不同清洗剂处理后污泥含油情况**

| 清洗剂代号 | 污泥含油率/% | 除油率/% |
|---|---|---|
| 空白 | 4.6 | |
| SC-1001 | 2.7 | 41.3 |
| SC-1002 | 0.9 | 80.4 |
| SC-1003 | 0.5 | 89.1 |
| HBP-A1 | 2.2 | 52.2 |

由表 9.17 可见，清洗剂 SC-1003 的效果最佳，处理后污泥含油量仅为 0.5%，达到了 2%的处理指标。

3）清洗剂加药量优化

通过以上清洗剂筛选试验，从药剂使用的经济性考虑，选 SC-1003 进行最佳投加量试验，研究药剂投加量与脱油效率的关系，试验结果见表 9.18 和图 9.16。

**表 9.18　清洗剂 SC-1003 不同加药量除油率**

| 加药量/(mg/L) | 200 | 500 | 1000 | 2000 |
| --- | --- | --- | --- | --- |
| 除油率/% | 33.2 | 50.5 | 89.1 | 91.5 |

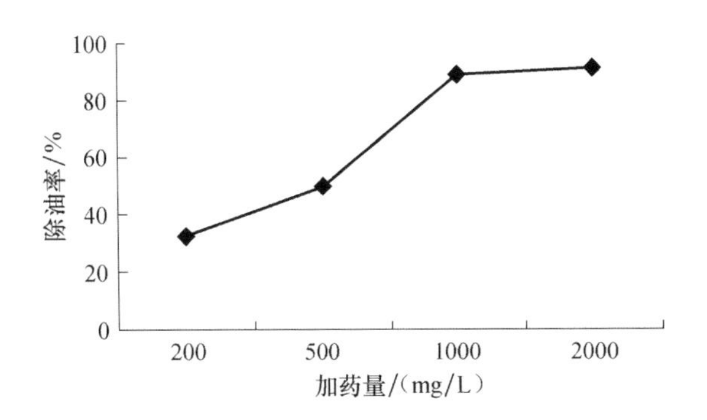


图 9.16　清洗剂不同加药量的除油效果

由表 9.18 和图 9.16 可见，投加 SC-1003 清洗剂，随着投加量的增加，其除油效率依次增高，当投加量超过 1000mg/L 时，除油效率上升较少。考虑处理成本，现场试验选污泥药剂经济投量为 1000mg/L。

3. *污泥破乳剂的研制*

1）污泥破乳剂的筛选

为了达到油清、水净、泥纯的目的，破乳剂的选择首先考虑其清水性能，具有清水功能的破乳剂可降低水中含油，有利于处于水层底部的污泥纯化。在此基础上，选择可降低界面膜黏弹性，增强界面流动性，促进油珠聚并的破乳剂单剂进行复配。

由表 9.19 和表 9.20 可见，SA601 的清水效果最好，SE201 的脱水性能较好，将两者按 1∶2 和 2∶1 的比例复配，得到 DE-2009 和 SP-1002 两种破乳剂产品。

**表 9.19　不同类型破乳剂单剂清水性能**

| 破乳剂代号 | 浓度/(mg/L) | 30min 水相含油量/(mg/L) |
| --- | --- | --- |
| SA501 | 100 | 963 |
| SA502 | 100 | 959 |
| SA503 | 100 | 1249 |
| SA504 | 100 | 1675 |
| SA505 | 100 | 1257 |
| SA506 | 100 | 1710 |

续表

| 破乳剂代号 | 浓度/(mg/L) | 30min 水相含油量/(mg/L) |
|---|---|---|
| SA601 | 100 | 692 |
| SA602 | 100 | 1307 |
| SA603 | 100 | 980 |
| SA604 | 100 | 1262 |
| SA605 | 100 | 1088 |
| 空　白 | 0 | 1513 |

**表 9.20　不同类型破乳剂单剂脱水性能**

| 破乳剂代号 | 浓度/(mg/L) | 脱水率/% | |
|---|---|---|---|
| | | 30min | 60min |
| SE101 | 100 | 5 | 13 |
| SE102 | 100 | 12 | 21 |
| SE103 | 100 | 9 | 19 |
| SE104 | 100 | 7 | 16 |
| SE201 | 100 | 18 | 25 |
| SE202 | 100 | 6 | 12 |
| SE203 | 100 | 7 | 13 |
| SE204 | 100 | 11 | 16 |
| 空　白 | 0 | 2 | 8 |

2）破乳剂效果评价

将投加清洗剂后冷冻法取得的浮油与水混合，加入 200mg/L 破乳剂，在 65℃水浴搅拌 30min 后静止沉降 12h，测油层含水率，结果见表 9.21。

**表 9.21　不同破乳剂作用效果**

| 破乳剂 | 12h 上部油层含水率/% |
|---|---|
| 空白 | 4.0 |
| DE-2009 | 0.21 |
| SP-1002 | 0.18 |
| HBP-B1 | 0.52 |
| DE-2009 | 17.1（试验采用未加清洗剂所得浮油） |

由表 9.21 可见，新研制的破乳剂 DE-2009 和 SP-1002 破乳效果好，经 12h 沉降可将含水率降至 0.2%左右，效果优于厂家选用的破乳剂 HPB-B1。同时，取未加清洗剂所得浮油进行对比试验，加入 200mg/L 破乳剂 DE-2009，在 65℃水浴 12h 沉降后油相含水率高达 17.1%，说明清洗剂可有效去除油中污泥，有利于油层的净化脱水。

3）破乳剂加药量优化

将投加清洗剂后冷冻法取得的浮油与水混合，在 65℃水浴搅拌 30min 后，在温度 65℃、沉降时间 60min 的条件下，评价了不同加药量下破乳剂 SP-1002 的脱水效果，见表 9.22。

**表 9.22　破乳剂 SP-1002 不同加药量效果对比**

| 加药量/(mg/L) | 60min 油相含水率/% |
|---|---|
| 50 | 3.11 |
| 100 | 1.23 |
| 150 | 0.78 |
| 200 | 0.37 |
| 250 | 0.39 |

由表 9.22 可见，加药量低于 150mg/L 时，测得的含水率数值较高，说明油层主要为聚集的乳化油珠，聚并不好。加药量超过 150mg/L 后，乳化油珠开始聚并，含水率大幅下降。

4. 复合型清洗破乳剂的配伍性试验

现场工艺中，虽然有不同的加药点，可将清洗剂及破乳剂分点投加，但由于系统中的水始终循环利用，无法避免破乳剂和清洗剂共存于系统。在药剂研制阶段，已经充分考虑了清洗剂和破乳剂的配伍性。该部分试验内容主要是考察混合投加清洗剂 SC-1003 和破乳剂 SP-1002 的情况。试验同时加入清洗剂和破乳剂，以考察优选出两种药剂之间的配伍性及协同效应。

由表 9.23 可见，同时投加清洗剂和破乳剂的情况下，除油率进一步上升，油层含水率增加不明显。说明两种药剂配伍性良好，同时投加在除油上能起到协同作用，进一步降低了污泥含油量。

**表 9.23　混合投加清洗剂和破乳剂与单独投加效果比较**

| 药剂组成 | 污泥含油量/% | 除油率/% | 12h 上部油层含水率/% |
|---|---|---|---|
| 空白 | 4.6 | | 4.0 |
| 清洗剂 1000mg/L | 0.5 | 89.1 | 4.3 |
| 破乳剂 200mg/L | 1.9 | 58.7 | 0.52 |
| 清洗剂 1000mg/L＋破乳剂 200mg/L | 0.3 | 93.5 | 0.57 |

5. 复合型清洗破乳剂的室内处理参数优化试验

1）温度对加药洗涤效率的影响

试验条件：泥水比为 1∶4，搅拌转速 200r/min，搅拌时间为 30min，离心转速为 3500r/min，投加 1000mg/L 清洗剂 SC-1003 和 200mg/L 破乳剂 SP-1002，考察温度：60℃、65℃、70℃、75℃。如图 9.17 所示，确定最优处理温

度为 70℃。

2）清洗时间对加药洗涤效率的影响

试验条件：泥水比为 1∶4，温度为 70℃，搅拌转速 200r/min，离心转速为 3500r/min，投加 1000mg/L 清洗剂 SC-1003 和 200mg/L 破乳剂 SP-1002，考察清洗时间：20min、30min、40min、50min。处理效果如图 9.18 所示，确定最优处理时间为 30min。

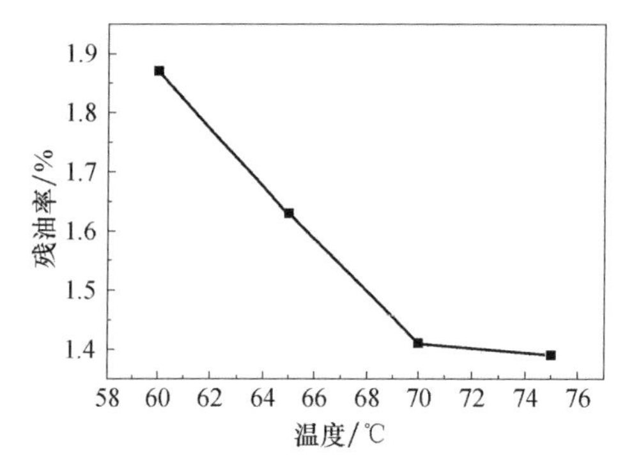


图 9.17　温度对加药洗涤效率的影响

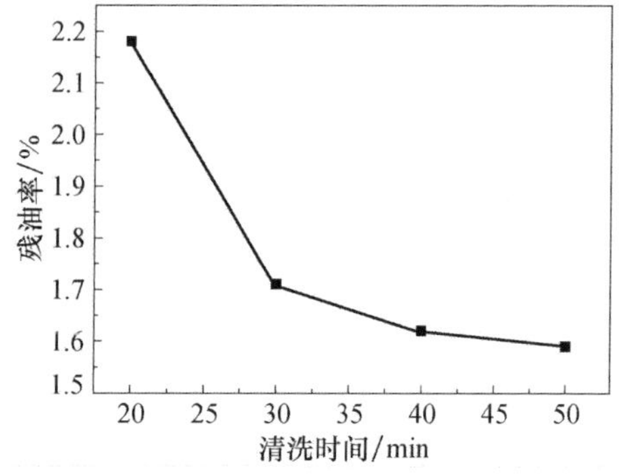


图 9.18　清洗时间对加药洗涤效率的影响

3）搅拌器转速对加药洗涤效率的影响

试验条件：泥水比为 1∶4，温度为 70℃，清洗时间为 30min，离心转速为 3500r/min，投加 1000mg/L 清洗剂 SC-1003 和 200mg/L 破乳剂 SP-1002，考察搅拌器转速：100r/min、150r/min、200r/min、250r/min。处理效果如图 9.19 所示，确定最优搅拌器转速为 200r/min。

4）泥水比对加药洗涤效率的影响

试验条件：温度为 70℃，搅拌强度为 200r/min，清洗时间为 35min，离心转速为 3500r/min，加药种类和用量相同，考察泥水比分别为 1∶3、1∶4、1∶5、1∶6。处理效果如图 9.20 所示，确定最优泥水比为 1∶5。

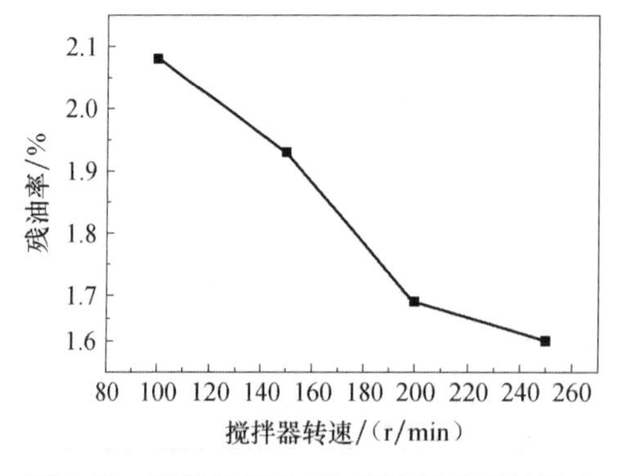

图 9.19　搅拌器转速对加药洗涤效率的影响

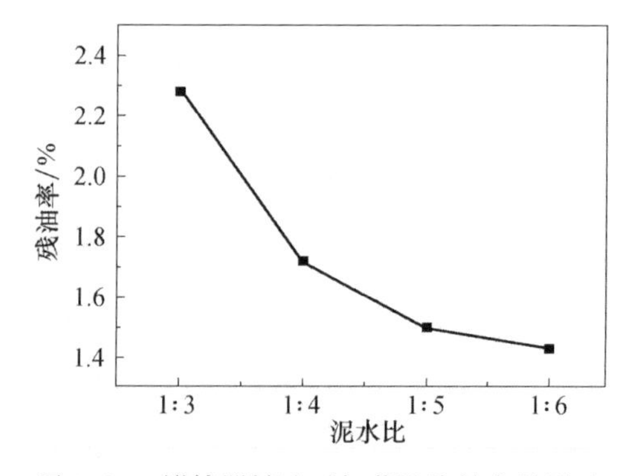


图 9.20　搅拌器转速对加药洗涤效率的影响

5）优化出药剂的室内处理参数

处理温度 70℃，处理时间 30min，搅拌器转速 200r/min，泥水比 1∶5。

## 9.5　清洗剂配套设备试验

含油污泥的清洗技术包括三个方面：①有效的清洗药剂；②合理的反应设备或装置；③适宜的运行参数。

### 9.5.1　油泥清洗设备原理与设计

1. 油泥清洗设备原理

清洗效果关键在于油固分离和油水分离。这两个过程均与反应器的效能密切相关。目前的水清洗反应器多为加热条件下的搅拌装置。如何有效地利用和控制搅拌的工艺参数，是决定清洗效率的技术关键。试验模拟装置充分发挥了水力剪切作用、离心作用及油粒的聚集作用，最大限度地实现了油-固-水的三相分离。

1）水力剪切作用

对于以水为主的固液体系，在高速旋转状态下产生较强的水力剪切力，含油污泥粒子在水力剪切作用下产生高强度的表面摩擦，固体表面的吸附油不断得到解吸，解吸的数量和速度与剪切作用力成正比，因此，保持较高的旋流速度有利于表面吸附矿物油的解吸（层间速度差随清洗过程逐渐减小）。但在高剪切应力场中，油滴容易破碎，不利于油水的分离，为了减小或避免油滴在反应器内部的破碎，应控制适当的剪切应力。油滴的稳定性仅取决于水的黏度与油的黏度之比，因此旋流速度、反应温度等均影响含油污泥的清洗与矿物油的分离。

2）离心作用

物体作高速旋转时产生离心力，在离心场内，质点将受到数倍于自身重力的离心力的作用，利用离心力可分离固液多相体系中不同密度的颗粒。在转速一定的条件下，离心场内质点所受的离心力的大小取决于质点的质量。所以当固液体系中的颗粒作高速圆周运动时，由于颗粒质量与水不同，它们受到的离心力也不相同，如对于油-水-泥混合体系，质量比水大的颗粒被甩到外围，而质量比水小的油粒则被推向内层。

颗粒随水作圆周运动时，在径向同时受到两种力的作用，即颗粒本身的离心力和水对颗粒的向心力。设 $m_0$ 和 $m$ 分别为水和颗粒的质量（kg），$v$ 为颗粒的圆周线速度（m/s），$r$ 为旋转半径（m），$n$ 为转速（r/min），则颗粒受到的离心力为 $mv^2/r$，向心推力（即离心力场中的浮力）为 $m_0v^2/r$，悬浮颗粒所受到的净离心力 $C$ 为二者之差，即

$$C = \frac{(m - m_0)v^2}{r}$$

式中，$v^2/r$——离心加速度，$m/s^2$。

若 $C$ 为正值，表示离心沉降；$C$ 为负值，表示为离心浮上。同一颗粒在水中所受的重力 $F$ 为

$$F = (m - m_0)g$$

若用 $a$ 表示离心力和重力的比值，则有

$$a = \frac{C}{F} = \frac{v^2}{rg} = \frac{rw^2}{g} \approx \frac{rn^2}{900}$$

式中，$w$——角速度，rad/s。

$a$ 值表示在离心场内，悬浮颗粒所承受的离心力比所受的重力大的倍数。由公式可见，分离因素取决于转速 $n$ 和旋转半径 $r$。在离心分离中，离心力对悬浮颗粒的作用超过了重力，因而能极大地强化各种粒子的分离过程。

高速旋转的搅拌器带动反应器内流体旋转来产生离心力，形成一个典型的水旋器。流体在水旋器内的流动状况，是由水旋器结构的特征及由此产生的水流流速分布规律决定的。流体在水旋器内的运动是一个三元空间体系，任何一点的速度都可以分解成三个方向的分速度，即切向速度、径向速度和轴向速度。切向速度的分布规律是周边小而中心大，在一定的旋流条件下，距旋流中心某点处，切向速度已增大到由它产生的离心力足以使液流破裂，从而形成沿轴线分布的空气柱。与此相适应，旋流器内的压力的变化情况是器壁的静压力最大，越向中心压力越小。径向速度分布规律是周边大中心小，重而大的颗粒则由于受到离心力大于径向速度的推力被甩向器壁，轻而小的颗粒因此被带向中心。但在反应器内，集中于中心的油粒由于搅拌器的作用，被旋流分散到器壁方向，然后重新上浮到并集中于旋流中心，循环往复。油粒的循环过程及路线取决于容器半径、搅拌半径、旋流的速度、水流剪切力及油粒的特性等。

3）油粒的聚集作用

含油污泥的清洗包括两个过程，油固分离与油水分离，即固体中矿物油的分离和油与水的分离。油固分离后的矿物油以极其微小的颗粒状态存在，油水难以分离，因此微小油颗粒的聚集对油泥的清洗效果有重要影响。

### 2. 油泥清洗反应设备设计

良好的水力条件可实现并加快微小油粒的聚集作用。因此，如何控制反应器的搅拌速度、搅拌强度、搅拌半径，均直接影响到油水的两相分离。油粒的聚集效果在很大程度上决定了油泥的清洗效果。除水力条件外，反应体系的温度也是一个重要因素。

图 9.21 为油粒聚集示意图，图 9.22 为试验所设计的油泥清洗罐，根据处理工艺为了提供热水又设计了辅助设备——蒸汽发生/加热器，如图 9.22 所示，设备设计及装置图如图 9.23 所示。

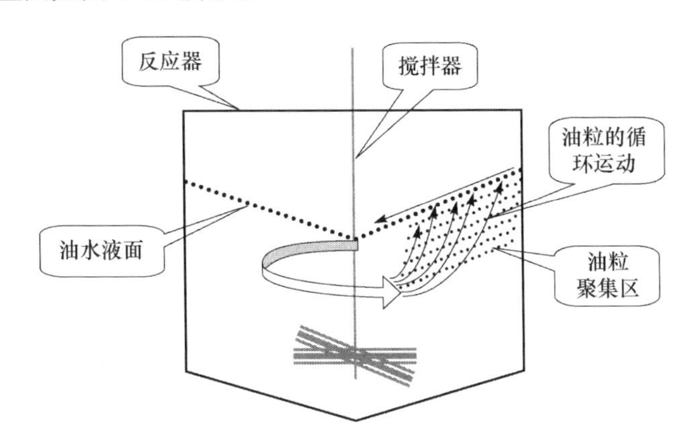


图 9.21　油粒聚集示意图

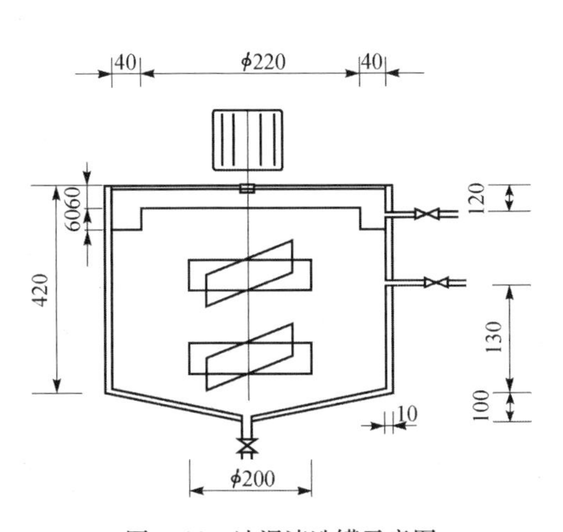


图 9.22　油泥清洗罐示意图

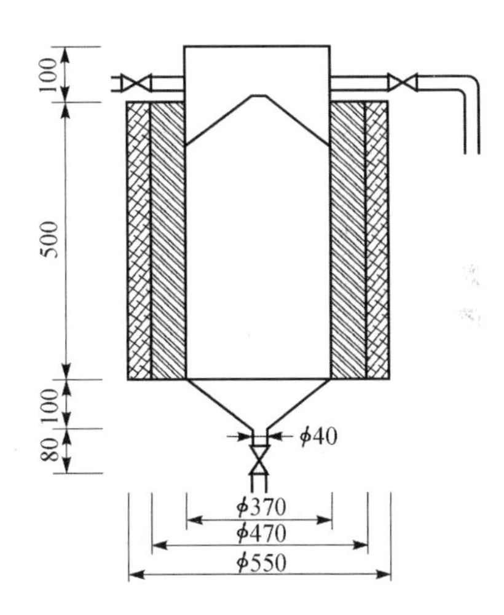


图 9.23　蒸汽发生/加热器示意图

3. 油水分离设备的设计

含油污泥经过水溶液清洗后，大部分的油被除去，还有小部分的油粒分散在水中，为了将这部分油除去，本试验依据该原油的密度，根据水力旋流器的分离原理，改造、设计了旋射流油水分离器。

水力旋流器是根据油水密度差的特性，利用旋流或涡流产生的离心力对油水进行分离。水力旋流分离器产生的加速度可达到 2000$g$，因此其优势大大超过重力分离设备。与重力分离设备相比，水力旋流器的分离距离仅为几十厘米，而重力分离设备大于 1m；在达到相同的分离效果的条件下，水力旋流器的停留时间仅为几秒，而重力分离设备要几小时。因此针对特定的处理对象和处理目标，水力旋流器具有较大的技术和经济优势，在相同的条件下，设备占地面积至少可减少 3 倍。

1）旋流分离原理

旋流分离器是一种利用流体压力产生旋转运动的装置。若流体以静压力 $P_0$、初速度 $V_0$ 沿切向进入旋流分离器，分析简单起见不计压头损失，则在入口处与螺旋形流线上的另一点列出的伯努利方程为

$$\frac{P_0}{\rho_f}+\frac{V_0^2}{2}=\frac{P}{\rho_f}+\frac{V^2}{2} \tag{9.1}$$

式中，$\rho_f$——流体密度；

$P$——流体在流线上某一点的压力；

$V$——流体在流线上某一点的速度。

按通常的研究方法，在柱坐标系内，旋流分离器内的流体速度 $V$ 可分解为径向速度 $u_r$、切向速度 $u_\theta$ 及轴向速度 $u_z$：

$$v^2=u_r^2+u_\theta^2+u_z^2 \tag{9.2}$$

沿切向输入的流体在不计损失的情况下，其旋转动量矩将保持不变，即

$$u_\theta r=\text{常数} \tag{9.3}$$

可见，随回转半径 $r$ 的减小，切向速度增大。而在进口处，$u_\theta=V_0$，$r=R$（$R$ 为旋流分离器筒体半径）。这样，在式（9.1）中，必有 $V>V_0$，从而 $P<P_0$，亦即流体的静压头转换为速度头（动压头），或者说流体压力产生了旋转运动。

在这样的旋转流场中，进入旋流分离器的流体质点所受到的惯性离心力比在重力场中所受的重力要大得多。通常用离心力强度 $S$ 来表征这种强化作用。$S$ 定义为离心加速度与重力加速度之比。

$$S=\frac{u_\theta^2}{gr} \tag{9.4}$$

在旋流分离器中，这一比值通常可高达几十甚至几百，从而大大强化了分离过程。此外，离心力场与重力场的另一显著区别是离心加速度对回转半径的强烈依赖关系，在理想流体的情况下，$S$ 应与 $r$ 成反比，可见，随回转半径的减小，离心力强度急剧增大。

分散相微粒在旋流分离器内的受力情况，可简要分析如下：由于回转运动，微粒所受的离心力为

$$F_c=\frac{\pi x^3}{6}\rho_p\frac{u_\theta^2}{r}$$

流体介质作用在微粒上的向心浮力

$$F_{\mathrm{f}} = \frac{\pi x^3}{6}\rho_{\mathrm{f}}\frac{u_\theta^2}{r}$$

微粒沿径向运动所受的流体阻力

$$F_{\mathrm{a}} = 3\pi\mu x u$$

上述诸力平衡时，可得在某一半径 $r$ 处回转的微粒直径为

$$d = \left[\frac{18\mu u r}{(\rho_{\mathrm{p}} - \rho_{\mathrm{f}})u_\theta^2}\right]^{1/2} \tag{9.5}$$

式中，$\rho_{\mathrm{p}}$、$\rho_{\mathrm{f}}$——分散相及分散介质的密度；

$\mu$——介质的动力黏度；

$u$——微粒与介质在径向的相对运动速度。

从式（9.5）可见，粒度越大的微粒，回转半径越大，从而实现了粒度不同的微粒沿旋流分离器径向的规律性分布，这是旋流分离器进行有效分离的必要条件。

微粒在旋流分离器内达到规律性分布以后，还需借助于旋流分离器本身的特殊结构将之分成粗细两部分并分别排出，从而最终完成分离作业。主分离区（即溢流管以下区域）的锥形设计，这种结构亦具有两个作用：一方面便于器壁处的微粒从底流口排出；另一方面可弥补实际工作中流体的能量耗散而在整个主分离区保持相似的回转运动。综上所述，旋流分离器的工作原理应包括三个部分。首先，籍切向输入流体的静压力产生旋转运动；其次，在该旋转流中完成待分离物料的空间规律性分布；最后，经特殊的结构设计实现分离。

2）旋流分离器的流场模型

旋流分离器由于其应用最为广泛，所以关于其流场的研究也最为充分。典型的流场模型如图 9.24 所示。这种分离器的流场特征之一是在轴线周围存在一个圆柱状的气相区（简称空气柱，其形成主要是由于在轴线附近压力降到负值，空气从底流口吸入而致），空气柱的直径大约是溢流口直径的 0.6 倍。分离器下部的锥形设计，一是有利于密度大的物质沿壁面向下排出，二是有利于下部的流体继续保持足够的切向旋转势头。

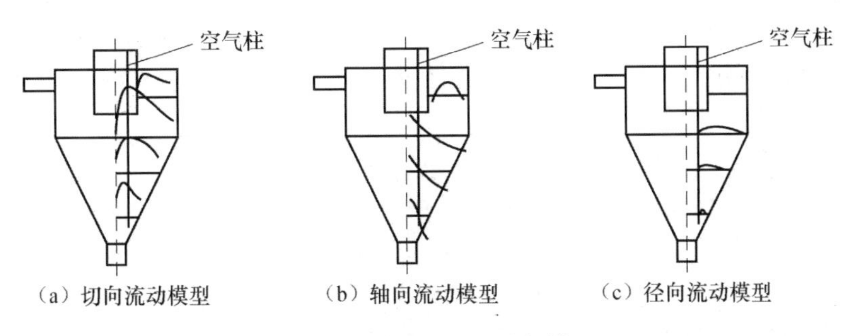


图 9.24　旋流分离器流场模型

在整个液相区域，流体的切向速度呈准自由涡运动，进入气相区后，气体运动则为强制涡［图 9.24（a）］；轴向流动则是在器壁附近向下，在某一半径处转而向上并一直延续到轴线，在流动方向改变的地方出现零速点，这些零速点构成轴向零速包络面［图 9.24（b）］；至于径向速度，经理论分析，如图 9.24（c）所示，在液相区内，自壁面向内，先是逐渐增大，在靠近气液边界处，转而降低直到为零，在气相区，则不存在径向流动。

3）旋射流油水分离器设计

如图 9.25 所示，通常的旋流分离器由柱体与锥体两部分构成，进料在柱体部分沿柱壁的切向给入。在离心力作用下，重组分被甩向器壁，从下部的底流口排出，轻组分则汇集于分离器中心，经上部的溢流口排出，从而实现轻重组分的分离，而本试验中由于水、油密度差小，分离不彻底，所以改造为旋射流油水分离器：关闭出水口，油水进入后由于其回转半径的差异，沿器壁旋流而下到达出水口的时间不同，主分离区（即溢流管以下区域）的锥形设计使混合液在出水口的速度突然增大，产生喷射效果，使油水得以分离。

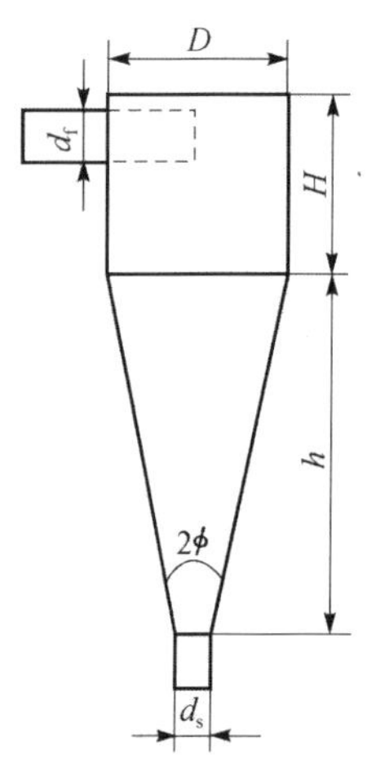


图 9.25　旋射流油水分离器

主要设计参数如下：

①圆筒高度（$H$）1.70$D$，$D$ 为圆筒直径；②器身锥角（$\theta$）为 10°～15°；③进水管直径（$d_f$）为（0.25～0.4）$D$，一般管中流速 1～2m/s；④进水收缩部分的出口宜做成矩形，其顶水平，其底倾斜 3°～5°，出口流速一般为 6～10m/s；⑤出水管直径（$d_s$）为（0.25～0.5）$D$。试验设计 $D$＝45mm，$H$＝80mm，$d_f$＝12mm，$d_s$＝6mm，$h$＝200mm。

### 9.5.2　室内反应器试验

1. 含油污泥处理反应器（Ⅰ）

由于烧杯放大试验取得了很好的效果，以此为依据设计出了含油污泥处理反应器（Ⅰ），如图 9.26 所示。

用反应器（Ⅰ）进行试验时样品的加入量为 1200g，加入 55～85℃ 水 3600mL（按泥水比 1∶3 加水），加入药剂 A、B 各 24g，在 250～300r/min 的搅拌速度下搅拌 120～150min 后测底泥的含油率。

在试验过程中发现，用反应器（Ⅰ）进行试验时，系统温度下降速度低于烧杯试验，增加了处理时间。主要是因为反应器的高径比不理想，散热慢，需要对反应器进行改进。

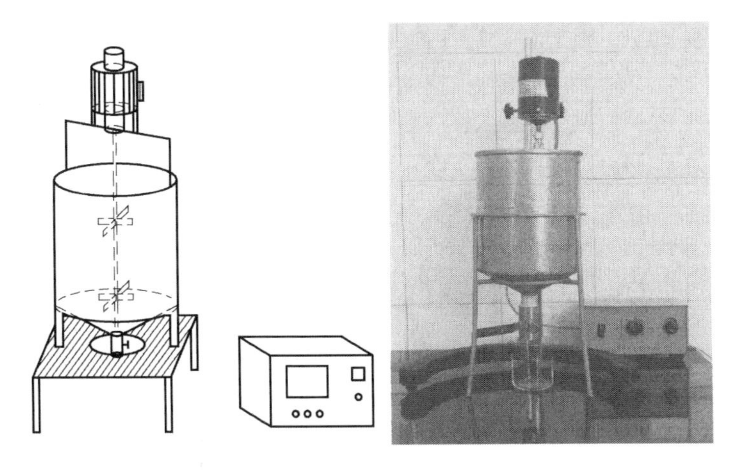

图 9.26　含油污泥处理反应器平面和实物图（Ⅰ）

2. 含油污泥处理反应器（Ⅱ）

在反应器（Ⅰ）的基础上重新设计了高径比比较合适的反应器（Ⅱ），如图 9.27 所示。

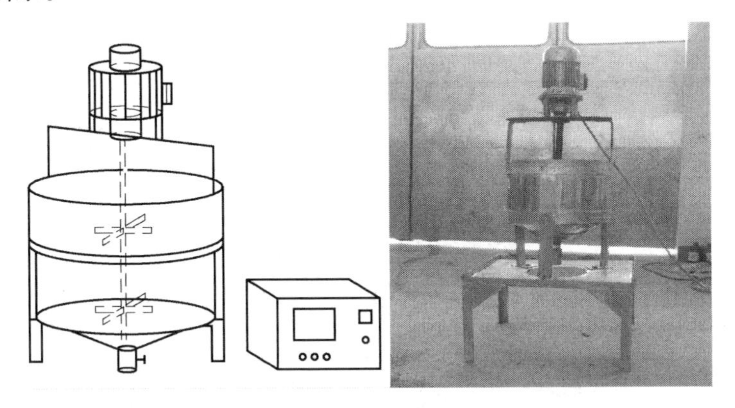

图 9.27　含油污泥处理反应器平面和实物图（Ⅱ）

主要以 DQ-5 含油污泥为处理对象进行处理效果评价，试验结果见表 9.24。

**表 9.24　反应器（Ⅱ）处理效果**

| 编　号 | 加入热水温度/℃ | 加入药剂 | 处理时间/min | 干样含油率/% |
|---|---|---|---|---|
| DQ-5 | 85 | A+B | 180 | 1.42 |
| | 85 | A+B | 240 | 1.01 |
| | 80 | A+B | 180 | 1.83 |
| | 75 | A+B | 180 | 2.87 |
| | 70 | A+B | 120 | 3.13 |
| | 65 | A+B | 120 | 4.12 |

由表 9.24 可见，随着反应器体积的增大，在较高的温度及较长的处理时间下，达到了较好的处理效果。但随着反应器体积的增大，其散热性越来越差，增加了降温所需的时间；清洗后的油层不好分离，大面积的油分离出后还有少量的油粒包夹在沙泥中，为了更好地解决以上问题，需要对反应器进行全面的改进与创新。

3. 含油污泥处理反应器（Ⅲ）

根据试验的要求及对反应装置的不断改进，设计出了全套的处理设备，如图 9.28 所示。

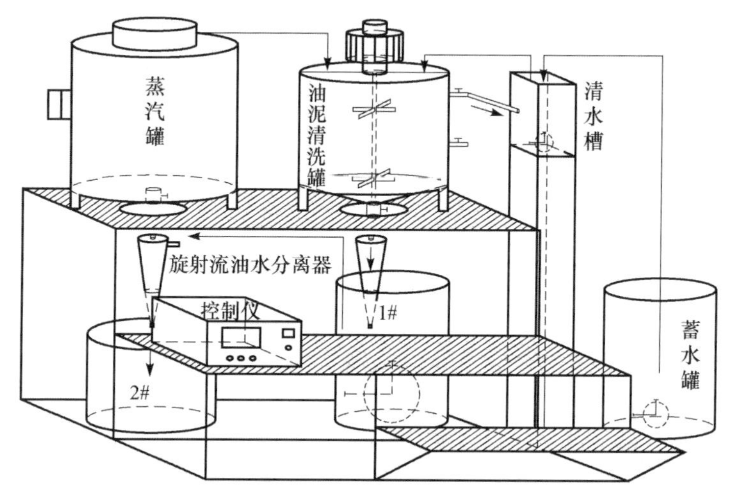

图 9.28　含油污泥处理反应器反应示意图和实物图

如图 9.28 所示，整合后的全工艺反应装置共分以下三个部分。

1）油泥水溶液热清洗部分

包括油泥清洗罐和蒸汽罐两部分，这部分的核心装置是油泥清洗罐，蒸汽罐只是用来加热。取含油污泥样品加入油泥清洗罐，加入药剂后，利用蒸汽罐产生热水后注入油泥清洗罐，同时开始搅拌。

2）冷却回流部分

包括清水槽和蓄水罐两部分，设计这部分主要是因为反应器放大以后不利于散热，系统温度下降缓慢，而只有系统温度下降到 27～30℃时油滴才能聚集结块；如果自然冷却，在室温 16～18℃下，系统温度需要 5h 才能下降到 27～30℃，为了缩短处理时间，在系统温度保持一定时间，泥砂上的油滴基本被洗出后，通入循环冷却水使系统降温。利用水泵将清水槽中的冷却水打入油泥清洗罐中，油泥清洗罐中的水位上升后，通过一个溢流管流回清水槽中，蓄水罐用来给清水槽补充水。

3）旋射流油水分离部分

包括储罐 1、储罐 2 和旋射流油水分离器三部分。含油污泥在清洗罐中清洗后，大部分原油经清洗罐中的隔油装置被分离，剩余的原油成为游离的小油珠混在泥浆中，采用旋射流油水分离器将这部分原油分离出来。清洗罐清洗后的泥浆首先进入储罐 1 中，再经过旋射流油水分离器旋射入储罐 2 中，游离的小油滴经旋射后在储罐 2 中凝集在一起，分离出油后，泥将再经沉降或离心达到处理的目的。

4. 试验流程及效果分析

试验时在清洗罐中加入样品 3500g，药剂按样品投加量的 2%投加，加入 85～95℃水 12L 后开始搅拌，频率为 12.0Hz。在样品中加入高温水后系统温度为 68～75℃，在高速搅拌 120～150min 后系统温度为 45～50℃，此时将搅拌频率降低为 8.0Hz 通入 13℃冷却水（自来水），油泥清洗罐中液面上升到溢油槽时停止加水，系统温度为 35～40℃，继续搅拌 5～10min。将搅拌频率逐渐降为 2.0Hz 后，通入冷却水到油泥清洗罐中，回流约 15min 后系统温度下降为 27～32℃，油泥清洗罐溢油槽中的原油结块后捞出。放出油泥清洗罐中的泥浆到储罐 1 中，再通过旋射流油水分离器旋射入储罐 2 后将储罐 2 表面旋射出的原油撇掉，此过程需大约 5min。将储罐 2 泥浆用泵打回到到储罐 1 中，再通过旋射流油水分离器旋射入储罐 2 后，将表面旋射出的原油撇掉，此过程需大约 10min。主要以样品 DQ-5 为处理对象进行处理效果评价，实验结果见表 9.25。

**表 9.25　反应装置（Ⅲ）处理效果**

| 样品编号 | 加入热水温度/℃ | 加入药剂 | 总处理时间/min | 干样含油率/% |
|---|---|---|---|---|
| DQ-5 | 85～95 | A+B，2% | 180 | 1.82 |
| | 85～95 | A+B，2% | 180 | 1.71 |
| | 85～95 | A+B，2% | 180 | 1.96 |
| | 85～95 | A+B，2% | 150 | 2.07 |
| | 85～95 | A+B，2% | 150 | 1.75 |
| | 85～95 | A+B，2% | 150 | 2.16 |

注：表中含油率为储罐 2 中的泥浆经离心后的底泥的含油率。

含油污泥经反应装置（Ⅲ）处理，总用时为150～180min，处理后渣泥的干样含油率为2%左右，达到了处理的目的。综合考虑药剂的分散、浸提及凝聚作用，保证了药剂的清洗作用，并加快泥相在水中的沉降过程。含油污泥在分别加入2%的药剂A和B后，利用反应装置（Ⅲ）在8.0～12.0Hz的搅拌频率下搅拌150～180min后，经过分离，底泥相中的平均干样含油率低于2%。

### 9.5.3　含油污泥处理现场试验

现场试验在大庆油田采油某厂进行，试验用含油污泥为采油某厂污水沉降罐的清罐底泥和油水三相分离器清罐底泥，污泥现场工艺运行试验泥液处理量为$3m^3/h$。

含油污泥处理设备包括污泥均质除油装置器和分离设备。污泥进入污泥均质除油装置，首先加入一定量的污泥清洗药剂，将污泥与污泥药剂搅拌均匀后，加入热洗水进行污泥均质、浮选除油处理，使污泥中90%以上的油去除后，通过重力管线，下部污泥自流进入固液离心装置中，经离心机脱水后的污泥含水率可达50%以内。运行参数如下：①含油污泥处理负荷$200kg/(m^3 \cdot h)$；②均质除油器停留时间0.5h；③热洗温度60～65℃；④SL1001投加量2%；⑤固液离心机转速3000～5000r/min；⑥待处理的污泥含油量，沉降罐底泥含油率为50%，油水分离器底泥为20%，沉降罐底泥与油水分离器底泥1∶1，混合含油30%。三种污泥处理试验结果见表9.26。

**表9.26　含油污泥现场试验结果**

| 污泥来源 | 离心处理后污泥含油率/% | | 离心出水 | |
|---|---|---|---|---|
| | 空白 | 加药 | 含油量/(mg/L) | 水中固体/(mg/L) |
| 污水沉降罐底泥 | 8.3 | 3.1 | 20～30 | 500～1000 |
| 油水分离器底泥 | 7.6 | 2.7 | 20～30 | 500～1500 |
| 混合污泥1∶1 | 8.8 | 2.2 | 20～30 | 500～1500 |

由表9.27可见，含油污泥经现场试验处理，最终污泥含油率均在5%以下。试验投加清洗药剂（SL1001）后，与空白数据对比，处理后的污泥含油率平均降低5%左右。采用的重力流程在试验过程中没有堵塞现象。混合污泥处理前后显微照片如图9.29和图9.30所示（见彩图）。

试验用含油污泥为采油某厂污泥，如图9.31所示，无论是空白还是加药工艺，随着污泥负荷增加，处理后污泥含油量也在逐渐增大。当污泥负荷小于$150kg/(m^3 \cdot h)$时，虽然污泥处理效果较好，但污泥处理量偏低，处理经济性较差。当污泥负荷为$350kg/(m^3 \cdot h)$时，处理后的污泥开始出现含油率超过5%。当污泥负荷为$400kg/(m^3 \cdot h)$（固液比1∶5）时，处理后的污泥含油量超

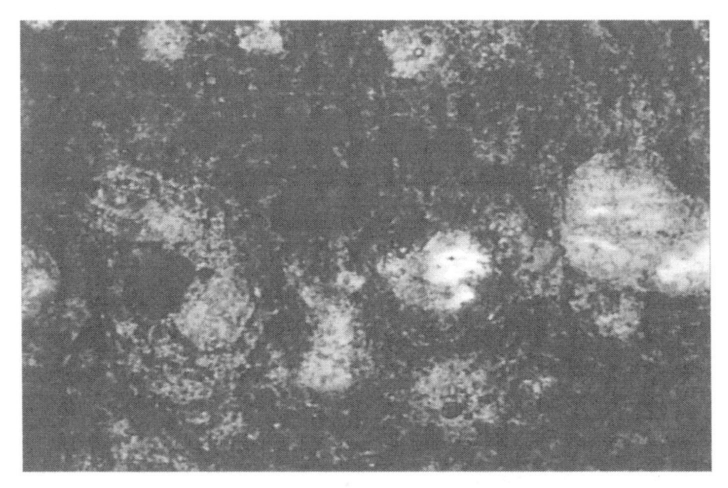

图 9.29　未经处理的污泥样品显微图片（5×）

图 9.30　处理后的污泥样品显微图片（5×）

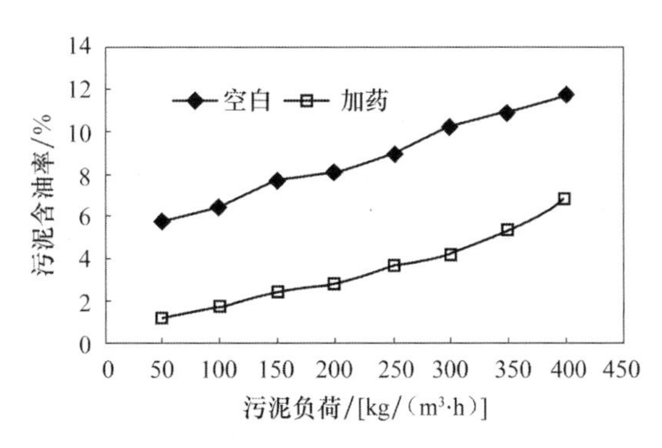


图 9.31　不同污泥负荷与处理后污泥含油率关系

原始污泥含油率为 16%，热洗水温 60℃，泥液停留时间 0.5h，污泥药剂量 2%

标。因此，所研制的污泥处理工艺，污泥负荷可根据污泥特性选择在 150～300kg/($m^3$·h) 范围内较经济合理。

根据对含油污泥的基础理论研究，研究和设计了现场试验装置，通过现场试验表明，选择合适的工艺参数，污泥清洗后含油率低于 2%，原油回收率大于 90%。

# 第 10 章　含油污泥资源化技术研究

## 10.1　含油污泥资源化定义

含油污泥是一种组成复杂、化学性质十分稳定的棕黑色黏稠状固体废物，来源于原油开采、油田集输和炼油厂污水处理过程，其含油率为10%～50%，含水率40%～90%。目前，我国每年产生的含油污泥总量达500多万吨[134]。近年来研究人员开展了大量含油污泥处理技术的研究，但多是从末端治理的角度出发，资源化利用程度较低。含油污泥中不仅含有丰富的石油类物质，而且含有大量的碱金属、碱土金属矿物质。含油污泥去油后，其残渣也是一种宝贵资源，可以作为吸附材料、建筑材料或水处理用材料。因此，开展含油污泥资源化研究，在减量化、无害化的基础上，实现含油污泥的资源化利用，对解决我国国民经济持续发展过程中面临的能源短缺和环境挑战问题具有重要意义。

关于含油污泥资源化的概念笔者认为有狭义和广义之分，广义的含油污泥资源化是指针对含油污泥采用的技术工艺，如调质-离心、焚烧、催化裂解等，只要涉及含油污泥处理，能够回收原油，有产物、产品产出都算作是含油污泥资源化的概念范畴，资源化从某种意义上讲是一种理念和概念，具有广泛的研究范畴。然而这种广义的概念却给生产和科研带来一定的混乱，笔者认为含油污泥处理技术，如调质-离心、焚烧、催化裂解等，宜归纳为含油污泥处理，不应该归入资源化这一概念中来，含油污泥资源化狭义的概念是指含油污泥通过技术手段转变为工业生产和生活中可应用的产品，如调剖技术、橡胶调料剂、新型燃料及制砖等。这样才方便理解含油污泥处理技术和含油污泥制造的产品之间在认识上的区别。

含油污泥资源化是指将含油污泥直接作为原料进行利用或者对含油污泥进行再生利用，资源化是循环经济的重要内容。

## 10.2　含油污泥调剖技术研究

### 10.2.1　含油污泥调剖原理

将含油污泥配制成乳化悬浮液——调剖剂，应用于油田注水井调剖，调剖剂由地面注入所确定的高渗透油层之后，受地层水冲释及地层岩石的吸附作用，乳化悬浮体系分解，其中的泥质吸附胶沥质和蜡质，并通过它们黏联聚集形成较大粒径的“团粒结构”，沉降在大孔道中，使大孔道通径变小，封堵高渗透层带，增加了注入水渗流阻力，迫使注入水改变渗流方向，增大了注入水波及体积。通过优化施工工艺，可使含油污泥只封堵住高渗透地带，而不污染中、低渗透层。“团粒结构”在强剪切条件下还可被打破，重新分散成小粒径颗粒；在低剪切条件下又可再黏集成大“团粒结构”。因此，它在地层中缓慢运移，不会堵死地层中的渗流通道。作为调剖剂需达到的技术指标是处理后的含油污泥黏度不大于0.3Pa·s，可泵性好；加入悬浮剂后含油污泥悬浮性能好，沉降时间大于3h。

### 10.2.2 含油污泥除油预处理技术

河南油田、大庆油田等地对含油污泥调剖技术都做过相应的现场试验，各试验井陆续反映出该技术增油控水的效果，并获得了一定的经济效益。但此项技术还要进一步试验，优化调剖剂配方是此项技术的关键。当干泥含油率高于13%时污泥不能聚合或产物很软，因此必须进行除油处理。

1. 一级热水酸洗除油效果

试验方法：在离心筒中，按比例加入污泥和矿化水或自来水，放入45℃水浴中（模拟现场水温度），加10% $H_2SO_4$ 调节pH，搅拌洗油15min，然后在4000r/min转速下离心分离5min，混合液分为油、水、泥三层。用滤纸撇去上层浮油，倒掉水层，取底部干泥，分析油含量。

在pH 5.5、不同泥水比条件下对含油污泥进行了一级热水酸洗，结果如图10.1所示。由图10.1可见，酸洗水量为2时，污泥含油率明显下降，且自来水的除油效果好于矿化水。酸洗水量继续增加时，含油率下降不大。这说明水量对除油效果影响不大，酸的破乳作用才是主要因素。

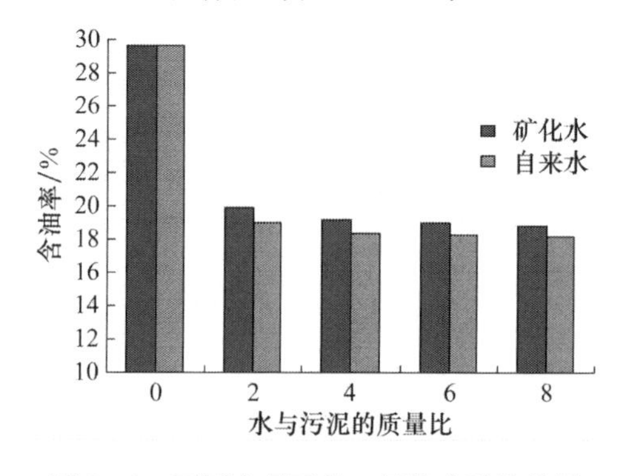


图10.1 不同水量下的一级热水酸洗效果

2. 多级热水酸洗除油效果

试验方法：取一级酸洗后的污泥，按比例加入矿化水，按一级热水酸洗方法加酸、搅拌、离心，得到二级热水酸洗处理的污泥。多次重复上述步骤，可得到多级热水酸洗处理的污泥产物。

在 pH 5.5、泥水比为 1∶2 的条件下，对含油污泥进行了四级热水酸洗除油处理，结果如图 10.2 所示。

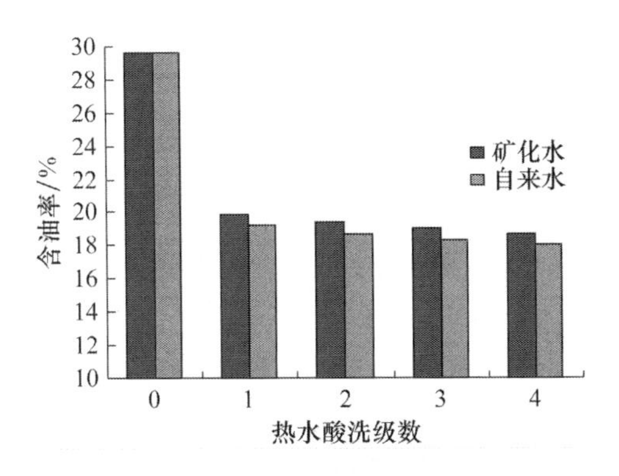


图 10.2　多级热水酸洗处理后的污泥组成（pH 5.5）

如图 10.2 所示，一级热水酸洗除油效果明显，继续增加酸洗级数，除油效果略有增加，但幅度不大（<2%）。由于多级酸洗加酸时，除油效果增加不明显。所以，后面试验中热水酸洗均采用一级处理。

3. 不同 pH 下热水酸洗的除油效果

采用泥水比 1∶2，在不同 pH 下，用矿化水对含油污泥进行了一级热水酸洗处理。除油后污泥的干泥含油率如图 10.3 所示。

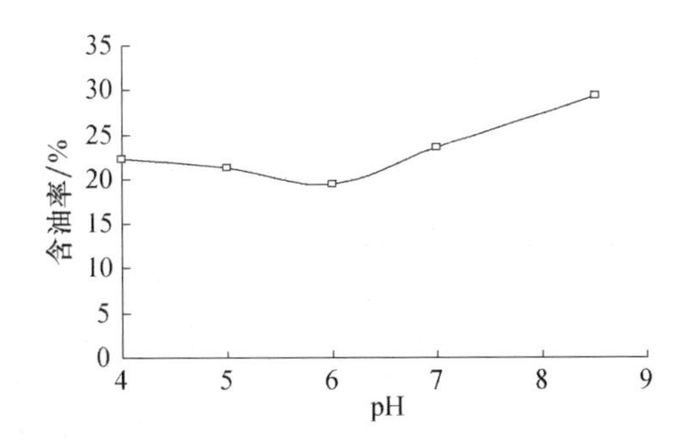


图 10.3　不同 pH 下一级热水酸洗的除油效果

如图 10.3 所示，酸洗 pH 从 8.5 刚开始降低时，干泥含油率明显下降。在

pH 5.5～6.5 干泥含油率降至最低 19.4%，再降低 pH，干泥含油率变化不大甚至有所上升。因此，酸洗 pH 选择 6.0 比较合适。

4. 热水酸洗＋除油剂污泥除油效果

由试验可知，热水酸洗能使含油污泥的干泥含油率降至 19.0%，但达不到要求的预处理指标（<13%）。热水酸洗＋石油醚萃取尽管除油效果明显，但石油醚用量大，需要回收，费用增加，不适合工业化，仅供室内研究。因此，试验选择了热水酸洗＋除油剂处理方法，并考察了在不同除油剂（MN-6）用量下的处理效果，试验结果如图 10.4 所示。

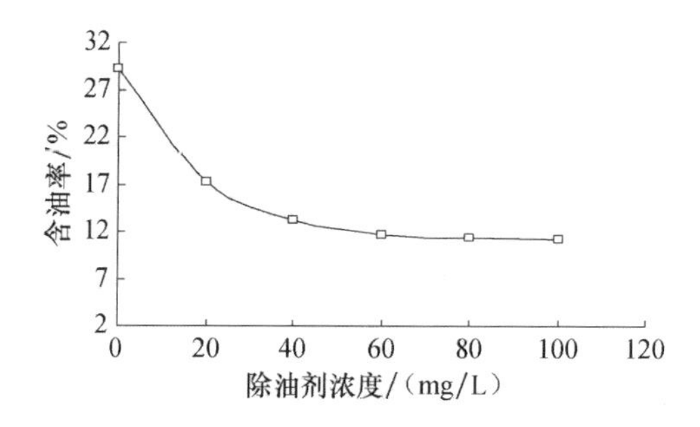


图 10.4 除油剂用量对热水酸洗处理效果的影响

如图 10.4 所示，随着除油剂浓度增加，热水酸洗的除油效果提高，当除油剂浓度高于 60mg/L 时，干泥含油率降至 12%，基本达到含油污泥预处理的要求。浓度再增加，干泥含油率基本不变。因此，除油剂浓度在 60～80mg/L 合适。

通过以上试验研究，得到污泥预处理的方法：热水酸洗＋除油剂处理，用矿化水，酸洗 pH 6.0～6.5，泥水比 1∶2，除油剂浓度 60～80mg/L，一级离心分离脱水。

5. 含油污泥除油前后的聚合情况比较

分别以原始含油污泥、热水酸洗处理污泥、热水酸洗＋除油剂处理污泥为原料进行了聚合试验，聚合情况见表 10.1。

**表 10.1 不同含油率下制备含油污泥体膨颗粒的性能**

| 序 号 | 除油方法 | 干泥含油率/% | 聚合情况 | 膨胀倍数 |
|---|---|---|---|---|
| 1 | 原始含油污泥 | 29 | 无法聚合 | — |
| 2 | 热水酸洗（pH 6.0） | 19.4 | 部分聚合 | 15 |
| 3 | 热水酸洗/除油剂（pH 6.0） | 13.1 | 聚合均匀 | 50 |

注：表中含油污泥已经添加重金属离子掩蔽剂。

图10.5为热水酸洗污泥制备的调剖剂胶块，图10.6和图10.7为含油污泥经热水酸洗+除油剂处理后制备的调剖剂胶块及颗粒（见彩图）。

图10.5　热水酸洗处理后制备的含油污泥体膨颗粒胶块

图10.6　热水酸洗+除油剂处理后制备的含油污泥体膨颗粒胶块

图10.7　热水酸洗+除油剂处理后制备的含油污泥调剖剂颗粒

### 6. 含油污泥除油预处理推荐工艺

含油污泥预处理工艺流程图如图10.8所示，含油污泥预处理为撬装式设备。污泥池内的含油污泥经提升泵进入热洗罐，在热洗罐内按泥水比为1∶2加入

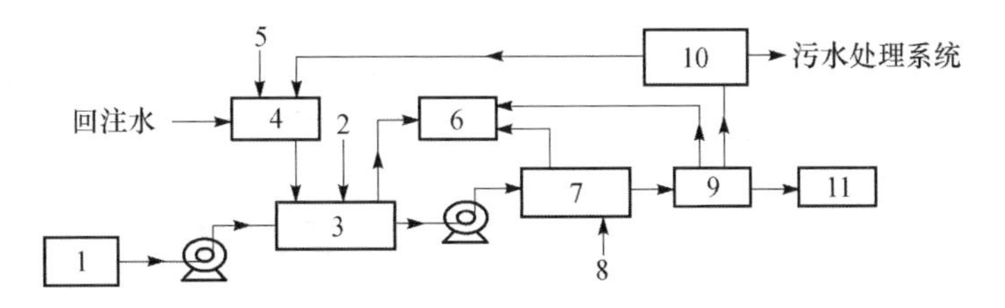


图10.8　含油污泥除油预处理推荐工艺流程图

1. 污泥池；2. 除油剂；3. 热洗罐；4. 污水罐；5. 酸液；6. 收油罐；7. 混凝降罐；8. 混凝除油剂；9. 卧式螺旋卸料沉降离心机；10. 污水池；11. 调堵剂制作单元

热水，并加入 60mg/L 的除油剂，经充分搅拌后沉降半小时左右，上层油回收进入收油罐，经泵提升进入二级除油罐，同时在此处加入絮凝剂，絮凝后的油泥进入离心脱水机，脱出水进入污水回收池，一部分在系统回收利用，一部分可以直接进入污水处理系统。离心机脱水后的污泥含水率为 70%～75%。脱水后的污泥可直接进入调剖堵水剂的制作单元。

### 10.2.3 含油污泥体膨颗粒调剖剂的合成及条件优化

1. 合成原理

含油污泥体膨颗粒实际上是含油污泥与其他不饱和单体的共聚产物。该产物分子中由于含吸水基团，因而能够在水中膨胀。污泥共聚可以采用悬浮聚合或水溶液聚合两种方式，聚合过程如图 10.9 和图 10.10 所示。

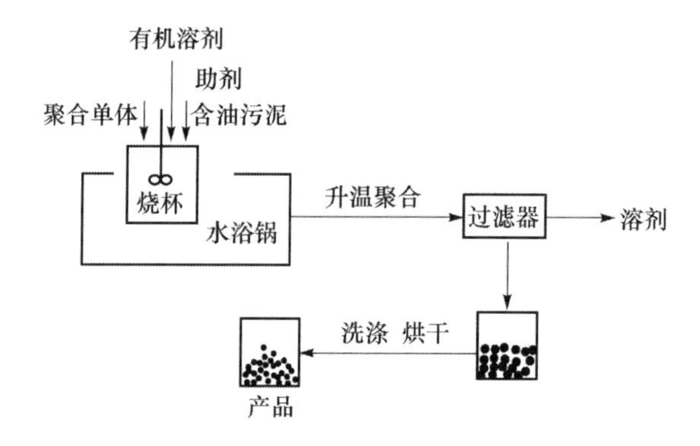


图 10.9 含油污泥悬浮聚合流程图

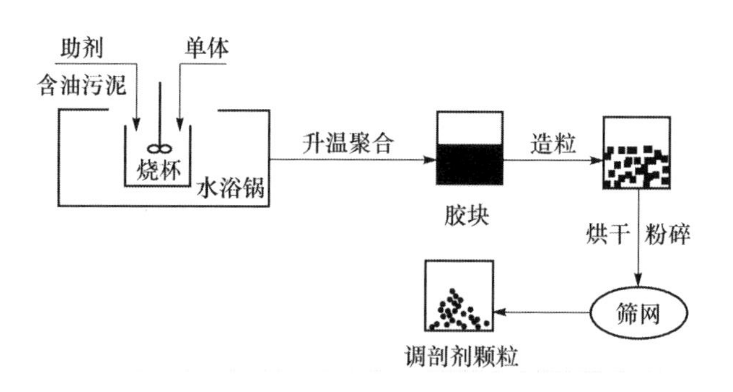


图 10.10 含油污泥水溶液聚合流程图

悬浮聚合的优点是不用造粒，搅拌速度、硬度、粒径可以控制；缺点是产物需要提纯、洗涤、除去有机溶剂。水溶液聚合的优点是方法简单、无环保问题；缺点是需要解决造粒的问题。

2. 含油污泥体膨颗粒的合成条件优化

1）含油率对污泥调剖剂性能的影响

通过对含油污泥除油处理，得到不同含油率的污泥，制备了相应的污泥调剖剂，调剖剂性能检测结果见表10.2。

**表10.2　不同干泥含油率下污泥调剖剂的性能**

| 干泥含油率/% | 干污泥∶单体 | 吸水倍数 | 胶块强度 |
|---|---|---|---|
| 0 | 1∶1 | 45.4 | 高 |
| 8.0 | 1∶1 | 56.7 | 高 |
| 12.0 | 1∶1 | 47.8 | 较高 |
| 14.0 | 1∶1 | 24.8 | 中等 |
| 16.0 | 1∶1 | 16.9 | 软 |
| 18.0 | 1∶1 | — | 很软 |
| 28.1 | 1∶1 | — | 大部分未聚 |

由表10.2可见，污泥中含油率越高，调剖剂的强度越低，当含油率高于12%时，含油污泥体膨颗粒胶块强度明显下降。同时，含油率对污泥调剖剂的吸水倍数也有较大影响。在干泥含油率0～16%的范围内，随着含油量的增加，污泥调剖剂的吸水倍数从56.7下降到16.9。因此，污泥的含油率应控制在小于13%。

2）污泥用量对污泥调剖剂性能的影响

在含油率为11%的条件下，进行了干污泥单体分别为0.5、0.6、0.8、1、1.2、1.4、1.6时污泥调剖剂的性能检测，试验结果见表10.3。

**表10.3　不同干污泥用量下污泥调剖剂的性能**

| 含油率/% | 干污泥∶单体 | 说　明 |
|---|---|---|
| 11 | 0.5∶1 | 强度低 |
| 11 | 0.6∶1 | 强度稍高 |
| 11 | 0.8∶1 | 强度高 |
| 11 | 1.0∶1 | 强度高，弹性较好 |
| 11 | 1.2∶1 | 强度高，弹性较好 |
| 11 | 1.4∶1 | 聚合不完全 |
| 11 | 1.6∶1 | 强度高，弹性较好 |

由表10.3可见，干污泥单体比在1～1.2时，聚合产物的强度和弹性均较好；高于1.4时，聚合不完全，且产物松散无法使用；低于1时，消耗的污泥过少，强度也稍差。因此，干污泥单体比在1～1.2为最佳。

3）单体含量及比例对污泥调剖剂性能的影响

在含油率为11%，干污泥单体比例为1∶1.1、其他条件不变的情况下，对单体含量分别为15%、17%、18%、20%、22%时聚合产物的性能进行了试验研究，结果见表10.4。

**表 10.4　不同单体含量下污泥调剖剂的性能**

| 含油率/% | 单体含量/% | 吸水倍数 | 强　度 |
|---|---|---|---|
| 11 | 15 | 23.3 | 强度较低 |
| 11 | 17 | 30.1 | 强度较低 |
| 11 | 18 | 52.4 | 强度较高 |
| 11 | 20 | 51.8 | 强度高 |
| 11 | 22.5 | — | 聚合不完全，有粒状物 |

由表 10.4 可见，在含油率 11%、单体浓度为 18%～20%时聚合产物的强度和弹性较好，说明产物相对分子质量和交联度较高。单体浓度高于 22.5%时聚合不完全、不均匀，中间有颗粒物产生。因此，聚合单体浓度为 18%～20%比较合适。

4）交联剂用量对污泥调剖剂性能的影响

污泥体膨颗粒调剖剂是一种立体网状结构，吸水后发生膨胀，调剖剂在水溶液中仍是立体颗粒状。交联剂的作用是在聚合过程中使线状的分子链交联成立体的网状大分子。

**表 10.5　不同交联剂用量下污泥调剖剂的性能**

| 含油率% | 单体含量/% | 干污泥/单体 | 交联剂用量/% | 说　明 |
|---|---|---|---|---|
| 11 | 18 | 1 | 0.06 | 产物软，黏手 |
| 11 | 18 | 1 | 0.12 | 升温稍慢，产物稍硬 |
| 11 | 18 | 1 | 0.16 | 升温快，产物硬 |
| 11 | 18 | 1 | 0.22 | 升温很快，产物硬而脆 |

由表 10.5 可见，交联剂用量很低时，污泥聚合物呈糊状，强度低。交联剂用量增加至 0.12%时，污泥胶块变硬，强度提高。当交联剂用量超过 0.22%时，聚合速度太快，产物容易粉碎。因此，交联剂用量选择 0.1%～0.12%比较合适。

5）聚合过程中的温度变化

在污泥调剖剂聚合过程中，物料温度发生明显变化，这从宏观上反映了聚合反应的进行程度。图 10.11 是一个典型的反应物料温度变化情况。

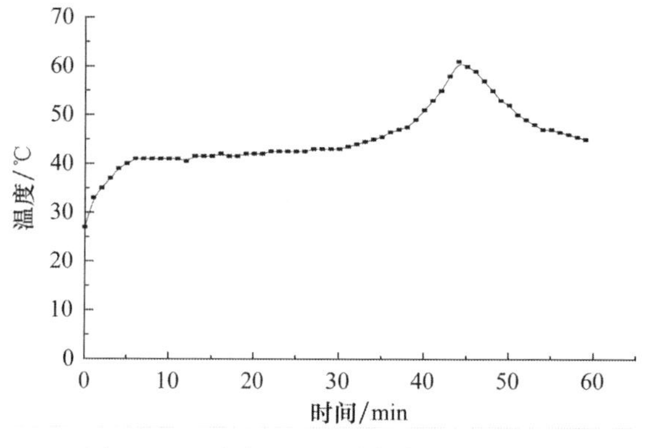


图 10.11　聚合过程反应物料温度变化图

如图 10.11 所示，40℃反应时，反应诱导期在 40min 左右。

6）不同引发温度下的温升变化

如图 10.12 所示是引发温度分别为 25℃、30℃、35℃、40℃时聚合体系的温度变化曲线，其他配方条件相同。

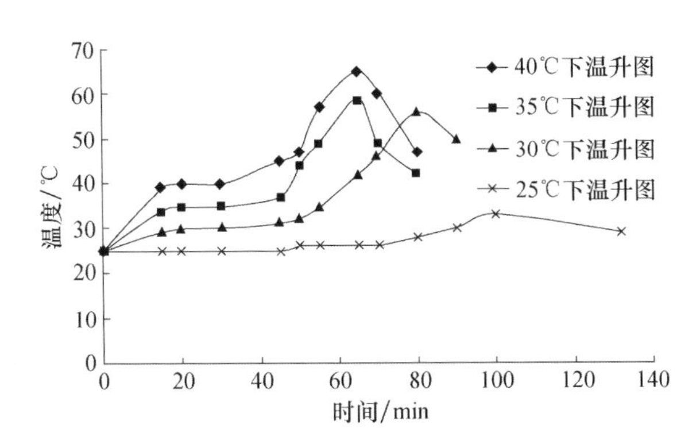


图 10.12　不同引发温度下反应温度变化

如图 10.12 所示，引发温度越高，诱导期越短。引发温度越低，诱导期越长。该图可指导工业放大生产。

### 10.2.4　污泥体膨颗粒调剖剂的理化性能评价

1. 吸液速度的试验

试验发现，颗粒粒径对调剖剂膨胀速率存在一定的影响。图 10.13 是同一批次不同粒径的污泥调剖剂的吸水膨胀情况。

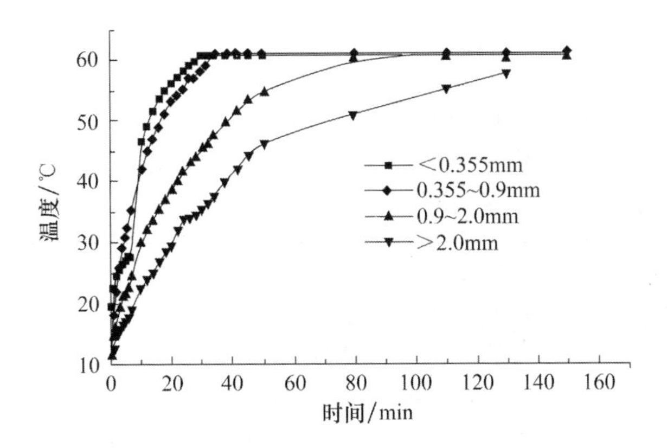


图 10.13　不同粒度污泥调剖剂吸水曲线

如图 10.13 所示，粒径越小，吸水速度越快，粒径在 0.9mm 以下，30min 即可达到吸液平衡，粒径为 2mm 时，则需 3h 达到平衡。污泥调剖剂经过不同吸水时间时的变化情况如图 10.14 所示（见彩图），调剖剂吸水饱和后的外观如图 10.15 所示（见彩图）。

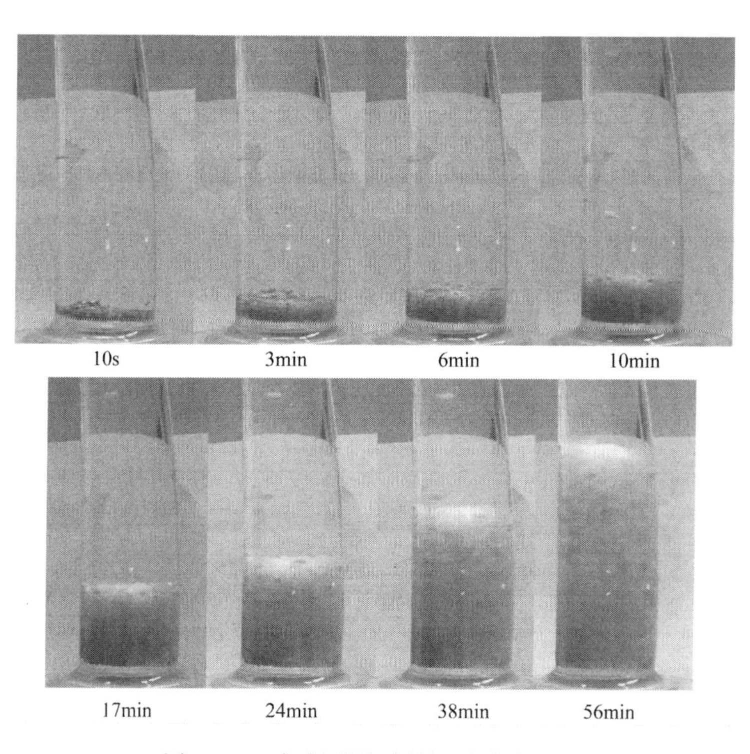


图 10.14　含油污泥调剖剂吸水膨胀过程

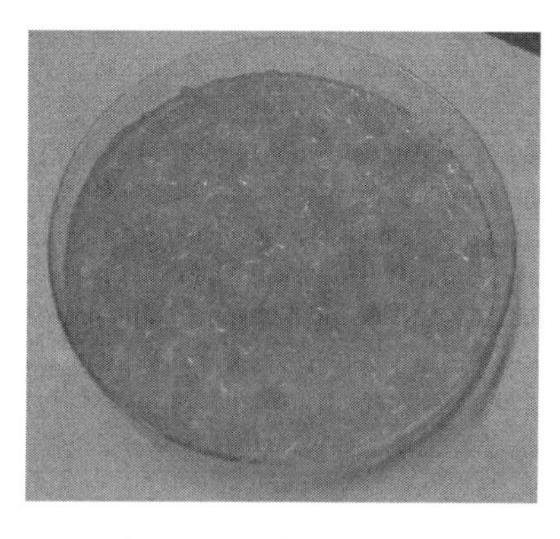

图 10.15　含油污泥调剖剂吸水饱和后的外观

2. 调剖剂的热稳定性试验

能否在一定温度的油藏中长期应用，是衡量调剖剂性能的一个重要指标。为了考察污泥的热稳定性，将污泥调剖剂分别在 50℃、90℃、120℃下放置较长时间，分别测试吸水倍数的变化情况，试验结果见表 10.6 和表 10.7。

**表 10.6　50℃下自来水中调剖剂吸水率随时间的变化情况**

| 时间/d | 1 | 3 | 7 | 14 | 30 | 60 |
|---|---|---|---|---|---|---|
| 吸水倍数 | 57 | 56 | 56 | 55 | 55 | 55 |

**表 10.7　90℃下自来水中调剖剂吸水率随时间的变化情况**

| 时间/d | 1 | 3 | 7 | 14 | 30 | 60 |
|---|---|---|---|---|---|---|
| 吸水倍数 | 59 | 58 | 58 | 58 | 57 | 57 |

120℃试验是在密闭的高温高压钢瓶中进行的。加热一个月后，污泥调剖剂颗粒吸水倍数变化不大。这说明该污泥调剖剂可在 50～120℃使用。

3. 吸液盐度变化对调剖剂性能的影响

各油田现场污水中均含有不同的盐分，因此必须研究污泥颗粒在不同盐水中的吸水倍数。图 10.16 是含油污泥体膨颗粒在不同浓度 NaCl、$CaCl_2$、$NaHCO_3$ 溶液中的吸水倍数-浓度曲线。

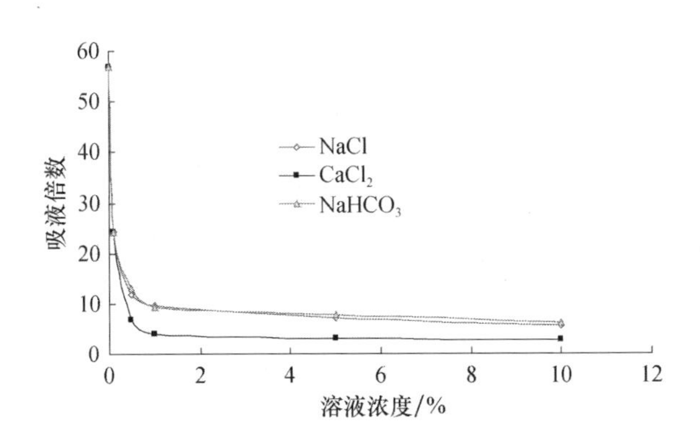


图 10.16　含油污泥调剖剂在不同盐水中的吸水倍数

如图 10.16 所示，在浓度低于 1%的氯化钠和碳酸氢钠溶液中，污泥调剖剂的吸水倍数均随盐浓度增加而显著降低，盐浓度高于 1%后吸水倍数变化不大。在氯化钙溶液中，污泥调剖剂的吸水倍数-浓度变化规律与氯化钠溶液相似。但同样盐浓度下，调剖剂在氯化钙溶液中的吸水倍数比在氯化钠溶液中小。这是由

于 $Ca^{2+}$ 为两价离子，其离子强度大于一价的 $Na^+$ 和 $HCO_3^-$，符合 Flory 关于吸水倍数随溶液离子强度增大而降低的机理。试验还发现，高矿化度时虽然吸水倍数下降，但强度增加。因此盐水对颗粒的吸水倍数影响较大，但不影响颗粒强度和使用。

利用污泥调剖剂的上述特性，在现场施工时，可用较高浓度的盐水配注颗粒，当注入地下后，盐水浓度降低调剖剂颗粒继续膨胀，起到较好的堵塞效果。

4. 污泥调剖剂

为了研究含油污泥调剖剂在现场污水条件下的稳定性。对大港油田某作业区污水（$NaHCO_3$ 型，矿化度 5000mg/L，水温 50℃）进行了含油污泥调剖剂的吸水倍数-时间的关系试验，试验结果见表 10.8。

**表 10.8　50℃下含油污泥调剖剂在大港油田某作业区污水中的吸水倍数**

| 时间/d | 1 | 3 | 7 | 14 | 30 | 60 |
|---|---|---|---|---|---|---|
| 吸水倍数 | 44 | 43 | 43 | 42 | 42 | 42 |

由表 10.8 可见，采用油田采出水时，污泥调剖剂的吸水倍数随时间变化不明显，说明该调剖剂在一般油田矿化水中能长期稳定使用。

5. pH 的影响

用盐酸和氢氧化钠配制成不同 pH 的水溶液，各取 1g 颗粒体膨剂，在不同 pH 下达到吸水平衡，测定吸水倍数，试验结果如图 10.17 所示。

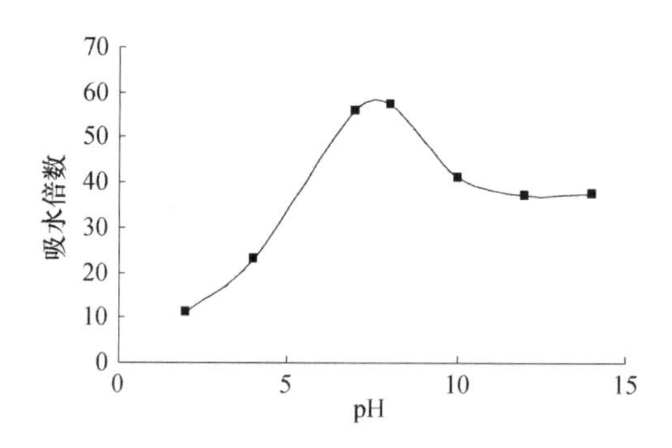


图 10.17　不同 pH 下污泥调剖剂的吸水倍数

如图 10.17 所示，pH<8 时，污泥调剖剂的吸水倍数随 pH 增加而增大。当 pH>9 时，吸水倍数又逐渐降低。由于我国大部分油田地下 pH 为 7.5～8.5，污泥调剖剂在此范围内恰好可达到较高的膨胀倍数。

6. 用膨润土模拟含油污泥聚合情况

采用在含油污泥中添加膨润土的方法模拟用除油后的污泥来制备体膨颗粒时的聚合情况。试验结果见表10.9。

**表10.9　膨润土模拟含油污泥聚合情况**

| 含油率/% | 单体含量/% | 聚合情况 | |
|---|---|---|---|
| | | 含油污泥+膨润土 | 除油污泥 |
| 10.0 | 20 | 较硬，吸水56倍 | 较硬，吸水55倍 |
| 12.0 | 20 | 较硬，吸水54倍 | 较硬，吸水57倍 |
| 14.0 | 20 | 强度低，吸水30倍 | 强度低，吸水34倍 |
| 16.0 | 20 | 部分聚合 | 部分聚合 |

由表10.9可见，膨润土模拟含油污泥的聚合情况与使用除油污泥聚合结果相近，两种聚合产物的强度和吸水倍数基本相同。

### 10.2.5　污泥调剖剂室内放大聚合试验

通过大量的室内试验研究，制备出了符合要求的污泥调剖剂产品小样，并对合成工艺控制参数进行了优化，在此基础上进行了放大试验，放大试验结果见表10.10。

**表10.10　污泥调剖剂放大聚合试验结果**

| 含油率/% | 单体含量/% | 干污泥/单体 | 吸水倍数 | 烘干后固含量 |
|---|---|---|---|---|
| 11 | 18 | 1 | 38.0 | ≥85% |
| 11 | 18 | 1.1 | 37.5 | ≥90% |
| 11 | 18 | 1.2 | 36.2 | ≥95% |
| 11 | 20 | 1 | 41.9 | ≥88% |
| 11 | 20 | 1.1 | 40.2 | ≥90% |
| 11 | 20 | 1.2 | 40.8 | ≥93% |

由表10.10可见，放大4倍条件下，污泥调剖剂能顺利聚合，吸水倍数约为40倍，与原小样相比有所下降。

### 10.2.6　含油污泥调剖剂封堵性能

为评价含油污泥调剖剂的堵水性能，在室内进行了填砂管封堵试验，得出它在不同目数和渗透率下的堵水率。

1. 试验目的

通过填砂管试验，比较含油污泥调剖剂和膨润土调剖剂的封堵性能，包括堵水率、突破压力、耐冲刷性、封堵大孔道能力等。

由于颗粒调剖剂的注入性差，采用岩芯预充填调剖剂的试验方法，即将石英砂分成 3 等份，其中 1 份加入调剖剂作为调剖剂段，并在充填时将其置于填砂管的入口端。调剖剂用量按如下计算：

调剖剂体积＝1/3×岩心总体积×孔隙度/膨胀倍数

2. 试验材料与方法

1）试验材料

多功能岩心试验仪：烘箱温度 40℃；

填砂管：$\phi$25mm×250mm，填砂前装好金属筛网和堵头；

石英砂：40～60 目（0.246～0.371mm），60～80 目（0.175～0.246mm）；

污泥水体膨颗粒调剖剂：室内合成，9～20 目（0.833～2.0mm），30～110 目（0.130～0.495mm）；

膨润土水体膨颗粒调剖剂：工业产品，20 目，30～110 目；

驱替水：0.5%NaCl 水溶液，污泥调剖剂和膨润土调剖剂的膨胀倍数分别为 10 倍和 12 倍；

计量泵：最大排量 20mL/min；

注入速度：2mL/min；

天平：感量 0.001g。

2）填砂试验步骤

（1）填砂。在填砂管一端装好金属筛网和堵头，将石英砂或调剖剂缓慢加入管中，边填边用橡胶锤轻轻敲打并压实。

（2）抽真空，测岩心的孔隙体积。

（3）反向注水饱和调剖剂。以 1mL/min 排量从出口端反向注水（调剖剂在入口端），注水约 10h 后静置，使调剖剂充分吸水膨胀。

（4）测堵水率。以 2mL/min 排量正向注水，根据填砂管两端稳定的压差和流量计算出堵后渗透率 $K_2$。将空白岩心的渗透率作为堵前渗透率 $K_1$，根据 $K_1$、$K_2$ 计算堵水率。堵水率＝$(K_1-K_2)/K_1\times100\%$。

3. 试验结果

1）9～20 目调剖剂在高渗透率下的堵水效果

9～20 目调剖剂在高渗透率下的堵水效果的试验结果见表 10.11。

**表 10.11　9～20 目调剖剂在高渗透率下的堵水效果**

| 编　号 | 石英砂/目 | 孔隙度/% | 调剖剂 | | 渗透率/md | 堵水率/% |
|---|---|---|---|---|---|---|
| | | | 粒径/目 | 体积/mL | | |
| 1（空白） | 40～60 | 45 | — | — | 11000 | — |
| 2（污泥） | 40～60 | 45 | 9～20 | 3.7 | 7600 | 30.9 |

由表 10.11 可见，试验所选取的调剖剂颗粒粒径过大，封堵效果不理想。

2）30～110 目调剖剂的封堵效果

对污泥调剖剂和膨润土调剖剂的封堵效果进行了比较，具体数据见表 10.12。由表 10.12 可见，污泥调剖剂和膨润土调剖剂的封堵效果基本相当，说明采用污泥制备颗粒调堵剂从技术上是可行的。

**表 10.12　30～110 目调剖剂在高渗透率下的堵水效果**

| 编　号 | 石英砂/目 | 孔隙度/% | 调剖剂 | | 渗透率/md | 堵水率/% |
|---|---|---|---|---|---|---|
| | | | 粒径/目 | 体积/mL | | |
| 3（空白） | 60～80 | 40 | — | — | 8000 | — |
| 4（污泥） | 60～80 | 40 | 30～110 | 3.0 | 750 | 90.6 |
| 5（污泥） | 60～80 | 40 | 30～110 | 3.8 | 650 | 91.8 |
| 6（污泥） | 60～80 | 40 | 30～110 | 3.2 | 550 | 93.1 |
| 7（污泥） | 60～80 | 40 | 30～110 | 3.5 | 600 | 92.5 |
| 8（膨润土） | 60～80 | 40 | 30～110 | 3.5 | 600 | 92.5 |
| 9（膨润土） | 60～80 | 40 | 30～110 | 4.5 | 550 | 93.1 |
| 10（膨润土） | 60～80 | 40 | 30～110 | 4.2 | 500 | 93.8 |

### 10.2.7　含油污泥调堵剂的生产

采用大港油田某污泥干化池内污泥，委托东营市某化工公司进行颗粒调堵剂的加工，具体生产配方如下：水 250kg，泥 450kg，碱 30kg，丙烯酸 50kg，交联剂 0.25kg，丙烯酰胺 350kg，增强剂 20kg，引发剂 2kg（干剂），除氧剂 0.5～1kg。按照该配方生产了污泥体膨颗粒调堵剂 20t，含水率在 50%左右。含油污泥体膨颗粒胶块如图 10.18 所示，含油污泥体膨颗粒如图 10.19 所示。

图 10.18　含油污泥体膨颗粒胶块

图 10.19　含油污泥体膨颗粒

将该产品委托检测中心进行了产品检测，检测结果为合格。

### 10.2.8　含油污泥调堵剂与膨润土调堵剂的性能对比

根据大港油田制定的《水体膨类调堵剂通用技术要求与试验方法》（Q/SY

DG 1177—2005）标准。对含油污泥调堵剂与膨润土调堵剂的性能进行了对比试验，具体结果见表 10.13。

**表 10.13　水体膨调堵剂技术要求**

| 指　标 | Q/SY DG 1177—2005 | 污泥体膨颗粒 | 普通膨润土体膨颗粒 |
|---|---|---|---|
| 粒径/mm | ≤8 | 1～5 | ≤8 |
| 吸水倍数/倍 | 8～50 | 43 | 35 |
| 抗剪切强度/(kN/mm) | >20 | 32 | 27 |

通过以上数据对比可知，含油污泥调堵剂在粒径、抗剪切强度、吸水倍数等指标方面与膨润土调堵剂的性能基本相当。

### 10.2.9　含油污泥调堵剂现场施工方案

1. 现场情况

大港油田某井，该井于 2004 年转注，注水层位分上下两段，上段不吸水，下段吸水。该井转注后，对应的生产井含水上升不均，2005 年 1～6 月，对应的西 38-22 井含水率由 37%升至 68.85%，说明单层单方向突进严重，为减缓平面矛盾，决定对该井进行调剖处理。吸水剖面测试结果见表 10.14。

**表 10.14　吸水剖面的测试结果**

| 层　位 | 层　号 | 井段/m | 厚度/m | 注入压力/MPa | 日注水量/$m^3$ | 相对吸水 | 测试方法 | 测试日期 |
|---|---|---|---|---|---|---|---|---|
| $NmⅡ_5$ | 6 | 983～986.5 | 2.90 | 8.7 | 32 | 0 | 载体法 | 2005-05-15 |
| $NmⅡ_5$ | 7 | 995～1000.8 | 4.90 | 8.3 | 32 | 100 | 载体法 | 2005-05-15 |

2. 施工目的

对该井 $NmⅡ_5$-7[#] 层进行深部调剖，封堵注采井间大孔道，改善非均质性，提高水驱的效果。

3. 9-20 井基础数据

9-20 井基础数据见表 10.15～表 10.18。

**表 10.15　钻井完井基本数据**

| 项　目 | 数　据 | 项　目 | 数　据 |
|---|---|---|---|
| 完钻井深/m | 1070 | 油层套管下深/m | 1066.7 |
| 目前人工井深/m | 1054 | 套管内径/mm | 124.26 |
| 水泥返高/m | 649 | 套管壁厚/mm | 7.72 |
| 油补距/m | 5.57 | 套补距/m | 6.00 |
| 油层温度/℃ | 45 | 固井质量 | 合格 |

**表 10.16　调剖目的层射孔数据**

| 层　位 | 层　号 | 解释井段/m | 孔密孔/m | 空隙度/% | 渗透率/md | 含油饱和度/% | 岩　性 | 解释结果 |
|---|---|---|---|---|---|---|---|---|
| NmⅡ$_5$ | 6 | 983.6～986.7 | 13 | 31.67 | 929.3 | 25.38 | 砂岩 | 油水同层 |
| NmⅡ$_5$ | 7 | 995～1000.8 | 13 | 33.19 | 1171.5 | 41.46 | 砂岩 | 油水同层 |

**表 10.17　注水状况**

| 选值时间 | 注水层号 | 注水井段 | 注水方式 | 配注量/$m^3$ | 日注量/$m^3$ | 泵压/MPa | 油压/MPa | 套压/MPa |
|---|---|---|---|---|---|---|---|---|
| 2005-06 | 6，7 | 983.6～ | 合注 | 40 | 44 | 9.10 | 7.70 | 7.90 |
| 2005-07 | | 1000.8 | | 40 | 45 | 8.90 | 7.60 | 8.70 |
| 2005-08 | | | | 40 | 44 | 10.40 | 8.00 | 9.30 |

**表 10.18　对应油井生产状况**

| 井　号 | 生产层号 | 生产井段/m | 射开厚度/m | 日产油/t | 日产气/$m^3$ | 日产水/t | 含水率/% | 动液面/m | 静液面/m | 连通层号 | 连通井段/m |
|---|---|---|---|---|---|---|---|---|---|---|---|
| A | 5 | 1010.3～1016.1 | 5.8 | 2.86 | 00 | 18 | 86.50 | 777 | | 8 | 995.6～1000.8 |
| B | 5 | 991.02～996.02 | 5.0 | 8.81 | 00 | 20 | 69.85 | 778 | | 5 | 995.6～1000.8 |
| C | 6 | 996.4～1000.8 | 4.4 | 3.46 | 1156 | 3 | 45.09 | | 730 | 10 | 995.6～1000.8 |
| D | 10 | 981.8～989.4 | 6.7 | 19.3 | 00 | 14.6 | 75.9 | | | 10 | 995.6～1000.8 |

### 4. 施工前准备

井筒准备：利用原管柱进行施工。

施工材料准备：施工材料的准备见表10.19。

**表 10.19　施工材料的准备**

| 序　号 | 名　称 | 单　位 | 数　量 | 规　格 | 质量指标要求 |
|---|---|---|---|---|---|
| 1 | 污泥体膨颗粒 | t | 20 | 粒径 1～5mm | 膨胀倍数 8～50 倍 |
| 2 | 聚合物 | t | 0.49 | 相对分子质量 1000 万～1200 万 | 相对分子质量 1000 万～1200 万 |
| 3 | 复合离子调剖剂 | t | 1.2 | 相对分子质量≥1000 万 | 凝胶强度≥8000MPa·s |
| 4 | 交联剂等 | t | 0.65 | | |

施工设备准备：

（1）台秤一个，乳胶防护手套若干。

（2）10$m^3$ 搅拌罐两个，活动板房一个。

（3）调剖注塞泵一台。

### 5. 施工参数设计

调剖液名称：含油污泥体膨颗粒。

调剖液总用量：2290m³。

顶替液：注入水 30m³。

配置方法和注入顺序见表 10.20。

**表 10.20　配置方法和注入顺序**

| 段塞 | 调剖剂类型 | 浓度/% | 注入量/m³ | 药品规格 | 用量/t | 体系性能指标 | |
|---|---|---|---|---|---|---|---|
| | | | | | | 交联时间/h | 体系强度/(MPa·s) |
| 1 | 含油污泥体膨颗粒 | 1.0 | 1000 | Φ=1～5mm | 10 | | |
| 2 | 聚合物溶液 | 0.2 | 70 | 1000 万～1200 万 | 0.14 | | |
| 3 | 含油污泥体膨颗粒 | 1.0 | 1000 | Φ=1～5mm | 10 | | |
| 4 | 聚合物溶液 | 0.5 | 70 | 1000 万～1200 万 | 0.35 | | |
| 5 | 复合离子调剖剂 | 0.8 | 150 | 1000 万 | 1.2 | ≤48 | ≥60000 |
| 6 | 交联剂等 | 0.43 | | | 0.65 | | |

挤注方式：正注。

施工排量：5～8m³/h。

最高挤注压力：11MPa 以下。

候凝时间：6d。

6. 施工工序及要求

(1) 利用原管柱施工。

(2) 按配注注水观察 1d 以上，录取注水压力、指示曲线和压降曲线等资料数据。

(3) 接好地面施工管线，试压 20MPa，不渗不漏为合格，井口装油压表、套压表 (25MPa，分度值 0.5MPa)。

(4) 按设计的施工顺序配制调剖液。

(5) 按设计要求以 5～8m³/h 排量注入调剖液，现场施工中根据压力变化等情况及时调整调剖剂浓度和用量。

(6) 按设计要求控制最高挤注压力 11MPa。

(7) 关井候凝 6d，留样观察。

(8) 录取注水压力、指示曲线和压降曲线等资料数据。

(9) 按地质要求进行下一步措施。

### 10.2.10　现场施工

施工日期：2005 年 11 月 29 日～12 月 9 日。

施工井段：NmⅡ$_5$-7#层　995.6～1000.8m。

总厚度5.2m（射开厚度）。

施工管柱：光管柱，喇叭口深1000.6m。

调驱液配方及用量：调驱液配置方法见表10.21。

**表10.21　调驱液配置方法**

| 段塞 | 调剖剂类型 | 注入量/m³ | 配方 |
|---|---|---|---|
| 1 | 含油污泥体膨颗粒施工液 | 1000 | 污泥体膨颗粒10t（含水率50%），$\Phi=1\sim5$mm，浓度1.0%，加水1000m³ |
| 2 | 聚合物溶液 | 70 | 聚合物相对分子质量1000万～1200万，浓度0.2% |
| 3 | 含油污泥体膨颗粒施工液 | 1000 | 污泥体膨颗粒10t（含水率50%），$\Phi=1\sim5$mm，浓度1.0%，加水1000m³ |
| 4 | 聚合物溶液 | 70 | 聚合物相对分子质量1000万～1200万，浓度0.5% |
| 5 | 复合离子调剖剂 | 150 | 复合离子调剖剂浓度1.2%，加水150m³ |

调驱剂颗粒用量：污泥体膨颗粒20t（含水50%），粒径1～5mm，膨胀倍数8～50倍。

注入方式：正注。

施工设备：液压调剖泵。

施工过程如下。

第一段塞注入时间：2005-11-28～2005-12-03。

启动压力8.2MPa，注入含油污泥体膨颗粒调剖剂10t，浓度1.0%，调剖液1000m³，油压上升到9.8MPa，瞬时流量为8m³/h。

第二段塞注入时间：2005-12-03～2005-12-04。

注入聚合物溶液70m³，浓度0.3%，油压由9.8MPa下降到9.4MPa，瞬时流量为8m³/h。

第三段塞注入时间：2005-12-04～2005-12-08。

注入含油污泥体膨颗粒10t，浓度1.0%，施工液1000m³，井口压力由9.4MPa上升到10MPa，瞬时流量为8m³/h。

第四段塞注入时间：2005-12-08～2005-12-09。

注入聚合物溶液70m³，浓度0.5%，井口压力由10.0MPa下降到9.5MPa，瞬时流量为8m³/h。

第五段塞注入时间：2005-12-09～2005-12-09。

注入复合离子调剖剂150m³，浓度1.2%，瞬时流量为8m³/h，井口压力保持在9.5MPa。施工液注完后，注顶替液30m³，关井测施工结束压降曲线。

本井调剖施工全部结束。关井6d，恢复注水。

本次施工共用12d，注入调剖施工液2290m³，其中含油污泥体膨颗粒调剖剂10t（含水率50%），聚丙烯酰胺（1800万）0.65t，复合离子调剖剂1.74t。井口压力达到9.5MPa。2005年12月27日测调剖后压降曲线和吸水指示曲线。

### 10.2.11 实施效果

1. 注水井效果分析

E井调剖前后吸水指示曲线和压降曲线对比测试结果如图10.20和图10.21所示。

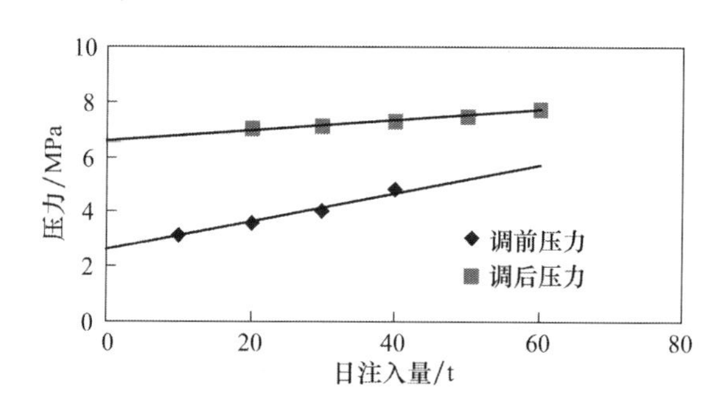


图10.20 E井施工前后指示曲线测试对比图

如图10.20所示，从施工前后压降对比曲线可以看出，压降速率下降率达到了54%，施工后的压降速率比施工前明显变慢，说明这次调驱在工艺上是成功的。E井注水动态如图10.21所示，图中调前压降曲线测试时间为2005年11月28日；施工完毕压降曲线测试时间为2005年12月9日；调后压降曲线测试时间为2005年12月27日。

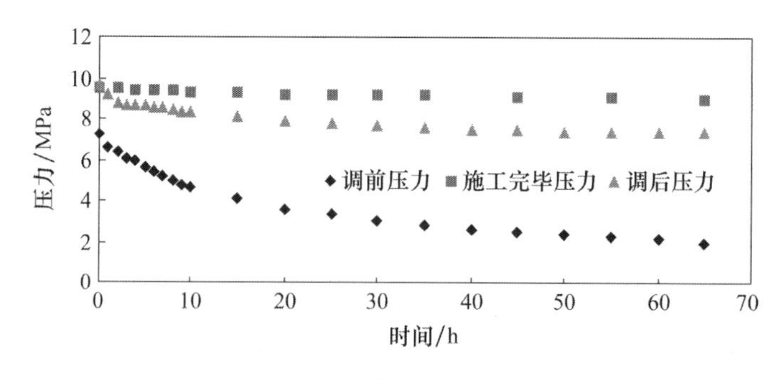


图10.21 E井压降指示曲线图

如图10.22所示曲线变化可知，调剖后注水压力上升，以后在配注水量条件下保持较高的注水压力。

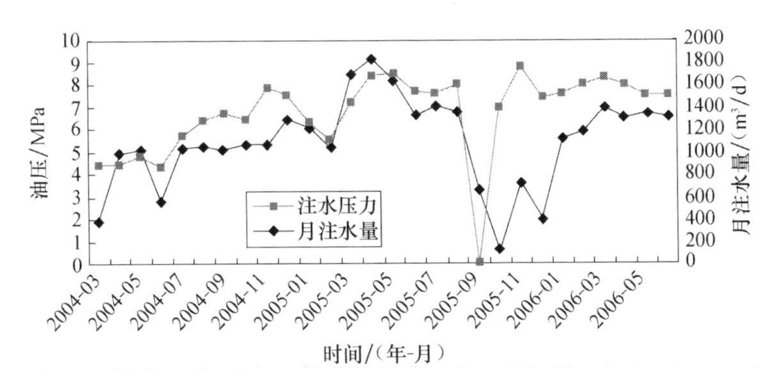


图 10.22　E井注水动态变化图

2. 受益采油井效果分析

E井有四口对应油井，分别是C井、B井、D井和A井，四口井调剖后液量变化情况分别如图10.23～图10.26所示，图中竖线标出的是调剖作业时间。从C井动态数据可见，调剖半个月后开始增油，产量由2006年12月的85t增至2006年3月的120t，调剖后含水率下降，有效期为3个月。

1）C井动态数据

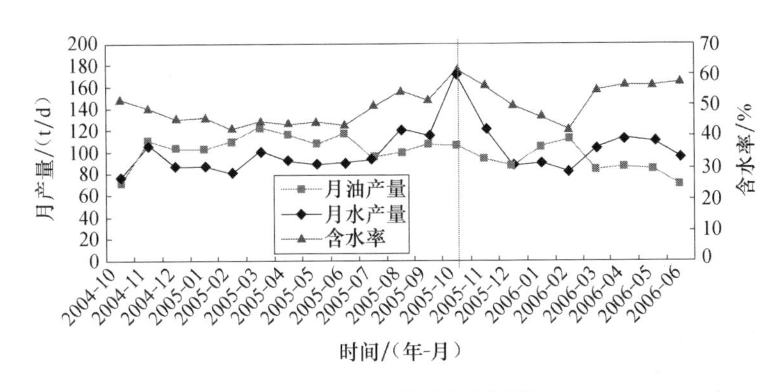


图 10.23　C井动态数据图

2）B井动态数据

从B井动态数据可见，调剖后油产量几乎无变化，甚至有下降趋势。而产水量由每月900m³下降到780m³左右，四个月后失效产水量上升，该井从整体上看受益效果不明显。

3）D井动态数据

从D井动态曲线可见，调剖四个月后开始见效，由2006年2月的120t最大增加到2006年的3月15号的180t，见效四个月后失去作用。

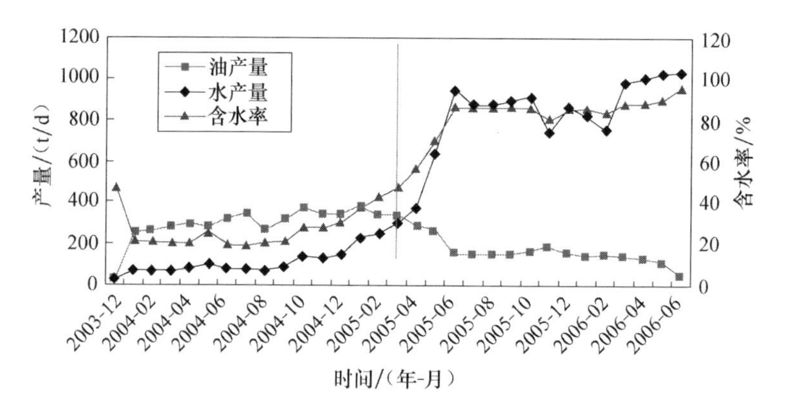


图 10.24　B井动态数据图

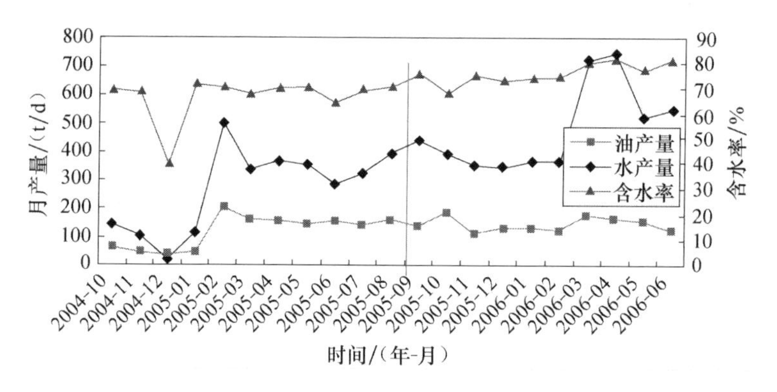


图 10.25　D井动态数据图

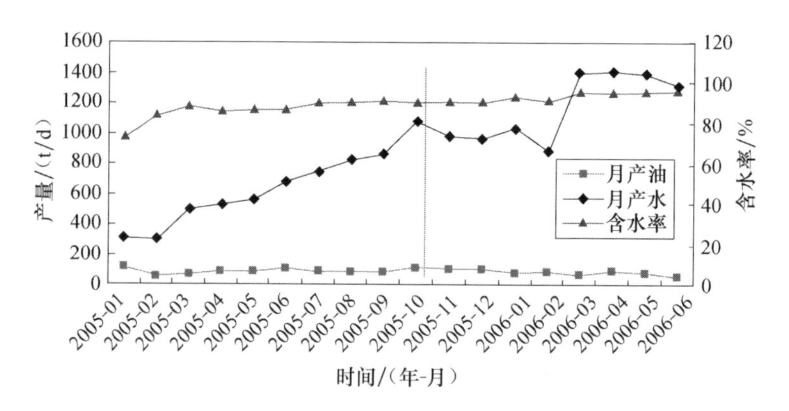


图 10.26　A井动态数据图

4）A 井动态数据

从 A 井动态数据可见，调剖后产油量未增，产水继续上升，含水率不变。分析认为这主要是由于该井与注水井连通性较差，使得受益效果不明显而造成的。

3. 井组调剖效果分析

对高含水期调剖的井组，井组产油量存在一定的递减，因此在评价调剖增产效果时要考虑产油量递减的影响。

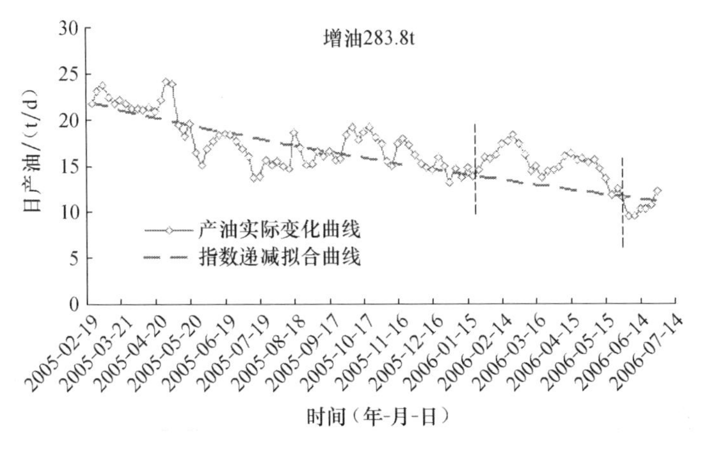


图 10.27　B 井组调剖增油量分析

由图 10.27 可以看出，从 2006 年 1 月 18 日～5 月 29 日，井组的实际日产油高于递减预测结果，增油有效期为 121d。井组的日增油量为各个采油井日产油量的总和减去井组递减量，调剖总增油量为 121d 内井组日增油量之和。

在 121d 的调剖有效期内，B 井组共增油 283.8t。从 2004 年 1 月 1 日起，将 B 注水井对应的四口油井的日产油、日产水进行统计，得到井组日产油、日产水和含水率数据，分别对时间作图，得到 B 井组生产动态曲线，如图 10.28 所示。从图 10.28 可以看出，从 2005 年 2 月 19 日开始，井组的开发效果开始变差，表现为日产油下降，日产水升高，综合含水率升高。2005 年 11 月 29 日～12 月 9 日进行了井组调剖（虚线所示），调剖后一段时间内井组的产油量增加，日产水和含水率保持稳定，没有继续上升。因此，从整个井组看，调剖起到了一定的增油控水效果。

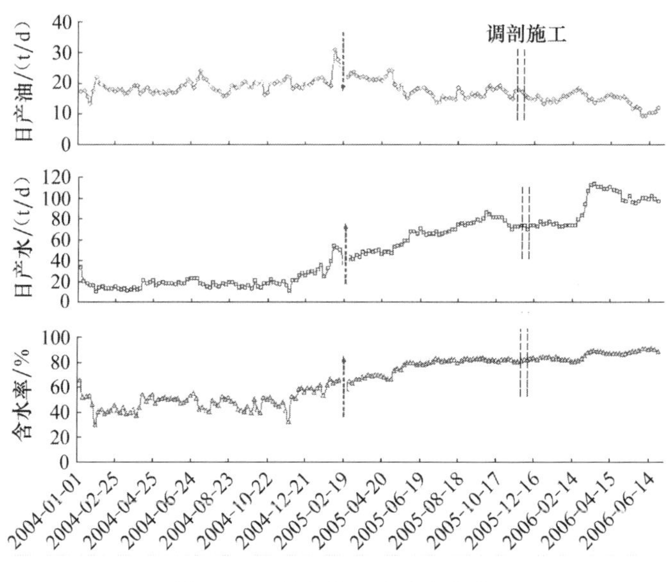


图 10.28 B井组生产动态曲线

4. 现场试验效果的综合评价

通过在港西油田的B井的现场实施可以看出：①采用含油污泥制备的体膨颗粒可以满足产品技术指标的要求；②从B井施工前后压降对比曲线可以看出，压降速率下降率达到了54%，施工后的压降速率比施工前明显变慢，说明这次调剖在工艺上是成功的；③可以看出调剖作业产生了较好的增油效果，总有效期为4个月，增油283.8t，表明将污泥制作成颗粒调剖剂用于油田大孔道的深部调剖是成功的。

## 10.3 含油污泥制备橡胶填料剂研究

### 10.3.1 研究背景

中原油田为了解决污水处理和回注过程中的腐蚀问题，采油过程中加入石灰水，使石灰与二氧化碳发生反应生成碳酸钙，但不可避免产生大量的含油碳酸钙污泥。该含油碳酸钙污泥颗粒细小，矿物组成基本以 $CaCO_3$ 为主，同时含有一定的盐（NaCl）、石膏（$CaSO_4$）、石油及其他硅铝质杂质。各采油厂每年产生含油污泥约1万t，污染严重，亟待治理。对含油污泥治理，从1996年以来中原油田先后采用了许多方法尝试解决，并取得了一定进展。

含油碳酸钙污泥的处理，已经试验的方案及效果如下：①因污泥中碳酸钙含量高，直接用于烧石灰，但没有成功，主要是在高温下 CaO 与硅、镁、铁等氧化物生成了其他矿物相，石灰产量较低；②铺路，取得了一定进展，但现在已停止使用，主要原因是污泥颗粒极细，容易造成扬尘，污染空气，且路面强度低；③填埋、固化、堆存，没有成功，主要原因是污泥中的盐在雨水和地下水作用下向四周扩散渗透，导致周边植物死亡，破坏生态；④焙烧建筑砖，没有成功，主要原因是污泥中的盐导致砖产生严重泛霜，且碳酸钙含量太高，产生严重的石灰爆裂，砖不成型，硬度低，随着对黏土资源的保护，将污泥掺入黏土中焙烧建筑材料的可行性也受到限制；⑤制取水泥，油田很难采取该技术方案来处理污泥，主要原因是投资大，且由于盐和油的影响（必须先洗盐、洗油），使成本大幅度提高；⑥用于污泥调剖，已经成功应用，但污泥的消耗量少（一个采油厂一年只能消耗 2000t 左右），不足以解决含油污泥对环境的污染和破坏。综上所述，尽管油田开展了广泛的油田含油污泥治理技术研究与应用，取得了一定成效，但受污泥含盐、含油的影响，上述技术都存在实施难度大、二次污染等问题，无法切实连续应用于污泥治理中。究其原因有二，一是技术方法不完全成熟，二是治理成本过高，或开发的仍然是较低附加值产品，因此迫切需要开发新技术。

碳酸钙在国民经济中有着广泛的用途，是一种重要的、用途广泛的无机化工产品，是国内外产量及用量最大的填料剂之一。目前，碳酸钙已广泛应用于橡胶、造纸、塑料、化纤、涂料、胶黏剂、日用化工、化妆品、建材、油漆、油墨、油灰、封蜡、腻子、毡层包装、医药、食品、饲料中，其作用主要是：增加产品体积、降低成本，改善加工性能（如调节黏度、流变性能、流化性能），提高尺寸稳定性，补强或半补强，提高印刷性能，提高物理性能（如耐热性、消光性、耐磨性、阻燃性）等。碳酸钙除起填料的作用外，同时也对材料起改性作用。鉴于中原油田含油污泥成分特征，结合碳酸钙的广泛应用，提出一种新的含油污泥治理技术，通过深加工，将含油污泥转变为具有高附加值的新型含油橡胶填料剂，以此达到对含油污泥无害化和资源化治理的目的。

### 10.3.2　含油污泥加工成橡胶填料剂的理论依据

碳酸钙填料剂已经成为橡胶填料剂的重要来源之一，那么，如果将含油污泥加工成橡胶填料剂，污泥中化学成分是否对橡胶品质产生影响，先根据高分子理论化学和橡胶工程理论论述如下：

（1）污泥中的镁、钡、钙、锌，不论其存在形式是碳酸盐、硫酸盐还是氧化物，都属于橡胶配合剂（特别是填料剂）的主要来源，不会对橡胶品质产生特殊的不良影响。有些物质需在橡胶生产时加入，如 ZnO、MgO 具有硫化活性作用。污泥中的硫酸盐（主要是硫酸钙）可当硫化剂使用。虽然目前没有相关文献来揭示锶对橡胶产品质量的影响，但由于它的化学性质与钡、钙相似，而且量很少，即便有影响也是微不足道的。

（2）污泥中含有一定量的硅。由于 $SiO_2$ 本身就是一种良好的填料剂，俗称白炭黑，其亲油性比碳酸钙更好，在橡胶的生产中更有利于混炼。所以，$SiO_2$ 的存在可以部分提高橡胶产品质量，属有利因素。

（3）污泥中含有少量的铝。$Al_2O_3$ 本身是一种良好的填料剂，若与 $SiO_2$ 结合可形成铝硅酸盐，则属于陶土的主要组成成分，而陶土本身也是橡胶的一种填料剂。因此，$Al_2O_3$ 同样不会对橡胶品质产生特殊的不良影响。

（4）污泥中含有一定量的铁。由于在橡胶的混炼中，需要加入氧化铁红（pH 5～7），既可作为着色剂，又可部分提高橡胶强度；氧化铁还能使硬脂橡胶与金属很好地黏合，提高橡胶品质，但过多的氧化铁黄（pH 4～6）可降低橡胶制品的耐老化性能。由于油田含油碳酸钙污泥主要在石灰水碱性环境中产生，在废水处理过程中，其 pH 一般控制在 7～8，很难形成氧化铁黄。总体来说，污泥中的铁不会影响到橡胶品质。

（5）污泥中含有一定量的石油类物质。由于橡胶除填料剂外的主要成分大多是有机高分子聚合物，这些物质均属石油组成的一部分，而且在生产橡胶时，本身需要加入一定的树脂酸、脂肪酸、硬脂酸等油性物质。另外，石油在橡胶加工过程中，还起到软化剂和增塑剂的作用，可提高对填料剂的湿润能力，从而使填料剂分散均匀。因此，污泥中残留的石油不但不会对橡胶产品有影响，而且还可以降低生产成本，提高橡胶品质。

（6）污泥普遍含有一定的 Cl，代表污泥中含有一定的氯化钠等成分。张安强等曾通过试验研究指出，当氯化钠的配方量为 2～9 份时，对橡胶拉伸强度和扯断伸长率的影响不显著，且能明显提高橡胶的 500%定伸应力和邵尔 A 型硬度；永久变形则随 NaCl 的增加而上升，但在 2%～3%范围内影响相对很小。该影响效应与包覆剂 M81、包覆剂 M82 和脂肪酸盐的影响效应类似。实际上，Cl 等卤族元素很容易与橡胶分子中的活性基结合，形成交联，所以在橡胶合成过程中，卤化作用是其重要机制之一。因此，只要采取措施（如洗盐等），保证污泥中 Cl 的含量在一个非常低的水平，那么，污泥中 Cl 等卤素族元素，不会对橡胶品质造成明显的不良影响，而且少量的卤素族元素的存在有利于含卤基橡胶（如氯丁橡胶）的合成与加工。

中原油田含油污泥中 Si、Ca、Al、Sr、Ba、Mg、Zn 等元素化合物可作为橡胶填料剂，MgO、ZnO 为硫化活性剂，$Fe_2O_3$ 为着色剂，污泥中的油可作为软化剂和增塑剂，这些物质的存在均可部分降低橡胶生产成本，或提高橡胶产品的质量。因此，完全可将低附加值的含油碳酸钙污泥转变为具有高附加值的橡胶填料剂。

### 10.3.3　油田含碳酸钙污泥成分特征

对中原油田6个采油厂水处理工艺中含碳酸钙污泥取样分析（每个采油厂分析6个样品），其中，化学成分采用X荧光分析，矿物成分分析由X粉晶衍射确定。化学成分和矿物成分特征将为制备橡胶填料提供重要的基础数据（表10.22）。

**表10.22　中原油田含碳酸钙污泥X荧光氧化物平均含量特征**

| 采油厂 | 一　厂 | 二　厂 | 三　厂 | 四　厂 | 五　厂 | 六　厂 |
|---|---|---|---|---|---|---|
| C | 21.902 | 19.808 | 22.715 | 19.317 | 18.823 | 21.497 |
| $Na_2O$ | 2.677 | 4.445 | 3.133 | 4.962 | 3.372 | 4.542 |
| MgO | 7.312 | 1.295 | 0.970 | 0.573 | 5.898 | 1.429 |
| $Al_2O_3$ | 1.287 | 1.980 | 1.038 | 2.707 | 1.178 | 1.173 |
| $SiO_2$ | 8.493 | 6.768 | 2.757 | 6.605 | 5.738 | 5.400 |
| $P_2O_5$ | 0.109 | 0.071 | 0.049 | 0.124 | 0.036 | 0.088 |
| $SO_3$ | 3.182 | 4.115 | 4.065 | 3.553 | 2.867 | 1.617 |
| Cl | 6.585 | 5.827 | 2.567 | 4.017 | 10.055 | 2.962 |
| $K_2O$ | 0.248 | 0.180 | 0.078 | 0.202 | 0.152 | 0.120 |
| CaO | 36.442 | 44.268 | 57.132 | 39.115 | 41.530 | 48.707 |
| MnO | 0.663 | 0.393 | 0.143 | 0.328 | 0.418 | 0.227 |
| $Fe_2O_3$ | 9.315 | 9.712 | 4.137 | 16.373 | 8.840 | 9.322 |
| $TiO_2$ | 0.072 | 0.073 | 0.068 | 0.085 | — | 0.060 |
| CuO | 0.010 | — | 0.018 | 0.011 | 0.011 | — |
| ZnO | 0.487 | 0.390 | 0.029 | 0.388 | 0.195 | 0.017 |
| SrO | 0.640 | 0.693 | 1.257 | 0.772 | 0.858 | 2.270 |
| BaO | 0.698 | — | 0.274 | 1.152 | — | 0.602 |
| PbO | 0.016 | — | — | 0.030 | — | — |
| $Cr_2O_3$ | — | — | 0.037 | 0.020 | — | 0.030 |
| $As_2O_3$ | — | 0.011 | — | — | — | 0.009 |
| Br | 0.023 | 0.015 | 0.009 | 0.010 | 0.022 | 0.012 |
| I | — | — | — | 0.043 | 0.035 | 0.042 |

由表10.23可见，含碳酸钙污泥成分中主量成分为（>1%）：CaO、C（$CO_2$）、$SiO_2$、MgO、$Fe_2O_3$、Cl、$Na_2O$、$Al_2O_3$、$SO_3$；微量成分为（0.1%～1%）：MnO、$K_2O$、SrO、BaO、ZnO、$P_2O_5$；痕量成分为（<0.1%）：PbO、CuO、$TiO_2$、$Cr_2O_3$、$As_2O_3$、Br、I等。其中，三厂注水残渣钙质含量最高，$Fe_2O_3$、MnO含量相对较低，且三厂含碳酸钙污泥化学成分变化范围最小，含碳酸钙污泥成分相对较稳定。

**表 10.23　中原油田含碳酸钙污泥含量变差分析特征**（标准方差）

| 采油厂 | 一　厂 | 二　厂 | 三　厂 | 四　厂 | 五　厂 | 六　厂 |
|---|---|---|---|---|---|---|
| C | 2.743 | 3.876 | 1.935 | 2.239 | 1.299 | 2.379 |
| $Na_2O$ | 2.080 | 2.590 | 2.033 | 3.020 | 2.405 | 1.990 |
| MgO | 1.896 | 0.816 | 0.603 | 0.360 | 1.318 | 1.390 |
| $Al_2O_3$ | 0.292 | 0.392 | 0.041 | 0.269 | 0.116 | 0.101 |
| $SiO_2$ | 0.717 | 0.584 | 0.122 | 0.464 | 0.468 | 0.386 |
| $P_2O_5$ | 0.041 | 0.017 | 0.005 | 0.019 | 0.006 | 0.027 |
| $SO_3$ | 0.165 | 0.194 | 0.199 | 0.510 | 0.449 | 0.534 |
| Cl | 0.578 | 1.576 | 0.711 | 1.226 | 2.460 | 0.502 |
| $K_2O$ | 0.061 | 0.038 | 0.009 | 0.018 | 0.020 | 0.020 |
| CaO | 1.865 | 3.036 | 2.370 | 1.775 | 2.709 | 4.372 |
| MnO | 0.027 | 0.052 | 0.010 | 0.022 | 0.058 | 0.024 |
| $Fe_2O_3$ | 0.386 | 1.942 | 0.315 | 1.425 | 1.345 | 1.860 |
| $TiO_2$ | 0.007 | 0.017 | — | 0.006 | — | — |
| CuO | — | — | — | 0.002 | 0.001 | — |
| ZnO | 0.157 | 0.120 | 0.005 | 0.046 | 0.025 | 0.005 |
| SrO | 0.021 | 0.077 | 0.072 | 0.039 | 0.090 | 0.220 |
| BaO | 0.480 | — | 0.033 | 0.407 | — | 0.078 |
| PbO | 0.003 | — | — | 0.004 | — | — |
| $Cr_2O_3$ | — | — | — | 0.001 | — | — |
| $As_2O_3$ | — | 0.001 | — | — | — | 0.003 |
| Br | 0.008 | 0.004 | 0.003 | — | 0.004 | 0.002 |
| I | — | — | — | 0.018 | 0.005 | 0.005 |

由 X 粉晶衍射物相分析得知，含碳酸钙污泥矿物成分特征如下：主体组成有碳酸钙（$CaCO_3$）、石盐（NaCl）、石膏（$CaSO_4$）、石英（$SiO_2$）、钠长石（$Na_2Al_2Si_2O_9$）、氯化钙（$CaCl_2$）、氧化铁（$Fe_2O_3$）、碳酸铁［$Fe_2(CO_3)_3$］、黏土矿物等。

### 10.3.4　含碳酸钙污泥制备橡胶填料剂的生产工艺

1. 连续研磨型粉体生产工艺

该生产工艺中研磨设备以 HY-超细研磨系统及 GZM200 高频共振研磨系统为设计基础，脱水设备采用 XM20/Φ800-30U 板框压滤机，干燥技术采用桨叶干燥和盘式连续干燥联合工艺，筛分采用气流筛分机。整个工艺包括：浆料调和与预粉碎→悬液分离→250～300 目过筛→一级研磨→二级研磨→分离脱水→泥饼打散干燥→气流筛分、打粉灌包。设计特点及主要功能简述如下：

（1）该工艺有利于粉体均化、超细研磨、洗盐和部分洗油。首先，本工艺增设浆料调和与预粉碎，可以使含碳酸钙污泥成分充分混合，减轻含碳酸钙污泥成分的不均一性带来的粉体成分差异。其次，由于在一级研磨和二级研磨之前增加了预粉碎工艺环节，因此有利于在后续的细磨工艺中将粉体磨得更细，从而提高产品的补强性；同时悬液分离和过筛可以将含碳酸钙污泥中较粗的颗粒粉体剔出，对一级研磨和二级研磨机具有较好的机械保护作用。再者，在整个研磨过程中，均需将含碳酸钙污泥调节成具有流动性能的浆体，以便后续研磨自动进料，此时，需要加入大量的水质溶剂，其水含率可达 90%。由于含碳酸钙污泥中含有 9%～13%左右的盐，在浆液调和过程中，即使在常温下，含碳酸钙污泥中的盐也可很大程度地溶解在水中，并在后续的分离脱水过程中得到去除，从而达到有效洗盐（除盐）的目的。

（2）该工艺有利于粉体研磨的连续操作。HY-超细研磨系统及 GZM200 高频共振研磨系统均采用两级连续研磨工艺，机器自动化程度较高，便于操作管理。

（3）该工艺有利于粉体加工和产品附加值的提高。在一级、二级研磨过程中加入表面活性剂，在干燥前进行活化处理，这样既有利于粉体加工过程中产品的打散和筛分，增加产量，降低工作成本，又可改善橡胶加工性能，从而进一步提高产品附加值。

#### 2. 间歇研磨型粉体生产工艺

该生产工艺中研磨设备以 ZJM-120 搅拌介质研磨系统为基础，脱水设备仍然采用 XM20/Φ800-30U 板框压滤机，干燥技术采用桨叶干燥和盘式连续干燥联合工艺，筛分采用气流筛分机。整个工艺包括：搅拌介质研磨→分离脱水→泥饼打散干燥→筛分、打粉灌包。设计特点及主要功能简述如下：

（1）工艺简单，是连续研磨型工艺的优化与完善。由于研磨设备不受较大颗粒原料的影响，也不受加工过程中石油介质的影响，因此无需添加浆料调节与预粉碎环节；强大的介质搅拌动力使含碳酸钙污泥成分很容易均匀化，在生产过程中，可直接进料，其浆料浓度可达 30%～35%，无需调节成流动状态，因此节约水资源。

（2）可部分洗盐。在研磨时，需加入一定的水，使浆体含固率约为 30%～35%，含水率 65%～70%，在板框压滤脱水时，含碳酸钙污泥中 50%以上的盐将随清液流出。

（3）在研磨阶段也可加入表面活性剂，对粉体进行活化处理，以提高筛分效率，增加产量，降低生产成本，同时改善橡胶加工性能，进一步提高产品附加值。

3. 含碳酸钙污泥粉体加工试验

确定了生产工艺以后，其中对间歇研磨型生产工艺过程进行了全过程中试实验。对粉体产品随机抽样分析显示，其 $D_{50}=3.98\mu m$，$D_{75}=5.49\mu m$，$D_{90}=6.94\mu m$，$D_{99.99}=13.50\mu m$；即用 200 目的筛网可以获得所有粒径均＜800 目粉体产品（表 10.24）。

**表 10.24　含油碳酸钙粉体粒径检测结果**

| 项　目 | $D_{10}$ | $D_{25}$ | $D_{50}$ | $D_{75}$ | $D_{90}$ | $D_{99.99}$ |
|---|---|---|---|---|---|---|
| 粒径/μm | 1.67 | 2.65 | 3.98 | 5.49 | 6.94 | 13.50 |
| 筛网/目 | 7485 | 4717 | 3141 | 2277 | 1801 | 926 |

考察含碳酸钙污泥加工前后化学成分的变化，对粉体进行了 X 荧光分析。分析表明：①粉体样品中，Cl 平均含量为 1.374%，$Na_2O$ 平均含量为 1.372%，换算成氯化钠含量为 2.26%。由于原始碳酸钙污泥中氯化钠含量为 3.66%，因此，该工艺过程对氯化钠的去除效率为 38%。这主要与在中试粉体加工过程中采用湿式研磨，注水残渣中部分盐在压滤过程中随清水流出有关。②前已论述 Cu、Cr、As 等成分对橡胶品质有一定影响，且在原始碳酸钙污泥中含量不均匀，但在粉体中的含量均低于检出限，对橡胶产品性能的影响可以忽略，同时粉体加工工艺有利于 Cu、Cr、As 等不均匀成分的均一化。③粉体样品中各化学成分含量非常均一稳定，再次证明中试粉体加工工艺满足均质化加工要求。④粉体中含有一定量石油类物质，为 0.74%～0.97%，平均含油率为 0.86%，含量相对较低，且相对均匀。⑤含碳酸钙污泥粉体的 pH 为 7.5，接近中性，明显低于轻质碳酸钙的碱性（pH 9～11），更有利于在橡胶制品中的稳定。

4. 含油粉体橡胶技术试验

选择了几家橡胶企业作为含油粉体实验试用基地，以检验新开发的含油粉体在橡胶产品中的应用实效，为产品的推广应用奠定基础。应用含油碳酸钙填料进行针对性的橡胶配方设计，以确定开发的含油填料剂在橡胶工程中的适应性。进行了天然橡胶输送带覆盖胶配方试验。

由表 10.25 可见，试验过程中硫化温度 145℃，反应时间 8min；热空气老化条件为 70℃，96h。结果显示，配方中填料剂为 70 份时，满足天然橡胶输送带覆盖胶产品标准力学性能的要求。

**表 10.25　天然橡胶输送带覆盖胶配方实验**

| 填料剂 | 拉伸强度 | | | 拉断伸长率/% | | |
|---|---|---|---|---|---|---|
| | 老化前/MPa | 老化后/MPa | 变化率/% | 老化前 | 老化后 | 变化率 |
| 含油填料剂 | 19.03 | 18.75 | −1.47 | 633.40 | 579.10 | −8.57 |
| 超细轻钙 | 18.90 | 17.16 | −9.21 | 610.20 | 571.80 | −6.29 |
| HG/T 2818—1996 | ≥10 | ≥7 | | ≥300 | ≥250 | |

初步的研究表明，完全可将油田含油碳酸钙污泥开发为橡胶填料剂，其填充效果与正在使用的普通碳酸钙和纳米碳酸钙填料剂相比没有明显的差别，而且在分散性、橡胶网状分子的交联性、磨耗、回弹性等方面，略优于普通碳酸钙和纳米碳酸钙填料剂的产品。因此，长期难以处理的油田含油碳酸钙污泥，可以通过资源化技术将之深度加工为具有高附加值的产品，变废为宝。目前，我国含油碳酸钙污泥累计达几十万吨，数量巨大，污染严重，亟待解决。提出的将之开发为橡胶填料剂技术的研发，不但可以促进油田清洁生产，减少固废排放（减量化），实现油田含油碳酸钙污泥的无害化和资源化；而且可以实现能源和资源可持续利用，维护环境生态和谐与平衡。因此具有较大的经济效益和社会、环境效益。

## 10.4　含油污泥制备辅助新型燃料技术

### 10.4.1　研究背景

油田油泥砂是指在油田生产活动中产生的，主要来源于原油集输及处理过程的各个环节，被原油及其他有机物污染了的泥、砂、水的混合物。其中颗粒粒径≥74μm 的为油砂，<74μm 的为含油污泥。油泥砂属《国家危险废物名录》中列出的危险废物（HW08 项）。油田采油和储运过程中产生的油泥砂所含的烃类物质对环境危害较大，需要进行无害化处理，它既是废物又是宝贵的二次资源，处理时需考虑综合利用。目前我国的能源生产结构依然是以煤为主，因此，试验以原煤为基础，加入含油污泥制备混合燃料的可行性。

油泥砂的排放已成为危害油田环境及制约油田开发的重要环境因素。

一是油泥砂的大量排放污染环境。对周围土壤、水体、空气都将造成污染，有毒物质进入土壤会使土地毒化、酸化或碱化，导致土壤及土质结构改变，妨碍植物生长，影响人类自身生产和生活。

二是国家环保部门开始对油泥砂的排放征收高额的排污费，约 1000 元/t。所以，无论从环境保护考虑，还是从企业的经济利益考虑，油泥砂的治理已成为当务之急，解决问题的关键是能找到一种环境友好和经济有效的处置方法。

### 10.4.2　含油污泥作为辅助燃料技术试验

1. 基本性能试验

将原始含油污泥以不同比例掺入工业用原煤中，分别测定热值、灰分、热稳定性、黏结指数指标。由表 10.26 可见，试验测试的污泥与煤参混的比例自 1∶1～5∶1的所有混煤，参混后测试都可点火，参混后的燃烧值与标准煤相比，燃烧值下降。但较理论计算值有所提高，说明含油污泥与煤参混作辅助燃料是可行的。针对试验的污泥，污泥与煤的参混比例确定在 1∶3 以上较适宜。混煤的热值等指标主要取决于原煤的质量及混入油泥的比例。由于油泥的热值较低，在混煤的配比中，应尽可能保持较低的掺入量。油泥的掺混增加了燃烧后的灰分。由表 10.27 可见，加入油泥后混煤的黏结指数有一定程度的降低，混合油泥后燃煤的热稳定性有所降低。本试验混煤的热稳定性 KP6 值在 5%～36%范围内，热稳定性分级均属于中下等水平。

表 10.26　油泥、原煤与混煤的热值与灰分测定结果

| 样品 | | 热值/(kJ/g) | | 灰分/% | |
|---|---|---|---|---|---|
| | | 测量值 | 计算值 | 测量值 | 计算值 |
| 油泥 A | | 14.04 | — | 68.4 | — |
| 油泥 B | | 15.99 | — | 58.7 | — |
| 原煤 C | | 20.80 | — | 33.5 | — |
| A∶C | 1∶1 | 17.88 | 17.42 | 49.6 | 50.9 |
| | 1∶2 | 18.75 | 18.55 | 40.3 | 45.1 |
| | 2∶1 | 16.12 | 16.29 | 43.9 | 56.7 |
| | 3∶1 | 13.65 | 15.73 | 55.6 | 59.7 |
| B∶C | 1∶1 | 18.25 | 18.39 | 42.7 | 46.1 |
| | 1∶2 | 18.66 | 18.55 | 42.8 | 41.9 |
| | 1∶3 | 19.55 | 19.11 | 52.8 | 39.8 |
| | 2∶1 | 18.58 | 17.59 | 44.2 | 40.6 |
| | 3∶1 | 17.12 | 17.19 | 41.1 | 52.4 |
| | 5∶1 | 16.23 | 16.79 | 46.6 | 54.5 |

我国商品煤的平均热值不大于 21000kJ/kg，且造成一定的大气环境污染，同时，油泥中的矿物油不易完全燃烧，因此在油泥热值较低的情况下，制作混煤时，应注意选择热值较高的优质原煤。混煤由于加入了含矿物油的含油污泥，在一定程度上利用了油泥的热值，降低了混煤的经济成本。

表 10.27　原煤与混煤的热稳定性与黏结指数测定结果

| 样　品 | | 热稳定性 | 黏结指数 |
|---|---|---|---|
| 原煤 C | | 32.1 | 47 |
| A∶C | 1∶1 | 33.5 | 32 |
| | 1∶2 | 34.8 | 36 |
| | 2∶1 | 35.2 | 14 |
| | 3∶1 | 39.8 | 9 |
| B∶C | 1∶1 | 34.7 | 30 |
| | 1∶2 | 30.2 | 33 |
| | 1∶3 | 29.7 | 38 |
| | 2∶1 | 36.9 | 13 |
| | 3∶1 | 39.1 | 7 |
| | 5∶1 | 44.2 | 5 |

2. 辅助燃料制作工艺试验

1）渗滤分离

滤液分离现场如图 10.29 所示，从联合站等油罐清理的油泥砂，存放在 $1000m^3$ 的存储池内，依靠重力作用，部分油水通过渗滤槽汇流到收集池内，用于回用水系统处理。

图 10.29　滤液分离场

2）煤的掺杂及固化

油泥砂原样性质见表 10.28，在油泥砂中加入 20%～25%的固化剂，进行固化处理，固化后含油污泥性质见表 10.29。工艺分为脱水、降黏及固化物脱水。

**表 10.28　油泥砂原样性质分析表**

| 编　号 | 样品名 | 原　样 | | 固化后 | |
|---|---|---|---|---|---|
| | | 含油率/% | 含水率/% | 含油率/% | 含水率/% |
| 1 | 稠油泥砂 | 10.2 | 63.3 | 9.7 | 11.2 |
| 2 | 稠油泥砂 | 9.2 | 69.2 | 8.8 | 8.9 |
| 3 | 稠油泥砂 | 9.3 | 68.7 | 9.6 | 10.3 |
| 平均值 | | 9.6 | 67.1 | 9.4 | 10.1 |

**表 10.29　油泥砂固化后性质分析表**

| 编　号 | 样品名 | 取样时间 | 含油率/% | 含水率/% |
|---|---|---|---|---|
| 1 | 稠油泥砂 | 2008-06-16 | 9.2 | 11.2 |
| 2 | 稠油泥砂 | 2008-06-16 | 9.8 | 8.9 |
| 3 | 稠油泥砂 | 2008-06-16 | 9.7 | 10.3 |
| 平均值 | | | 9.6 | 10.1 |

(1) 降黏。

将沉淀的油泥砂与固化剂充分均匀混合后，固化剂与油泥砂发生物理化学反应，将油性物质分散隐藏于泥砂和固化剂的颗粒结构中，完成油泥砂中油泥的降黏，同时产生大量的热量，使油泥砂中的水分以蒸汽的形式挥发出去。

(2) 固化物脱水。

油泥砂经第二阶段的降黏脱水后，形成块状、大颗粒、粉状的固态物质，经10～30d的自然风干后，含水率可降至10%以下，由含水率较高的块状、大颗粒、粉状固态物质转变为含水率较小、适于燃烧的最终产品。固化后的最终产品呈灰褐色，具有良好的流动性，不会出现粘连设备的情况，可以适用于所有的燃煤锅炉。

3) 制作仿煤燃料（造粒）

固化后的油泥砂，用造粒机制作仿煤燃料（造粒），粒径3～5cm，厚度1cm，形状扁圆形。

(1) 燃烧。

仿煤燃料按照10%～20%的比例掺入燃煤中，用作燃煤锅炉燃料，如图10.30所示。油泥砂固化后热值为8327kJ/kg。在回收利用油泥砂中的石油类物质的热量的同时实现对油泥砂的无害化处理，并利用燃煤锅炉的烟气处理系统，确保排放废气达标，废渣按现行的燃煤废渣的处理方式用于建材或绿化。整个处理过程实现了封闭循环，在对油泥砂进行无害化处理的同时，实现了化害为利、变废为宝的目的。

油泥与原煤均匀掺混的混合物主要适用于机械炉排层燃炉，主要用于热水锅炉［DZL14(7)－1.0/95/70-A］和蒸汽锅炉［DZL4(2)－1.25-AⅡ］，运行参数见表10.30。

图 10.30　混合物适用炉型煤

**表 10.30　锅炉运行部分参数**

| 指　标 | 运行参数 |
| --- | --- |
| 炉膛温度 | 700～950℃ |
| 排烟温度 | 105～120℃（相变换热器出口） |
| 烟气 | 目视白色，黑度<1 |
| 烟气中含氧量 | 8.4%～10% |

（2）燃烧后的灰渣颜色和形状。

如图 10.31 和图 10.32 所示（见彩图），与品质较好的煤掺混，燃烧后的灰

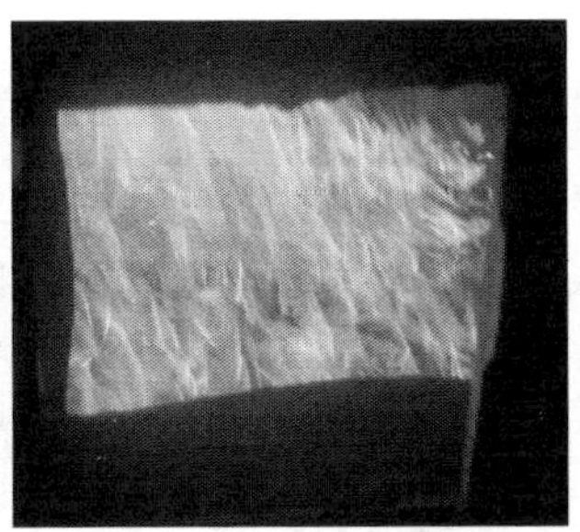

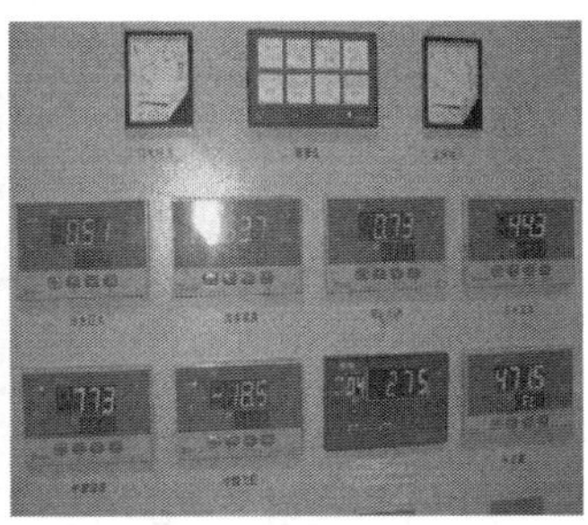

图 10.31　热水炉燃烧图

图 10.32　燃烧的炉渣

渣呈黄、白色，渣块灰色部分含量少，基本无黏结性，颗粒小。与品质较差的煤掺混，燃烧后灰渣呈灰色，渣块夹带点、块状黑色物，有黏结性，颗粒较大。

（3）焚烧可能对锅炉产生的影响（表 10.31）。

日供煤量不宜过大，够用即可，否则混合物过夜可能黏结下料斗。混合物含水量较高时，影响引燃和正常燃烧。由于燃料中含油，可能在锅炉受热面上积灰，需增加吹灰频率和人员监视。燃烧油泥的烟气和废渣对环境的影响，应根据不同的区块油泥化验分析后确定，油泥砂固化后热值为 8327kJ/kg。

**表 10.31　锅炉掺加油泥燃烧与不掺加油泥燃烧污染物排放对比表**

| 监测名称 | 燃料类型 | 天　数 | 烟　温 | 烟尘浓度 | $SO_2$ | $NO_x$ | CO | 烟气黑度 |
|---|---|---|---|---|---|---|---|---|
| 1＃炉除尘后(10t/h) | 煤 | 365 | 107 | 259.7 | 12134 | 176.6 | 70 | ≤1 |
| 1＃炉除尘后(10t/h) | 煤 | 365 | 108 | 278.6 | 1234 | 176.6 | 70 | ≤1 |
| 1＃炉除尘后(10t/h) | 煤 | 365 | 108 | 271.2 | 1234 | 176.6 | 70 | ≤1 |
| 平均值 | 煤 | 365 | 108 | 269.8 | 1234 | 176.6 | 70 | ≤1 |
| 31＃炉除尘后(10t/h) | 油泥＋煤 | 365 | 95 | 317.9 | 811 | | | ≤1 |
| 3＃炉除尘后(10t/h) | 油泥＋煤 | 365 | 96 | 323.2 | 811 | 149.4 | 13 | ≤1 |
| 3＃炉除尘后(10t/h) | 油泥＋煤 | 365 | 96 | 322.3 | 811 | 149.4 | 13 | ≤1 |
| 平均值 | 油泥＋煤 | 365 | 96 | 321.2 | 811 | 149.4 | 13 | ≤1 |

3. 热效率分析

河南油田节能站分别对第二采油厂王集油田采油十四队燃煤锅炉房 DZL4—1.27-AⅡ（2＃）型蒸汽锅炉在燃用现场“煤＋油泥”、“原煤 1”、“原煤 2”三种工况的测算，结果见表 10.32。

**表 10.32　锅炉掺煤燃烧和不掺煤燃烧热效率**

| 项　目 | 19 日（煤＋油泥） | 20 日（原煤 1） | 22 日（原煤 2） |
|---|---|---|---|
| 运行负荷率/% | 70.72 | 67.33 | 64.70 |
| 运行热效率/% | 69.34 | 67.45 | 71.40 |
| 排烟温度/℃ | 168 | 177 | 165 |

注：煤的热值为 20620kJ/kg，油泥掺加比例为 10%。

由表 10.32 可见，该炉在这三种生产测试条件下：

（1）锅炉正平均热效率均符合《油田生产系统节能监测规范》（SY/T 6275—

2007）标准规定≥65％的要求。

（2）排烟温度分别为 168℃、177℃、165℃，均符合《油田生产系统节能监测规范》（SY/T 6275—2007）标准规定≤200℃的要求。

4. 环保指标分析

通过监测报告分析：掺煤燃烧（油泥含量≤10％）与不掺煤燃烧相比，二氧化硫下降 34.27％，氮氧化物浓度下降 15.4％，一氧化碳浓度下降 81.42％，其数值符合《锅炉大气污染物排放标准》（GB 13271—2001）的要求。

通过燃煤锅炉燃烧油泥是处理油泥很好的方法，既实现了废物的无害化处理，又实现了废物的综合利用，具有经济效益、社会效益和环境效益。

# 10.5　含油污泥固化技术研究

## 10.5.1　固化技术原理

固化法处理污泥是通过物理化学方法，将含油污泥固化或包容在惰性固化基材中的一种无害化处理过程。该法便于运输、利用及处置。这种处理方法能较大程度地减少含油污泥中有害离子及有机物对土壤的侵蚀和沥滤，从而减少对环境的危害和影响。

## 10.5.2　含油污泥固化前处理

含油泥砂固化前处理装置工艺，如图 10.33 所示。

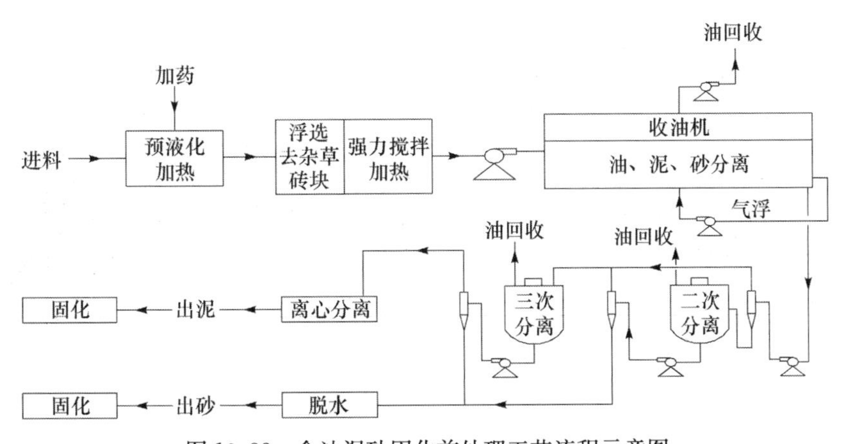


图 10.33　含油泥砂固化前处理工艺流程示意图

工艺流程描述如下：

（1）向储水池或含油泥砂分离设备加入回注水。

(2) 通过输送带或吸砂泵等向分离设备加入含油泥砂，同时启动加药泵和气浮选系统。含油泥砂在分离设备内受到物理、化学多重作用，实现油、泥、砂、水分离。

(3) 与泥、砂分离后的油在气浮选的作用下，迅速上浮至表面，通过自动撇油器回收和排油泵回收；初步分离后的泥砂进入二次、三次分离器，进行多次分离，保证泥砂的处理效果。

(4) 与油分离后的砂脱水后排出，经输送带送至存放场，污泥通过离心分离机脱水干化，经输送带送至存放场。

(5) 泥砂脱水分离出的污水，经净化后通过污水泵进入油泥分离设备主体循环利用。这样不仅降低水消耗量，同时使油泥分离剂的用量减少 90%，大大降低了处理成本。

胜利油田含油污泥样品含量分析见表 10.33，油泥砂混合样重金属含量分析见表 10.34。

**表 10.33 胜利油田样品含量分析**

| 样品 | 含油率/% | 含水率/% | 处理后含油率/% | 粒径分布/% | | | | |
|---|---|---|---|---|---|---|---|---|
| | | | | ≥250μm | ≥180μm | ≥120μm | ≥74μm | <74μm |
| 1# | 25.6 | 23.2 | 0.32 | 1.67 | 4.35 | 10.33 | 46.93 | 36.72 |
| 2# | 32.2 | 35.6 | 0.37 | 2.14 | 6.77 | 11.52 | 45.31 | 34.26 |
| 3# | 31.5 | 32.3 | 0.35 | 4.87 | 8.25 | 15.46 | 42.51 | 28.91 |
| 4# | 29.6 | 28.4 | 0.42 | 3.62 | 7.12 | 18.43 | 40.70 | 30.13 |
| 5# | 28.3 | 32.1 | 0.47 | 5.75 | 9.34 | 22.32 | 36.07 | 26.52 |
| 平均值 | 29.4 | 30.3 | 0.39 | 3.61 | 7.17 | 15.61 | 42.30 | 31.31 |

注：石油醚（60～90℃）抽提泥砂中油分后，干燥恒重筛分。

**表 10.34 胜利油田油泥砂混合样重金属含量分析结果**

| 序号 | 分析项目 | 分析方法 | 《危险废物填埋污染控制标准》(GB 18598—2001)/(mg/L) | 《土壤环境质量标准》(GB 15618—1995)/(mg/kg) | 《农用污泥中污染物控制标准》(GB 4284—1984) pH≥6.5 | 《土壤环境质量标准》(GB 15618—1995) | 测定结果/(mg/kg) |
|---|---|---|---|---|---|---|---|
| 1 | 总 Cu | 原子吸收 | 75 | ≤100 | 500 | 一级 | 7.64 |
| 2 | 总 Cr | 原子吸收 | 12 | ≤200 | 3000 | 一级 | 14.9 |
| 3 | 总 Pb | 原子吸收 | 5 | ≤300 | 1000 | 一级 | 15.9 |
| 4 | 总 Cd | 原子吸收 | 0.50 | ≤0.30 | 20 | 一级 | 未检出 |
| 5 | 总 As | 原子吸收 | 2.5 | ≤30* | 75 | 一级 | 0.06 |
| 6 | 总 Hg | 冷原子吸收 | 0.25 | ≤0.50 | 15 | 一级 | 0.025 |
| 7 | 总 Ni | 原子吸收 | 15 | ≤50 | 200 | 一级 | 22.8 |
| 8 | Zn | 原子吸收 | 75 | ≤250 | 1000 | 一级 | 5.7 |

注：检测结果中的“未检出”表示该项目的测定结果低于其方法最低检出限。

油泥和油泥砂处理前后对照如图 10.34 所示（见彩图）。

（a）处理前油泥

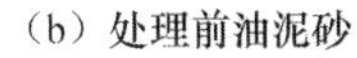

（b）处理前油泥砂

（c）处理后油泥

（d）处理后油泥砂

图 10.34　含油污泥和油泥砂处理前后的对照图

### 10.5.3　固化技术制作道砖试验

采用经过固化前处理后的含油污泥为原料，开展了投加化学剂固化制作道砖研究。使用的基体配方：处理后的污泥占 65%～95%，固化剂＋助剂为 5%～35%。按照设计好的配方将基体的各种原料分别混合均匀，擦拭干净模具的内表面，装入基体浆后，在振动台上振动至浆体密实，把基体表面抹平，在空气中养护 3～28d 脱模，测试抗压强度及其他性能。考察固化剂用量对污泥砖强度的影响，将养护好的污泥砖按《混凝土路面砖》（JC/T 446—2000）标准规定测定抗压强度，测试结果见表 10.35。

**表 10.35　养护时间和固化剂用量对污泥砖强度的影响**

| 养护期/d | 不同固化剂掺量条件下污泥砖的抗压强度/MPa | | | | | |
|---|---|---|---|---|---|---|
| | 5% | 10% | 20% | 25% | 30% | 35% |
| 3 | 1.18 | 1.51 | 1.56 | 1.96 | 2.15 | 2.94 |
| 7 | 1.92 | 2.82 | 2.73 | 2.73 | 2.96 | 3.79 |
| 28 | 2.90 | 3.51 | 3.32 | 4.16 | 5.10 | 5.96 |

根据《混凝土路面砖》（JC/T 446—2000）标准规定的抗压强度值是 3MPa 可以看出，含油污泥经处理后，与建筑固化剂按合适的配比制作道砖，可达到指标要求的强度。含油污泥经除油处理后，用作油田井场行道砖可行。由于抗压强度 7d 可达到 1.5MPa 以上，因此可代替石灰稳定土、水泥稳定土、石灰工业废渣稳定土、水泥工业废渣稳定土，可按照设计要求用于各种等级道路路面的上基层。建材及制作现场如图 10.35 所示（见彩图）。

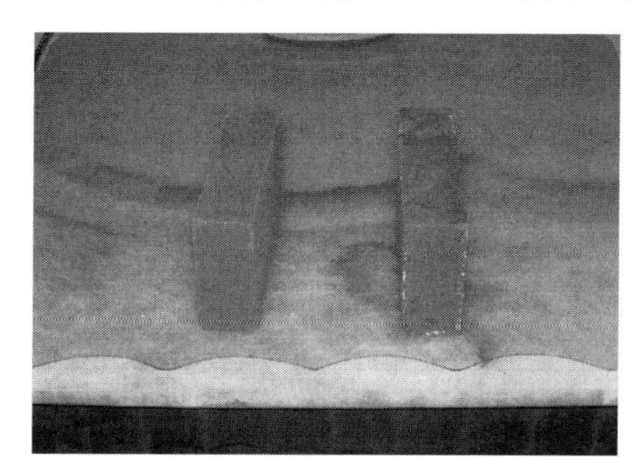

图 10.35　建材及制作现场

### 10.5.4　烧结制作建筑砌块试验

在大量试验工作的基础上，提出了采用经过固化前处理后的含油污泥为原料，进行烧结制作建筑砌块工艺，如图 10.36 所示。烧成温度为 1100～1200℃。

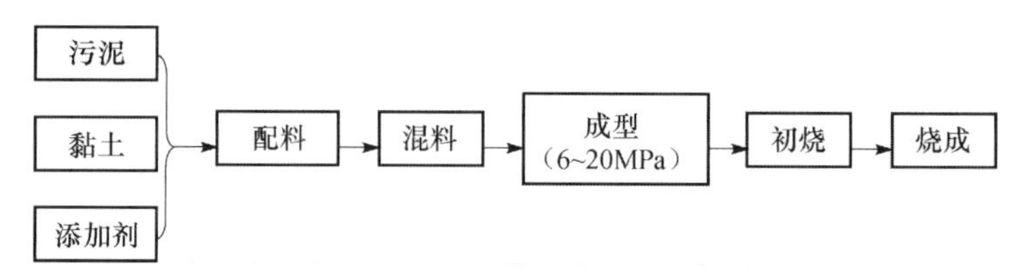


图 10.36　含油污泥制作建筑砌块的工艺流程图

采用经过固化前处理后的含油污泥为原料，加入黏土和添加剂，通过高温制作建筑砌块，在这一过程中，含油污泥作为砌块的主要成分之一参与反应，可生成硅酸一钙并产生强度。硅酸一钙具有较高的稳定性。表 10.36 列出了用含油污泥制作建筑砌块的基础配方及性能。

**表 10.36　含油污泥制作建筑砌块的基础配方及性能**

| 编　号 | 1-1 | 1-2* | 2-1 | 2-2* | 3-1 | 3-2* |
|---|---|---|---|---|---|---|
| 样品容重/(g/cm³) | 1.59 | 1.66 | 1.65 | 1.68 | 1.60 | 1.53 |
| 平均抗压强度/MPa | 33.6 | 35.3 | 29.6 | 41.7 | 14.4 | 18.7 |
| 国标等级 | MU30 | MU30 | MU25 | MU30 | MU10 | MU15 |

* 成型压力为 8～15MPa，烧成温度为 1015～1150℃，添加 5%～10%的添加剂。

焙烧后污泥的化学组成 $SiO_2$ 为 10.51%，$Al_2O_3$ 为 3.12%，$Fe_2O_3$ 为 7.43%，$TiO_2$ 为 0.29%，CaO 为 48.76%，MgO 为 6.96%，$Na_2O$ 为 10.6%，其他 8.34%，烧失量为 3.99%。

含油污泥中的大部分原油在烧制过程中都可分解产生无定型碳和有机挥发物并产生热量，从而得到有效的利用。参照《烧结多孔砖》（GB 13544—2011），按照砖的不同抗压强度将砖分为 MU30、MU25、MU20、MU15、MU10 五个强度等级，其对应的抗压强度平均值分别大于 30MPa、25MPa、20MPa、15MPa、10MPa。另外国标中指出“当粉煤灰砖中的粉煤灰体积掺量大于 30%时，便不划定为黏土砖”。以此为依据，若将配方中含油污泥的用量保持在 30%以上，生产的建筑砌块将为利废产品。表 10.36 中的几组数据表明，在不同的含油污泥配比情况下，其样品的平均抗压强度值均较高，可达到国标中的强度等级，具有良好的抗压性能。同时，样品容重较低，这对实际应用中减轻建筑物质量有很大好处。

# 第11章　含油土壤生物修复技术研究

## 11.1　含油土壤修复技术研究进展

### 11.1.1　土壤的石油污染

1. 土壤石油污染的基本概念

土壤污染是指人为活动将对人类本身和其他生命体有害的物质施加到土壤中，致使某种有害成分的含量明显高于土壤原有含量，而引起土壤环境恶化的现象。从原理上分析，土壤本身具有一定的环境容量（soil environmental capacity），即在一定的环境单元和时段内，土壤生态系统进行物质循环过程中，在遵循环境质量标准，保证农产品产量和生物学质量的基础上，土壤能够容纳污染物的最大允许负荷量。在环境容量内，当污染物进入土壤后，在土壤矿物质、有机质和土壤微生物的作用下，经过一系列的物理、化学及生物化学反应过程，降低其浓度或改变其形态，从而消除污染物毒性，这就是土壤的自净作用，通常土壤的环境容量也称为土壤的自净容量。土壤的石油污染是指在特定的环境条件下，土壤的石油类物质的含量超过其自净容量而造成土壤环境恶化的现象。

2. 土壤石油污染的现状

全世界大规模开采石油是从20世纪初开始的，1900年全世界的石油消费量约2000万t，100多年来这一数量已经增加了100多倍，目前，石油已经成为人类最主要的能源之一，全球每年的石油总产量已经超过了22亿t，其中约18亿t是由陆地油田生产的，仅石油的开采、运输、储存及事故性泄漏等原因造成每年约有800万～1000万t石油进入环境（该数值不包括石油加工行业生产过程中对环境的污染量），我国每年有近60万t石油进入环境，引起土壤、地下水、水系和海洋的严重污染。

我国自1978年原油年产量突破1亿t而成为世界十大产油国之一以来，目前勘探开发的油气田和油气藏已有400多个。有关主要污染物的调查统计报告显示，1998年各石油、炼化企业工业固体废弃物产生量为428.98万t，利用率低于50%，工业固体废物排放量为15.61万t；截至2003年底，工业固体废弃物历年累计堆存量1884.5万t，占地面积181.7万$m^2$，年产石油污染土壤近10万t，

累计堆放量近 $5\times10^5$ t。以上数据只是对国有石油企业的污染物排放调查统计，若考虑油田地区的相关地方企业排污量及突发事故造成的污染和泄漏，情况将更加严重。

3. 土壤石油污染的危害

土壤是指固态陆地表面具有生命活动、处于生命与环境间进行物质循环和能量交换的疏松层，它是由矿物质和有机物质组成的固体物质、气体和水分占据的固体颗粒孔隙及多种具有活性的微生物三部分构成的复杂的有机整体。其中土壤中的生物，特别是微生物，是土壤活性的主要体现，它在土壤生态环境中发挥着十分重要的作用，其主要的功能包括：①分解有机物，释放出碳、氮、磷、硫等营养组分，成为植物生长的有效养分；②合成土壤腐殖质并形成土壤团聚体，调节土壤结构形态；③进行生物固氮，增加土壤氮含量；④促进无机物质（如氮、磷、硫等元素）的转化，有利于植物的吸收；⑤分解有毒的有机物质，净化土壤环境。

石油物质进入土壤后，会引起土壤理化特性的变化，如堵塞了土壤的孔隙结构，破坏土壤结构，使土壤的透水性降低；其富含的反应基能够与土壤中的无机氮、磷结合并限制硝化作用和脱磷酸作用，从而使土壤的有效磷、氮含量减少，导致土壤有机质的碳氮比和碳磷比的变化，由于这些变化，一方面恶化了土壤微生物的生存环境，另一方面石油自身对土壤中微生物也具有一定的负面影响，进而导致了反映土壤活性的微生物数量减少，微生物群落和微生物区系发生变化，使得未污染的土壤环境中微生物的五大功能明显降低，土壤的活性降低甚至没有活性，对作物生长发育产生不利的影响。其主要表现为：发芽出苗率低，生育期限推迟，贪青晚熟，结实率下降，抗倒伏、抗病虫害的能力下降等，进而直接导致粮食的减产，同时通过食用生长于该土壤的植物及其产品会直接影响到人类的身体健康。石油类在作物及果实部分主要残留的毒害成分是多环芳烃，它对于人和动物的毒害最大，尤其是以双环和三环为代表的多环芳烃毒性更大。多环芳烃类物质可通过呼吸、皮肤接触、饮食摄入等方式进入人和动物的体内，影响其肝、肾等器官的正常功能，甚至导致癌变。另外，石油类物质还通过地下水的污染及污染物的转移构成对人类生存环境多个层面上的不良威胁。因此，石油污染问题已经成为世界各国普遍关注的问题，也成为科学家和技术人员攻关研究的热点课题。

### 11.1.2　土壤石油污染修复技术

1. 土壤石油污染修复技术的分类

近年来，世界各国开始重视污染土壤的治理技术，欧美国家先后投入大量的人力物力进行污染土壤的修复和治理，污染土壤的修复技术已经成为当前环境保护工程科学和技术研究的一个新热点。针对不同的污染状况，已经形成了一系列的土壤石油污染修复技术，按照处理过程中起主导修复作用的处理技术所采用的方法，可以将现有土壤污染的修复技术简单地分为三大类，即物理修复方法、化学修复方法和生物修复方法。其已经形成的各类处理技术均可以归入上述的三大类中，分类结构如图 11.1 所示。

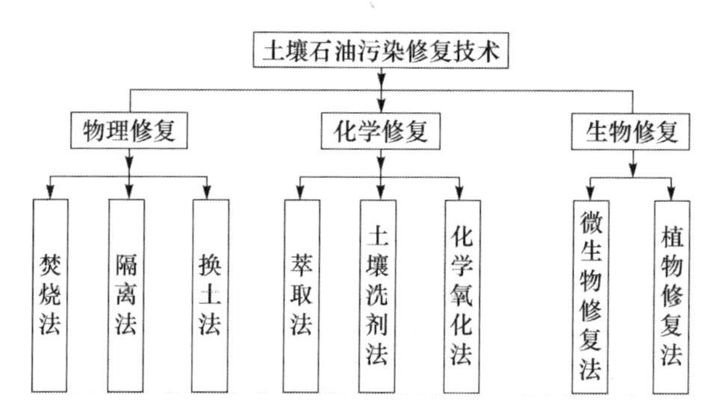


图 11.1　土壤石油污染修复技术分类示意图

事实上，由于污染的条件不同，造成石油污染土壤的污染程度、污染物的性质差异较大。同时，由于各种环境条件和技术成熟程度的限制，使各种处理技术的实用性也受到了一定的限制。在某种条件下比较有效的处理技术可能在另外一种条件下不适用，在具体的应用过程中，单纯依靠一种方法或技术难以实现污染土壤的清洁和修复，并使土壤恢复自然属性。通常需要采取物理、化学和生物及工程方法进行综合治理。通过各种处理技术的协同作用以达到降低处理费用、缩短处理周期和提高处理效果的作用。

有些学者提出将生物修复技术分为三种类型，除了微生物修复法和植物修复法以外又提出了一种动物修复技术，该技术研究包括两个方面：①将生长在污染土壤上的植物体和粮食等饲喂动物，通过研究动物的生化变异来研究土壤污染状况。②直接将土壤饲喂动物，如蚯蚓、线虫类饲养在污染土壤中进行有关研究。

### 2. 主要的土壤石油污染物理和化学修复技术

物理修复技术主要包括三个方面：

(1) 焚烧法[135]。利用石油物质容易燃烧的特点，在温度为 850～1200℃的条件下焚烧污染的土壤，使石油类物质通过燃烧的方式变为气体而脱离土壤本体，进而达到去除石油类污染物，修复土壤的目的。

(2) 隔离法[136]。采用黏土或其他人工合成的惰性材料，将石油污染的土壤与周围环境隔离开来，该方法并没有破坏石油烃类污染物，只是起到了防止污染物向周围环境（地下水、土壤）的迁移，由于石油烃类物质对隔离系统不会产生影响，所以该方法适合于任何石油烃污染土壤的控制。尤其对于渗透性差的地带比较适用。此法与其他方法相比，运行费用较低，但对于毒性期长的石油烃类，只是暂时地防止了石油烃类物质的迁移，不能作为永久的治理方法，并且存在着土壤周围的环境条件发生变化时，再次形成污染的危险。

（3）换土法[137]。该方法是用新鲜的未污染的土壤替换或部分替换原来的污染土壤，以稀释原污染土壤中污染物的含量，增加土壤的自净容量，利用环境自身的能力来消除残余的污染物。换土法又可分为翻土、换土和客土三种方法。

化学修复技术主要包括以下三个方面：

（1）萃取法。该方法是依据相似兼容原理，使用有机溶剂对石油污染土壤中的原油进行萃取，然后对有机相中的原油进行分离回收，实现废物的资源化。该方法适用于石油污染含量较高的土壤，处理后的石油污染物含量可低于 5%。

（2）土壤洗涤法[138]。将污染土壤粉碎，混入足够的水和洗涤剂，得到土壤、水和洗涤剂相互作用的浆液，静止，使污染物与洗涤剂一起上升，从水相中将部分污染物从土壤中分离出来。重复上述操作步骤，使土壤与水混合并加入微生物活性剂和 $H_2O_2$，使污染物降解。

（3）化学氧化法[139]。该方法是向石油烃类污染的土壤中喷洒或注入化学氧化剂，使其与污染物质发生化学反应来实现净化的目的。常用的化学氧化剂有臭氧、过氧化氢、高锰酸钾、二氧化氯等。

### 3. 主要的土壤石油污染生物修复技术

目前，对于石油污染土壤生物修复技术的研究过程中采用的修复技术主要表现为以下几个方面[140～149]：

（1）投菌法（bioangmentation）。该方法可用于原位生物修复技术，它是采用直接向石油污染的土壤中接入外源的污染降解菌，同时提供这些微生物生长所需要的营养物质，包括氮、磷、硫、钾、钙、镁、铁、锰等，其中氮和磷是土壤生物修复治理系统中最主要的营养元素，微生物生长所需要的碳、氮、磷质量比大约为 120∶10∶1[150,151]。

（2）生物培养法（bioculture）。该方法可用于原位生物修复技术，它是一种直接利用土壤中的土著微生物实现生物修复的处理技术，通过定期向污染土壤中投加营养物质和氧或 $H_2O_2$ 作为电子受体，以满足环境中已经存在的降解菌生长繁殖的需要，进而提高土著微生物的活性，将污染物降解成二氧化碳和水。研究表明，通过提高受污染土壤中土著微生物的活力比采用外源微生物的方法更为可取，因为土著微生物已经适应了污染物的存在，外源微生物不能有效地与土著微生物竞争，只有现存的微生物不能降解污染物时，才考虑引入外源微生物[152]。

(3) 生物通气法 (bioventing)。该方法是一种原位生物修复技术，它是从土壤气相抽提技术 (soil vapor extraction, SVE) 中衍生出来的，它结合了原位气相抽提与原位生物降解的特点，是一种强迫氧化的微生物降解技术[153,154]。在待治理的土壤中打至少两口井，安装鼓风机和抽真空机，将空气 (空气中加入氮、磷等营养元素，为土壤降解菌提供营养物质) 强行注入土壤中，然后抽出，土壤中挥发性的毒物也随之去除。大部分低沸点、易挥发的有机物直接随空气一起抽出，而高沸点重组分的有机物主要是在微生物的作用下，被彻底矿化为二氧化碳和水。在抽提过程中不断加入新鲜氧，有助于降解残余的有机物，如原油中沸点高、相对分子质量大的物质。其原理示意图如图 11.2 所示。

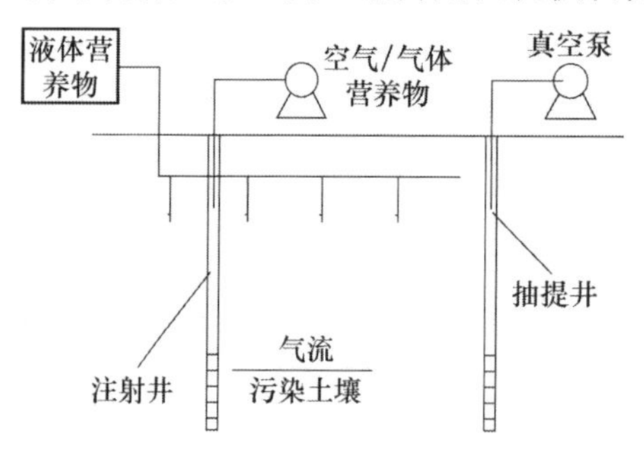

图 11.2　土壤通风修复系统示意图

(4) 土壤耕作法 (land farming)。该方法属于异位生物修复技术，它是一种广泛应用于土壤污染处理的技术方法，需要检测土壤水分和补充物及营养物 (N、P、K)，耕作机械定期使废物和营养物、细菌和空气充分接触，使上部处理带始终保持良好的耗氧状态。这是一种节约成本的方法，适宜于处理石油工业废物和污泥，在处理过程中需要不断地增加微生物、表面活性剂和频繁地进行土壤旋耕和翻耕。这种方法存在的问题是挥发性的有机物会造成一定的空气环境污染，一些难以降解的污染物的缓慢积累会增加土壤的毒性[155~158]。

(5) 土壤堆腐法[159~160] (composting piles)。该方法属于异位生物修复技术，它是一种与土壤耕作法相似的生物修复过程，但它加入了土壤调理剂以提供微生物生长所需要的能量。

(6) 预制床法[161] (prepared bed)。该方法也属于异位生物修复技术，它是在不泄漏的平台上，铺上石子和沙子，将受污染的土壤以 15～30cm 的厚度平铺其上，加入营养物和水，必要时也可以加一些表面活性剂，定期翻动土壤以补充氧气，满足土壤中微生物生长的需要，处理过程中流出的渗滤液回灌于该层土壤上，以便彻底清除污染物。

(7) 生物反应器法 (bioreactor) 或泥浆生物反应器[162,163] (slurry bioreactor)。该方法属于异位生物修复技术，在应用时，用水将污染的土壤调成泥浆，装入生物反应器中，控制一些重要的生物反应条件，提高处理效果。有时还可以利用上批处理下来的泥浆接种下一批新泥浆。该方法是最灵活的处理方法，处理效果好，反应时间短。但需要固定的处理设施，工艺和操作比较复杂，运行成本高，不适合于大量污染土壤的治理，而且对于原油污染土壤要分散形成泥浆还需要加温等一系列措施，同时在处理难以降解的物质时，还应防止其转入水相中而造成新的环境污染。

（8）植物修复技术。在以往的土壤污染的植物修复研究方面主要是针对重金属污染开展的[164~169]，它是将对某种污染元素具有特殊吸收富集能力的特定植物种植在被该重金属污染的土壤上，植物收获并进行妥善处理后即可将该重金属从土体中去除，达到治理污染与生态修复的目的。因修复机理不同，土壤重金属污染的植物修复技术有以下三种类型：第一是植物固定（plytostablization），它是利用植物活动来降低重金属的活动性，使其不能为生物所利用，或者利用植物将土壤重金属转变为无毒或毒性较低的形态，降低重金属在土壤中的有效态，起到减轻污染的作用；第二是植物挥发，它是植物将污染物吸收到体内后将其转化为气态物质而释放到大气中；第三是植物提取，它是通过种植的一些特殊植物，利用其根系吸收污染土壤中的有毒有害物质并运移至植物的地上部分，收割地上部的物质后即可带走土壤中的污染物。

植物对有机污染土壤的生物修复作用主要表现在其对有机污染物的直接吸收，植物释放出的各种分泌物或酶类，促进了有机污染物的生物降解及强化有机污染物在根际微域的矿化作用等[170]。对于其降解有机污染物的机理主要体现在以下三个方面：第一方面是植物根际对有机污染物的吸收作用。植物根对有机污染物的吸收与植物的相对亲脂性有关，植物根的相对亲脂性越高，对有机物的吸收越明显。例如，利用胡萝卜吸收二氯二苯基三氯乙烷，然后收获胡萝卜进行集中处理。在上述过程中，亲脂性的有机污染物离开土壤基质进入脂含量高的胡萝卜中。第二方面是植物根际为微生物创造了一种良好的生态环境，促进了植物根际周围微生物的繁殖与生长，进而加速了根际周围有机物的降解速率。第三方面是形成了菌根技术，同时促进了植物的生长和对有机污染物的降解作用。菌根（mycorrbiza）是植物与真菌共生形成的共生体，它是自然界中的普遍现象，菌根微生物活性的大小、植物根系的发育状况及其物理尺度（如植物的根茎比、根表与根体积比）都直接与污染物的降解或累积速率有关，植物的种类不同，菌根的功能不同，其降解能力也不同，研究表明[171~173]，单子叶植物的分枝顶生根大多很精细，常常小于 100μm。而且这些单子叶植物的根系比双子叶植物的根系覆盖的面积更大。具有精细根的单子叶植物在贫瘠、低养分的土壤中也能很好地生长，双子叶植物有较为粗壮的根，其直径一般在 0.6～1.0mm，而粗根植物适合于在较为密实的土壤中生长。

在植物修复的促进技术方面，目前主要侧重于以下两个方面的研究应用：一方面是综合促进技术的应用。主要采用土壤改良剂及其他农业措施以促进植物修复，如通过降低 pH，投加螯合剂，使用合适的化肥，改变土壤的离子组成来增加生物有效性，促进植物吸收。另一方面是基因工程技术的应用，通过育种和基因工程改良植物形状，使之更适合于进行植物修复。如改进植物根系结构的特性，增加植物降解酶的数量等。目前该技术还处于实验室研究阶段。

### 11.1.3　土壤石油污染生物修复技术

1. 土壤石油污染生物修复技术的概念及特点

生物修复（bioremediation）是近年来发展起来的一项清洁环境的低投资、高效益、便于应用、发展潜力较大的新兴技术。目前对于生物修复的概念还没有统一的认识，Hamer 将生物修复的概念定义为“对环境肆虐的生物反应”即 biological response to environmental abuse[140]。中国科学院生态环境研究中心王庆仁等[141]提出了生物修复的确切定义为“生物修复是利用特定的生物（包括植物、微生物和原生动物）吸收、转化、清除或降解环境污染物，实现环境净化、生态效应恢复的生物措施”。该定义包括两个方面：一是利用具有特定的生理生化功能的植物或特异的微生物在原位修复污染场所（土壤或水体）；二是应用生物处理或生物循环过程，通过精心设计与合理应用阻断或减少污染源向环境的直接排放。由此可见，生物修复作用是将过去曾经受到污染的场所通过生物过程得以恢复或清除新污染的污染物。其污染物的来源主要为有机、无机化工、石油开采等相关生产过程及储藏、运输、使用过程中偶然或非偶然释放到环境中所造成的。

土壤石油污染生物修复是以石油和石油产品为主要污染物的土壤生物修复技术。它是指利用特定的生物将土壤中的石油及石油产品转化成为无害的无机化合物（通常为水和二氧化碳）的过程。生物修复的机理是依靠微生物的吸收和分解氧化作用经细胞的分解同化作用，使有机物转化成细胞的组成部分或者变为二氧化碳和水排出系统外，从而实现对有机污染土壤的修复过程。生物修复技术与其他的物理化学处理技术相比较，还具有如下特点：

（1）处理时间长。由于生物修复技术是利用微生物降解石油，使其变成无害的无机化合物。因此，其生物修复技术所需要的反应时间较长，一般需要 6 个月或 1 年以上。

（2）处理过程消耗低、成本低且处理条件要求低。物理和化学处理法常常需要建设固定的处理设施，投加必要的化学药剂，在处理运行过程中还需要温度、压力、电力供应等条件，因此，处理过程中必然要造成一定的能量消耗，需要比较大的资金投入。

（3）环境影响小，且无二次污染。从原理上分析，生物修复技术是依靠微生物的作用，将石油污染物分解成二氧化碳和水及其他无害的化合物，彻底消除了目标污染物。整个修复过程只是一个自然净化过程的强化，不会形成二次污染或导致污染物的转移，可以达到永久去除污染物的目的，使土地的破坏和污染物的暴露减少到最小。

（4）最大限度地降低污染物的浓度。生物修复可以将污染物的残留浓度降到很低，例如，某一受污染土壤经过生物处理后，苯、甲苯和二甲苯的总浓度降为0.05～0.1mg/L，甚至低于检测限。

（5）生物修复技术可以同时处理受污染的土壤和地下水。

石油污染生物修复技术作为一种新兴的处理技术，目前还没有统一的分类方法，不同的学者有不同的看法，总体看来分为以下几种：一种分类方法是将其分成微生物修复技术和植物修复技术。微生物修复技术是利用土壤中的土著微生物或向污染土壤中补充经过驯化的高效微生物，在优化的环境下，加速分解污染物，修复被污染的土壤[142～145]；植物修复技术（phytoremediation）即植物对环境的修复，它是利用植物及其微生物与环境之间的相互作用，对污染物进行清除、分解、吸收或吸附，使土壤环境得到重新恢复[146,147]。有的学者将其分为微生物修复的一般方法（由原位生物修复和异位生物修复组成）和植物修复处理技术。第二种分类方法是根据土壤污染的深度不同，分为表层污染土壤（土壤深度为20～30cm）的生物修复技术和深层污染土壤（土壤深度大于30cm）的生物修复技术。第三种分类方法是根据石油污染土壤在处理过程中是否发生迁移或者是否破坏土壤的基本结构，将其分为原位修复技术（in-situ bioremediation）、异位修复技术（ex-situ bioremediation）和原位异位修复技术[148～149]。原位修复技术也称为原地修复技术，它是一种在不破坏土壤的基本结构的情况下的微生物修复技术。主要通过在污染地点进行微生物的接种，依靠自然环境条件，利用微生物和空气中的氧或其他电子受体实现原油分解氧化处理；异位修复技术是一种需要对土壤进行大规模扰动的技术。通过将污染土壤转移到一个固定的地点，人为地创造有利于微生物生长的环境条件（如温度、湿度、水分、氧气及适宜的培养基等），最终实现原油的分解氧化处理。随着生物修复技术的不断发展及新的生物修复方式的不断涌现，终将会形成统一的分类方法[174～201]。

### 2. 石油污染土壤生物修复技术的进展

目前，采用的微生物主要是好氧型微生物，它可以利用空气中的氧气或土壤中的其他电子受体，将有机物分解成无害的二氧化碳、水等其他简单的无害物质，进而实现土壤的修复目标。其主要技术进展分为高效微生物制剂的研制、微生物辅助制剂的研究、生物修复方法研究等几个方面[202～205]。

微生物制剂是生物修复技术的关键，也是生物修复技术研究的热点，随着生物技术的不断发展和研究的不断深入，文献中出现了大量的新型高效的微生物菌剂研究成果报道。Kolwzan[206]提出了一种新的生物修复制剂，采用给石油污染土壤中投加该制剂的原位生物修复方法，使石油污染得到了有效地处理。试验结果表明，在夏季的3个月的处理时间里，可以使石油污染降低至 $n \times 10^{-3}$（质量百分数）以下（$n=1 \sim 9$）。并通过经济评估对比，认为生物修复技术是一种经济有效的土壤修复技术。Murygina等[207]在俄罗斯Komi Republic地区，该地区由于原油泄露造成了2000m² 湿地严重污染，致使该地区的土壤已经寸草不生，使用名称为“Rhonder”的微生物制剂进行污染地区的土壤生物修复，取得了明显效果。经过1.5个月的修复试验，在土壤的初始石油含量为0.458%～0.738%（质量百分数）条件下，降解去除率达到了20%～51%。并且有70%～85%的土壤被绿草所覆盖。经过2002年冬季寒冷季节过后，到2003年春季，在不用继续投加“Rhonder”生物修复制剂的条件下，经过一个夏季的生物降解，其原油的去除率又上升至54%～79%，并且有85%～95%的土壤被绿草覆盖，使该地区的石油污染得到了有效控制，并且植物得到有效恢复。Ilyna等[208]介绍了一种可以用于烃类污染土壤修复的微生物制剂COBE-10。制剂中的微生物菌株是从石油烃类物质污染的现场土壤中分离出来的。首先在选择的培养基中，用柴油、燃料油或原油作为唯一碳源进行培养，从其中分离出了82株菌株；其次仍以石油为唯一碳源，调节矿化度的变化，从其中又分离出30种菌株；第三步用筛选出的菌株在实验室内用人工配制的污染土壤进行驯化培养，以提高微生物菌株降解石油污染物的能力，最终选择出了6株高活性的菌株；最后进行了7种不同载体物质的试验，选择出适宜的微生物载体，并将微生物固化在载体上形成了可以长期保存的微生物制剂COBE-10，并用柴油和炼油厂的废弃物污染土壤的生物修复试验，证明该产品效果良好。Mironova等[209]介绍了Rhodococcus种属56D菌株在石油及石油产品污染的水体和土壤中的应用情况，该菌株在海水的生物修复中是有效的，对烃类物质有高的乳化功能，对温度不敏感，反应速率快。将该菌株在不毛之地的介质中接种，并直接使用海水和支流海水，在投加无菌的石油和石油产品使其含量达到0.5%～1%，并按比例均衡地投加营养物质的试验条件下，在26℃时，石油在淡水和海水中的去除率分别达到了87.1%和75.1%，煤油和柴油在淡水中的净化率分别达到了93.8%和98.9%，即使在12℃的低温条件下，煤油和柴油的去除率也能达到了70.3%和65%。Lin等[210]论述了微生物制剂和辅助制剂（肥料）及土壤氧化剂在含矿物和砂石的沼泽沉积地带石油污染生物修复中的作用，研究是在可控制的温室条件下进行的。研究结果表明，营养物（肥料）的应用可以增强沼泽植物的生长，增加了土壤微生物的呼吸速率，提高了油污降解速率，土壤中残留的芳香烃类化合物总量（TTAH）分别下降了81%和17%。土壤氧化剂的使用增加了处理成本，使用不当时还会对生物修复产生负面影响，因此建议采用投加无机营养物质的生物修复技术处理沿海湿地石油泄露造成的污染。Green[211]提出了利用表面活性剂增加石油烃污染土壤和地下水的生物修复速率的方法，通过试验已经验证，大量的表面活性剂在好氧条件下是可以生物降解的。土壤中的石油烃和表面活性剂相互反应，将明显地降低石油的表面张力和界面张力，增加了微生物与石油的接触面，进而增大降解石油产品生物修复的范围和功效。Bossert 等[212]发明了用于增强土壤和水体石油烃类物质生物降解作用的含有表面活性剂的营养物质，它是由胍的衍生物与羧酸发生反应的产物，可用于生物修复的辅助制剂，以增强石油污染土壤的生物修复作用。Varadaraj 等[213]发明了采用给土壤中加入含有表面活性剂的烃类溶液来增强烃类污染土壤生物修复作用的方法，其含有表面活性剂的烃类溶液是由两种物质组成，一种 $C_7$～$C_{22}$单一碳酸的索氏体脂和具有 6～50 个聚氧乙烯单元的聚氧乙烯加合物的混合物，另一种物质是具有约 8～18 个碳原子单一或双烷基乙交脂。实际使用时可将上述两种物质的混合物作为微生物的养料加入土壤中，可以改善土壤中固有微生物的生长速度。Ponomareva 等[214]利用天然微生物培养获得了一种降解石油烃的菌属（*Arthrobacter*），有效地净化了石油污染的土壤，并通过投加过氧化钙使净化作用提高了 10%～15%，该方法不仅使表层土壤（10cm）得到净化，同时也净化了深层土壤。Foght 等[215]在实验室内从不同土壤和水环境中分离出 6 种降解石油的菌株，形成了商品化的联合菌株（OSBA），该联合菌株具有温度敏感性小的特点，且可有效地去除土壤中的石油污染物。也有学者研究发现，给石油污染土壤中加入表面活性剂，可以增强烃类物质污染土壤的生物修复作用，加速土壤中固有微生物的生长[216～218]。Dickerson[219]利用废弃棉花籽研制出的生物修复制剂是一种粉末状纤维素，它含有 3%～8%硫酸铵作为生物活性物质。该生物修复制剂具有在水存在时优先选择性吸附烃类物质的能力，并且能够支持天然存在的烃类物质降解菌生长的作用，进而导致被吸附的烃类物质分解而生成 $CO_2$、$H_2O$ 及其他良性的产物，已形成商品化产品（商品名称 OIL-GATOR），产品已经在美国输油管道泄漏事件的处理中得到很好的验证，并在美国、德国、日本等地推广应用，该产品是通过检索得知的已经形成工业化生产应用的唯一产品。

在进行各种生物修复制剂研究和实施生物修复治理过程中，为了改善生物修复的效果，加快生物修复的反应速率，能够使微生物发挥更有效的作用，研究人员除了开展高活性外源微生物研究外，针对不同工矿条件，也研究开发出了多种新型的生物修复方法，形成了一系列特殊的生物修复技术，大大地提高生物修复效果。Cooley 等[220]研究出了一种适用于石油烃污染场所的修复技术，并将其称为生物鼓泡技术或生物通风技术，该技术将原位曝气和生物修复技术有机地结合在一起。SVS 技术已经在 30 多个污染场地的修复处理中应用，该技术包括一个游离态石油产品的回收装置和生物蒸发控制系统，根据典型的场地污染和水质情况，SVS 技术集成了很多技术特点。丁克强等[221]研究了通气对石油污染土壤的生物修复影响，研究发现，良好的通气效果可以确保土壤中具有良好的供氧条件，一方面可以利用氧气直接氧化土壤中的一部分石油烃类污染物；另一方面为微生物的繁殖生长及对石油烃类物质的降解作用提供必要的电子受体，进而促进生物降解。同时，还可以控制土壤中酸碱度的变化，防止土壤中酸性物质的积累，较好地保持了土壤中的 pH 稳定，从而提高了微生物的活性及其降解烃类物质的能力，促进石油污染土壤的快速生物修复。Calcavecchio[222]等发明了用谷物废料和谷物油进行污染物生物修复的专利，为了有效地实现生物修复，首先使谷物与烃类污染物充分接触，然后投加细菌和营养物，通常烃类污染物存在于固体的表面或漂浮于水面或与固体物质混掺在一起。当固体的谷物材料被用来与污染物相混时，常用的方法是将谷物油直接喷洒在水面、海滨、固体物质和岩床上以消除其石油烃泄露造成的污染。Castaldi[223]发明了一种利用生物泥浆进行生物修复处理的技术，它是一种异位生物修复技术，采用将污染物溶解在水体中的方法来改良泥浆相的有机污泥和有机污泥与有机污染土壤的混合物的生物修复技术。

Glaze 等[224]发明了一种加速烃类污染物生物修复处理的技术，该技术首先利用化学改良剂进行污染土壤的处理，以便于后续生物修复的加速；其次是采用给污染土壤诱入空气，以提高土壤中的含氧量；第三步是加入生物修复剂（微生物），同时加入水，进行生物降解；最后利用水排出降解后的污染物。该种方法可以显著地提高生物修复速度。Peltola 发明了通过堆肥方式改善土壤生物修复作用的专利，该专利将生物修复和生物堆肥有机地结合起来，形成一种用于土壤改良和其他有机物质生物修复的方法[225]。Kuyukina 等[226]利用泥浆生物反应器和土地耕种池，成功地处理了污染土壤，形成了一种异位修复技术。试验是在 Lukoil 公司拥有的 Kokuyskoye 油田区域开展的修复研究，污染物主要由废油储池中的物质组成，大多数情况下是在发生突然原油泄漏事故和钻井设备表面脱落下来的原油对土壤造成的污染，污染土壤样品中含有 200g/kg 的可回收石油烃类物质，将这些污染的土壤收集到废油储池中。投加 Rhodococcus 表面活性剂、菌种混合均匀后，将其放入好氧泥浆生物反应器中，为了增强生物修复作用，采取了投加生物养料、土壤耕作、堆集一些木头碎片、经常浇水等措施，原油的生物降解速率为 300～600ppm/d（相当于 0.03%），最终在 5～7 周后含油量下降到 1.0～1.5g/kg 的 TRPH（相当于 0.1%～0.15%）。然后将这种处理后的物质（含油量约为 25g/kg）再放置到土地耕地处理池中进一步处理。王慧等[227]提出了土壤电动修复技术，它是将电极插入受污染的土壤区域，施加微弱的直流电形成电场，利用电场产生的各种电动效应来修复受重金属和有机物污染的土壤，外加电动力一方面可以驱动土壤污染物沿电场的方向定向迁移，从而将污染物富集到电极区集中除去，另一方面它可以将各种添加物有效地输送到地下污染区，或者增强地下环境中污染物的传质和生物可利用性，达到强化生物修复的效果，目前，该技术仍然处于实验室研究阶段，是一种有前景的强化生物修复配套技术。姜昌亮等[228]研究出了长料堆式异位生物修复技术，用于石油污染土壤的生物修复，它是在待处理的污染土壤中按比例加入营养剂（肥料）、水、膨胀剂（稻壳、麦麸、锯末等物质，为了保持土壤的透气性）和菌剂，混合后堆积成厚度为 350mm 的试验区块，堆料通过通风管道保持自然供氧和排气，同时调整 pH 以确保微生物生长繁殖的最佳条件。利用该技术对辽河油田稀油、稠油和高凝油污染土壤进行了生物修复试验研究，在污染土壤中的 TPH 含量为 4.16%～7.72%，堆料的温度为 20～40℃，含氧量大于 14%，pH 6～8，水分为 10%～25%时，经过 53d 的生物修复处理，TPH 的降解率达到了 45.19%～56.74%。李培军等[229,230]提出了预制床堆制的生物修复技术，用于石油污染土壤的生物修复处理，该技术的基本操作过程如下：首先将石油污染土壤收集并运输到处理场的混合池中，按比例投加肥料、水和固体菌剂，充分搅拌均匀后，堆放在预制床上，形成厚度为 500mm 的污染土壤层，堆料中间垂直插入通气管，以保持自然供氧和排气。利用该技术对辽河油田石油污染土壤进行了生物修复试验研究，研究表明，在污染土壤中的 TPH 含量为 2.58%～7.72%，堆料的温度为 20～40℃，含氧量大于 14%，pH 6～8，水分为 10%～25%时，经过 210d 的生物修复处理，TPH 的降解率达到了 66.59%～80.96%。何翔等提出了利用土壤菌根技术进行石油污染土壤的生物修复，通过种植黄豆、玉米等植物的试验研究发现，菌根降解对于提高石油污染土壤的生物降解速率的作用十分明显，石油污染的降解率可达到 53%～78%，其中黄豆植物的效果更佳。

3. 典型的石油污染土壤生物修复工程介绍

对于石油污染的生物修复技术的应用实际上开始于 20 世纪 90 年代初期，此前只是一些实验室和有限的野外试验研究。其中促使生物修复技术快速发展并达到工业化应用的最典型的案例是在 1989 年的原油泄漏事故处理上。随后该技术得到了研究人员的广泛重视，成为研究的热点，并不断出现不同的工程应用实例。

典型生物修复工程之一：土著微生物的原位生物修复技术。1989 年 3 月，美国的 Exxon Valdez 号油船触礁[231]，41000t 原油在阿拉斯加的 William Sound 王子岛泄露，随水漂移后，2100km 的海岸线（占阿拉斯加湾总海岸的 15%）遭受污染，为了尽可能地减少对该区域野生动物和渔业资源的危害及向其他海岸线迁移，迫切需要清除这些高浓度的原油。为此，美国政府 1989 年曾调动人员 11000 名，派出 1400 艘船只和 81 架直升飞机来解决这一问题，但难度很大。为此，Exxon 公司和美国环境保护协会的科学家联合提议尝试采用生物修复技术的可行性。首先，测试发现在阿拉斯加水域存在着丰富的可降解石油的微生物，进一步的研究表明，所有的海洋环境样品中都具有该类微生物，且在石油泄漏区的可降解石油的微生物量明显高于无污染的海区，原因是由于污染导致大量的树木死亡与腐解，为微生物提供了丰富的碳源而加速了繁殖，同时科学家发现，某些“好油性”特异微生物群落在原油污染的地方表现出繁殖明显加快，其数量由总微生物群落的小于0.1%增加到1%～10%，由此激发了人们利用微生物修复石油污染海岸的兴趣。因此，在大量试验的基础上，首先在120km的海岸线上进行了尝试，到1990年，海岸的油污明显减少，1992年美联邦调查组确认油污已经基本清除，残余的油可依靠微生物自行消除，生物修复成为主要的措施在该事件的处理上发挥了巨大的作用。同时，为了进一步提高可降解微生物的繁殖率，增加降解能力，为微生物提供必要的营养，研制出了一种能够在潮间带存留一定时间而不被海水冲走的肥料——Impol EPA-22，它是一种外表微乳化而内含N、P养分的肥料，所以又称为“喜油肥（oleophilic fertilizer）”[232]。研究结果表明，使用该种肥料后，油的降解速率可提高6～9倍，特别是阿拉斯加海湾鹅卵石很多的海滩上，机械和人工清除均十分困难的情况下，应用该种肥料取得了很好的效果。如在SUND港撒施Impol 8～10d后，处理区油污明显减少，特别是鹅卵石表面的油污消失得很快，对该区的生态监测结果表明，与邻区相比，处理区养分的含量并没有增加，对浮游生物的调查结果表明，施用该种肥料后并未影响藻类生长，叶绿素结果均在期望值之内，施肥并未造成生态系统的任何不利影响。美国所获得的这些结果足以证明生物修复是一种安全有效的技术措施，这一利用土著微生物，通过补充养分提高生物降解速率而清除石油污染的成功实例也受到其他国家的认可与采纳。例如，阿根廷1992年10月曾在Purto Rosales集散地施用富含养分的肥料，靠土著微生物清除了700t有关的泄漏。

典型的生物修复工程之二：生物通风技术的应用。1998年年底，在美国犹他州的空军基地[233]，为了处理约90t航空燃料油的泄漏造成的地下及地表土壤的污染，应用了生物通风技术，在污染区块的土壤中打了多口井，对应地安装鼓风机和抽真空机，将空气（空气中加入氮、磷等营养元素，为土壤降解菌提供营养物质）强行注入土壤中，然后抽出，大部分低沸点、易挥发的有机物直接随空气一起抽出去除[234]。而高沸点重组分的有机物主要是在微生物的作用下，被彻底矿化为二氧化碳和水。经过9个月的生物修复处理，共去除了62.6t的污染物，经监测和研究发现，在去除的污染物中部分是由微生物的降解完成的，大约占去除污染物的15%～20%。这也说明，土壤中的微生物对燃料油也具有很大的降解活性。在随后的进一步处理过程中，改变了操作参数，增加了气流路径并延长了气体在土壤中的停留时间，结果尾气量明显减少，由原来的90～180kg/d降到9kg/d，处理石油污染物的量也随之增加，从32kg/d增加到45kg/d。同时采用增加营养物质的方法，使生物降解增加了50%，由生物降解去除的污染物占总量的百分数提高到了40%。同时，对生物通风技术处理该种污染土壤的技术经济性进行了分析，认为该技术是一种经济有效的处理技术。

Parsons 等[235]开发出了与生物通风相类似的修复系统——空气诱导系统，该系统是 1991 年研发出来的，它将强化生物修复技术、气体萃取技术和泵抽循环处理技术等一系列技术与空气和水注入技术结合在一起。该空气诱导修复系统被安装在加拿大悉尼的一个大型燃料储存终端。插入恢复井和交叉的排水沟以帮助空气诱导系统实现地下水的控制，在系统运行期间收集的水，采用空气气提法处理后，排入港口。整个系统安装了 70 个空气诱导井，每个空气诱导井都与由合适型号的真空鼓风机驱动的，5 个平行的空气诱导系统互相连接，真空鼓风机应该与高度可变的土壤和含水层的特性相匹配。该系统运行了 18 个月，污染地下水的含油量明显减少，大约 87%以上的土壤污染被去除了。空气诱导系统可完全实现土壤的清洁作用[236]。其中，土壤蒸汽萃取方法对烃类物质的去除率的贡献率约为 30%，生物修复技术约为 70%，它们是空气诱导系统的主体处理技术。而泵和处理技术仅占 0.3%。研究结果也表明，95%的污染区域已经被修复到可应用的程度或达到工业修复标准 2000mg/kg [相当于 0.2%（质量百分数）]。实验还发现，初始井的空间间隔设计、土壤蒸汽萃取等措施在系统运行中应重点考虑，以减少系统投资。

4. 油田污染土壤生物修复技术研究的目的及基本思路

在油田生产施工作业过程中产生的落地原油对井场周围土壤造成污染，由于目前还没有成熟的方法对这部分落地原油和含油污泥进行有效处理，有时仅仅采用填埋式处理方法，被原油污染的土壤未得到有效的治理，因此造成了污染。另外，联合站处理系统的各种处理设施中产生的含油污泥，虽然已经开发出了除油脱水技术，而形成了泥饼，但含有一定量原油的泥饼的排放，也会对油田环境造成污染。目前，随着我国经济发展的不断壮大和加入 WTO 后各项工作与国外的并轨，对生态环境保护的要求越来越严格，对环保的执法力度也越来越大，因此，一方面应通过强化管理措施，尽可能地减少作业过程中产生的原油对井场周围的环境造成污染，通过研制并采用含油污泥综合利用技术尽可能地减少污泥的外排量，进而减轻污泥对环境造成的污染；另一方面应开发高效的环境治理技术，对于作业过程中已经被原油污染的土壤和外排的含油污泥进行无害化处理，恢复原有的土壤状态和植被状态。从长远看，原油污染土壤的修复和含油污泥的处理问题是油田今后将要解决的环境问题，而微生物修复技术是一种经济、安全、无二次污染的处理技术，具有十分广阔的应用前景，它的研究成功将不仅解决油田原油污染土壤和含油污泥治理的问题，而且也为我国其他行业的油污染问题的解决提供良好的技术来源和经验。

油田污染土壤生物修复技术研究的目的是针对油田原油污染土壤的现状，通过研制出适应于大庆油田生产环境的降解原油的微生物产品，在室内和现场试验研究的基础上，开发出一种生物修复技术，利用降解原油的微生物产品处理落地油和含油污泥污染的土壤，使污染的原油在微生物作用下，利用空气中的氧气，将其氧化成为二氧化碳和水，进而消除原油对土壤的污染并实施污泥的无害化处理，为油田原油污染土壤的生态恢复提供技术保障。

油田污染土壤生物修复技术研究的基本思路如下：

（1）通过文献资料的调查研究和分析，了解环境微生物中以烃类物质为主要碳源的微生物种群的生长规律、影响因素、控制措施，为开发研究降解原油这种复杂的烃类化合物混合体的微生物产品提供必要的方法，为采用生物修复技术恢复原油污染土壤提供可借鉴的技术措施。

（2）在对油田原油污染土壤的现状进行分析总结的基础上，开发出用于降解石油的微生物产品。

（3）通过室内试验，确定该产品的基本性能，并分析其操作条件。

（4）在室内，通过系列试验研究，确定污染物自身的因素（如总溶解固体含量、重金属种类及含量、酸碱度等）及外部因素（如温度、加水的水量和水质等）对微生物生长的影响。确定现场试验的工艺技术和操作参数。

（5）在现场，根据室内试验，结合油田生产实际，选择适宜的有代表性的试验现场，开展试验，验证室内结果，并提出工业化应用的技术方案和措施。

通过上述五个方面的研究，提出一整套包括微生物制剂在内的原油污染土壤及含油污泥的生物修复技术，进而为油田原油污染土壤及含油污泥的生物治理，恢复生态环境，提供决策依据和可供借鉴的处理技术。

## 11.2 影响石油污染土壤生物修复技术效果的因素

生物修复过程中主要涉及微生物、有机有害污染物和土壤，因此可将影响生物修复的因素分为三个方面，即微生物及其活性、污染物的生物可利用性和浓度污染物特性、土壤性质及其他因素，在研究和选择生物修复技术时均应加以考虑。

### 11.2.1 微生物及其活性

1. 微生物的主要特征

微生物降解有机化合物的巨大潜力是生物修复的基础。微生物具有以下几个特性：

（1）微生物个体微小，比表面积大，代谢速率快。以细菌为例，3000 个杆状细菌头尾衔接的全长仅为一粒籼头的长度，物体的体积越小，其比表面积或与环境接触面积就越大，代谢废物排泄面和环境信息接受面也越大，故而使微生物具有惊人的代谢活性和速率。

（2）微生物种类繁多，分布广泛，代谢类型多样。凡有生物的各种环境，乃至其他生物无法生存的极端环境中，都有微生物存在，它们的代谢活动对环境中形形色色污染物的降解转化，起着至关重要的作用。

（3）微生物降解酶。微生物能合成各种降解酶，酶具有专一性，又有诱导性，对环境中的污染物，微生物通过其灵活的代谢调控机制而降解转化之。

（4）微生物繁殖快，易变异，适应性强。由于微生物繁殖快，数量多，可在短时间内产生大量变异的后代。对进入环境的“陌生”污染物，微生物可通过突变，改变原来的代谢类型而适应、降解之。

（5）微生物体内还有另一种调控系统——质粒（plasmid）。质粒是菌体内一种环状的DNA分子，是染色体以外的遗传物质，它是微生物降解过程中所产生的一些关键酶类物质。抗药性质粒能使宿主细胞抗多种抗生素和有毒化学品，如农药和重金属等。在一般情况下，质粒的存在对宿主细胞的生死存亡和生长繁殖并无影响，但在有毒物等情况下，由于质粒能给宿主带来具有选择优势的基因，因而具有极其重要的意义。质粒能转移，获得质粒的细胞同时获得质粒所具有的性状。

（6）共代谢（co-metabolism）作用。微生物在可用作碳源和能源的基质上生长时，会伴随着一种非生长基质的不完全转化。李晔等[171]在研究石油污染土壤生物修复的最佳条件时发现，微生物的活性和数量是影响石油降解效率的重要因素，石油含量在一定范围内对降解效率并没有影响。其他因素对生物降解的影响大小的顺序主次关系为：含水量、表面活性剂量、营养物质和电子受体。

2. 微生物的分类

可以用来作为生物修复菌种的微生物分为三大类型：土著微生物、外源微生物和基因工程菌。

（1）土著微生物。土壤中经常存在着各种各样的微生物，在遭受有毒有害的有机物污染后，实际上就自然地存在着一个驯化选择过程，一些特异的微生物在污染物的诱导下产生分解污染物的酶系，进而将污染物降解转化。研究表明，对于处理包括多种污染物（如直链烃、环烃和芳香烃）的污染时，很少有单一微生物具有降解所有这些污染物的能力。

以土著微生物为主体的生物修复工程往往适用于长期少量的污染治理，通常采用从污染土壤纯化培养优势菌种，然后扩培后回用到污染土壤中以强化生物修复处理的方法。赵光辉等[172~174]从长期受石油污染的土壤中筛选出了降解石油的菌株，并制成了两种混合菌剂A和B（每种菌剂中含多种菌株，单一的微生物降解多种污染物的能力较差，所以选择多种微生物制成的混合菌剂），利用该菌剂进行了石油污染土壤的盆栽试验，供试植物为蓖麻，盆栽试验结果表明，两种土著菌剂对石油污染土壤有明显的生物降解效果，油的降解率能够达到 50％以上。另外发现，化肥和有机肥的添加有助于提高土著微生物的降解效果，定期加菌液、营养液能保持微生物对污染物的高效降解。

对于突发性污染较严重的情况，污染物可能会导致土壤中发挥降解作用的微生物死亡或活性降低。

（2）外源微生物。土著微生物生长速度慢、代谢活性不高或者由于污染物的存在而造成土著微生物数量下降，因此需要接种一些降解污染物的外源微生物以提高或强化生物修复作用。采用外来微生物接种时，会受到土著微生物的竞争，需要用大量的接种微生物形成优势，以便迅速开始生物降解过程[176]。研究表明，在实验室条件下，30℃时每克土壤接种 106 个五氯酚（PCP）降解菌可以使 PCP 的半衰期从 2 周降低到小于一天。这些接种在土壤中用来启动生物修复最初步骤的微生物被称为“先锋生物”，它们能催化限制降解的步骤。

宋玉芳等[175]在进行污染土壤生物修复存在问题探讨一文中曾论述了外源微生物引入的条件与原则。提出引入外源微生物的原则是外源微生物应具备降解绝大部分目标污染物的能力、具有遗传稳定性、能够在环境中快速生长并具有较高的酶活性、应具有与土著微生物生存生长竞争能力和接种的微生物无致病性且不产生有毒代谢产物等特点。引入外源微生物的条件如下：

① 现存的土著微生物不能降解土壤中的污染物，例如，有机污染物在降解过程中中间产物不能为土著微生物降解。

② 土壤中污染物的含量过高，对土著微生物有毒害作用而不能有效地降解污染物。

③ 土壤被污染后需要立即处理。

（3）基因工程菌。基因工程菌的研究引起了人们浓厚的兴趣，采用细胞融合技术等遗传工程手段可以将多种降解基因转入同一微生物中，使之获得广谱的降解能力。例如，将甲苯降解基因从恶臭假单胞菌转移给其他微生物，从而使受体菌在 0℃时也能降解甲苯，这比简单地接种特定的微生物使之艰难而又不一定成功地适应外界环境要有效得多。

土壤中广泛分布着可以降解石油的微生物种，它们是土壤生物修复的主角。因为石油是天然有机物，因此微生物发展了利用石油的能力。研究发现，土壤中降解石油微生物的数量与石油污染物存在着密切的关系，当石油污染土壤时，微生物体系能够适应污染环境，并发生选择性地富集和遗传改变，从而导致烃类降解细菌所占的比例及编码降解烃类基因的质粒数量增加。一般情况下，土壤中降解石油微生物的数量为细菌总数的 0.13％～0.50％，当石油污染存在时，其数量增加使其所占的比例可以上升到10%以上。原油泄漏后几天便可检测出石油降解菌数升高几个数量级，对于长期受石油污染的地区，不仅菌属种类明显增加，而且其降解石油的强度也高于无污染区[177]。很多研究也证实了该结论。Jensen[178]报道，石油污染8个月后，土壤中石油降解菌的数量增加了近10倍，几乎达到了总菌数的50%，在该试验中，真菌种的多样性没有明显变化。Jensen也报道了经过生物修复处理后，石油污染土壤中的菌属种类的多样性比未处理的要低，节核细菌属（*Arthrobacter*）和似棒状杆菌的诸如棒状杆菌属（*Corynebacterium*）、分枝杆菌属（*Mycobacterium*）、诺卡氏菌属（*Nocardia*）和短杆菌属（*Brevibacterium*）对石油污染都显示出很强的正相关。龚利萍等[179]通过试验研究说明了高浓度的石油烃对微生物的生长是有害的，适宜的低浓度石油烃的存在会刺激嗜油微生物的生长，且污染时间越长，嗜油微生物的数量越高。姚德明等[180]以辽河油田四种不同类型的原油污染土壤为研究对象，进行了降解石油微生物类群和菌株的分析，研究发现，在石油污染土壤中，以利用石油烃为碳源的细菌数量较多，真菌数量较少，细菌数量虽然较多，但类群没有真菌多，细菌以动胶菌属为主，其次为黄杆菌属。真菌以毛霉菌属、小克银汉菌属占优势，其次是镰刀菌属、青霉菌属，酵母菌属最弱。放线菌以链霉菌属为优势。各优势菌属均具有解脂酶活性。添加优势真菌，可以提高生物处理石油污染土壤的能力。许增德等[181]在胜利油田进行油田含油污泥中烃类物质的生物降解技术研究时，在厌氧和好氧条件下，从油污染土壤中分离纯化出4株能降解石油烃的微生物$CH_1$、$CH_2$、$CH_3$和$CH_4$，经过鉴定$CH_3$为假单胞菌属，确定了其生长适宜的pH为7.5，能以脂肪烃和芳香烃为唯一碳源，进行生物降解。在油泥的初始含油量为9.84g/kg时，经过14d的生物降解，石油污染物的生物降解速率达到了80%以上。魏小芳等[182]在论述重质石油污染土壤的生物修复时，论述了几种能够降解四个或多个芳环的PAH的分枝杆菌PYR-Ⅰ、RJGⅡ-135和BBⅠ及分离出的*Sphingomonas paucimobilis*菌属EPA505。同时，提出了真菌具备降解大范围PAH的能力，白腐菌可以降解含有致癌物质-苯并［a］芘的PAH，修复PAH污染土壤和沉淀物。

到目前为止，已经查知能够降解烃类污染物的微生物共约100余属200多种，他们分别属于细菌、放线菌、霉菌、酵母菌及藻类[183]。土壤中最常见的石油降解细菌菌群数由高到低的顺序分别为：假单胞菌属（*Pseudomonas*）、节核细菌属（*Arthrobacter*）、产碱杆菌属（*Alcaligenes*）、棒状杆菌属（*Corynebacterium*）、黄质菌属（*Flavobacterium*）、无色杆菌属（*Achromobacter*）、微球菌属（*Micrococcus*）、诺卡氏菌属（*Nocardia*）和分枝杆菌属（*Mycobacterium*）。最常见的石油降解真菌种群数由高到低的顺序为：木霉属（*Trichoderma*）、青霉菌属（*Penicillium*）、曲霉属（*Aspergillus*）、森田属（*Mortierella*）。显然，细菌和真菌是土壤石油生物降解最基本的作用者。近年来还发现蓝细菌与绿藻具有可降解芳烃的作用。另有研究表明，许多放线菌也表现出烃降解能力，但由于其很难在土壤中取得竞争优势，而无法应用。

### 3. 微生物的来源及活性影响因素

微生物的来源及应具备的条件，一种微生物可代谢的污染物范围是有限的，污染地区的土著微生物种群可能无法降解复杂的石油烃类混合物[184]；另一种是向处理系统中投加原来不存在的外源微生物，使体系无法处理的污染物得到有效地去除。该两种方式的生物强化技术在实际中均有采用，主要取决于原有处理系统中的微生物组成和所处的环境。这些投加的高效降解微生物一般需要满足三个基本条件：所投加的菌体活性高；菌体能快速降解目标污染物；在处理系统中具有很强的竞争力且能够维持相当的数量[185]。

影响微生物活性的因素除了微生物自身对环境或处理土壤的适应能力的差异以外，其他一些外界的因素也影响着微生物的活性，这些因素主要包括：微生物的营养物质、电子受体、共代谢基质。

1）微生物营养物质

大多数土壤类型的 N、P 储量都较低，当产生石油污染而导致土壤中的 C 源大量增加时，N、P 含量，特别是可给性的 N、P 就成为生物降解的限制因子。不同的研究者得出了不同的结果，有的认为 C∶N 值为 60∶1、C∶P 值为 800∶1、C∶K 值为 400∶1 时微生物降解率最高。有的认为 C∶N∶P 值为 100∶10∶1，油的降解率最高，单独添加 N 或 P 均不能提高降解效率。有的认为 C∶N∶P 值为 120∶10∶1。还有一种情况是针对同样的石油类污染物生物修复，不同的研究者得到的 C∶N∶P 的值分别是 800∶60∶1 和 70∶50∶1，相差一个数量级。总之，添加 N、P 对土壤生物修复的影响是比较复杂的，这方面研究的报道有些是很矛盾的。因此，在选择营养盐浓度和比例时通常要进行小试。

2）电子受体

生物修复处理技术一般都采用好氧过程，一方面由于好氧系统对降解石油烃类物质非常有效，降解速率也比厌氧快，而厌氧系统需要被处理的土壤隔离空气，实现该条件比较困难。另一方面是好氧系统最终产物是二氧化碳和水，对人类无害，而厌氧系统的产物为甲烷和硫化氢等，会对环境造成二次污染。因此，通常采用的石油污染土壤的生物修复技术是以好氧微生物为主体的生物修复，在这种生物修复过程中，土壤中污染物氧化分解的最终电子受体的种类和浓度也极大地影响着污染物生物降解的速度和程度。微生物氧化还原反应的最终电子受体主要分为三类，包括溶解氧、有机物分解的中间产物和无机酸根（如硝酸根和硫酸根），其中主要是溶解氧。

3）共代谢作用

共代谢是生长底物和非生长底物共酶，生长底物是微生物生长作为唯一碳源和能源的物质，共酶是指一些污染物（非生长底物）不能用于微生物的唯一碳源和能源，而只能在生长底物（如甲烷）被利用时，通过微生物产生的酶被转化成不完全氧化的产物，而这种产物就可以被微生物利用并被彻底氧化。因此，对一些顽固污染物的生物降解，共代谢起着重要作用。研究表明，许多微生物能以土壤中低相对分子质量的多环芳烃化合物（双环或多环）作为唯一碳源和能源，并将其完全无机化，但共代谢作用更能促进四环或多环高相对分子质量芳烃的降解[186,187]。另外，土壤中的一些重金属离子、土壤中污染物的浓度、污染的深度和污染时间的长短及污染物的分布等一系列土壤污染数据，也对微生物的活性产生一定的影响。

### 11.2.2　石油污染物的生物可利用性和浓度

石油污染物特性对石油污染土壤的生物修复技术的影响主要涉及石油污染物的生物可利用性，这种可利用性是指土壤环境中的污染物能够被微生物利用或降解部分的数量大小，生物可利用性大小的不同可产生以下三种情况：

（1）污染物的生物可利用性太小会导致微生物不能够获得足够物质和能量，而无法维持代谢需求，这时生物降解就不会发生。

（2）当存在一个较低的可利用的污染物含量时，微生物能够维持自身的生存。这时会出现污染物被降解的情况，但是由于没有大量新细胞的产生而使降解速率受到限制。

（3）当有足够可利用的污染物时，微生物不断繁殖，可以使降解速率达到最大。这是生物修复过程中最希望出现的最佳情况[188]。

石油是一种天然的烃类混合物，因此，在通常情况下，其中所含的各种烃类物质只要条件适宜，均可被微生物代谢降解，只是难易程度不同。试验研究表明[189,190]：同系物的抗氧化性随着 C 原子数的增加而增加，饱和烃比不饱和烃、直链化合物比支链化合物都较易降解，环烷烃及多环化合物较难降解，沥青烃及极性化合物对生物降解最不敏感，含硫芳香化合物的降解速率比不含硫同系物低一半。Davis 等[191]报道，即使在单位重量的原油分解了 45%～62%后，其组分除了烷烃外，其他组分没有多大变化。正烷烃中 $C_{10}$～$C_{18}$ 范围内的化合物较易降解，短链的液态烃因其在水相中较易溶解，并能够使细胞质改组，所以它们并不是微生物的很好基质。

生物修复过程中，土壤污染物的浓度对微生物的降解能力有一定的制约。当污染物的浓度过高时，生物降解速率会受到一定的影响，甚至对微生物产生一定的毒害作用，阻止或减缓代谢反应的速度，以致使降解无法进行。何翔等[192]在进行石油污染土壤菌剂修复技术研究时，利用从污染土壤中筛选出的优势真菌3株，即小克银汉霉（*Cunninghamella* sp.）、毛酶（*Mucor* sp.）和曲霉（*Aspergillus* sp.）；细菌2株，即芽孢杆菌（*Bacillus* sp.）和动胶杆菌（*Zoogloea* sp.）进行了现场试验，在确保肥料、膨松剂和间种白腊及玉米等植物的条件下，确定的石油污染物的降解条件为土壤中的石油浓度不超过10g/kg，施加两种菌剂，土壤的石油类污染物的降解效率达到了54.23%。张小啸等[193]在研究土壤微生物对苯的降解时发现，使用大庆油田石油污染土壤中分离出的优势菌种（革兰氏阴性G、黄杆菌属），在实验室可控条件下，微生物对苯的耐受范围是8.8～17.6mg/L,当浓度大于17.6mg/L时，对该菌体产生明显的抑制作用。有两种说法对此做出解释：①微生物细胞内完成反应的调节机制不适合低浓度污染物的分解；②降解污染物的微生物种群在不合适的物质供应条件下失去了基本生存能力，这样即使环境条件达到最佳状态，微生物在生理上对降解低浓度的污染物也是无能为力的，微生物的降解因此而停止。目前，低浓度污染物的生物降解是生物修复过程中面临的一个难题。有学者认为[194]，当污染物浓度很低时，污染物与微生物的隔离作用是造成该现象的原因，可能出现以下两种情况：一种是污染物溶解在非水相，非水相会通过水流作用与水相完全隔离。这时就会出现有机污染物与水相完全隔离的情况；另一种是当污染物强烈地吸附在土壤颗粒表面或进入土壤空隙中时，也可能出现上述情况。

张锡辉等[195]通过试验表明游离态烃容易被微生物降解，土壤对环烃吸附作用是限制其降解的主要因素。试验取污染土样2份，测试发现，土壤固相中环烃的含量是水相的10倍，说明环烃与土壤吸附作用的存在。分别在两个土壤样品中投加和不投加表面活性剂Trton X-100进行生物降解对比试验。结果表明，不投加表面活性剂的样品，水相中环烃的浓度在20d内急剧上升，然后下降，说明投加细菌首先将结合态的环烃从土粒表面分离出来，再逐步降解。而投加表面活性剂的样品，水相中的环烃浓度急剧上升，在第10d达到最大浓度，然后下降，并在30d内可以使土壤环烃降解到一个比较稳定的水平。

表面活性剂已用于煤焦油、油烃和石蜡等污染物的生物修复中试和现场规模处理中，表面活性剂的选择要满足以下几个条件：

(1) 能够提高生物有效性。

(2) 对微生物和其他生物无毒害作用。

(3) 易生物降解（但这可能会引起微生物首先降解表面活性剂）。

(4) 不会造成土壤板结。

有些表面活性剂就是由于不能满足上述条件而不能大规模应用。

### 11.2.3 土壤特性

土壤可分为四个组分：气体、水分、无机固体和有机固体。气体和水分存在于土壤空隙中，两者一般占 50％的体积。土壤的类型、土壤的含水率及土壤组成等物理化学性质均影响着生物修复的效果[196,197]。

1. 土壤的类型

在生物修复中，土壤的类型是一个重要的但往往被忽视的影响因子。总的来说，黏性小的沙质土壤适宜于生物修复，而黏性较大，易形成土壤团块的黏质土壤则不适宜于生物修复。土壤渗透率的好坏是决定生物修复是否成功的另一个关键的因素。因为在渗透性好的土壤中营养物质和电子受体的传质速度快，有利于生物降解反应的进行。而在渗透性差的土壤中情况则相反。

2. 土壤的含水率

土壤生物需要水以维持其基本的代谢活动。含水率低的土壤，不但营养物质和污染物质的传质速度低，生物可利用性差，而且对于依赖水流作用力进行迁移的单细胞微生物的活性造成不利的影响[198]。含水率过高又会影响氧的传递。一般认为土壤的含水率为 50％左右时有利于生物修复的实施。

3. 土壤的组成

土壤是由无机和有机固体组成的。在大多数土壤中无机固体主要是砂、无机盐和黏土颗粒，这些固体具有较大的比表面积，可以将污染物和微生物细胞吸附在高反应容量的表面，能够固定有机污染物，并形成具有相对高浓度的污染物和微生物细胞的反应中心，提高污染物降解速率。有些黏土带有很高的负电荷，阳离子交换能力很高，另一些黏土带有正电荷，可以作为负电荷污染物的阴离子交换介质。

### 11.2.4　其他因素

1. 温度

生物反应符合一般化学反应速率的规则，即温度越高反应速率越快。研究表明，在－2～72℃范围内，微生物均能产生一定的降解作用。在 0～10℃范围内，温度升高，微生物增多，降解速率提高。温度从 20℃升高至 30℃时，正构烷烃的降解速率可增加一倍；而温度从 20℃降低至 10℃时，重质油的降解速率减低 50％～60％，轻质油减低 30％～40％。目前温度的变化对石油烃的微生物降解影响很大，低温会抑制烃的降解。

在石油污染土壤治理研究中发现，低温下石油黏度增加，短链有毒烷烃的挥发作用减弱而水溶性增加，于是延缓了生物降解作用；当温度偏高时，烃类的毒性增加，也会对微生物产生抑制作用，因此，其最佳的温度范围是 30～40℃[200]。

2. 氧

氧对石油烃的降解也十分重要。石油烃的主要降解途径需要（加）氧酶和分子氧参加。理论上需氧量是每克氧氧化 3.5g 油。在厌氧条件下，石油烃也发生分解，但速率很低。在缺氧的土洼、湖泊的下层或底泥中，氧可能完全限制微生物的降解，如不充氧，即使加入营养物也不能提高烃的降解速率。

3. pH

由于绝大多数细菌生长的 pH 范围介于 6～8[201]，中性最为适宜，生物修复的研究和应用也集中在该范围内。但是在实际的土壤环境中，偏酸性或偏碱性的情况并不少见，通过调整土壤的 pH，可以明显提高生物降解的速率，常用的方法有添加酸碱缓冲剂或中性调节剂等。在酸性土壤的治理中，价格低廉的石灰常常被用来提高 pH，但要考虑防止影响 N、P 等营养元素的生物可得性。

## 11.3　降解石油微生物的鉴定与生物修复制剂的研制

### 11.3.1　石油污染土壤的类型

在原油生产及处理过程中，将对周围的土壤环境产生一定的污染。以大庆油田为例，依据产生石油污染土壤的成因，大体上可以分为以下三种不同的类型。

第一类石油污染土壤是由三种主要成因形成的：一是由于输油管线的腐蚀穿孔造成的原油泄漏事件形成的；二是由于原油生产过程中的不正常运行及一些生产事故造成的原油泄漏及高含油的采出液泄漏事件造成的；三是由于井口作业施工等原因造成的原油泄露事件而产生的。在油田内部称这部分原油为落地原油，通常采用人工清理的方式将该部分原油回收并集中运输至落地污油处理点，采用简单加热沉降等处理措施将原油回收至生产处理系统，而回收落地原油过程中携带的泥土则在落地污油处理点的沉降池中形成含油污泥，定期清理沉降池底部的泥砂，这类含油泥砂（或固体废弃物）的数量比较少，但含油量很高（通过测试，其含油量可达到 45%～50%），主要是一些重质油的成分。

第二类石油污染土壤是上述落地原油回收后残余在现场的含油土壤、作业施工过程中产生的无法回收的含油污泥和对土壤造成污染后产生的含油废弃物。由于无法预测管线渗漏、生产事故等原因造成污染土壤的总量，因此，目前其处理的对象主要集中在井口作业施工对井场的污染方面。

第三类石油污染土壤是由联合站内各种处理容器中沉积的含油污泥和各种废弃滤料组成的。联合站内各种处理容器，如游离水脱除器、电脱水器、污水沉降罐、回收水池等在经过一段时间的运行后，将会产生一定的含油污泥。另外，目前，在大庆外围油田推广应用的二合一、三合一、四合一等处理设备，均要求一年进行一次污泥清除处理。这部分含油污泥的含油量通常在 5%～15%。油田水处理系统的过滤材料平均每 3～5 年就要进行更换，这些更换下来的滤料含有一定量的原油。其堆放势必造成环境污染。

### 11.3.2　降解石油微生物的筛选、鉴定

1.　优势微生物菌株筛选

1）富集分离培养基及富集材料方法

（1）测试的土壤。

测试的土壤均来自大庆油田某采油厂的一口原油污染的井场，1＃为未被污染土壤；2＃为轻度污染土壤；3＃为中度污染土壤；4＃为重度污染土壤。经测试其含油量见表 11.1。

**表 11.1　四种土壤样品含油量**

| 样　品 | 1＃ | 2＃ | 3＃ | 4＃ |
|---|---|---|---|---|
| 石油烃含量/% | 0 | 0.58 | 2.86 | 8.94 |

（2）培养基。

培养基包括细菌培养和分离用培养基、降解用液体培养基、菌种纯化保存培养基，其组成见表 11.2。

**表 11.2　培养基配方**　（单位：mg/L）

| 培养与分离采用无机盐培养基的组成和含量 | | | | | | |
|---|---|---|---|---|---|---|
| 成分 | $K_2HPO_4 \cdot 3H_2O$ | $KH_2PO_4$ | $MgSO_4 \cdot 7H_2O$ | $NH_4NO_3$ | $CaCl_2$ | $FeCl_3$ |
| 含量 | 1.0 | 1.0 | 0.5 | 1.0 | 0.02 | 痕量 |

| 降解用液体培养基的组成和含量 | | | | | | | |
|---|---|---|---|---|---|---|---|
| 成分 | $(NH_4)_2SO_4$ | $NaNO_3$ | $CaCl_2$ | $MgSO_4$ | $KH_2PO_4$ | $NaH_2PO_4 \cdot H_2O$ | pH | 原油 |
| 含量 | 0.5 | 0.5 | 0.02 | 0.2 | 1.0 | 1.0 | 7.0 | 10 |

菌种纯化保存培养基：细菌采用牛肉膏蛋白胨培养基；真菌采用 PDA 培养基；放线菌采用高氏培养基。

2）优势菌株的富集分离

在以原油为唯一碳源的无机盐富集培养基中加 1%石油污染土壤或渣油，30℃摇床培养 3d，取富集液 1mL 接种相同新鲜培养基，相同条件下培养 3d，如此连续富集培养 5 次，以无机盐培养基平板进行分离纯化，纯化后的菌株分别保存于相应的牛肉膏、PDA、高氏培养基中。

3）优势菌株的鉴定

根据伯杰氏细菌鉴定手册和常见细菌系统鉴定手册对分离到的细菌进行鉴定；根据常见真菌鉴定手册对分离到的真菌进行形态观察鉴定；根据细菌和放线菌的鉴定手册对放线菌进行鉴定；初步鉴定到属。

4）降解活性菌株的筛选

将纯化后的菌株在斜面培养基上培养，用无菌水制成菌悬液，取 1mL 接种至装有 50mL 降解用液体培养基的 100mL 三角瓶中，在旋转摇床上培养，转速为 220r/min，温度 30℃。培养 14d 后，测定培养液中的原油残留量，每一处理重复三次，计算平均降解率。

2. 试验研究结果

1）优势微生物菌株的分离鉴定

经富集分离、纯化培养，从石油污染土壤 2＃、3＃、4＃中共得到细菌菌株 42 株，真菌菌株 8 株，放线菌 10 株。根据菌落特征、菌株形态、孢子形态及生理生化特征对分离到的菌株进行鉴定，发现在石油污染土壤中存在主要的优势细菌包括微球菌属、节细菌属、芽孢杆菌属、产碱菌属、乙酸细菌属和黄杆菌属；优势真菌主要有黑曲霉、杂色曲霉、产黄青霉、常现青霉、绿色木霉、粉红头孢霉、出芽短梗霉和镰刀菌属；放线菌主要为链霉菌属，鉴定结果如图 11.3（见彩图）及表 11.3 和表 11.4 所示。

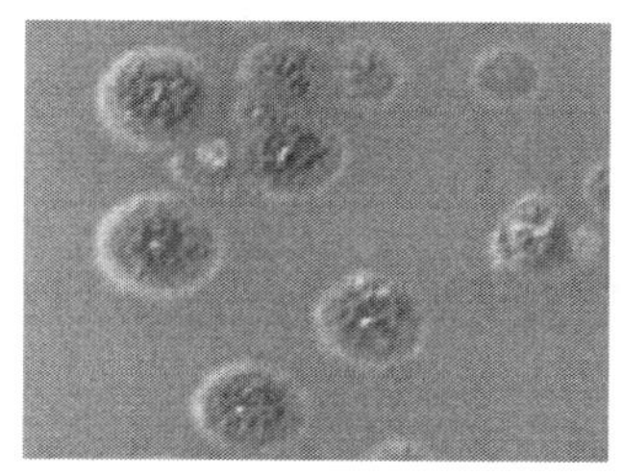

（a）放线菌落

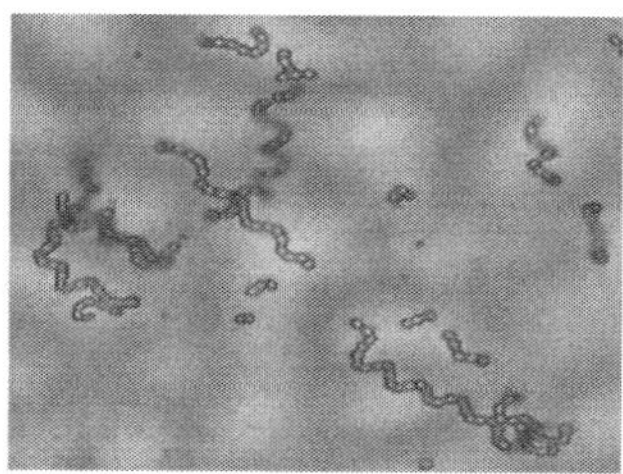

（b）放线菌菌丝体

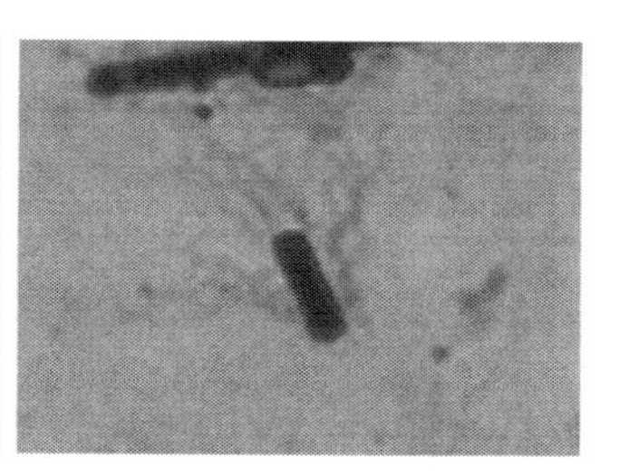

（c）带鞭毛细菌

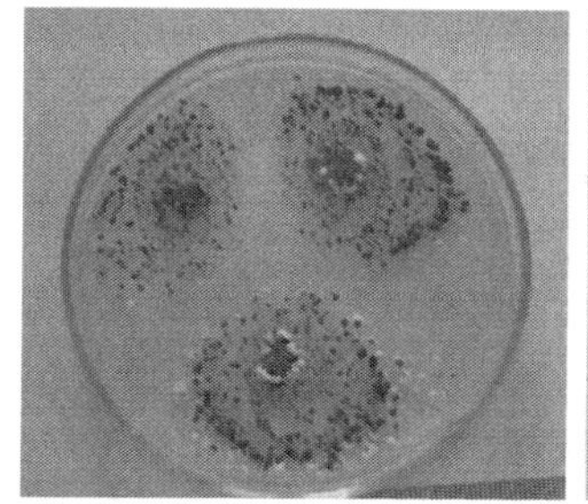

（d）真菌菌落

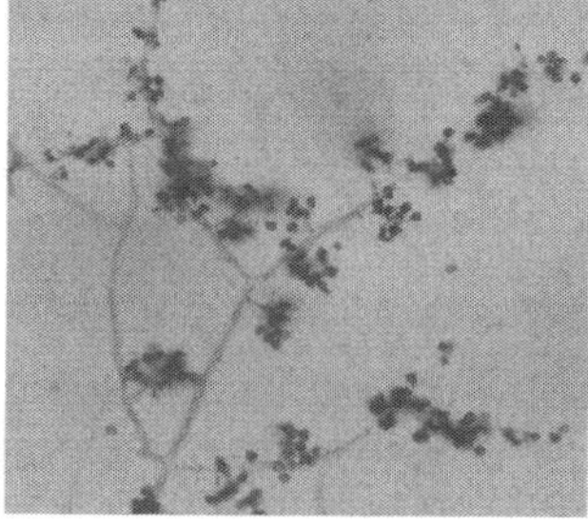

（e）真菌菌丝和孢子

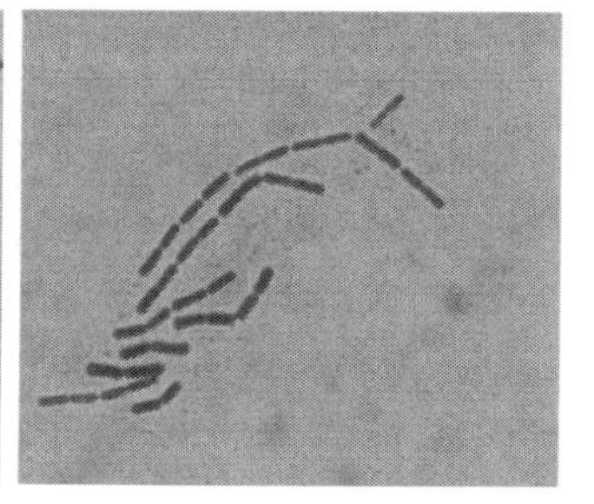

（f）细菌菌体

图 11.3　微生物菌落形态及菌株形态观察图

**表 11.3 石油污染土壤中的优势细菌鉴定结果**

| 菌 株 | Ⅰ① | Ⅱ② | Ⅲ③ | Ⅳ④ | Ⅴ⑤ | Ⅵ⑥ |
|---|---|---|---|---|---|---|
| 革兰氏染色 | + | + | + | − | − | − |
| 鞭毛染色 | 无 | 侧生 | 周生 | 周生 | 周生 | 周生 |
| 芽孢染色 | − | − | − | − | − | − |
| 抗酸染色 | − | − | − | | | |
| 过氧化氢酶 | + | + | + | + | + | + |
| 氧化酶 | − | − | | + | + | + |
| 葡萄糖产酸 | 氧化产酸 | 产少量酸 | − | 氧化产酸 | 氧化产酸 | 发酵产酸 |
| 甲基红试验 | | | | − | | + |
| 乙酰甲基甲醇试验 | | | | − | | − |
| 纤维素水解 | − | − | − | | | |
| 乙醇氧化 | | | | | + | |
| 乙酸氧化 | | | | | + | |
| 石蕊牛奶 | | | 胨化并产碱 | 产碱 | | 胨化 |
| 硝酸盐还原 | +或− | | | + | | − |
| 3-酮基乳的产生 | | | | − | − | − |
| 菌体大小/μm | 0.5～2.0 | (0.5～1)×(0.5～2.0) | (0.8～1.2)×(5.0～5.5) | (0.5～0.8)×(0.5～2.0) | (0.5～0.8)×(0.5～2.0) | 0.5×(0.5～1.0) |
| 菌体形态 | 球状 | 短杆状或近球状 | 杆状 | 杆状 | 杆状 | 球杆状或杆状 |
| 鉴定结果 | 微球菌 *Micrococcus* | 节细菌属 *Arthrobacter* | 芽孢杆菌属 *Bacillus* | 产碱菌属 *Acaligenes* | 醋酸杆菌属 *Acetobacter* | 黄杆菌属 *Flavobacterium* |

注：① No.5、6、7、24、31、32、54、55、57。
② No.12、23、33、50、56、60、62、69。
③ No.10、16、18、19、27、51、59。
④ No.2、4、8、9、15、17、25、28、29、35、61、68。
⑤ No.3、14、52、53。
⑥ No.65、67。
空格表示该项试验未做。

**表 11.4 石油污染土壤中的优势真菌鉴定结果**

| 菌 株 | No.3206 | No.1201 | No.1202 | No.1207 | No.2209 | No.1210 | No.1203 | No.4001 |
|---|---|---|---|---|---|---|---|---|
| 生长速度 | 生长快，23mm/4d | 生长很慢，17mm/9d | 生长较快，35mm/6d | 生长一般，23mm/5d | 生长很慢，7mm/9d | 生长一般，32mm/4d | 生长极快，43mm/4d | 生长很快 |
| 颜色 | 表面黑色，背面无色 | 表面粉红，背面黄橙色 | 表面淡黄，背面亮黄 | 表面灰褐色，背面紫褐色 | 表面白色，背面暗红 | 表面粉红，背面无色 | 表面绿色，背面无色 | 表面灰绿色，背面无色 |

续表

| 菌　株 | No. 3206 | No. 1201 | No. 1202 | No. 1207 | No. 2209 | No. 1210 | No. 1203 | No. 4001 |
|---|---|---|---|---|---|---|---|---|
| 表面状况 | 细绒状 | 发散状 | 边缘白色，有明显放射状沟纹 | 绒状，表面有突起 | 绒状，表面有突起 | 边缘规则 | 表面不均一，有棉絮状气生菌丝产生 | 表面不均一，有褶皱 |
| 质地 | 疏松 | 紧密 | 致密 | 较紧密 | 致密 | 疏松 | 松散 | 致密 |
| 边缘 | 发散状 | 呈波状 | 发散状 | 整齐 | 整齐，毛绒 | 发散状 | 发散状 | 波状 |
| 渗出物 | 无 | 有无色液滴产生 | 淡黄色液滴产生，无特殊气味 | 渗出液少，有霉味 | 无 | 无 | 无 | 无 |
| 分生孢子梗 | 分生孢子梗自基部长出，长短不一 | 分生孢子梗光滑，无色 | 分生孢子梗光滑，帚状分支 | 分生孢子梗短，顶端膨大 | 很短，着生于发达的气生菌丝上，苗丝有横隔 | 瓶状 | 分生孢子梗为菌丝短侧枝，其上对生或互生分支，分支上又可继续分支 | — |
| 分生孢子 |  | 分生孢子头放射状，分生孢子球形 | 分生孢子椭圆形，壁光滑 | 分生孢子球形或过球形，壁薄 | 产生孢子极慢，15天左右只能长出少数几个圆形孢子 | 簇在一起，孢子头球形，分生孢子浅红色，圆形 | 分生孢子多为球形 | 椭圆形 |
| 鉴定结果 | 黑曲霉属 | 杂色曲霉 | 产黄青霉 | 常现青霉 | 镰刀菌属 | 粉红头孢霉属 | 绿色木霉 | 出芽短梗霉 |

2）降解活性菌株的筛选

以原油为唯一碳源接种，对在含原油培养基上长势良好的 8 株真菌、3 株细菌和 2 株放线菌进行降解能力试验，对照为不接菌的原油培养液，14d 后测定各菌株对原油的降解率，降解效果见表 11.5。

**表 11.5　14d 后微生物对原油的降解率**

| 项　目 | 菌　株 | 降解率/% | 菌　株 | 降解率/% |
|---|---|---|---|---|
| 真菌 | No. 3206 | 19.1 | No. 1210 | 22.6 |
|  | No. 1201 | 29.0 | No. 1203 | 20.9 |
|  | No. 1202 | 27.1 | No. 4001 | 39.8 |
|  | No. 1207 | 34.6 | No. 2209 | 26.7 |
| 细菌 | No. 24 | 9.3 | No. 18 | 21.0 |
|  | No. 33 | 15.3 | No. 29 | 18.0 |
|  | No. 14 | 34.0 | No. 65 | 16.0 |
| 放线菌 | No. 135 | 28.5 | No. 248 | 19.7 |

从表 11.5 可见，在降解活性微生物菌株中，真菌菌株的降解活性高于细菌和放线菌的降解活性，说明在石油污染土壤的生物修复中真菌起着主要的降解作用。

### 11.3.3　石油污染土壤微生物种群动态变化分析

1. 材料及方法

1）培养基

（1）牛肉膏蛋白胨培养基。

牛肉膏 5g，蛋白胨 10g，氯化钠 5g，琼脂 18～20g，蒸馏水 1000mL，pH 7.0～7.4。

（2）PDA。

马铃薯 200g，葡萄糖 20g，琼脂 18～20g，蒸馏水 1000mL，自然 pH。

（3）高氏一号培养基。

硝酸钾 1g，氯化钠 0.5g，硫酸镁 0.5g，可溶性淀粉 20g，硫酸铁 0.01g，磷酸氢二钾 0.5g，蒸馏水 1000mL，琼脂 18～20g，pH 7.2～7.4。

2）分析方法——平板计数法

采用稀释平板计数法对 1＃、2＃、3＃、4＃四个土壤样品进行活菌计数，稀释倍数细菌为 $10^{-5}$、$10^{-6}$、$10^{-7}$，真菌为 $10^{-1}$、$10^{-2}$、$10^{-3}$，放线菌为 $10^{-3}$、$10^{-4}$、$10^{-5}$。28℃培养箱中培养，细菌培养 3d 后计数，放线菌和真菌培养 5d 后计数。

2. 污染土壤中微生态动态变化分析

试验是在 2003 年 5 月开始的，在第一次采样后，每隔一个月对此土壤中微生物进行一次平板计数，观察土壤中细菌、真菌和放线菌的动态变化，同时测定土壤中石油烃含量，其试验结果及分析如下。

1）土壤微生物数量测定及其动态变化

不同时间的土壤中细菌、真菌和放线菌的动态变化如图 11.4～图 11.6 所示。

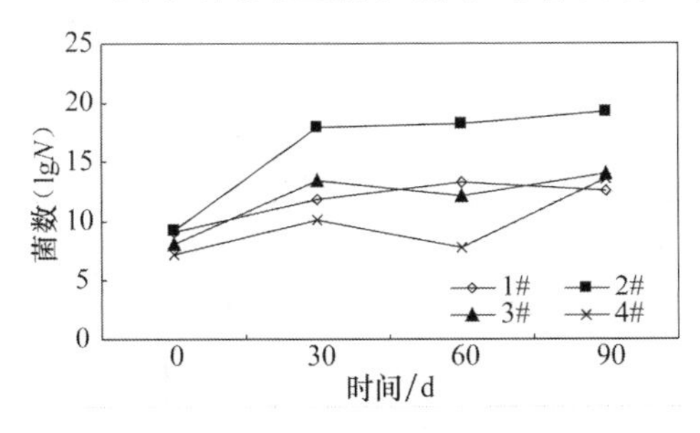


图 11.4　不同石油污染土壤中细菌的动态变化

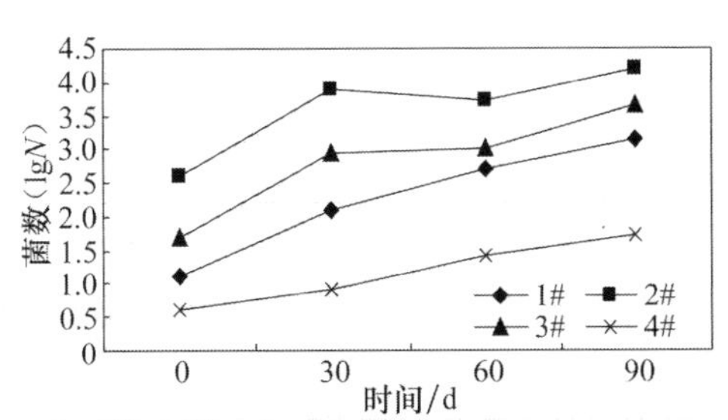


图 11.5　不同石油污染土壤中真菌的动态变化

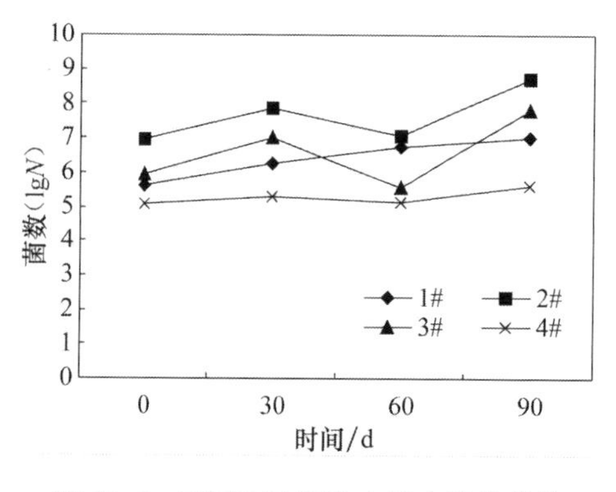


图 11.6　不同石油污染土壤中放线菌的动态变化

如图 11.4～图 11.6 所示，一定量的石油烃会对微生物的生长产生刺激作用，同时在污染物的诱导下会产生微生物种类选择和优势菌的富集，但当污染物含量超过一定范围时，又会产生毒性而抑制微生物的活性。在石油污染土壤中细菌的数量要多于放线菌和真菌的数量，随着温度等外界环境的改变，微生物的数量和活性逐渐增大，在 0d 时，微生物的数量最少，随着气温的升高，0～30d 微生物的数量逐渐增多；30～60d 微生物的数量逐渐减少，而未污染土壤微生物的数量一直在逐渐增加。可能是由于微生物对石油烃的降解作用，石油烃等降解产物对微生物产生毒害作用，不利于微生物生长，所以在 30～60d 微生物的数量减少。在极端环境下，微生物种群经过驯化，进行内部调整，适应环境后微生物的数量又逐渐增多，这是自然选择的结果。因此，通过微生物的变化可以看出土壤的污染状况和土壤的毒性。

2）石油烃浓度变化曲线

测定间隔时间为 30d，跟踪测定 3 个月，测定结果如图 11.7 所示。

如图 11.7 所示，在试验过程中，随着环境温度的升高（5～8 月），微生物的活性增大，土壤中石油烃的含量降低，2＃土壤石油烃的去除率＞3＃土壤石油烃的去除率＞4＃土壤石油烃的去除率。石油烃类物质进入土壤后均受到不同程度降解，降解速率受石油烃含量的影响。石油烃含量较低时（0.58％、4.86％），刺激土壤中微生物的生长，微生物的活性和数量均增加，石油烃的去除率增大；当石油烃含量增多时，微生物的活性和数量降低，石油烃的去除效果下降。此结果与 Dibble 等的报道相符。当向土壤中添加油泥使土壤中烃浓度达到 1.25％～5％时，土壤呼吸强度增大，当烃浓度达到 15％时，土壤的呼吸强度不再增大，当烃浓度达到 20％时，土壤的呼吸强度下降，表明油浓度太高将抑制微生物的活性。

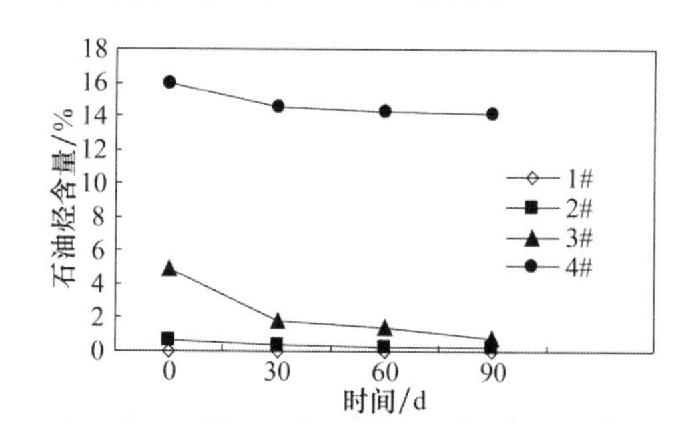


图 11.7　石油烃降解变化曲线

3. 现代生物学手段——PCR-DGGE 技术微生物种群动态的分析

分子生物学技术（如 PCR-DGGE 等）使得研究者能够在分子水平上开展土壤微生物多样性的研究。本节采用的变性梯度凝胶电泳（DGGE）技术，以土壤细菌群体的基因组 DNA 为研究对象，通过比较不同土壤中各种微生物的 16S rRNA 基因信息来了解微生物的多样性。

1）材料与方法

（1）材料。

样品同上，在－20℃冰箱中保存。

（2）基因组 DNA 的提取。

① 取样品 0.5g 放入 1.5mL 的离心管中，加入提取缓冲液（100mmol/L Tris-Cl pH 8.0，50mmol/L EDTA pH 8.0，500mmol/L NaCl，10mmol/L $\alpha$-巯基乙醇）900$\mu$L，轻轻搅动。

② 加入 10%SDS 100$\mu$L，充分混匀，于 65℃水浴中保温 30min，每隔 5min 晃动一次。

③ －80～100℃冻融 30min，重复 3 次。

④ 加入 100$\mu$L 5mol/L 乙酸钾，充分混匀，冰浴中放置 30min，4℃、12000r/min 离心 10min。

⑤ 上清液转入新离心管中，加入等体积的氯仿/异戊醇，轻轻颠倒离心管数次，放置片刻后于 4℃、8000r/min 离心 10min。

⑥ 重复步骤⑤四次，除去水中石油烃类物质和蛋白质。

⑦ 于上清液中加入 2/3 体积、－20℃预冷的异丙醇，混匀，－20℃放置 2h。

⑧ 4℃、12000r/min 离心 30min，倾去上清液，将离心管倒置于吸水纸上，控干上清液。

⑨ 用 80%乙醇洗涤沉淀 2～3 次，吹干 10～15min。

（3）基因组 DNA 的 PCR 扩增。

16S rRNA 基因 V3 区 PCR 扩增反应体系：模板 6$\mu$L，10×Buffer 5$\mu$L，dNTP（25mmol/L）4$\mu$L，引物 GM5F-GC 和 518R（10mmol/$\mu$L）2$\mu$L，TaqDNA 聚合酶 2.5U，总体积 50$\mu$L。

（4）变性梯度凝胶电泳和染色。

将 PCR 产物加入到质量浓度为 8%的聚丙烯酰胺凝胶中，凝胶的变性范围为 30%～70%。利用 Bio-Rad 公司的 Dcode System 电泳仪，在 60℃、200V，采用 1×TAE Buffer 电泳 4h，电泳结束后，采用改进的硝酸银染色法染色；用固定液（10%冰醋酸）固定胶片 20min 后，用 1%硝酸浸泡 10min，再用去离子水浸泡胶片 3 次以洗去胶片表面的硝酸。将洗后的胶片浸泡在染色液（含 0.2%硝酸银和 50μL 甲醛的混合液）中 2min，然后取出胶片，在去离子水中浸泡 10s，立即浸泡在显影液（含 2.5%无水碳酸钠和 25μL 甲醛的混合液）中，缓慢的摇晃直至条带完全显现，将胶片置于中止液（0.5mol/L EDTA-$Na_2$）中浸泡 10min，再用去离子水浸洗胶片 3 次，最后封片。

2）结果分析

（1）微生物总 DNA 的提取与纯化。

土壤中总 DNA 代表了处理系统中细菌种群的基因组成，所以基因组 DNA 的提取与纯化是进行细菌基因多样性分析的关键，产率的高低直接影响着结果的准确性。采用化学裂解法提取 1＃、2＃、3＃和 4＃土壤样品的基因组 DNA，可以使得处理过的土壤样品中悬浮的细菌细胞和 DNA 最大限度地游离出来，从而可以获得较大的细菌基因组 DNA 片段，各土壤样品的细菌基因组 DNA 的大小约 21kb，采用这一方法比一般的物理方法可以获得较为完整的基因组 DNA。将各样品抽提所得 DNA TE 溶液经过 1%的琼脂糖凝胶电泳，分别出现清晰条带，表明已获得较长片段的土壤微生物总 DNA。

（2）16S rDNA 片段扩增。

样品中含有大量影响 PCR 扩增的物质，直接作模板会使 PCR 扩增时 DNA 产率较低，难以得到理想片断。首先将模板稀释，经 100 倍稀释后作为模板以 GM5F-GC 和 518R 为引物，进行 PCR 扩增，扩增片断大小在 233bp 左右，如图 11.8 和图 11.9 所示。

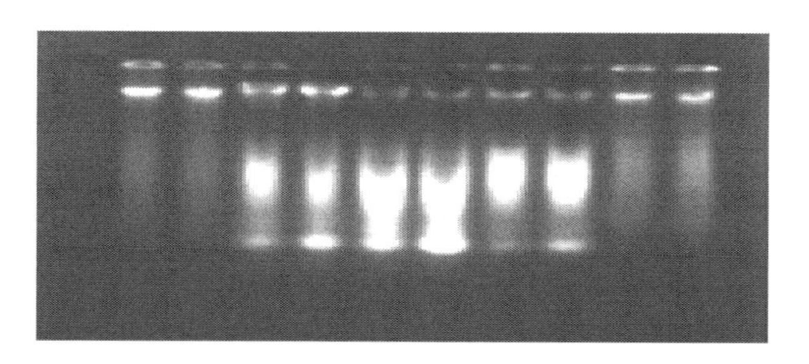

图 11.8　样品微生物基因组 DNA 琼脂糖凝胶电泳

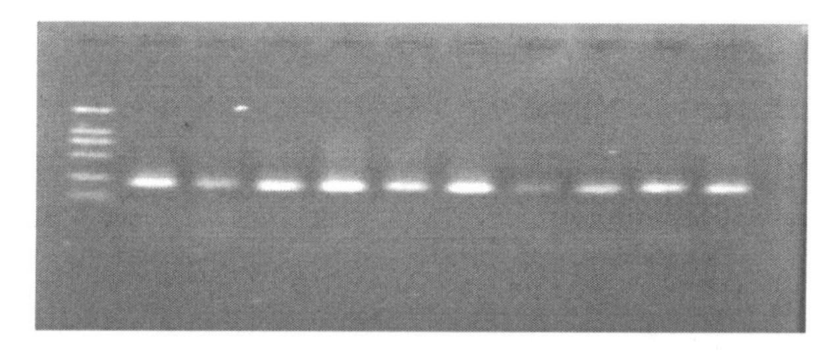

图 11.9　PCR 扩增 V3 区 DNA 片段琼脂糖凝胶电泳

(3) DGGE 指纹图谱分析。

各个土壤样品的变性梯度凝胶电泳(DGGE)的图谱如图 11.10 所示，每个土壤样品经过变形梯度凝胶电泳后都可分离出数目不等的条带，且各个条带的强度和迁移速率各不相同。

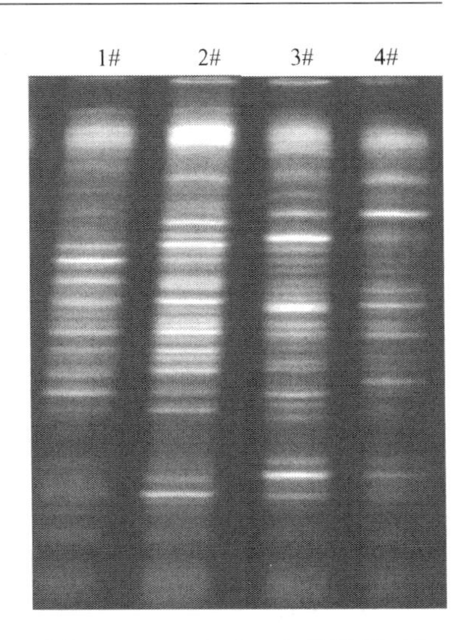


图 11.10　16S rDNA 基因 V3 区 DNA 片段的 DGGE 分离

根据变性梯度凝胶电泳对不同 DNA 片断分离原理，可以得知 4 种土壤样品的 PCR 产物中至少含有几种数目不等的不同 DNA 片断，它们有可能就是一些种类微生物 16S rRNA 基因 V3 区的 DNA 片断，如果通过对这些 DNA 片断的测序及和国际标准核苷酸库的比对，就可以得出这些在 DGGE 中被分离的 DNA 片断所代表的微生物的种属关系，从而确定不同土壤中所含有的微生物的种类。由此可见，采用 PCR-DGGE 可以对不同污染土壤的微生物种类进行研究，从而得出其中微生物多样性的信息。由图 11.10 所示，利用 PCR-DGGE 技术对土壤中微生物多样性分析所得结果明显优于采用传统的常规分析方法，图中条带数代表着微生物的种类，条带亮度代表着微生物的数量。对分离出的 DNA 片断进行测序，就可以准确地将土壤中的微生物鉴定到种，这是常规生理生化反应很难做到的。

1＃、2＃、3＃和 4＃土壤样品中 DGGE 基因条带出现明显的差异，既含有相同的条带，也存在不同条带，说明土壤微生区系差异较大。2＃、3＃样品在石油烃的作用下，微生物的种类增多，出现了对照样品 1＃土壤中不存在细菌种类，即石油烃降解菌；4＃样品中条带数明显少于 1＃、2＃和 3＃样品的条带数，由于 4＃样品中石油烃含量为 15.94%，土壤通透性及毒性增大，土壤中部分微生物不能适应此生存环境，数量减少，进而消失，而对高浓度石油具有抗性的微生物迅速繁殖。将样品的 PCR 产物连接到 T 载体，建立土壤微生物基因库，进一步测序，就可知土壤中微生物的种类，如长期对土壤中微生物进行监测，就可知微生物区系的种群动态变化，与污染物浓度、土壤理化性质的测定果相结合，就可获得生物修复最佳时机。获知微生物修复顶级群落的微生物组成，为生物修复提供理论指导。

### 11.3.4　生物修复制剂的研制

通过前述调研的生物修复技术的研究现状和影响因素可知，影响生物修复技术效果的因素总体上分为四个方面，即微生物及其活性、石油污染物的生物可利用性、土壤特性、其他因素。在实际应用过程中，特别是要实现石油污染土壤的原位生物修复，上述四个方面的多种影响因素实际上是很难控制的，或者是很难实现经济有效的控制。因此，在研究过程中选择一些可控制的研究因素进行试验研究，进而开发出实用的石油污染土壤的原位生物修复技术，其基本的研究思路如下：

（1）对于微生物及其活性的研究。主要从实际应用出发，以已经污染的土壤中发现的微生物为基础，通过扩大培养的方式，开发出适宜的降解石油类物质的混合菌剂，同时，通过试验研究确定合理的营养物质。

（2）对于石油污染物的生物可利用性的研究。采用表面活性剂的方法以提高石油污染物的生物可利用性，筛选或开发出适宜的表面活性剂。

（3）对于土壤特性影响方面的研究。主要考虑如何提高土壤的透气性，使土壤能够蓬松，以提高供氧量，确保石油氧化过程中对氧的需求。

（4）对于其他因素影响方面。由于一些因素在实际操作过程中难以控制或难以经济有效地控制，因此，仅仅考虑在操作过程中如何使研制的生物修复制剂能够适应这些客观条件，以发挥更好的处理效果。

1. 微生物菌剂

微生物菌剂是为了强化降解土壤中的石油烃类化合物而研制的降解菌，属于非病原性细菌群落和异养型微生物群体。它是以污染的土壤中发现的微生物为基础，通过扩大培养的方式获得的适宜的降解石油类物质的混合菌剂，以麦麸为载体，将降解石油烃类化合物微生物固化在其上，干化后形成粉末状微生物菌剂，解决了细菌长期存放期间存活率低的技术难题。该菌剂的基本组成为麦麸含量98%～99%，酶蛋白含量1%～2%，相对密度0.5～0.7，外观为淡棕色。

2. 生物营养素

生物营养素是专门为石油烃类化合物的降解菌在进行污染土壤生物修复时提供营养成分。它是一种黑色的液体物质，相对密度为1.05～1.15。其主要组成为水、有机营养物质和无机营养物质。水的含量为92%～96%。

有机营养物质的含量为3%～6%，其主要成分为微生物发酵提炼物蛋白质、腐殖酸、蔗糖、果糖、葡萄糖和尿素。其中微生物发酵提炼物蛋白质的含量为1.7%～3.4%，腐殖酸为0.75%～1.5%，蔗糖为0.05%～0.1%，果糖为0.016%～0.032%，葡萄糖为0.014%～0.028%，尿素为0.5%～1%。

无机营养物质的含量为1%～2%，其主要成分为氯化钠、氨、硫酸铵、磷酸二氢钾、磷酸氢二钾、硫酸镁、硫酸锌、氯化钙、硝酸钙、硫酸铁、硫酸锰。其中氯化钠的含量为0.1%～0.2%，氨的含量为0.1%～0.2%，硫酸铵的含量为0.2%～0.4%，磷酸二氢钾的含量为0.2%～0.4%，磷酸氢二钾的含量为0.2%～0.4%，硫酸镁的含量为0.06%～0.12%，硫酸锌的含量为0.05%～0.1%，氯化钙的含量为0.03%～0.06%，硝酸钙的含量为0.02%～0.04%，硫酸铁的含量为0.02%～0.04%，硫酸锰的含量为0.02%～0.04%。

3. 生物表面活性剂

生物表面活性剂（biosurfactant，BS）是20世纪70年代后期发展起来的生物工程技术，使细菌、真菌和酵母在某一特定条件下（如合适的碳源、氮源、有机营养物、pH及温度），在生长过程中分泌出的具有表面活性的代谢物质。它与化学合成的表面活性剂一样，也是两亲分子，具有明显的表面活性，能在界面形成分子层，显著地降低表面张力和界面张力，多数表面活性剂可将表面张力减小至30mN/m。与化学合成的表面活性剂相比，生物表面活性剂最大的特点是其具有环境兼容性——无毒、能够完全被生物降解、不对环境造成污染，并具有选择性好、用量少等优点。在浓度为0.01%～0.001%（即生物表面活性剂与烃体积比为1∶100～1∶1000）的情况下也能够有效地将油乳化，并克服使用化学方法难以合成新基团等特点。生物表面活性剂具有反应产物均一，常温常压即可反应，具有良好的化学稳定性等优点。依据其化学组成和微生物来源，可将生物表面活性剂分为糖脂、脂态和脂蛋白、脂肪酸和磷酸、聚合物、全胞表面本身五大类。不同的烃类物质降解菌能够产生不同化学性质和大小的生物表面活性剂。产生生物表面活性剂的微生物来源可分为三类：第一类是完全以烷烃为碳源，第二类是仅以水溶性底物为碳源，第三类是以烷烃和水溶性底物为碳源[237]。欧阳科等[238]在进行生物表面活性剂和化学表面活性剂对多环芳烃蒽的生物降解作用的研究中，直接将产生生物表面活性剂的细菌与生物降解菌一起使用，进行生物修复试验，发现表面活性剂产生菌产生的表面活性剂性能优良，与化学合成的表面活性剂相比对生物修复具有明显的促进作用。牛明芬等[239]将微生物接种在发酵培养基中，发酵48h制备生物表面活性剂，将其应用在石油污染土壤生物预制床修复试验中，石油降解速率提高了15%左右。

本章选用的生物表面活性剂是采用烷烃和水溶性底物为碳源的微生物发酵获得的，属于脂态和脂蛋白类表面活性剂。它是一种液体态物质，相对密度约为1。其主要组成为水、表面活性剂和微生物发酵提炼物蛋白质。该物质中水的含量为85%～90%，表面活性剂的含量为9%～13.5%，微生物发酵提炼物蛋白质的含量为1%～1.5%。

4. 土壤活化剂

该物质的主体成分是一种土壤改良剂，其广泛应用于土壤改良治理过程中，它的使用可以改善土壤的特性，使其变得更加蓬松不易板结，增加了土壤的透气性，为微生物的降解反应创造良好的环境。在土壤改良中应用时发现，该种活化剂的加入，能够使土壤中固有的微生物的繁殖速度提高 20 倍以上，正是利用该特性，通过提高土壤微生物的量，增大生物固氮和生物将相关营养物质分解成植物可以直接吸收的营养物质的方法，改善土壤性能。它是一种水的含量为 90%～95%的液体物质，相对密度约为 1。

该液体物质中有机物的含量为 4%～8%。主要组成为腐殖酸、蛋白质（从鱼类生物提取的蛋白质）、$\gamma$-亚麻酸、氨基酸、维生素 $B_2$、维生素 A、维生素 $B_6$、维生素 E。其中腐殖酸的含量为 2%～4%，蛋白质的含量为 1%～2%，$\gamma$-亚麻酸的含量为 0.5%～1.0%，氨基酸的含量为 0.1%～0.2%，维生素 $B_2$ 的含量为 0.2%～0.4%，维生素 A 的含量为 0.1%～0.2%，维生素 $B_6$ 的含量为 0.06%～0.12%，维生素 E 的含量为 0.04%～0.08%。

该液体物质中无机物的含量为 1%～2%。主要组成为氯化钠，氯化镁，硫酸镁，氯化锌。其中氯化钠的含量为 0.1%～0.2%，氯化镁的含量为 0.5%～1.0%，硫酸镁的含量为 0.1%～0.2%，硫酸锌的含量为 0.3%～0.6%。

5. 使用配比及方法

通过试验确定的上述四种物质的使用方法及配比如下。

首先，通过温水（温度 20～30℃，且水中不含杀菌剂）激活固定在麦麸载体上菌种，通常的比例是 1kg 的菌种，用 8～10L 的水来激活，先用水浸泡 0.5～2.0h，并去除麦麸载体，溶液放置待用，放置时间不应超过 24h。同时将生物营养素、生物表面活性剂、土壤活化剂液态产品用清水稀释，稀释比例为（5～10）∶1，放置待用。

其次，四种物质的投加比例菌剂/生物表面活性剂/生物营养素/土壤活化剂为（1～2)/(5～10)/(75～100)/(20～30)。例如，对于含油率＜10%（质量百分数）的污染土壤，厚度为 30cm，面积为 $100m^2$ 的处理面积，需要投加使用固体粉末状石油烃类化合物的降解菌 1～2kg，液体生物表面活性剂 5～10kg，液体生物营养素 75～100kg，土壤活化剂 20～30kg。对于含油率＞10%（质量百分数）的污染土壤，按照含油率提高倍数的 50%增加固体菌种量，其他各种物质的量按照同倍数的增量增加，操作参数不变。该技术适应污染土壤的含油率在 15%以内，若高于此含油率应考虑回收其中的石油烃类物质或添加未污染的土壤以降低其含油率。

第三步，投加生物修复制剂，按照上述折算的剂量，初次投加时，首先将菌种和生物表面活性剂分别一次性全部投加，土壤活化剂和生物营养素首次投加总量的 20%，混合后即完成接种。随后，每周喷洒一次生物营养素和土壤活化剂，同时，增补水分并进行土壤的翻耕曝氧，并随时加水以保持土壤的含水率在 30%以上，直至土壤的含油率下降到 1%以下后，更改为每 2 周喷洒一次生物营养素和生物表面活性剂，直至达到要求的指标为止。

上述四种物质共同构成了一种新的生物修复技术产品——ZL-1 型生物修复制剂。

## 11.4　室内试验研究

在实验室内，利用模拟配制的污油污染土壤开展试验，土样取自未污染的大地土样，原油取自脱水后的老化原油，经测试基本不含水。其配制过程为：首先从农田中取得风干后的泥土，放入直径约为 90cm 的塑料大盆，深度约为 25cm，称其土壤的质量，然后按照土壤质量的百分比加入脱水后的原油（原油温度为 45℃左右），搅拌混合形成模拟的污油污染土壤。利用调研过程中收集到的美国专利产品-OILGATOR 污油降解素产品作为新研制的微生物产品的参照物，在室内分别进行了影响生物修复处理效果的因素试验分析及处理效果的评价试验。

### 11.4.1　不同试验参数对生物修复技术处理效果的影响

生物修复效果的评价主要通过生物降解速率来反映，即以相同反应时间的土壤含油量为指标进行评价分析。在整个试验中，试验温度一直在室温（17～19℃）条件下进行，塑料大盆底部封闭不透气。在试验的第一个月中平均每天搅拌一次（采用人工搅拌），以提供微生物降解原油所需要的氧气；第二个月中平均每周搅拌二次；两个月后每周搅拌一次。试验过程中，根据含油污泥的干湿情况适当地加入部分水，以保持试验过程中含油污泥处于潮湿状态。试验一个月后开始分析测试。

1. 不同水质对微生物修复含油土壤的影响

针对大庆油田的生产实际情况，分别选取三种不同种类的水样进行试验研究：第一种水样是采油一厂聚北-Ⅱ的滤后水（污水中的聚合物含量约 500mg/L）；第二种水样为中十六联滤后水（污水中的聚合物含量约 100mg/L）；第三种水样为自来水（水中的聚合物含量为 0mg/L）。配制出含油率分别为 5%和 10%的含油污泥，形成六组不同试验条件下的试验样品，其样品的主要组成见表 11.6。

**表 11.6　实验观察的六种样品的组成表**

| 样品号 | 土壤质量/kg | 油质量/kg | 水的种类 | 水质量/kg | 含油量/% |
|---|---|---|---|---|---|
| 1 | 17 | 0.85 | 聚北-Ⅱ污水 | 8.5 | 5 |
| 2 | 17 | 0.85 | 中十六联污水 | 8.5 | 5 |
| 3 | 17 | 0.85 | 自来水 | 8.5 | 5 |
| 4 | 17 | 1.7 | 聚北-Ⅱ污水 | 8.5 | 10 |
| 5 | 17 | 1.7 | 中十六联污水 | 8.5 | 10 |
| 6 | 17 | 1.7 | 自来水 | 8.5 | 10 |

在土壤含油率分别为5%和10%条件下不同种类水质的生物降解曲线如图11.11和图11.12所示。

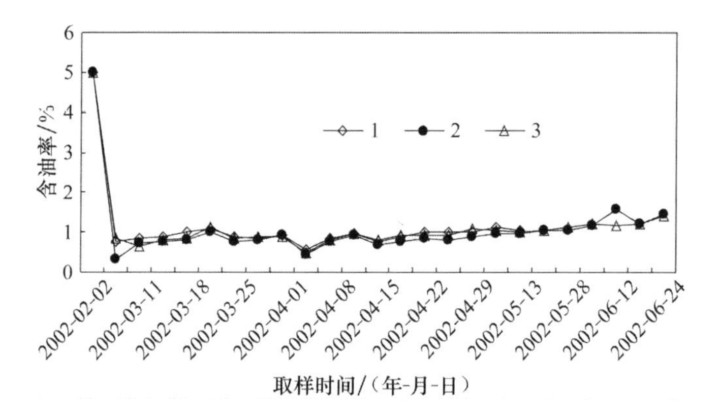


图 11.11　在土壤含油率为5%条件下不同种类水质的生物降解曲线

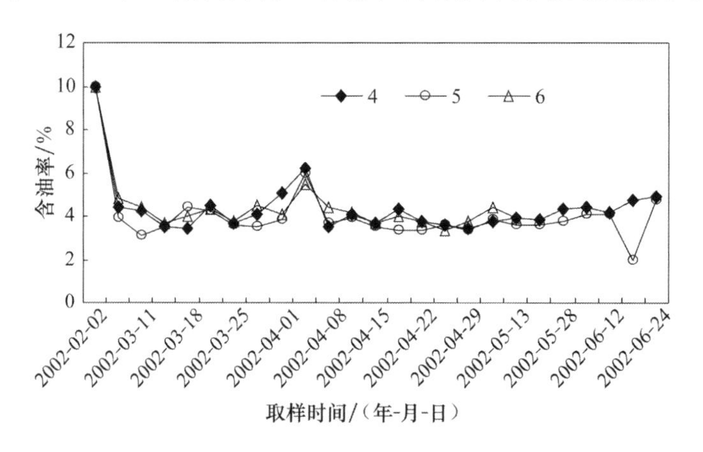


图 11.12　在土壤含油率为10%条件下不同种类水质的生物降解曲线

由图11.11和图11.12的生物降解曲线的变化趋势可以看出：

(1) 采用不同种类的水体，对生物降解速率和效果基本上无影响，其生物降解过程中含油率的变化趋势也基本相同。

（2）由于试验过程中采用人工混合搅拌的方式，污油降解素与原油及土壤的混合不均匀，虽然取样时采用五点取样混合测试的方法，但每次测试结果之间的差异较大。

2. 矿化度对微生物修复含油土壤的影响

分别选择大庆水泡子水（矿化度约为1000mg/L）、含油污水（矿化度约为2500mg/L）、室内配制水（矿化度为3000mg/L和5000mg/L）四种水样，考察不同矿化度的水对微生物降解的影响，其生物降解曲线如图11.13所示。

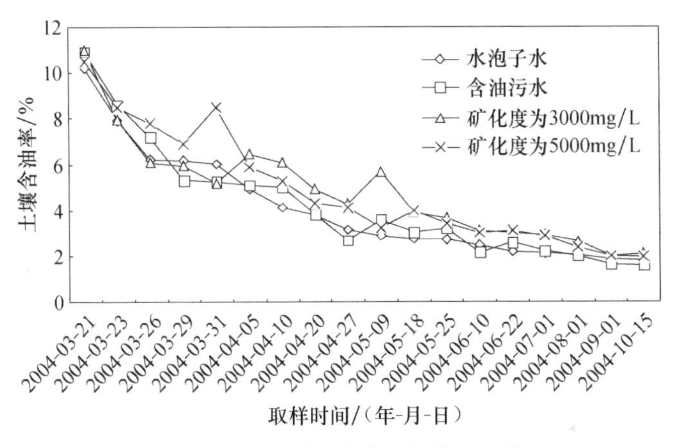


图11.13　不同矿化度生物降解曲线

从图11.13中可以看出：

（1）矿化度对微生物的降解有影响，随着水体中矿化度的升高，微生物降解原油的速度变缓，但这种影响造成的差别并不大。

（2）在不同矿化度的条件下，含油量随着降解时间的延长而不断减少的变化趋势基本相同。说明在矿化度变化范围内，矿化度对微生物降解原油的抑制作用是一个渐变的过程。

3. pH对微生物修复含油土壤的影响

改变反应过程中加入水的pH，以15%的含油土壤为研究对象，以处理后的含油污水为研究对象（pH 8.5左右），采用盐酸和氢氧化钠来调节含油污水的pH，分别进行pH 5和pH 11的试验，其生物降解曲线如图11.14所示。

由图11.14的变化趋势可见：

（1）在偏酸性的条件下，微生物降解原油的速率较高；在碱性条件下，微生物降解原油的速率较低。说明微生物降解反应存在着一个适宜的pH范围，但通常情况下，使用的自来水、油田周围的水泡子水体及油田采出的含油污水，其

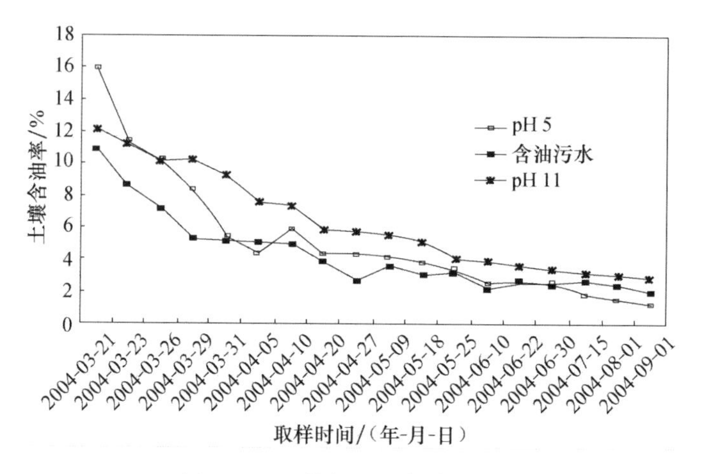


图 11.14 不同 pH 生物降解曲线

pH 通常在 6～9，因此，采用这些水质不会对整个降解过程产生明显的影响。

(2) 从处理五个月的残余含油率分析，pH 5 条件下的残余含油率最低，为 1.8%，而 pH 8.5 和 pH 11 的残余含油率分别为 2.6%和 3.2%，其变化规律是随着 pH 的增加，残余含油率逐渐增加。可见，微生物在酸性条件下降解速率要高于碱性条件的降解速率。

4. 污泥中硫化亚铁含量对试验结果的影响

主要从以含油污泥为研究对象，以处理后的含油污水为稀释水，采用外加硫化亚铁的方式开展试验，通过外加硫化亚铁于稀释水中，使其含量增加至 100mg/L、500mg/L 和 30000mg/L，考察其处理效果，其生物降解曲线如图 11.15 所示。

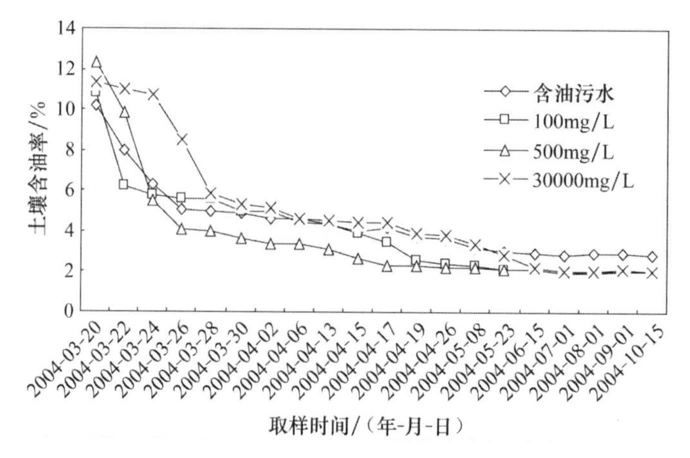


图 11.15 FeS 对生物降解的影响

由图 11.15 可见，与不含硫化物的含油污水作为稀释水的试验结果相比较，从 4 个月的生物降解反应的处理效果上分析，硫化物的存在会改善微生物降解原油的处理效果，不管硫化物的含量是 100mg/L，还是 30000mg/L，其处理效果基本相同（在处理时间为 4 个月时，以含油污水、外加硫化亚铁为 100mg/L、500mg/L 和 30000mg/L 的含油污水为反应过程稀释水的条件下，含油土壤的残余含油量分别为 2.90%、2.01%、2.01%和 2.10%）。

### 11.4.2　生物修复产品的效果评价

1. OILGATOR 污油降解素试验效果评价

OILGATOR 污油降解素产品是利用棉花加工中的棉籽作原料而生产出来的一种纯天然的制品，通过化学方法改变原料的植物纤维，使之含有必要的成分（氮、硫和磷），以增强其固有细菌对碳氢化合物的生物降解作用。这些自然的微生物的细菌对人类、动物、环境都是无害的。当这种产品加湿，其中的细菌微生物就被活化，将碳氢化合物作为食物源降解，从而达到消除油污染的作用。该产品的特点如下：①对油类及石油产品具有选择性吸附的特性，其吸附能力可达到自身重量的 6 倍；②通过产品中的固有微生物，可分解油类污染物，达到消除污染；③通过翻耕和浇水的简单操作就可以完成整个处理过程。

该试验分别按照产品质量与配制土壤中原油净质量的比分别为 1∶1 和 1∶2 开展试验评价分析（即产品 1kg，配制土壤用原油为 1kg，其比例为 1∶1）。首先在配制成含油率为 5%和 15%的模拟污染土壤中加入 OILGATOR，确保产品与原油充分混合，在定时进行搅拌的条件下，保持样品一天后，再加水活化。加入的水为含油污水或者从水泡子取的水样，确保稀释水中不含有杀菌的化学剂（后面其他样品的试验用水相同）。试验评价结果如图 11.16 所示。

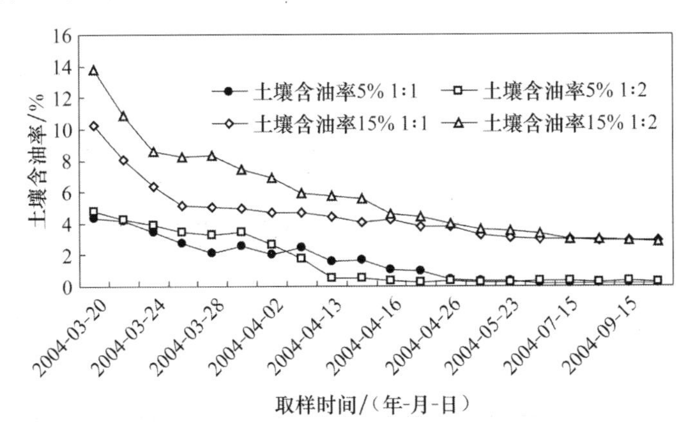


图 11.16　OILGATOR 产品生物降解评价试验曲线

由图 11.16 可以看出：

(1) 当含油率为 5%时，OILGATOR/油值为 1∶1 和 1∶2 的降解过程基本一致。加药一个月后，测试土壤中的含油率均在 1%以下；两个月后，土壤中的含油率下降到 0.3%左右，基本达到了国家农用污泥中污染物控制标准(GB4284—1984) 中矿物油含量指标。

(2) 当含油率为 15%时，OILGATOR/油值为 1∶1 的生物降解速率要明显高于质量比为 1∶2 的生物降解速率。但一个月后，土壤中的剩余原油含量基本相同，均在 4.5%以下 (分别为 3.8%和 4.46%)；两个月后，含油率基本在 3.5%以下，降解速率缓慢。这与微生物降解烃类物质的机理是相符的。

2. ZL-1 型微生物产品的试验效果评价

分别对含油率为 5%和 15%的模拟污染土壤进行了试验评价研究，其试验评价结果如图 11.17 所示。

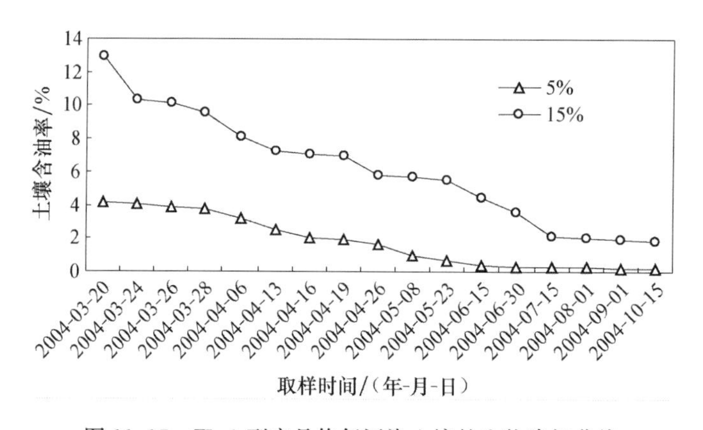


图 11.17　ZL-1 型产品修复污染土壤的生物降解曲线

由图 11.17 的生物降解曲线可以看出：

(1) 当土壤含油率为 5%时，降解一个月后，土壤中的含油率可达到 2%以下 (1.9%)；两个月后，土壤中的含油率可以下降到 0.7%以下；三个月后，土壤中的含油率可以下降到 0.3%以下 (0.18%)，达到了国家农用污泥中污染物控制标准 (GB 4284—1984) 中矿物油含量指标。

(2) 土壤含油率为 15%时，降解一个月后，土壤中的含油率在 7%以下；两个月后，土壤中的含油率为 5.5%，并且降解速率缓慢；四个月以后，土壤中的含油率达到 2%以下。

### 11.4.3 试验结果

通过对OILGATOR产品和ZL-1型生物制品对原油污染生物降解效果的室内评价效果的分析，以及对影响微生物降解效果因素的分析试验研究，可以得出以下结论。

1. 污油降解素OILGATOR产品的处理过程评价

(1) 处理效果。在污染土壤含油率为5%时，在室内温度的条件下（通常3～5月室内温度18～20℃，6～9月室内温度20～25℃），通过3～6个月的生物降解处理，可使土壤中的含油率下降至0.3%，达到国家规定的排放标准。在污染土壤含油率为15%时，在同样的室内温度条件下，通过6个月的生物降解处理，可使土壤中的含油率下降至2.9%左右。

(2) 投加量。在投加量提高1倍（由OILGATOR/油的质量比为1∶2提高至1∶1）时，初始的降解率有所提高，但提高的幅度不大，最终的处理效果虽然有所改善，但改善的效果不明显。

(3) 微生物降解速率。初始降解速率较快，当含油量达到一定值（5%含油率达到1%左右，15%含油率达到3%左右）后，降解速率明显下降，含油率几乎不发生变化。

2. 试验结论

(1) 矿化度对微生物降解原油过程的影响较小，基本变化趋势是矿化度越高，微生物降解速率越慢。

(2) pH对微生物降解原油过程有一定的影响，基本变化趋势是pH在5～11的范围内发生变化时，pH越高，微生物降解速率越慢。

(3) 硫化物的存在会改善微生物降解原油的效果，但其含量达到一定数值时，再增加其含量不会进一步改善微生物降解原油的效果。

(4) 采用大庆油田目前存在的三种水体：聚驱含油污水、水驱含油污水及自来水作为处理过程中的用水，对生物降解过程不会产生影响。

## 11.5 原油污染土壤的现场试验研究

前已述及，在原油生产及处理过程中，将会产生三种不同类型的石油污染土壤：最具有代表性的污染土壤是以污染井场为代表的第一种类型，以落地原油回收处理为代表的第二种类型，以处理构筑物中的含油污泥为代表的第三种类型。因此，针对此三种类型分别进行了现场试验研究。

### 11.5.1　以污染井场为主体的土壤生物修复现场试验

1. 现场条件及试验方法

试验选取采油七厂废弃的 89－78 井开展了现场试验。该井场周围的土壤已经板结、硬化，井口附近遗落了大量污泥，当时井口状况如图 11.18 所示。

图 11.18　报废后井场状况

首先将井场污染土壤翻耕、平整，形成面积约 100m²，厚度 30cm 的试验区块，将其分为 3 块，开展 3 种不同方案的试验。对于第一块污染土壤，面积约为 50m²，测试土壤初始含油率为 13.628%，按照 OILGATOR/油值为 1∶2 加入 OILGATOR 污油降解素，搅拌、混合后放置一天，使其充分接触。然后加水激活微生物，同时翻耕，完成微生物的接种过程。随后的一个月，平均每周翻耕并取样分析一次。第二个月，平均每周取样分析一次，平均每两周翻耕一次。采用五点均匀取样的方法分析土壤中的残余含油量。其试验的主要目的是评价以 OILGATOR 污油降解素为修复剂的试验效果。

对于第二块污染土壤，面积约为 40m²，测试初始含油率为 8.231%。然后在保持土壤湿润的条件下，按照含油率<10%的污染土壤，厚度为 30cm，面积为 100m² 的处理面积，需要投加液体生物表面活性剂 5～10kg，液体生物营养素 75～100kg，土壤活化剂 20～30kg，并参照前述的操作方法，首先将菌种和生物表面活性剂分别一次性全部投加，土壤活化剂和生物营养素首次投加总量的 20%，混合后即完成接种。随后，每周喷洒一次生物营养素和土壤活化剂，同时，增补水分并进行土壤的翻耕曝氧，并随时加水以保持土壤的含水率在 30%以上，直至土壤的含油率下降到 1%以下后，更改为每两周喷洒一次生物营养素和生物表面活性剂，直至达到要求的指标为止。试验的主要目的是评价以 ZL-1 型微生物产品为修复剂的试验效果。

对于第三块污染土壤，面积约为 10m²，土壤初始含油率为 9.132%，首先按照第一试验区块的试验方法接种 OILGATOR 污油降解素，然后再按照第二块实验区的试验方法接种 ZL-1 型微生物产品，按时间要求测试复合试验效果。试验的主要目的是评价 OILGATOR 污油降解素和 ZL-1 型微生物产品联合使用的生物修复试验效果。

2. 试验结果

试验于 2004 年 8 月 14 日开始接种，8 月 15 日开始取样分析。现场试验共进行了 6 个月，其试验结果如图 11.19 所示。

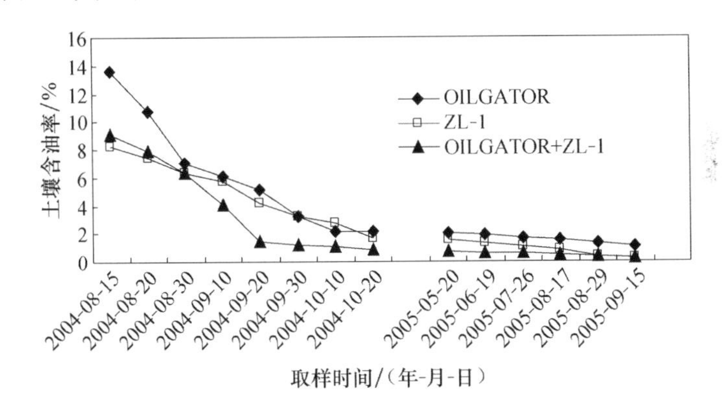


图 11.19　生物修复现场试验曲线

由图 11.19 的试验结果可以看出：

（1）使用 OILGATOR 污油降解素，在土壤初始含油率为 13.628%时，经过两个月的降解，土壤的含油率可降到 2.103%；经过一年的时间最终土壤含油率可降到 1.057%。

（2）使用 ZL-1 型微生物产品，在土壤初始含油率为 8.231%时，经过两个月的降解，土壤的含油率可降为 1.654%；一年后最终土壤含油率可降到 0.298%。

（3）当 OILGATOR 产品和 ZL-1 型微生物产品联合使用时，在土壤初始含油率为 9.132%时，经过两个月的降解，土壤的含油率下降到 0.845%，一年后最终土壤含油率可降到 0.286%。

（4）单独使用 OILGATOR 污油降解素或 ZL-1 型微生物产品，在试验进行两个月后，降解效果差别不大；两种产品联合使用时，两个月后的降解效果好于单一产品。

（5）从试验数据看出，经过 2004 年两个月的现场试验，土壤中含油率没有下降到 0.3%以下的标准《农用污泥中污染物控制标准》（GB 4284—1984），此时气温降低。微生物处于休眠状态，生物修复反应暂停。2005 年 5 月重新开始检测，发现生物修复已经开始，只是由于生物降解到后来剩余的原油是一些大分子难降解的物质，降解的速度比较缓慢。说明微生物经过一个冬季，并没有冻死，而是处于休眠状态。

2004 年 9 月 25 日，在第三块试验区播种了黄豆，20 多天后长出黄豆苗，图 11.20（见彩图）为 2004 年 10 月 18 日拍摄的现场照片和 2005 年 7 月拍摄的现场照片。

图 11.20 试验后期现场情况

3. 微生物降解石油速率的分析

为研究微生物降解速率的变化情况，对已经取得的试验数据进行归纳总结，首先进行微生物降解速率随着降解时间即处理时间的变化情况，按照检测数据的周期，假设该周期内的降解速率是一种均匀的变化过程，计算出不同时间微生物累计降解原油的百分比，并以生物降解时间为横坐标，以降解含油量的累积去除率为纵坐标，绘制降解速率曲线。三种情况下的降解速率变化曲线如图 11.21 所示。

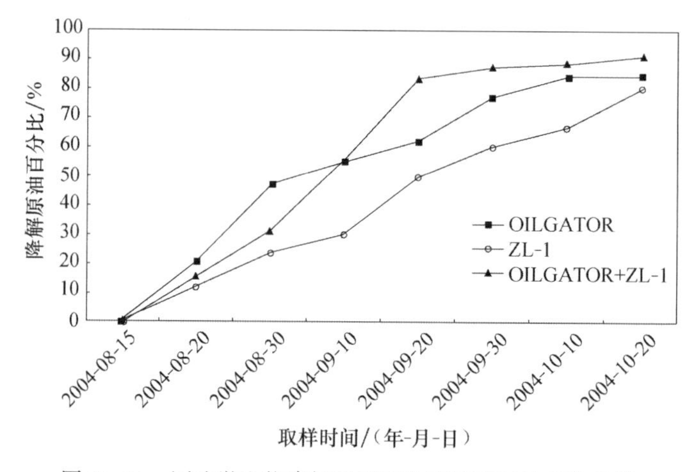


图 11.21 原油微生物降解累积百分率随时间的变化曲线

从图 11.21 可以看出：

(1) 从原油去除率指标上分析，在两个月的反应时间里，对于单一产品，原油的去除率逐渐上升；当两种产品共同使用时，在反应一个月后，去除率出现一个平台区，说明反应后期，生物修复速度明显下降。

(2) 反应 25d 后，两种产品共同使用时分解原油的速度明显加快，但并不是单独使用时分解速度的和。

上述分析主要是针对生物修复效果随时间的总体变化情况，为了考察每个时间段生物修复反应的速度变化，计算了每个时间段降解原油的百分比，并以降解原油的百分比为纵坐标，以时间段为横坐标绘制了生物降解速率变化图，其试验分析结果如图 11.22 所示。

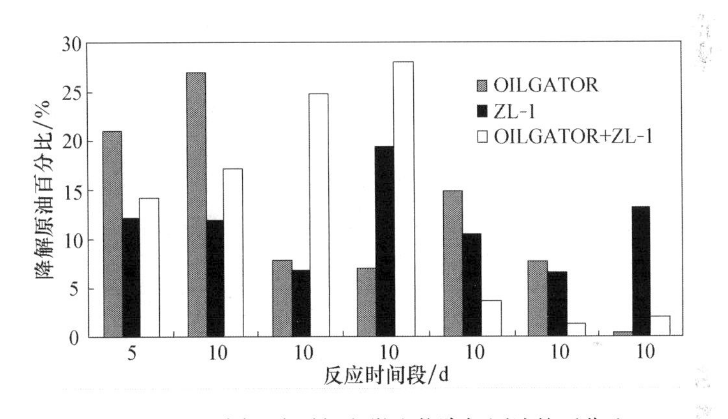


图 11.22　不同反应时间段微生物降解原油的百分比

从图 11.22 不同反应时间段微生物降解原油的百分比的柱状图可以看出：

(1) 对于 OILGATOR 污油降解素，在初始反应的 15d 内，降解速率较快，平均每 10d 达到 20%以上；试验后期，由于残余含油量变小、分解难度增加及环境温度的降低，导致降解速率明显下降。

(2) 对于 ZL-1 型微生物产品，由于菌类激活后每周按时添加生物活性剂，在整个试验过程中，降解速率始终保持在平均每 10d 降解原油 10%左右。

(3) 对于 OILGATOR 污油降解素和 ZL-1 型微生物产品共同使用的情况，在初始反应的 15d 内，污油降解速率平均每 10d 15%左右；在随后的 20d 内，污油降解速率迅速增加，上升到平均每 10d 25%左右，增加了 10%，并且使土壤中污油的含油率下降到 1.5%以下；在此之后，分解速度明显减小，但与单一产品的分解速度相比，两种产品联合使用，在低含油率的试验条件下，仍然具有较好的原油降解率。

### 11.5.2　以联合站内清除的含油污泥为主体的生物修复试验

1. 试验条件及试验方法

1）试验地点

试验地点选择在采油一厂七矿的污泥回收点，该地点为采油一厂联合站清理的含油污泥的指定存放点，通常清理出的含油污泥均未进行压滤成饼处理，污泥中含有一定量的水分，呈流动状态，并用袋装封闭运至该现场。试验时，先将污泥放置在附近的一块场地，根据测试的含油量和污泥量估计出含油总量作为基础数据，进而开展现场试验。

2）污油降解素 OILGATOR 生物制品试验

将 OILGATOR 生物制品直接与含油污泥混合，按照产品质量与含油总质量的比值约为 1∶1 来加入 OILGATOR 生物制品，充分混合后，再加入附近水坑中的水，试验开始。试验每周翻耕并加水一次，并取样分析其处理效果，试验过程中始终保持污泥处于潮湿状态，含水率应保持在 30%以上。

3）ZL-1 型生物制品的生物修复试验

由于该产品对含油量有一定的要求，因此，试验时给含油污泥中掺加近 50%未污染的土壤，混合后的污泥按照含油量的要求先将降解菌液、生物表面活性剂和土壤活化剂混合喷洒于污染土壤，然后再喷洒生物营养素混合后，开始试验评价。随后的试验中，每周喷洒一次生物营养素和生物表面活性剂，以确保微生物生长和繁殖所需的营养物质，同时，进行土壤的翻耕曝氧。

2. 试验结果及分析

试验是 2003 年 8 月 6 日进行，到 2003 年 9 月 30 日进入冬季，2004 年 5 月 14 日继续进行检测评价。试验评价结果如图 11.23 所示。

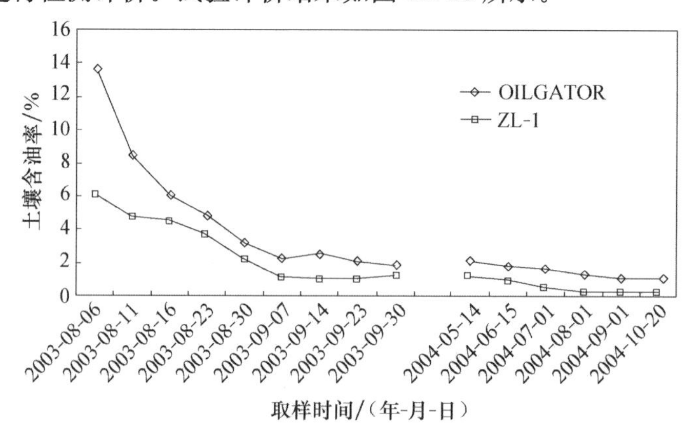


图 11.23　采油一场七矿现场试验生物降解曲线图

（1）由图 11.23 的生物降解曲线可见，在试验的前一个月，两种产品的生物降解速率很快，污油降解素 OILGATOR 生物制品使污泥的含油量由 13.54%降到 2.12%；ZL-1 型生物制品使污泥的含油率由 6.10%降到 1.12%，在试验的后一个月，两种产品的生物降解速率均十分缓慢。

经过一个冬季后，在 2004 年 5 月进行测试发现，使用污油降解素 OILGATOR 生物制品处理后污泥的含油率为 2%，使用 ZL-1 型生物制品处理后污泥的含油率 1.04%，处理效果更不明显。说明冬季微生物基本不产生降解作用。

继续检测，同时给 ZL-1 型生物制品的试验区块每两周喷洒一次生物营养素和土壤活化剂，试验发现，使用污油降解素 OILGATOR 生物制品的试验区块含油率下降速度更加缓慢，通过近 5 个月的反应，含油率由 2%下降到 1%。而使用 ZL-1 型生物制品的试验区块含油率下降速度相对较快，通过近 5 个月的反应，含油率由 1%下降到 0.185%，达到国标要求的指标。

（2）通过该试验说明，对于污油降解素 OILGATOR 生物制品，在后续处理中需要补充菌种或增加营养物质才能使处理效果达到国家排放标准。对于 ZL-1 型生物制品，由于一直喷洒生物营养素和土壤活化剂，因此，可以在较短的时间内达到国家排放标准。

### 11.5.3　以落地原油回收处理点的含油污泥为主体的生物修复现场试验

试验点选择在采油四厂一座废弃的污油回收站，污油回收池中的污泥被清理出来堆放在旁边，该种污泥中除了土和原油以外，还存在树枝、草秆等其他污染物。清除这些杂物后的污泥，经测试含油率在 50%左右，分别用 OILGATOR 和 ZL-1 产品进行试验，其中用 OILGATOR 产品直接处理该污染物（含油率为 40%～50%），OILGATOR 产品与原油量的质量比为 1∶1；而用 ZL-1 型生物制品处理未污染的土壤与污泥的混合物（含油率为 10%～15%）；其操作方式及取样时间等过程与前述的污泥处理相同。其试验结果如图 11.24 所示。

由图 11.24 可见，通过近 3 个月的试验，OILGATOR 已使含油率为 40%的含油污泥的含油率降到了 6%以下，而 ZL-1 型生物制品使含油率为 10%的含油污泥的含油率降到了 2%左右。

### 11.5.4　现场试验结论

通过对油田目前存在的三种不同类型的固体含油废弃物在大庆地区气候环境条件下的现场试验，以处理后固体废弃物中的含油量为处理效果的衡量指标来评价这两种微生物制剂的处理效果，可以得出如下结论：

（1）对于污染井场的生物修复处理。单独使用 OILGATOR 污油降解素，在土壤初始含油率为 13.628%时，经过两个月的降解，土壤的含油率可降到

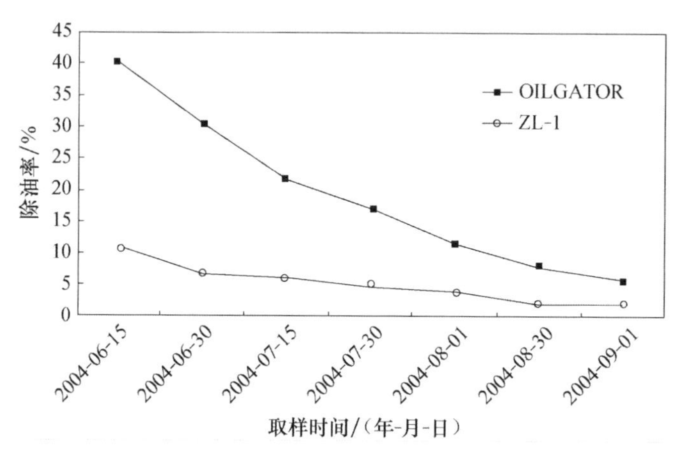


图 11.24 以落地原油回收处理点的含油污泥为处理对象的生物降解曲线

2.103%；经过一年的时间，最终土壤含油率可降到 1.057%。单独使用 ZL-1 型微生物产品，在土壤初始含油率为 8.231%时，经过两个月的降解，土壤的含油率可降为 1.654%；一年后最终土壤含油率可降到 0.298%。当 OILGATOR 产品和 ZL-1 型微生物产品联合使用时，在土壤初始含油率为 9.132%时，经过两个月的降解，土壤的含油率下降到 0.845%，一年后最终土壤含油率可降到 0.286%。

(2) 对于联合站清出的含油污泥的生物修复。使用 OILGATOR 污油降解素，在土壤初始含油率为 13.54%时，经过 6 个多月（温度在 10℃以上）的生物降解，土壤中的含油率可以达到 1%左右。使用 ZL-1 型微生物产品，在土壤初始含油率为 6.10%时，经过相同时间的生物降解，土壤的含油率可降为 0.185%，达到国标要求的指标。

(3) 对于落地原油回收处理点的含油污泥的生物修复。由于其含油量较高，且主要为重组分物质，因此处理效果较差。通过近 3 个月的试验，OILGATOR 使含油率为 40%的含油污泥的含油率降到了 6%以下，ZL-1 型生物制品使含油率为 10%的含油污泥的含油率降到了 2%左右。

由此可知，ZL-1 型微生物产品用于原油污染土壤及污泥的生物修复处理是可行的，其效果已经达到了国外进口的污油降解素 OILGATOR 产品的技术水平，在实际使用时，土壤的含油率越高，需要投加微生物产品的量越大，反应的时间会越长。细菌接种数量在最低线以上时，其菌种数量越高，初期的反应速率越快，但不成比例增长，且最终效果差别不大。研制出的 ZL-1 型微生物产品与国外进口的污油降解素 OILGATOR 产品具有很好的兼容性，当两种产品联合使用时，会大幅度地提高生物修复的反应速率，减少修复周期。经过越冬试验的考察表明，用于降解原油的微生物可以在大庆地区严寒冬季的气候条件下生存下来，并在春季温度适宜时重新发挥作用。

## 11.6　技术分析及推广应用前景分析

### 11.6.1　技术分析

通过上述室内试验和现场评价试验可以看出：

（1）在进行石油污染土壤的原位生物修复处理时，新研制的 ZL-1 型微生物产品在东北严寒地区的自然环境条件下，经过两个夏季的微生物降解处理可以使土壤中的原油含量由初始的 10%左右，处理后达到 0.3%以下，满足国家农用污泥要求的含油量排放指标。通过与国外专利产品——污油降解素 OILGATOR 产品进行现场和室内的对比试验研究，其处理效果已经达到国外产品的技术水平。

（2）从原理上分析，微生物降解烃类物质需要在一定的温度范围内进行，温度过高或过低均不利于生物降解反应的进行。通常情况下，在温度 30～35℃的条件下，微生物降解速率最快，在温度低于 5℃的条件下，微生物处于休眠状态，基本不发生降解作用，因此，在气候条件比较差的大庆地区的现场试验获得的结果，基本代表了该技术处理效果的下限。

### 11.6.2　处理成本及社会效益分析

（1）从生物修复技术处理原油污染土壤的技术性能上分析，与采用物理或化学方法将污油从污染源中分离技术相比，该技术是一种彻底消除土壤中含油污泥污染的环境保护技术，具有操作简单、不需要固定处理设备，处理和运行成本低，不会产生二次污染等优势。

（2）该项技术可以采用原位生物修复的方法来实施，即可以实现原油污染的就地处理。特别适合油田生产井站存在的点多面广、原油污染状况繁多且每一处原油污染面积不大的局面，采用集中处理，势必会大幅度地增加污染物的运输费用，造成处理成本增加。

（3）从研制出的生物修复制剂的成本和已经研制出的可以工业化应用的两种产品——进口污油降解素 OILGATOR 产品和新研制的 ZL-1 型微生物的性价比进行对比分析。在达到统一技术标准的前提下，进口污油降解素 OILGATOR 产品的价格为 12 元/kg，在进行生物修复处理时，按 OILGATOR/油值为 1∶2 计算 OILGATOR 污油降解素的投加量。因此，处理每千克原油所需要的药剂成本为 6 元/kg。对于 ZL-1 型微生物产品，由于采用包括菌种在内的四种不同作用的物质，并且在试验过程中需要一周投加一次生物营养素和生物表面活性剂，25 周完成试验，按照已经试验过程的投加量折算的费用分摊在每千克原油的处理药剂费用，处理每千克原油所需要的药剂成本为 5 元/kg 原油。因此，从处理成本上看，新研制的 ZL-1 型微生物产品更适宜于油田原油污染土壤的生物修复处理。

(4) 社会效益分析。采用微生物修复的方式对油田产生的含油废弃物进行了无害化处理，避免了原油污染物本身及其在土壤环境中的迁移对大气、地表水、地下水等造成污染，净化了油田的生产及生态环境，与现有的以原油污染物分离和转化为主体的物理化学方法相比，消除了二次污染。作为一项消除原油污染，保护油田环境的技术，它的推广应用必将产生显著的社会效益。

### 11.6.3 推广应用前景分析

通过试验研究分析，该项生物修复技术在原油污染土壤无害化处理过程中取得的成功，不仅为处理油田生产过程中产生的固体废弃物或污染土壤提供了一种高效低耗的处理技术，而且也为与石油有关的技术产品，石油加工业（包括炼油厂和加油站等行业）的污染土壤的无害化治理提供了有效的治理技术。

1. 国内的推广应用前景分析

在油田生产过程中的污染土壤的治理方面，可应用于污染井场的生物修复，联合站内清除的含油污泥的生物修复，含油的废弃滤料的生物修复，由于各种生产事故或输油管线损坏造成的原油泄露事件造成污染土壤的生物修复等方面。在石油加工业和其他相关行业的污染土壤治理方面，可应用于炼油厂、油罐油库、各种加油站等的污染土壤的治理。

目前，我国尚未采取大规模的治理措施，仅在少数地区开展了治理，并以物理化学方法（如洗脱、吸附）为主，不仅投资成本高，而且也造成了二次污染。对全国范围的污染环境进行修复，若采用传统方法，即使考虑劳动力相对便宜的因素，其投资规模将仍然非常庞大，如采用生物修复技术，不仅其投资规模大为缩小（仅需传统方法的 1/5～1/3），而且没有二次污染。综上所述，环境污染的生物修复技术是我国今后治理环境污染必须发展的生物技术，更具有广阔的市场和发展前景。可充分预见，在 21 世纪，生物修复技术将成为我国生态环境保护领域最具有价值和最具有生命力的大面积污染的优选生物工程技术。

2. 国外的推广应用前景分析

根据中国环境科学研究院生物工程重点实验室的研究人员 2001 年编写的“环境保护与生物修复技术”的科技论文分析，生物处理技术除易于大规模处理外，还可利用天然水体或土壤作为污染物处理场所，从而大大节约生物处理的费用。利用环境生物技术可治理用其他方法难以处理的环境介质，即用生物修复

(bioremediation) 技术净化环境，使受污染的宝贵资源，如水资源（包括地面水和地下水）、土壤等得以重新利用，同时还可进一步强化环境的自净能力。

在国外仅石油的开采、运输、储存及事故性泄漏等原因造成每年约有 1000 万 t 石油烃类物质进入环境（不包括石油加工行业的损失），引起土壤、地下水、水系和海洋的严重污染，破坏生态平衡，不仅制约了经济的发展，而且影响到人类的健康和生存。鉴于此，世界各发达国家纷纷制定了环境修复计划，如荷兰在 20 世纪 80 年代投资 15 亿美元进行土壤污染的修复，德国在 1995 年一年就投资 60 亿美元净化土壤污染，英国、法国、日本、俄罗斯等也相应投巨资进行环境污染的修复。在今后若干年内，美国市场对生物修复技术服务及其生物产品的需求将以每年 15％或更高的速度增长。

从长远看，随着人们生活水平的不断提高和环境保护意识的不断加强，维护人类赖以生存的生态环境将逐渐成为一种自觉的行为，同时，随着国家对环境保护的不断重视和环境保护执法力度的不断加强，原油污染土壤、含油污泥的处理及输油管线泄露事件造成的土壤污染问题必将成为大庆油田和全国其他油田今后需要重点解决的环境问题之一，而微生物修复技术是一种经济、安全、无二次污染的处理技术，具有十分广阔的应用前景。该项研究成果可在油田中的井场、油灌区、炼油厂等地的污染土壤修复过程中推广使用。可恢复被原油污染的土壤，彻底消除油田生产中由于落地原油和含油污泥排放对油田周围土壤环境的污染。因此，它的研究成功将不仅解决大庆油田土壤和污泥治理的问题，而且也为我国其他行业的石油类污染问题的解决提供良好的技术来源和经验，具有显著的社会效益和环境效益。

# 参考文献


[1] Mrayyan B, Battikhi M N. Biodegradation of total organic carbons (TOC) in Jordanian petroleum sludge[J]. Journal of Hazardous Materials, 2005, B120: 127—134.

[2] 郭耘，彭森，李国峰，等. 河南油田含油污泥焚烧和资源化利用[J]. 西安石油大学学报（自然科学版），2009，24（1）：64—67.

[3] Ragheb A T, Rouba Y Abu-Ateih. Biodegradation of petroleum industry oily-sludge using Jordanian oil refinery contaminated soil[J]. International Biodeterioration and Biodegradation, 2009, 63: 1054—1060.

[4] 张科良，张宁生，屈撑囤. 新型胶质液体泡沫的制备及其用于含油污泥中的原油回收[J]. 高校化学工程学报，2009，23（2）：297—303.

[5] 李金林，庄贵涛，郝红海. 含油污泥热解和燃烧的反应过程[J]. 清华大学学报（自然科学版），2008，48（9）：1453—1457.

[6] 王万福，金浩，石丰. 含油污泥热解技术[J]. 石油与天然气化工，2010，30（2）：173—177.

[7] 余冬梅，骆永明，刘五星，等. 堆肥法处理含油污泥的研究[J]. 土壤学报，2009，46（6）：1019—1024.

[8] 包木太，王兵，李希明，等. 含油污泥生物处理技术研究[J]. 自然资源学报，2007，22（6）：865—869.

[9] Biswal B K, Tiwari S N, Mukherji S. Biodegradation of oil in oily sludges from steel mills [J]. Bioresource Technology, 2009, 100: 1700—1703.

[10] Yang L, Nakhla G, Bassi A. Electro-kinetic dewatering of oily sludges[J]. Journal of Hazardous Materials, 2005, 125 (3): 130—140.

[11] Lazar I, Dobrota S, Voicu A. Microbial degradation of waste hydrocarbons in oily sludge [J]. Journal of Hazardous Materials, 2005, B125: 130—140.

[12] Basanta K B, Satyendra N T, Suparna M. Biodegradation of oil in oily sludges from steel mills[J]. Bioresource Technology, 2009, 100: 1700—1703.

[13] Hahn W J, Loehr R C. Biological treatment of petroleum oily sludges[A]//Proceedings of Permian Basin Oil and Gas Recovery Conference[C], Midland, 1992: 519—530.

[14] 许增德，张建，侯影飞，等. 含油污泥微生物处理技术研究[J]. 生物技术，2005，15（2）：61—64.

[15] Vasudevan N, Rajaram P. Bioremediation of oil sludge-contaminated soil[J]. Environment International, 2001, 26 (5-6): 409—411.

[16] Loehr C R, Webster T M. Performance of long-term, field-scale bioremediation process [J]. Journal of Hazardous Materials, 1996, 50 (3): 105—128.

[17] Wei O Y, Liu H, Murygina V, et al. Comparison of bio-augmentation and composting for remediation of oily sludge: A fieid-scale study in China[J]. Process Biochemistry, 2005, 40 (12): 3763—3768.

[18] Liu Y, Tay J H. Strategy for minimization of excess sludge production from the activated sludge process[J]. Biotechnology Advances, 2001, 19: 97—107.

[19] Martinage V, Paul E. Effect of environmental parameters on autotrophic decay rate[J]. Environmental Technology, 2000, 21: 31—41.

[20] Mayhew M, Stephenson T. Biomass yield reduction: Is biochemical manipulation possible without affecting activated sludge process efficiency[J]. Water Science and Technology, 1998, 38: 137—144.

[21] Liu Y, Tay J H. A kinetic model for energy spilling-associated product formation in substrate-sufficient continuous culture[J]. Journal of Applied Microbiology, 2000, 88: 663—668.

[22] van Loosdrecht M C M, Henze M. Maintenance endogenous respiration, lysis, decay and predation[J]. Water Science and Technology, 1999, 39 (1): 107—117.

[23] Rensink J H, Rulkens W H. Using metazoan to reduce sludge production[J]. Water Science and Technology, 1997, 36 (11): 171—179.

[24] Ghyoot W, Verstraete W. Reduced sludge production in a two-stage membrane-assisted bioreactor[J]. Water Research, 2000, 34 (1): 205—215.

[25] Boon A G, Burgess D R. Treatment of crude sewage in two high-rate activated sludge plants operated in series[J]. Water Pollution Contrology, 1974, 74: 382—392.

[26] Abbassi B, Dullstein S, Rabiger N. Minimization of excess sludge production by increase of oxygen concentration in activated sludge flocs: Experimental and theoretical approach [J]. Water Research, 1999, 34 (1): 139—146.

[27] Palmegren R, Jorand F, Nielsen P H, et al. Influence of oxygen limitation on the cell surface properties of bacteria from activated sludge[J]. Water Science and Technology, 1998, 37: 349—352.

[28] Pena C, Trujillo-Roldan M A, Galindo E. Influence of dissolved oxygen tension and agitation speed on alginate production and its molecular weight in cultures of azotobacter vinelandii[J]. Enzyme Microbiology Technology, 2000, 27: 390—398.

[29] Ghyoot W, Verstraete W. Reduced sludge production in a two-stage membrane-assisted bioreactor[J]. Water Research, 2000, 34 (1): 205—215.

[30] Visavanathan C, Aim R B, Parameshwaran K. Membrane separation bioreactors for wastewater treatment[J]. Critical Reviews in Environmental Science and Technology, 2000, 30 (1): 1—48.

[31] Wang W H, Jung Y J, Kiso Y, et al. Excess sludge reduction performance of an aerobic SBR process equipped with a submerged mesh filter unit[J]. Process Biochemistry, 2006, 41: 745—751.

[32] Holakoo L，Nakhla G，Bassi A S，et al. Long term performance of MBR for biological nitrogen removal from synthetic municipal wastewater[J]. Chemosphere，2007，66：849—857.

[33] Okey R W，Stensel H D. Uncouplers and activated sludge-the impact on synthesis and respiration[J]. Toxicology Environment Chemical，1993，40 (1)：235—254.

[34] Strant S E，Greg H N，Stensel H D. Activated sludge yield reduction using chemical uncouplers[J]. Water Environment Research，1999，71 (4)：454—458.

[35] Low E W，Chase H A. The use of chemical uncouplers for reducing biomass production during biodegradation[J]. Water Science and Technology，1998，37 (4-5)：399—402.

[36] Yang X F，Xie M L，Liu Y. Metabolic uncouplers reduce excess sludge production in an activated sludge process[J]. Process Biochemistry，2003，38 (9)：1373—1377.

[37] Chen G H，Mo H K，Saby S. Minimization of activated sludge production by chemically stimulated energy spilling[J]. Water Sciencc and Technology，2000，42 (12)：189—200.

[38] Chen G H，Mo H K，Liu Y. Utilization of a metabolic uncoupler，tetrachlorosalicylanilide (TCS) to reduce sludge growth in activated sludge culture[J]. Water Research，2002，36 (8)：2077—2083.

[39] Ye F X，Li Y. Reduction of excess sludge production by tetrachlorosalicylanilide in an activated sludge process[J]. Applied Microbiology Biotechnology，2005，67：269—274.

[40] Liu Y. Bioenergetic interpretation on the S0/X0 in substrate-sufficient batch culture[J]. Water Research，1996，30 (11)：2766—2770.

[41] Liu Y，Chen G J，Paul E. Effect of the S0/X0 ratio on energy uncoupling in substrate-sufficient batch culture of activated sludge[J]. Water Research，1998，32 (10)：2833—2888.

[42] Chudoba P，Capdeville B，Chudoba J. Explanation of biological meaning of the S0/X0 ratio in batch cultivation[J]. Water Science and Technology，1992，26 (3-4)：743—751.

[43] Yasui H，Shibata M. An innovative approach to reduce excess sludge production in the activated sludge process[J]. Water Science and Technology，1994，30 (9)：11—20.

[44] Yasui H，Nakamura K，Sakuma S，et al. A full-scale operation of a novel activated sludge process without excess sludge production[J]. Water Science and Technology，1996，34 (3-4)：395—404.

[45] Sakai Y，Fukase T，Yasui H，et al. An activated sludge process without excess sludge production[J]. Water Science and Technology，1997，36 (11)：163—170.

[46] Goel R，Komatsu K，Yasui H，et al. Process performance and change in sludge characteristics during anaerobic digestion of sewage sludge with ozonation[J]. Water Science and Technology，2004，49 (10)：105—113.

[47] Hwang S，Jang H，Lee M，et al. Characteristics of sludge reduction in an integrated pretreatment and aerobic digestion process[J]. Water Science and Technology，2006，53 (7)：235—242.

[48] Bühler M, Siegrist H. Partial ozonation of activated sludge to reduce excess sludge, improve denitrification and control scumming and bulking[J]. Water Science and Technology, 2004, 49 (10): 41—49.

[49] Saby S, Djafer M, Chen G H. Feasibility of using a chlorination step to reduce excess sludge in activated sludge process[J]. Water Research, 2002, 36 (3): 656—666.

[50] Rocher M, Goma G, Pilas-Begue A, et al. Excess sludge reduction in activated sludge process by integrating biomass alkaline heat treatment[J]. Water Science and Technology, 2001, 44: 437—444.

[51] Canales A, Pareilleux A, Rols J L, et al. Decreased sludge production strategy for domestic wastewater treatment[J]. Water Science and Technology, 1994, 30 (8): 96—106.

[52] Harrison S L. Bacterial cell disruption: A key unit operation in the recovery of intracellular products[J]. Biotechnology Advances, 1991, (9): 217—240.

[53] Tiehm A, Nickel K, Neis U. The use of ultrasound to accelerate the anaerobic digestion of sewage sludge[J]. Water Science and Technology, 1997, 36 (11): 121—128.

[54] Cao X O, Chen J, Cao Y L, et al. Experimental study on sludge reduction by ultrasound [J]. Water Science and Technology, 2006, 54 (9): 87—93.

[55] Müller J A. Pretreatment processes for the recycling and reuse of sewage sludge[J]. Water Science and Technology, 2000, 42 (9): 167—174.

[56] Tanemura K, Kida K, Teshima M, et al. Anaerobic treatment of wastewater from a food-manufacturing plant with a low concentration of organic matter and regeneration of usable pure water[J]. Journal of Fermention and Bioengieering, 1994, 77 (3): 307—311.

[57] Lee N M, Welander T. Reducing sludge production in aerobic wastewater treatment through manipulation of the ecosystem[J]. Water Research, 1996, 30 (8): 1781—1790.

[58] Lee N M, Welander T. Use of protozoa and metazoa for decreasing sludge production in aerobic wastewater treatment[J]. Biotechnology Letters, 1996, 18 (4): 429—434.

[59] Ratsak C H. Effects of nais elinguis on the performance of an activated sludge plant[J]. Hydrobiologia, 2001, 463: 217—222.

[60] Liang P, Huang X, Qian Y, et al. Determination and comparison of sludge reduction rates caused by microfaunas predation[J]. Bioresource Technology, 2006, 97: 854—861.

[61] Liang P, Huang X, Qian Y. Excess sludge reduction in activated sludge process through predation of Aeolosoma hemprichi[J]. Biochemical Engineering Journal, 2006, 28: 117—122.

[62] Huang X, Liang P, Qian Y. Excess sludge reduction induced by tubifex in a recycled sludge reactor[J]. Journal of Biotechnology, 2007, 127: 443—451.

[63] Elissen H J H, Hendrickx T L G, Temmink H, et al. A new reactor concept for sludge reduction using aquatic worms[J]. Water Research, 2006, 40: 3713—3718.

[64] 刘惠卿，盘英，李玉嫦. “三泥”处理现状[J]. 石油化工环境保护，2001，24（1）：33－36.

[65] 杨怀杰. 油田油泥沙防治技术研究[J]. 石油化工环境保护，2004，27（4）：50－53.

[66] 高琦琳，由庆，王国辉. 含油污泥在我国油田中的应用[J]. 中国石油大学胜利学院学报，2010，24（1）：8－11.

[67] 王毓仁，顾薇琼. 炼油厂含油污泥离心脱水技术的探索[J]. 石油炼制与化工，2003，34（1）：49－51.

[68] 李利民，唐善法，付美龙，等. 含油污泥的固化处理技术研究[J]. 精细石油化工进展，2005，6（10）：41－46.

[69] Acar Y B，Alshawabkeh A N. Principles of electrokinetic remediation[J]. Environment Science and Technology，1993，27（13）：2638－2647.

[70] Acar Y B，Gale R J，Alshawabkeh A N，et al. Electrokinetic remediation：Basics and technology status[J]. Journal of Hazardous Materials，1995，40（2）：117－137.

[71] Virkutyte J，Sillanp M，Latostenmaa P. Electrokinetic soil remediation critical overview [J]. The Science of the Total Environment，2002，289（1-3）：97－121.

[72] 陆小成，陈露洪，毕树平，等. 污染土壤电动修复及供能方式研究进展[J]. 污染防治技术，2003，16（2）：19－24.

[73] Probstein R F，Hicks R E. Removal of contaminants from soils by electric fields[J]. Science，1993，260（7）：498－502.

[74] Shapiro A P，Probstein R F. Removal of contaminants from saturated clay by electroosmosis[J]. Environmental Science and Technology，1993，27（2）：1－8.

[75] Saichek R E，Reddy K R. Effect of pH control at the anode for the electrokinetic removal of phenanthrene from kaolin soil[J]. Chemosphere，2003，51（4）：273－287.

[76] 王泰，郑余阳，杨磊，等. 苯酚污染土壤的电动力学修复技术研究[J]. 环境科技，2009，22（2）：22－25.

[77] Yang C C C，Long Y W. Removal and degradation of phenol in a saturated flow by in-situ electrokinetic remediation and Fenton-like process[J]. Journal of Hazardous Materials，1999，69（3）：259－271.

[78] 罗启仕，王慧，张锡辉，等. 土壤中 2，4-二氯酚在非均匀电动力学作用下的迁移[J]. 环境科学学报，2004，24（6）：1104－1109.

[79] 罗启仕，张锡辉，王慧，等. 非均匀电动力学修复技术对土壤性质的影响[J]. 环境污染治理技术与设备，2004，5（4）：40－45.

[80] Hanna K，Chiron S，Oturan M A. Coupling enhanced water solubilization with cyclodextrin to indirect electrochemical treatment for pentachlorophenol-contaminated soil remediation[J]. Water Research，2005，39（12）：2763－2773.

[81] Yuan S，Tian M，Cui Y，et al. Treatment of nitrophenols by cathode reduction and electro-Fenton methods[J]. Journal of Hazardous Materials，2006，137（1）：573－580.

[82] Lear G，Harbottle M J，Sills G，et al. Impact of electrokinetic remediation on microbial

communities within PCP contaminated soil[J]. Environmental Pollution，2007，146 (1)：139—146.

[83] Kile D E，Chiou C T. Water solubility enhancements of DDT and trichlorobenzene by some surfactants below and above the critical micelle concentration[J]. Environmental Science and Technology，1989，23 (7)：832—838.

[84] Ko S O，Schlautman M A，Carraway E R. Partitioning of hydrophobic organic compounds to hydroxypropyl-β-cyclodextrin：Experimental studies and model predictions for surfactant-enhanced remediation applications[J]. Environmental Science and Technology，1999，33 (16)：2765—2770.

[85] Khodadoust A P，Reddy K R，Narla O. Cyclodextrin-enhanced electrokinetic remediation of soils contaminated with 2，4-dinitrotoluene[J]. Journal of Environmental Engineering，2006，132：1043—1047.

[86] Wang J，Yuan S，Chen J，et al. Solubility-enhanced electrokinetic movement of hexachlorobenzene in sediments：A comparison of cosolvent and cyclodextrin[J]. Journal of Hazardous Materials，2009，166 (1)：221—226.

[87] Oonnittan A，Shrestha R A，Sillanpää M. Removal of hexachlorobenzene from soil by electrokinetically enhanced chemical oxidation[J]. Journal of Hazardous Materials，2009，162 (2-3)：989—993.

[88] Yuan C，Weng C H. Remediating ethylbenzene-contaminated clayey soil by a surfactant-aided electrokinetic (SAEK) process[J]. Chemosphere，2004，57 (3)：225—232.

[89] Chang J H，Qiang Z，Huang C P，et al. Phenanthrene removal in unsaturated soils treated by electrokinetics with different surfactants-Triton X-100 and rhamnolipid[J]. Colloids and Surfaces A：Physicochemical and Engineering Aspects，2009，23：41—48.

[90] Hamed J T，Bhadra A. Influence of current density and pH on electrokinetics[J]. Journal of Hazardous Materials，1997，55 (1-3)：279—294.

[91] Kaya A，Yukselen Y. Zeta potential of soils with surfactants and its relevance to electrokinetic remediation[J]. Journal of Hazardous Materials，2005，120 (1-3)：119—126.

[92] Yuan S H，Wan J Z，Lu X H. Electrokinetic movement of multiple chlorobenzenes in contaminated soils in the presence of beta-cyclodextrin[J]. Journal of Environmental Sciences，2007，19 (8)：968—971.

[93] Ko S O，Schlautman M A，Carraway E R. Cyclodextrin-enhanced electrokinetic removal of phenanthrene from a model clay soil[J]. Environmental Science and Technology，2000，34 (8)：1535—1541.

[94] Lageman R，Clarke R L，Pool W. Electro-reclamation，a versatile soil remediation solution[J]. Engineering Geology，2005，77 (3-4)：191—201.

[95] Yuan S，Tian M，Lu X. Electrokinetic movement of hexachlorobenzene in clayed soils enhanced between 80 and β-cyclodextrin[J]. Journal of Hazardous Materials，2006，137 (2)：1218—1225.

[96] Kim Y U. Effect of sonication on removal of petroleum hydrocarbon from contaminated soils by soil flushing method[D]. Philadelphia: Pennsylvania State University, 2000: 12—14.

[97] Pham T D, Shrestha R A, Virkutyte J, et al. Combined ultrasonication and electrokinetic remediation for persistent organic removal from contaminated kaolin[J]. Electrochimica Acta, 2009, 54 (5): 1403—1407.

[98] 刘五星，骆永明，滕应，等. 石油污染土壤的生物修复研究进展[J]. 土壤，2006，38 (5): 634—639.

[99] Goma G, Pareilleux A, Durand G. Specific hydrocarbon solubilization during growth of Candida lipolytica[J]. Journal Fermentation Technology, 1973, 51 (8): 616—618.

[100] 华兆哲，陈坚. 石油烷烃降解与生物表面活性剂生产的相关性研究及进展[J]. 石油化工，1998，27 (12): 925—929.

[101] Rosenberg M, Rosenberg E. Role of adherence in growth of Acinetobacter calcoaceticus RAG-1 on hexadecane[J]. Journal of Bacteriology, 1981, 148 (1): 51.

[102] Pena A A, Miller C A. Solubilization rates of oils in surfactant solutions and their relationship to mass transport in emulsions[J]. Advances in Colloid and Interface Science, 2006, 123: 241—257.

[103] 马强，林爱军，马薇，等. 土壤中总石油烃污染（TPH）的微生物降解与修复研究进展[J]. 生态毒理学报，2008，3 (1): 1—8.

[104] Rittmann B E, Valocchi A J, Seagren E, et al. Critical review of in situ bioremediation [R]. Gas Research Institute Topical Report, 1992, 3: 77—84.

[105] Morgan P, Watkinson R J. Biodegradation of components of petroleum[J]. Biochemistry of Microbial Degradation, 1994, 31: 1—31.

[106] 苏荣国，倪方天. 微生物对石油烃的降解机理及影响因素[J]. 化工环保，2001，21 (4): 205—208.

[107] 丁克强，骆永明. 生物修复石油污染土壤[J]. 土壤，2001，33 (4): 179—184.

[108] 胡凌燕. 几个菌株对原油污染的生物修复初步研究[D]. 南京：南京理工大学，2006: 41—43.

[109] 贾燕. 石油降解菌和生物表面活性剂在水体石油污染生物修复中的应用及机理研究[D]. 广州：暨南大学，2007: 27—29.

[110] Coates J D, Woodward J, Allen J, et al. Anaerobic degradation of polycyclic aromatic hydrocarbons and alkanes in petroleum-contaminated marine harbor sediments[J]. Applied and Environmental Microbiology, 1997, 63 (9): 3589—3584.

[111] Rabus R, Kube M, Heider J, et al. The genome sequence of an anaerobic aromatic-degrading denitrifying bacterium, strain EbN1[J]. Archives of Microbiology, 2005, 183 (1): 27—36.

[112] Grishchenkov V G, Townsend R T, McDonald T J, et al. Degradation of petroleum hydrocarbons by facultative anaerobic bacteria under aerobic and anaerobic conditions[J].

Process Biochemistry, 2000, 35 (9): 889—896.

[113] 齐永强，王红旗. 微生物处理土壤石油污染的研究进展[J]. 上海环境科学，2002，21 (3)：177—180.

[114] Rahman K S M, Thahira-Rahman J, Lakshmanaperumalsamy P, et al. Towards efficient crude oil degradation by a mixed bacterial consortium[J]. Bioresource Technology, 2002, 85 (3): 257—261.

[115] Delille D, Pelletier E, Coulon F. The influence of temperature on bacterial assemblages during bioremediation of a diesel fuel contaminated subantarctic soil[J]. Cold Regions Science and Technology, 2007, 48 (2): 74—83.

[116] 顾传辉，陈桂珠. 石油污染土壤生物降解生态条件研究[J]. 生态科学，2000，19 (4)：67—72.

[117] Kim S J, Park J Y, Lee Y J, et al. Application of a new electrolyte circulation method for the exsitu electrokinetic bioremediation of alaboratory-prepared pentadecane contaminated kaolinite[J]. Journal of Hazardous Materials, 2005, 118 (1-3): 171—176.

[118] Reddy K R, Cutright T J. Nutrient amendment for the bioremediation of chromium-contaminated soil by electrokinetics[J]. Energy Sources. Part A: Recovery, Utilization, and Environmental Effects, 2003, 25 (9): 931—943.

[119] Maini G, Sharman A K, Sunderland G, et al. An integrated method incorporating sulfur-oxidizing bacteria and electrokinetics to enhance removal of copper from contaminated soil[J]. Environmental Science and Technology, 2000, 34 (6): 1081—1087.

[120] Wick L Y, Mattle P A, Wattiau P, et al. Electrokinetic transport of PAH degrading bacteria in model aquifers and soil[J]. Environmental Science and Technology, 2004, 38 (17): 4596—4602.

[121] López A, Expósito E, Antón J, et al. Use of Thiobacillus ferrooxidans in a coupled microbiological-electrochemical system for wastewater detoxification[J]. Biotechnology and Bioengineering, 2000, 63 (1): 79—86.

[122] Matsumoto N, Nakasono S, Ohmura N, et al. Extension of logarithmic growth of Thiobacillus ferrooxidans by potential controlled electrochemical reduction of Fe (III) [J]. Biotechnology and Bioengineering, 2000, 64 (6): 716—721.

[123] 昝元峰，王树众，沈林华，等. 污泥处理技术的新进展[J]. 中国给水排水，2004，20 (6)：25—28.

[124] 施庆燕，李兵，赵由才. 污泥低温热解制油的影响因素[J]. 环境卫生工程，2006，14 (5)：4—6.

[125] 韩晓强，陈晓平. 分布活化能模型在污泥热解特性研究中的应用[J]. 燃烧科学与技术，2006，12 (2)：147—150.

[126] Steger M T. Fate of chlorinated organic compounds during thermal conversion of sewage sludge[J]. Water Science and Technology, 1992, 26 (9): 2261—2264.

[127] Liu F, Liu J, Yu Q, et al. Leaching characteristics of heavy metals in municipal solid

waste incinerator fly ash[J]. Journal of Environmental Science and Health. Part A：Toxic/Hazardous Substances and Environment Engineering，2005，40（10）：1975—1985.

[128] Hu Z，Navarro R，Nomura N，et al. Changes in chlorinated organic pollutants and heavy metal content of sediments during pyrolysis[J]. Environmental Science and Pollution Research，2007，14（1）：12—18.

[129] Ishikawa S，Sakazaki Y，Eguchi Y，et al. Identification of chemical substances in industrial wastes and their pyrolytic decomposition products[J]. Chemosphere，2005，59（9）：1343—1353.

[130] Kim Y，Parker W. A technical and economic evaluation of the pyrolysis of sewage sludge for the production of bio-oil[J]. Bioresource Technology，2007，59（3）：126—132.

[131] Lu G Q，Low J C F，Liu C Y，et al. Surface area development of sewage sludge during pyrolysis[J]. Fuel，1995，74（3）：344—348.

[132] Sanchez M E，Martinez O，Gomez X，et al. Pyrolysis of mixtures of sewage sludge and manure：A comparison of the results obtained in the laboratory（semi-pilot）and in a pilot plant[J]. Waste Management，2006，21（9）：123—129.

[133] Bridle T R，Pritchard D. Energy and nutrient recovery from sewage sludge via pyrolysis[J]. Water Science and Technology，2004，50（9）：169—175.

[134] 李鹏华，李岩涛，张清宇. 含油污泥无害化和资源化研究[J]. 精细石油化工进展，2008，9（8）：17—22.

[135] 姜昌亮. 石油污染土壤的物理化学处理-生物修复工艺与技术研究[D]. 沈阳：中国科学院沈阳应用生态研究所，2001.

[136] 李永涛，吴启堂. 土壤污染治理方法研究[J]. 农业环境保护，1997，16（3）：118—122.

[137] 钱署强，刘铮. 污染土壤修复技术介绍[J]. 化工进展，2000,(4)：10—12.

[138] 于晓丽. 落地原油对土壤污染及其治理技术[J]. 农业环境与发展，2000,(3)：28—29.

[139] Robert L S，Kathryn S L，Lawrence C M. Integarted in situ soil remediation technology：The Lasagna proceed[J]. Environment Science and Technology，1995，29：2538—2534.

[140] Hamer G. Bioremediation：A response of gross environmental abuse[J]. Trends Biotechnol，1993，11：317—319.

[141] 王庆仁，刘秀梅，崔岩山，等. 土壤与水体有机污染的生物修复及其应用研究进展[J]. 生态学报，2001，21（1）：159—163.

[142] 孙铁衍，周启星，等. 污染生态学[M]. 北京：科学出版社，2001.

[143] Susan C W. Bioremediation of soil contaminated with polyunclear aromatic hydrocarbon (PHAs)：A view[J]. Environmental Pollution，1993，81：229—249.

[144] 杨国栋. 污染土壤微生物修复技术主要研究内容和方法[J]. 农业环境保护，2001，20（4）：286—288.

[145] Flathman P E，Lanza G R. Phytoremediation：Current views on an emerging green

technology[J]. Journal of Soil Contamination, 1998, 7 (4): 415—432.

[146] 李张良，孙珮石，等. 有机物及重金属污染土壤的生物修复[J]. 广州环境科学，2003，18 (2)：1—4.

[147] 石春黎. 含油土壤电化学生物修复研究[D]. 哈尔滨：哈尔滨工业大学，2009.

[148] 任华峰，单德臣，李淑芹，等. 石油污染土壤微生物修复技术的研究进展[J]. 东北农业大学学报，2004，35 (3)：373—376.

[149] Hwang H M, Loya J A, Perry D L, et al. Interactions between subsurface microbial assemblages and mixed organic and inorganic contaminant system[J]. Bulletin of Environmental Contamination and Toxicology, 1994, 53 (5): 771—778.

[150] Mills S A. Evaluation of phosphorus source bioremediation of diesel fuel in soil[J]. Bulletin of Environmental Contamination and Toxicology, 1994, 53 (2): 280—284.

[151] 郭江峰，孙锦荷. 污染土壤生物治理的研究方法[J]. 环境科学进展，1995，3 (5)：62—68.

[152] 沈铁孟，黄国强，李凌，等. 石油污染土壤生物通风修复及其强化技术[J]. 环境污染治理技术与设备，2002，3 (7)：67—69.

[153] Johnson P C, Stanley C C, Kemblonski M W, et al. A practical approach to the design, operation, and monitoring of in situ soil-venting systems[J]. Ground Water Monitor, 1990, 10 (2): 159—178.

[154] Hinchee R E, Ong S K. A rapid in situ respiration test for measuring aerobic biodegradation rates of hydrocarbons in soil[J]. Journal of the Air and Waste Management Association, 1990, 42 (10): 1305—1312.

[155] Edward J C. Principles and Practices for Petroleum Contaminated Soils[M]. New York: Lewis Publishers, 1993.

[156] Atlas R M. Microbial hydrocarbon degradation-biodegradation of oil spill[J]. Chemical Technology Biotechnology, 1991, 52: 149—156.

[157] Pritchard P H, Costa C F. EPA's Alaska oil spill bioremediation project[J]. Environmental Science and Technology, 1991, 25: 372—379.

[158] 顾传辉，陈桂林. 石油污染土壤生物修复[J]. 重庆环境科学，2001，23 (2)：42—45.

[159] 郑远扬. 石油污染生化治理的进展[J]. 国外环境科学技术，1993，(3)：46—50.

[160] 张海容，李培军，孙铁珩，等. 四种石油污染土壤生物修复技术研究[J]. 农业环境保护，2001，20 (2)：78—80.

[161] 郭书海，张海莱，李凤梅，等. 含油污泥堆腐处理技术研究[J]. 农业环境科学学报，2005，24 (4)：812—815.

[162] Zappi M E, Rogers B A, et al. Bio-slurry treatment of a soil contaminated with low concentrations of total petroleum hydrocarbon[J]. Journal of Hazardous Material, 1996, 46 (1): 1—12.

[163] 张天月，赵农，安森，等. 生物泥浆反应器在污染土壤修复中的应用[J]. 水土保持研究，2005，12 (6)：50—53.

[164] James B R. Remediation-by-reduction strategies for chromate-contaminated soil[J]. Environment Geochemical Health，2001，23：175－179.

[165] Xang X E，Yang M J. Metal distribution and chelation with relation to Zn or Cd hyperaccumulation in thlaspi caerulescens[J]. Environmental Pollution，2000，107：223－230.

[166] Baker A J M，McGrath S P，Sidoli C M D，et al. Possibility of in situ heavy metal decontamination of polluted soil using crops of metal-accumulating plant[J]. Resource Conservation and Recycling，1994，11：41－49.

[167] 陈同斌，韦朝阳，等. 砷超富集植物蜈蚣草及其对砷的富集特征[J]. 科学通报，2002，47（3）：207－210.

[168] 李法云，臧树良，罗义，等，污染土壤生物修复技术研究[J]. 生态学，2003，22（1）：35－39.

[169] 安正阳，江映翔，文军，等. 污染土壤的生物修复技术进展及其应用前景[J]. 广州环境科学，2003，18（4）：5－7.

[170] 陈晓东，常文越，邵春岩. 土壤污染生物修复技术研究进展[J]. 环境保护科学，2001，27（5）：23－25.

[171] 李晔，陈新才，王焰新，等. 石油污染土壤生物修复的最佳生态条件研究[J]. 环境科学与技术，2004，27（4）：17－19.

[172] 魏树和，周启星，张凯松，等. 根际圈在污染土壤修复中的作用及机理分析[J]. 应用生态学报，2003，14（1）：143－148.

[173] 周启星，宋文芳，孙铁珩，等. 生物修复研究与应用进展[J]. 自然科学进展，2004，14（7）：721－728.

[174] 赵光辉，冯晓斌，孙俊，等. 土著嗜油微生物对土壤中石油污染物的降解性研究[J]. 环境保护学，2005，31（131）：38－39.

[175] 宋玉芳，宋雪英，张薇，等. 污染土壤生物修复中存在问题的探讨[J]. 环境科学，2004，27（2）：129－133.

[176] 叶为民，孙风慧. 石油污染土壤的生物修复技术[J]. 上海地质，2002，4：22－24.

[177] Pinholt Y，Struwe S，Kioller A. Microbial changes during oil decomposition in soil[J]. Holaret Ecology，1979，2：195－200.

[178] Jensen V. Bacterial flora of soil after application of oil waster[J]. Oikos，1975，26：152－158.

[179] 龚利萍，张甲耀，罗宇煊. 土壤微生物降解石油污染物[J]. 上海环境科学，2001，20（4）：201－202.

[180] 姚德明，许华夏，张海莱，等，石油污染土壤生物修复过程中微生物生态研究[J]. 生态学杂志，2002，21（1）：26－28.

[181] 许增德，张建，祝威，等. 微生物降解油田含油污泥中烃类污染物质的研究[J]. 江苏环境科技，2005，18（4）：9－11.

[182] 魏小芳，张忠智，罗一菁，等. 重质石油污染土壤的生物修复[J]. 化学与生物工程，

2005，7：7—9.

[183] 顾传辉，陈桂珠. 石油污染土壤生物修复[J]. 重庆环境科学，2001，4：41—45.

[184] 陆光华，万蕾，苏瑞莲，等. 石油烃类污染土壤的生物修复技术研究进展[J]. 生态环境，2003，12 (2)：220—223.

[185] 王海，等. 生物强化技术在生物修复中的应用[J]. 环境科学与技术，2003，18 (4)：1—4.

[186] 丁克强，孙铁衍，李培军，等. 石油污染土壤的生物修复技术[J]. 生态学杂志，2000，19 (2)：50—55.

[187] Wilson S C，Jones K C. Bioremediation of soil contaminated with polynuclear aromatic hydrocarbons (PAHs)：A review[J]. Environmental Pollution，1993，81：229—249.

[188] 安淼，周琪，李晖，等. 土壤污染生物修复的影响因素[J]. 土壤与环境，2002，11 (4)：397—400.

[189] 丁克强，骆永明. 生物修复石油污染土壤[J]. 土壤，2001，4：179—184.

[190] Ratledge C. Applied Science[M]. London：Applied Science Publishers Ltd，1997.

[191] Davis J B. Petroleum Microbiology[M]. New York：Palo Aito，1967.

[192] 何翔，吴海，魏薇，等. 石油污染土壤菌剂修复技术研究[J]. 土壤，2005，37 (3)：338—340.

[193] 张小啸，王红，等. 土壤微生物对苯的降解研究[J]. 环境科学，2005，26 (6)：148—152.

[194] McKenna E，et al. Annual Review of Microbiology[M]. Palo Alto：Annual Reviews，Inc，1965.

[195] 张锡辉，等. 土壤结合态稠环芳烃的生物降解[J]. 农业环境保护，2001，20 (1)：15—18.

[196] Atagana H I，et al. Optimization of soil physical and chemical conditions for the bioremediation of creosote-contaminated soil[J]. Biodegradation，2003，14 (4)：297.

[197] Rike A G，et al. In situ biodegradation of petroleum hydrocarbons in frozen arctic soils [J]. Cold Regions Science and Technology，2003，37 (2)：97.

[198] Morgan P，Halegen K B，Borresen M，et al. Microbiological methods for the cleanup of soil and groundwater contaminated with halogenated organic compounds[J]. FEMS Microbiology Review，1989，63：277—300.

[199] Dibble J T，Bartha R. Effect of environmental parameters on bio-degradation of oil sludge[J]. Applied and Environmental Microbiology，1979，37：729—739.

[200] 李文利，王忠彦，胡永松，等. 土壤和地下水石油污染的生物治理[J]. 重庆环境科学，1999，21 (2)：35—44.

[201] 齐永强，王红旗，刘敬奇，等. 土壤中石油污染物微生物降解及其降解去向[J]. 中国工程科学，2003，5 (8)：70—75.

[202] 任磊，黄延林. 石油污染土壤的生物修复技术[J]. 安全与环境学报，2001，1 (2)：50—54.

[203] 丁克强，洛永明．多环芳烃污染土壤的生物修复[J]．土壤，2001，4：169－178.
[204] 刘世亮，洛永明．多环芳烃污染土壤的微生物与植物联合修复研究进展[J]．土壤，2002,(5)：257－265.
[205] 王红旗，陈延君，刘宁宁，等．土壤石油污染物微生物降解机理与修复技术研究[J]．地学前缘，2006，13 (1)：134－139.
[206] Kolwzan B. Bacterial preparations for degradation of petroleum products in soil[J]. Fresenius Environmental Bulletin，2004，13 (3)：216－219.
[207] Murygina V P，et al. Application of biopreparation "Rhoder" for remediation of oil polluted polar marshy wetlands in Komi Republic[J]. Environment International，2005，31 (2)：163－166.
[208] Ilyna A，Castillo S M I. Isolation of soil bacteria for bioremediation of hydrocarbon contamination[J]. Vestnik Moskovskogo Universiteta，Seriya 2：Khimiya，2003，44 (1)：88－91.
[209] Mironova R I，Noskova V P，et al. A strain of Rhodococcus species 56D for purification of water and soil from petroleum and petroleum products：Faster and more effectively than previous microorganisms[P]：Russian，412065. 1998.
[210] Lin Q，Mendelssohn I A，et al. Effects of bioremediation agents on oil degradation in mineral and sandy salt marsh sediments[J]. Environmental Technology，1999，20 (8)：825－837.
[211] Green G. Use of surfactants in the bioremediation of petroleum-contaminated soils[J]. Technical Report，1989，30：182－191.
[212] Bossert G，Ingeborg D，et al. Bioremediation method[P]：US，5611837. 1997.
[213] Huang J S，Varadaraj R. Bioremediation of hydrocarbon contaminated soil[J]. Current Opinion in Colloid & Interface Science，1996，12：543－551.
[214] Ponomareva L V，Krunchak V G，et al，Bioremediation of petroleum polluted soil by Bioset preparation and Caperoxide[J]. Biotekhnologiya，1998，(1)：79－84.
[215] Foght J，Semple K，Westlake D W S，et al. Development of a standard bacterial consortium for laboratory efficacy testing of commercial freshwater oil spill bioremediation agents[J]. Journal of Industrial Microbiology & Biotechnology，1998，21 (6)：322－330.
[216] Varadaraj R，Bock J，Robbins M L. Bioremediation of hydrocarbon contaminated soil [P]：US，5436160. 1995.
[217] Strong G，Janet M，Guzman F. Bioremediation in oil-contaminated sites：Bacteria and surfactant accelerated remediation[J]. Proceedings of SPIE，San Francisco，1996，2835 (1)：2－4.
[218] Killham K S，Paton G I. Decontamination of drill cuttings and other waste material[P]：WO，2004013455. 2004-02-12.
[219] Dickerson T. Process and material for bioremediation of hydrocarbon contaminated soils

[P]：US，5609667. 1997-03-11.

[220] Ta Y W，Abdul W M，Jamaliah M J，et al. Pollution control technologies for the treatment of palm oil mill effluent through end-of-pipe processes[J]. Journal of Environmental Management，2010，91：1467－1490.

[221] 丁克强，洛永明，孙铁珩，等. 通气对石油污染土壤生物修复的影响[J]. 土壤，2001，(4)：185－188.

[222] Calcavecchio P，Drake E N，Savage D W. Bioremediation of hydrocarbon contaminated waste using corn material[P]：US，2002187545-A1. 2002-12-12.

[223] Castaldi F J. Bio-slurry reaction system and process for hazardous waste treatment[P]：US，5232596. 1991-10-07.

[224] Glaze B S. Method for accelerated bioremediation and method for using an apparatus therefore[P]：US，5593888. 1992-07-21.

[225] Peltola R. Composting methods[P]：US，5685891. 1997.

[226] Kuyukina M S，et al. Bioremediation of crude oil-contaminated soil using slurry-phase biological treatment and land farming techniques[J]. Soil and Sediment Contamination，2003，22：85－99.

[227] 王慧，等. 土壤电动修复技术的研究进展及我国的技术需求[A]//中英污染土地风险评价与修复国际研讨会[C]，北京，2005：53－59.

[228] 姜昌亮，孙铁衍. 石油污染土壤长料堆式异位生物修复技术研究[J]. 应用生态学学报，2001，12 (4)：279－282.

[229] 李培军，郭书海，孙铁珩，等. 不同类型原油污染土壤生物修复技术研究[J]. 应用生态学学报，2002，13 (11)：1455－1458.

[230] 李培军，台培东，郭书海，等. 辽河油田石油污染土壤的 2 阶段生物修复[J]. 环境科学，2003，24 (3)：74－78.

[231] 何翔，魏薇，吴海，等. 石油污染土壤菌根修复技术研究[J]. 石油天然气化工，2004，33 (4)：217－218.

[232] Lessard R R，et al. Bio-remediation application in the clean up of the Alaska oil spill[J]. Bio-remediation of Pollutants in Soil and Water，1997，10：207－225.

[233] Ladousse A，Tramier B. Results of 12 years of research in spilled oil bio-remediation[A]//Proceedings of 1991 Oil Spill Conference[C]，Washington DC，1991：377－581.

[234] Hinchee R E，et al. Enhanced biodegradation of petroleum hydrocarbon through soil venting[J]. Journal of Hazardous Materials，1991，27 (3)：315－325.

[235] Parsons E G，et al. In situ air induction for bioremediation in the subsurface[A]//Compte Rendu-Symposium et Exposition sur la Restauration des Eaux Souterraines et des Sols Contamines[C]，Montreal，1997：513－517.

[236] 中华人民共和国城乡建设环境保护部. 农用污泥中污染物控制标准[S] GB 4284—1984. 北京：中国标准出版社，1984.

[237] 赵淑梅，郑西来，高增文，等. 生物表面活性剂及其在油污染生物修复技术中的应用

[J]. 海洋科学进展，2005，23（2）：234－238.
[238] 欧阳科，张军耀，戚琪，等. 生物表面活性剂和化学表面活性剂对多环芳烃蒽的生物降解作用研究[J]. 农业环境科学学报，2004，23（4）：806－809.
[239] 牛明芬，韩晓日，郭书海，等. 生物表面活性剂在石油污染土壤生物预制床修复中的应用研究[J]. 土壤通报，2005，36（5）：712－715.

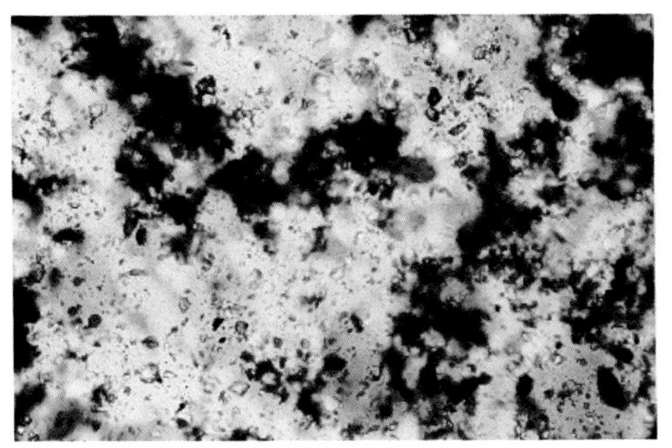
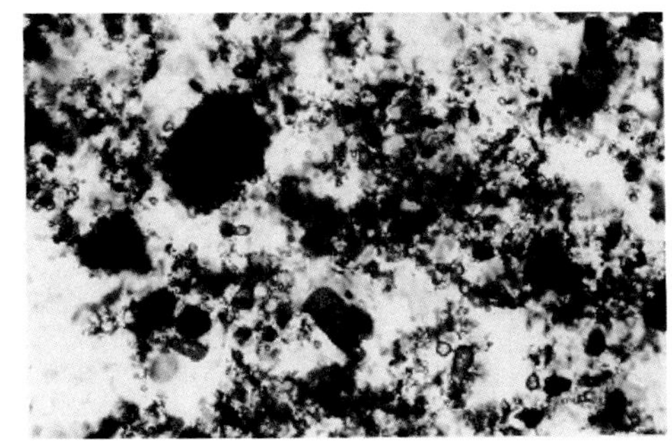

图 3.18　某污水站横向流聚结除油器底部沉降排出污泥分布图

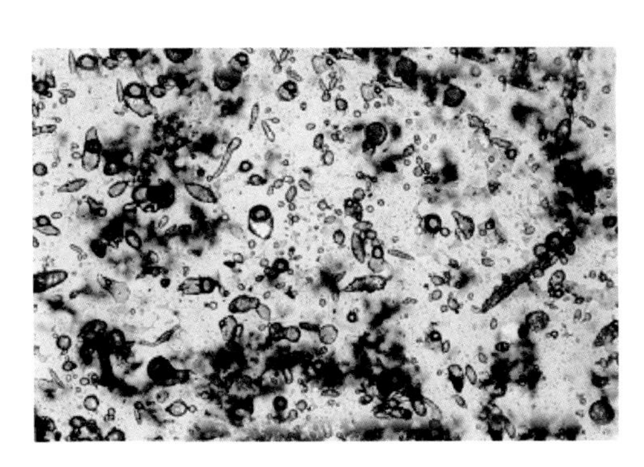
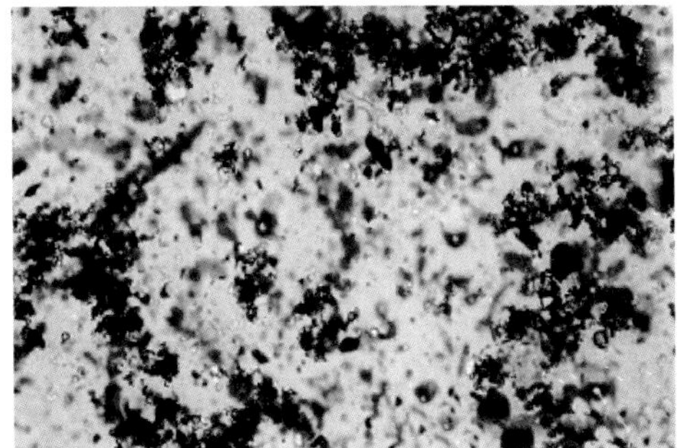

图 3.19　污水沉降罐底部沉降排出污泥分布图

图 3.34　某污泥站污泥脱水机使用情况

图 3.35　某污泥站污泥拉运车间及泥样现状

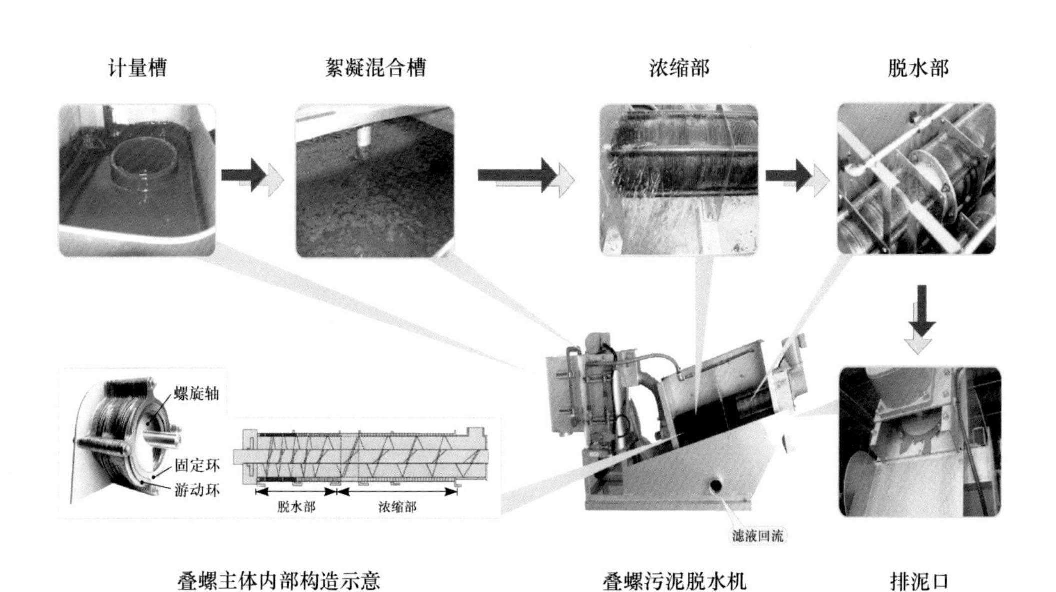


图 3.48　叠片螺旋式污泥脱水系统构成图

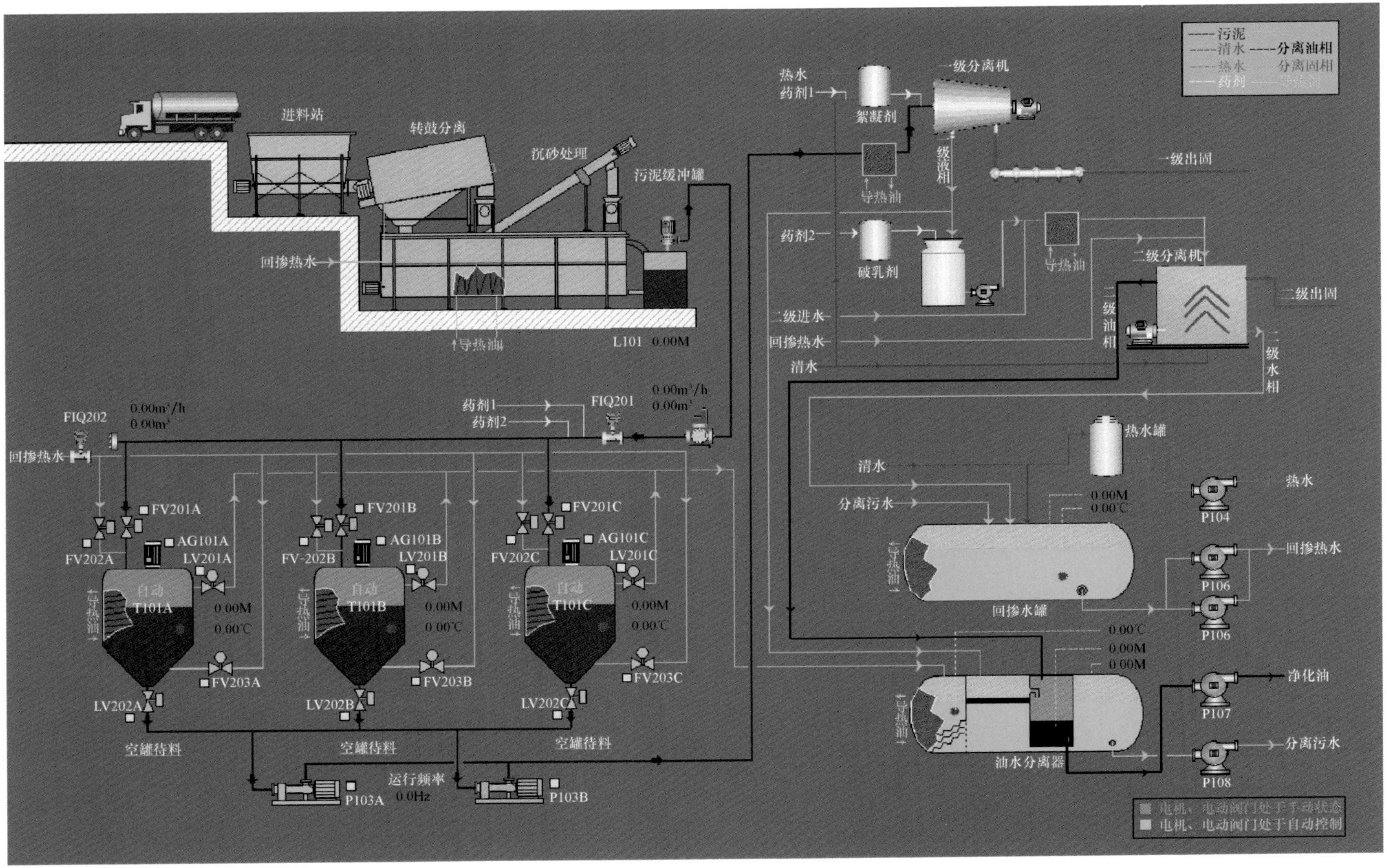

图 4.12　杏北含油污泥处理站工艺流程示意图

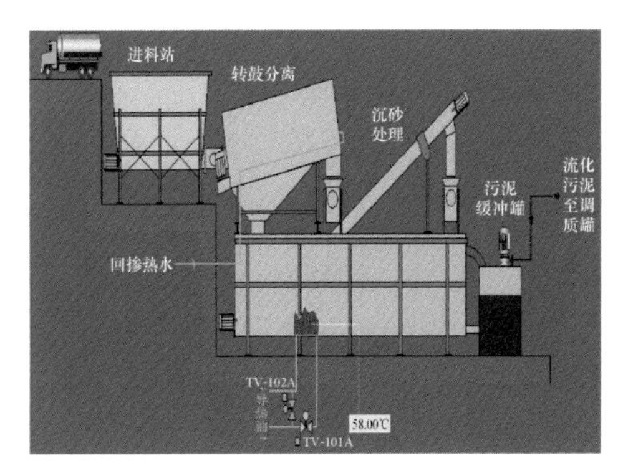


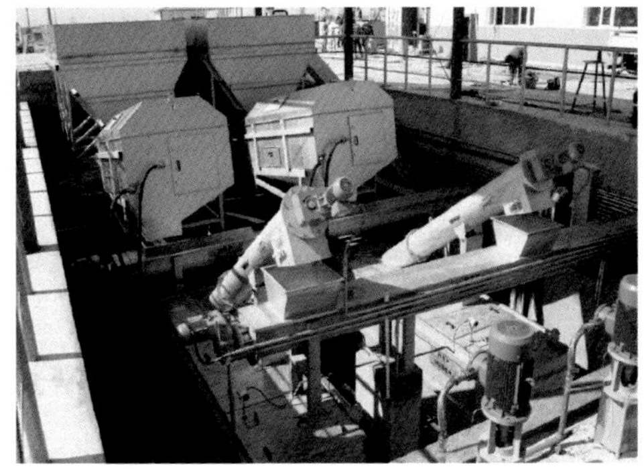

图 4.14　现场含油污泥预处理流化处理装置及处理工艺流程示意图

图 4.15　油罐车卸车进入预处理装置进料口现场图片

图 4.16　螺旋输送装置提升出的沉积砂粒

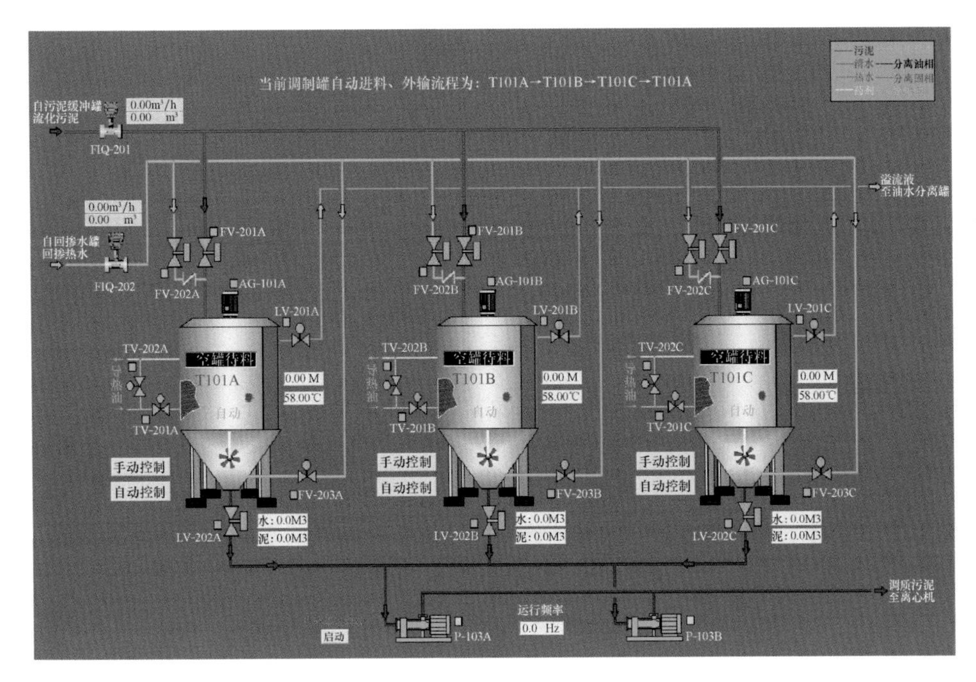


图 4.17　现场调质罐装置工艺流程示意图

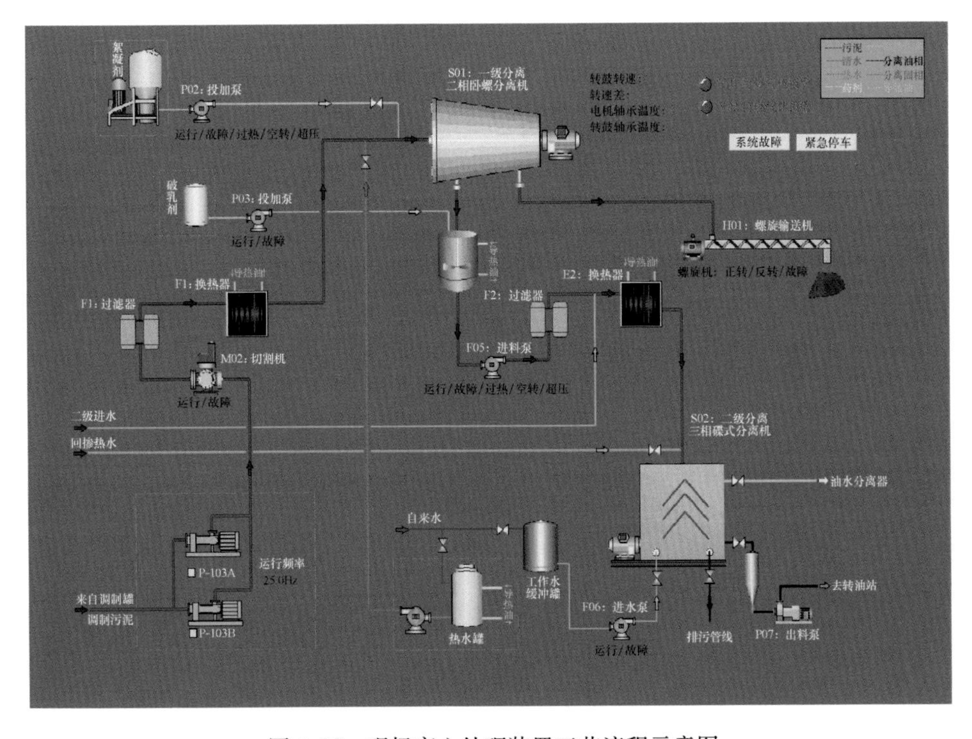


图 4.18　现场离心处理装置工艺流程示意图

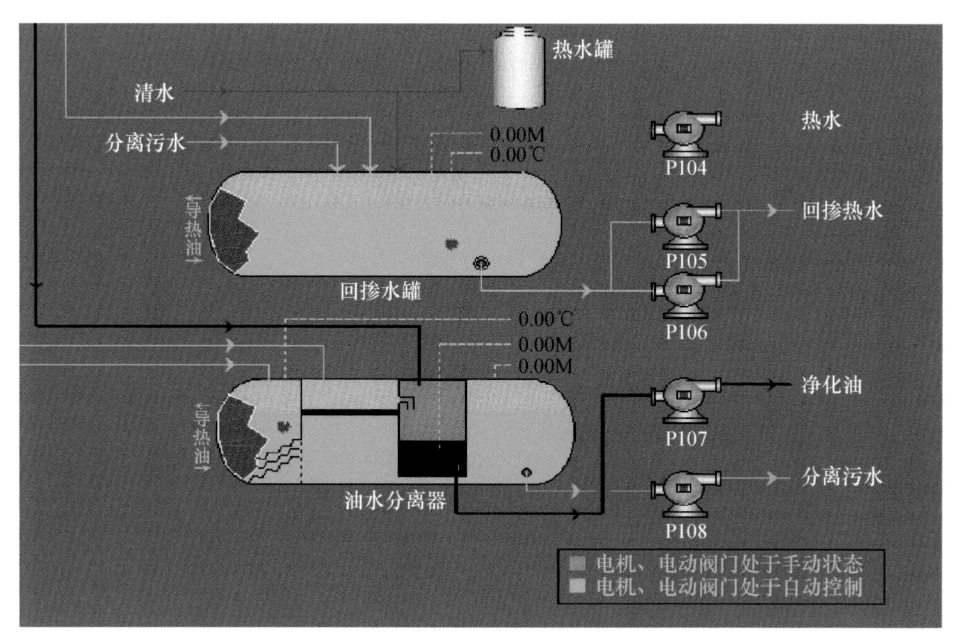


图 4.19　油水分离装置处理示意图

图 4.20　处理后的含油污泥图

图 4.21　现场加药装置实物图

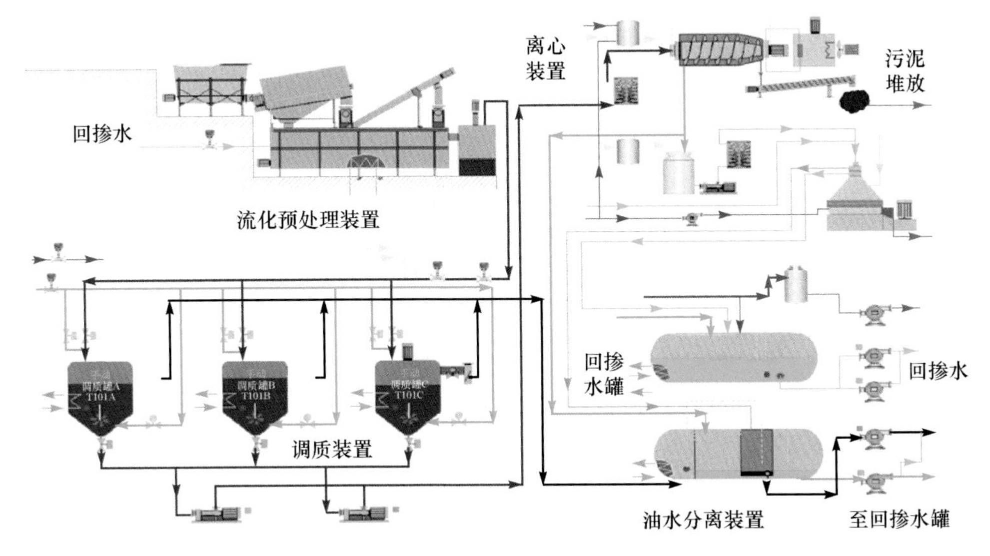


图 5.1　含油污泥筛分流化-调质-离心处理站主要工艺流程图

图 5.2　调质-离心处理后的油泥

图 5.8　电化学工艺处理现场

图 5.9　电化学工艺供电间

图 5.10　电化学工艺处理现场的电极

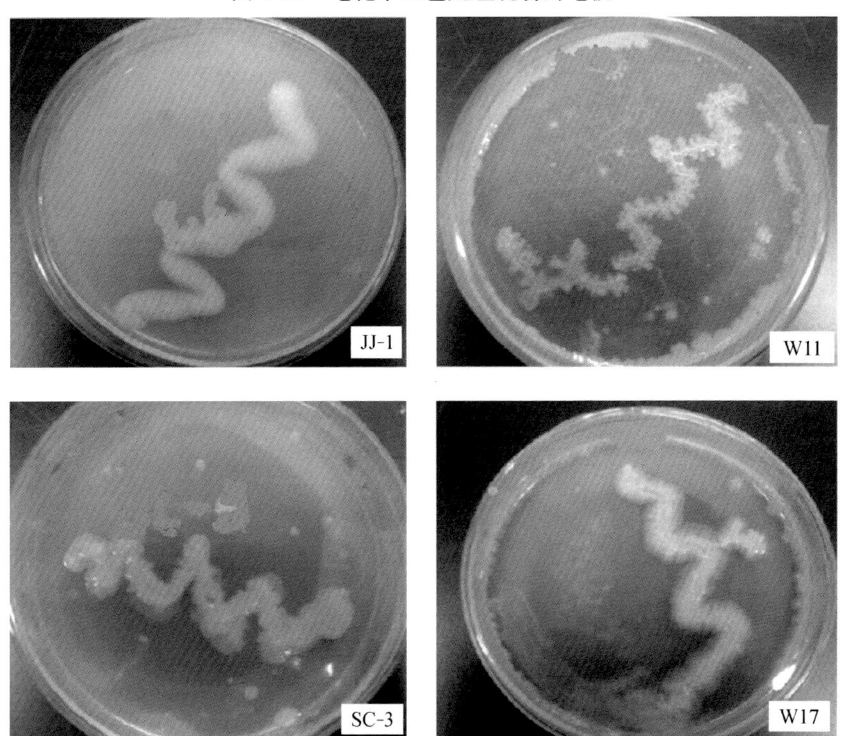



图 5.16　部分分离菌株的菌落形态照片

图 5.38　现场试验装置和操作间

图 5.39　现场中试试验设备安装

图 5.40　现场菌剂和辅助药剂的投加

图 5.41　先电后菌试验装置

图 6.1　油气田含油污泥现场

图 6.10　超热蒸汽喷射污泥处理装置

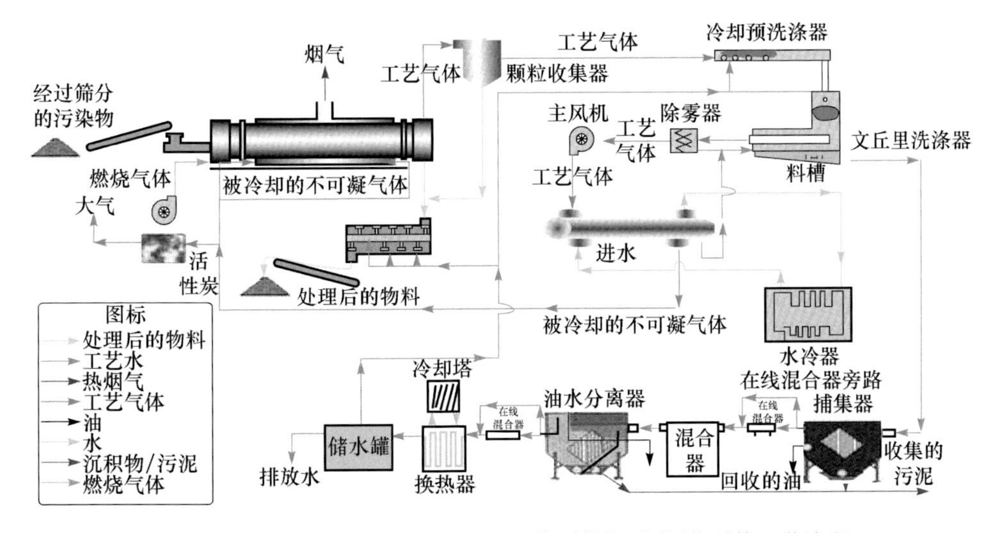


图 7.1　美国 RLC Technologies Inc. 公司热解吸/回收系统工艺流程

图 7.24　压滤机脱水污泥灼烧残渣和热解残渣

图 7.25　清罐污泥的灼烧残渣及热解残渣

图 7.27　热解炉及其操作系统

图 7.28　污泥储罐及污泥泵

（a）焚烧炉间

（b）油泥砂储备池

（c）堆放的油泥砂（筛分前）

（d）筛分后的油泥砂

（e）焚烧炉炉膛出灰

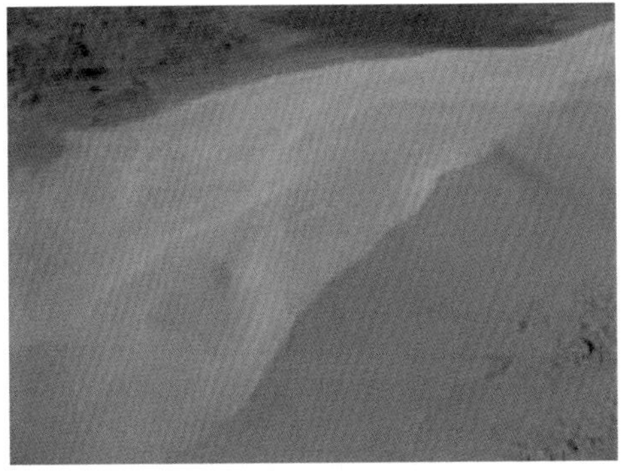

（f）除尘器收集的烟尘

图 8.10　胜利电厂焚烧站现场情况

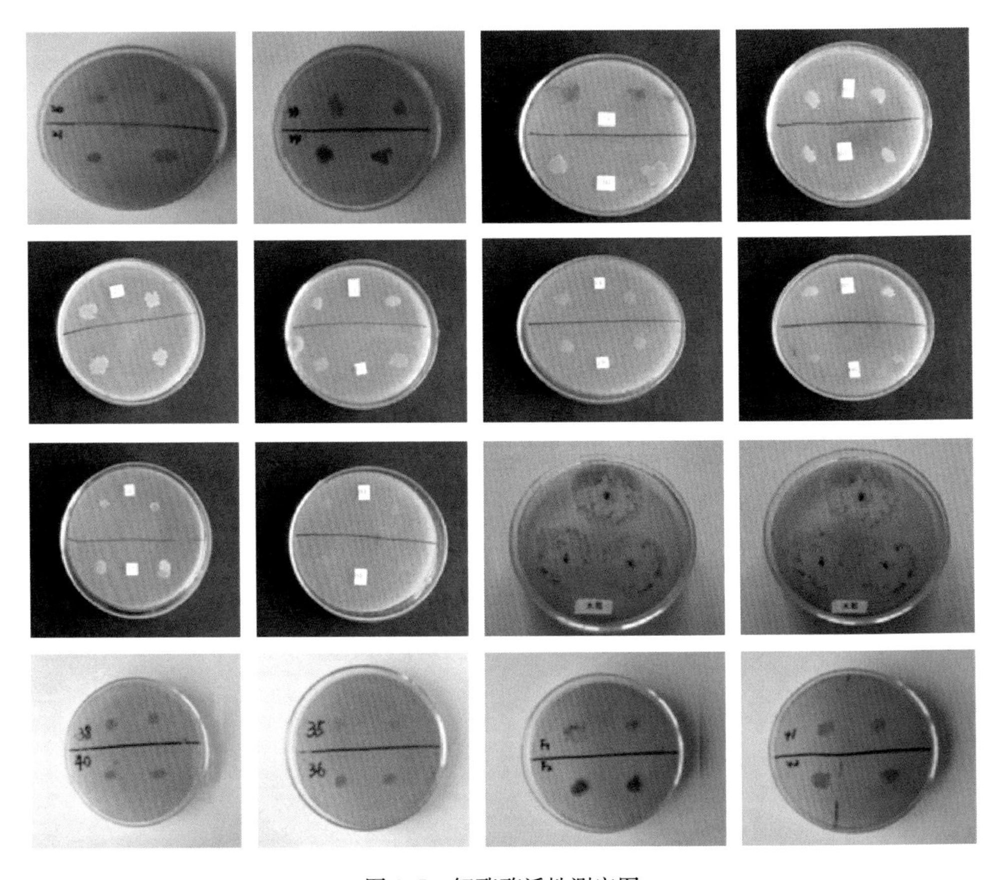


图 9.5　解酯酶活性测定图

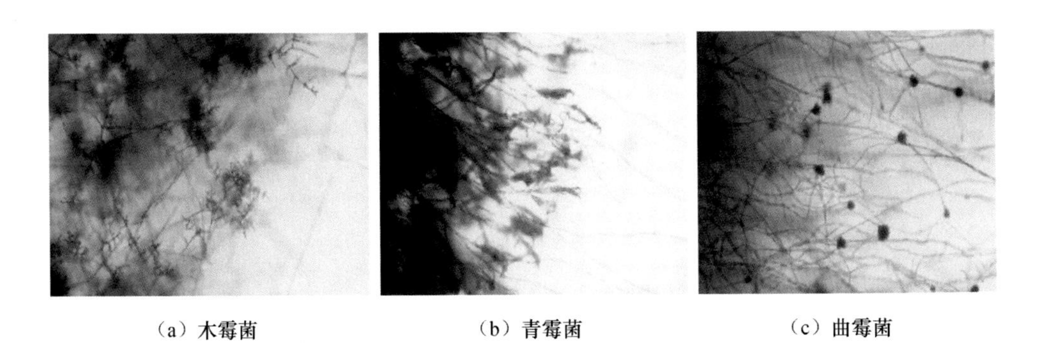

（a）木霉菌　　　　（b）青霉菌　　　　（c）曲霉菌

图 9.6　放线菌形态

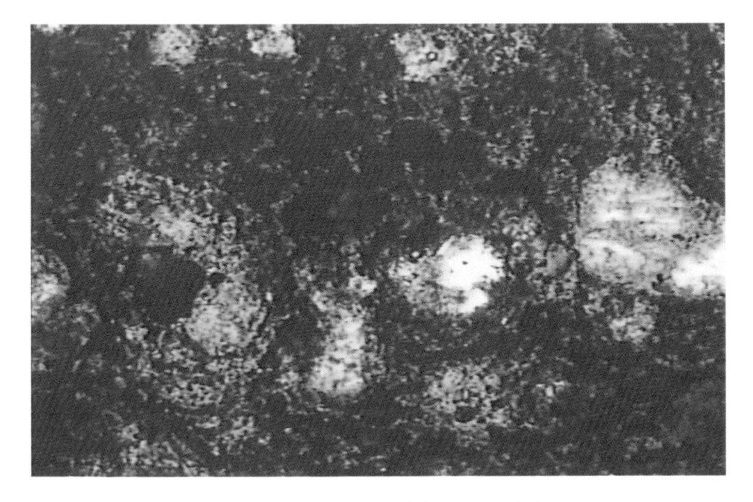

图 9.29　未经处理的污泥样品显微图片（5×）

图 9.30　处理后的污泥样品显微图片（5×）

图 10.5　热水酸洗处理后制备的含油污泥体膨颗粒胶块

图 10.6　热水酸洗＋除油剂处理后制备的含油污泥体膨颗粒胶块

图 10.7　热水酸洗＋除油剂处理后制备的含油污泥调剖剂颗粒

图 10.14　含油污泥调剖剂吸水膨胀过程

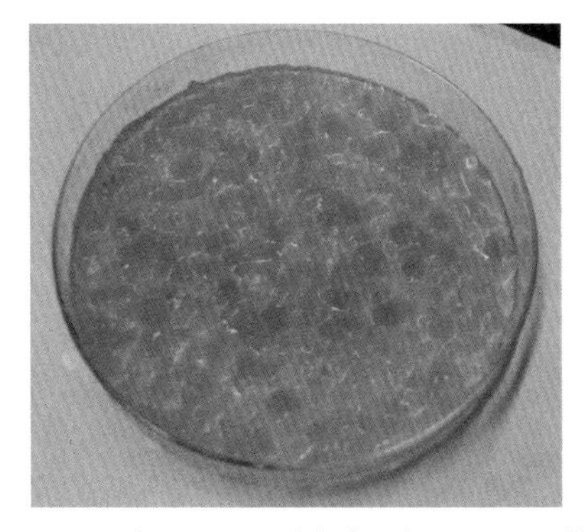

图 10.15　含油污泥调剖剂吸水饱和后的外观

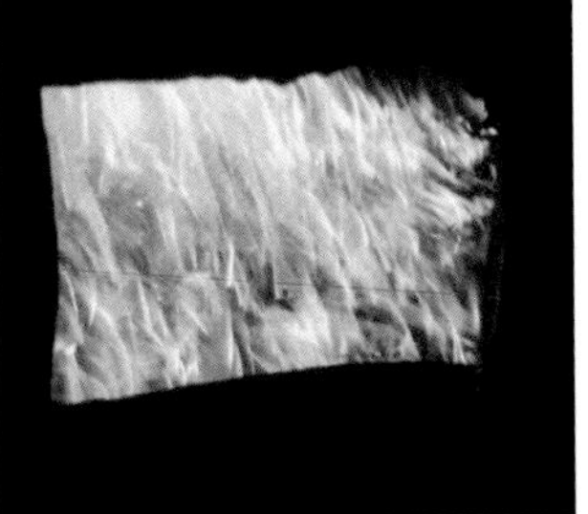

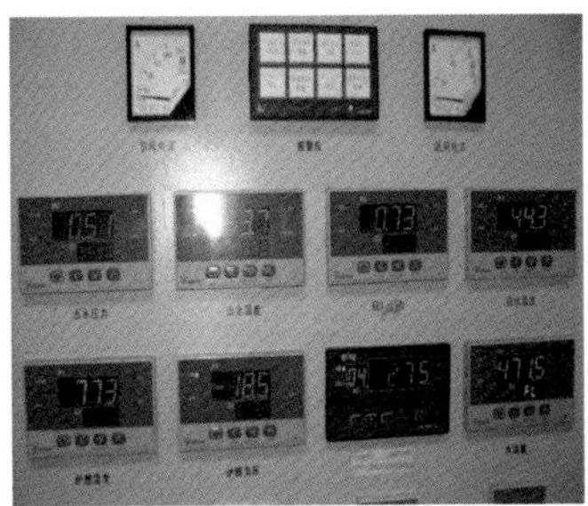

图 10.31　热水炉燃烧图

图 10.32　燃烧的炉渣

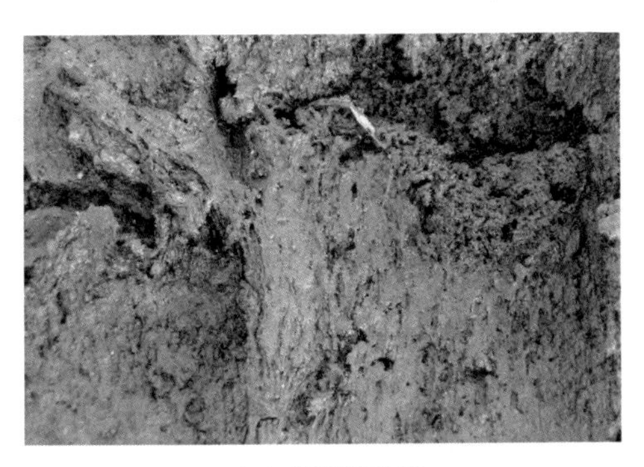

（a）处理前油泥

（b）处理前油泥砂

（c）处理后油泥

（d）处理后油泥砂

图 10.34　含油污泥和油泥砂处理前后的对照图

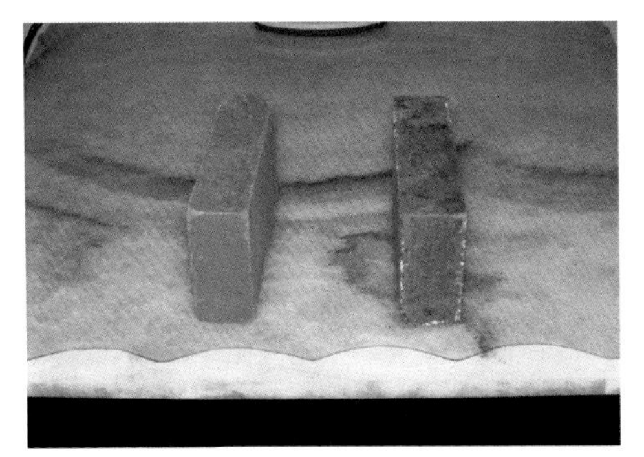

图 10.35　建材及制作现场

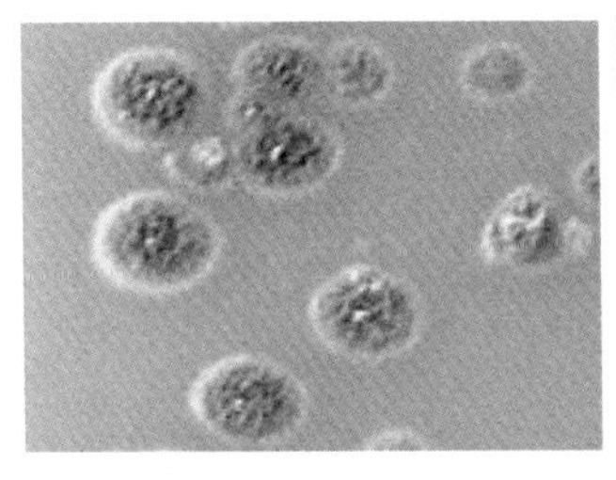

（a）放线菌落

（b）放线菌菌丝体

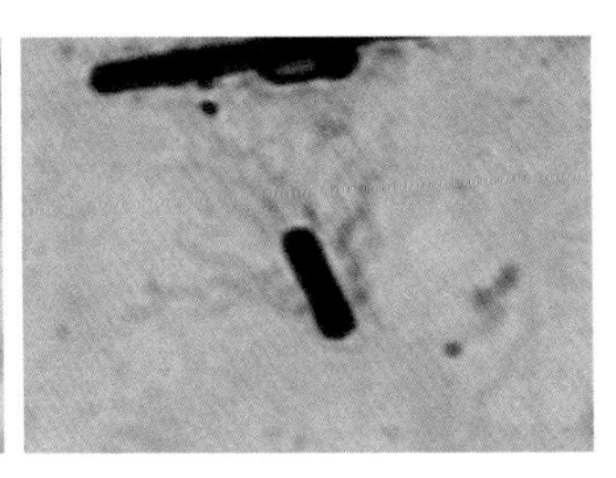

（c）带鞭毛细菌

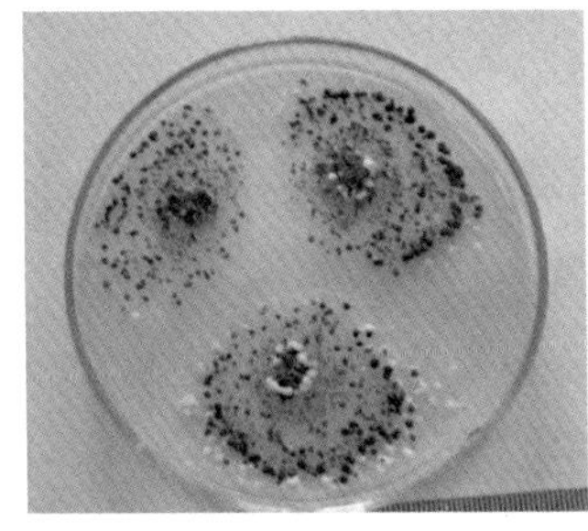

（d）真菌菌落

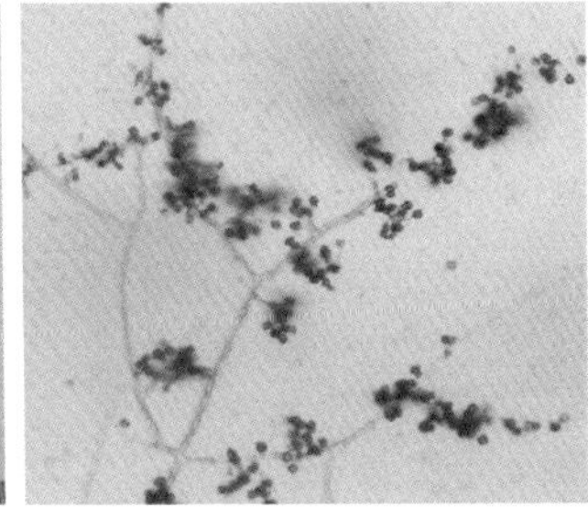

（e）真菌菌丝和孢子

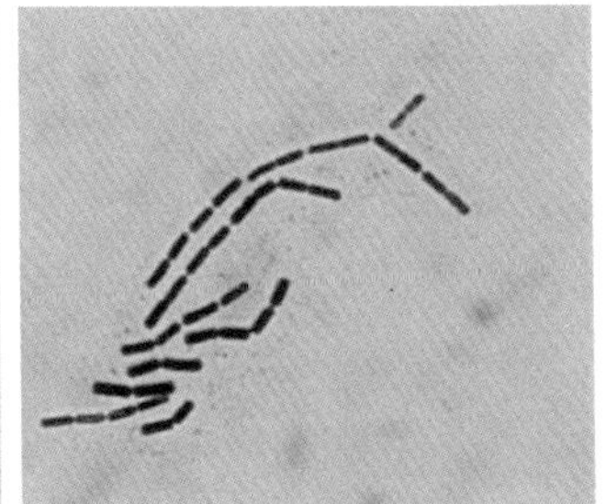

（f）细菌菌体

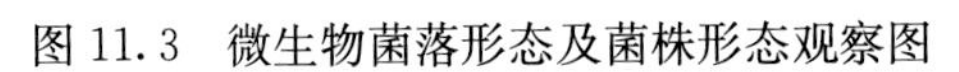

图 11.3　微生物菌落形态及菌株形态观察图

图 11.20　试验后期现场情况